DELIUS KLASING

MIX
Papier aus verantwortungsvollen Quellen
Paper from responsible sources
FSC® C105338

Dr. Etzold
Diplom-Ingenieur für Fahrzeugtechnik

So wird's gemacht

pflegen – warten – reparieren

Band 97

VW POLO III/POLO III CLASSIC
POLO III VARIANT/CADDY II

Benziner

1,0 l/33 kW	(45 PS)	9/94 –	7/96
1,0 l/37 kW	(50 PS)	9/97 –	10/01
1,3 l/40 kW	(55 PS)	9/94 –	7/95
1,4 l/44 kW	(60 PS)	8/95 –	10/01
1,4 l/55 kW	(75 PS)	10/99 –	10/01
1,4 l/74 kW	(100 PS)	5/96 –	10/01
1,6 l/55 kW	(75 PS)	9/94 –	9/99
1,6 l/74 kW	(100 PS)	10/99 –	10/01
1,6 l/88 kW	(120 PS)	3/98 –	9/99
1,6 l/92 kW	(125 PS)	10/99 –	10/01

Diesel

1,4 l/55 kW	(75 PS)	10/99 –	10/01
1,7 l/42 kW	(57 PS)	4/97 –	10/97
1,7 l/44 kW	(60 PS)	8/97 –	10/01
1,9 l/47 kW	(64 PS)	11/95 –	10/01
1,9 l/50 kW	(68 PS)	10/99 –	10/01
1,9 l/66 kW	(90 PS)	1/97 –	10/01
1,9 l/81 kW	(110 PS)	6/98 –	10/01

Delius Klasing Verlag

Redaktion: Günter Skrobanek (Text),
Christine Etzold (Bild)

Bibliografische Information der Deutschen Nationalbibliothek

Die Deutsche Nationalbibliothek verzeichnet diese Publikation in der Deutschen Nationalbibliografie; detaillierte bibliografische Daten sind im Internet über http://dnb.d-nb.de abrufbar.

15. Auflage
ISBN 978-3-667-13045-7

Alle Angaben ohne Gewähr
Druck: Books on Demand, Norderstedt
Printed in Germany

Delius Klasing Verlag, Siekerwall 21, D-33602 Bielefeld
Tel.: 0521/559-0
E-Mail: info@delius-klasing.de
www.delius-klasing.de
http://sowirdsgemacht.com

Lieber Leser,

obwohl die Automobile von Modellgeneration zu Modellgeneration technisch wesentlich aufwendiger und komplizierter werden, greifen von Jahr zu Jahr immer mehr Heimwerker zum »So wird's gemacht«-Handbuch. Die Erklärung dafür ist einfach: Weil die Technik des Automobils komplizierter geworden ist, benötigt selbst der Fachmann bei Wartungs- und Reparaturarbeiten am Fahrzeug eine spezielle Anleitung.

Auch der fachkundige Hobbymonteur, der sein Fahrzeug selbst wartet und repariert, sollte bedenken, daß der Fachmann viel Erfahrung hat und durch die Weiterschulung und den ständigen Erfahrungsaustausch über den neuesten Technikstand verfügt. Mithin kann es für die Überwachung und Erhaltung der Betriebs- und Verkehrssicherheit des eigenen Fahrzeugs sinnvoll sein, in regelmäßigen Abständen eine Fachwerkstatt aufzusuchen.

Grundsätzlich muß sich der Heimwerker natürlich darüber im Klaren sein, daß man mit Hilfe eines Handbuches nicht automatisch zum Kfz-Mechaniker wird. Auch deshalb sollten Sie nur solche Arbeiten durchführen, die Sie sich zutrauen. Das gilt insbesondere für jene Arbeiten, die die Verkehrssicherheit des Fahrzeugs beeinträchtigen können. Gerade in diesem Punkt sorgt das »So wird's gemacht«-Handbuch jedoch für praktizierte Verkehrssicherheit. Durch die Beschreibung der Arbeitsschritte und den Hinweis, die Sicherheitsaspekte nicht außer acht zu lassen, wird der Heimwerker vor der Arbeit entsprechend sensibilisiert und informiert. Auch wird darauf hingewiesen, im Zweifelsfall die Arbeit lieber von einem Fachmann ausführen zu lassen.

Sicherheitshinweis
Auf verschiedenen Seiten dieses Buches stehen »Sicherheitshinweise«. Bevor Sie mit der Arbeit anfangen, lesen Sie bitte diese Sicherheitshinweise aufmerksam durch und halten Sie sich strikt an die dort gegebenen Anweisungen.

Vor jedem Arbeitsgang empfiehlt sich ein Blick in das vorliegende Buch. Dadurch werden Umfang und Schwierigkeitsgrad der Reparatur offenbar. Außerdem wird deutlich, welche Ersatz- oder Verschleißteile eingekauft werden müssen und ob unter Umständen die Arbeit nur mit Hilfe von Spezialwerkzeug durchgeführt werden kann.

Für die meisten Schraubverbindungen ist das Anzugsmoment angegeben. Bei Schraubverbindungen, die in jedem Fall mit einem Drehmomentschlüssel angezogen werden müssen (Zylinderkopf, Achsverbindungen usw.), ist der Wert **fett** gedruckt. Nach Möglichkeit sollte man generell jede Schraubverbindung mit einem Drehmomentschlüssel anziehen. Übrigens: Für viele Schraubverbindungen sind Innen- oder Außen-Torxschlüssel erforderlich.

Als ich Anfang der siebziger Jahre den ersten Band der »So wird´s gemacht«-Buchreihe auf den Markt brachte, wurden im Automobilbau nur ganz wenige elektronische Bauteile eingesetzt. Inzwischen ist das elektronische Management allgegenwärtig; ob bei der Steuerung der Zündung, des Fahrwerks oder der Gemischaufbereitung. Die Elektronik sorgt auch dafür, daß es in verschiedenen Bereichen keine Verschleißteile mehr gibt, wie zum Beispiel der früher für den Zündfunken unentbehrliche Unterbrecherkontakt im Zündverteiler. Das Überprüfen elektronischer Bauteile ist wiederum nur noch mit teuren und speziell auf das Fahrzeugmodell abgestimmten Prüfgeräten möglich, die dem Heimwerker in der Regel nicht zur Verfügung stehen. Wenn also verschiedene Reparaturschritte nicht mehr beschrieben werden, so liegt das ganz einfach am vermehrten Einsatz von elektronischen Bauteilen.

Hinweis
Generell gelten alle Arbeitshinweise für die Modelle: POLO, POLO CLASSIC, POLO VARIANT und CADDY, obwohl im Text nur auf den POLO verwiesen wird.
Sofern modellabhängige Unterschiede bestehen, wird auf das betreffende Modell hingewiesen.

Das vorliegende Buch kann zwangsläufig nicht auf jede aktuelle, technische Frage eingehen. Dennoch hoffe ich, daß die getroffene Auswahl an Reparatur-, Wartungs- und Pflegehinweisen in den meisten Fällen die auftretenden Probleme zufrieden stellend löst. Eines sollten Sie bei Ihren Arbeiten am eigenen Auto allerdings beachten: Ein Buch ist keine Tageszeitung. Ständig werden am aktuellen Modell technische Änderungen durchgeführt, so daß es vorkommen kann, daß sich die im Buch veröffentlichten Arbeitsanweisungen und Einstelldaten für Ihr spezielles Modell geändert haben. Sollten Zweifel auftreten, erfragen Sie bitte den aktuellen Stand beim Kundendienst des Automobilherstellers.

Rüdiger Etzold

Inhaltsverzeichnis

Motor 11
Fahrzeug-Identifizierung 12
Die wichtigsten Motordaten 13
Motor aus- und einbauen 14
Zahnriementrieb (Benziner) 18
Zahnriemen aus- und einbauen/spannen/ Steuerzeiten einstellen (Benziner). 19
Halbautomatische Zahnriemen-Spannrolle prüfen (Benziner) 20
Nockenwelle/Ventiltrieb 21
Nockenwelle aus- und einbauen 22
Zylinderkopf (Benziner) 24
Zylinderkopf aus- und einbauen/ Zylinderkopfdichtung ersetzen (Benziner). 25
Zahnriementrieb (1,7-/1,9-l-Diesel) 28
Zahnriemenspannung/Spannrolle prüfen (1,9-l-Diesel). 29
Zahnriemen aus- und einbauen/ Motorsteuerung einstellen (1,9-l-Diesel). 29
Zylinderkopf (1,7-/1,9-l-Diesel) 32
Zylinderkopf aus- und einbauen/ Zylinderkopfdichtung ersetzen (1,7-/1,9-l-Diesel) . . . 33
Hydrostößel prüfen 33
Ventil aus- und einbauen 34
Ventilschaftabdichtungen ersetzen 35
Ventilführungen prüfen 36
Zahnriementrieb (1,4-l-Diesel). 38
Zylinderkopf (1,4-l-Diesel) 39
Kompression prüfen 36
Keilrippenriemen ersetzen/spannen 40
Störungsdiagnose Motor 42

Motor-Schmierung 43
Der Ölkreislauf 44
Öldruck und Öldruckschalter prüfen 44
Zahnflanken- und Axialspiel der Ölpumpe prüfen 45
Antriebskette für Ölpumpe spannen 45
Ölwanne/Ölpumpe/Ölfilter (Benziner) 46
Ölwanne/Ölpumpe/Ölfilter (1,7-/1,9-l-Diesel) 47
Störungsdiagnose Ölkreislauf 48

Motor-Kühlung 49
Der Kühlmittelkreislauf 49
Kühler, Kühlmittelpumpe 50
Kühler-Frostschutzmittel 51
Kühlmittel wechseln 51
Kühlmittelregler aus- und einbauen/prüfen 52
Kühlsystem prüfen 53
Thermoschalter für Elektrolüfter prüfen 53
Kühler aus- und einbauen 54
Kühlmittelpumpe aus- und einbauen (Benziner). 54
Kühlmittelpumpe aus- und einbauen (1,7-/1,9-l-Diesel) 55
Störungsdiagnose Motor-Kühlung 56

Zündung/Zündkerzen 57
Sicherheitsmaßnahmen zur elektronischen Zündanlage 58
Zündverteiler/Zündtrafo 59
Zündverteiler aus- und einbauen 60
Zündzeitpunkt prüfen/einstellen 60
Zündtrafo prüfen 61
Endstufe für Zündtrafo prüfen 61
Hallgeber prüfen 62
Zündkerzen aus- und einbauen 63
Zündkerzentechnik 63
Zündkerzenwerte für POLO, POLO CLASSIC, POLO VARIANT, CADDY 64
Störungsdiagnose Zündanlage 64

Kraftstoffanlage 65
Sauberkeitsregeln bei Arbeiten an der Kraftstoffversorgung 65
Fernbedienung herstellen/anschließen 65
Kraftstoffbehälter/Kraftstoffpumpe/Kraftstoffilter. 66
Kraftstoffpumpe prüfen 67
Kraftstoffpumpenrelais prüfen 68
Kraftstoffpumpe/Tankgeber aus- und einbauen 68
Tank-Entlüftungsventil prüfen 70
Kraftstoffilter aus- und einbauen 70
Aktivkohlesystem 71
Kraftstoffbehälter-Entlüftung prüfen 72
Gaszug einstellen 73

Benzin-Einspritzanlage 74
Sicherheitsmaßnahmen zur elektronischen Einspritzanlage 74
Übersicht MPI-Einspritzanlage 75
Übersicht Mono-Motronic 77
Einspritzeinheit Mono-Motronic 78
Ansaugkrümmer, Steuergerät 79
Kühlmittel-Temperaturgeber aus- und einbauen/prüfen 80
Einspritzventil prüfen 80
Luftansaugsystem auf Undichtigkeit (Falschluft) prüfen 81
Ansaugluftvorwärmung prüfen 82
Luftfilter aus- und einbauen 83
Saugrohrvorwärmung, Zwischenflansch 84
Technische Daten Mono-Motronic. 84
Störungsdiagnose Benzin-Einspritzanlage 85

Diesel-Einspritzanlage 87
Diesel-Einspritzverfahren 87
Vorglühanlage/Glühkerzen prüfen 88
Glühkerzen aus- und einbauen 89
Die Kraftstoffilter-Vorwärmanlage 89
Leerlaufdrehzahl/Höchstdrehzahl überprüfen/einstellen 90
Einspritzdüsen aus- und einbauen 90

Förderbeginn der Einspritzpumpe überprüfen/einstellen . . . 91
Kraftstoffanlage auf Dichtheit prüfen . . . 93
Der Kraftstoffilter . . . 94
Technische Daten Diesel-Einspritzanlage . . . 94
Störungsdiagnose Diesel-Einspritzanlage . . . 95

Abgasanlage . . . 96
Katalysatorschäden vermeiden . . . 98
Abgasanlage aus- und einbauen . . . 99
Lambdasonde aus- und einbauen . . . 99
Abgasanlage auf Dichtigkeit prüfen . . . 100

Kupplung . . . 101
Kupplung aus- und einbauen/prüfen . . . 102
Kupplungszug auf Funktion prüfen . . . 104
Kupplungsbetätigung . . . 105
Kupplungszug aus- und einbauen . . . 105
Kupplungsausrückung . . . 108
Störungsdiagnose Kupplung . . . 109

Getriebe/Schaltung . . . 110
Getriebe aus- und einbauen . . . 110
Die Schaltung . . . 116
Schalthebel/Seilzug . . . 117
Schalthebel/Seilzug aus- und einbauen . . . 118
Schaltbetätigung einstellen/Funktion prüfen . . . 120

Vorderachse . . . 123
Achsgelenk prüfen/aus- und einbauen . . . 124
Gelenkwelle aus- und einbauen . . . 125
Federbein aus- und einbauen . . . 127
Das Federbein . . . 128
Federbein zerlegen/Stoßdämpfer/ Schraubenfeder aus- und einbauen . . . 129
Gelenkwelle zerlegen . . . 130

Hinterachse . . . 132
Hinterachse (CADDY) . . . 133
Federbein hinten aus- und einbauen/zerlegen . . . 134
Stoßdämpfer prüfen . . . 136
Stoßdämpfer verschrotten . . . 136
Radlager aus- und einbauen (Bis 9/99) . . . 137
Radlagerspiel einstellen (Bis 9/99) . . . 138

Lenkung . . . 139
Airbag-Sicherheitshinweise . . . 139
Lenkrad aus- und einbauen (Bis 9/99) . . . 140
Airbageinheit am Lenkrad aus- und einbauen (Bis 9/99) . . . 141
Airbageinheit am Lenkrad aus- und einbauen (Seit 10/99) . . . 142
Lenkrad aus- und einbauen (Seit 10/99) . . . 142
Lenkungsspiel einstellen . . . 143
Spurstangenkopf aus- und einbauen . . . 143
Flügelpumpe für Servolenkung (Bis 9/99) . . . 144
Lenksystem auf Dichtheit prüfen . . . 144
Flügelpumpe für Servolenkung (Seit 10/99) . . . 145
Das Lenkgetriebe . . . 146

Fahrzeugvermessung . . . 147

Bremsanlage . . . 148
Technische Daten Bremsanlage . . . 149
Scheibenbremsbeläge vorn aus- und einbauen . . . 150
Scheibenbremsbeläge hinten aus- und einbauen . . . 153
Bremsscheibendicke prüfen . . . 154
Bremsscheibe/Bremssattel aus- und einbauen . . . 155
Quietschgeräusche der Scheibenbremse beseitigen . 155
Bremstrommel aus- und einbauen . . . 156
Bremsbacken aus- und einbauen . . . 157
Handbremse einstellen . . . 160
Hinweise zum Umgang mit der Bremsflüssigkeit . . . 161
Bremsanlage entlüften . . . 162
Bremsschlauch aus- und einbauen . . . 163
Radbremszylinder aus- und einbauen . . . 163
Bremskraftverstärker prüfen . . . 163
Bremskraftregler prüfen . . . 164
Bremslichtschalter aus- und einbauen . . . 164
Störungsdiagnose Bremse . . . 165

Räder und Reifen . . . 167
Räder- und Reifenmaße, Reifenfülldruck . . . 167
Reifen- und Scheibenrad-Bezeichnungen . . . 168
Austauschen und auswuchten der Räder . . . 168
Reifenpflegetips . . . 169
Gleitschutzketten . . . 169
Das Notrad . . . 169
Fehlerhafte Reifenabnutzung . . . 170
Vorderwagenunruhe beseitigen . . . 170
Störungsdiagnose Reifen . . . 172

Karosserie . . . 173
Stoßfänger vorn aus- und einbauen (Bis 9/99) . . . 174
Stoßfänger vorn aus- und einbauen (Seit 10/99) . . . 175
Kühlergrill aus- und einbauen . . . 175
Stoßfänger hinten aus- und einbauen (Bis 9/99) . . . 176
Stoßfänger hinten aus- und einbauen (Seit 10/99) . . . 176
Stoßfänger hinten (POLO CLASSIC) . . . 177
Stoßfänger hinten (CADDY) . . . 177
Stoßfänger hinten (POLO VARIANT) . . . 178
Kotflügel vorn aus- und einbauen . . . 178
Schloßträger/Scheinwerferträger aus- und einbauen (Bis 9/99) . . . 179
Schloßträger in Servicestellung bringen (Seit 10/99) . 179
Motorhaube aus- und einbauen/einstellen . . . 180
Seilzug für Motorhaube aus- und einbauen . . . 180
Heckklappe aus- und einbauen . . . 181
Heckklappe einstellen . . . 182
Flügeltüren hinten (CADDY) . . . 184
Türschloß hinten (CADDY) . . . 185
Heckklappenschloß (POLO) . . . 186
Heckklappenschloß (POLO CLASSIC/ POLO VARIANT) . . . 186
Tankklappeneinheit (CADDY) . . . 187
Dachleiste aus- und einbauen . . . 187
Seitenschutzleiste aus- und einbauen . . . 188
Tür aus- und einbauen/einstellen . . . 189
Türverkleidung aus- und einbauen (Bis 9/99) . . . 190
Türverkleidung aus- und einbauen (Seit 10/99) . . . 192
Türfensterscheibe vorn aus- und einbauen . . . 192
Türfensterscheibe vorn einstellen . . . 193
Fensterheber vorn aus- und einbauen . . . 193

Fensterheber hinten aus- und einbauen 194
Türgriff aus- und einbauen 195
Schließzylinder ersetzen/gangbar machen 196
Türschloß/Innenbetätigung aus- und einbauen 196
Die Zentralverriegelung 197
Tankklappe notentriegeln/
Stellelement aus- und einbauen 198
Stellelement Türschloß aus- und einbauen 198
Druckpumpe aus- und einbauen 199
Das Schiebe-/Ausstelldach 199
Glasdeckel für Schiebe-/Ausstelldach
aus- und einbauen 200
Sonnenschutz für Schiebe-/Ausstelldach
aus- und einbauen 201
Parallellauf für Schiebe-/Ausstelldach einstellen . . . 201
Deckeldichtung für Schiebe-/Ausstelldach einstellen . 202
Außenspiegel aus- und einbauen 202
Spiegelglas aus- und einbauen 203
Spiegelgehäuse aus- und einbauen (Seit 10/99). . . . 203
Mittelkonsole aus- und einbauen (Bis 9/99) 204
Mittelkonsole aus- und einbauen (Seit 10/99) 205
Ablage Fahrerseite aus- und einbauen (Bis 9/99) . . . 206
Ablage Fahrerseite aus- und einbauen (Seit 10/99) . . 206
Handschuhkasten/Ablagefach ausbauen (Bis 9/99) . . 206
Handschuhkasten aus- und einbauen (Seit 10/99). . . 207
Seitenverkleidung aus- und einbauen 208
Auflage für Kofferraumabdeckung aus- und einbauen 209
Kofferraumverkleidung seitlich aus- und einbauen . . 209
Hintere Kofferraumverkleidung
aus- und einbauen (Bis 9/99) 210
Hintere Kofferraumverkleidung
aus- und einbauen (Seit 10/99) 210
Wasserkastenabdeckung aus- und einbauen 210
Der pyrotechnische Gurtstraffer 210
Vordersitz aus- und einbauen 211
Rücksitz aus- und einbauen 212

Heizung 213
Innenraumheizung 214
Mittenausströmer aus- und einbauen (Seit 10/99) . . . 214
Ausströmer Fahrerseite
aus- und einbauen (Seit 10/99) 215
Seitenausströmer aus- und einbauen (Bis 9/99) 215
Mittenausströmer aus- und einbauen (Bis 9/99) 215
Fußraumausströmer aus- und einbauen 216
Bedieneinheit aus- und einbauen/
zerlegen (Bis 9/99) 216
Bedieneinheit aus- und einbauen/
Heizungszüge prüfen (Seit 10/99) 216
Heizungszüge aus- und einbauen/einstellen 217
Heizgebläse prüfen/aus- und einbauen 218
Die Klimaanlage 219
Störungsdiagnose Heizung 220

Elektrische Anlage 221
Meßgeräte 221
Meßtechnik 222
Elektrisches Zubehör nachträglich einbauen 223
Fehlersuche in der elektrischen Anlage 224
Schalter auf Durchgang prüfen 225
Relais prüfen 225
Scheibenwischermotor prüfen 226
Blinkanlage prüfen 226
Bremslicht prüfen 226
Heizbare Heckscheibe prüfen 227
Hupe aus- und einbauen 227
Die elektronische Wegfahrsicherung 228
Sicherungen auswechseln 229
Batterie aus- und einbauen 229
Batterie laden 230
Batterie prüfen 231
Batterie entlädt sich selbständig 232
Störungsdiagnose Batterie 233
Generator aus- und einbauen 234
Sicherheitshinweise für den Drehstromgenerator . . . 234
Schleifkohlen für Generator/Spannungsregler
ersetzen/prüfen 235
Generatorspannung prüfen 236
Störungsdiagnose Generator 236
Anlasser aus- und einbauen 237
Magnetschalter prüfen/aus- und einbauen 238
Störungsdiagnose Anlasser 239

Beleuchtungsanlage 240
Lampentabelle 240
Glühlampen für Außenleuchten auswechseln 240
Glühlampen für Innenleuchten auswechseln 245
Scheinwerfer aus- und einbauen (Bis 9/99) 245
Scheinwerfer aus- und einbauen (Seit 10/99) 246
Scheinwerfer einstellen 246
Blinkleuchte vorn aus- und einbauen (Seit 10/99) . . . 247
Lampenträger aus- und einbauen 247
Heckleuchte aus- und einbauen 247

Armaturen 249
Schalttafeleinsatz aus- und einbauen (Bis 8/97) 249
Schalttafeleinsatz aus- und einbauen (9/97-9/99) . . . 250
Schalttafeleinsatz aus- und einbauen (Seit 10/99) . . . 250
Kontrollampen/Beleuchtung für
Schalttafeleinsatz aus- und einbauen 251
Blinker-/Wischerschalter aus- und einbauen 251
Schalter in der Armaturentafel
aus- und einbauen (Bis 9/99) 252
Schalter in der Armaturentafel
aus- und einbauen (Seit 10/99) 253
Lichtschalter aus- und einbauen (Seit 10/99) 253
Radio aus- und einbauen 254
Radio-Codierung eingeben 255
Lautsprecher aus- und einbauen 255
Dachantenne aus- und einbauen 256

Scheibenwischanlage. 257
Scheibenwischergummi ersetzen 257
Scheibenwaschdüsen vorn
aus- und einbauen/einstellen 258
Der Scheibenwischerantrieb 259
Wischermotor aus- und einbauen 260
Spritzdüse für Heckwischer aus- und einbauen 261
Scheibenwaschpumpe prüfen/ersetzen 261
Die Scheinwerferreinigungsanlage. 262
Störungsdiagnose Scheibenwischergummi 262

Wagenpflege . . . 263
Fahrzeug waschen . . . 263
Lackierung pflegen . . . 263
Unterbodenschutz/Hohlraumkonservierung . . . 264
Polsterbezüge pflegen/reinigen . . . 264

Motorstarthilfe/Fahrzeug abschleppen . . . 265
Fahrzeug abschleppen/anschleppen . . . 266

Fahrzeug aufbocken . . . 267

Werkzeug . . . 268

Wartungsplan . . . 269
Service-Intervallanzeige zurücksetzen . . . 270
Ölwechsel-Service . . . 270
Wartung . . . 270

Wartungsarbeiten . . . 272
Motor und Abgasanlage . . . 272
Motorölwechsel . . . 272
Sichtprüfung auf Ölverlust . . . 273
Motorölstand prüfen . . . 274
Sichtprüfung der Abgasanlage . . . 274
Kühlmittelstand prüfen . . . 274
Kühlsystem-Sichtprüfung auf Dichtheit . . . 275
Frostschutz prüfen . . . 275
Dieselmotor: Kraftstoffilter entwässern/ersetzen . . . 275
Motor-Luftfilter: Filtereinsatz erneuern . . . 276
Keilrippenriemen prüfen/spannen . . . 278
Zahnriemenverschleiß prüfen . . . 279
Zahnriemenzustand prüfen . . . 279
Zündkerzen ersetzen/elektrische Anschlüsse prüfen . 279
Getriebe/Achsantrieb . . . 280
Sichtprüfung auf Dichtheit . . . 280
Schaltgetriebe: Ölstand prüfen . . . 280
Gummimanschetten der Gelenkwellen prüfen . . . 280
Bremsen/Reifen/Räder . . . 281
Bremsflüssigkeitsstand prüfen . . . 281
Bremsbelagdicke prüfen . . . 281
Sichtprüfung der Bremsleitungen . . . 282
Bremsflüssigkeit wechseln . . . 282
Reifenfülldruck prüfen . . . 283
Reifenprofil prüfen . . . 283
Reifenventil prüfen . . . 283
Lenkung/Vorderachse . . . 284
Staubkappen für Spurstangen- und
Achsgelenke prüfen . . . 284
Ölstand für Servolenkung prüfen . . . 284
Airbag: Prallflächen sichtprüfen . . . 284
Elektrische Anlage . . . 285
Batterie prüfen . . . 285
Anstellwinkel der Scheibenwischerblätter prüfen . . . 285
Karosserie/Innenausstattung . . . 286
Sichtprüfung aller Sicherheitsgurte . . . 286
Sichtkontrolle Unterboden/Karosserie . . . 286
Türfeststeller schmieren . . . 286
Pollen- und Staubfilter erneuern . . . 286
Schiebedach: Führungsschienen schmieren . . . 286

Stromlaufpläne . . . 287
Umgang mit dem Stromlaufplan . . . 287
Zuordnung der Stromlaufpläne . . . 288
Sicherungs- und Relaisbelegung . . . 289
Gebrauchsanleitung für Stromlaufpläne . . . 290
Verschiedene Stromlaufpläne. . . . ab 291

Motor

Der VW POLO wird von einem Benzin- oder Dieselmotor mit 3 oder 4 Zylindern angetrieben. Das Triebwerk ist im Motorraum quer zur Fahrtrichtung eingebaut und wird zusammen mit dem Getriebe nach vorn ausgebaut. Hierfür ist ein geeigneter Kran erforderlich.

In den aus Grauguß beziehungsweise Aluminium bestehenden Motorblock sind die Zylinderbohrungen eingelassen. Bei hohem Verschleiß oder Riefen an den Zylinderwänden können die Zylinder von einer Fachwerkstatt gehont, also ausgeschliffen werden. Anschließend müssen dann allerdings Kolben mit Übermaß eingebaut werden. Im unteren Teil des Motorblocks befindet sich die Kurbelwelle, die von den Kurbelwellenlagern abgestützt wird. Über Gleitlager sind die Pleuel, die die Verbindung zu den Kolben herstellen, mit der Kurbelwelle verbunden. Den unteren Abschluß des Motors bildet die Ölwanne, in der sich das für die Schmierung und Kühlung erforderliche Motoröl sammelt. Auf den Motorblock ist der Zylinderkopf aufgeschraubt. Der Zylinderkopf besteht aus Aluminium, weil dieses Metall eine bessere Wärmeleitfähigkeit und ein geringeres Gewicht gegenüber Grauguß aufweist.

Der Zylinderkopf ist nach dem sogenannten Querstromprinzip aufgebaut. Das bedeutet, daß das frische Kraftstoff-Luftgemisch auf der einen Seite des Zylinderkopfes einströmt, während die verbrannten Gase auf der gegenüberliegenden Seite ausgestoßen werden. Durch die Querstrom-Anordnung ist für gute Leistungsausbeute ein schneller Gaswechsel sichergestellt. Oben im Zylinderkopf befindet sich die Nockenwelle. Sie wird über einen Zahnriemen von der Kurbelwelle angetrieben. Die Nockenwelle betätigt über Hydrostößel beziehungsweise über Rollenschlepphebel mit hydraulischen Abstützelementen die senkrecht hängenden Ein- und Auslaßventile. Die Hydrostößel beziehungsweise die hydraulischen Abstützelemente gleichen automatisch jegliches Ventilspiel aus, so daß das Einstellen des Ventilspiels entfällt.

Benzinmotor

Für die Motorschmierung sorgt eine Ölpumpe, die sich in der Ölwanne beziehungsweise am Motorblock unter der Zahnriemenabdeckung befindet. Angetrieben wird die Ölpumpe von der Kurbelwelle und zwar über eine Kette beziehungsweise über einen Mitnehmer oder eine Zwischenwelle.

Die Kühlmittelpumpe befindet sich vorn im Kurbelgehäuse und wird durch den Zahnriemen angetrieben. Zu beachten ist, daß das Kühlmittel ganzjährig mit VW-Kühlerfrost- und Korrosionsschutzmittel versetzt sein muß.

Für die Aufbereitung eines zündfähigen Kraftstoff-Luftgemisches steht für alle Motoren eine Kraftstoffeinspritzung zur Verfügung, die in der Regel wartungsfrei arbeitet.

Der Zündfunke wird von einer elektronischen Zündanlage erzeugt, die den Zündzeitpunkt regelt.

1,7-/1,9-l-Dieselmotor

Beim Dieselmotor treibt der Zahnriemen neben der Nockenwelle auch die Einspritzpumpe und über eine Zwischenwelle auch die Ölpumpe für die Motorschmierung an.

Die Kühlmittelpumpe ist seitlich am Motorblock angeflanscht und wird durch den Keilrippenriemen angetrieben.

Die Kraftstoffversorgung erfolgt durch eine mechanische Verteiler-Einpritzpumpe beziehungsweise bei der Direkteinspritzung über eine vollelektronisch geregelte Hochdruck-Einspritzpumpe, die seitlich am Motorblock angeflanscht ist. Ein elektronisches Steuergerät sorgt für die Feinregelung der Diesel-Einspritzung.

1,4-l-Dieselmotor mit 55 kW (75 PS)

Der Motorblock des **1,4-l-TDI-Motors** weist die gleichen Maße von Bohrung, Hub und Zylinderabstand auf wie der 1,9-l-Dieselmotor. Allerdings verfügt er nur über 3 Zylinder. **TDI** = **T**urbodiesel-**D**irekt-**I**njection.

Der Dreizylindermotor bietet Vorteile bei Platzbedarf, Reibungsverlusten, Wirkungsgrad und Verbrauch. Aufgrund der Zylinderanzahl zündet der Motor nur alle 240 Grad Kurbelwinkel, nicht wie beim Vierzylindermotor nach je 180 Grad. Das führt zu starken Vibrationen beim Motorlauf. Um diese zu verringern, sind Schwingungstilger an der Kurbelwelle sowie eine Ausgleichswelle vorhanden, die sich entgegen der normalen Motordrehrichtung dreht.

Im Leichtmetall-Zylinderkopf sind neben den 2 Ventilen pro Zylinder auch die Pumpe-Düse-Einheiten untergebracht. In jeder Pumpe-Düse-Einheit sind Dieseleinspritzpumpe und Einspritzdüse zusammengefasst. Eine gemeinsame Nockenwelle sorgt sowohl für die Steuerung der Ventile als auch für die Betätigung der Pumpe-Düse-Einheiten und somit für die Kraftstoffeinspritzung direkt in die Zylinder. Angetrieben wird die Nockenwelle durch einen 30 mm breiten Zahnriemen.

Fahrzeug-Identifizierung

Die Motornummer setzt sich aus den Motor-Kennbuchstaben und einer fortlaufenden Nummer zusammen.

Benzinmotor

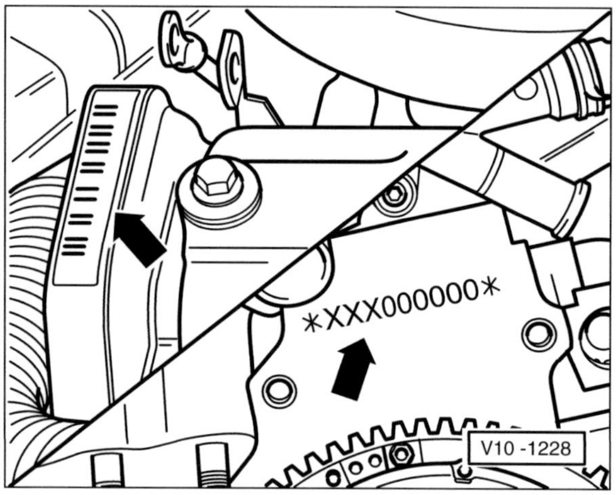

Die Motornummer befindet sich auf der getriebeseitigen Stirnfläche des Motorblocks unterhalb des Kühlmittelreglergehäuses.

Zusätzlich ist auf der Zahnriemenabdeckung ein Aufkleber mit der Motornummer und einem Strichcode angebracht.

Dieselmotor

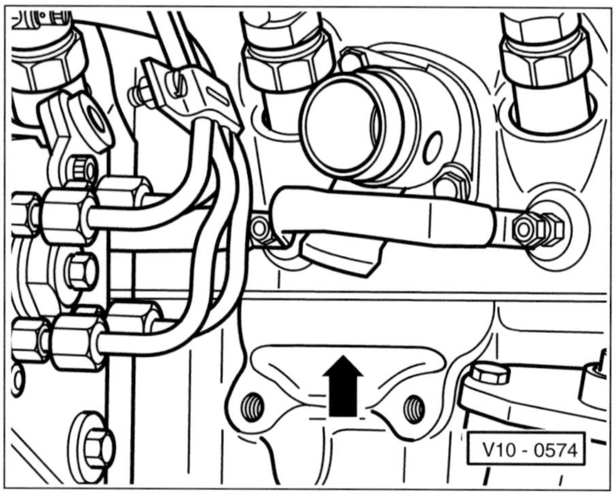

Die Motornummer befindet sich zwischen Einspritzpumpe und Vakuumpumpe am Zylinderblock.

Zusätzlich ist auf der Zahnriemenabdeckung ein Aufkleber mit der Motornummer und einem Strichcode angebracht.

Fahrzeug-Identifizierungsnummer (Fahrgestell-Nr.)

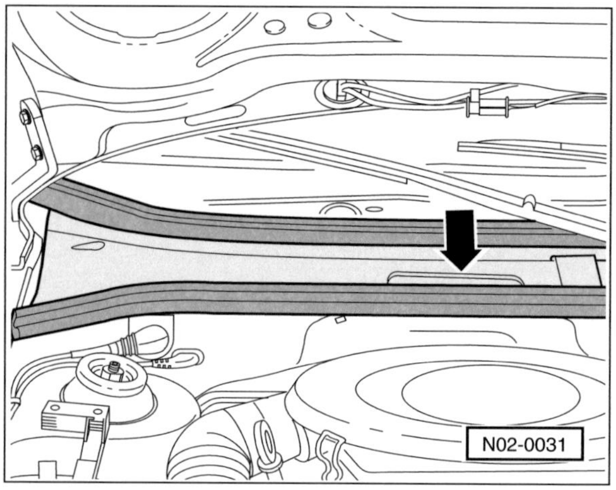

Die Fahrzeug-Identifizierungsnummer befindet sich beim POLO im Wasserfangkasten. Sie ist durch ein Fenster –Pfeil– in der Kunststoffabdeckung sichtbar.

Beim CADDY ist der Fahrzeugdatenträger am linken Dachholm nahe der Flügeltür angebracht.

Beim POLO CLASSIC und beim POLO VARIANT befindet sich der Datenträger am Bodenblech des Gepäckraums, links neben der Reserveradmulde.

Aufschlüsselung:

WVW	ZZZ	6N	Z	W	Y	000 001
①	②	③	④	⑤	⑥	⑦

① Herstellerzeichen: WVW = Volkswagen AG

② Füllzeichen, außer Modelle für USA

③ 2stellige Typenkurzbezeichnung aus den ersten beiden Stellen der offiziellen Typenbezeichnung.
6N = POLO III, 6K = POLO III CLASSIC, POLO III VARIANT

④ Weitere Füllzeichen

⑤ Angabe des Bau-/Modelljahres: W = 1998, X – 1999; Y – 2000; 1 – 2001; 2 – 2002

⑥ Produktionsstätte

⑦ Laufende Numerierung; beginnt in jedem Modelljahr mit 000 001.

Die wichtigsten Motordaten

Motorbezeichnung	1,0 l	1,0 l	1,3 l	1,4 l	1,4 l	1,4 l	1,6 l
Motorkennbuchstaben	AEV	ALL, ALD, AUC[2)]	ADX	AEX, AKV, APQ, ANW, AKK, AUD, ANX	APE, AUA, AHW	AFH, AQQ, AUB, AFK	AEA
Fertigung von – bis	9/94 – 7/96	9/97 – 10/01	9/94 – 7/95	8/95 – 10/01	10/99 – 10/01	5/96 – 10/01	9/94 – 7/95
Hubraum cm^3	1043	999	1298	1390	1390	1390	1598
Leistung kW bei 1/min PS bei 1/min	33/5200 45/5200	37/5000 50/5000	40/5200 55/5200	44/4700 60/4700	55/5000 75/5000	74/6000 100/6000	55/5200 75/5200
Drehmoment Nm bei 1/min	76/2800	86/3000	100/2800	116/2800	126/3800	128/4400	128/2800
Bohrung ∅ mm	75,0	67,1	76,5	76,5	76,5	76,5	76,5
Hub mm	59,0	70,6	70,6	75,6	75,6	75,6	86,9
Verdichtung	10,0	10,5	10,0	10,2	10,5	10,5	10,0
Kraftstoff bleifrei ROZ	Super/95	Super/95	Super/95	Super/95	Super/95	Super/95	Super/95

Motorbezeichnung	1,6 l	1,6 l	1,6 l	1,6 l	1,4 l	1,7 l	1,7 l
Motorkennbuchstaben	AEE, ALM	APF	AJV	ARC, AVY	AMF	AHG	AKU
Fertigung von – bis	8/95 – 9/99	10/99 – 10/01	3/98 – 9/99	10/99 – 10/01	10/99 – 10/01	4/97 – 10/97	8/97 – 10/01
Hubraum cm^3	1598	1598	1598	1598	1422	1715	1715
Leistung kW bei 1/min PS bei 1/min	55/4800 75/4800	74/5600 100/5600	88/6200 120/6200	92/6200 125/6200	55/4000 75/4000	42/4200 57/4200	44/4200 60/4200
Drehmoment Nm bei 1/min	135/2800	145/3800	148/3400	152/3000	195/2200	112/2200	115/2200
Bohrung ∅ mm	76,5	81,0	76,5	76,5	78,5	79,5	79,5
Hub mm	86,9	77,4	86,9	86,9	95,5	86,4	86,4
Verdichtung	9,8	10,3	10,6	10,5	19,5	19,5	19,5
Kraftstoff bleifrei ROZ	Super/95	Super/96	Super/98	Super/98	Diesel	Diesel	Diesel

Motorbezeichnung	1,9 l	1,9 l	1,9 l	1,9 l	1,9 l	1,9 l	1,9 l
Motorkennbuchstaben	AEF	AGD, ASX	AQM	AHU, ALE	ALH	AFN	ASV
Fertigung von – bis	11/95 – 10/01	7/96 – 10/01	10/99 – 10/01	1/97 – 9/99	10/99 – 10/01	6/98 – 9/99	10/99 – 10/01
Hubraum cm^3	1896	1896	1896	1896	1896	1896	1896
Leistung kW bei 1/min PS bei 1/min	47/4200 64/4200	47/4200 64/4200	50/4200 68/4200	66/4000 90/4000	66/3750 90/3750	81/4150 110/4150	81/4000 110/4000
Drehmoment Nm bei 1/min	125/2000	124/2200[1)]	133/2200	202/1900	210/1900	235/1900	235/1900
Bohrung ∅ mm	79,5	79,5	79,6	79,5	79,5	79,5	79,5
Hub mm	95,5	95,5	95,6	95,5	95,5	95,5	95,5
Verdichtung	22,5	19,5	19,6	19,5	19,5	19,5	19,5
Kraftstoff	Diesel	Diesel	Diesel	Diesel	Diesel	Diesel	Diesel

[1)] Ab 5/00 Motorkennbuchstabe ASX, Drehmoment: 124 Nm bei 2000/min.

[2)] Ab 10/99 Motorkennbuchstabe AUC, Drehmoment: 86 Nm bei 3600/min.

Motor aus- und einbauen

Der Motor wird mit Getriebe nach vorn ausgebaut. Zum Ausbau des Motors wird ein Kran benötigt. In **keinem Fall** darf der Motor mit einem Rangierheber nach unten abgesenkt werden, da der Heber am Motor schwere Schäden verursachen würde.

Da auch auf der Wagenunterseite einige Verbindungen gelöst werden müssen, werden vier Unterstellböcke sowie zum Aufbocken des Wagens ein Rangierheber benötigt. Vor der Montage im Motorraum sollten die Kotflügel mit Decken geschützt werden.

Je nach Baujahr und Ausstattung können die elektrischen Leitungen beziehungsweise Unterdruck- oder Kühlmittelschläuche unterschiedlich im Motorraum verlegt sein. Da im einzelnen nicht auf jede Variante eingegangen werden kann, empfiehlt es sich, die jeweilige Leitung vor dem Ausbau mit Tesaband zu kennzeichnen. Beschrieben wird der Ausbau der Benzinmotoren mit 50 – 75 PS.

Benötigte Sonderwerkzeuge und Hilfsmittel

- Zange für Federbandschellen, z. B. HAZET 798-5
- Aufhängevorrichtung, z. B. VW-2024 A
- MoS_2-Schmierfett, z. B. VW-G 000 100
- Drehmomentschlüssel 5...50 Nm
- Drehmomentschlüssel 40...200 Nm
- Kabelbinder

Ausbau

- Batterie ausbauen, Warnhinweise beachten, siehe Seite 230.
- Batteriehalter ausbauen.
- Plusleitung von der Batterie zum Anlasser freilegen beziehungsweise über den Motor legen. Die Leitung wird zusammen mit dem Triebwerk ausgebaut.

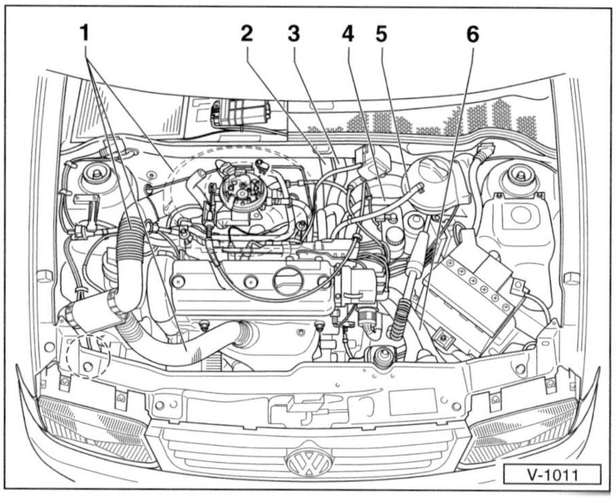

- Luftfilter –1– mit Luftschläuchen ausbauen, siehe Seite 83.
- Kühlmittel ablassen, siehe Seite 51.
- Folgende Kühlmittelschläuche vom Motor abziehen, vorher Klemmschellen mit Zange, z. B. HAZET 798-5, zusammendrücken und zurückschieben:
  - Oberen Schlauch –6– vom Kühler am Kühlmittelstutzen.
  - Unteren Schlauch vom Kühler am Kühlmittelreglergehäuse.
  - Entlüftungsschlauch –5– vom Ausgleichbehälter am Kühlmittelstutzen.
  - Schlauch –4– für Kühlmittelzufluß vom Ausgleichbehälter am Verteilerstück.
  - 2 Heizungsschläuche –2/3– an der Spritzwand.

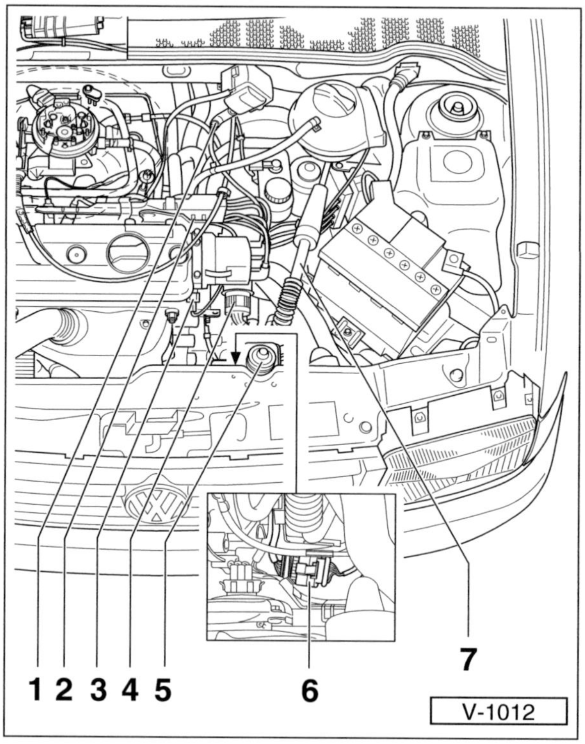

- Alle elektrischen Leitungen zum Motor abziehen beziehungsweise abklemmen:
  - Zentralstecker »Motor« –4–. Dazu Stecker um ¼ Umdrehung (90°) nach links drehen und abziehen.
  - Massekabel vom Motor, unterhalb des Zentralsteckers.
  - Steckverbindung –6– für Lambdasonde am Halter hinteres Motorlager trennen.
  - Massekabel –2– vom Zylinderkopfdeckel.
  - Stecker –3– vom Geber für Kühlmitteltemperatur.
  - Am Generator/Lichtmaschine dicke Leitung (B+) und dünne blaue Leitung (D+) abklemmen.
  - Hochspannungsleitung –1– zwischen Zündverteiler und Zündtrafo.
  - Stecker vom Rückfahrlichtschalter am Getriebe.
  - Stecker vom Geber für Geschwindigkeitsmesser am Getriebe.

Achtung: Alle Kabelbinder, die beim Motorausbau gelöst oder aufgeschnitten werden, sind beim Motoreinbau an der gleichen Stelle wieder anzubringen. Daher Einbaupositionen mit Tesaband markieren.

- Kupplungszug –7– aushängen, siehe Seite 105.
- Gaszug am Drosselklappenteil und am Widerlager aushängen, siehe Seite 73.
- Folgende Unterdruckschläuche abziehen:
  - Am Bremskraftverstärker Winkelstück mit Schraubendreher abhebeln.
  - Schlauch für Aktivkohlefilter am Verbindungsstück. Klemmschelle gegebenenfalls durchkneifen und beim Einbau Schraubschelle verwenden.

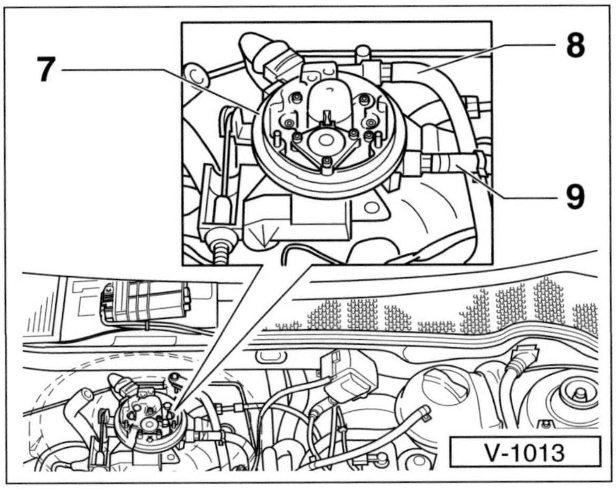

- Kraftstoffvorlauf- –8– und Rücklaufleitung –9– von der Einspritzeinheit –7– abziehen, vorher Schlauchklemmen lösen. Beim Abziehen Lappen unterlegen und eventuell auslaufenden Kraftstoff auffangen. Leitungen umgehend mit geeignetem Stopfen verschließen. Dazu beispielsweise saubere Schrauben mit entsprechendem Gewindedurchmesser in die Schläuche stecken. Kraftstoffleitungen am Kunststoffhalter ausclipsen und zur Seite legen.
- Fahrzeug aufbocken.

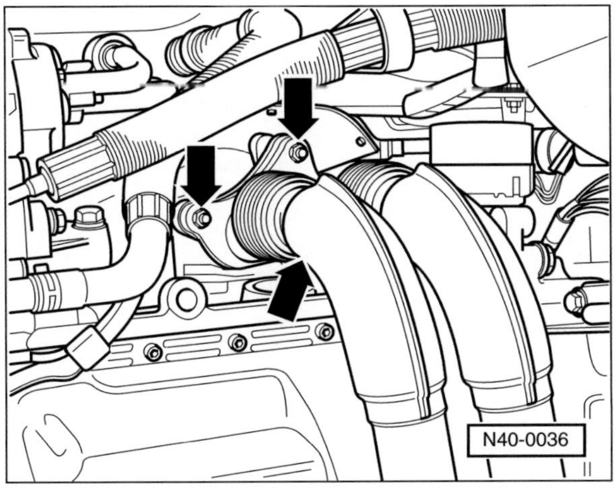

- Vorderes Abgasrohr abschrauben. Abgasanlage etwas absenken und mit Draht am Aufbau aufhängen, siehe auch Seite 96.
- Gelenkwelle am Getriebe abschrauben und mit Drahthaken aufhängen, siehe Seite 125.

- Schloßträger mit Anbauteilen ausbauen, siehe Seite 179.

Fahrzeuge mit Servolenkung:

- Flügelpumpe für Servolenkung abschrauben und mit Draht am Aggregateträger befestigen, Schläuche bleiben angeschlossen.

Fahrzeuge mit Klimaanlage:

Achtung: Der Kältemittelkreislauf der Klimaanlage darf nicht geöffnet werden. Das Kältemittel kann bei Hautberührung zu Erfrierungen führen.

Um den Motor auch ohne Öffnen des Kältemittelkreislaufs ausbauen zu können, ist folgendermaßen vorzugehen:

- Flüssigkeitsbehälter für Klimaanlage abschrauben und frei hängen lassen.
- Halteschellen der Kältemittelleitungen abschrauben.

Achtung: Die Leitungen und Schläuche der Klimaanlage dürfen nicht überdehnt, geknickt oder verbogen werden.

- Keilrippenriemen ausbauen, siehe Seite 40.

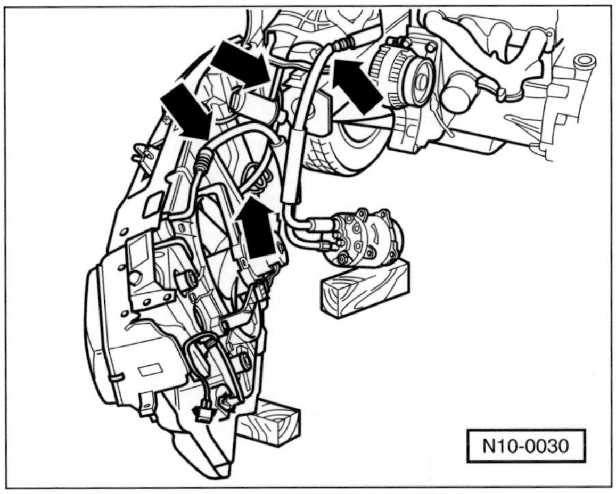

- Kältekompressor abschrauben und so ablegen, daß die Kältemittelleitungen und -schläuche –Pfeile entlastet sind.

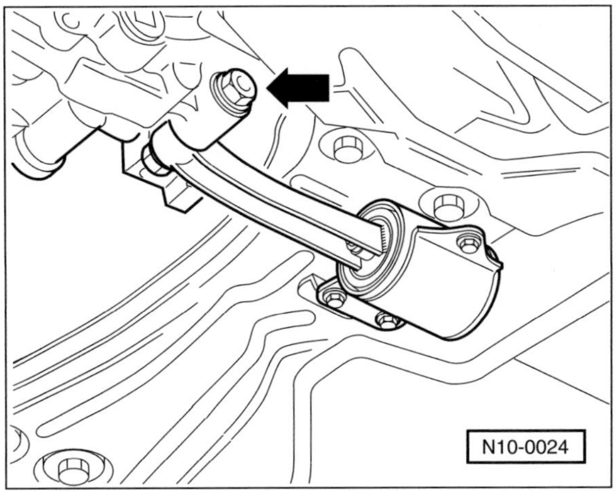

- Pendelstütze am Getriebe abschrauben.

- Fahrzeuge mit Servolenkung: Nachfüllbehälter für Servolenkung –5– (Abbildung V-1012) hochbinden.

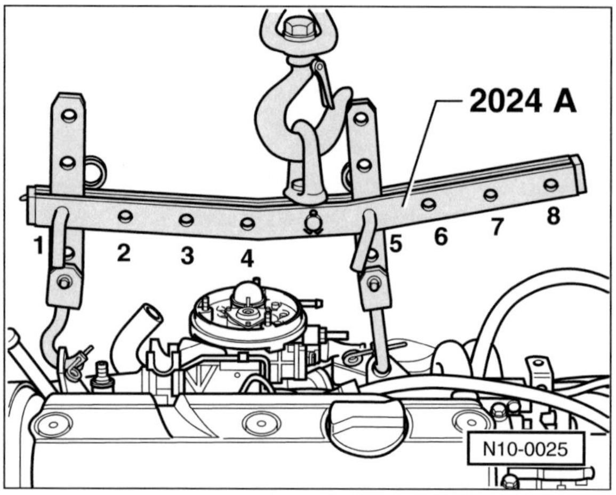

- Falls vorhanden, Aufhängevorrichtung VW-2024A wie folgt einhängen und mit Werkstattkran leicht anheben:
  Riemenscheibenseite:
  2. Bohrung der Lochschiene in Position 1
  Schwungradseite:
  2. Bohrung der Lochschiene in Position 5

Achtung: An den Haken und Absteckstiften Sicherungsstifte verwenden. Zur Abstimmung auf die Schwerpunktlage des Aggregates müssen die Lochschienen der Aufnahmehaken in Position und Länge richtig abgesteckt werden. Die mit 1 bis 4 beschrifteten Absteckpositionen des Tragbügels zeigen zur Riemenscheibe. Die Bohrungen in den Lochschienen werden vom Haken ab gezählt.

- Steht die Aufhängevorrichtung nicht zur Verfügung, geeignete Kette in die Aufhängeösen des Motors einhängen.
- Motor mit Werkstattkran so weit anheben, bis die Motorlager entlastet sind.
- Motor/Getriebe-Einheit am Getriebe- und am Motorlager abschrauben .
- Aggregat absenken, bis es aus der Getriebelagerung heraus ist.
- Prüfen, ob sämtliche Schläuche und Leitungen, die vom Motor zum Aufbau führen, abgezogen sind.
- Motor mit Getriebe nach vorn herausheben. Dabei Aggregat etwas drehen und wieder leicht anheben.

Achtung: Der Motor muß beim Herausheben sorgfältig geführt werden, um Beschädigungen am Aufbau zu vermeiden.

Einbau

- Motorlager, Kühlmittel-, Öl- und Kraftstoffschläuche auf Porosität oder Risse prüfen, falls erforderlich erneuern.
- Kupplungs-Mitnehmerscheibe auf ausreichende Belagdicke sowie Belagzustand prüfen. Bei fortgeschrittenem Verschleiß beziehungsweise hoher Kilometerleistung Kupplung komplett austauschen. Falls das Kupplungsausrücklager beim Treten des Kupplungspedals Geräusche verursachte, Lager auswechseln.
- Kupplungsausrücklager auf Verschleiß prüfen, gegebenenfalls ersetzen, siehe Seite 102.
- Kupplungsausrücklager und Verzahnung der Antriebswelle reinigen und dünn beispielsweise mit MoS_2- oder V.A.G-Fett G000100 schmieren. **Achtung:** Führungshülse des Ausrücklagers **nicht** schmieren.
- Prüfen, ob die Paßhülsen zur Zentrierung von Motor und Getriebe im Motorblock vorhanden sind, gegebenenfalls Paßhülsen einsetzen.
- Beim Hereinschwenken des Aggregates auf Freigang zu den Gelenkwellen achten.
- Motor am Getriebe anflanschen. Dabei Getriebe-Antriebswelle so verdrehen, daß sie in Kupplung und Schwungrad eingreift. Es kann auch die Kurbelwelle an der Zentralschraube entsprechend verdreht werden.
- Verbindungsschrauben Motor/Getriebe mit folgendem Anzugsdrehmoment festziehen:
  M10-Schrauben: **45 Nm**;
  M12-Schrauben: **80 Nm**.
- Triebwerk vorsichtig in den Motorraum einführen. Darauf achten, daß der Motor sorgfältig geführt wird, um Beschädigungen an den Antriebswellen zu vermeiden.
- Motorlagerung einbauen. Schrauben an Gewinde und Kopf leicht eingeölt einsetzen, noch nicht festziehen.
- Aufhängevorrichtung aushängen.
- Motorlagerung durch kräftige Schüttelbewegungen spannungsfrei einrichten. Gegebenenfalls Motorlager auch am Aufbau lösen.
- Schrauben für Motorlagerung mit folgenden Anzugsmomenten festziehen:

Motorlager

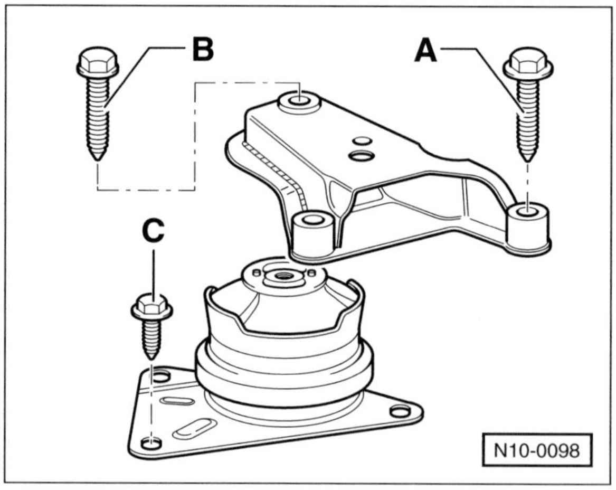

A = **50 Nm**; B = **50 Nm**; C = **20 Nm + ⅛ Umdrehung** weiterdrehen.

Getriebelager

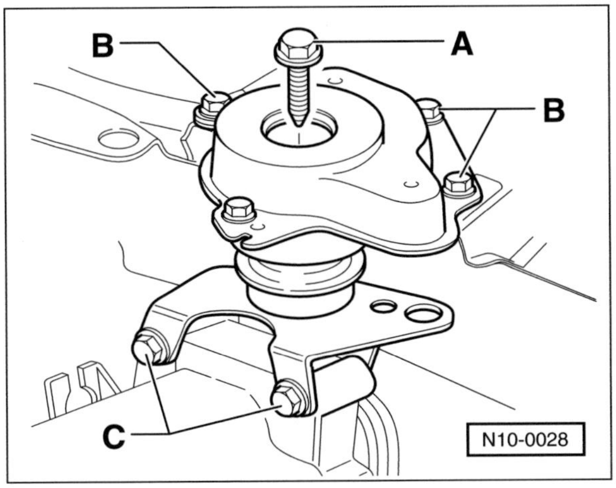

A = **80 Nm**; B = **20 Nm + ⅛ Umdrehung** weiterdrehen;
C = **50 Nm**.

Pendelstütze

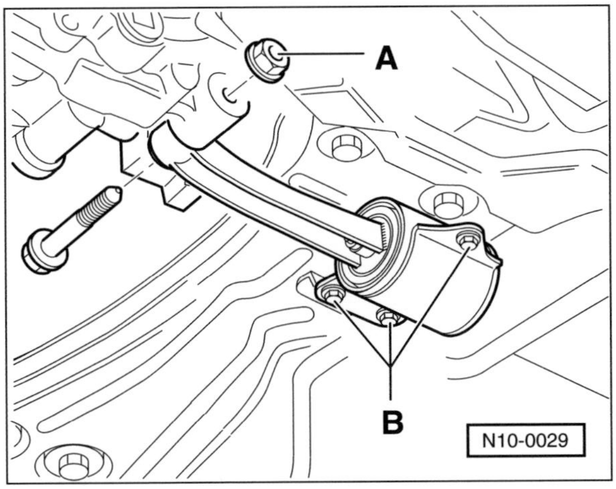

A = **50 Nm**, mit der Mutter anziehen; B = **35 Nm**.

- Gelenkwellen am Getriebe einbauen, siehe Seite 125.
- Spitzschraube für Schaltfingerbefestigung ersetzen und mit **25 Nm** anziehen. Gewinde im Schaltfinger reinigen, siehe auch Seite 116.
- Abgasrohr an Abgaskrümmer anschrauben, siehe Seite 96.
- Riemenscheibe/Schwingungsdämpfer ansetzen, paßt nur in einer Stellung, und mit **20 Nm** anschrauben.

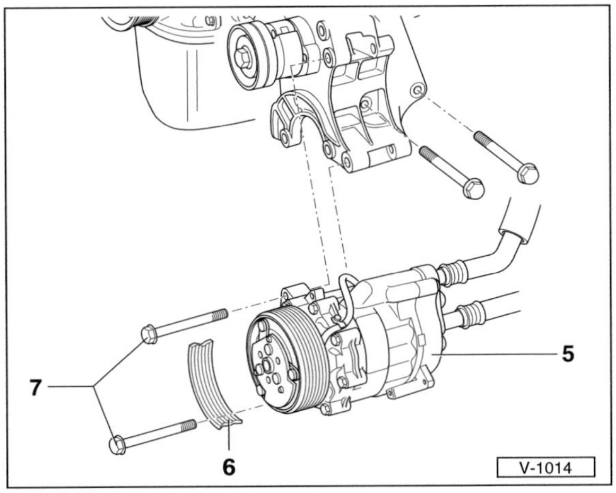

- Kältekompressor –5– mit **45 Nm** anschrauben –7–.
- Servopumpe mit **25 Nm** anschrauben.
- Keilrippenriemen –6– einbauen, siehe Seite 40.
- Kupplungsseil einhängen, siehe Seite 105.
- Schloßträger einbauen, siehe Seite 179.
- Fahrzeug ablassen.
- Kraftstoffvorlauf- und Rücklaufleitung an der Einspritzeinheit aufschieben und mit Schlauchklemmen sichern. **Achtung:** Kraftstoffleitungen nicht vertauschen. Die Anschlüsse an der Einspritzeinheit sind mit Pfeilen gekennzeichnet, die in Durchflußrichtung zeigen.
- Sämtliche Unterdruckschläuche aufschieben, gegebenenfalls mit Schellen sichern, siehe unter »Ausbau«.
- Gaszug am Drosselklappenteil und am Widerlager einhängen, siehe Seite 73.
- Sämtliche elektrischen Leitungen zum Motor anschließen, siehe unter »Ausbau«.
- Kühlmittelschläuche zum Motor aufschieben und mit Schellen sichern, siehe unter »Ausbau«.
- Luftfilter mit Luftschläuchen einbauen, siehe Seite 83.
- Halter für Batterie anschrauben.
- Batterie einbauen, Hinweise beachten, siehe Seite 230.
- Ölstand in Motor und Getriebe prüfen, gegebenenfalls auffüllen, siehe Seite 275.
- Kühlmittel auf Gefrierschutz prüfen und auffüllen, siehe Seite 51.
- Gaszug einstellen, siehe Seite 73.
- Motor auf Betriebstemperatur bringen. Dazu Motor warmfahren bis die Kühlmittel-Temperaturanzeige normale Betriebstemperatur des Kühlmittels signalisiert. Der Zeiger steht dann auf der +90° C-Marke. Anschließend noch mindestens 5 km weiterfahren, damit auch eine ausreichende Motoröltemperatur sichergestellt ist.
- Schlauchanschlüsse auf Dichtheit prüfen.
- Zündzeitpunkt prüfen, siehe Seite 60.
- Scheinwerfereinstellung prüfen, siehe Seite 247.
- Zeituhr einstellen. Diebstahlcode für Radio eingeben.

Zahnriementrieb

Benzinmotor: 1,0-/1,3-/1,4-l mit 45/50/55/60 PS sowie 1,6-l/75 PS

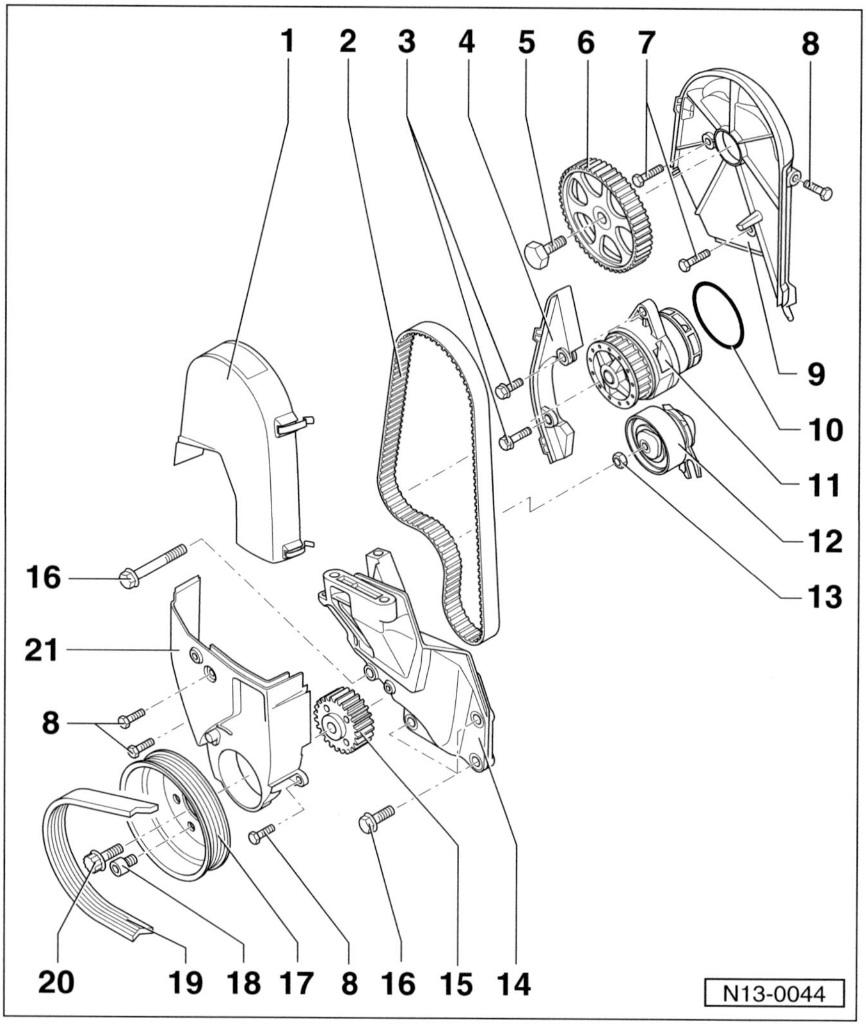

1 – **Zahnriemen-Abdeckung oben**

2 – **Zahnriemen**
Vor dem Ausbau Laufrichtung des Zahnriemens kennzeichnen. Zahnriemen nicht knicken.

3 – **Schrauben, 20 Nm**

4 – **Zahnriemenschutz für Kühlmittelpumpe**

5 – **Schraube, 20 Nm + ¼ Umdrehung (90°) weiterdrehen**
Immer ersetzen.

6 – **Nockenwellenrad**

7 – **Schrauben, 10 Nm**
Mit Sicherungsmittel D6 einsetzen.

8 – **Schraube, 10 Nm**

9 – **Zahnriemen-Abdeckung hinten**

10 – **O-Ring**
Immer ersetzen.

11 – **Kühlmittelpumpe**

12 – **Spannrolle**

13 – **Mutter, 20 Nm**
Schraube, 20 Nm
Je nach Motor wird eine Mutter oder eine Schraube verwendet.

14 – **Halter**

15 – **Zahnriemenrad für Kurbelwelle**

16 – **Schraube, 40 Nm + ¼ Umdrehung (90 °) weiterdrehen**

17 – **Riemenscheibe**
Bei der Montage Fixierung beachten.

18 – **Schraube, 20 Nm**

19 – **Keilrippenriemen**
Vor Ausbau Laufrichtung kennzeichnen.

20 – **6-Kant-Schraube, 90 Nm + ⅓ Umdrehung (120 °) weiterdrehen, 12-Kant-Schraube, 90 Nm + ¼ Umdrehung (90°) weiterdehen**
Immer ersetzen, geölt einsetzen. Das Weiterdrehen kann in mehreren Stufen erfolgen. Der Weiterdrehwinkel kann mit einer handelsüblichen Winkelmeßscheibe, z.B. Hazet 6690 gemessen werden.

21 – **Zahnriemen-Abdeckung unten**

Zahnriemen aus- und einbauen/ spannen/Steuerzeiten einstellen

Benzinmotor: 1,0-/1,3-/1,4-l mit 45/50/55/60 PS sowie 1,6-l/75 PS

Ausbau

Achtung: Zahnriemen nur bei kaltem Motor (Umgebungstemperatur) aus- und einbauen.

- Keilrippenriemen ausbauen, siehe Seite 40.
- Kurbelwelle auf OT für Zylinder 1 stellen und Einstellung nicht mehr verändern.

Motor auf OT für Zylinder 1 stellen

- Obere Zahnriemenabdeckung ausbauen.

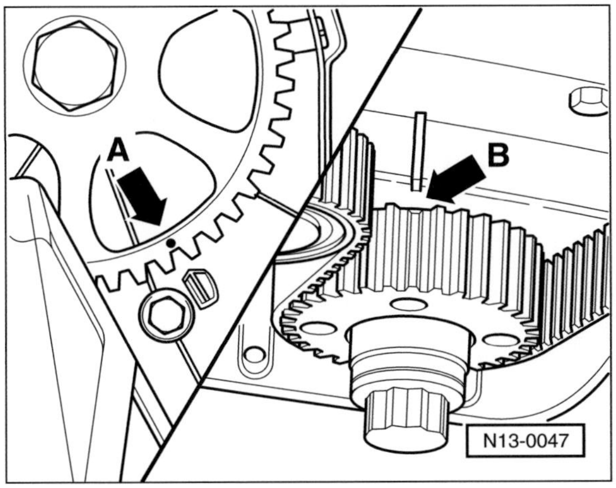

- Motor-Kurbelwelle drehen, bis sich die Nockenwelle in OT-Stellung befindet.
- Das Durchdrehen des Motors kann auf mehrere Arten erfolgen:
  1. Fahrzeug seitlich vorn aufbocken. Fünften Gang einlegen, Handbremse anziehen. Angehobenes Vorderrad durchdrehen. Dadurch dreht sich auch die Motor-Kurbelwelle. Zum Drehen des Rades wird eine Hilfsperson benötigt.
  2. Fahrzeug auf ebene Fläche stellen. Fünften Gang einlegen. Fahrzeug vor- oder zurückschieben.
  3. Getriebe in Leerlaufstellung schalten, Handbremse anziehen. Kurbelwelle an der Zentralschraube der Riemenscheibe durchdrehen.

Achtung: Motor **nicht** an der Befestigungsschraube des Nockenwellenrades durchdrehen. Dadurch wird der Zahnriemen überbeansprucht.

- Motor durchdrehen, bis die Markierung auf dem Nockenwellenrad –A– mit der OT-Markierung am Zahnriemenschutz übereinstimmt (linker Teil der Abbildung). Der Motor steht dann in Zünd-OT-Stellung für Zylinder 1.

- Riemenscheibe mit 4 Innensechskantschrauben von der Kurbelwelle abschrauben.
- Untere Zahnriemenabdeckung abschrauben.
- Laufrichtung des Zahnriemens durch einen Pfeil mit einem Fettstift auf dem Zahnriemen markieren. Der Zahnriemen dreht sich im Uhrzeigersinn.
- Zahnriemen entspannen und abnehmen. Dazu Klemmutter der Spannrolle abschrauben und Spannrolle abnehmen.

Achtung: OT-Stellung von Nockenwelle und Kurbelwelle bei ausgebautem Zahnriemen **nicht** mehr verändern. Falls die Nockenwelle bei ausgebautem Zahnriemen verdreht werden muß, darauf achten, daß die Kurbelwelle nicht auf OT steht (Beschädigungsgefahr für Ventile und Kolbenböden). Dazu Stellung des Kurbelwellenrades markieren (mit Farbe eine Markierung auf dem Kurbelwellenrad und am Motorblock anbringen). Anschließend Kurbelwellenrad um ¼ Umdrehung (90°) vor- oder zurückdrehen.

Einbau

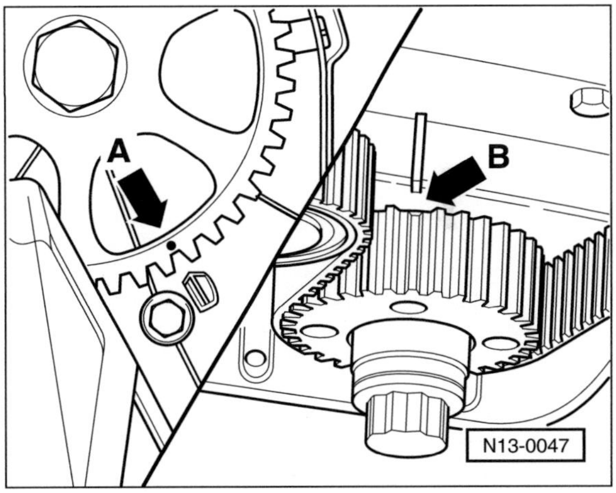

- OT-Stellung von Nockenwelle –linke Abbildung– und Kurbelwelle –rechte Abbildung– prüfen. Der angeschliffene Zahn des Kurbelwellen-Zahnriemenrades muß mit der Markierung am Dichtflansch übereinstimmen –Pfeil B–.

Achtung: Falls die Nockenwelle ohne aufgelegten Zahnriemen verdreht werden muß, darauf achten, daß dabei die Kurbelwelle **nicht** auf OT steht (Beschädigungsgefahr für Ventile und Kolben).

- Zahnriemen auf die Zahnriemenräder auflegen, dabei am Kurbelwellen-Zahnriemenrad beginnen. **Achtung:** Wird der bisherige Zahnriemen wiederverwendet, unbedingt Laufrichtung beachten. Der Einbau des Zahnriemens in umgekehrter Laufrichtung kann zum Reißen des Riemens und dadurch zu Motorschäden führen. Daher Zahnriemen immer so einbauen, daß der angebrachte Pfeil in Drehrichtung des Motors zeigt, also von der Zahnriemenseite her gesehen, in Uhrzeigersinn.

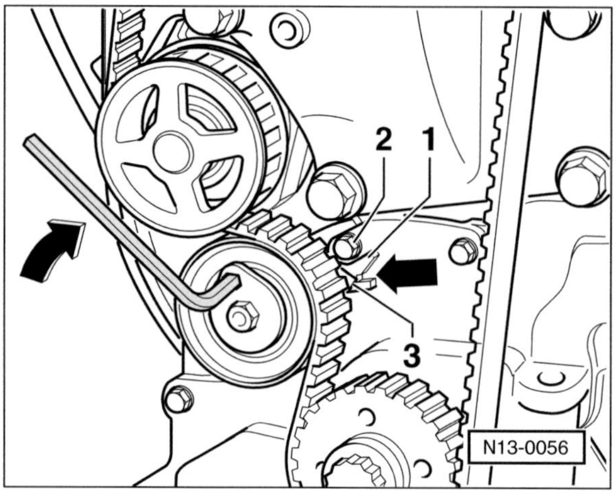

- Spannrolle so einbauen, daß die Aussparung der Grundplatte –1– über die Befestigungsschraube –2– greift. Befestigungsmutter handfest anziehen.
- Zahnriemen durch Verdrehen der Spannrolle in Pfeilrichtung spannen, bis der Zeiger –3– über der Kerbe in der Grundplatte steht –Pfeil–. Klemmutter an der Spannrolle mit **20 Nm** festziehen.
- Motor zweimal durchdrehen und OT-Stellung von Nocken- und Kurbelwelle prüfen. **Sämtliche Markierungen müssen bei gespanntem Zahnriemen gleichzeitig übereinstimmen,** gegebenenfalls Zahnriemen wieder abnehmen und Einstellung wiederholen.
- Zahnriemenschutz-Ober- und Unterteil einbauen.
- Riemenscheibe mit 4 Schrauben anschrauben. Die Riemenscheibe paßt nur in einer Stellung auf das Kurbelwellenzahnrad, Fixierung beachten.
- Keilrippenriemen einbauen, siehe Seite 40.
- Abdeckung für Keilrippenriemen einbauen.
- Zündzeitpunkt prüfen, gegebenenfalls einstellen.

Speziell Motoren AFT, 1F, ADZ:

- Gegebenenfalls Spannrolle für Keilrippenriemen ausbauen.
- Schwingungsdämpfer/Riemenscheibe sowie Riemenscheibe für Kühlmittelpumpe und Zahnriemen-Abdeckung oben und unten ausbauen.
- Beim Einbau Markierung am Nockenwellenrad mit Markierung am Zahnriemenschutz in Übereinstimmung bringen.
- Motor AFT: Markierung am Zwischenwellenrad ist ohne Bedeutung.
- Schwingungsdämpfer/Riemenscheibe einbauen. Einbaulage beachten, Bohrungen sind versetzt.
- OT-Stellung der Kurbelwelle durch Sichtöffnung am Schwungradgehäuse einstellen. Markierungen müssen übereinstimmen. Die Markierung für Zylinder 1 befindet sich am Zündverteilergehäuse und am Verteilerfinger.
- Motor 1F, ADZ: Schwingungsdämpfer/Riemenscheibe mit Schraube befestigen, Fixierung beachten. Markierung am Schwingungsdämpfer muß mit Markierung am Zwischenwellenrad übereinstimmen.
- Anzugsdrehmoment für Zanhriemenspannrolle: **45 Nm**.
- Motor 1F, ADZ: Zum Einbau des Zahnriemenschutzes Schwingungsdämpfer/Riemenscheibe ausbauen. Anschließend wieder einbauen.
- Anzugsdrehmoment für Keilrippenriemenspannrolle: **20 Nm**.

Speziell Motor AFH

- Stellung der Nockenwellenräder beachten. Die Markierungen auf beiden Rädern müssen sich gegenüberstehen. Gegebenenfalls Kurbelwelle 1 Umdrehung weiterdrehen.
- Zum Ausbau Spannrolle lösen. Ansonsten sinngemäß verfahren, siehe Seite 19.

Halbautomatische Zahnriemen-Spannrolle prüfen

Benzinmotor: 1,0-/1,3-/1,4-l mit 45/50/55/60 PS sowie 1,6-l/75 PS

Prüfvoraussetzung:

- Zahnriemen aufgelegt und gespannt.

Prüfen

- Kurbelwelle zweimal in Drehrichtung des Motors durchdrehen und auf OT stellen.

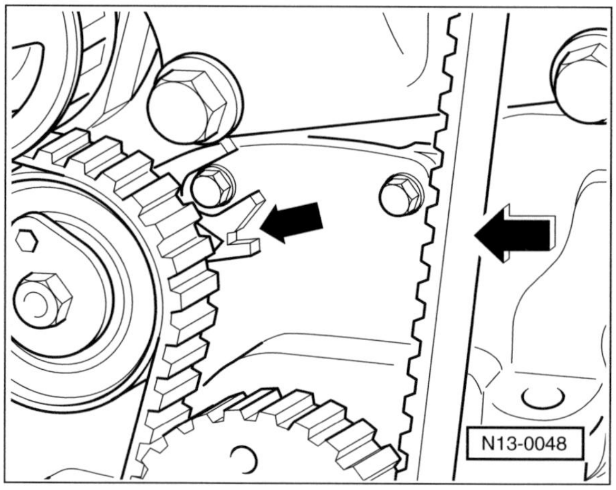

- Zahnriemen mit kräftigem Daumendruck –Pfeil rechts– belasten. Die Markierungen auf der Spannrolle –Pfeil links– müssen sich verschieben.
- Zahnriemen wieder entlasten. Die Spannrolle muß in ihre Ausgangslage zurückgehen.

Nockenwelle/Ventiltrieb

Benzinmotor: 1,0-/1,3-/1,4-l mit 45/50/55/60 PS sowie 1,6-l/75 PS

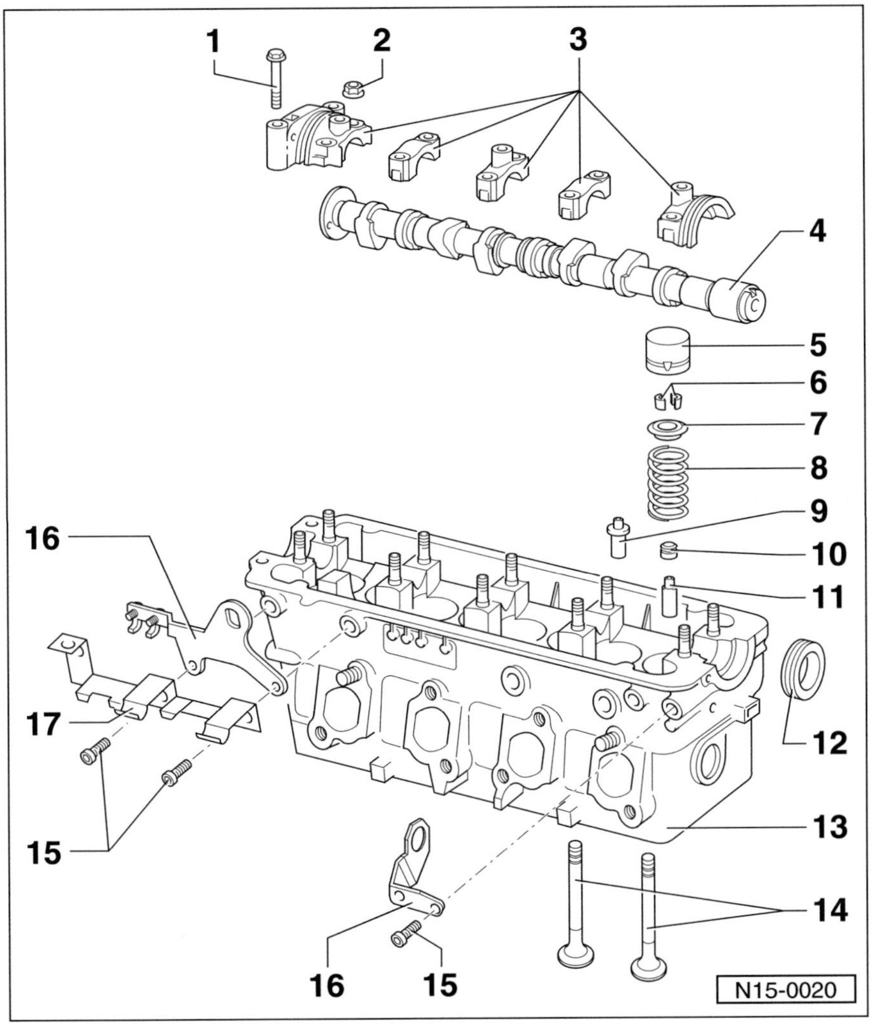

1 – **Schraube, 10 Nm**

2 – **Mutter für Lagerdeckel 6 Nm + ¼ Umdr. (90 °) weiterdrehen**

3 – **Lagerdeckel**
Einbaulage und Einbaureihenfolge beachten. Auflagefläche der Lagerdeckel 1 und 5 leicht mit Dichtmittel VW-D454 300 A2 einstreichen.

4 – **Nockenwelle**
Radialspiel mit Plastigage prüfen: Verschleißgrenze: 0,1 mm
Schlag: max. 0,01 mm
Kennzeichnung und Steuerzeiten beachten.

5 – **Hydrostößel**
Mit hydraulischem Ventilspielausgleich. Hydrostößel nicht vertauschen. Mit der Lauffläche nach unten ablegen. Vor dem Einbau Axialspiel der Nockenwelle prüfen. Lauffläche ölen

6 – **Kegelstücke**

7 – **Ventilfederteller**

8 – **Ventilfeder**

9 – **Reparatur-Ventilführung mit Bund**

10 – **Ventilschaftabdichtung**
Immer ersetzen.

11 – **Ventilführung**

12 – **Dichtring**
Immer ersetzen.
Dichtlippe des Dichtringes leicht einölen.

13 – **Zylinderkopf**
Zylinderköpfe mit Rissen zwischen den Ventilsitzen bzw. zwischen einem Ventilsitzring und dem Zündkerzengewinde können ohne Herabsetzung der Lebensdauer weiterverwendet werden, wenn es sich um leichte, max. 0,5 mm breite Anrisse handelt oder nur die ersten Gänge des Zündkerzengewindes gerissen sind.

14 – **Ventile**
Nicht nacharbeiten, nur einschleifen zulässig.

15 – **Schraube, 20 Nm**

16 – **Aufhängeöse**

17 – **Halter**
Für Zündleitungsführung.

Nockenwelle aus- und einbauen

Motoren mit einer Nockenwelle

Ausbau

- Keilrippenriemen ausbauen, siehe Seite 40.

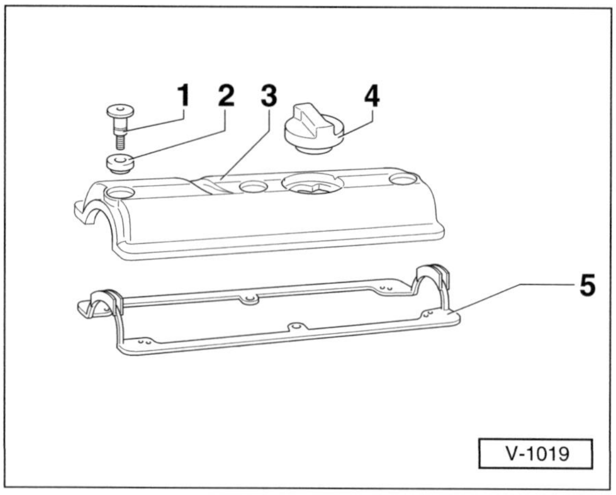

- Zylinderkopfdeckel –3– mit 3 Schrauben –1– abschrauben und mit Dichtung –5– abnehmen. 2 – Dichtscheibe, 5 – Verschlußdeckel.
- Kurbelwelle auf OT Zylinder 1 stellen, siehe Seite 19.

Achtung: Motorstellung nicht mehr verändern.

- Zahnriemen entspannen und nur oben vom Nockenwellenrad abnehmen, siehe Seite 19.
- Nockenwellenrad von vorn mit einem Dorn arretieren. Dazu einen geeigneten Dorn oder stabilen Schraubendreher durch eine Bohrung im Nockenwellenrad schieben und auf der Oberkante des Zylinderkopfes abstützen. Um eine Beschädigung der Dichtfläche des Zylinderkopfes zu vermeiden, ein Stück Holz unterlegen. Schraubendreher festhalten und Befestigungsschraube für Nockenwelle lösen. Nockenwellenrad abschrauben und abnehmen, gegebenenfalls mit leichten Schlägen eines Gummihammers abtreiben. Scheibenfeder für Nockenwelle entfernen.
- Zahnriemenschutz hinten ausbauen.
- **Benziner:** Zündverteiler ausbauen, siehe Seite 60.

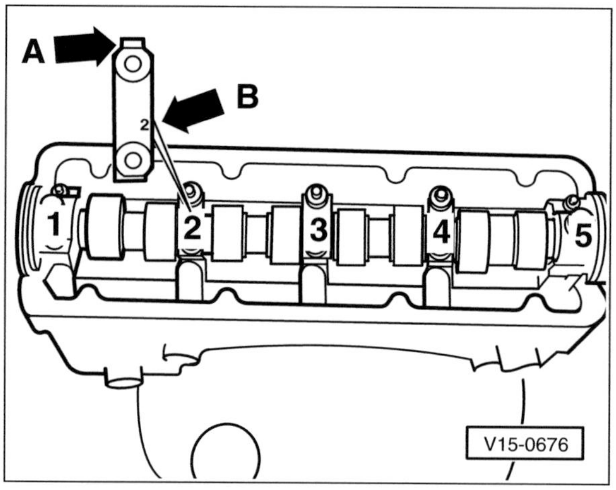

- Sämtliche Lagerdeckel kennzeichnen.
- Zuerst Lagerdeckel 5, 1 und 3 ausbauen. Dann Lagerdeckel 2 und 4 abwechselnd über Kreuz lösen.
- Nockenwelle herausnehmen.

Achtung: Falls die Hydrostößel herausgenommen werden, diese kennzeichnen, damit sie an gleicher Stelle wieder eingesetzt werden können. Hydrostößel mit der **Lauffläche** (Nockenwellenseite) **nach unten** ablegen.

Einbau

- Vor dem Einbau kann die Nockenwelle gegebenenfalls von einer Werkstatt auf Schlag geprüft werden. Verschleißgrenze: 0,01 mm.

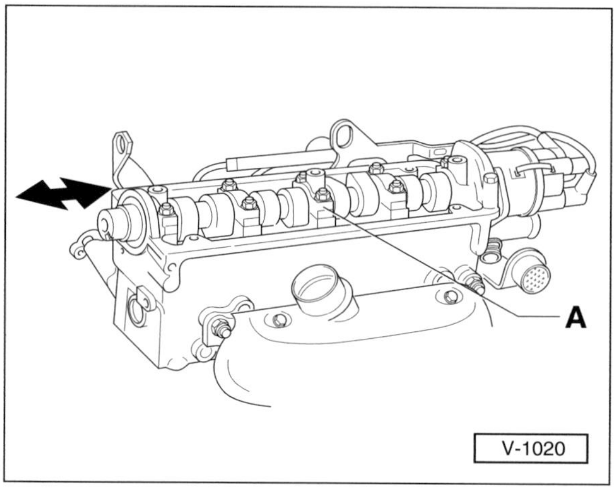

- Wird bei Motoren mit höherer Laufleistung oder Geräuschen im Ventiltrieb die bisherige Nockenwelle wieder eingebaut, ist es zweckmäßig, das Axialspiel prüfen zu lassen. Verschleißgrenze: 0,15 mm. Die Messung erfolgt bei ausgebauten Hydrostößeln und montiertem Lagerdeckel 3 –A–.

- Neuen Dichtring für Nockenwelle einsetzen. Vorher Dichtlippe und äußeren Rand des Dichtringes leicht einölen.
- Verschlußstopfen bei Beschädigungen erneuern.

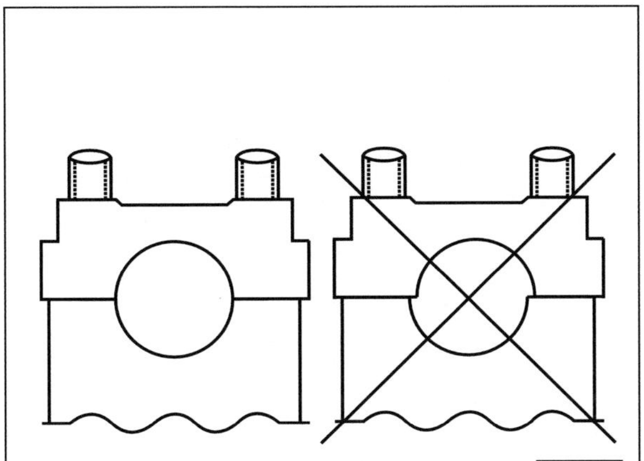

V-1018

- Lagerdeckel probeweise aufsetzen und auf Mittenversatz der Bohrungen achten. Die Lagerdeckel müssen so aufgesetzt werden, daß die Bohrungen von Lagerdeckel und Zylinderkopf übereinstimmen. Auf Markierung der Lagerdeckel achten.
- Falls die Hydrostößel herausgenommen waren, Hydrostößel an der gleichen Stelle wieder einsetzen. Hydrostößel leicht einölen und beim Einsetzen nicht verkanten.

Achtung: Die Hydrostößel dürfen nicht vertauscht werden.

- Nockenwelle einölen und einsetzen.

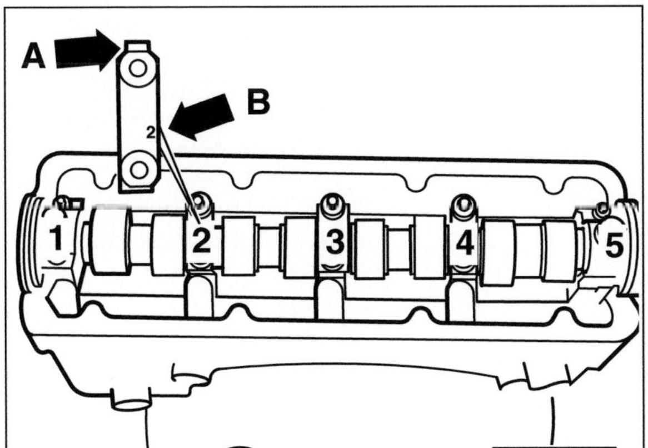

V15-0676

Achtung: Einbaulage der Lagerdeckel beachten. Breiter Anguß –A– zeigt zur Ansaugkrümmerseite und Nummer des Lagerdeckels –B– ist von der Abgaskrümmerseite her lesbar.

- Zuerst Lagerdeckel 2 und 4 abwechselnd über Kreuz anziehen und mit **6 Nm** festziehen (Dieselmotor: **20 Nm**).
- Anlagefläche der Lagerdeckel 1 und 5 leicht mit Dichtmittel VW-D454 300 A2 einstreichen.
- Lagerdeckel 3, 1 und 5 einbauen und mit **6 Nm** festziehen. **Dieselmotor:** Lagerdeckel 5 durch leichte Schläge mit einem Kunststoffhammer auf die Stirnfläche der Nockenwelle einpassen; Anzugsdrehmoment: **20 Nm**.

Benzinmotor

- Anschließend alle **Muttern** um ¼ Umdrehung (90°) weiterdrehen.
- Schrauben für Lagerdeckel 5 einsetzen und mit **10 Nm** festziehen.

- Zahnriemenschutz hinten einbauen.
- Nockenwellenrad einbauen und mit **20 Nm +¼ Umdrehung (90°)** festziehen (Dieselmotor: **45 Nm**).
- **Benziner:** Zündverteiler einbauen, siehe Seite 60.
- Zahnriemen auflegen und spannen, siehe Seite 19, 29.
- Zylinderkopfdeckel mit Dichtung auflegen. Neue Schrauben –1–, siehe Abbildung V-1019, mit neuen Dichtscheiben –2– einsetzen und mit **5 Nm** festziehen. Anschließend Schrauben um ¼ **Umdrehung (90°) weiterdrehen**.
- Dichtung am Verschlußdeckel –5– prüfen, gegebenenfalls ersetzen.
- Riemenscheibe und Zahnriemenschutz-Ober- und Unterteil einbauen.
- Keilrippenriemen einbauen, siehe Seite 40.

Achtung: Falls neue Hydrostößel eingebaut wurden, darf der Motor ca. 30 Minuten nicht gestartet werden, sonst setzen die Ventile auf den Kolben auf.

Zylinderkopf

Benzinmotor: 1,0-/1,3-/1,4-l mit 45/50/55/60 PS sowie 1,6-l/75 PS

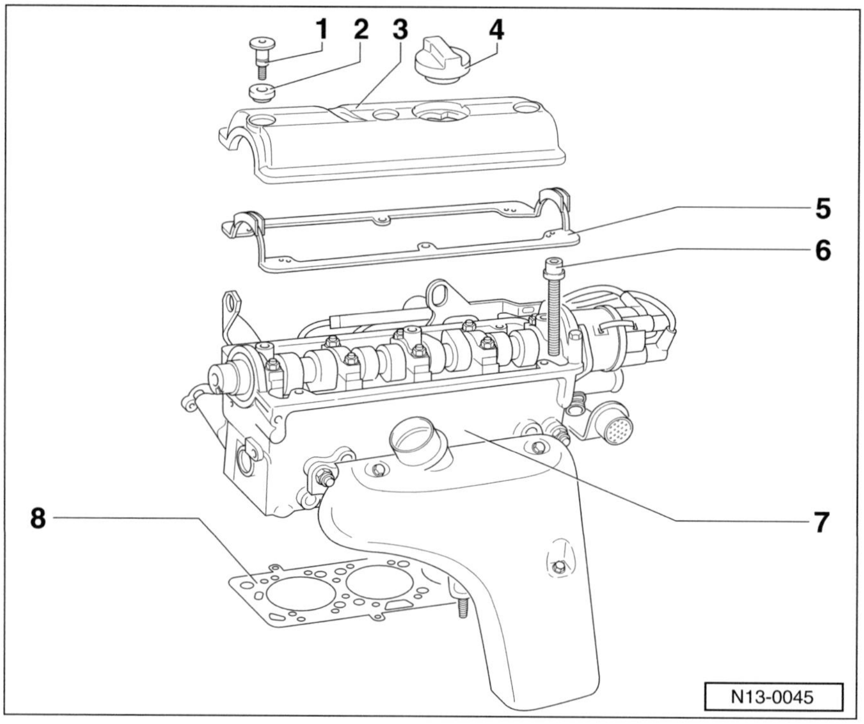

1 – **Schraube, 5 Nm + ¼ Umdrehung weiterdrehen**

2 – **Dichtscheibe**
Immer ersetzen.

3 – **Zylinderkopfdeckel**

4 – **Verschlußdeckel**
Dichtung auf Beschädigung prüfen, gegebenenfalls ersetzen.

5 – **Dichtung für Zylinderkopfdeckel**
Dichtung auf Beschädigung prüfen, gegebenenfalls ersetzen. Vor dem Auflegen Übergänge Lagerdeckel/Zylinderkopf mit Sicherungsmittel "D2" bestreichen.

6 – **Zylinderkopfschraube**
Achtung: Reihenfolge beim Lösen und Anziehen beachten.

7 – **Zylinderkopf**
Nach dem Ersetzen das gesamte Kühlmittel erneuern.

8 – **Zylinderkopfdichtung**
Immer ersetzen. Motoren mit den Kennbuchstaben ADX, AEA, AEE, AER, AEX, AKV, ALL, ANX, APQ besitzen eine Metalldichtung. Nach dem Ersetzen der Zylinderkopfdichtung immer das gesamte Kühlmittel erneuern.

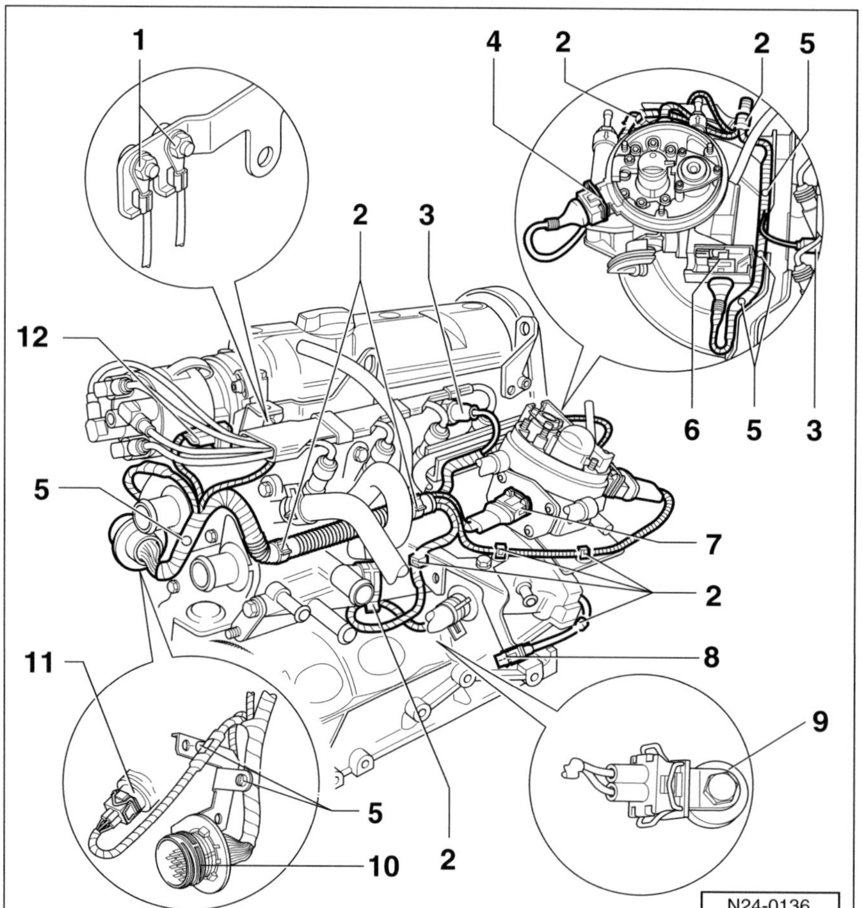

1 – **Masseanschluß**

2 – **Clip**

3 – **Öldruckschalter**

4 – **Anschluß für Einspritzventil und Geber für Ansauglufttemperatur**

5 – **Einsteckclip**
Am Leitungsstrang eingewickelt.

6 – **Drosselklappensteller mit Leerlaufschalter**

7 – **Drosselklappenpotentiometer**

8 – **Steckverbindung für Ansaugrohrvorwärmer**

9 – **Klopfsensor**

10 – **Zentral-Steckverbindung**

11 – **Geber für Kühlmitteltemperatur**

12 – **Hallgeber**

Zylinderkopf aus- und einbauen/ Zylinderkopfdichtung ersetzen

Benzinmotor: 1,0-/1,3-/1,4-l mit 45/50/55/60 PS sowie 1,6-l/75 PS

Zylinderkopf nur bei abgekühltem Motor (Umgebungstemperatur) ausbauen. Abgas- und Ansaugkrümmer bleiben angeschlossen.

Eine defekte Zylinderkopfdichtung ist an einem oder mehreren der folgenden Merkmale erkennbar:

- Leistungsverlust.
- Kühlflüssigkeitsverlust. Weiße Abgaswolken bei warmem Motor.
- Ölverlust.
- Kühlflüssigkeit im Motoröl, Ölstand nimmt nicht ab, sondern zu. Graue Farbe des Motoröls, Schaumbläschen am Peilstab, Öl dünnflüssig.
- Motoröl in der Kühlflüssigkeit.
- Kühlflüssigkeit sprudelt stark.
- Keine Kompression auf 2 benachbarten Zylindern.

Ausbau

Achtung: Falls der Zylinderkopf ersetzt wird, Plastikunterlagen zum Schutz der offenen Ventile erst unmittelbar vor dem Aufsetzen des Zylinderkopfes abnehmen. Außerdem muß das gesamte Kühlmittel erneuert werden.

Zylinderkopfdichtung erst unmittelbar vor dem Einbau aus der Verpackung nehmen.

- Batterie-Massekabel (–) abklemmen. **Achtung:** Dadurch werden elektronische Speicher gelöscht, wie zum Beispiel der Radiocode. Hinweise im Kapitel »Batterie aus- und einbauen« beachten.
- Hochspannungsleitung vom Zündtrafo zur Verteilerkappe abziehen und herausnehmen.
- Kühlmittel ablassen, siehe Seite 51.
- Kühlmittelreglergehäuse mit Kühlmittelschläuchen ausbauen, siehe Seite 52.
- Luftfilter mit Luftschläuchen ausbauen, siehe Seite 83.
- Gaszug am Drosselklappenteil und am Widerlager aushängen, siehe Seite 73.
- Sämtliche elektrischen Leitungen zur Einspritzeinheit und zum Zylinderkopf abziehen, siehe Abbildung N24-0136.
- Am Generator/Lichtmaschine dicke Leitung (B+) und dünne blaue Leitung (D+) abklemmen.

Achtung: Alle Kabelbinder, die beim Zylinderkopfausbau gelöst oder aufgeschnitten werden, sind beim Zylinderkopfeinbau an der gleichen Stelle wieder anzubringen. Daher Einbaupositionen mit Tesaband markieren.

- Folgende Unterdruckschläuche abziehen:
  - Am Bremskraftverstärker Winkelstück mit Schraubendreher abhebeln.
  - Schlauch für Aktivkohlefilter am Verbindungsstück. Klemmschelle gegebenenfalls durchkneifen und beim Einbau Schraubschelle verwenden.

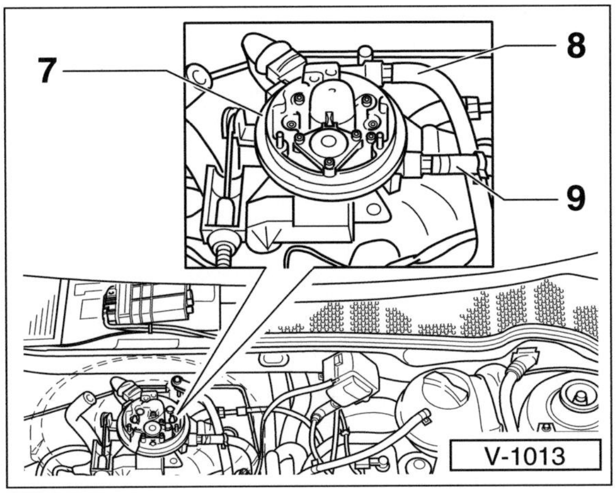

- Kraftstoffvorlauf- –8– und Rücklaufleitung –9– von der Einspritzeinheit –7– abziehen, vorher Schlauchklemmen lösen. Beim Abziehen Lappen unterlegen und eventuell auslaufenden Kraftstoff auffangen. Leitungen umgehend mit geeignetem Stopfen verschließen. Dazu beispielsweise saubere Schrauben mit entsprechendem Gewindedurchmesser in die Schläuche stecken. Kraftstoffleitungen am Kunststoffhalter ausclipsen und zur Seite legen.
- Fahrzeug aufbocken.

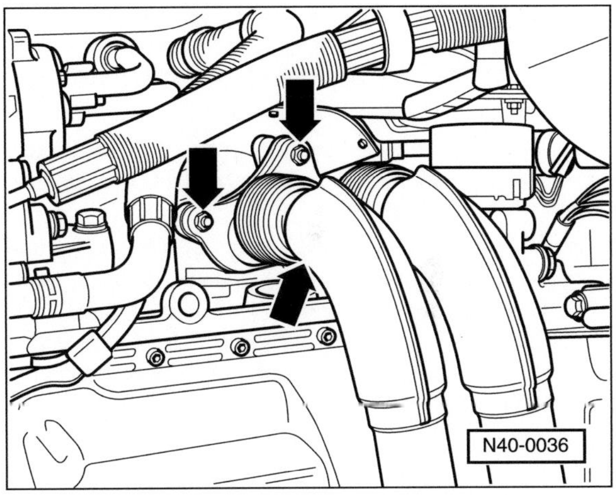

- Vorderes Abgasrohr abschrauben. Abgasanlage etwas absenken und mit Draht am Aufbau aufhängen, siehe auch 96.
- Obere Zahnriemenabdeckung ausbauen, siehe Seite 19.
- Zahnriemen entspannen und oben von der Nockenwelle abnehmen, siehe Seite 19.
- Hintere Zahnriemenabdeckung am Zylinderkopf abschrauben.
- Zylinderkopfdeckel abschrauben.
- Dichtung für Zylinderkopfdeckel abnehmen.

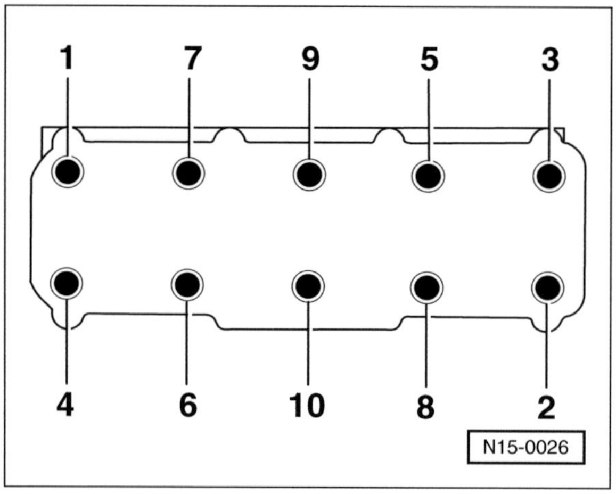

- Zylinderkopfschrauben in der angegebenen Reihenfolge zunächst ½ Umdrehung lösen und dann in derselben Reihenfolge ganz herausdrehen.
- Prüfen, ob sämtliche Leitungen und Schläuche, die zum Zylinderkopf führen, abgezogen sind.
- Zylinderkopf abheben und auf zwei Holzleisten legen.
- Zylinderkopfdichtung abnehmen.

Einbau

Vor dem Einbau Zylinderkopf und Motorblock mit geeignetem Schaber vorsichtig von Dichtungsresten freimachen. Darauf achten, daß kein Schmutz in die Motorblock-Öffnungen fällt. Bohrungen mit Lappen verschließen.

Darauf achten, daß keine langgezogenen Riefen oder Kratzer entstehen. Falls Schleifpapier verwendet wird, darf die Körnung nicht unter 100 liegen.

- Prüfen, ob die Bohrungen für die Zylinderkopfschrauben frei von Öl sind, gegebenenfalls Öl entfernen. Dazu einen sauberen Lappen in die Bohrungen einführen und Öl aufsaugen. **Achtung:** Verbleibt Öl in den Bohrungen, kann beim Anziehen der Schrauben der Motorblock beschädigt werden.

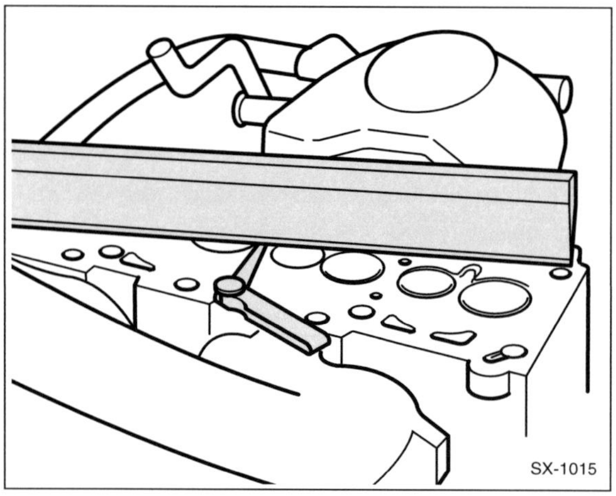

- Zylinderkopf mit Stahllineal auf Verzug prüfen.
- Verzug mit Stahllineal und Fühlerblattlehre an verschiedenen Stellen des Zylinderkopfes prüfen. Die zulässigen Unebenheiten dürfen maximal 0,05 mm nicht überschreiten.

Achtung: Werden die Dichtflächen des Zylinderkopfes nachgearbeitet, darf die zulässige Mindesthöhe von 135,6 mm nicht unterschritten werden.

- Zylinderköpfe mit Rissen zwischen den Ventilsitzen beziehungsweise dem Ventilsitzring und den ersten Gewindegängen des Zündkerzengewindes können ohne Herabsetzung der Lebensdauer weiterverwendet und überholt werden, wenn die Risse eine Breite von max. 0,5 mm nicht überschreiten.

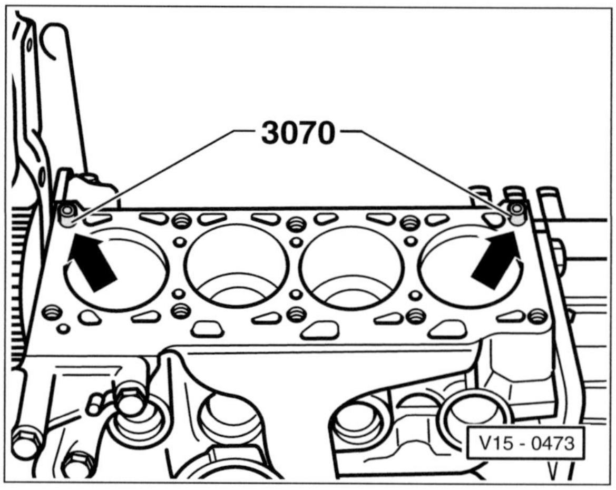

- Zum Zentrieren des Zylinderkopfes Führungsbolzen 3070 in die hinteren äußeren Bohrungen für die Zylinderkopfschrauben einschrauben –Pfeile–. **Hinweis:** Falls die Führungsbolzen nicht zur Verfügung stehen, können stattdessen auch 2 alte Zylinderkopfschrauben mit abgesägten Köpfen verwendet werden. Zum späteren herausdrehen empfiehlt es sich, oben jeweils eine Nut für den Schraubendreher anzubringen.
- **Neue** Zylinderkopfdichtung so auflegen, daß die Beschriftung (Ersatzteil-Nr.) lesbar ist, also zum Zylinderkopf zeigt. Zylinderkopfdichtung ohne Dichtungsmittel so auflegen, daß keine Bohrungen verdeckt werden. **Achtung:** Zylinderkopfdichtung sorgfältig behandeln. Selbst kleine Beschädigungen führen zu Undichtigkeiten. Neue Dichtung erst unmittelbar vor dem Einbau aus der Verpackung nehmen.
- Kurbelwelle an der Riemenscheibe so verdrehen, daß alle Kolben ungefähr auf gleicher Höhe stehen. Kurbelwelle drehen, siehe Seite 19.
- Zylinderkopf aufsetzen, dabei Führungsstifte im Motorblock beachten. Vom neuen Zylinderkopf vorher Plastikunterlagen abnehmen.
- Die 8 Zylinderkopfschrauben mit Unterlegscheiben ansetzen und handfest anziehen. **Zylinderkopfschrauben grundsätzlich ersetzen.**
- Führungsbolzen mit Bolzendreher beziehungsweise mit Schraubendreher herausdrehen und 2 Zylinderkopfschrauben einsetzen und handfest anziehen.

Achtung: Das Anziehen der Zylinderkopfschrauben ist mit größter Sorgfalt durchzuführen. Vor dem Anziehen der Schrauben Drehmomentschlüssel auf seine Genauigkeit prüfen. Die Kopfschrauben bei kaltem Motor anziehen.

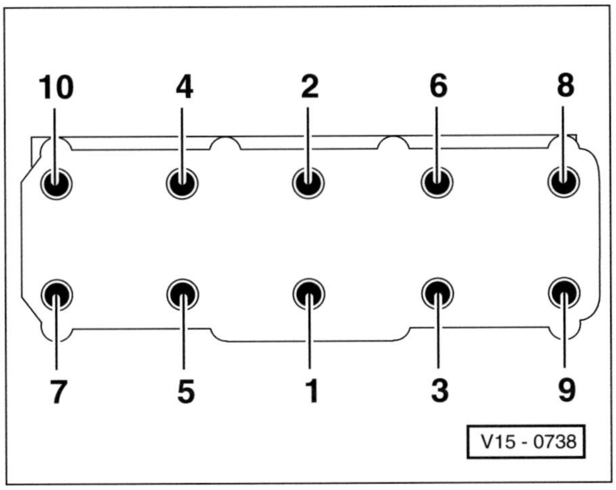

- Die Zylinderkopfschrauben werden in 3 beziehungsweise 4 Stufen angezogen. Schrauben in jeder Stufe jeweils in der Reihenfolge von 1 bis 10 anziehen.

Motoren mit Grauguß-Motorblock:

1. Stufe: mit Drehmomentschlüssel **40 Nm**
2. Stufe: mit Drehmomentschlüssel **60 Nm**
3. Stufe: **1/4 Umdrehung (90°)** mit **starrem** Schlüssel ohne abzusetzen weiterdrehen.
4. Stufe: **1/4 Umdrehung (90°)** mit **starrem** Schlüssel ohne abzusetzen weiterdrehen.

Motoren mit Aluminium-Motorblock:

1. Stufe: mit Drehmomentschlüssel **30 Nm**
2. Stufe: **1/4 Umdrehung (90°)** mit **starrem** Schlüssel ohne abzusetzen weiterdrehen.
3. Stufe: **1/4 Umdrehung (90°)** mit **starrem** Schlüssel ohne abzusetzen weiterdrehen.

- Beim Anziehen der Zylinderkopfschrauben Drehwinkel abschätzen. Schlüsselgriff längs zum Motor ansetzen und in einem Zug drehen, bis der Griff quer zum Motor steht (1/4 Umdrehung = 90°).

Achtung: Ein Nachziehen der Zylinderkopfschrauben bei warmem Motor, im Rahmen der Wartung oder nach Reparaturen, ist **nicht zulässig.**

Achtung: Beim Einbau eines Austausch-Zylinderkopfes mit montierter Nockenwelle müssen die Berührungsflächen zwischen Hydrostößel und Nockenbahn nach Einbau des Zylinderkopfes geölt werden.

- Nockenwelle auf OT für Zylinder 1 stellen, siehe Seite 19.
- Kurbelwelle auf OT für Zylinder 1 stellen, siehe Seite 19.
- Dichtung für Zylinderkopfdeckel auflegen.
- Zylinderkopfdeckel auflegen und mit **10 Nm** anschrauben.
- Zahnriemen auf das Nockenwellenzahnrad auflegen und spannen, siehe Seite 19.
- Obere Zahnriemenabdeckung einbauen, siehe Seite 18.
- Abgasrohr am Abgaskrümmer abschrauben, siehe Seite 96.
- Fahrzeug ablassen.
- Kraftstoffvorlauf- und Rücklaufleitung an der Einspritzeinheit aufschieben und mit Schlauchklemmen sichern. **Achtung:** Kraftstoffleitungen nicht vertauschen. Die Anschlüsse an der Einspritzeinheit sind mit Pfeilen gekennzeichnet, die in Durchflußrichtung zeigen.
- Sämtliche Unterdruckschläuche aufschieben, gegebenenfalls mit Schellen sichern, siehe unter »Ausbau«.
- Gaszug am Drosselklappenteil und am Widerlager einhängen, siehe Seite 73.
- Sämtliche elektrischen Leitungen zum Motor anschließen, siehe unter »Ausbau«.
- Kühlmittelschläuche zum Motor aufschieben und mit Schellen sichern, siehe unter »Ausbau«.
- Luftfilter mit Luftschläuchen einbauen, siehe Seite 83.
- Hochspannungsleitung am Zündtrafo aufstecken.
- Ölstand im Motor prüfen, gegebenenfalls auffüllen. **Achtung:** Wurde der Zylinderkopf aufgrund einer defekten Zylinderkopfdichtung abgebaut, empfiehlt sich ein vorgezogener Ölwechsel einschließlich eines Ölfilterwechsels, da sich im Motoröl Kühlflüssigkeit befinden kann.
- Neues Kühlmittel mit ausreichendem Gefrierschutz einfüllen, siehe Seite 51.

Achtung: Generell **neues** Kühlmittel verwenden.

- Gaszug einstellen, siehe Seite 73.
- Batterie-Massekabel (–) anklemmen.
- Motor auf Betriebstemperatur bringen. Dazu Motor warmfahren bis die Kühlmittel-Temperaturanzeige normale Betriebstemperatur des Kühlmittels signalisiert. Der Zeiger steht dann auf der +90° C-Marke. Anschließend noch mindestens 5 km weiterfahren, damit auch eine ausreichende Motoröltemperatur sichergestellt ist.
- Ölstand und Kühlmittelstand überprüfen und sämtliche Schlauchanschlüsse auf Dichtheit prüfen.
- Zündzeitpunkt prüfen, siehe Seite 60.
- Zeituhr einstellen.
- Diebstahlcode für Radio eingeben, siehe Kapitel »Radio-Codierung eingeben«.

Zahnriementrieb

Dieselmotor AEF, AGD, ASX, AHG, AKU

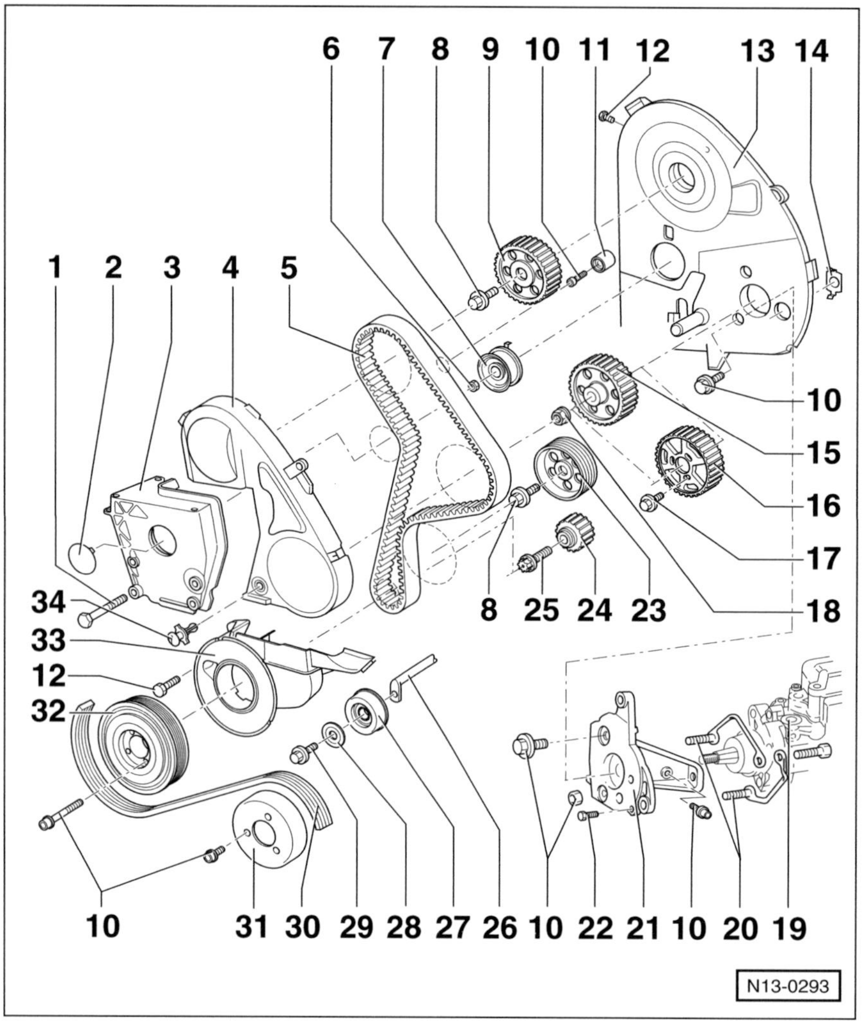

1 – **Schraube, 45 Nm**

2 – **Abdeckkappe**

3 – **Halter**

4 – **Zahnriemen-Abdeckung oben**

5 – **Zahnriemen**

6 – **Mutter, 20 Nm**

7 – **Spannrolle**

8 – **Schraube, 45 Nm**

9 – **Nockenwellenrad**

10 – **Schraube, 25 Nm**

11 – **Umlenkrolle**
Motor AGD, ASX.

12 – **Schraube, 12 Nm**

13 – **Zahnriemen-Abdeckung hinten**

14 – **Klammer**

15 – **Einspritzpumpenrad**
Motor AGD, ASX, AHG, AKU.

16 – **Einspritzpumpenrad**
Motor AEF.

17 – **Schraube, 25 Nm**

18 – **Mutter, 55 Nm**

19 – **Einspritzpumpe**

20 – **Halter**
Motor AGD, ASX, AHG, AKU.

21 – **Konsole**

22 – **Schraube, 25 Nm**

23 – **Zwischenwellenrad**

24 – **Zahnriemenrad Kurbelwelle**

25 – **Schraube, 90 Nm + ¼ Umdrehung (90°) weiterdrehen**
Immer ersetzen. Lösen und Anziehen mit Gegenhalter 3099. Weiterdrehen in mehreren Stufen erlaubt.

26 – **Spannhebel**
Mit G 000 100 fetten.

27 – **Spannrolle**

28 – **Scheibe**

29 – **Schraube, 20 Nm**
Linksgewinde.

30 – **Keilrippenriemen**

31 – **Riemenscheibe**

32 – **Riemenscheibe/Schwingungsdämpfer**
Montage nur in einer Stellung möglich. Bohrungen sind versetzt.

33 – **Zahnriemen-Abdeckung unten**

34 – **Spreizclip**

Nockenwellen-Einstelllineal

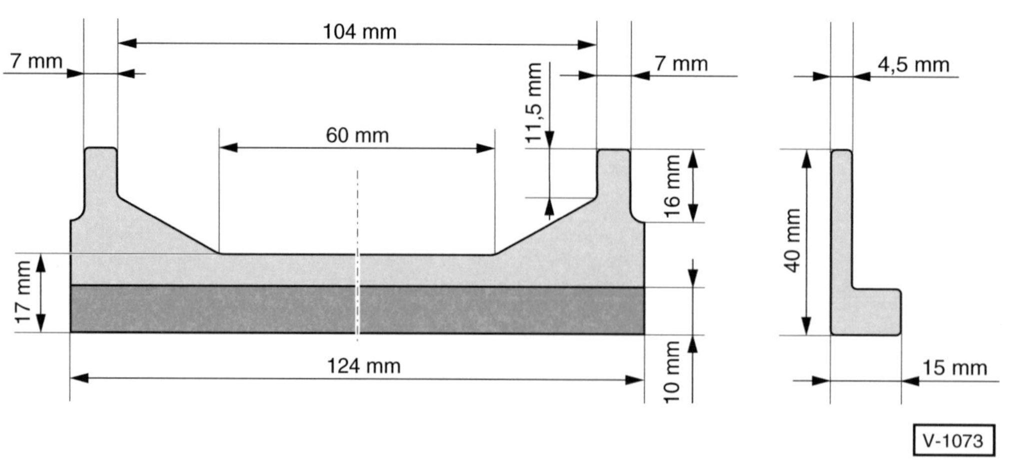

Zahnriemenspannung/Spannrolle prüfen

1,7-/1,9-l-Dieselmotor

Spannrolle prüfen

- Verbindungsschlauch Luftfilter/Saugrohr ausbauen.
- Oberen Zahnriemenschutz und Zylinderkopfdeckel ausbauen, siehe Seite 28.

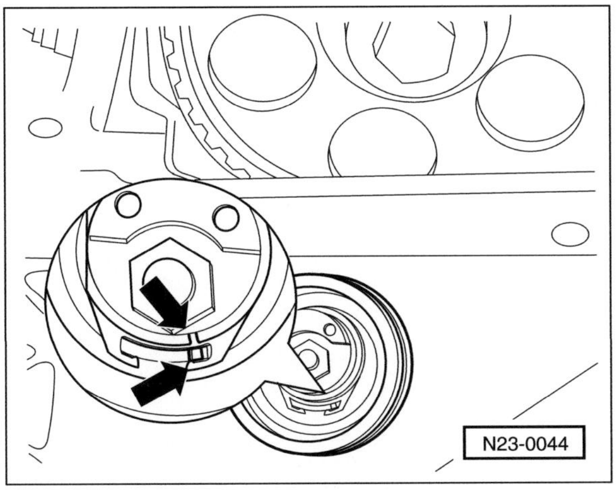

- Zahnriemen mit dem Daumen kräftig eindrücken. Kerbe und Erhebung –Pfeile– der Spannrolle müssen sich verschieben.
- Zahnriemen loslassen. Die Spannrolle muß wieder in die Ausgangslage zurückgehen.

Zahnriemenspannung prüfen

- Kerbe und Erhebung –Pfeile– auf der Zahnriemen-Spannrolle müssen übereinstimmen.
- Stimmen die Markierungen nicht überein, Zahnriemenspannung einstellen, siehe Kapitel »Zahnriemen einbauen«.

Achtung: Falls die Zahnriemenspannung verändert wurde, muß der Förderbeginn geprüft und gegebenenfalls eingestellt werden, siehe Seite 91.

Zahnriemen aus- und einbauen/ Motorsteuerung einstellen

1,7-/1,9-l-Dieselmotor

Die Motorsteuerung wird normalerweise nur nach Reparaturen, bei denen der Zahnriemen ausgebaut wurde, eingestellt. Soll die Motorsteuerung nur überprüft werden, sind alle Arbeitsschritte außer dem Ausbau des Zahnriemens auszuführen.

Der Aus- und Einbau des Zahnriemens beziehungsweise das Einstellen der Motorsteuerung wird hier für die Dieselmotoren AEF, AGD, ASX, AHG, AKU beschrieben. Bei den anderen Dieselmotoren ist prinzipiell genauso zu verfahren.

Ausbau

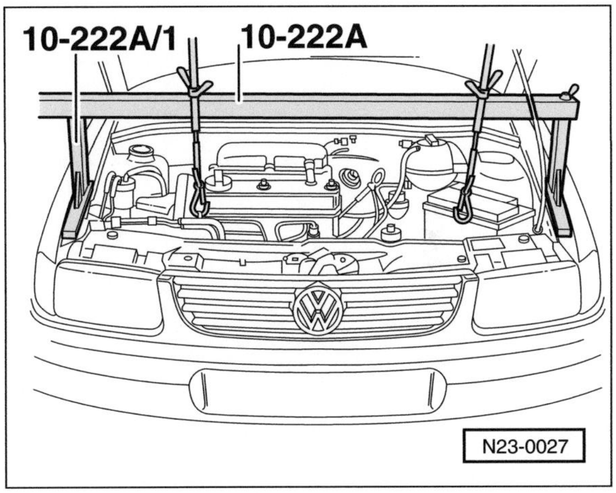

- Motor/Getriebeeinheit abfangen. Dazu Abfangvorrichtung VW 10-222A mit Füßen 10-222A1 montieren und Motor über die Spindel leicht vorspannen.
- Steht die Aufhängevorrichtung nicht zur Verfügung, geeignetes Rohr über Motorraum legen und in den Kotflügelsicken abstützen, dabei Holz unterlegen. Nicht das Rohr auf den Kotflügel legen. Geeignetes Drahtseil oder Haken in die Halteösen des Motors einhängen und mit Rohr über eine Spindel verbinden. Haken oder Drahtseil spannen.
- Fahrzeug aufbocken.
- Geräuschdämpfungswanne ausbauen.
- Keilrippenriemen ausbauen, siehe Seite 40.
- Verbindungsschlauch Luftfilter/Saugrohr ausbauen.
- Motorlager und Pendellager ausbauen, siehe Kapitel »Motor aus- und einbauen«.
- Kurbelwelle auf OT für Zylinder 1 stellen und Einstellung nicht mehr verändern.

Motor auf OT für Zylinder 1 stellen

- Oberen Zahnriemenschutz ausbauen.
- Zylinderkopfdeckel ausbauen.
- Motor-Kurbelwelle drehen, bis sich die Nockenwelle in OT-Stellung befindet.

- Das Durchdrehen des Motors (Kurbelwelle) kann auf mehrere Arten erfolgen:
  1. Fahrzeug seitlich vorn aufbocken. Fünften Gang einlegen, Handbremse anziehen. Angehobenes Vorderrad durchdrehen. Dadurch dreht sich auch die Motor-Kurbelwelle. Zum Drehen des Rades wird ein Helfer benötigt.
  2. Fahrzeug auf ebene Fläche stellen. Fünften Gang einlegen. Fahrzeug vor- oder zurückschieben.
  3. Kurbelwelle an der Zentralschraube des Schwingungsdämpfers mit 12-kant-Stecknuß SW 19 (z.B. HAZET 880TZ19) durchdrehen. Vorher Fahrzeug aufbocken und Riemenscheibenverkleidung abziehen, Getriebe in Leerlaufstellung schalten.

Achtung: Motor nicht an der Befestigungsschraube des Nockenwellenrades durchdrehen. Dadurch wird der Zahnriemen überbeansprucht.

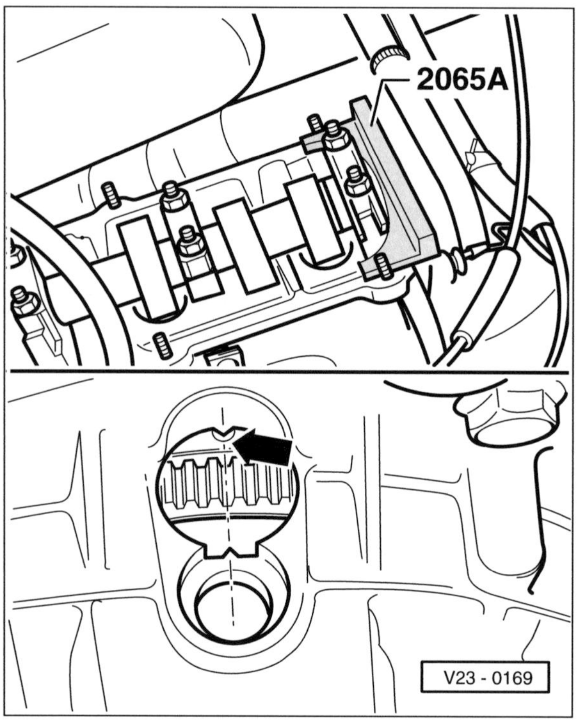

- Kunststoff-Abdeckkappe aus der Bohrung in der Kupplungsglocke herausziehen –unterer Teil der Abbildung–.
- Motor durchdrehen, bis die OT-Markierung am Schwungrad genau unterhalb vom Anguß an der Kupplungsglocke steht. Der Kolben des 1. Zylinder steht dann im oberen Totpunkt (OT).
- Das Einstellineal VW-2065 A muß sich nun ohne Widerstand in die Nut am hinteren Ende der Nockenwelle einsetzen lassen. Wenn nicht, Kurbelwelle um eine Umdrehung weiterdrehen. Der Motor steht dann in Zünd-OT für Zylinder 1. Steht das Spezialwerkzeug nicht zur Verfügung, Lineal wie in Abbildung V-1073 dargestellt, anfertigen, siehe Seite 28.
- Die Nockenwelle wird mit dem Einstellineal VW-2065 A in OT-Stellung arretiert.

- **Einstellineal parallel zum Zylinderkopf ausrichten (ausmitteln):** Dazu Motor an der Kurbelwelle etwas verdrehen, bis ein Ende des Einstellineals am Zylinderkopf anschlägt. Am anderen Ende des Einstellineals mit Fühlerlehre das entstandene Spiel messen. Fühlerlehre mit halbiertem Spielmaß zwischen Einstellineal und Zylinderkopf einschieben. Motor nun so drehen, bis das Einstellineal auf der Fühlerlehre aufliegt. Zweite Fühlerlehre mit dem gleichen Maß am anderen Ende zwischen Einstellineal und Zylinderkopf einführen.

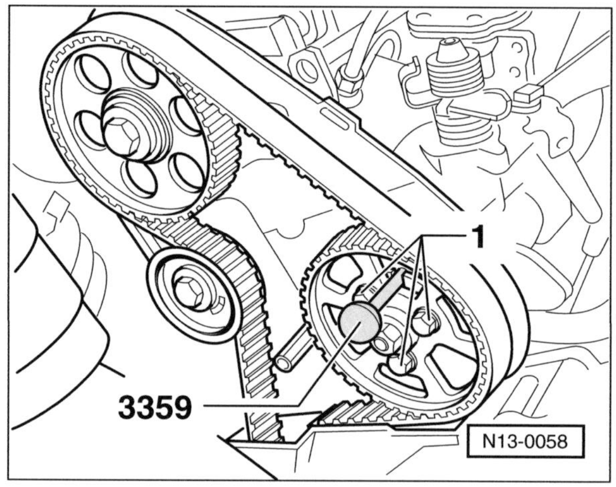

- Jetzt muß der Absteckdorn VW-3359 mit dem Durchmesser 6 mm in die Bohrung der Nabe für Einspritzpumpenrad und Einspritzpumpenhalter passen. Durch den Absteckdorn wird das Einspritzpumpenrad arretiert.
- Läßt sich der Dorn nicht in die Bohrung am Einspritzpumpenhalter eindrücken, muß die Motorsteuerung neu eingestellt werden.
- Laufrichtung auf dem Zahnriemen mit Filz- oder Fettstift durch einen Pfeil kennzeichnen. Der Motor dreht, von der Zahnriemenseite aus gesehen, rechtsherum, also im Uhrzeigersinn.
- Riemenscheibenabdeckung nach unten abziehen.
- Befestigungsschrauben –1– des Einspritzpumpenrades lösen.
- Befestigungsschraube für Spannrolle lösen.
- Riemenscheibe/Schwingungsdämpfer an der Kurbelwelle mit Innensechskantschlüssel SW 6 abschrauben.
- Riemenscheibe für Kühlmittelpumpe mit Innensechskantschlüssel SW 6 abschrauben. Damit sich beim Lösen der Schrauben die Riemenscheibe nicht mitdreht, Schraubendreher zwischen Schraubenkopf und Welle einsetzen und gegenhalten. Zuerst alle 3 Schrauben lösen, dann herausdrehen.
- Unteren Zahnriemenschutz ausbauen.
- Zahnriemen abnehmen.

Achtung: Der Zahnriemen darf nicht geknickt werden. Ein einmal geknickter Zahnriemen muß immer ersetzt werden, da der Riemen im späteren Betrieb reißen kann, was zu schwerwiegenden Motorschäden führt.

Achtung: Wenn die Nockenwelle bei abgenommenem Zahnriemen gedreht wird, darf kein Kolben auf OT stehen. Es können sonst schwerwiegende Schäden an Kolben oder Ventilen entstehen.

Soll die Nockenwelle gedreht werden, vorher alle Kolben gleichmäßig auf halbe Höhe stellen. Dazu oben an der Kurbelwellen-Riemenscheibe einen Kreidestrich anbringen (Voraussetzung: Kurbelwelle steht in OT-Stellung für Zylinder 1), dann Kurbelwellen-Riemenscheibe um ¼ Umdrehung (90°) nach links oder rechts drehen. Die Kreidemarkierung zeigt nun nach rechts oder nach links.

Einbau

- In der Getriebeöffnung prüfen, ob OT-Markierung am Schwungrad mit der Bezugsmarke übereinstimmt.

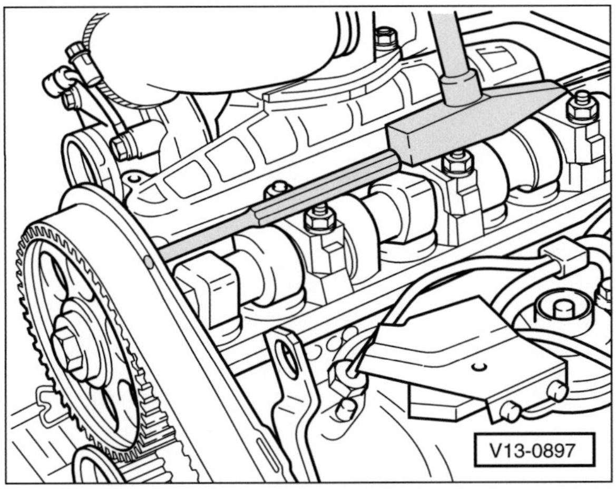

- Befestigungsschraube des Nockenwellenrades um ½ Umdrehung lösen. Nockenwellenrad durch Hammerschlag mit einem Dorn durch die Öffnung im hinteren Zahnriemenschutz vom Konus der Nockenwelle lösen.
- Nockenwellenrad abschrauben und abnehmen.
- Zahnriemen auf Kurbelwellen-Zahnrad, Zwischenwellenrad, Einspritzpumpenrad und Spannrolle auflegen. **Achtung:** Wird der bisherige Zahnriemen wiederverwendet, unbedingt Laufrichtung beachten. Der Einbau des Zahnriemens in umgekehrter Laufrichtung kann zum Reißen des Riemens und dadurch zu Motorschäden führen. Daher Zahnriemen immer so einbauen, daß der angebrachte Pfeil in Drehrichtung des Motors zeigt, also von der Zahnriemenseite her gesehen, in Uhrzeigersinn.
- Nockenwellenrad zusammen mit Zahnriemen aufsetzen und anschrauben. Schraube nur soweit festziehen, daß das Nockenwellenrad auf dem Zapfen noch verdrehbar ist.

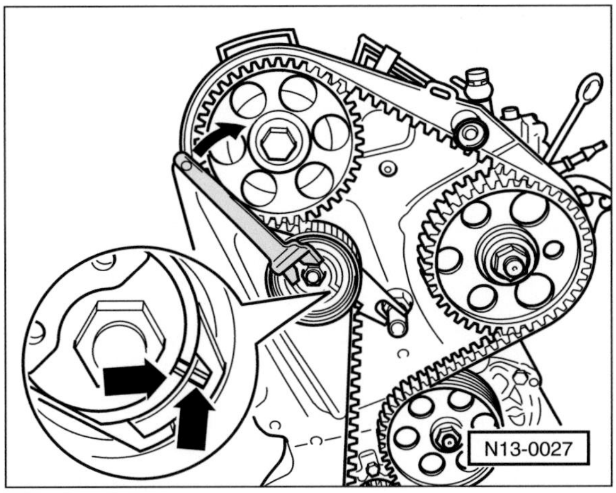

- Spannrolle mit geeignetem Mutterndreher, zum Beispiel HAZET 2587, nach rechts drehen, bis sich Kerbe und Erhebung –Pfeile– gegenüber stehen. Die Zahnriemenspannung wird dann durch die Spannrolle immer konstant gehalten.
- Mutter für Spannrolle mit **20 Nm** festziehen.
- OT-Stellung am Schwungrad prüfen, dann Befestigungsschraube für Nockenwellenrad mit **45 Nm** festziehen.
- Befestigungsschrauben für Einspritzpumpenrad festziehen.
  Motor: AEF, AEY, AHB, AHU und 1Y. . . . . **25 Nm**
  AGD, ASX, AHG, AKU . . . . **55 Nm**
- Absteckdorn für Einspritzpumpenrad entfernen.
- Einstellineal für Nockenwelle entfernen.
- Kurbelwelle 2 Umdrehungen in Motordrehrichtung weiterdrehen und wieder auf Zünd-OT für Zylinder 1 stellen.
- Einspritzpumpenrad mit Absteckdorn arretieren. Falls das nicht möglich ist, Befestigungsschrauben lösen und Nabe des Einspritzpumpenrades verdrehen, bis der Stift paßt. Einspritzpumpenrad in dieser Stellung wie angegeben festziehen.
- Lagerbock am Motorblock anbauen.
- Untere Zahnriemenabdeckung, Schwingungsdämpfer und Riemenscheibe anbauen.
- Keilrippenriemen auflegen und spannen, siehe Seite 40.
- Motorlager und Pendellager spannungsfrei einbauen, siehe Kapitel »Motor aus- und einbauen«.
- Geräuschdämpfungswanne einbauen.
- Fahrzeug ablassen.
- Zylinderkopfdeckeldichtung auflegen. Beschädigte Dichtung gegebenenfalls erneuern.
- Zylinderkopfdeckel aufschrauben. Muttern mit **10 Nm** anziehen.
- Obere Zahnriemenabdeckung einbauen.
- Kunststoff-Abdeckkappe in die Bohrung der Kupplungsglocke einsetzen.

Zylinderkopf

Dieselmotor AEF, AGD, ASX, AHG, AKU

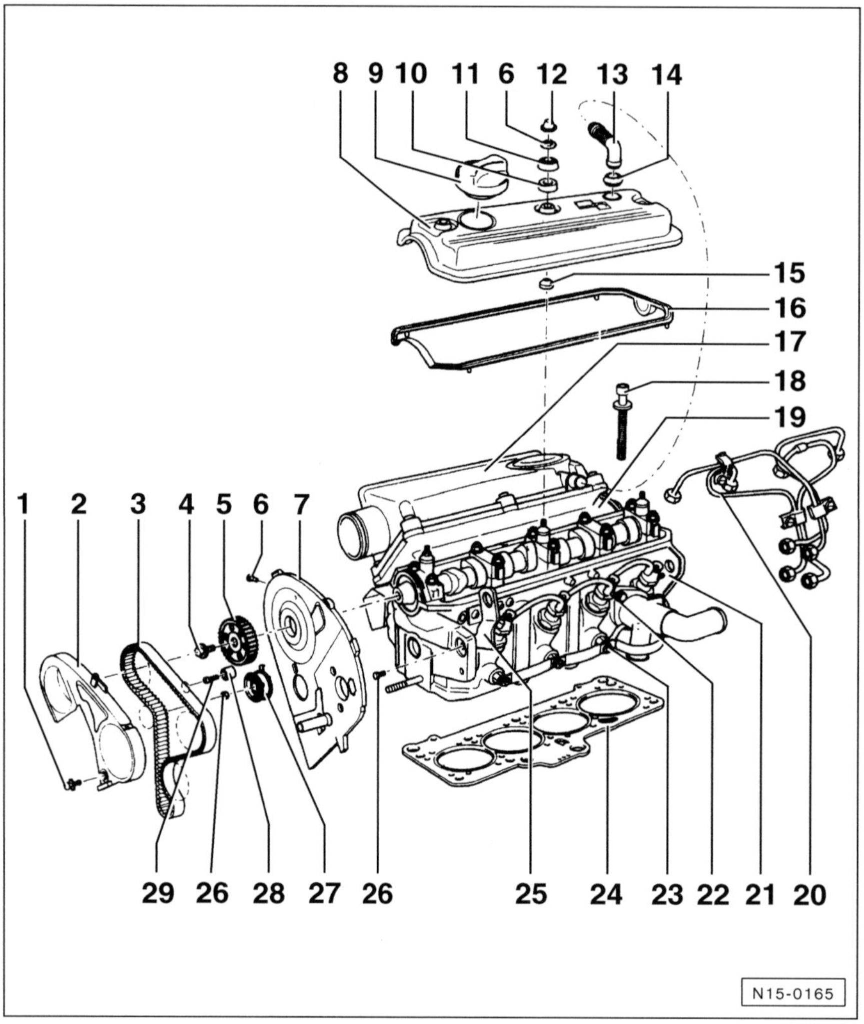

1 – **Spreizclip**

2 – **Zahnriemen-Abdeckung oben**

3 – **Zahnriemen**

4 – **Schraube, 45 Nm**

5 – **Nockenwellenrad**

6 – **Schraube, 10 Nm**

7 – **Zahnriemen-Abdeckung hinten**

8 – **Zylinderkopfdeckel**

9 – **Verschlußdeckel**
Dichtung bei Beschädigung erneuern.

10 – **Dichtscheibe oben**
Bei Beschädigung erneuern.

11 – **Tellerscheibe**

12 – **Abdeckkappe**

13 – **Verbindungsrohr**

14 – **Dichtung**

15 – **Dichtkegel unten**

16 – **Dichtung für Zylinderkopfdeckel**
Bei Beschädigung erneuern.

17 – **Abdeckung für Saugstutzen**

18 – **Zylinderkopfschraube**
Immer ersetzen.

19 – **Saugstutzen**

20 – **Einspritzleitungen, 25 Nm**
Leitungssatz komplett ausbauen, Biegeform nicht verändern.

21 – **Zylinderkopf**
Nach Ersatz Kühlmittel erneuern.

22 – **Einspritzdüse**

23 – **Glühkerze, 15 Nm**
Motor AEF: Anzugsmoment **25 Nm**.

24 – **Zylinderkopfdichtung**

25 – **Aufhängeöse**

26 – **Schraube, 20 Nm**

27 – **Spannrolle**

28 – **Umlenkrolle**
Nicht bei Motor AEF.

29 – **Schraube, 25 Nm**

Zylinderkopf aus- und einbauen/ Zylinderkopfdichtung ersetzen

1,7-/1,9-l-Dieselmotor

Der Aus- und Einbau des Zylinderkopfes erfolgt prinzipiell auf die gleiche Weise wie beim Benzinmotor. Im folgenden wird nur auf die Unterschiede hingewiesen.

Ausbau

- Elektrische Leitungen vom Absteller und den Glühkerzen abklemmen.
- Einspritzleitungen an den Anschlüssen der Pumpe und den Einspritzdüsen mit Kaltreiniger reinigen und abschrauben. Öffnungen mit entsprechenden Kappen verschließen.
- Glühkerzen und Einspritzdüsen ausbauen, siehe Seite 89, 90.

Einbau

- Zylinderkopf auf Verzug prüfen: Max. zulässiger Verzug: 0,1 mm. **Achtung:** Der Diesel-Zylinderkopf darf **nicht** nachgearbeitet werden.

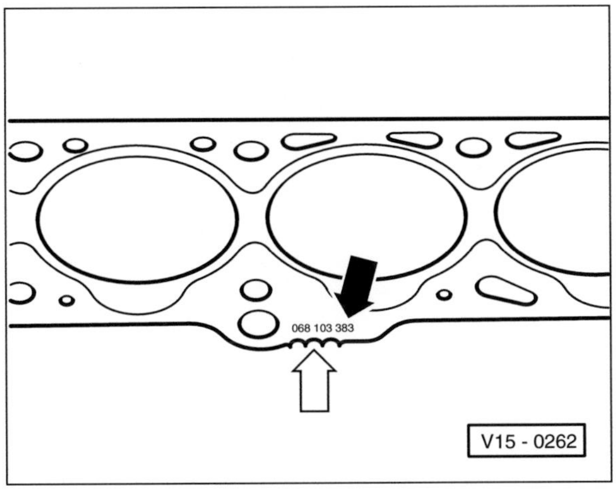

- Je nach Kolbenüberstand werden in der Dicke unterschiedliche Zylinderkopfdichtungen eingebaut. Beim Ersetzen der Dichtung Kennzeichnung beachten und nur eine neue Dichtung gleicher Kennzeichnung einbauen. Schwarzer Pfeil = Ersatzteil-Nummer, weißer Pfeil = Kerben beziehungsweise Löcher.
- Bei Einbau neuer Kolben oder eines Teilemotors (Werkstattarbeit) muß der Überstand der Kolben im OT gemessen werden. Entsprechend dem größten Kolbenüberstand muß die passende Zylinderkopfdichtung ausgewählt werden. Die Zylinderkopfdichtung ist in 3 verschiedenen Stärken erhältlich.
- Zylinderkopfdichtung sorgfältig behandeln. Beschädigungen der Silikonschicht und im Sickenbereich führen zu Undichtigkeiten. Neue Dichtung erst unmittelbar vor dem Einbau aus der Verpackung nehmen.
- Ein **Nachziehen** der Zylinderkopfschrauben bei warmem Motor oder nach 1.000 km ist **nicht erlaubt.**
- Glühkerzen einbauen, siehe Seite 89.
- Einspritzventile einbauen, siehe Seite 90.
- Anschlüsse der Einspritzleitungen mit Kaltreiniger säubern. Überwurfmutter mit **25 Nm** festziehen.
- Elektrische Leitungen an Absteller und Glühkerzen anklemmen.

Hydrostößel prüfen

Alle Motoren, außer AJV und AMF, sind mit Hydrostößeln ausgerüstet. Dadurch muß das Ventilspiel im Rahmen der Wartung **nicht** mehr eingestellt werden: außerdem ergibt sich eine Geräuschminderung im Ventiltrieb.

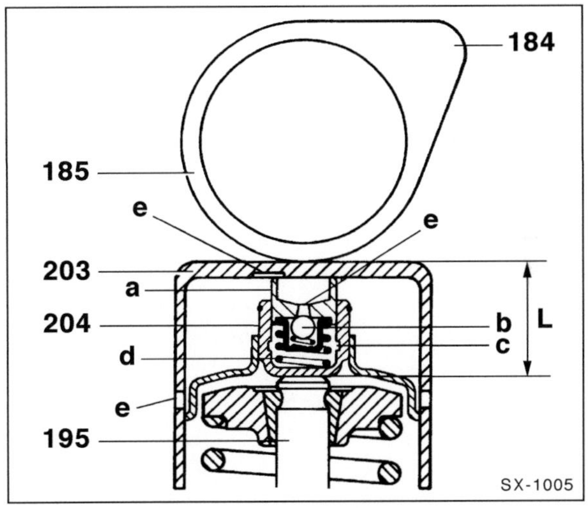

Bei laufendem Motor wird der Hydrostößel –203– entlastet, wenn der Nocken –184– der Nockenwelle –185– nach oben zeigt.

Die Feder –d– drückt dann das Ausgleichelement –204– auseinander, so daß es unten am Ventilschaft –195– anliegt und oben der Druckbolzen –a– den Hydrostößel –203– gegen die Nockenwelle drückt. In dieser Stellung kann über kleine Bohrungen –e– Motoröl in oder aus dem Arbeitsraum –c– fließen. Sobald der Hydrostößel durch den Nocken der sich drehenden Nockenwelle wieder belastet wird, schließt sich das Kugelventil –b– und das eingeschlossene Öl wirkt, da es sich nicht verdichten läßt, wie ein fester Körper. Die Länge –L– wird also bei jeder Umdrehung der Nockenwelle den entsprechenden Größenänderungen der Bauteile im Ventiltrieb angepaßt.

Äußerliches Kennzeichen der hydraulischen Hydrostößel sind eine umlaufende Ölnut und fehlende Einstellscheiben. Reparaturen an den Hydrostößeln sind nicht möglich.

Achtung: Geräusche im Ventiltrieb beim Anlassen des Motors sind normal. Beim Motorstillstand wird je nach Stellung des Nockens mehr oder weniger Öl aus dem einzelnen Ventilstößel herausgedrückt. Dies führt zu Geräuschen, bis sich die Hydrostößel bei laufendem Motor wieder mit Motoröl gefüllt haben. Unter Umständen kann dieser Vorgang so lange dauern, bis der Motor seine Betriebstemperatur erreicht hat.

Um eine einwandfreie Funktion der Hydrostößel zu gewährleisten, befindet sich im Zylinderkopf eine Ölrücklaufsperre, welche verhindert, daß sich die Ölkanäle im Zylinderkopf bei abgestelltem Motor vollständig entleeren.

Prüfen

Die hydraulischen Ventilstößel sind zu prüfen, wenn nach Erreichen der Betriebstemperatur Geräusche im Ventiltrieb auftreten.

- Motor auf Betriebstemperatur bringen. Dazu Motor warmfahren bis die Kühlmittel-Temperaturanzeige normale Betriebstemperatur des Kühlmittels signalisiert. Der Zeiger steht dann auf der 90° C-Marke. Anschließend noch mindestens 5 km weiterfahren, damit auch eine ausreichende Motoröltemperatur sichergestellt ist.
- Motor im Leerlauf drehen lassen, bis der Lüfter für Kühler einschaltet.
- Motordrehzahl 2 Minuten lang auf ca. 2500/min erhöhen.
- Falls die hydraulischen Stößel immer noch laut sind, Motor abstellen und Zylinderkopfdeckel ausbauen.
- Kurbelwelle und damit auch Nockenwelle so weit drehen, bis die Nocken des zu prüfenden Zylinders nach oben stehen. Kurbelwelle verdrehen, siehe im Kapitel »Zahnriemen ausbauen« auf Seite 29.

Achtung: Nicht an der Befestigungsschraube des Nockenwellenrades drehen, da hierdurch der Zahnriemen überbeansprucht wird.

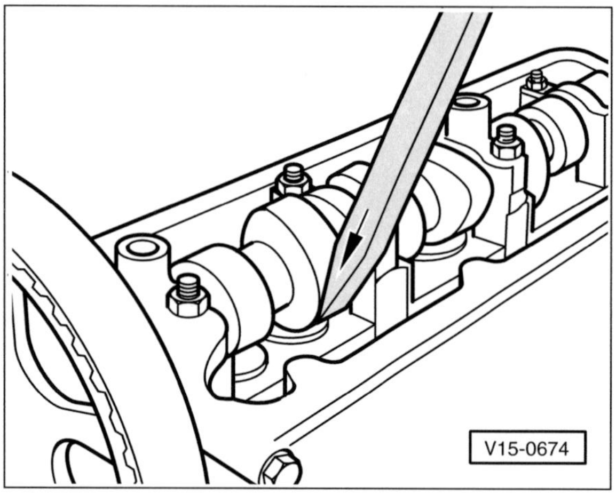

V15-0674

- Hydrostößel mit Holz- oder Kunststoffkeil nach unten drücken. Falls dabei ein Leerweg von mehr als 0,1 mm zu spüren ist, bevor das Ventil bewegt wird, Hydrostößel austauschen.

Achtung: Nach dem Einbau eines neuen Hydrostößels darf der Motor ca. 30 Minuten nicht gestartet werden, sonst kann das Ventil auf dem Kolben aufsetzen und dadurch Kolben und/oder Ventil beschädigen.

Ventil aus- und einbauen

Ausbau

- Zylinderkopf ausbauen, siehe Seite 24/33.

Achtung: Werden Teile der Ventilsteuerung wieder verwendet, müssen diese an gleicher Stelle eingebaut werden. Damit keine Verwechslungen vorkommen, empfiehlt es sich, ein entsprechendes Ablagebrett anzufertigen.

- Nockenwelle ausbauen, siehe Seite 22.
- Hydrostößel markieren und herausnehmen. **Achtung:** Hydrostößel mit der **Lauffläche** (Nockenwellenseite) **nach unten** ablegen.

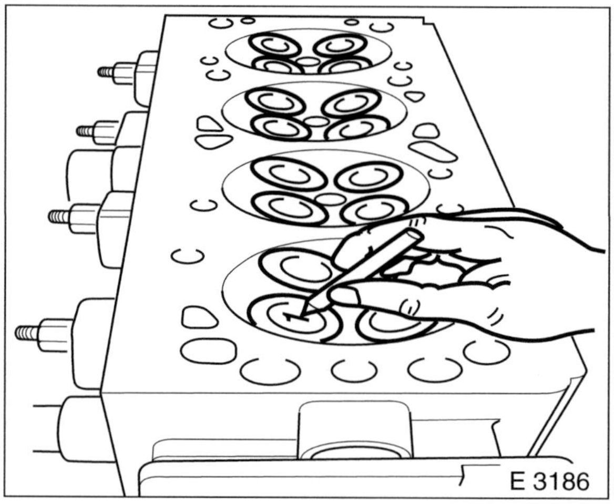

E 3186

- Ventile vor dem Ausbau kennzeichnen, damit sie an gleicher Stelle wieder eingebaut werden. Dazu mit Filzstift die Ventilteller numerieren. Dargestellt ist ein 16V-Zylinderkopf.

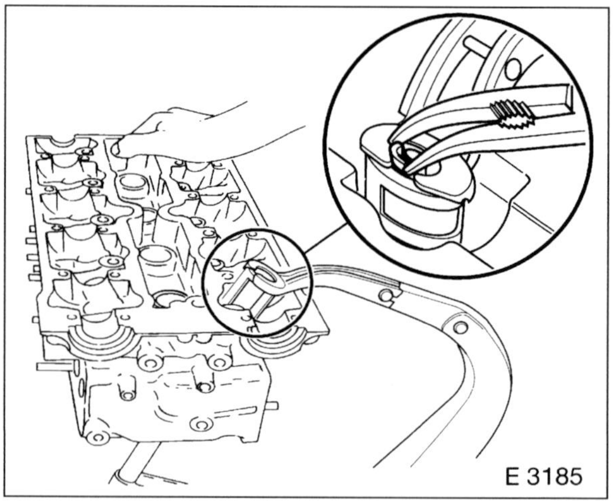

E 3185

- Ventilfedern ausbauen. Hierzu benutzen die Werkstätten ein Spezialwerkzeug (VW 2037). Man kann die Ventilkegelstücke – und damit die Ventile einschließlich der Ventilfedern – auch mit Hilfe einer handelsüblichen Ventilfederzange ausbauen. Allerdings müssen dann unter Umständen Ansaug- oder Abgaskrümmer abgeschraubt werden.

- Ventilfedern zusammendrücken und Ventilkegelstücke herausnehmen. Ventilfederteller oben und Ventilfedern abnehmen. Ventil herausziehen.
- Ventilschaftabdichtung herausziehen, siehe Seite 35.

Einbau

Vor Einbau der Ventile Ventilführungen prüfen und eventuell Ventilsitze nacharbeiten bzw. einschleifen (Werkstattarbeit).

Achtung: Neue Ventilfederteller sind an der Unterkante der Bohrung für die Kegelstücke vereinzelt sehr scharfkantig. Dadurch können die Ventilschäfte beschädigt werden (Riefen etc.). Beschädigte Ventile ersetzen, Ventilfederteller vor dem Einbau gegebenenfalls entgraten.

- Ventilschaft an den Anlageflächen der Ventilkegelstücke entgraten.
- Aus Sicherheitsgründen Ventilschaftabdichtungen **grundsätzlich erneuern.**
- Ventilschaft leicht einölen und Ventil einsetzen. Ein- und Auslaßventile nicht verwechseln!
- Neue Ventilschaftabdichtung aufschieben, siehe Seite 35.

Achtung: Erfolgt die Montage ohne Verwendung der Kunststoffhülse, werden die Ventilschaftabdichtungen beschädigt! Der Motor braucht dann übermäßig viel Öl! Kunststoffhülse, siehe Abbildung N15-0015 auf Seite 36.

- Ventilfedern einsetzen. Werden die Ventilfedern ersetzt, Ventilfedern nur paarweise auswechseln.
- Ventilfedern mit Ventilfederzange zusammendrücken und Ventilkegelstücke so einsetzen, daß sie in den Nuten des Ventils einrasten. Ventilfederzange entspannen und nächstes Ventil einsetzen.
- Axialspiel der Nockenwelle prüfen, siehe Seite 22.
- Alle Hydrostößel mit Motoröl einölen und nach der Kennzeichnung in die Bohrung einsetzen.
- Nockenwelle einbauen, siehe Seite 22.
- Zylinderkopfdichtung erneuern, Zylinderkopf einbauen, siehe Seite 25, 33.

Ventilschaftabdichtungen ersetzen

Hoher Ölverbrauch kann auf verschlissene Ventilschaftabdichtungen zurückzuführen sein. Die Ventilschaftabdichtungen können beim Benzinmotor auch **bei eingebautem Zylinderkopf** ausgebaut werden, allerdings werden dann das Spezialwerkzeug VW 2036 mit VW 541/1A oder HAZET 2577-2 sowie Preßluft benötigt.

Ausbau

- Nockenwelle und Hydrostößel ausbauen, siehe Seite 22.
- Sämtliche Zündkerzen herausschrauben.
- Kolben des jeweiligen Zylinders in den **unteren** Totpunkt (UT) stellen. Dazu Kurbelwelle zunächst auf OT für Zylinder 1 stellen, siehe Kapitel »Zahnriemen ausbauen« auf Seite 19, 29.
- Wenn Zylinder 1 im OT (Oberer Totpunkt) steht, befinden sich gleichzeitig die Zylinder 2 und 3 im Unteren Totpunkt (UT). Kurbelwellen-Riemenscheibe von unten mit Kreide markieren, dann Kurbelwelle um ½ Umdrehung (180°) weiterdrehen, bis die Kreidemarkierung oben steht. Jetzt stehen die Zylinder 1 und 4 im UT. Die Riemenscheibe ist auf der Zahnriemenseite an das Kurbelwellenzahnrad angeschraubt.
- Druckluft-Adapter VW 653/3 oder HAZET 3428 mit Druckschlauch in das Zündkerzengewinde des betreffenden Zylinders einschrauben.

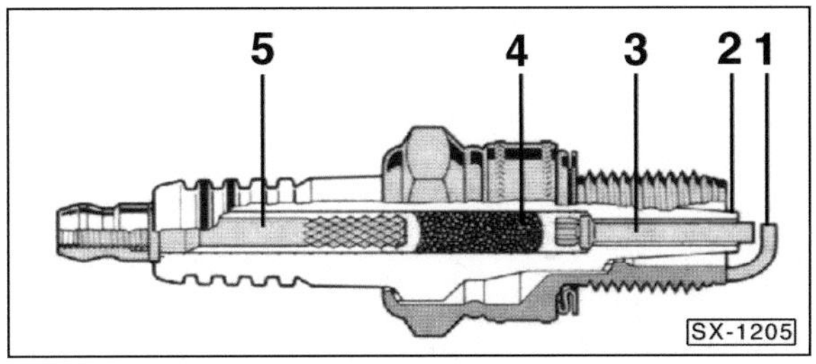

- Falls das Spezialwerkzeug nicht zur Verfügung steht, Druckluft-Adapter aus einer alten Zündkerze anfertigen. Dazu Masseelektrode –1– abkneifen. Keramik-Isolator –2– mit Schraubendreher abbrechen und Mittelelektrode –3– durch Hin- und Herbiegen abbrechen und herausnehmen. Rest der Mittelelektrode zusammen mit Glasschmelze –4– und Anschlußbolzen –5– mit geeignetem Durchschlag (ca. 3 mm) heraustreiben. Dabei Zündkerze in Schraubstock einspannen oder in entsprechendem Schraubendrehereinsatz (Stecknuß) einsetzen. **Achtung:** Das Gewinde der Zündkerze darf nicht beschädigt werden, um Folgeschäden an der Gewindebohrung im Zylinderkopf zu vermeiden.
- Vorbereitete Zündkerze in den betreffenden Zylinder einschrauben und mit Druckluftschlauch verbinden.
- Über Druckluftschlauch ständig mindestens 6 bar Überdruck in den Zylinder blasen.

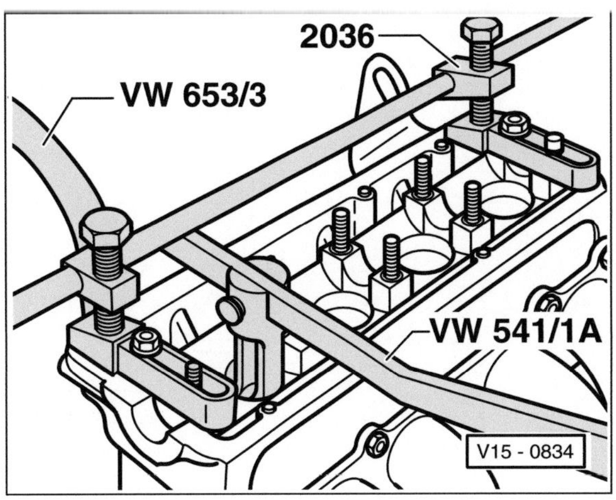

- VW-Werkzeug 2036 am Lagerbock 1 und 4 anschrauben und Ventilfedern mit Werkzeug VW 541/1A zusammendrücken.

- Es kann auch das HAZET-Werkzeug 2577-2 zusammen mit HAZET 2577-207/2 (Gegenhalter mit Innengewinde M7) verwendet werden. In diesem Fall die am Werkzeug angebrachte Gegenhaltevorrichtung am Stehbolzen für die Nockenwellenbefestigung anschrauben und Ventilfedern mit Spannwerkzeug zusammendrücken.

Achtung: Der Kolben muß dabei im UT stehen.

- Ventilkegelstücke herausnehmen, Ventilfedern entspannen.

Achtung: Festsitzende Ventilkegelstücke mit **leichten** Hammerschlägen auf den Montagehebel lösen.

- Ventilfederteller und Ventilfedern herausnehmen.

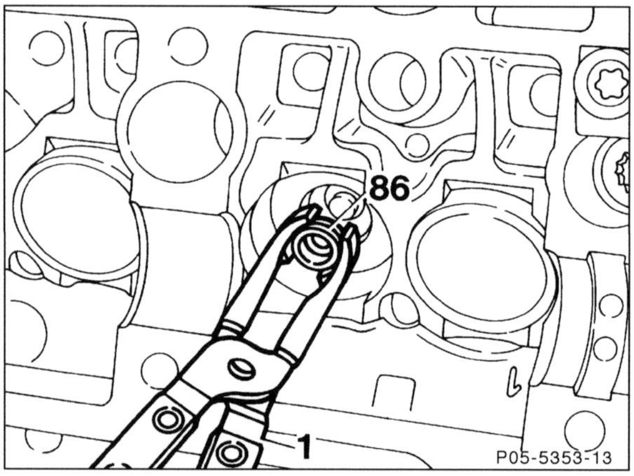

- Ventilschaftabdichtung –86– herausziehen. Zum Ausbau benutzen die Werkstätten ein Spezialwerkzeug –1– (VW -3047A, HAZET 791-5 oder Schlagauszieher HAZET 791-2). Alte Ventilschaftabdichtungen sitzen in der Regel sehr fest. Für den Ausbau sollte deshalb möglichst ein Schlagauszieher benutzt werden.

Einbau

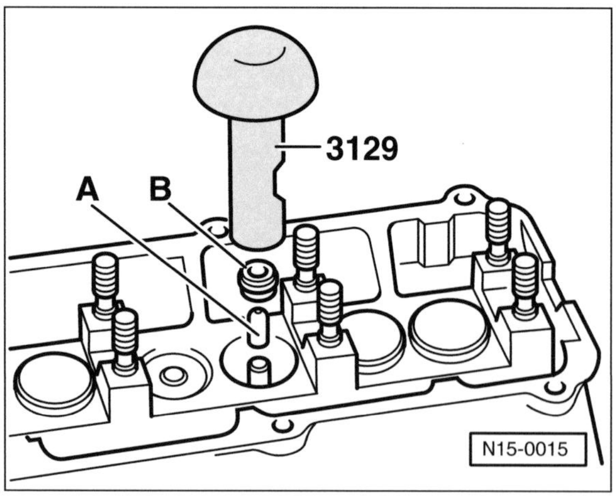

- Kunststoffhülse –A– (wird mit Dichtungen mitgeliefert) auf Ventilschaft stecken. Ventilschaftabdichtung –B– leicht einölen, in den Aufdrücker VW-3129 oder HAZET 2577 einsetzen und vorsichtig auf die Ventilführung schieben. Hülse und Aufdrücker abnehmen.

Achtung: Erfolgt die Montage ohne Verwendung der Kunststoffhülse, werden die Ventilschaftabdichtungen beschädigt! Der Motor braucht dann übermäßig viel Öl!

- Ventilfedern und Ventilfederteller einsetzen und spannen.
- Ventilkegelstücke einsetzen, Ventilfedern entspannen.
- Auf die gleiche Weise sämtliche Ventilschaftabdichtungen erneuern. Hydrostößel und Nockenwelle einbauen, siehe Seite 22.

Ventilführungen prüfen

Bei Instandsetzungsarbeiten von Motoren mit undichten Ventilen genügt es nicht, die Ventile zu bearbeiten beziehungsweise zu ersetzen. Es ist außerdem dringend erforderlich, die Ventilführungen auf Verschleiß zu prüfen. Besonders wichtig ist die Prüfung an Motoren mit längerer Laufzeit. Ist der Verschleiß zu groß, sind entweder die Ventilführungen zu erneuern (Werkstattarbeit!), oder der Zylinderkopf ist auszutauschen.

- Rückstände an Ventilführungen mit Reinigungsahle entfernen.
- Neues Ventil in die Führung stecken. Ventilschaftende muß mit Führung abschließen.

Achtung: Wegen der unterschiedlichen Schaft- und Tellerdurchmesser nur **Einlaßventil** in **Einlaßführung** beziehungsweise **Auslaßventil** in **Auslaßführung** verwenden.

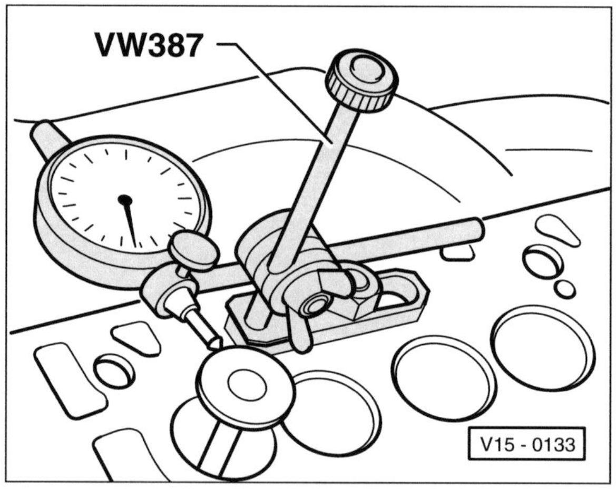

- Kippspiel ermitteln. Hierzu benutzen die VW-Werkstätten das Spezialwerkzeug VW 387. Verschleißgrenze Einlaßventilführung: 1,0 mm, Auslaßventilführung: 1,3 mm.
- Bei zu großem Kippspiel Ventilführungen von Werkstatt erneuern lassen.

Zahnriementrieb

1,4-l-Dieselmotor

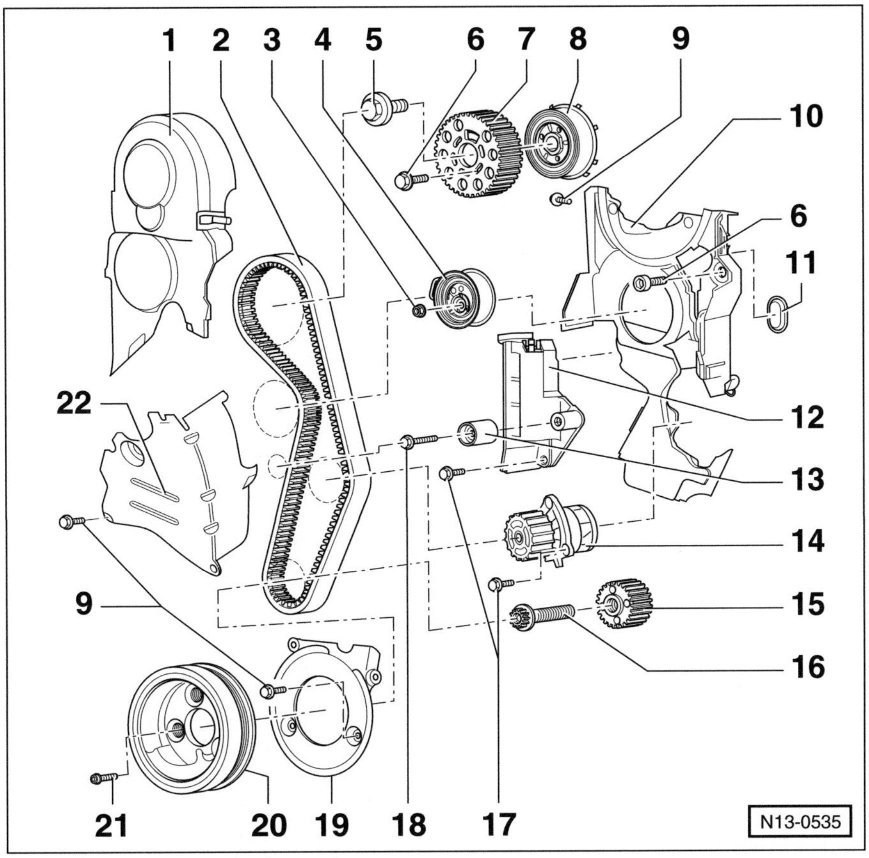

1 – Zahnriemen-Abdeckung oben
2 – Zahnriemen
3 – Mutter, 20 Nm + ⅛ Umdreh. (45°)
4 – Spannrolle
5 – Schraube, 100 Nm
6 – Schraube, 25 Nm
7 – Nockenwellenrad
8 – Nabe
Mit Geberrad. Zum Aus- und Einbau werden der Gegenhalter VW-T10051 sowie der Abzieher VW-T10052 benötigt.
9 – Schraube, 10 Nm
10 – Zahnriemen-Abdeckung hinten
11 – Dichttülle
Bei Beschädigung ersetzen.
12 – Zahnriemen-Spannvorrichtung
13 – Umlenkrolle
14 – Kühlmittelpumpe
15 – Kurbelwellen-Zahnriemenrad
16 – Schraube, 120 Nm + ¼ Umdrehung (90°) weiterdrehen
17 – Schraube, 15 Nm
18 – Schraube, 20 Nm
19 – Zahnriemen-Abdeckung unten
20 – Kurbelwellen-Riemenscheibe
Montage nur in einer Stellung möglich, da Bohrungen versetzt sind.
21 – Schraube, 10 Nm + ¼ Umdrehung (90°) weiterdrehen
22 – Zahnriemen-Abdeckung mitte

Kurbelwelle und Nockenwelle in OT-Stellung fixieren

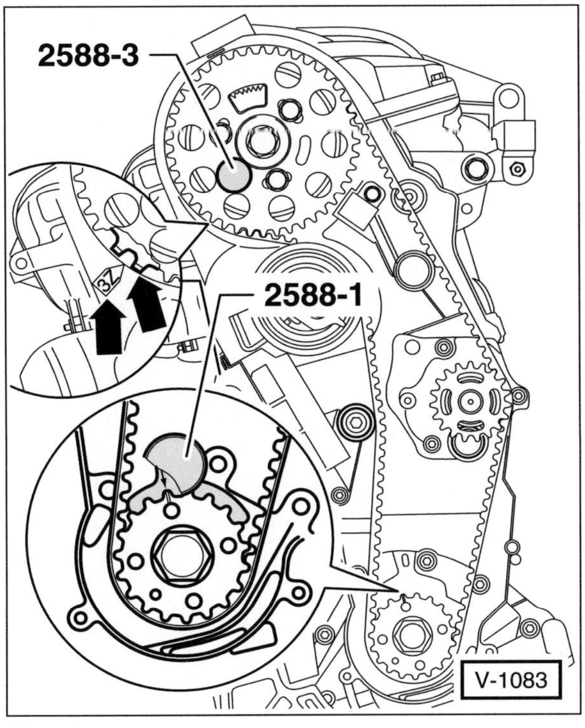

Achtung: Der Aus- und Einbau des Zahnriemens für den 1,4-l-Dieselmotor wird nicht beschrieben. Hier werden nur die wichtigsten Hinweise gegeben.

- Kurbelwelle an der Zentralschraube –1– in Motordrehrichtung so weit drehen, bis die Markierung auf dem Zahnriemenrad der Kurbelwelle oben steht. Gleichzeitig muss der Pfeil an der hinteren Zahnriemen-Abdeckung den Nasen vom Geberrad der Nabe gegenüberstehen –Pfeile–, siehe Abbildung V-1083.
- Nabe mit Absteckstift HAZET-2588-3 arretieren. Dazu den Absteckstift durch das linksseitige freie Langloch in die Bohrung des Zylinderkopfes schieben.
- Zahnriemenrad der Kurbelwelle mit dem Arretierwerkzeug HAZET-2588-1 arretieren. Dabei das Spezialwerkzeug von der Stirnseite des Zahnriemenrades her in dessen Verzahnung schieben, siehe Abbildung V-1083.

Achtung: Die Markierung auf dem Kurbelwellen-Zahnriemenrad und dem Arretierwerkzeug müssen sich gegenüberstehen. Dabei muss der Zapfen des Arretierwerkzeuges in die Bohrung des Dichtflansches eingreifen.

Zylinderkopf

1,4-l-Dieselmotor

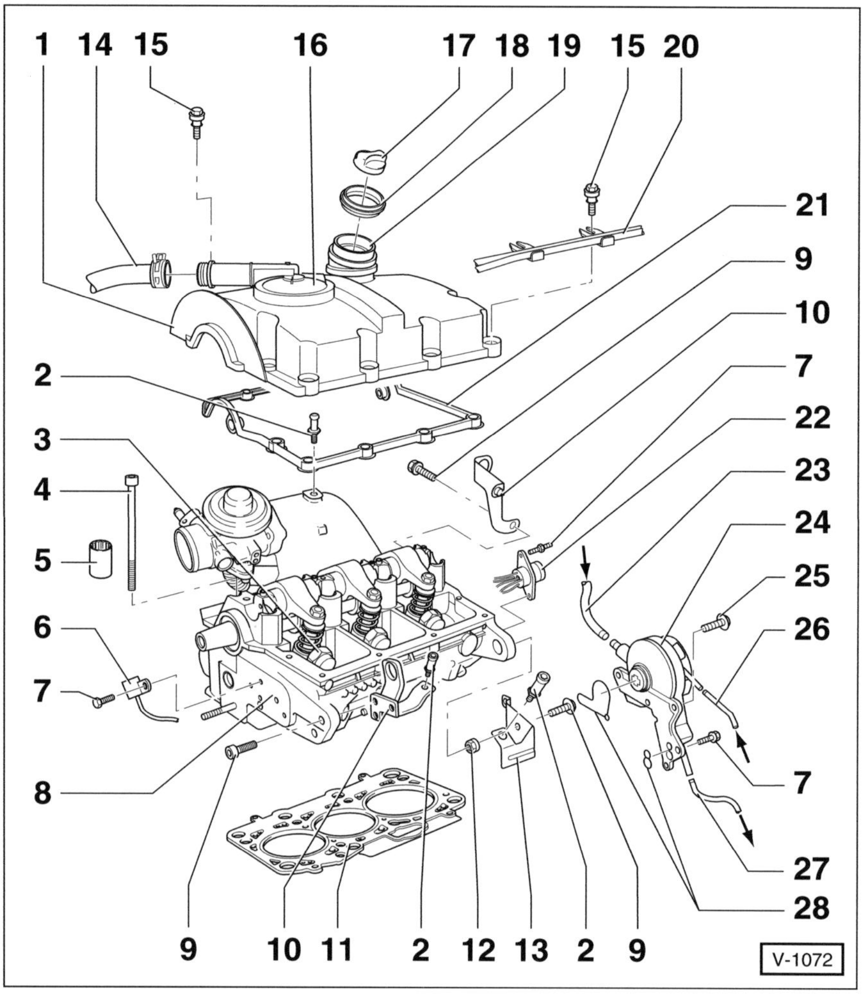

1 – Zylinderkopfdeckel
Mit Öleinfüllstutzen. Bei Beschädigung des Zylinderkopfdeckels muss der Öleinfüllstutzen ebenfalls ersetzt werden. Vor dem Aufsetzen Dichtfläche des Zylinderkopfes mit einem sauberen Lappen gründlich reinigen.

2 – Bolzen, 10 Nm
Für Motorabdeckung.

3 – Pumpe-Düse-Einheit

4 – Zylinderkopfschraube, 1,4-l-Motor
Immer ersetzen. Vor dem Einbau Unterlegscheiben in den Zylinderkopf einsetzen.

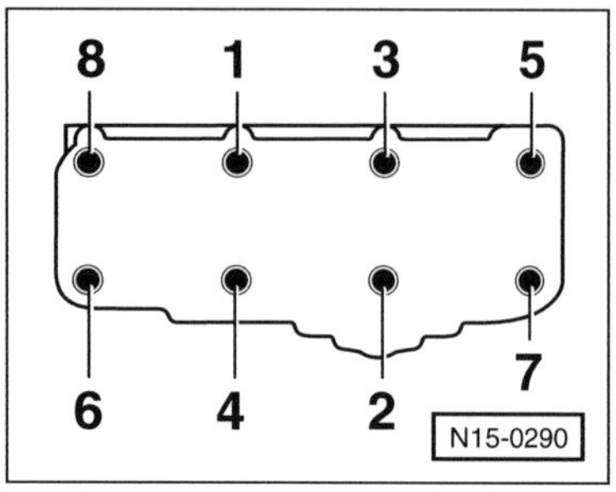

Löse-Reihenfolge von 8 nach 1.

Anzugs-Reihenfolge von 1 nach 8.
Anzugsvorschrift:
1. Stufe: mit Drehmomentschlüssel **40 Nm**
2. Stufe: mit Drehmomentschlüssel **60 Nm**
3. Stufe: **¼ Umdrehung** (90°) mit starrem Schlüssel ohne abzusetzen weiterdrehen.
4. Stufe: **¼ Umdrehung** (90°) mit starrem Schlüssel ohne abzusetzen weiterdrehen.

5 – Zylinderkopfmutter, 1,2-l-Motor
Im POLO nicht vorhanden.

6 – Hallgeber
Für Nockenwellenposition. Zum Ausbau die Dichttülle –9– aus der hinteren Zahnriemen-Abdeckung ausknöpfen.

7 – Schraube, 10 Nm

8 – Zylinderkopf

9 – Schraube, 20 Nm

10 – Aufhängeöse

11 – Zylinderkopfdichtung

12 – Sechskant-Konusmutter

13 – Halter

14 – zum Abgasturbolader

15 – Schraube für Zylinderkopfdeckel, 10 Nm
Zunächst alle Schrauben handfest anziehen. Anschließend zuerst die beiden oberen Schrauben und dann die restlichen Schrauben von innen nach außen über Kreuz festziehen.

16 – Druckventil
Für Kurbelgehäuse-Entlüftung.

17 – Verschlussdeckel
Dichtung bei Beschädigung ersetzen.

18 – Dichtmanschette
Bei Beschädigung ersetzen.

19 – Öleinfüllstutzen
Immer ersetzen.

20 – Halter
Mit Kraftstoffleitungen.

21 – Dichtung für Zylinderkopfdeckel
Bei Beschädigung ersetzen.

22 – Zentral-Steckverbindung
Für Pumpe-Düse-Einheit.

23 – vom Bremskraftverstärker

24 – Tandempumpe
Für Kraftstoff- und Unterdruckversorgung.

25 – Schraube, 25 Nm

26 – Vorlaufschlauch
Vom Kraftstofffilter, weiß beziehungsweise weiße Markierung. Mit Federbandschellen sichern, auf festen Sitz achten.

27 – Rücklaufschlauch
Zum Kraftstofffilter, blau beziehungsweise blaue Markierung. Mit Federbandschellen sichern, auf festen Sitz achten.

28 – Dichtung
Immer ersetzen.

Kompression prüfen

Die Kompressionsprüfung erlaubt Rückschlüsse über den Zustand des Motors. Und zwar läßt sich bei der Prüfung feststellen, ob die Ventile oder die Kolben (Kolbenringe) in Ordnung beziehungsweise verschlissen sind. Außerdem zeigen die Prüfwerte an, ob der Motor austauschreif ist beziehungsweise komplett überholt werden muß oder ob die Zylinderkopfdichtung defekt ist. Für die Prüfung wird ein Kompressionsdruckprüfer benötigt, der für Benzinmotoren recht preiswert in Fachgeschäften angeboten wird.

Achtung: Für den Dieselmotor wird ein Kompressionsdruckprüfer mit größerem Meßbereich, bis ca. 40 bar, benötigt.

Der Druckunterschied zwischen den einzelnen Zylindern darf maximal 3,0 bar (Dieselmotor 5,0 bar) betragen. Falls ein oder mehrere Zylinder gegenüber den anderen einen Druckunterschied von mehr als 3,0 bar (Dieselmotor 5,0 bar) haben, ist dies ein Hinweis auf defekte Ventile, verschlissene Kolbenringe beziehungsweise Zylinderlaufbahnen. Ist die Verschleißgrenze erreicht, muß der Motor überholt beziehungsweise ausgetauscht werden.

Motor	**Kompressionsdruck in bar**	
	Neu	Verschleißgrenze
Benziner	10 – 15	7,0
1,7-/1,9-l-Diesel	34	26,0
1,4-l-Diesel	25 – 31	19,0

- Zur Prüfung der Kompression muß die Motoröltemperatur mindestens +30° C betragen. Der Ölfilter ist dann gut handwarm, gegebenenfalls Motor warmfahren. Die Motortemperatur darf nicht zu hoch sein, da sonst beim Herausschrauben der Zündkerzen das Gewinde im Zylinderkopf beschädigt werden kann.
- Zündung ausschalten.
- Stecker vom Hallgeber am Zündverteiler abziehen.
- Sämtliche Zündkerzenstecker abziehen. Hierzu gibt es eine spezielle Zange, zum Beispiel HAZET 1849. Damit dürfen die Stecker jedoch nur an den Blechhülsen, falls vorhanden, gefaßt werden.
- Anschließend Zündkerzen-Nischen im Zylinderkopf mit Preßluft ausblasen, und alle Zündkerzen mit geeignetem Kerzenschlüssel herausschrauben.
- Motor mit Anlasser durchdrehen, damit Rückstände und Ruß herausgeschleudert werden. **Achtung:** Getriebe in Leerlaufstellung und Handbremse angezogen. Bei diesem Vorgang **nicht** über den Motor beugen, Verletzungsgefahr durch herausgeschleuderte Rußpartikel.
- Kompressionsdruckprüfer entsprechend der Bedienungsanleitung in die Zündkerzenöffnung drücken oder einschrauben.
- Von Helfer Gaspedal ganz durchtreten lassen und während der ganzen Prüfung mit dem Fuß festhalten.
- Motor ca. 8 Umdrehungen drehen lassen, bis kein Druckanstieg mehr auf dem Meßgerät erfolgt.
- Nacheinander sämtliche Zylinder prüfen und mit Sollwert vergleichen.
- Anschließend Zündkerzen einschrauben und Zündkabel aufstecken, siehe Seite 63.
- Stecker für Hallgeber aufstecken.

Speziell Dieselmotor

- **1,7-/1,9-l-Motor:** Elektrische Leitung vom Absteller an der Einspritzpumpe beziehungsweise Steckverbindung zum Mengenstellwerk an der Einspritzpumpe abziehen. Dadurch wird verhindert, daß Kraftstoff durch die Einspritzdüsen in den Brennraum eingespritzt wird.
- **1,7-/1,9-l-Motor:** Einspritzleitungen mit Kaltreiniger reinigen und ausbauen, dabei Biegeform der Einspritzleitungen nicht verändern.
- **1,7-/1,9-l-Motor:** Einspritzdüsen ausbauen, Wärmeschutzdichtungen abnehmen, siehe Seite 90.
- **1,4-l-TDI:** Zentralstecker für die Pumpe-Düse-Einheiten abziehen.
- Kompressionsdruckprüfer mit flexiblem Verbindungsschlauch anstelle der Einspritzdüsen einschrauben. Dabei zwischen Druckprüfer und Zylinderkopf alte Wärmeschutzdichtung einlegen.

Achtung: Der angegebene Kompressionsdruck hat nur für die Prüfung mit dem Kompressionsdruckprüfer VW-1381 und Adapter VW-1323/2A Gültigkeit. Mit anderen Meßgeräten kann nur die Abweichung der einzelnen Zylinder untereinander geprüft werden.

- Motor ca. 8 Umdrehungen drehen lassen, bis kein Druckanstieg mehr auf dem Meßgerät erfolgt.

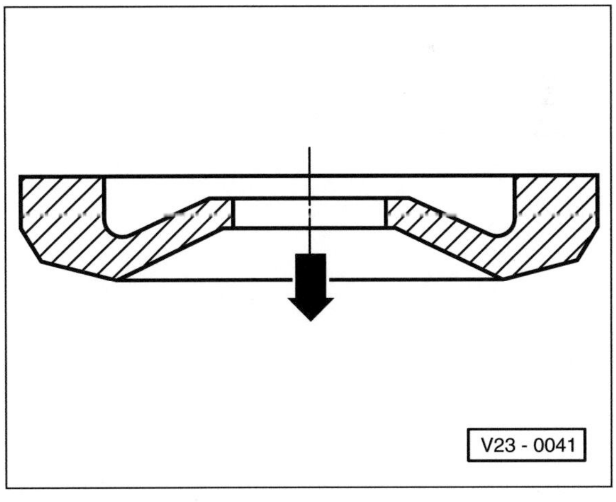

- Einspritzdüsen einschrauben und mit **70 Nm** festziehen. **Achtung:** Wärmeschutzdichtung zwischen Zylinderkopf und Einspritzdüse **immer ersetzen.** Die Vertiefung muß nach oben zeigen. Der Pfeil in der Abbildung zeigt zum Zylinderkopf.
- Einspritzleitungen mit **25 Nm** anschrauben.
- Leitung am Absteller anschrauben.

Keilrippenriemen ersetzen/spannen

Durch den Keilrippenriemen werden sämtliche Nebenaggregate angetrieben. Das sind je nach Ausstattung und Motor: Generator/Lichtmaschine, Kühlmittelpumpe, Servopumpe und Klimakompressor. Je nach Ausführung wird der Keilrippenriemen durch eine Spannrolle oder durch eine Spannfeder unterhalb des Generators/Lichtmaschine gespannt.

Achtung: Wird der gelaufene Keilrippenriemen wieder eingebaut, vor dem Ausbau Laufrichtung des Keilrippenriemens kennzeichnen. Dazu mit Filz- oder Fettstift auf dem Riemen einen Pfeil in Laufrichtung anbringen. Der Motor dreht, von der Keilrippenriemenseite aus gesehen, rechtsherum, also im Uhrzeigersinn. Ein Einbau entgegen der bisherigen Laufrichtung erhöht den Verschleiß des Riemens beziehungsweise kann diesen zerstören.

Fahrzeuge ohne Servolenkung (außer 1,4-TDI)

Ausbau

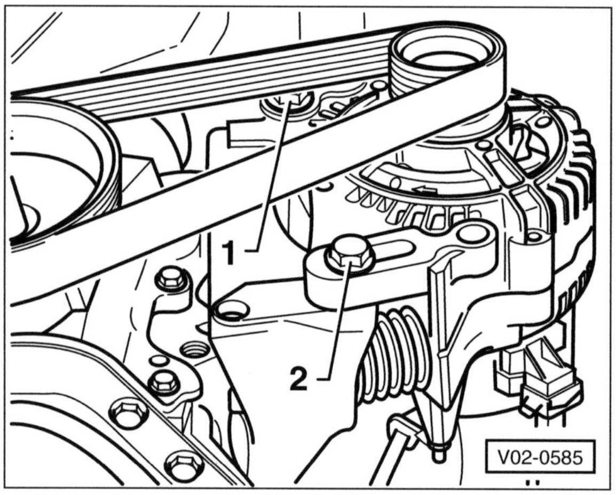

- Befestigungsschrauben –1– für Generatorlagerung und –2– für Spannbügel mindestens eine Umdrehung lösen.

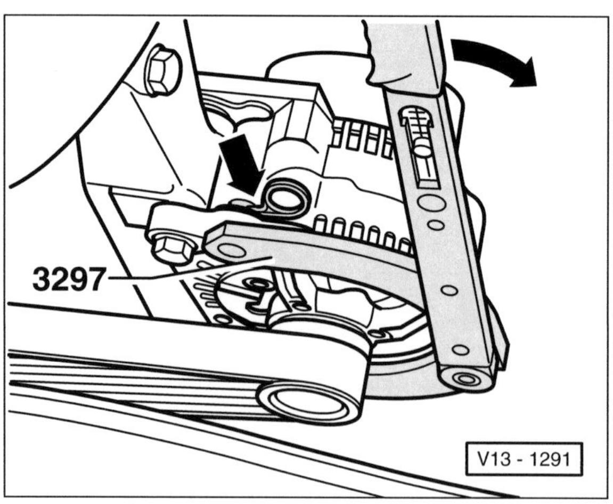

- Keilrippenriemen entspannen. Dazu Generator mit Spezialwerkzeug VW-3297 und Drehmomentschlüssel in Pfeilrichtung schwenken. Spezialwerkzeug mit Absteckstift sichern –Pfeil–.
- Steht das Spezialwerkzeug nicht zur Verfügung, Generator mit einem Montierhebel gegen die Kraft der Spannfeder nach unten drücken und halten.
- Keilrippenriemen abnehmen.
- Zustand des Keilrippenriemens prüfen, siehe Seite 26.
- Ein beschädigter Keilrippenriemen muss umgehend ersetzt werden.

Einbau

- Generator/Lichtmaschine mindestens 3mal bis zum Anschlag nach unten drücken, um die Leichtgängigkeit des Generators sicherzustellen.

Achtung: Wird der bisherige Riemen wieder eingebaut, Markierung der Laufrichtung beachten.

- Keilrippenriemen auf die Riemenscheibe der Kurbelwelle auflegen. Generator herunterdrücken und Keilrippenriemen über die Riemenscheibe des Generators legen.

Spannen

- Nach dem Auflegen des Keilrippenriemens bei gelöstem Generator und abgenommenen Werkzeugen den Motor mehrmals, ca. 10 Motorumdrehungen, durchdrehen. Dazu Anlasser kurzzeitig betätigen. Der Keilrippenriemen wird dabei durch die eingebaute Feder gespannt.
- Befestigungsschrauben –1– und –2– mit **25 Nm** festziehen. **Achtung:** Dabei die Schraube –2– zuerst festziehen. Beim Festziehen nicht auf dem Generator abstützen und den Keilrippenriemen nicht berühren.

Fahrzeuge mit Servolenkung (außer 1,4-TDI)

Ausbau

- Falls vorhanden, Abdeckung für Keilrippenriemen ausbauen.
- **1,7-/1,9-l-Dieselmotor:** Untere Motorabdeckung ausbauen.

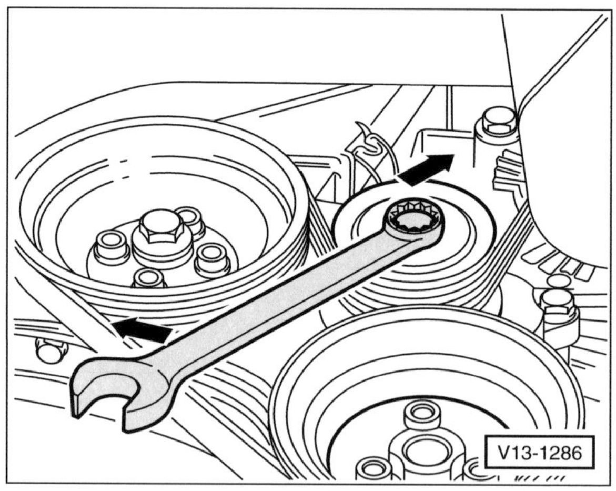

- **Benzinmotor:** Spannrolle mit Schraubenschlüssel an der Befestigungsschraube im Uhrzeigersinn –Pfeilrichtung– schwenken.

- **Dieselmotor:** Spannrolle mit Schraubenschlüssel an der Befestigungsschraube im Gegenuhrzeigersinn schwenken.
- Keilrippenriemen abnehmen.
- Zustand des Keilrippenriemens prüfen, siehe Seite 26.
- Ein beschädigter Keilrippenriemen muss umgehend ersetzt werden.

Einbau

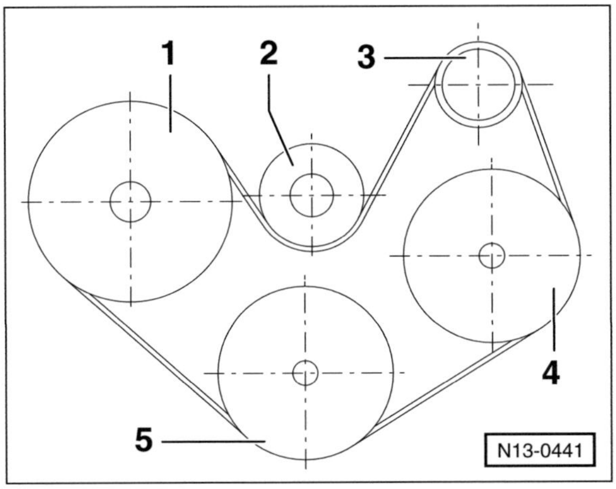

Verlauf des Keilrippenriemens beim Benzinmotor:
1 – Kurbelwellen-Riemenscheibe
2 – Spannrolle
3 – Riemenscheibe für Drehstromgenerator/Lichtmaschine
4 – Klimakompressor
5 – Riemenscheibe für Servopumpe

Achtung: Wird der bisherige Riemen wieder eingebaut, Markierung der Laufrichtung beachten.

- Keilrippenriemen auflegen, dabei an der Kurbelwellen-Riemenscheibe beginnen.
- **Benzinmotor:** Spannrolle mit Schraubenschlüssel an der Befestigungsschraube im Uhrzeigersinn schwenken und Riemen über die Spannrolle legen.
- **Dieselmotor:** Spannrolle mit Schraubenschlüssel an der Befestigungsschraube im Gegenuhrzeigersinn schwenken und Riemen über die Spannrolle legen.
- Prüfen, ob der Keilrippenriemen in sämtlichen Riemenscheiben bündig sitzt.
- Falls ausgebaut, Abdeckung für Keilrippenriemen einbauen.
- **1,7-/1,9-l-Dieselmotor:** Untere Motorabdeckung einbauen.

1,4-l-Dieselmotor

Ausbau

- Untere Motorabdeckung ausbauen.
- Verbindungsrohr Saugstutzen/Ladeluftkühler und Luftmassenmesser ausbauen.

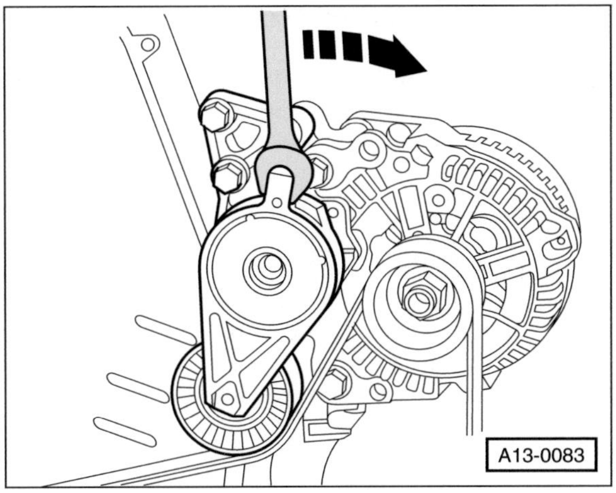

- Keilrippenriemen entspannen. Dazu Maulschlüssel an der oberen Nase des Spannelements ansetzen und in Pfeilrichtung schwenken.

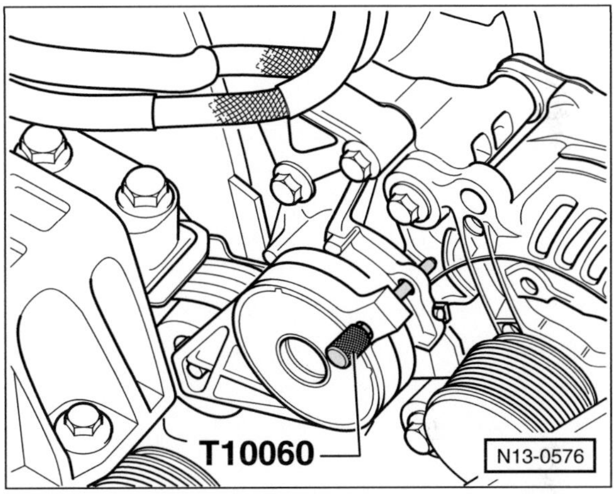

- Spannelement so weit drehen, bis sich der Dorn VW-T10060 einsetzen lässt. Spannelement dadurch arretieren.
- Keilrippenriemen abnehmen.

Einbau

Achtung: Wurden bei ausgebautem Keilrippenriemen Nebenaggregate abgebaut, vor dem Auflegen den festen Sitz der Nebenaggregate prüfen.

Wird der bisherige Riemen wieder eingebaut, Markierung der Laufrichtung beachten.

- Keilrippenriemen auflegen. Dabei an der Kurbelwellen-Riemenscheibe beginnen und zuletzt am Generator beziehungsweise am Klimakompressor auflegen.
- Spannelement etwas im Uhrzeigersinn drehen, Arretierstift herausnehmen und Spannelement zurückdrehen.
- Prüfen, ob der Keilrippenriemen in sämtlichen Riemenscheiben bündig sitzt.

Störungsdiagnose Motor

Wenn der Motor nicht anspringt, Fehler systematisch einkreisen. Damit der Motor überhaupt anspringen kann, müssen beim Benzinmotor immer zwei Grundvoraussetzungen erfüllt sein: Das Kraftstoff-Luftgemisch muß bis in die Zylinder gelangen und der Zündfunke muß an den Zündkerzenelektroden überspringt. Als erstes ist deshalb immer zu prüfen, ob überhaupt Kraftstoff gefördert wird. Wie man dabei vorgeht, steht in den Kapiteln »Kraftstoffanlage« und »Einspritzanlage«.

Um festzustellen, ob ein Zündfunke vorhanden ist, Zündkerzen herausschrauben, in Zündkerzenstecker stecken und einzeln gegen Masse halten. Dabei Kerzenstecker oder Zündkabel **nicht** mit der Hand festhalten, sondern eine gut isolierte Zange nehmen. Von Hilfsperson Motor starten lassen. **Achtung:** Um Schäden am Katalysator zu vermeiden, darf dabei kein Benzin eingespritzt werden. Daher Stecker vom Kraftstoffpumpenrelais abziehen. Wenn kein Zündfunke überspringt, Fehler entsprechend dem Kapitel »Zündanlage« aufspüren. **Achtung: Sicherheitshinweise für elektronische Zündanlage beachten.**

Störung: Der Motor springt schlecht oder gar nicht an

Ursache		Abhilfe
Bedienungsfehler beim Starten	**Benzinmotor**	■ Handbremse anziehen, Kupplung treten. Zündschlüssel drehen und starten bis der Motor anspringt. Dann erst Zündschlüssel loslassen. Kein Gas geben. Grundsätzlich sofort losfahren, nur bei strengem Frost Motor ca. 30 Sekunden warmlaufen lassen. Wenn der Motor nach mehreren Startversuchen trotz einzelner Zündungen nicht anspringt, nochmals mit vollständig niedergetretenem Gaspedal starten. **Achtung:** Häufige vergebliche Startversuche hintereinander können den Katalysator schädigen, da unverbranntes Benzin in den Katalysator gelangt und bei Erwärmung explosionsartig verbrennt. ■ **Nur bei heißem Motor** nach dem Anspringen etwas Gas geben.
	Dieselmotor	■ **Bei kaltem Motor:** Zündung einschalten, bis die Vorglüh-Kontrollampe erlischt. Handbremse anziehen, Kupplung durchtreten. Sofort nach Verlöschen der Kontrollampe Motor anlassen, kein Gas geben. Setzen beim Starten nur unregelmäßige Zündungen ein, Anlasser so lange weiterbetätigen (maximal ½ Minute), bis der Motor aus eigener Kraft durchläuft. Springt der Motor nicht an, nochmals vorglühen und Startvorgang, wie beschrieben, wiederholen. **Achtung:** Vor dem Vorglühen sämtlich elektrischen Verbraucher ausschalten, sonst wird die Batterie unnötig belastet. ■ **Bei warmem Motor:** Es braucht nicht vorgeglüht zu werden, der Motor kann sofort angelassen werden. Kein Gas geben.
Sicherung für Kraftstoffpumpe, Einspritzanlage oder Vorglühanlage (Streifen-Sicherung) ist defekt		■ Sicherung prüfen, siehe »Elektrische Anlage«
Kraftstoffanlage defekt, Leitung geknickt, verstopft		■ Kraftstoffanlage anhand der Störungsdiagnose überprüfen
Zündanlage defekt, verschmutzt oder verstellt		■ Zündanlage anhand der Störungsdiagnose überprüfen
Anlasser dreht zu langsam		■ Batterie laden. Anlasserstromkreis überprüfen
Kompressionsdruck zu niedrig		■ Hydrostößel prüfen, Motor überholen
Falsche Steuerzeiten		■ Steuerzeiten überprüfen, Zahnriemenspannung kontrollieren
Zylinderkopfdichtung defekt		■ Dichtung ersetzen
Wegfahrsperre sperrt den Motor. Der Motor springt normal an und geht kurz danach wieder aus. Dabei leuchtet das Symbol für Wegfahrsperre im Kombiinstrument kurz auf.		■ Zündung ausschalten, etwas warten, dann Zündung einschalten, dabei Zündschlüssel langsam drehen. Wenn die Kontrollleuchte für Wegfahrsperre jetzt leuchtet (nicht blinkt) kann der Motor gestartet werden. Fehlerspeicher der Wegfahrsperre auslesen lassen. Steckverbindung zwischen Lesespule und Kombiinstrument reparieren.

Motor-Schmierung

Für die Motor-Schmierung sind **Mehrbereichsöle** vorgeschrieben, so dass ein jahreszeitbedingter (Sommer/Winter) Ölwechsel nicht erforderlich ist. Mehrbereichsöle bauen auf einem dünnflüssigen Einbereichsöl auf und werden durch so genannte »Viskositätsindexverbesserer« im heißen Zustand stabilisiert. Dadurch ist sowohl für den kalten wie auch für den heißen Motor die richtige Schmierfähigkeit gegeben.

Die SAE-Bezeichnung gibt die Viskosität des Motoröls an. Beispiel: **SAE 10W-40:**

10 – Viskosität des Öls in kaltem Zustand. Je kleiner die Zahl, desto dünnflüssiger ist das kalte Motoröl.
W – Das Motoröl ist wintertauglich.
40 – Viskosität des Öls in heißem Zustand. Je größer die Zahl, desto dickflüssiger ist das heiße Motoröl.

Es können auch **Leichtlauföle** (Hochleistungsöle) verwendet werden. Dabei handelt es sich um Mehrbereichsöle, denen unter anderem Reibwertverminderer zugesetzt wurden, wodurch sich die Reibung innerhalb des Motors vermindert. Für das Leichtlauföl wird als Grundöl ein Synthetiköl verwendet.

Anwendungsbereich/Viskositätsklassen

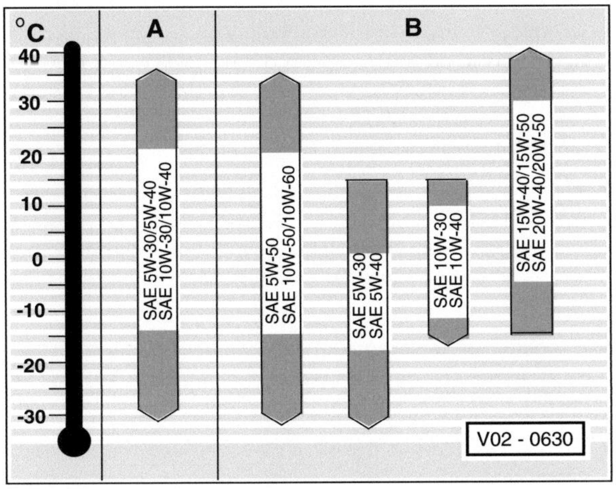

Benziner: A – Mehrbereichs-Leichtlauföle, Spezifikation VW-500 00 oder VW-502 00.
B – Mehrbereichsöle, Spezifikation VW-501 01.

Diesel: A – Mehrbereichs-Leichtlauföle, Spezifikation VW-500 00.
B – Mehrbereichsöle, Spezifikation VW-505 00, für den Saugdiesel-Motor auch VW-501 01.

In der Abbildung wird die Motoröl-Viskosität in Abhängigkeit von der Außentemperatur für Benzin- und Dieselmotoren dargestellt. Da die Einsatzbereiche benachbarter SAE-Klassen sich überschneiden, können kurzfristige Temperaturschwankungen unberücksichtigt bleiben. Es ist zulässig, Öle verschiedener Viskositätsklassen miteinander zu mischen, wenn einmal Öl nachgefüllt werden muss und die Außentemperaturen nicht mehr der Viskositätsklasse des im Motor befindlichen Öles entsprechen.

Achtung: Bei Verwendung von Mehrbereichsöl SAE 5W-30 müssen anhaltend hohe Motordrehzahlen und ständige starke Belastung vermieden werden. Diese Einschränkung gilt nicht für Mehrbereichs-Leichtlauföle.

Zusatzschmiermittel – gleich welcher Art – sollen weder dem Kraftstoff noch den Schmierölen beigemischt werden.

Spezifikation des Motoröls

Die Qualität eines Motoröls wird durch Normen der Automobil- sowie der Ölhersteller gekennzeichnet.

Die Klassifikation der Motoröle amerikanischer Ölhersteller erfolgt nach dem **API**-System (API: American Petroleum Institut): Die Kennzeichnung erfolgt durch jeweils zwei Buchstaben. Der erste Buchstabe gibt den Anwendungsbereich an: **S** = Service, für **Ottomotoren** geeignet; **C** = Commercial, für **Dieselmotoren** geeignet. Der zweite Buchstabe gibt die Qualität in alphabetischer Reihenfolge an. Von höchster Qualität sind Öle der API-Spezifikation **SJ** für Ottomotoren und **CF** für Dieselmotoren.

Europäische Ölhersteller klassifizieren ihre Öle nach der »ACEA«-Spezifikation (Association des Constructeurs Européens de l'Automobile), die vor allem die europäische Motorentechnologie berücksichtigt. Öle für PKW-Benzinmotoren haben die ACEA-Qualitätsklassen A1 bis A3; Dieselmotoröle von B1 bis B3, wobei A3 beziehungsweise B3 die höchsten Qualitätsstufen markieren.

Das richtige Motoröl für den POLO/POLO CLASSIC/POLO VARIANT/CADDY

VW hat für seine Modelle **eigene Ölnormen** festgelegt. Grundsätzlich sollen nur Öle verwendet werden, die diese Normen erfüllen. Die VW-Norm steht dann auf der Öldose. **Achtung:** Hinter der Norm muss ein Datum nicht älter als 1/97 stehen.

Motor	Mehrbereichs-Leichtlauföl	Mehrbereichsöl
Benziner	VW 502 00	VW 501 01
1,7-/1,9-l-Diesel	VW 505 01	VW 505 00
1,4-l-Diesel	VW 505 01	–

Achtung: Motoröl der neueren VW-Spezifikationen 503 00 und 506 00 darf **nicht** in Motoren vor Modelljahr 2000 (bis 9/99) eingefüllt werden, **sonst können Motorschäden auftreten.** Für POLO-Motoren ab 10/99 ist das neue Öl nicht erforderlich.

Sollte kein Öl der VW-Norm zur Verfügung stehen, kann bei Fahrzeugen mit **Benzinmotor** vorübergehend auch ein Motoröl nach ACEA-A2/-A3 oder API-SF/-SG zum Nachfüllen verwendet werden. Beim **Dieselmotor mit 44 kW (60 PS)**, kann in diesem Fall ein Öl der Spezifikation VW-501 01, ACEA-B3 oder API-CD verwendet werden.

Der Ölkreislauf

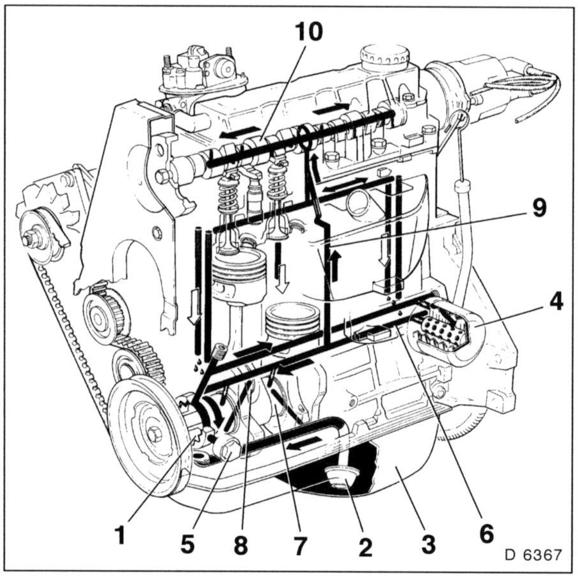

Die Ölpumpe –1– saugt das Motoröl über den Ölsaugkorb –2– aus der Ölwanne –3– an und drückt es in den Hauptstromölfilter –4–. An der Druckseite der Ölpumpe befindet sich ein Überdruckventil (Öldruckregelventil) –5–. Bei zu hohem Öldruck öffnet das Ventil, und ein Teil des Öls kann in die Ölwanne zurückfließen.

Durch die Mittelachse des Filters gelangt das gefilterte Öl in den Hauptölkanal –6–. Bei verstopftem Ölfilter leitet ein Ventil das Öl direkt und ungefiltert in den Hauptölkanal.

Vom Hauptölkanal zweigen Kanäle ab zur Schmierung der Kurbelwellenlager –7–. Durch schräge Bohrungen in der Kurbelwelle wird das Öl an die Pleuellager –8– geleitet und von dort gegen Kolbenbolzen und Zylinder gespritzt. Gleichzeitig gelangt Motoröl über Steigleitungen –9– in den Zylinderkopf und zu den Nockenwellenlagern –10– und Hydrostößeln.

Die Abbildung zeigt nicht den POLO-Motor.

Öldruck und Öldruckschalter prüfen

Benzinmotor: 45 – 60 PS, 1,4-l/100 PS bis 9/99, 1,6-l/75 PS

Prüfen

- Ölstand kontrollieren.
- Fahrzeug warmfahren, die Öltemperatur soll ca. +80° C betragen.
- Öldruckschalter ausbauen. Der Öldruckschalter ist vorn am Zylinderkopf eingeschraubt, siehe Position –2– in Abbildung N17-0010 auf Seite 46.

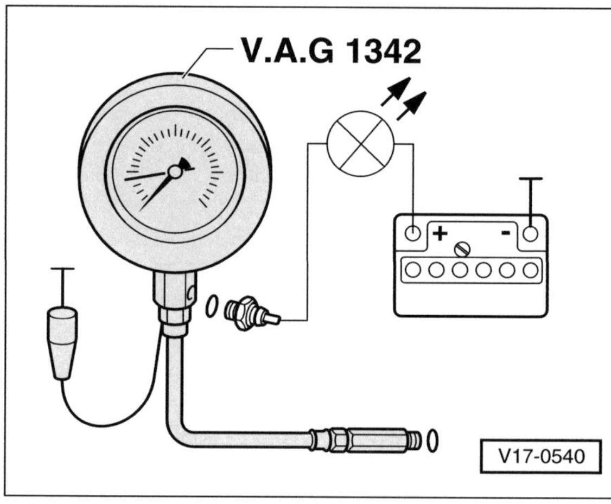

- Anstelle des Öldruckschalters geeignetes Manometer in den Zylinderkopf einschrauben.
- Falls das VW-Meßgerät verwendet wird, Öldruckschalter am Prüfgerät einschrauben. **Achtung:** Die beschriebene Prüfung kann nur durchgeführt werden, wenn der Schalter am Manometer eingeschraubt werden kann.
- Braune Leitung des Prüfgerätes (VW-1342) an Masse (–) legen.
- Diodenprüflampe mit Hilfsleitungen an Batterie plus (+) und Öldruckschalter anschließen. **9/94 – 8/97:** Die Leuchtdiode **muß** aufleuchten. **Seit 9/97:** Die Leuchtdiode darf **nicht** aufleuchten. Andernfalls Öldruckschalter ersetzen.
- Motor anlassen und Drehzahl langsam erhöhen. **9/94 – 8/97:** Bei 0,15 – 0,35 bar Überdruck muß die Leuchtdiode verlöschen. **Seit 9/97:** Bei 0,3 – 0,6 bar Überdruck muß die Leuchtdiode aufleuchten. Andernfalls Öldruckschalter ersetzen.
- Drehzahl weiter erhöhen. Bei 2000/min und +80 °C Öltemperatur soll der Ölüberdruck mindestens 2,0 bar betragen.
- Geringerer Öldruck weist auf verschlissene Kurbelwellenlager hin.
- Drehzahl weiter erhöhen. Der Öldruck darf dabei den Maximalwert von 5,5 bar (1,7-/1,9-l-Dieselmotor 7,0 bar) **nicht** überschreiten. Andernfalls Ölpumpendeckel mit Überdruckventil ersetzen.

- Öldruckschalter einsetzen und mit **25 Nm** festziehen. Bei Undichtigkeit Dichtring mit Seitenschneider aufkneifen und ersetzen.

Dieselmotor

Der Dieselmotor besitzt 2 Öldruckschalter. Die Prüfung erfolgt prinzipiell wie beim Benzinmotor. Allerdings ist die Einschraubmöglichkeit für den Öldruckschalter am Manometer nicht erforderlich. Der jeweils zu prüfende Schalter bleibt eingeschraubt, während der andere Öldruckschalter durch das Manometer ersetzt wird.

Prüfdruck für Öldruckschalter:

0,25 bar (blau):	0,15 – 0,35 bar
0,3 bar (braun):	0,15 – 0,45 bar
0,7 bar (–):	0,55 – 0,85 bar
0,9 bar (grau):	0,75 – 1,05 bar

Zahnflanken- und Axialspiel der Ölpumpe prüfen

Benzinmotor mit 45 – 60 PS, 1,4-l/100 PS bis 9/99, 1,6-l/ 75 PS sowie 1,7-/1,9-l-Dieselmotor

Das Zahnflanken- und Axialspiel kann für den Benzinmotor mit kettengetriebener Ölpumpe (Abbildungen) auch bei eingebauter Ölpumpe geprüft werden. Bei anderen Motoren Ölpumpe ausbauen.

- Ölwanne ausbauen.
- Halterung für Ölpumpendeckel abschrauben.
- Ölpumpendeckel abschrauben. Unterdruckventil im Ölpumpendeckel belassen.

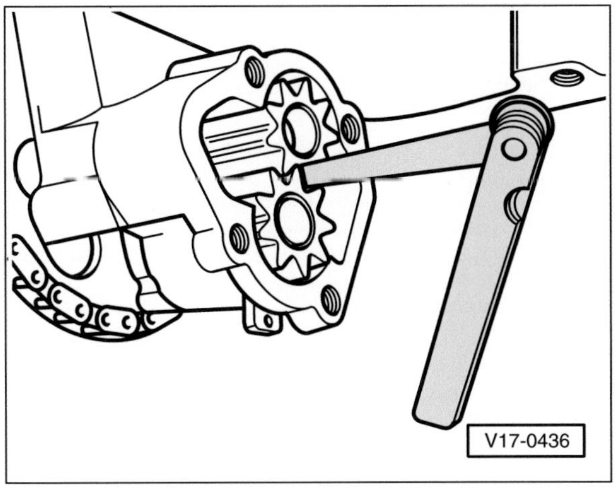

- Zahnflankenspiel mit Fühlerblattlehre, wie in der Abbildung gezeigt, prüfen.
- Das Zahnflankenspiel darf maximal 0,20 mm betragen. Sonst Ölpumpe ersetzen. Das Zahnflankenspiel beträgt bei einer neuen Ölpumpe 0,05 mm.

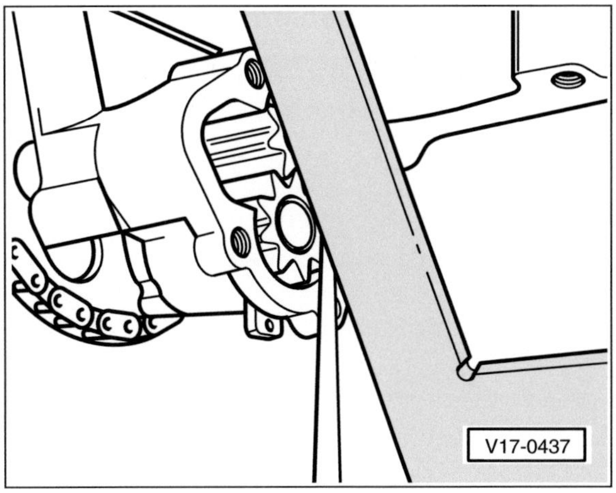

- Axialspiel, wie in der Abbildung gezeigt, prüfen. Das Axialspiel darf maximal 0,15 mm betragen. Sonst Ölpumpe ersetzen.
- Ölpumpendeckel mit Halter anschrauben.
- Ölwanne einbauen.

Antriebskette für Ölpumpe spannen

Benzinmotor: 45 – 60 PS, 1,4-l/100 PS bis 9/99, 1,6-l/ 75 PS

Spannen

- Ölwanne ausbauen.
- Befestigungsschraube für Ölpumpe lösen.

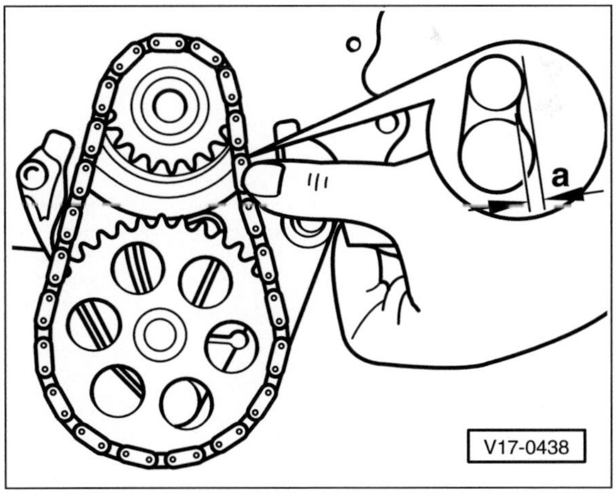

- Kette durch Verschieben der Ölpumpe spannen. Spannung durch leichten Daumendruck prüfen.
  Prüfwert: a = 4,0 – 5,0 mm
  Einstellwert: a = 3,5 – 4,5 mm
- Ölwanne einbauen.

Ölwanne/Ölpumpe/Ölfilter

Benzinmotor mit kettengetriebener Ölpumpe

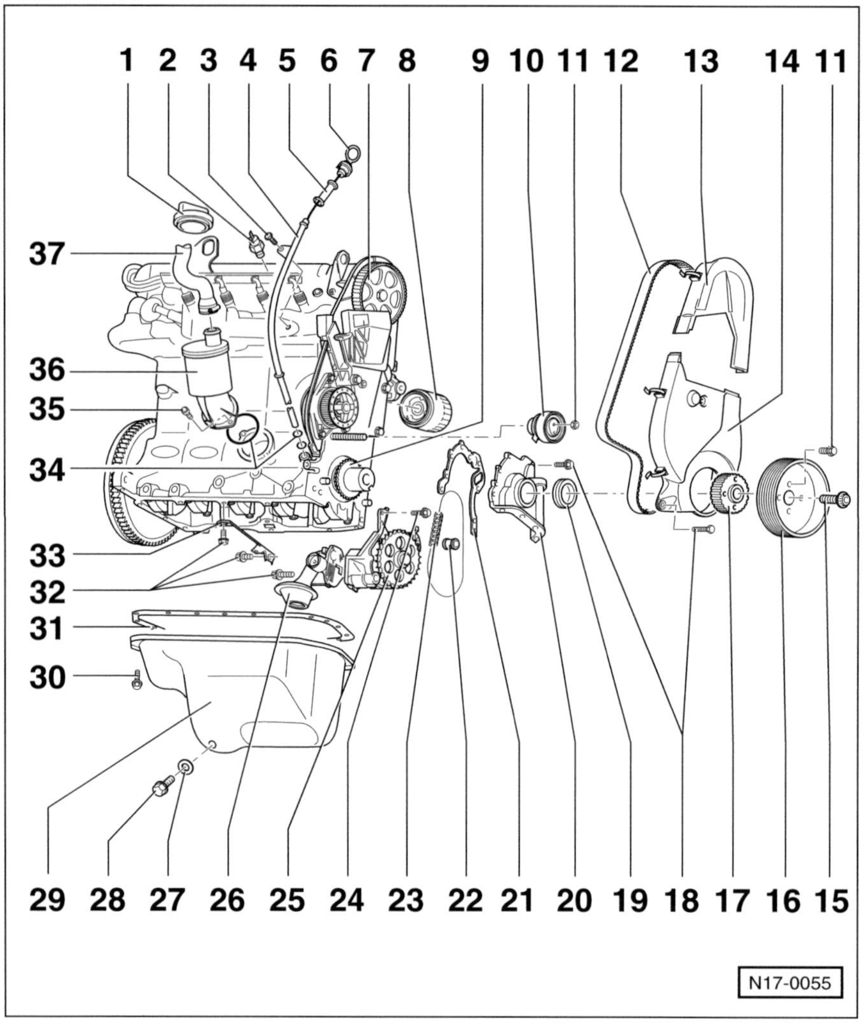

Hinweis: Außer den Benzinmotoren mit kettengetriebener Ölpumpe gibt es Motoren mit Duocentric-Ölpumpe. Die Duocentric-Ölpumpe sitzt an der Zahnriemenseite des Motors unter der unteren Zahnriemen-Abdeckung. Sie wird direkt von der Kurbelwelle über einen Mitnehmer angetrieben. Es gibt auch Benzinmotoren, bei denen die Ölpumpe, wie beim Dieselmotor, über eine senkrecht zur Kurbelwelle angebrachte Antriebswelle angetrieben wird. Die Pumpe befindet sich dann in der Ölwanne, siehe auch Abbildung N17-0011.

1 – **Verschlußdeckel**
Dichtung bei Beschädigung ersetzen.

2 – **Öldruckschalter, 25 Nm**
9/94 – 8/97:
Schalter 0,25 bar, Kennzeichnung blau.
Seit 9/97:
Schalter 0,5 bar, Kennzeichnung grün.
Dichtring bei Undichtigkeit aufkneifen und ersetzen.

3 – **Schraube, 10 Nm**

4 – **Führungsrohr**

5 – **Einführtrichter**
Zum Ölabsaugen abziehen.

6 – **Ölmeßstab**

7 – **Nockenwellenrad**

8 – **Ölfilter**

9 – **Kettenrad**

10 – **Spannrolle**

11 – **Mutter, 20 Nm**

12 – **Zahnriemen**

13 – **Zahnriemen-Abdeckung oben**

14 – **Zahnriemen-Abdeckung unten**

15 – **6-Kant-Schraube: 90 Nm + ⅓ Umdrehung (120°) weiterdrehen**
12-Kant-Schraube: 90 Nm + ¼ Umdrehung (90°) weiterdrehen
Immer erneuern, geölt einsetzen. Weiterdrehen ist in mehreren Stufen erlaubt. Zum Weiterdrehen Winkelmeßscheibe, z. B. HAZET 6690, verwenden.

16 – **Riemenscheibe**

17 – **Zahnriemenrad-Kurbelwelle**

18 – **Schraube, 10 Nm**
Bei Aluminium-Motorblock, Schrauben ersetzen. Mit Dichtmittel beschichtete Schrauben verwenden.

19 – **Dichtring**
Immer ersetzen.

20 – **Dichtflansch**

21 – **Dichtung**
Immer ersetzen.

22 – **Dichtbuchse**
Bei Beschädigung ersetzen. Dichtung zur Montage einölen und zuerst in den Dichtflansch einsetzen.

23 – **Kette**

24 – **Schraube, 20 Nm**

25 – **Ölpumpe**

26 – **Ölpumpendeckel mit Überdruckventil**
Öffnungsdruck: 4,0 – 5,0 bar Überdruck. Sieb bei Verschmutzung reinigen.

27 – **Dichtring**
Immer ersetzen.

28 – **Ölablaßschraube, 30 Nm**

29 – **Ölwanne**
Vor der Montage Dichtfläche reinigen.

30 – **Schraube, 15 Nm**
Nur Schrauben an der Schwungradseite mit Steckeinsatz VW-3249 lösen und anziehen.

31 – **Dichtung**
Nicht bei Motoren mit Flüssigdichtung. **Achtung:** Bei Motoren mit Flüssigdichtung umlaufend eine 3 bis 4 mm dicke, durchgehende Raupe Silikondichtmittel auftragen. Die Raupe muß innen an den Schraubenbohrungen verlaufen.

32 – **Schraube, 10 Nm**

33 – **Halter**

34 – **O-Ring**
Immer ersetzen.

35 – **Schraube, 10 Nm**

36 – **Ölabscheider**

37 – **zum Luftfilter**

Ölwanne/Ölpumpe/Ölfilter

1,7-/1,9-l-Dieselmotor

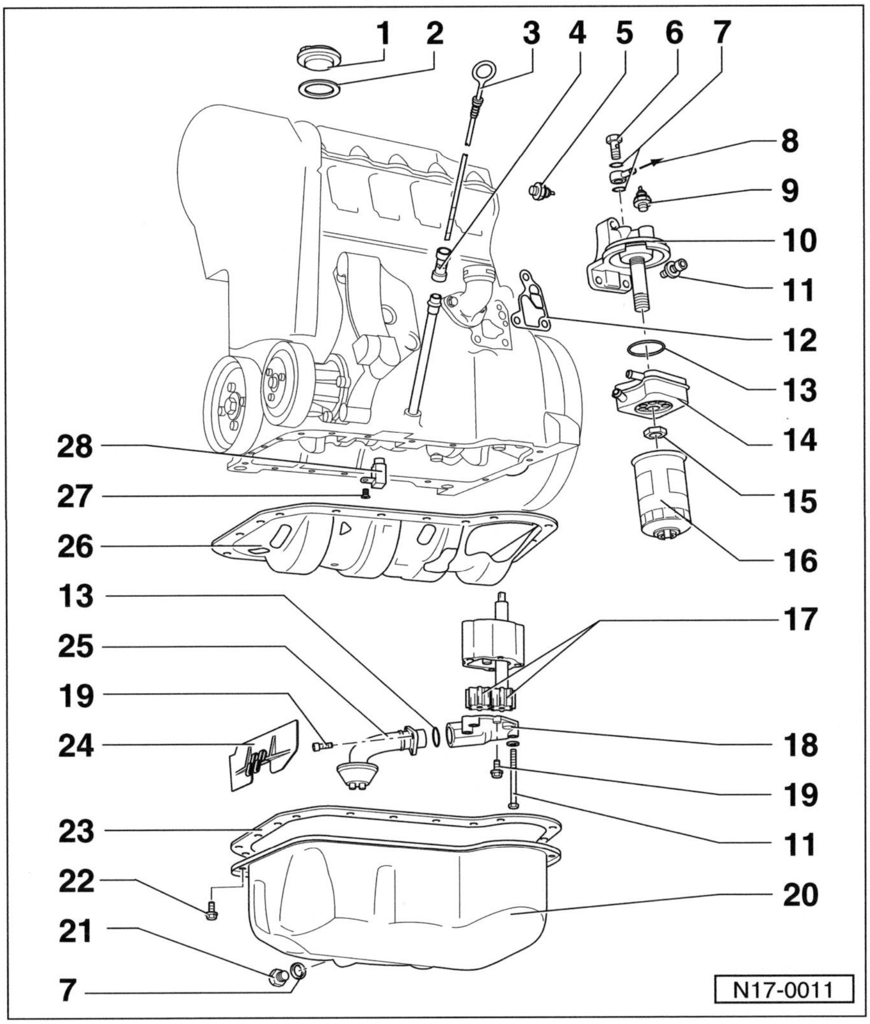

1 – **Verschlußdeckel**

2 – **Dichtung**
Bei Beschädigung ersetzen.

3 – **Ölmeßstab**

4 – **Einführtrichter**
Zum Ölabsaugen abziehen.

5 – **Öldruckschalter, 25 Nm**
0,25 bar-Schalter: blau;
0,3 bar-Schalter: braun;
Leitung: blau/schwarz; Dichtring bei Undichtigkeit aufkneifen und ersetzen.

6 – **Hohlschraube, 25 Nm**

7 – **Dichtung**
Immer ersetzen.

8 – **Zum Abgasturbolader**
Motor AHU.

9 – **Öldruckschalter, 25 Nm**
0,9 bar-Schalter: grau;
Leitung: gelb; Dichtring bei Undichtigkeit aufkneifen und ersetzen.

10 – **Ölfilterhalter**

11 – **Schraube, 25 Nm**

12 – **Dichtung**
Immer ersetzen.

13 – **O-Ring**
Immer ersetzen.

14 – **Ölkühler**
Berührungsflächen zum Ölfilterhalter außerhalb des Dichtringes mit Dichtmittel VW-AMV 188 100 02 einstreichen. Beim Einbau auf Freigang zu den umliegenden Bauteilen achten.

15 – **Mutter, 25 Nm**

16 – **Ölfilter**
Mit Spannband lösen; von Hand anziehen; Einbauhinweise auf dem Ölfilter beachten.

17 – **Zahnräder**

18 – **Ölpumpendeckel mit Überdruckventil**
Öffnungsdruck: 5,7 – 6,7 bar Überdruck.

19 – **Schraube, 10 Nm**

20 – **Ölwanne**
Motoren AEY und AHB mit Deckel für Ölwanne.

21 – **Ölablaßschraube, 30 Nm**

22 – **Schraube, 20 Nm**
Zum Herausdrehen der beiden hinteren Schrauben wird ein Gelenkschlüssel benötigt.

23 – **Dichtung**
Motor AEY, AHB und AHU: Dichtung Immer ersetzen. Vor dem Auflegen Übergänge Dichtflansch/Zylinderblock mit Dichtmittel "D2" bestreichen.

24 – **Schwallblech**

25 – **Saugleitung**
Sieb bei Verschmutzung reinigen.

26 – **Schwallwand**
Motor 1Y. Bei Beschädigung der Dichtung ersetzen.

27 – **Schraube, 10 Nm**
Mit Dichtmittel VW-AMV 188 100 02 einsetzen.

28 – **Ölspritzdüse**
Zur Kolbenkühlung.

Störungsdiagnose Ölkreislauf

Störung	Ursache	Abhilfe
Kontrolleuchte leuchtet nicht nach Einschalten der Zündung.	Öldruckschalter defekt.	■ Zündung einschalten, Leitung vom Öldruckschalter abziehen und gegen Masse halten. Wenn die Kontrollampe leuchtet, Schalter ersetzen.
	Strom zum Schalter unterbrochen, Kontakte korrodiert.	■ Elektrische Leitung und Anschlüsse prüfen.
	Kontrollampe defekt.	■ Kontrollampe ersetzen.
Kontrollicht erlischt nicht nach Anspringen des Motors.	Öl sehr warm.	■ Unbedenklich, wenn Kontrollicht beim Gasgeben erlischt.
Kontrollicht erlischt nicht beim Gasgeben bzw. leuchtet während der Fahrt.	Öldruck zu gering.	■ Ölstand prüfen, ggf. auffüllen; Öldruck nach Vorschrift prüfen.
	Elektrische Leitung zum Öldruckschalter hat Kurzschluß gegenüber Masse.	■ Kabel am Schalter abziehen und isoliert ablegen (nicht gegen Masse legen), Zündung einschalten. Wenn die Kontrollampe aufleuchtet, Leitung überprüfen.
	Öldruckschalter defekt.	■ Schalter auswechseln.
Zu niedriger Öldruck im gesamten Drehzahlbereich.	Zu wenig Öl im Motor.	■ Motoröl nachfüllen.
	Ansaugsieb in der Saugglocke verschmutzt, Saugrohr gebrochen.	■ Ölwanne ausbauen, Ansaugsieb reinigen, ggf. Saugrohr ersetzen.
	Ölpumpe verschlissen.	■ Ölpumpe ausbauen und prüfen, gegebenenfalls ersetzen.
	Lagerschaden.	■ Motor demontieren.
Zu niedriger Öldruck im unteren Drehzahlbereich.	Öldruckregelventil klemmt in offenem Zustand durch Verschmutzung.	■ Öldruckregelventil ausbauen und prüfen.
Zu hoher Öldruck bei Drehzahlen über 2.000/min.	Öldruckregelventil öffnet nicht wegen Verschmutzung.	■ Öldruckregelventil ausbauen und prüfen.

Motor-Kühlung

Der Kühlmittelkreislauf

Der Kühlmittelkreislauf wird thermostatisch geregelt. Solange der Motor kalt ist, zirkuliert das Kühlmittel nur im Zylinderkopf sowie im Motorblock und im Wärmetauscher. Mit zunehmender Erwärmung öffnet der Kühlmittelregler den großen Kühlmittelkreislauf. Das Kühlmittel wird von der ständig im Einsatz befindlichen Kühlmittelpumpe über den Kühler geleitet. Die Kühlflüssigkeit durchströmt den Kühler von oben nach unten und wird dabei durch die an den Kühlrippen vorbeistreichende Luft gekühlt.

Zur Verstärkung der Kühlluft sind je nach Ausstattung ein oder zwei temperaturgesteuerte Lüfter eingebaut. Angesteuert werden die Lüfter über einen 2stufigen Thermoschalter, der links am Wasserkasten des Kühlers eingeschraubt ist. Bei einer Kühlmitteltemperatur von +92° bis +97° C schaltet der Thermoschalter den Lüfter in der ersten Stufe (halbe Drehzahl) ein. Steigt die Kühlmitteltemperatur auf +99° bis + 105° C werden die Lüfter auf volle Drehzahl geschaltet. Durch die nicht ständig mitlaufenden Lüfter wird die Betriebstemperatur schneller erreicht und der Kraftstoffverbrauch wird reduziert.

Achtung: Die Elektrolüfter können sich auch bei ausgeschalteter Zündung einschalten. Durch Stauwärme im Motorraum ist auch **mehrmaliges Einschalten möglich.** Abhilfe: **Stecker am Elektrolüfter abziehen.**

Achtung: Bei Arbeiten am Kühlsystem unbedingt darauf achten, daß **kein Kühlmittel auf den Zahnriemen** gelangt. Der Glykolanteil des Kühlmittels kann das Gewebe des Zahnriemens so schädigen, daß der Riemen nach einiger Betriebszeit reißt, wodurch schwerwiegende Motorschäden auftreten können.

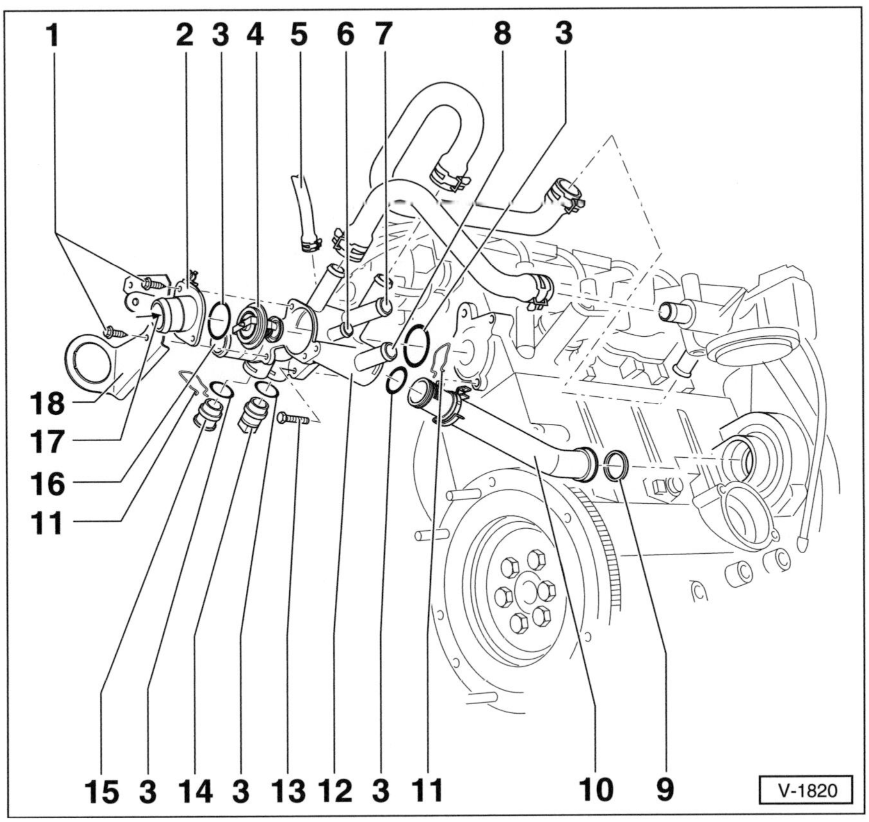

Die Abbildung zeigt die Kühlmittelregelung an den Benzinmotoren ADX, AEA und AEV.

- 1 – **Schneidschraube**
- 2 – **Anschlußstutzen**
- 3 – **O-Ring**
  Immer ersetzen.
- 4 – **Kühlmittelregler**
- 5 – **zum Ausgleichbehälter**
  Siehe –12– in Abbildung N19-0033.
- 6 – **vom Ausgleichbehälter**
  Siehe –13– in Abbildung N19-0033.
- 7 – **zum Wärmetauscher**
- 8 – **vom Wärmetauscher**
- 9 – **Dichtring**
  Immer ersetzen.
- 10 – **Kühlmittelrohr**
- 11 – **Halteklammer**
- 12 – **Kühlmittelregler-Gehäuse**
- 13 – **Schraube, 10 Nm**
- 14 – **Geber für Kühlmitteltemperatur**
  Mit Geber für Kühlmitteltemperaturanzeige.
- 15 – **Verschlußstopfen**
- 16 – **zum Kühler oben**
  Siehe –7– in Abbildung N19-0033.
- 17 – **vom Kühler unten**
  Siehe –7– in Abbildung N19-0033.
- 18 – **Halter**

Kühler, Kühlmittelpumpe

Benzinmotor

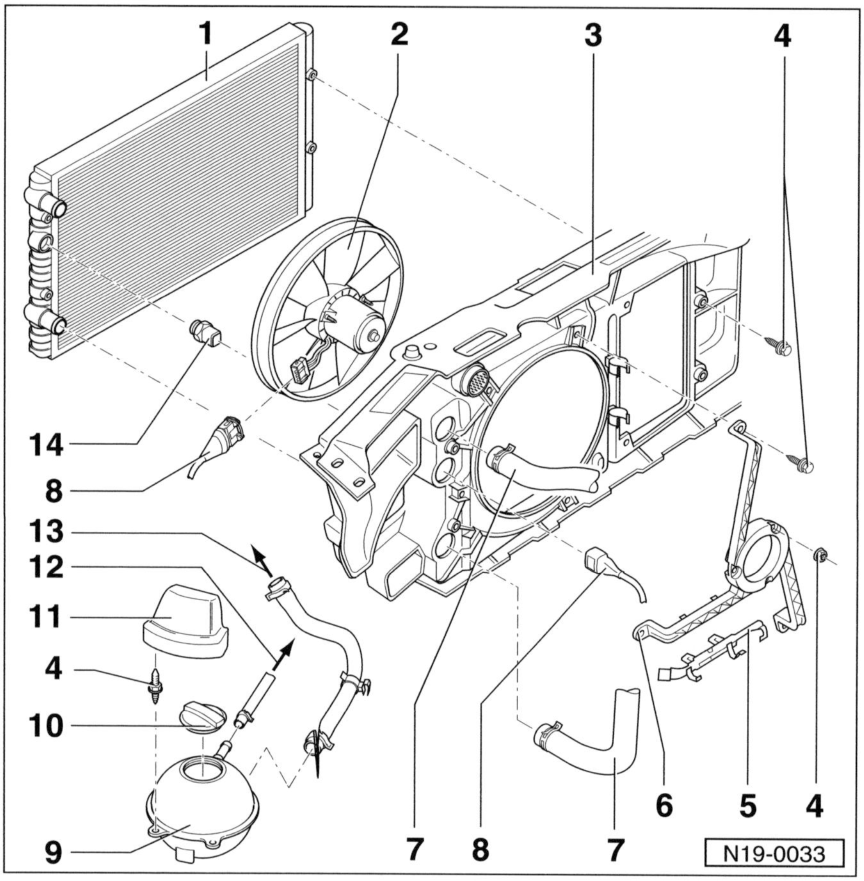

1 – **Kühler**
Nach dem Ersetzen das gesamte Kühlmittel erneuern.

2 – **Lüfter für Kühler**

3 – **Schloßträger**

4 – **Schraube, 10 Nm**

5 – **Kabelhalter**

6 – **Halter**
Für Elektrolüfter.

7 – **Kühlmittelschlauch**
Oben: zum Kühlmittelregler-Gehäuse –16–; **unten:** zum Anschlußstutzen –17– in Abbildung N19-0028.

8 – **Anschlußstecker**

9 – **Ausgleichbehälter**

10 – **Verschlußdeckel**
Prüfdruck 1,4 – 1,6 bar Überdruck.

11 – **Abdeckung**

12 – **zum Kühlmittelregler-Gehäuse**
Siehe –5– in Abbildung N19-0028.

13 – **zum Kühlmittelregler-Gehäuse**
Siehe –6– in Abbildung N19-0028.

14 – **Thermoschalter, 35 Nm**

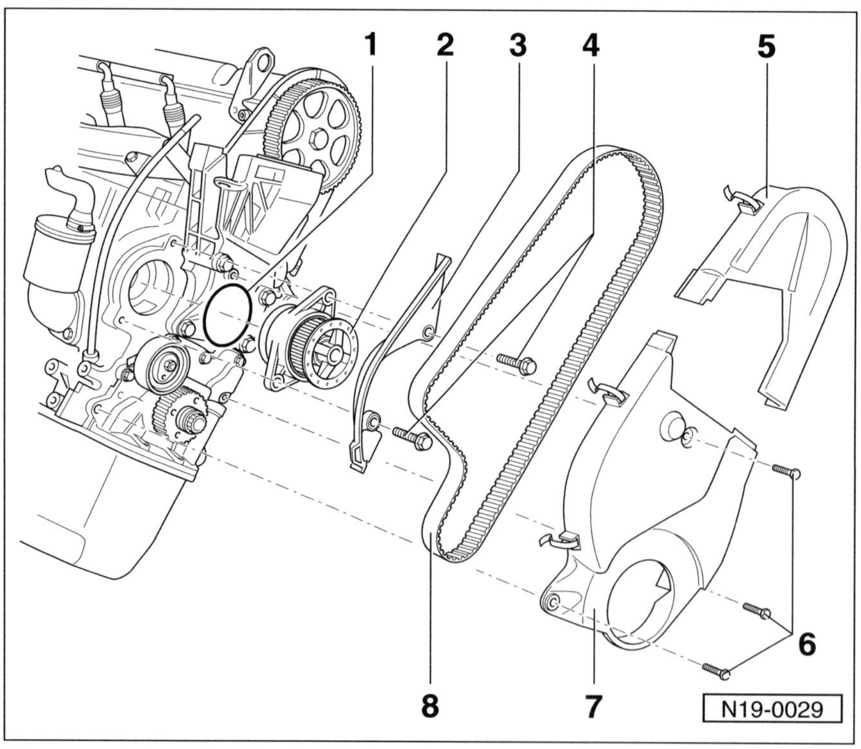

1 – **O-Ring**
Bei Undichtigkeiten und Beschädigungen ersetzen.

2 – **Kühlmittelpumpe**
Auf leichten Lauf prüfen; bei Beschädigung und Undichtigkeit komplett ersetzen.

3 – **Zahnriemenschutz**
Für Kühlmittelpumpe.

4 – **Schrauben, 20 Nm**

5 – **Zahnriemen-Abdeckung oben**

6 – **Schrauben, 10 Nm**

7 – **Zahnriemen-Abdeckung unten**

8 – **Zahnriemen**
Auf Verschleiß prüfen, nicht knicken.

Kühler-Frostschutzmittel

Die Kühlanlage wird ganzjährig mit einer Mischung aus Wasser und VW-Kühlerfrost- und Korrosions-Schutzmittel befüllt. Dies verhindert Frost- und Korrosionsschäden, Kalkansatz und hebt außerdem die Siedetemperatur des Kühlmittels an. Im Kühlkreislauf entsteht durch die Ausdehnung der Flüssigkeit bei Erwärmung ein Überdruck, was ebenfalls zur Siedepunkterhöhung der Kühlflüssigkeit beiträgt. Der Druck wird durch ein Ventil im Verschlußdeckel am Ausgleichbehälter begrenzt, das bei 1,4 bar – 1,6 bar öffnet. Erforderlich ist der höhere Siedepunkt der Kühlflüssigkeit für ein einwandfreies Funktionieren der Motorkühlung. Bei zu niedrigem Siedepunkt der Flüssigkeit kann es zu einem Hitzestau kommen, wodurch der Kühlkreislauf behindert und die Kühlung des Motors vermindert wird.

Zum Nachfüllen – auch in der warmen Jahreszeit – nur eine Mischung aus VW-Kühlerfrost- und Korrosionsschutzmittel »**G12 Plus**« (Farbe **lila**, Spezifikation **TL-VW-774-F**) und kalkarmem, sauberem Wasser verwenden. Auch im Sommer darf der Kühlerfrostschutz-Anteil im Kühlmittel nicht unter 40% liegen. Das neue »**G12 Plus**« (**lila** Farbe) darf sowohl mit »**G11 grün**« als auch mit »**G12 rot**« gemischt werden.

Achtung: Das bis 6/96 verwendete, **grüne** VW-Kühlerfrost- und Korrosionsschutzmittel »**G11**« darf nicht mit »**G12 rot**« gemischt werden, **sonst kommt es zu schwer wiegenden Motorschäden.** Braunes Kühlmittel (G11 und G12 rot vermischt) sofort wechseln.

Kühlmittel-Mischungsverhältnis in Litern

Motor	Frostschutz bis				Füll-menge
	–25° C		–35° C		
	G12	Wasser	G12	Wasser	
Benziner (außer AJV, ARC, AVY)	2,2 l	3,4 l	2,8 l	2,8 l	5,6 l
1,6-l-Benziner AJV, ARC, AVY	2,4 l	3,6 l	3,0 l	3,0 l	6,0 l
1,4-l-Diesel	2,0 l	3,0 l	2,5 l	2,5 l	5,0 l
1,7-/1,9-l-Diesel (außer ALH, AQM, ASV)	2,6 l	3,9 l	3,3 l	3,3 l	6,5 l
1,9-l-Diesel ALH, AQM, ASV	2,4 l	3,6 l	3,0 l	3,0 l	6,0 l

Der Frostschutz sollte in unseren Breiten bis –25° C, besser bis –35° C reichen. Der Anteil des Frostschutzmittels darf 60 % (Frostschutz dann bis –40° C) nicht überschreiten, sonst verringern sich Frostschutz und Kühlwirkung wieder. **Hinweis:** Die Kühlmittel-Füllmenge kann je nach Ausstattung des Fahrzeuges von dem angegebenen Wert etwas abweichen. Frostschutz prüfen, siehe Seite 275.

Achtung: Ist versehentlich ein falsches Frostschutzmittel eingefüllt worden, Kühlsystem vollständig entleeren. Kühlsystem mit reinem Wasser auffüllen und Motor 2 Minuten laufen lassen, damit es durchgespült wird. Wasser wieder ablassen und anschließend mit Druckluft in den Ausgleichbehälter blasen, damit das Kühlsystem vollständig entleert wird. Ablaßöffnung schließen und neue Wasser/G12-Plus-Mischung einfüllen.

Kühlmittel wechseln

Das Kühlmittel muß nur nach Reparaturen am Kühlsystem, bei denen das Kühlmittel abgelassen wurde, erneuert werden. Ein Wechsel im Rahmen der jährlichen Wartung ist nicht vorgesehen. Falls bei Reparaturen der Zylinderkopf, die Zylinderkopfdichtung, der Kühler, der Wärmetauscher oder der Motor ersetzt wurden, muß die Kühlflüssigkeit auf jeden Fall ersetzt werden. Das ist erforderlich, weil sich die Korrosionsschutzanteile in der Einlaufphase an den neuen Leichtmetallteilen absetzen und somit eine dauerhafte Korrosionsschutzschicht bilden. Bei gebrauchter Kühlflüssigkeit ist der Korrosionsschutzanteil in der Regel nicht mehr groß genug, um eine ausreichende Schutzschicht an den neuen Teilen zu bilden.

Hinweis: Kühlmittel ist leicht giftig. Gemeinde- und Stadtverwaltungen informieren darüber, wie das alte Kühlmittel entsorgt werden soll.

Ablassen

- Fahrzeug aufbocken.
- Verschlußdeckel am Ausgleichbehälter öffnen.

Achtung: Bei heißem Motor vor dem Öffnen des Deckels einen dicken Lappen auflegen, um Verbrühungen durch heiße Kühlflüssigkeit oder Dampf zu vermeiden. Deckel nur bei Kühlmitteltemperaturen unter +90° C abnehmen.

Benzinmotor

- Sauberes Auffanggefäß unter den Kühler stellen.
- Unteren Schlauch am Kühler abziehen. Vorher Schlauch mit Zange, z. B. HAZET 798-5, entspannen und ganz zurückschieben.

Dieselmotor

- Sauberes Auffanggefäß unter die Kühlmittelpumpe stellen.

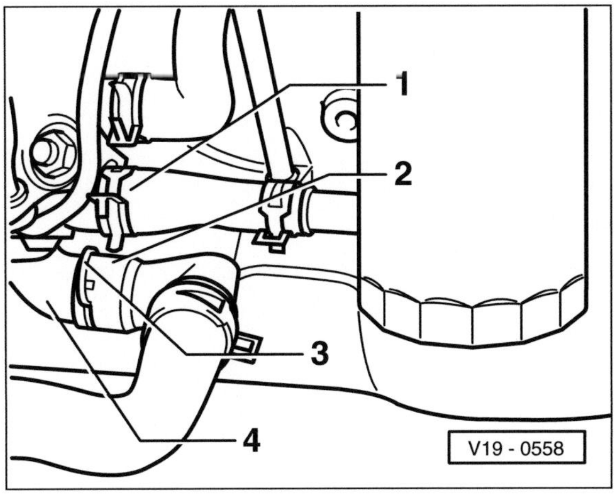

- Das Kühlmittel kann an verschiedenen Stellen abgelassen werden.
  1. Kühlmittelschlauch –1– abziehen; Anschlußstutzen –2– abziehen, vorher Halteklammer –3– herausziehen.
  2. Flansch –4– für Kühlmittelregler abschrauben.
- Kühlmittel vollständig ablassen.

Auffüllen

- Kühlmittelschlauch aufschieben und mit Schelle sichern. Kühlmittelregler einbauen. Flansch für Kühlmittelregler anschrauben.
- Fahrzeug ablassen.

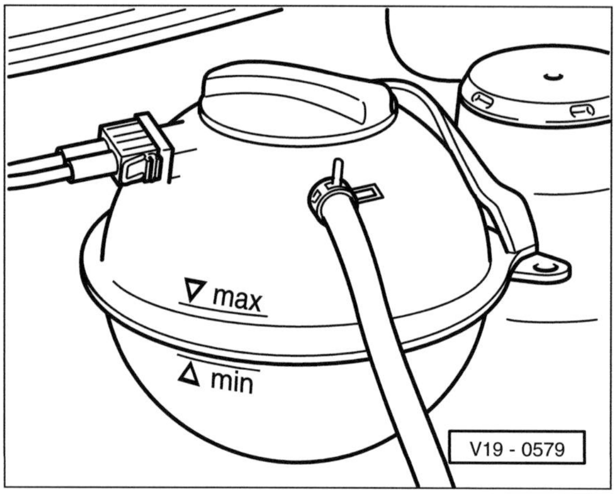

V19 - 0579

- Kühlmittel langsam bis zur MAX-Markierung am Ausgleichbehälter auffüllen.
- Ausgleichbehälter verschließen.
- Motor laufen lassen, bis der Elektrolüfter anläuft.
- Motor abstellen.
- Kühlmittelstand prüfen und gegebenenfalls bis an die MAX-Markierung ergänzen. Bei betriebswarmem Motor muß der Kühlmittelstand an der MAX-Markierung, bei kaltem Motor zwischen der MAX- und der MIN-Markierung liegen.

Kühlmittelregler aus- und einbauen/prüfen

Benzinmotor

Ausbau

Achtung: Die Bezeichnungen für die Bauteile beziehen sich auf die Abbildung N19-0028, siehe Seite 49.

- Kühlmittel ablassen.
- Anschlußstutzen –2– vom Kühlmittelreglergehäuse –12– mit 2 Schrauben abschrauben und mit Schlauch –17– zur Seite legen.
- Kühlmittelregler –4– herausnehmen und prüfen.

Prüfen

- Maß –a– am Regler messen, siehe Abbildung SX-1802.

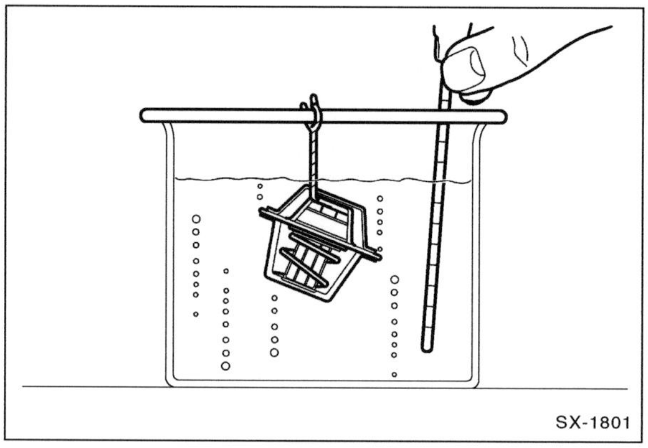
SX-1801

- Regler im Wasserbad erwärmen. Dabei darf der Thermostat nicht die Wände des Behälters berühren.
- Temperatur mit einem Thermometer kontrollieren.

Benzinmotor: Regler-Öffnungsbeginn ca. +84° C
Regler-Öffnungsende ca. +98° C.

Dieselmotor: Regler-Öffnungsbeginn ca. +85° C
Regler-Öffnungsende ca. +105° C.

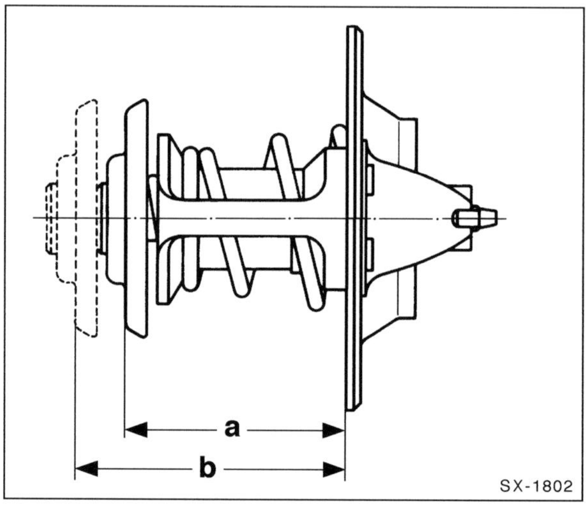

SX-1802

- Nach Erhitzen des Reglers auf ca. +100° C muß Maß –b– gegenüber Maß –a– um ca. 7 mm größer sein. Von Öffnungsbeginn bis Öffnungsende muß der Öffnungshub mindestens 7 mm betragen.

Einbau

- Dichtring ersetzen.

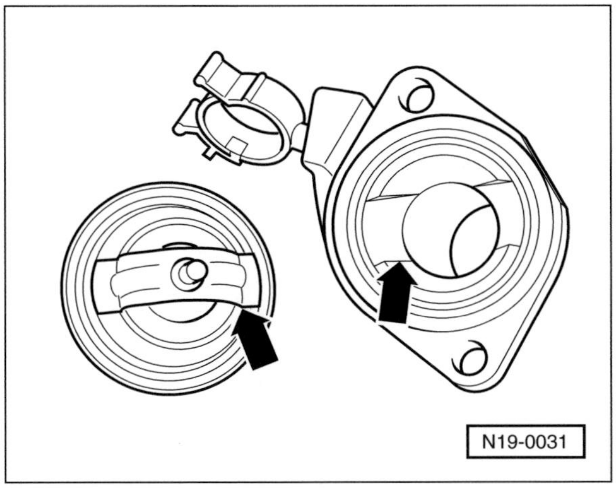

- Kühlmittelregler so einsetzen, daß der Steg in den Aussparungen am Anschlußstutzen anliegt.
- Anschlußstutzen ansetzen und anschrauben.
- Kühlflüssigkeit auffüllen.
- Motor laufen lassen, bis Kühlmittelregler öffnet. Deckel-Dichtung und Kühlmittelschlauch auf Dichtigkeit überprüfen.

Ausbau Dieselmotor

Achtung: Die Bezeichnungen für die Bauteile beziehen sich auf die Abbildung V-1801, siehe Seite 55.

- Fahrzeug aufbocken.
- Falls erforderlich, Servopumpe mit Halter abschrauben und mit angeschlossenen Leitungen aufhängen.
- Geeignetes Gefäß unter den Kühlmittel-Anschlußstutzen –6– stellen.
- Anschlußstutzen für Kühlmittelregler –10– abschrauben –9– und mit Kühlmittelregler abnehmen.
- Kühlmittel ablassen und auffangen.

Einbau

- Dichtring –7– herausnehmen.
- Kühlmittelregler –5– herausnehmen.
- Dichtring ersetzen, Kühlmittelregler einsetzen und Deckel anschrauben.
- Falls ausgebaut, Servopumpe mit Halter anschrauben, Keilrippenriemen auflegen und spannen.
- Fahrzeug ablassen.
- Kühlflüssigkeit auffüllen.
- Motor laufen lassen, bis Kühlmittelregler öffnet. Deckel-Dichtung und Kühlmittelschlauch auf Dichtigkeit überprüfen.

Kühlsystem prüfen

Undichtigkeiten im Kühlsystem und die Funktion des Überdruckventils im Kühler-Verschluß können mit einem handelsüblichen Druckprüfgerät überprüft werden.

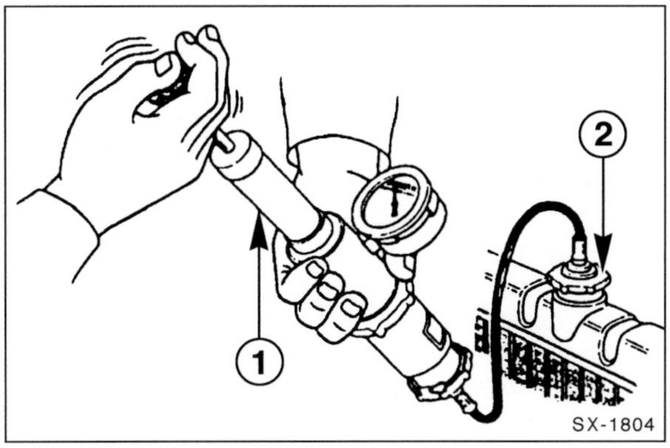

- Prüfgerät –1– auf den Einfüllstutzen am Ausgleichbehälter –2– aufsetzen. Die Abbildung zeigt nicht den POLO.
- Mit der Handpumpe des Gerätes einen Überdruck von ca. 1,0 bar erzeugen und halten. Fällt der Druck ab, Kühlsystem auf Undichtigkeit sichtprüfen und Leckstelle beseitigen.

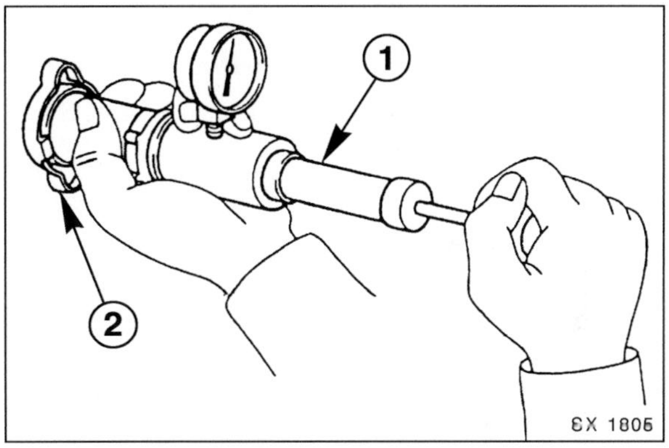

- Zum Überprüfen des Überdruckventils im Verschlußdeckel des Ausgleichbehälters Prüfgerät –1– auf Verschlußdeckel –2– aufsetzen. Überdruck mit der Handpumpe erzeugen. Bei einem Überdruck von 1,4 – 1,6 bar muß das Überdruckventil öffnen.

Thermoschalter für Elektrolüfter prüfen

Der Thermoschalter ist zu prüfen, wenn bei heißem Motor der Lüfter nicht einschaltet. Prüfvoraussetzung: Kühlmittelregler, Kühler und Verschlußdeckel für Kühlsystem sind in Ordnung.

Der Thermoschalter für den Elektrolüfter sitzt links auf halber Höhe am Kühler, siehe Position –14– in Abbildung N19-0033, siehe Seite 50.

Der Thermoschalter hat zwei Schaltstufen. Bei erhöhter Temperatur schaltet er den Lüfter auf eine höhere Geschwindigkeit.

- Sicherung Nr. 19 prüfen, gegebenenfalls ersetzen.

Schaltstufe	Kabelfarbe	Schalttemperatur	
		Ein	Aus
1	rot/weiß	92° - 97° C	84° - 91° C
2	rot/schwarz	99° – 105° C	91° – 98° C
+	rot	–	–

- Prüfen, ob der Kühler im Bereich des Thermoschalters überhaupt heiß wird.
- Stecker vom Thermoschalter abziehen. Am Kabelstecker der Zuleitung zuerst Klemme + (rotes Kabel) mit Klemme 1 (rot/weißes Kabel) verbinden, der Lüfter muß in langsamer Geschwindigkeit laufen. Dann Klemme + mit Klemme 2 (rot/schwarzes Kabel) verbinden, der Lüfter muß mit schneller Geschwindigkeit laufen. Wenn der Elektrolüfter jetzt beidesmal anläuft, Thermoschalter ersetzen.
- Wenn der Lüfter nicht anläuft, beziehungsweise wenn der Lüfter nur in einer Geschwindigkeit läuft, elektrische Leitungen gemäß Stromlaufplan prüfen. Anschlüsse auf guten Kontakt und festen Sitz kontrollieren.
- Anzugsdrehmoment für Thermoschalter: **35 Nm**.
- Neuen Thermoschalter auf Funktion überprüfen. Motor warmfahren und so lange im Leerlauf laufen lassen, bis der Lüfter für Kühlmittel einschaltet.

Kühler aus- und einbauen

Achtung: Die Bezeichnungen beziehen sich auf Abbildung N19-0033, siehe Seite 50.

Ausbau

- Kühlmittel ablassen und auffangen.
- Kühlergrill und Blende ausbauen, siehe Seite 175.
- Linken Scheinwerfer ausbauen, siehe Seite 246/247.
- Kühlmittelschläuche oben und unten –7– vom Kühler –1– abnehmen, vorher Schlauchschellen lösen.
- Elektrischen Stecker –8– vom Thermoschalter –14– links am Kühler abziehen.
- Fangblech für Haubenschloß ausbauen, siehe Seite 179.
- Befestigungsschrauben des Kühlers herausschrauben und Kühler nach vorn herausnehmen.

Fahrzeuge mit Klimaanlage

Achtung: Der Kältemittelkreislauf der Klimaanlage darf **nicht** geöffnet werden. Das Kältemittel kann bei Hautberührungen Erfrierungen hervorrufen. Um Beschädigungen am Kondensator, Kältemittel-Leitungen/Schläuchen zu vermeiden, ist darauf zu achten, daß Leitungen und Schläuche nicht überdehnt, geknickt oder verbogen werden.

- Abschlußstück vom Stoßfänger vorn ausbauen, siehe Seite 179.
- Halteschelle(n) für Kühlmittelleitungen abschrauben.
- Kondensator vom Kühler abschrauben.
- Kondensator soweit wie möglich nach vorne ziehen.
- Kühler vorsichtig nach vorn herausheben.
- Kondensator so am Aufbau befestigen, daß die Kältemittelleitungen und -schläuche entlastet sind.

Einbau

- Kühler einsetzen und anschrauben.
- Fangblech für Haubenschloß einbauen, siehe Seite 179.
- Stecker für Thermoschalter aufstecken.
- Kühlmittelschläuche unten und oben aufschieben und mit Schellen sichern.
- Linken Scheinwerfer einbauen, siehe Seite 246/247.
- Kühlergrill und Blende einbauen, siehe Seite 175.
- Kühlmittel auffüllen.
- Scheinwerfereinstellung prüfen, siehe Seite 247.
- Nach Probefahrt sämtliche Anschlüsse Kühler/Kühlmittelschlauch auf Dichtigkeit überprüfen.

Fahrzeuge mit Klimaanlage

- Kühler einsetzen und anschrauben.
- Halteschelle(n) für Kühlmittelleitungen anschrauben.
- Kondensator am Kühler anschrauben.
- Abschlußstück vom Stoßfänger vorn einbauen, siehe Seite 179.

Kühlmittelpumpe aus- und einbauen

Benzinmotor

Die Kühlmittelpumpe befindet sich vorn im Motorblock und wird durch den Zahnriemen angetrieben. **Achtung:** Die Bezeichnungen für die Bauteile beziehen sich auf die Abbildung N19-0029.

- Kühlmittel ablassen.
- Zahnriemen –8– ausbauen, siehe Seite 19.
- Kühlmittelpumpe –2– abschrauben und mit Zahnriemenschutz –3– herausnehmen.
- Welle der Kühlmittelpumpe drehen und auf leichten Lauf prüfen.
- Bei Beschädigung sowie Undichtigkeiten am Pumpenlager, Kühlmittelpumpe komplett ersetzen.

Einbau

- Dichtring –1– ersetzen, Kühlmittelpumpe mit Zahnriemenschutz anschrauben, Schrauben mit **10 Nm** festziehen.
- Zahnriemen einbauen, siehe Seite 19.
- Kühlflüssigkeit auffüllen.
- Nach Probefahrt: Dichtigkeit der Kühlmittelpumpe prüfen.

Kühlmittelpumpe aus- und einbauen

Dieselmotor

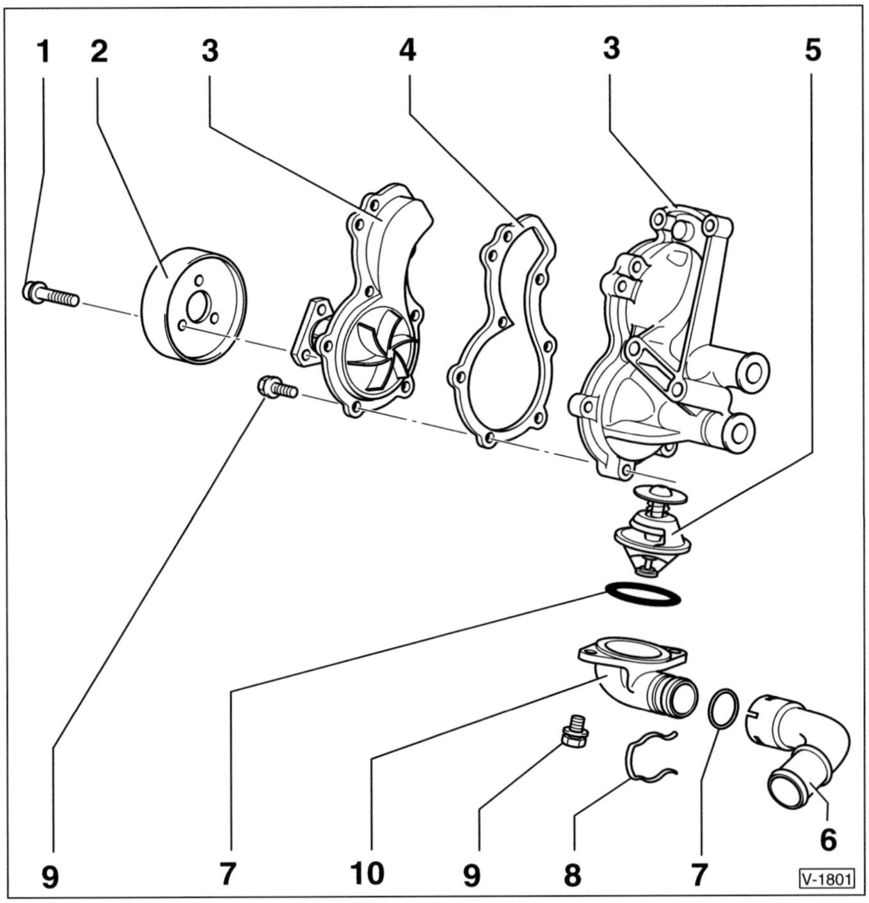

1 – **Schraube, 25 Nm**

2 – **Riemenscheibe**

3 – **Kühlmittelpumpe**

4 – **Dichtung**
Immer ersetzen.

5 – **Kühlmittelregler (Thermostat)**
Öffnungsbeginn: ca. +85° C,
Öffnungsende: ca. +105° C,
Öffnungshub: mind. 7 mm.

6 – **Anschlußstutzen**

7 – **O-Ring**
Immer ersetzen.

8 – **Halteklammer**

9 – **Schraube, 10 Nm**

10 – **Flansch**

Ausbau

- Fahrzeug aufbocken.
- Falls erforderlich, Servopumpe für Lenkung mit Halter abschrauben und mit angeschlossenen Leitungen aufhängen.
- Generator ausbauen, siehe Seite 235.
- Halter für Generator abschrauben.
- Kühlmittel ablassen.
- Kühlmittelregler –5– ausbauen.
- Schrauben –1– für Riemenscheibe –2– mit Innensechskantschlüssel SW 6 lösen. Damit sich hierbei die Riemenscheibe nicht mitdreht, Schraubendreher zwischen einem Schraubenkopf und der Pumpenwelle einsetzen und Riemenscheibe gegenhalten.
- Kühlmittelschläuche am Kühlmittelpumpengehäuse abziehen, vorher Schellen lösen.
- Kühlmittelpumpe –3– vom Flansch am Motorblock abschrauben und abnehmen.
- Welle der Kühlmittelpumpe drehen und auf leichten Lauf prüfen.
- Bei Beschädigung sowie Undichtigkeiten am Pumpenlager, Kühlmittelpumpe komplett ersetzen.

Einbau

- Kühlmittelpumpe mit **neuem** Dichtring ansetzen und mit **20 Nm** anschrauben. Anschließend Schrauben ¼ **Umdrehung** (90°) weiterdrehen.

Achtung: Wurde nur die Papierdichtung –4– oder das Lagergehäuse mit Pumpenrad ersetzt, Lagergehäuse mit **10 Nm** anschrauben. Dabei Schrauben auf keinen Fall zu stark anziehen.

- Kühlmittelregler einbauen.
- Kühlmittelschläuche aufschieben und mit Schellen sichern.
- Riemenscheibe anschrauben.
- Halter für Generator mit **30 Nm** anschrauben.
- Generator einbauen, siehe Seite 235.
- Keilrippenriemen einbauen und spannen, siehe Seite 39.
- Falls ausgebaut, Servopumpe mit Halter anschrauben, Keilrippenriemen auflegen und spannen.
- Fahrzeug ablassen.
- Kühlflüssigkeit auffüllen.
- Nach Probefahrt: Kühlmittelschläuche und Kühlmittelpumpe auf Dichtheit überprüfen.

Störungsdiagnose Motor-Kühlung

Störung: Die Kühlmitteltemperatur ist zu hoch, die Kontrolleuchte im Armaturenbrett leuchtet während der Fahrt.

Ursache	Abhilfe
Zu wenig Kühlflüssigkeit im Kreislauf.	■ Ausgleichbehälter muß bis zur Markierung voll sein. Gegebenenfalls Kühlmittel nachfüllen. Kühlsystem auf Dichtheit prüfen.
Kühlmittelregler (Thermostat) öffnet nicht, Kühlflüssigkeit zirkuliert nur im kleinen Kreislauf.	■ Prüfen, ob der obere Kühlmittelschlauch warm wird. Wenn nicht, Regler ausbauen und prüfen, ggf. Regler ersetzen. Unterwegs: Thermostat ausbauen. Ohne Thermostat erreicht der Motor seine normale Betriebstemperatur später oder gar nicht, deshalb defekten Thermostat alsbald ersetzen.
Kühlerlamellen verschmutzt.	■ Kühler von der Motorseite her mit Preßluft durchblasen.
Kühler innen durch Kalkablagerungen oder Rost zugesetzt, unterer Kühlerschlauch wird nicht warm.	■ Kühler erneuern.
Elektrolüfter läuft nicht.	■ Stecker an Thermoschalter und Lüftermotor auf festen Sitz und guten Kontakt prüfen. ■ Thermoschalter prüfen. Unterwegs: Thermoschalter überbrücken durch kurzschließen der Steckerkontakte am Thermoschalter. Der Lüfter läuft dann immer mit, solange die Zündung eingeschaltet ist. ■ Prüfen, ob Spannung am Stecker für Lüftermotor anliegt (Zündung eingeschaltet, Stecker für Thermoschalter überbrückt). Wenn ja, Lüftermotor ersetzen.
Kühler-Verschlußdeckel defekt.	■ Druckprüfung durchführen.
Kühlmitteltemperaturanzeige defekt.	■ Anzeigegerät/Geber überprüfen lassen.
Kühlmittelpumpe defekt.	■ Kühlmittelpumpe ausbauen und überprüfen.

Zündung/Zündkerzen

Die Zündanlage erzeugt den Zündfunken, der das angesaugte Kraftstoffluftgemisch in Brand setzt. Um einen kräftigen Zündfunken erzeugen zu können, wird in der Zündspule die Batteriespannung von 12 Volt auf über 30.000 Volt umgeformt.

Die Zündanlage besteht aus

- dem Zündtrafo (Zündspule)
- den Zündkabeln
- den Zündkerzen
- dem Zündverteiler mit Verteilerläufer und Hallgeber
- dem elektronischen Zünd-/Einspritz-Steuergerät

Die elektronische Zündanlage arbeitet verschleißlos und muß im Rahmen der Wartung nicht nachjustiert werden. Aufgrund ihrer elektronischen Bauteile ist die Zündanlage sehr zuverlässig und ausgesprochen reparaturarm. In diesem Kapitel wird vorwiegend auf das Zündsystem eingegangen. Übersichtsbilder über die Einbaulage der Bauteile befinden sich im Kapitel »Benzin-Einspritzanlage«.

Da die Signale von einigen Sensoren, zum Beispiel Kühlmittel-Temperaturgeber oder Klopfsensor, außer für die Zündzeitpunktsteuerung auch für die Regelung der Benzineinspritzung von Bedeutung sind, können sie auch im Kapitel »Benzin-Einspritzanlage« beschrieben sein.

Zünd- und Einspritzanlage haben ein gemeinsames elektronisches Steuergerät, welches mit einem Fehlerspeicher ausgestattet ist. Treten in der Motorelektronik während der Fahrt Fehler auf, werden diese in dem Fehlerspeicher abgelegt. Vor Reparaturen an der Zündanlage muß zunächst der Fehlerspeicher abgerufen werden. Abgerufen wird der Fehlerspeicher mit dem Fehlerauslesegerät VW 1551 oder 1552 über den Diagnosestecker hinter der Abdeckung für den Sicherungskasten auf der rechten Seite.

Da das Fehlerauslesegerät dem Heimwerker in der Regel nicht zur Verfügung steht, empfiehlt es sich, den Inhalt des Fehlerspeichers von einer VW-Werkstatt ausdrucken zu lassen.

Achtung: Bei Arbeiten an der Zündung sind die Sicherheitsmaßnahmen bei elektronischen Zündanlagen zu beachten.

Funktionsweise der Zündanlage

Der optimale Zündzeitpunkt des Motors hängt vor allem von der augenblicklichen Motor-Drehzahl und der Motorlast ab. Ein im Verteiler untergebrachter Hallgeber übermittelt dem Zünd-Steuergerät die aktuelle Drehzahl. Den Lastzustand des Motors erkennt das Steuergerät aus dem Verhältnis von Motordrehzahl und Drosselklappenstellung.

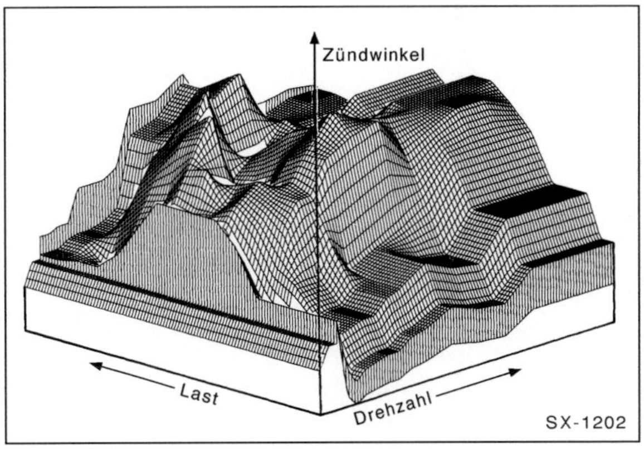

Der Zündungsrechner im Steuergerät errechnet daraus anhand eines elektronisch gespeichertes Zündkennfeldes den günstigsten Zündzeitpunkt. Über weitere Sensoren werden zusätzlich Ansaugluft- und Kühlflüssigkeitstemperatur sowie die Signale des Klopfsensors (nur 1,3-/1,4-/1,6-l-Motoren) berücksichtigt.

Nachdem der richtige Zündzeitpunkt berechnet ist, löst das Steuergerät die Zündung aus. Daraufhin wird die in der Zündspule erzeugte Zündspannung über den Zündverteiler-Läufer und das Zündkabel zu der jeweiligen Zündkerze geleitet. An den Zündkerzen-Elektroden springt der Zündfunke über, der das Kraftstoffluftgemisch im Zylinder entzündet.

Bei Ausfall der Steuerungsgrößen der Zündanlage können Mängel im Fahrverhalten auftreten, und zwar durch verringerte Motorleistung. Eventuell kann sich auch der Verbrauch erhöhen. Langfristige Schäden am Motor sind nicht zu befürchten, wenn der Defekt alsbald behoben wird.

- Der Zündverteiler ist mit einem wartungsfreien Hallgeber ausgestattet. Der Hallgeber besteht aus einer berührungslos arbeitenden Magnetschranke und einer an der Verteilerwelle befestigten Rotorblende. Er bestimmt über das Steuergerät der Zündanlage den Aus- und Einschaltzeitpunkt des Zündspulenstromes und damit den Zündzeitpunkt.
- Der Zündtrafo vereinigt Zündspule, Schaltgerät und Leistungsendstufe in einem Gehäuse. Dadurch werden Spannungsverluste, wie sie in elektrischen Leitungen und Steckverbindungen auftreten, verringert.

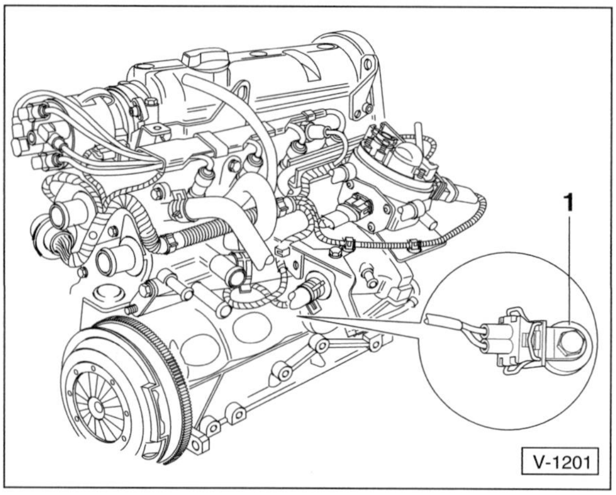

- Der Klopfsensor –1– (nur 1,3-/1,4-/1,6-l-Motoren) sitzt hinten am Motorblock zwischen Zylinder 2 und 3. Eine selektive Klopfregelung sorgt dafür, daß der Zündzeitpunkt an der Klopfgrenze gehalten und automatisch an die verwendete Kraftstoffqualität angepaßt wird. Die Klopfregelung erlaubt eine hohe Verdichtung des Motors. Dadurch kann die Energie des Kraftstoffes besser ausgenutzt werden, was gleichzeitig zu einer Senkung des Kraftstoffverbrauchs führt. Die Klopfregelung besteht aus dem Klopfsensor und der entsprechenden Auswerteelektronik.
  Durch die hohe Verdichtung eines Motors kann klopfende Verbrennung eintreten, was auf die Dauer zu Motorschäden führt. Um das zu vermeiden, ist ein Klopfsensor erforderlich, der eine falsche Verbrennung registriert und dafür sorgt, daß die Zündung in Richtung spät verändert wird. Bei Ausfall des Klopfsensors verstellt das Steuergerät den Zündzeitpunkt automatisch so weit in Richtung spät, daß der Motor keinen Schaden nimmt. Das ist allerdings mit einer Leistungsminderung verbunden, die ebenfalls eintritt, wenn anstelle von unverbleitem Superbenzin (ROZ 95 oder ROZ 98) bleifreies Normalbenzin (ROZ 91) getankt wird.

Sicherheitsmaßnahmen zur elektronischen Zündanlage

Bei elektronischen Zündanlagen beträgt die Zündspannung bis zu 30 kV (Kilovolt). Unter ungünstigen Umständen, zum Beispiel bei Feuchtigkeit im Motorraum, können Spannungsspitzen die Isolation durchschlagen. Werden dann Teile der Zündanlage berührt, kann dies zu Elektroschocks führen.

Um Verletzungen von Personen und/oder die Zerstörung der elektronischen Zündanlage zu vermeiden, ist bei Arbeiten an Fahrzeugen mit elektronischer Zündanlage folgendes zu beachten:

- Bevor der Motor mit Anlaßdrehzahl betrieben wird (z. B. Kompressionsdruckprüfung), Zündung ausschalten und Stecker vom Hallgeber (am Zündverteiler) abziehen.
- Zündkabel nicht bei laufendem Motor bzw. bei Anlaßdrehzahl mit der Hand berühren bzw. abziehen.
- Leitungen der Zündanlage nur bei ausgeschalteter Zündung abklemmen. Bei eingeschalteter Zündung kann durch Erschütterung des Verteilers ein Hochspannungsstoß ausgelöst werden.
- Das An- und Abklemmen von Meßgeräteleitungen (Drehzahlmesser/Zündungstester) nur bei ausgeschalteter Zündung vornehmen.
- Am Masseanschluß der Zündspule (Klemme 1) dürfen kein Entstörkondensator und keine Prüflampe angeschlossen werden.
- Der Zündtrafo darf nicht durch eine andere Ausführung ersetzt werden.
- Den Zündverteilerläufer mit 1 kΩ (Kennzeichnung R1) nicht gegen einen anderen tauschen, auch nicht bei Radioentstörung.
- Bei der Entstörung an den Hochspannungsleitungen nur Widerstände mit 1 kΩ und Zündkerzenstecker mit 5 kΩ verwenden.
- Die Motorwäsche ist nur bei abgeschalteter Zündung durchzuführen.
- Das Fahrzeug darf nicht auf mehr als +80° C erwärmt werden (z. B. Lackieren, Dampfstrahlen). Motor erst starten, wenn das Fahrzeug etwas abgekühlt ist.
- Bei Elektro- und Punktschweißarbeiten ist die Batterie komplett abzuklemmen.
- Personen mit einem Herzschrittmacher sollen keine Arbeiten an der elektronischen Zündanlage durchführen.

Zündverteiler/Zündtrafo

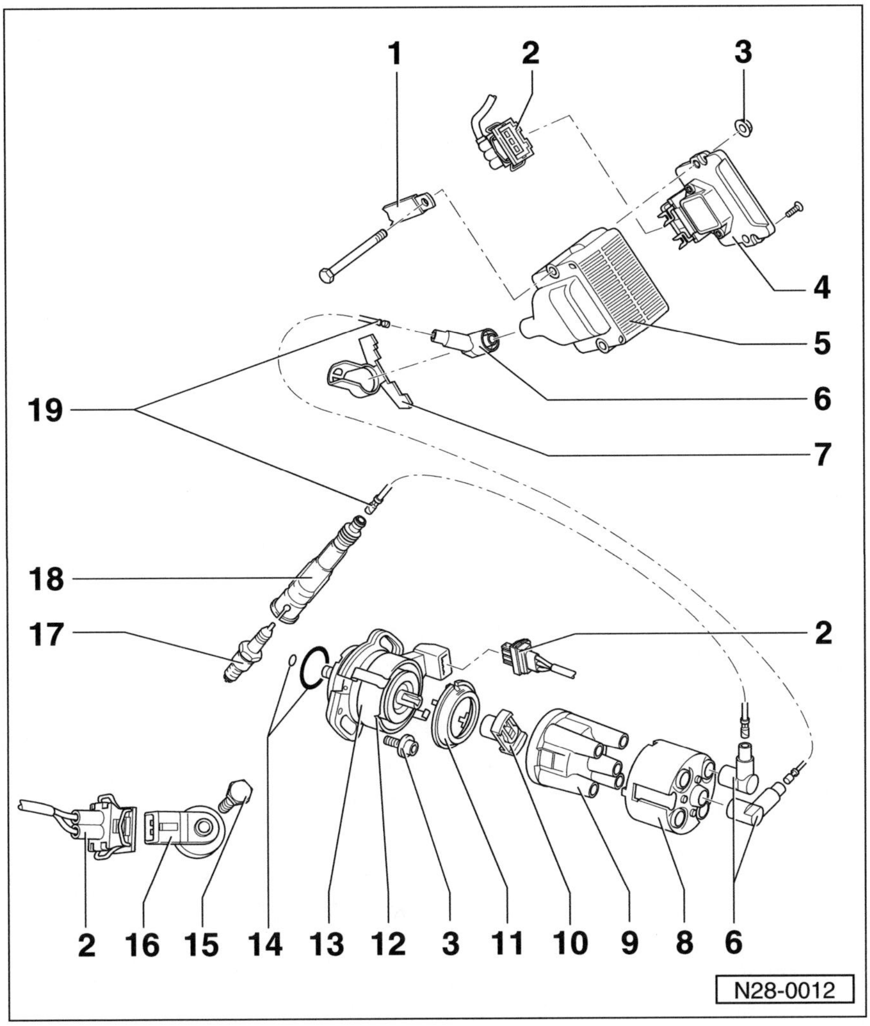

1 – **Masseband**
2 – **Anschlußstecker**
3 – **Mutter, 10 Nm**
4 – **Endstufe für Zündtrafo**
5 – **Zündtrafo**
6 – **Entstörstecker**
Widerstand 0,6 bis 1,4 kΩ.
7 – **Verdrehsicherung**
8 – **Abschirmkappe**
9 – **Verteilerkappe**
10 – **Zündverteilerläufer**
Widerstand 0,6 bis 1,4 kΩ, Kennzeichnung: R1.
11 – **Staubschutzkappe**
12 – **Markierung Zylinder 1**
13 – **Zündverteiler mit Hallgeber**
14 – **O-Ring**
Bei Beschädigung ersetzen.
15 – **Schraube, 20 Nm**
Achtung: Das Anzugsdrehmoment hat Einfluß auf die Funktion des Klopfsensors.
16 – **Klopfsensor**
Nur bei 1,3- und 1,6-l-Motor.
17 – **Zündkerze, 25 Nm**
18 – **Zündkerzenstecker**
Widerstand 4 bis 6 kΩ.
19 – **Zündleitung**

Zündverteiler aus- und einbauen

Ein kompletter Ausbau des Zündverteilers ist nur bei größeren Reparaturen notwendig.

Ausbau

- Position der Zündkabel am Verteiler mit Filzstift oder Klebeband markieren, damit sie später an gleicher Stelle wieder aufgesteckt werden können.
- Zündkabel am Verteiler abziehen oder Verteilerkappe abnehmen und zur Seite legen. Dazu Klemmbügel mit einem Schraubendreher seitlich abhebeln.
- Stecker am Hallgeber abziehen.
- Kurbelwelle auf OT für Zylinder 1 stellen und Einstellung nicht mehr verändern.
- Der Motor kann auf mehrere Arten durchgedreht werden:
  1. Fahrzeug seitlich vorn aufbocken. Fünften Gang einlegen, Handbremse anziehen. Angehobenes Vorderrad von Hand drehen. Dadurch dreht sich auch die Motor-Kurbelwelle. Dazu wird eine Hilfsperson benötigt.
  2. Fahrzeug auf ebene Fläche stellen. Fünften Gang einlegen. Fahrzeug vor- oder zurückschieben.
  3. Getriebe in Leerlaufstellung schalten, Handbremse anziehen. Kurbelwelle an der Zentralschraube der Riemenscheibe durchdrehen.

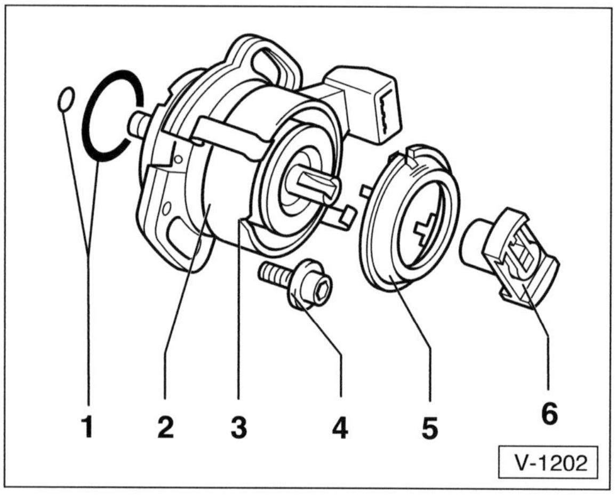

- Motor durchdrehen bis die Markierung auf dem Verteilerläufer –6– mit der Markierung –3– am Rand des Verteilergehäuses –2– übereinstimmt. Der Motor steht dann in Zünd-OT-Stellung für Zylinder 1.
- Klemmschrauben –4– herausdrehen und Zündverteiler vom Zylinderkopf abnehmen. 1 – O-Ringe, 5 – Staubkappe.

Achtung: Motorstellung bei ausgebautem Verteiler **nicht** verändern.

Einbau

Falls Kurbel- oder Nockenwelle verdreht wurden, vor dem Einbau des Zündverteilers prüfen, ob der Motor auf OT für Zylinder 1 steht, siehe Seite 19.

- O-Ringe –1– auf Beschädigung und richtigen Sitz prüfen. Gegebenenfalls O-Ringe erneuern.
- Verteilerläufer so stellen, daß die Markierung an der Zunge über der Kerbe am Rand des Verteilergehäuses steht.
- Zündverteiler in dieser Stellung einsetzen und anschrauben.
- Zündverteilerkappe aufsetzen, Blechklammern aufdrücken. Vorher Verteilerkappe auf Risse und Spuren von Kriechströmen prüfen, gegebenenfalls ersetzen.
- Falls ausgebaut, Zündkabel entsprechend der Zünd-Reihenfolge 1-3-4-2 auf die Verteilerkappe aufstecken. Der Anschluß für das Zündkabel für Zylinder 1 befindet sich über der OT-Marke am Zündverteilerrand, dann folgen Drehrichtung gegen den Uhrzeigersinn der Anschluß für Zylinder 3, dann für Zylinder 4 und schließlich der Anschluß für Zylinder 2.
- Zündzeitpunkt prüfen, beziehungsweise einstellen.

Zündzeitpunkt prüfen/einstellen

Zum Prüfen und Einstellen werden ein Drehzahlmesser und eine Zündblitzlampe benötigt.

Achtung: Zündzeitpunkt nur nach dem Einbau des Zündverteilers einstellen oder wenn der Zündzeitpunkt beim Prüfen von Leerlaufdrehzahl und CO-Gehalt außerhalb des Prüfwertes liegt.

- Falls vorhanden, Klimaanlage ausschalten.
- Motor auf Betriebstemperatur bringen. Dazu Motor warmfahren bis die Kühlmittel-Temperaturanzeige normale Betriebstemperatur des Kühlmittels signalisiert. Der Zeiger steht dann auf der +90° C-Marke. Anschließend noch mindestens 5 km weiterfahren, damit auch eine ausreichende Motoröltemperatur sichergestellt ist.
- Motor abstellen.
- Drehzahlmesser an Klemme 1 und Klemme 15 der Zündspule (Zündtrafo) anschließen. **Achtung:** Zündung muß dabei ausgeschaltet sein.

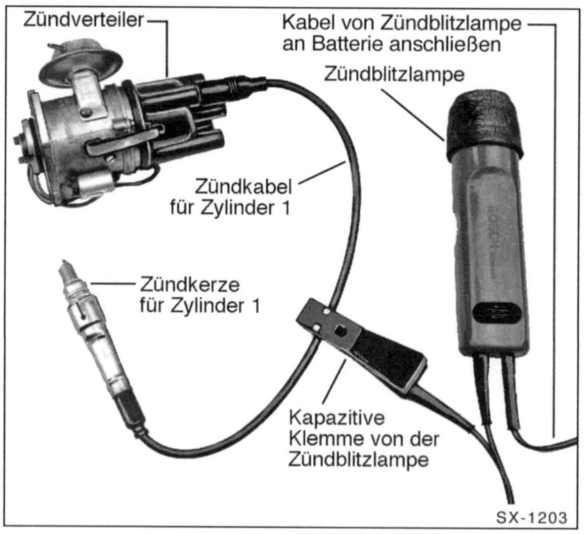

- Zündblitzlampe an Plus- und Minuspol der Batterie anschließen. Kapazitive Klemme an Zündkabel für Zylinder 1 anklemmen.

Achtung: Da bei laufendem Motor Verletzungsgefahr durch den plötzlich anlaufenden Lüfter besteht, vorher Mehrfachstecker vom Lüfter abziehen.

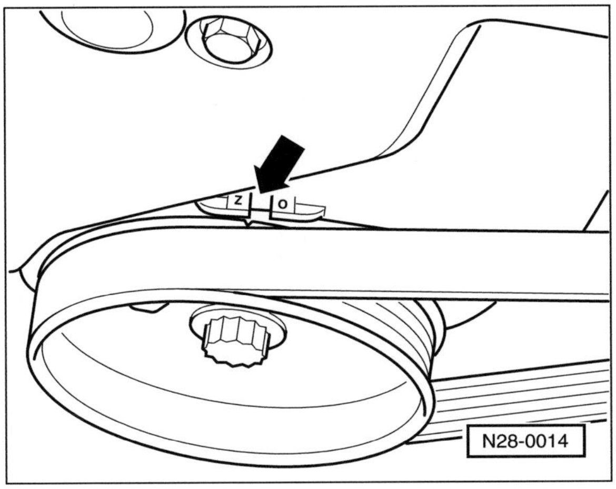

- Motor starten und im Leerlauf laufen lassen.
- Mit Zündblitzlampe Zündzeitpunktmarkierung –Pfeil– anblitzen.
- Die Zündung ist richtig eingestellt, wenn beim Anblitzen die Zündzeitpunktkerbe unterhalb der Bezugsmarke scheinbar stillsteht.
- Falls der Zündzeitpunkt nicht innerhalb des Prüfwertes von 2° bis 7° vor OT liegt, Zündzeitpunkt auf den Einstellwert von 5° ± 1° vor OT einstellen.
- Dazu Klemmschrauben am Verteiler etwas lösen und Zündverteiler verdrehen, bis sich der Einstellwert mit der Bezugsmarke deckt.
- Befestigungsschrauben mit **10 Nm** festziehen.
- Leerlaufeinstellung prüfen.
- Meßgeräte bei ausgeschalteter Zündung entfernen.
- Fehlerspeicher von VW-Werkstatt abfragen und löschen lassen.

Zündtrafo prüfen

Der Zündtrafo befindet sich im Motorraum an der Spritzwand. Der Zündtrafo vereinigt Zündspule, Schaltgerät und Leistungsendstufe in einem Gehäuse.

- Anschlußstecker und Zündleitung vom Zündtrafo abziehen.

Primärwiderstand der Zündspule prüfen

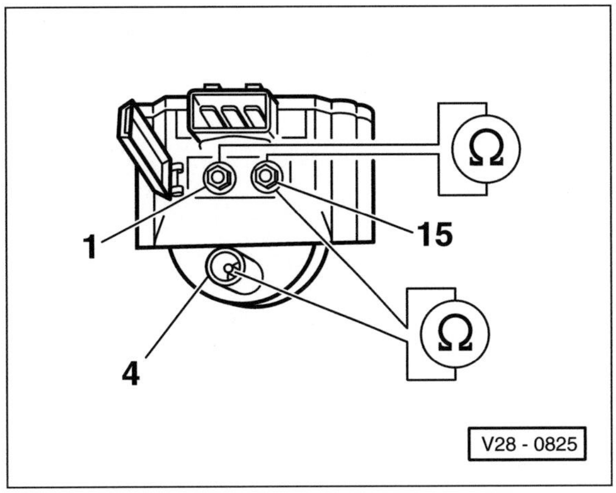

- Ohmmeter an die Klemmen 1 und 15 anschließen. Sollwert: **0,5 – 0,7** Ω.

Sekundärwiderstand der Zündspule prüfen

- Ohmmeter an die Klemmen 15 und 4 anschließen. Sollwert: **3 – 4 k**Ω.
- Werden die Sollwerte nicht erreicht, Zündtrafo ausbauen und Endstufe abschrauben, siehe Abbildung N28-0012. Prüfung wiederholen. Werden die Sollwerte jetzt erreicht, Endstufe prüfen, andernfalls Zündtrafo ersetzen.

Endstufe für Zündtrafo prüfen

Prüfvoraussetzung: Hallgeber und Zündtrafo in Ordnung.

Spannungsversorgung prüfen

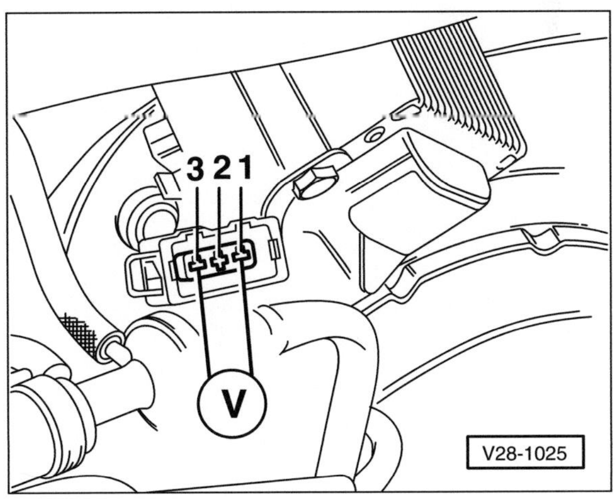

- Anschlußstecker vom Zündtrafo abziehen.
- Voltmeter zwischen Kontakt 1 und 3 (–) des Steckers anlegen. Zündung einschalten, Sollwert: mind. **11** Volt.
- Zündung ausschalten, Voltmeter abklemmen. Gegebenenfalls Leitungsunterbrechung nach Stromlaufplan beseitigen. **Hinweis.** Der Leitungswiderstand darf max. 1,5 Ω betragen.

Ansteuerung prüfen

- Stecker für Einspritzventil und Geber für Ansaugluftvorwärmung an der Einspritzeinheit abziehen, damit kein Kraftstoff eingespritzt wird.

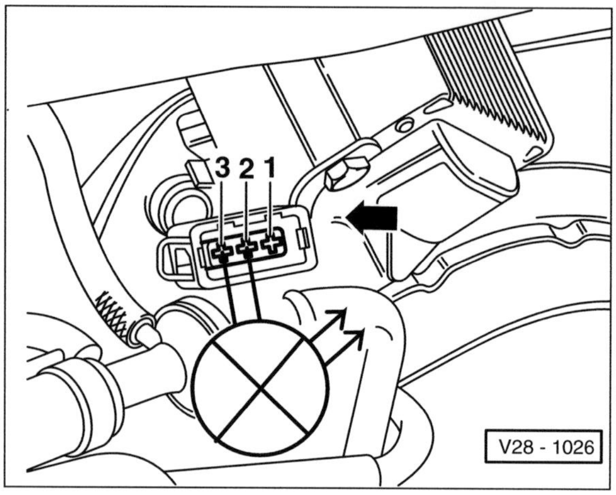

- Diodenprüflampe zwischen den Kontakten 2 und 3 des Zündtrafo-Steckers anschließen. **Achtung:** Bei dieser Prüfung Anschlußteile des Zündtrafos sowie Prüfleitung nicht mit der Hand berühren.
- Anlasser betätigen und Zündsignal vom Steuergerät der Mono-Motronic prüfen. Die Leuchtdiode muß dabei flakkern.
- Andernfalls Leitung von Kontakt 2 zum Steuergerät nach Stromlaufplan auf Unterbrechung prüfen.
- Zusätzlich sämtliche Leitungen auf Kurzschluß untereinander prüfen. Sollwert: ∞Ω.
- Wird kein Fehler gefunden, obwohl Spannung zwischen den Kontakten 1 und 3 vorhanden war, dürfte das Steuergerät für Zünd- und Einspritzanlage defekt sein.
- Zündung ausschalten, Stecker am Zündtrafo aufstecken.

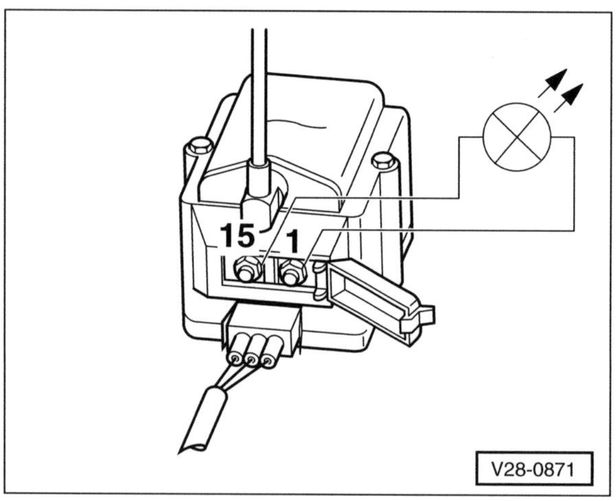

- Diodenprüflampe zwischen die Klemmen 1 und 15 am Zündtrafo anschließen. **Achtung:** Bei dieser Prüfung Anschlußteile des Zündtrafos sowie Prüfleitung nicht mit der Hand berühren.
- Anlasser betätigen. Die Leuchtdiode muß flackern, andernfalls Leistungsendstufe ersetzen.
- Stecker für Einspritzventil und Geber für Ansaugluftvorwärmung an der Einspritzeinheit aufstecken.

Hallgeber prüfen

Spannungsversorgung prüfen

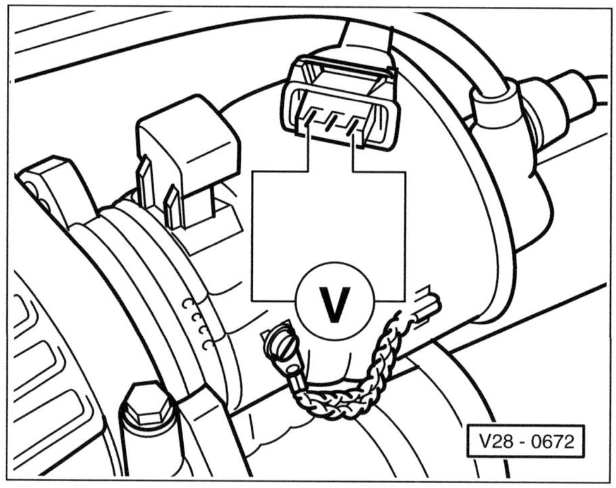

- Stecker am Hallgeber (Zündverteiler) abziehen.
- Voltmeter an die äußeren Kontakte anschließen.
- Zündung einschalten, Sollwert: mind. **9** Volt.
- Zündung ausschalten, Voltmeter abklemmen. Gegebenenfalls Leitungsunterbrechung nach Stromlaufplan beseitigen. **Hinweis:** Der Leitungswiderstand darf max. 1,5 Ω betragen.
- Zusätzlich sämtliche Leitungen auf Kurzschluß untereinander prüfen. Sollwert: ∞Ω.
- Wird kein Fehler gefunden, obwohl Spannung zwischen den Kontakten 1 und 3 vorhanden war, dürfte der Hallgeber defekt sein.
- Wird kein Fehler gefunden und war auch keine Spannung zwischen den Kontakten 1 und 3 vorhanden, dürfte das Steuergerät der Mono-Motronic defekt sein.

Zündkerzen aus- und einbauen

Die Zündkerzen werden alle 60.000 km im Rahmen der Wartung gewechselt.

Achtung: Zündkerzen nur bei kaltem oder handwarmem Motor wechseln. Wenn die Kerzen bei heißem Motor herausgedreht werden, kann das Kerzengewinde des Leichtmetall-Zylinderkopfes ausreißen.

Ausbau

- Falls die Zündkabel nicht bezeichnet sind, zum leichteren Einbau die Zündkabel entsprechend der Zylinderreihenfolge von 1 bis 4 mit Tesaband kennzeichnen.
- Gegebenenfalls Luftfilter beziehungsweise obere Motorabdeckung ausbauen.
- Zündkerzenstecker abziehen. Dabei nur an den Steckern, nicht an den Kabeln ziehen.
- Zündkerzen-Nischen, wenn möglich, mit Preßluft ausblasen, damit bei ausgebauten Kerzen kein Schmutz in die Gewindebohrung fällt.

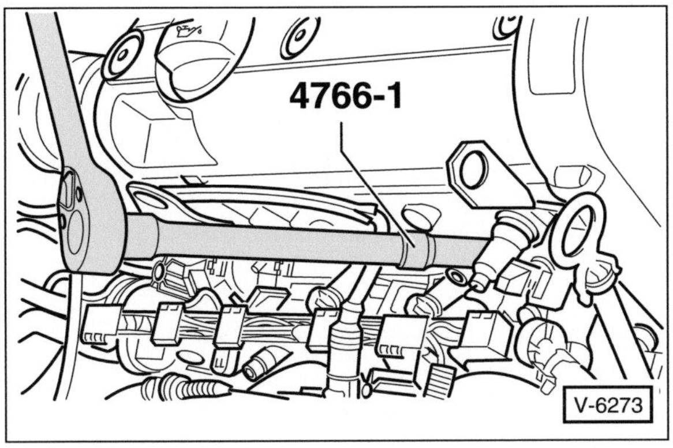

- Zündkerzen mit Zündkerzenschlüssel, zum Beispiel HAZET 4766-1, herausdrehen. Dabei darauf achten, daß der Kerzenschlüssel nicht verkantet wird, was zum Bruch des Keramikisolators führen kann. Die Abbildung zeigt den Motor ALL.

Einbau

- Zündkerzen von Hand bis zur Anlage am Zylinderkopf einschrauben. **Achtung:** Dabei Kerzen nicht verkanten.
- Zündkerzen mit Zündkerzenschlüssel und **25 Nm** beziehungsweise **30 Nm** festziehen. **Achtung:** Dabei Zündkerzenschlüssel nicht verkanten, damit der Keramikisolator nicht beschädigt wird. Anzugsmomente, siehe Seite 64.

Achtung: Steht kein Drehmomentschlüssel zur Verfügung, neue Kerzen um 90° (¼ Umdrehung) weiterdrehen, gebrauchte Zündkerzen um ca. 15° weiterdrehen. Zu fest angezogene Zündkerzen können beim Herausschrauben abreißen oder das Gewinde im Zylinderkopf beschädigen.

- Kerzenstecker entsprechend der angebrachten Markierungen aufstecken. Durch Hin- und Herbewegen festen Sitz der Kerzenstecker und Zündkabel prüfen.
- Falls ausgebaut, Luftfilter und obere Motorabdeckung einbauen.

Zündkerzentechnik

Die Zündkerze besteht aus der Mittel-Elektrode, dem Isolator mit Gehäuse und der Masse-Elektrode. Die Mittel-Elektrode ist gasdicht im Isolator befestigt, der Isolator ist fest mit dem Gehäuse verbunden. Zwischen Mittel- und Masse-Elektrode springt der Zündfunke über, der das Kraftstoffluftgemisch entzünden soll. Von der Zündkerze hängen Startbereitschaft, Leerlaufverhalten, Beschleunigung und Höchstgeschwindigkeit ab. Man sollte deshalb nicht ohne Grund von dem vom Werk vorgeschriebenen Zündkerzentyp abweichen, der unter anderem von der Wärmewert-Kennzahl bestimmt wird.

Die Wärmewert-Kennzahl gibt den Grad der Wärmebelastbarkeit einer Zündkerze an. Je niedriger die Wärmewert-Kennzahl einer Kerze ist, desto höher ist die Wärmebelastbarkeit. Die Kerze kann also die Wärme besser ableiten, wodurch schädliche Glühzündungen (Motorklopfen) verhindert werden. Eine Kerze mit hoher Wärmebelastbarkeit hat allerdings den Nachteil, daß ihre Selbstreinigungstemperatur ebenfalls höher liegt. Sie neigt daher schneller zum Verrußen, insbesondere dann, wenn der Motor häufig seine Betriebstemperatur während der Fahrt nicht erreicht (Stadtverkehr, Kurzstreckenverkehr im Winter). In der Regel werden »kalte« Zündkerzen (Wärmewert-Kennzahl ab 06) bei »heißen« Motoren eingesetzt, also bei Triebwerken denen hohe Motorleistung abgefordert wird.

Durch den Kupferkern (Cu) in der Mittelelektrode und noch mehr durch die Silber-Mittelelektrode wird die Wärmeleitfähigkeit und damit die Wärmebelastbarkeit erhöht.

Die Wärmewert-Kennzahl ist im Zündkerzencode enthalten. Der Code schlüsselt sich wie folgt auf:

Beispiel: **Bosch-Zündkerze**

W 7 L T C R

① ② ③ ④ ⑤ ⑥

① W = Gewinde M 14 x 1,25 mit Flachdichtsitz, SW 21; F = Gewinde M 14 x 1,25 mit Flachdichtsitz, SW 16; M = Gewinde M 18 x 1,5 mit Flachdichtsitz, SW 25; H = Gewinde M 14 x 1,25 mit Kegeldichtsitz, SW 16; D = Gewinde M 18 x 1,5 mit Kegeldichtsitz, SW 21; SW = Schlüsselweite.

② Wärmewert-Kennzahl. Die Wärmewertskala wird von 06 (»kalt«) bis 13 (»warm«) angegeben. Dabei entspricht die Kennzahl 7 dem alten Wärmewert 175 (frühere Bezeichnung), 6 – 200,5 – 225 usw.

③ A = Gewindelänge 12,7 mm, normale Funkenlage; B = Gewindelänge 12,7 mm, vorgezogene Funkenlage; C = Gewindelänge 19 mm, normale Funkenlage; D = Gewindelänge 19 mm, vorgezogene Funkenlage; L = Gewindelänge 19 mm, weit vorgezogene Funkenlage.

④ = Elektrodenausführung: T = 3 Masse-Elektroden

⑤ = Elektrodenwerkstoff der Mittelelektrode: Ohne Angabe = Cr-Ni-Legierung, C = Ni-Cu-Verbund-Mittelelektrode, S = Silber-Mittelelektrode, P = Platin-Mittelelektrode, CO = Standard-Zündkerze mit verstärkter Mittelelektrode.

⑥ = Ausführung: R = Abbbrandwiderstand.

Zündkerzenwerte für POLO, POLO CLASSIC, POLO VARIANT, CADDY

Motor	Kennbuchstaben	Zündkerzen			Elektrodenabstand in mm	Anzugsmoment
		BOSCH	BERU	NGK		
1,0-/1,4-/ 1,6-/1,8-l	**AEV**, AER, **ALL**, ANX, **AEX**, **AKV**, **APQ**, **AEA**, **AEE**, **ALM**, ADZ	–	14 GH-7 DTUR	BUR 6 ET	0,7 - 0,9	25 Nm
		W 7 LTCR	–	–	0,9 - 1,1	25 Nm
1,0-/1,4-l	**ALD**, AUC, AKK, **ANW**, AUD	–	–	PZFR 5D-11	max. 1,0-1,1	30 Nm
1,3-l	**ADX**	–	–	BUR 6 ET	0,7 - 0,9	25 Nm
		W 7 LTCR	–	–	0,9 - 1,1	25 Nm
1,4-/1,6-l	AHW, **APE**, AUA, AFK, **AQQ**, AUB, AEH, AKL, **APF**, **AJV**, **ARC**, **AVY**	–	–	BKUR 6 ET-10	0,9 - 1,1	30 Nm
1,4-l	**AFH**	–	–	BKUR 6 ET	0,7 - 0,9	30 Nm
1,6-l	1F	–	–	BUR 5 ET	0,7 - 0,9	25 Nm
		W 8 LTCR	–	–	0,9 - 1,1	25 Nm
1,6-l	AFT	–	–	BKUR 5 ET	0,7 - 0,9	30 Nm

Hinweis: Die technische Entwicklung geht ständig weiter. Es kann daher sein, daß inzwischen andere Zündkerzenwerte gelten. Daher empfiehlt es sich, vor einem Neukauf die aktuellen Zündkerzenwerte bei der Fachwerkstatt zu erfragen.

Störungsdiagnose Zündanlage

Zunächst ist feszutstellen, ob ein Zündfunke vorhanden ist. Dazu Zündkerzen herausschrauben, in Zündkerzenstecker stecken und einzeln gegen Masse halten. Dabei Kerzenstecker oder Zündkabel **nicht** mit der Hand festhalten, sondern eine gut isolierte Zange nehmen. Von Hilfsperson Anlasser betätigen lassen. **Achtung:** Um Schäden am Katalysator zu vermeiden, darf dabei kein Benzin eingespritzt werden. Daher Stecker vom Kraftstoffpumpenrelais abziehen. Sicherheitshinweise für elektronische Zündanlage beachten. **Hinweis:** Es empfiehlt sich, zuerst den Fehlerspeicher der Motorsteuerung abzufragen (Werkstattarbeit).

Störung: Der Motor springt schlecht oder gar nicht an.

Ursache	Abhilfe
Kein Zündfunke vorhanden, Verteilerkappe feucht, verschmutzt.	■ Verteilerkappe reinigen und trocknen, innen mit Zündspray einsprühen.
Risse in der Verteilerkappe, Brandkanäle.	■ Verteilerkappe erneuern.
Schleifkohle in der Zündverteilerkappe abgenutzt.	■ Schleifkohle erneuern.
Verteilerläufer defekt.	■ Verteilerläufer erneuern.
Widerstand in Zündkerzenleitung/Zündkerzenstecker zu hoch.	■ Zündleitung/Zündkerzenstecker erneuern.
Zündkerzenstecker in falscher Reihenfolge aufgesteckt.	■ Zündkerzenstecker nach Zündfolge 1-3-4-2 aufstecken.
Zündkerzen wegen zu vieler Startversuche naß.	■ Zündkerzen ausbauen und trocknen.
Zündzeitpunkt falsch.	■ Zündzeitpunkt prüfen.
Zündtrafo/Endstufe defekt.	■ Zündtrafo/Endstufe prüfen, gegebenenfalls erneuern.
Zündkerze defekt.	■ Grundsätzlich alle Zündkerzen ersetzen. Nur bei ganz geringer Laufleistung einzelne Zündkerze austauschen.
Spannungsverlust durch Berührung elektrischer Anschlüsse bzw. Leitungen mit Schläuchen des Motors.	■ Elektrische Leitungen richtig führen.
Keine Stromversorgung des Steuergerätes.	■ Elektrische Leitungen nach Stromlaufplan prüfen.
Sicherung Nr. 15 oder 18 defekt.	■ Sicherung prüfen, gegebenenfalls ersetzen.
Kraftstoffpumpenrelais, Hallgeber, Geber für Kühlmitteltemperatur/Ansauglufttemperatur defekt.	■ Relais, Hallgeber, Geber für Kühlmitteltemperatur/Ansauglufttemperatur prüfen, gegebenenfalls ersetzen.

Kraftstoffanlage

Zur Kraftstoffanlage gehören der Kraftstoffbehälter mit Aktivkohlebehälter, die Kraftstoffleitungen, der Kraftstoff-Filter, die Kraftstoffpumpe und die Einspritzanlage mit Luftfilter.

Der Kraftstoffbehälter ist am Fahrzeugunterboden hinter der Hinterachse angeordnet. Der jeweilige Kraftstoffvorrat wird dem Fahrer durch eine Kraftstoffvorratsanzeige angezeigt. Über ein Belüftungssystem wird der Tank belüftet.

Sauberkeitsregeln bei Arbeiten an der Kraftstoffversorgung

Bei Arbeiten an der Kraftstoffversorgung sind die folgenden Regeln zur Sauberkeit sorgfältig zu beachten:

- Verbindungsstellen und deren Umgebung vor dem Lösen gründlich reinigen.
- Ausgebaute Teile auf einer sauberen Unterlage ablegen und abdecken. Folien oder Papier verwenden. Keine fasernden Lappen benutzen!
- Geöffnete Bauteile sorgfältig abdecken bzw. verschließen, wenn die Reparatur nicht umgehend ausgeführt wird.
- Nur saubere Teile einbauen.
- Ersatzteile erst unmittelbar vor dem Einbau aus der Verpackung nehmen.
- Keine Teile verwenden, die unverpackt (z. B. in Werkzeugkästen usw.) aufgehoben wurden.
- Bei geöffneter Kraftstoff-Anlage möglichst nicht mit Druckluft arbeiten. Das Fahrzeug möglichst nicht bewegen.
- Keine silikonhaltigen Dichtmittel verwenden. Vom Motor angesaugte Spuren von Silikonbestandteilen werden im Motor nicht verbrannt und schädigen die Lambdasonde.

Fernbedienung herstellen/anschließen

Die Fernbedienung wird für Arbeiten benötigt, bei denen die elektrische Kraftstoffpumpe Kraftstoff fördern soll, ohne daß der Motor läuft.

Folgende Bauteile werden benötigt:

1 Druckkontaktschalter,

1 Krokodilklemme (ausreichend groß für Batteriepol),

1 „Fliegende Sicherung:" Gehäuse und 8-Ampere-Sicherung,

1 geeigneter Flachstecker, der in einen Sicherungssockel im Sicherungskasten, seitlich am Armaturenbrett eingesteckt werden kann,

1 doppeladriges Kabel mit je 1,5 mm^2 Querschnitt und ca. 5 m Länge.

Achtung: Vor dem Anschließen der Fernbedienung Sicherung Nr. 18 im Sicherungskasten prüfen.

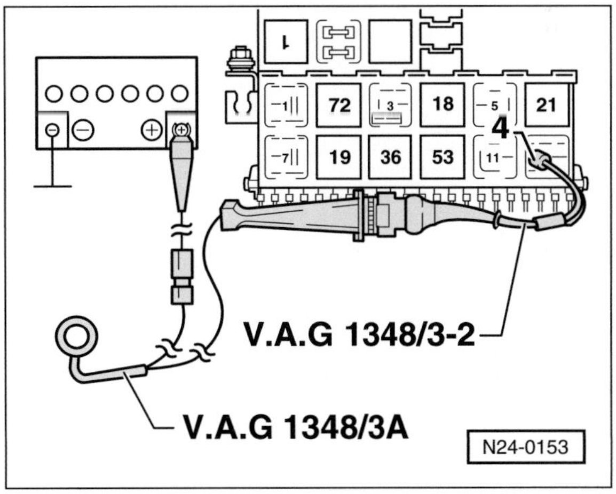

- Kraftstoffpumpen-Relais aus der Relaisplatte (Relaisplatz Nr. 12) herausziehen.
- Fernbedienung mit dem Flachstecker am Kontakt 4 von Relaisplatz 12 einstecken.
- Fernbedienung mit der Krokodilklemme an den Batterie-Pluspol (+) anschließen.

Kraftstoffbehälter/Kraftstoffpumpe/Kraftstoffilter

Achtung: Kraftstoffbehälter nur ausbauen, wenn eine geeignete Pumpe zum Absaugen des Kraftstoffs vorhanden ist. Kraftstoff nicht über einen Schlauch mit dem Mund absaugen. **Die folgenden Sicherheitsmaßnahmen zum Entleeren des Kraftstoffbehälters sind unbedingt zu beachten:**

- **Kraftstoffbehälter nicht entleeren, wenn das Fahrzeug über einer Grube steht.**
- **Kein offenes Feuer oder Funkenbildung in der Nähe des Arbeitsplatzes! Nicht rauchen!**
- **CO_2-Feuerlöscher bereithalten.**
- **Bindemittel bereithalten, um ausgelaufenen Kraftstoff aufzusaugen.**
- **Für gute Belüftung des Arbeitsplatzes sorgen. Kraftstoffdämpfe sind giftig und sehr leicht entflammbar!**

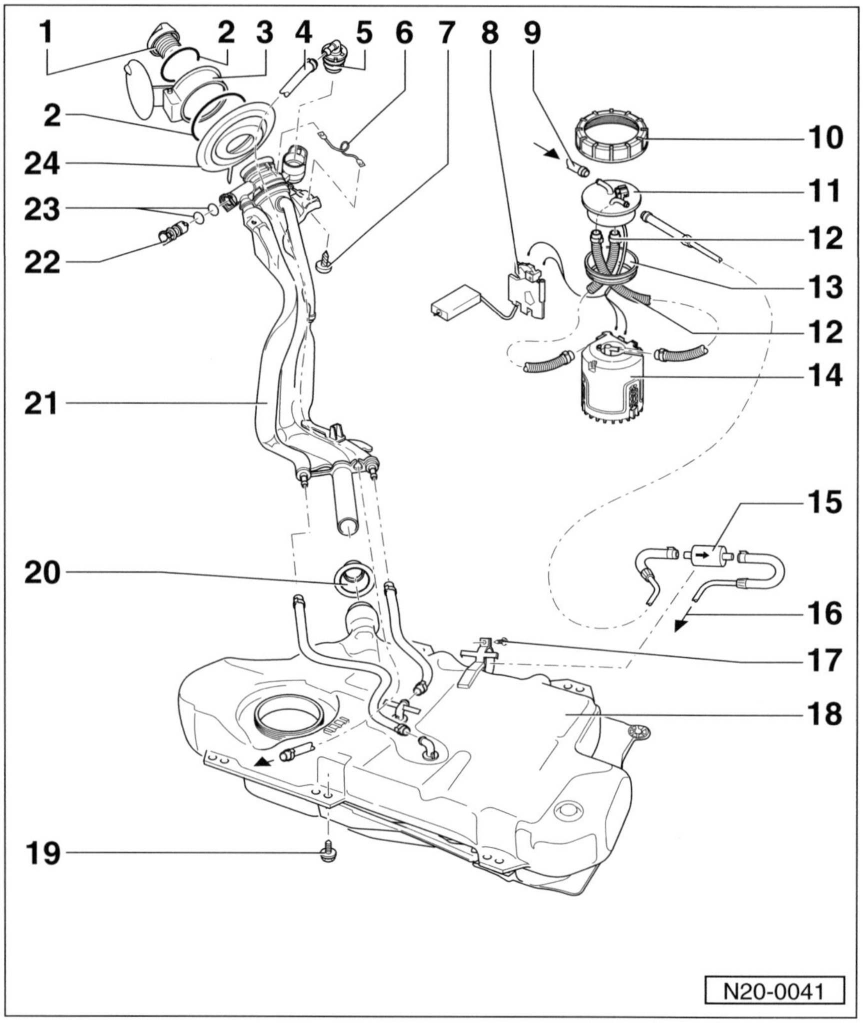

1 – **Verschlußdeckel**

2 – **Spannring**

3 – **Tankklappeneinheit**

4 – **Entlüftungsleitung**
Zum Aktivkohlebehälter.

5 – **Schwerkraft-/Überlaufventil**
Zum Ausbau Sicherungslasche entriegeln und Ventil nach oben aus dem Einfüllstutzen herausclipsen. Ventil auf Durchgang prüfen: Ventil senkrecht: –offen–, Ventil um 90° gekippt: –geschlossen–.

6 – **Masseverbindung**

7 – **Schraube, 4 Nm**

8 – **Tankgeber**
Für Kraftstoffvorratsanzeige.

9 – **Rücklaufschlauch/-leitung**
Blau, vom Motor.

10 – **Überwurfmutter, 75 Nm**

11 – **Flansch**
Einbaulage am Kraftstoffbehälter beachten.

12 – **Wellrohr**
Darf nicht den Kraftstoffbehälter berühren, da sonst Pumpengeräusche übertragen werden.

13 – **Dichtring**
Zur Montage mit Kraftstoff benetzen, bei Beschädigung ersetzen.

14 – **Kraftstoff-Fördereinheit/Kraftstoffpumpe**

15 – **Kraftstoffilter**
Einbaulage: Pfeil zeigt in Durchflußrichtung.

16 – **Vorlaufleitung**
Schwarz, zum Motor.

17 – **Schraube, 3 Nm**

18 – **Kraftstoffbehälter**
Klemmscheibe vom Wärmeschutzblech fest auf den Bolzen am Fahrzeugboden aufdrücken.

19 – **Schraube, 25 Nm**

20 – **Dichtbalg**
Nach der Montage des Einfüllstutzens über den Stutzen des Kraftstoffbehälters stülpen.

21 – **Einfüllstutzen**
Mit Rücklaufsperrventil.

22 – **Entlüftungsventil**
Zum Ausbauen Sperriegel leicht nach innen drücken und Ventil herausziehen.

23 – **O-Ring**
Bei Beschädigung ersetzen.

24 – **Topf**
Für Einfüllstutzen.

Kraftstoffpumpe prüfen

Die Kraftstoffpumpe befindet sich im Tank.

Prüfvoraussetzungen: Batterie voll geladen (12 Volt), Kraftstoffilter in einwandfreiem Zustand.

Spannungsversorgung prüfen

- Sicherung Nr. 18 für Kraftstoffpumpe prüfen. Defekte Sicherung auswechseln.
- Zündung einschalten, die Kraftstoffpumpe muß **kurzzeitig** hörbar anlaufen. Bei hohem Umgebungsgeräuschpegel ist zur Hörprobe eine Hilfsperson in der Nähe der Kraftstoffpumpe erforderlich.
- Läuft die Pumpe nicht, Fernbedienung anschließen.
- Schalter der Fernbedienung drücken. Wenn die Pumpe jetzt anläuft, Kraftstoffpumpenrelais prüfen.

Läuft die Kraftstoffpumpe nicht an, ist folgendermaßen vorzugehen:

- Im Kofferraum Abdeckung für Geber Kraftstoffvorratsanzeige (Tankgeber) und Kraftstoffpumpe abschrauben.

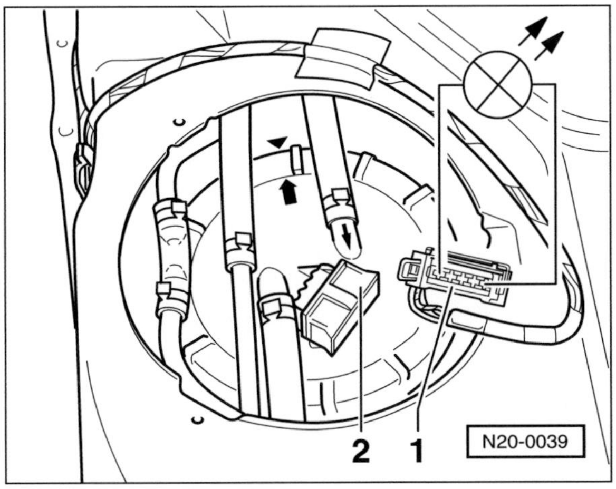

- Steckverbindung für Tankgeber und Kraftstoffpumpe abziehen, dazu die seitlichen Haltenasen mit kleinem Schraubendreher etwas abheben.
- Diodenprüflampe oder Voltmeter an die beiden äußeren Kontakte des Steckers anschließen.
- Fernbedienung drücken. Das Meßgerät muß ca. Batteriespannung (12 Volt) anzeigen, sonst Leitungsunterbrechung nach Stromlaufplan ermitteln und beseitigen.
- Wenn Batteriespannung angezeigt wird, Tankgeber ausbauen.
- Prüfen, ob die elektrischen Leitungen zwischen Flansch und Kraftstoffpumpe angeschlossen sind beziehungsweise guten Kontakt haben. Leitungen vom Gebergehäuse zur Kraftstoffpumpe mit Ohmmeter und Hilfsleitungen auf Durchgang prüfen und gegebenenfalls Unterbrechung beseitigen, siehe Seite 225.
- Liegt keine Unterbrechung vor, Kraftstoffpumpe ersetzen.
- Kraftstoffpumpe und Tankgeber einbauen, elektrische Leitungen anschließen.

Fördermenge prüfen

- Zum Druckabbau Tank-Verschlußdeckel kurzzeitig abnehmen.

Achtung: Die Kraftstoffvorlaufleitung steht unter Druck! Vor dem Lösen von Schlauchverbindungen dicken Lappen um die Verbindungsstelle legen. Dann durch vorsichtiges Abziehen des Schlauches Druck abbauen.

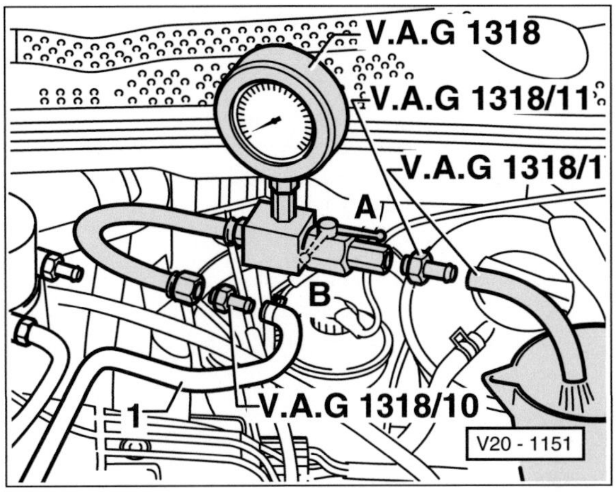

- Kraftstoff-Vorlaufleitung –1– an der Einspritzeinheit (Mono-Motronic), beziehungsweise am Druckregler (MPI) abschrauben. Kraftstoffresistenten Hilfsschlauch mit einem Zwischenstück anschließen und in ein Meßgefäß halten. Druckmeßvorrichtung mit Absperrhahn dazwischenschalten.
- Fernbedienung betätigen und dabei Absperrhahn langsam schließen, bis am Manometer 1,2 bar Überdruck angezeigt wird. Absperrhahn in dieser Stellung belassen.
- Meßglas entleeren.
- Voltmeter an die Batterie anschließen.
- Schalter der Fernbedienung **30 Sekunden** betätigen. Dabei angezeigte Batteriespannung ablesen und merken.

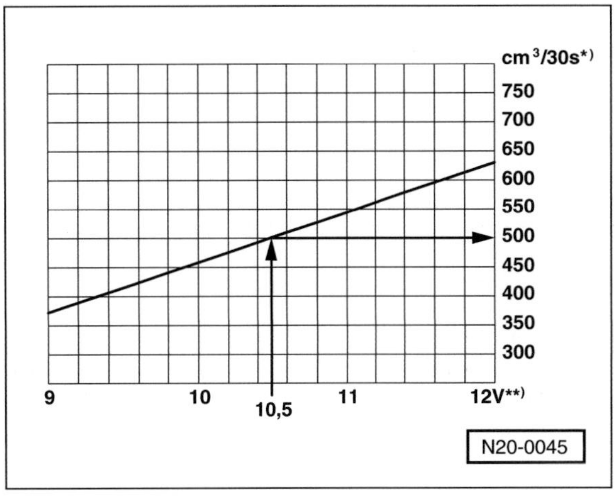

- Geförderte Kraftstoffmenge mit dem Sollwert im Diagramm vergleichen. Die Werte gelten für Mono-Motronic, Werte für MPI-Einspritzung können etwas abweichen.

Beispiel: Während der Prüfung wird eine Spannung von 12,5 Volt an der Batterie gemessen. Da die Spannung an der Kraftstoffpumpe ca. 2 Volt geringer als die Batteriespannung ist, ergibt sich daraus eine Spannung an der Kraftstoffpumpe von 10,5 Volt (12,5 – 2 = 10,5). Dieser Spannung entspricht eine Mindest-Fördermenge von 500 cm^3/30 s.

- Mindestfördermenge mit gemessener Fördermenge vergleichen.
- Ist die Spannungsversorgung in Ordnung, die Fördermenge jedoch zu gering, prüfen, ob die Kraftstoffleitungen geknickt oder verstopft sind.
- Prüfen, ob der Kraftstoffilter verstopft ist. Dazu Vorlaufleitung von der Kraftstoffpumpe am Filter abziehen und über einen Hilfsschlauch in Meßgefäß halten. Prüfung der Fördermenge wiederholen. Wird jetzt die Mindestfördermenge erreicht, Kraftstoffilter ersetzen.
- Andernfalls Kraftstoff-Fördereinheit ausbauen und Filtersieb auf Verschmutzung prüfen, gegebenenfalls reinigen.
- Wird kein Fehler gefunden, Rückschlagventil der Kraftstoffpumpe prüfen.

Rückschlagventil der Kraftstoffpumpe prüfen

Hinweis: Mit dieser Prüfung werden gleichzeitig die Anschlüsse der Kraftstoffvorlaufleitung von der Kraftstoff-Fördereinheit bis zur Anschlußstelle der Druckmeßvorrichtung auf Dichtheit geprüft.

- Absperrhahn der Druckmeßvorrichtung schließen.
- Schalter der Fernbedienung in kurzen Abständen betätigen, bis ein Überdruck von ca. 2,0 bar aufgebaut ist. Liegt der Druck über dem angegebenen Sollwert, Absperrhahn vorsichtig geringfügig öffnen bis der Druck auf den Sollwert abgesunken ist. **Achtung:** Spritzgefahr beim Öffnen des Absperrhahns, daher Meßglas vor den freien Anschluß der Druckmeßvorrichtung halten.
- Falls der angegebene Überdruck nach 1 Minute noch nicht erreicht ist, sind entweder die Leitungsanschlüsse beziehungsweise das Rückschlagventil undicht.
- Druckabfall prüfen. Nach 10 Minuten darf der Druck nicht unter 1,2 bar abfallen. Andernfalls Leitungsanschlüsse auf Dichtheit prüfen.
- Falls kein Fehler gefunden wurde, Kraftstoffpumpe mit Rückschlagventil ersetzen.
- Fernbedienung abbauen.

Achtung: Falls die Mindestfördermenge erreicht wird, der Fehler aber dennoch in der Kraftstoffversorgung vermutet wird (z. B. zeitweiser Ausfall der Kraftstoffversorgung), Stromaufnahme der Kraftstoffpumpe wie folgt prüfen.

- Amperemeter mit Stromzange an die gelb/rote Leitung vom Leitungsstrang zur Kraftstoffpumpe anschließen.
- Motor im Leerlauf laufen lassen und Stromaufnahme der Kraftstoffpumpe messen. Sollwert: max. 8 A. Wird die Stromaufnahme überschritten, Kraftstoffpumpe ersetzen.
- Abdeckung für Tankgeber anschrauben.

Kraftstoffpumpenrelais prüfen

Das Kraftstoffpumpenrelais ist zu prüfen, wenn die Kraftstoffpumpe nicht läuft.

- Sicherung Nr. 18 für Kraftstoffpumpe prüfen. Defekte Sicherung auswechseln.

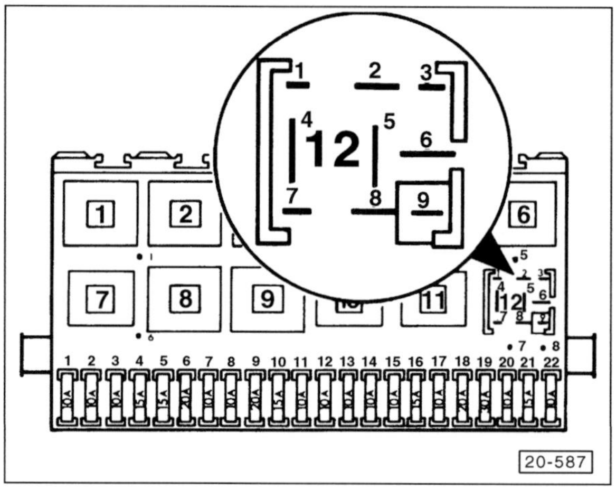

- Kraftstoffpumpen-Relais aus der Relaisplatte (Relaisplatz Nr. 12) herausziehen.
- Zündung einschalten.
- Diodenprüflampe nacheinander wie folgt anschließen:
  – zwischen Kontakt –6– und Masse (–);
  – zwischen Kontakt –2– und Masse (–);
  – zwischen Kontakt –6– und –4–.
  Die Diodenprüflampe muß leuchten. Andernfalls Leitungsunterbrechung nach Stromlaufplan ermitteln und beseitigen.
- Zündung ausschalten.
- Diodenprüflampe mit Hilfsleitungen zwischen den Kontakten –2– und –3– anschließen.
- Zündung einschalten. Die Leuchtdiode muß für ca. 1 Sekunde aufleuchten. Andernfalls Leitungsunterbrechung zum Einspritz-Steuergerät nach Stromlaufplan ermitteln und beseitigen beziehungsweise Steuergerät ersetzen.

Kraftstoffpumpe/Tankgeber aus- und einbauen

Die Kraftstoffpumpe befindet sich zusammen mit dem Tankgeber im Kraftstoffvorratsbehälter.

Der Tankgeber besteht aus einem Schwimmer und einem Potentiometer. Mit sinkendem Kraftstoffspiegel sinkt auch der Schwimmer des Tankgebers ab. Ein mit dem Schwimmer verbundenes Potentiometer erhöht dabei den elektrischen Widerstand des Gebers. Dadurch sinkt die Spannung am Anzeigeinstrument, und der Zeiger der Kraftstoffanzeige geht in Richtung »leer« zurück.

Achtung: Beim Ausbau der Kraftstoffpumpe kann etwas Kraftstoff austreten. Kraftstoffdämpfe sind giftig und feuergefährlich, deshalb auf besonders gute Belüftung

des Arbeitsplatzes achten. Hautkontakt mit Kraftstoff vermeiden. Kraftstoffbeständige Handschuhe tragen. Kein offenes Feuer, Brandgefahr! Feuerlöscher bereitstellen.

Vor Ausbau von Kraftstoffpumpe und Tankgeber Tank möglichst leer fahren. Zur Belüftung kann auch ein Radiallüfter verwendet werden, dessen Motor außerhalb des Luftstromes liegt.

Ausbau

- Batterie-Massekabel (–) bei ausgeschalteter Zündung abklemmen. **Achtung:** Dadurch werden elektronische Speicher gelöscht, wie zum Beispiel der Radiocode. Hinweise im Kapitel »Batterie aus- und einbauen« beachten.
- Zum Druckabbau Tank-Verschlußdeckel kurzzeitig abnehmen.
- Kofferraumboden hochklappen.
- Abdeckblech abschrauben.

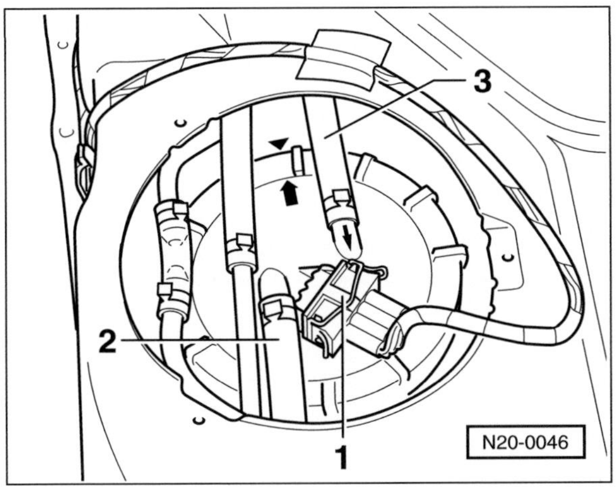

- Steckverbindung –1– für Tankgeber und Kraftstoffpumpe abziehen, dazu die seitlichen Haltenasen mit kleinem Schraubendreher etwas abheben.

Achtung: Die Kraftstoffleitungen können unter Druck stehen! Vor dem Lösen von Schlauchverbindungen dicken Lappen um die Verbindungsstelle legen. Dann durch vorsichtiges Abziehen des Schlauches Druck abbauen.

- Vor- und Rücklaufleitung -2/3- abziehen, vorher Schellen lösen. Leitungen mit geeigneten Stopfen verschließen, z. B. saubere Schraube mit geeignetem Durchmesser in die Leitung stecken.
- Überwurfmutter mit Spezialwerkzeug VW-3217 lösen. Falls das Werkzeug nicht zur Verfügung steht, Bajonettverschluß mit Holzstange und leichten Hammerschlägen lösen.
- Flansch und Dichtring aus der Öffnung des Kraftstoffbehälters ziehen.
- Kraftstoff-Fördereinheit durch Drehen nach links aus dem Bajonettverschluß lösen und herausnehmen. **Achtung:** Beim Herausziehen Lappen unterlegen und eventuell austretenden Kraftstoff auffangen.
- Kraftstoff aus der Fördereinheit in geeigneten Behälter entleeren.

Einbau

- Kraftstoff-Fördereinheit in den Kraftstoffvorratsbehälter einsetzen. Darauf achten, daß dabei der Geber für Kraftstoffvorratsanzeige nicht verbogen wird. Dichtring vor dem Einbau mit Kraftstoff benetzen.
- Bei richtiger Montage der Kraftstoff-Fördereinheit zeigt der Schwimmer der Kraftstoffvorratsanzeige zum Einfüllstutzen.
- Flansch nach rechts drehen und dadurch Bajonettverschluß arretieren.

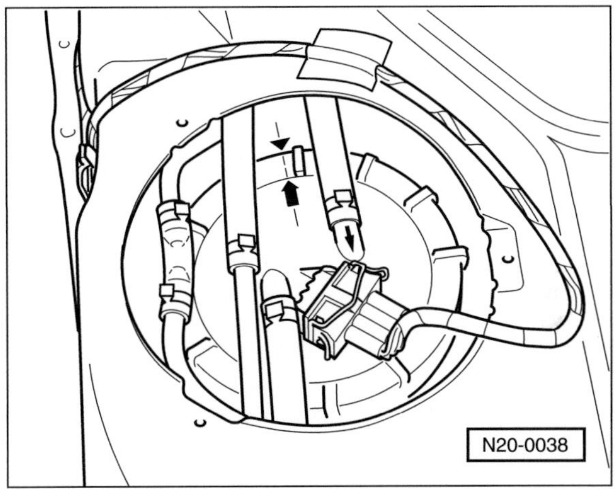

- Einbaulage des Flansches kontrollieren. Der Pfeil auf dem Flansch muß zur Dreiecksmarkierung auf dem Tank zeigen, siehe Abbildung.
- Überwurfmutter ansetzen und festschrauben. Um das Anzugsdrehmoment von **75 Nm** einzuhalten, ist das Spezialwerkzeug VW-3217 erforderlich.
- Vor- und Rücklaufschlauch aufstecken und mit Schlauchschellen sichern. Der Rücklaufschlauch ist blau und kommt auf den in der Abbildung rechts dargestellten Anschluß. Die Pfeile auf dem Flansch zeigen jeweils in Durchflußrichtung.
- Stecker aufschieben.
- Abdeckblech einbauen.
- Kofferraumboden herunterklappen.
- Batterie-Massekabel (–) anklemmen. **Achtung:** Batterie nur bei **ausgeschalteter Zündung** anklemmen, sonst kann das Steuergerät der Einspritzanlage beschädigt werden.
- Zeituhr einstellen.
- Diebstahlcode für Radio eingeben, siehe Kapitel »Radio-Codierung eingeben«.

Tank-Entlüftungsventil prüfen

Das Entlüftungsventil –22– befindet sich im Einfüllstutzen, siehe Abbildung N20-0041 auf Seite 66.

Prüfen

- Entlüftungsventil ausbauen, siehe Seite 66.

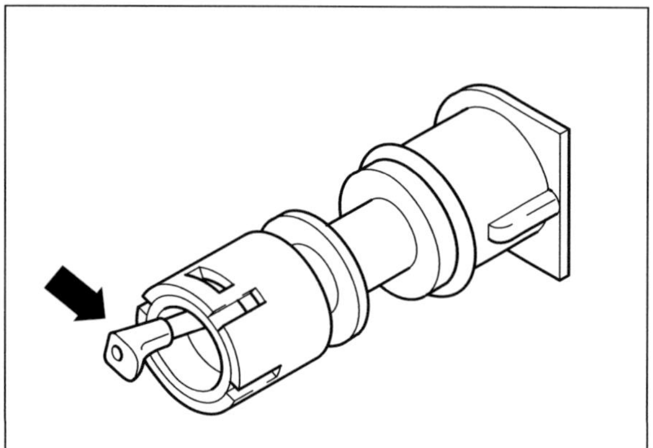

V20 - 1040

- Das Ventil muß geschlossen sein, wenn sich der Hebel in Ruhelage befindet.
- Hebel in Pfeilrichtung drücken und das Ventil muß öffnen.
- Gegebenenfalls Entlüftungsventil ersetzen.
- Entlüftungsventil einbauen, siehe Seite 66.

Kraftstoffilter aus- und einbauen

Ausbau

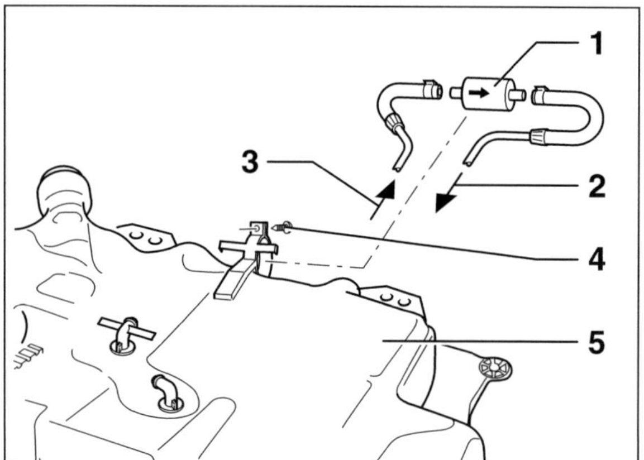

V-2004

Der Kraftstoffilter –1– befindet sich seitlich am Tank –5–.

Achtung: Beim Ausbau des Kraftstoffilters kann etwas Kraftstoff austreten. Kraftstoffdämpfe sind giftig und feuergefährlich, deshalb auf besonders gute Belüftung des Arbeitsplatzes achten. Kein offenes Feuer, Brandgefahr!

- Zum Druckabbau Tank-Verschlußdeckel kurzzeitig abnehmen.
- Fahrzeug aufbocken.
- Geeignetes Gefäß unterstellen, um herauslaufenden Kraftstoff aufzufangen.
- Kraftstoffschläuche mit geeigneten Klemmschellen abklemmen.
- Schlauchklemmen mit Seitenschneider durchschneiden. Beim Einbau stattdessen Schraubschellen verwenden.
- Befestigungsschraube –4– herausdrehen und Halteschelle öffnen.
- Kraftstoffilter –1– aus den Schläuchen herausziehen. Dabei dicken Lappen um die Verbindungsstelle legen. Dann durch vorsichtiges Abziehen des Schlauches eventuellen Druck abbauen.

Achtung: Der Filter ist vollständig mit Kraftstoff gefüllt.

Einbau

- Neuen Kraftstoffilter so einsetzen, daß die Pfeilmarkierung auf dem Filter in Durchflußrichtung zeigt. 2 – zur Einspritzeinheit, 3 – von der Kraftstoffpumpe.
- Schläuche aufschieben, Schraubschellen beiziehen.
- Filter mit Halteschelle anschrauben.
- Schlauchschellen festziehen.
- Fahrzeug ablassen.
- Nach einer Probefahrt sichtprüfen, ob die Schlauchanschlüsse dicht sind.

Aktivkohlesystem

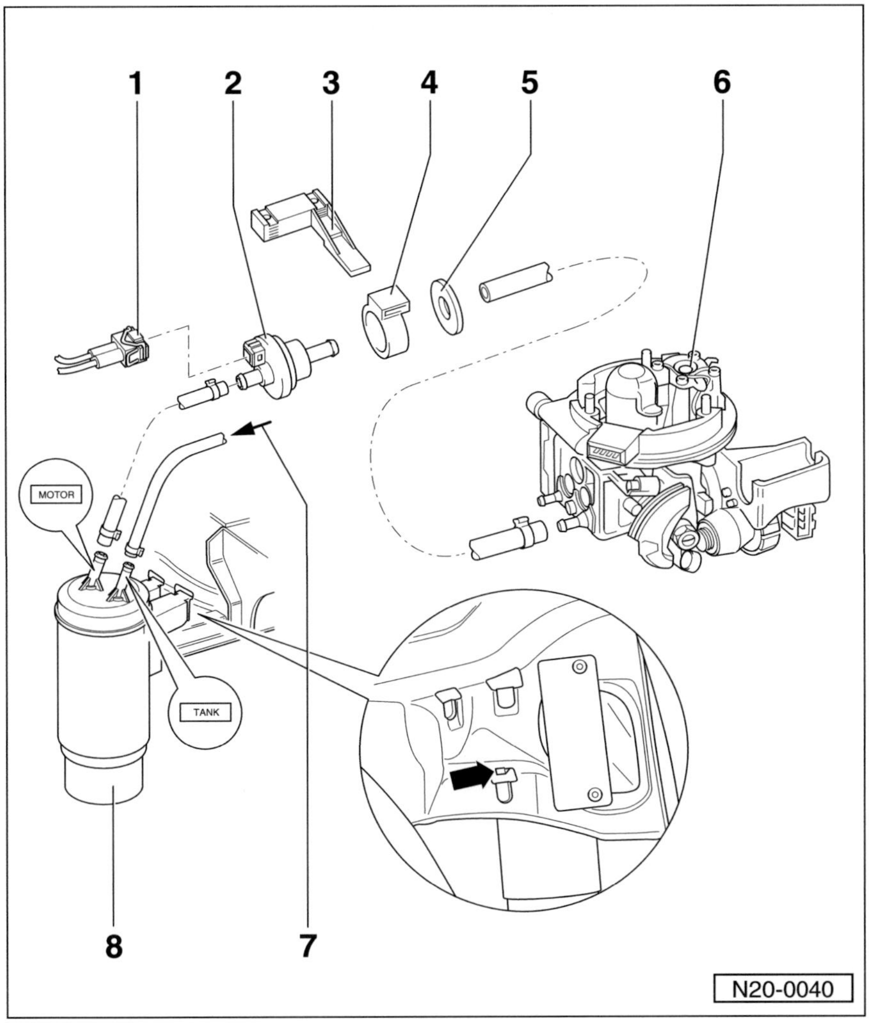

1 – **Anschlußstecker**

2 – **Magnetventil, getaktet**
Einbaulage beachten. Der Pfeil zeigt in Durchflußrichtung. Das Ventil ist bei ausgeschalteter Zündung in Pfeilrichtung **offen.**

3 – **Halter**
Am Federbeindom rechts.

4 – **Haltering**

5 – **Scheibe**
Gegen Herausrutschen des Ventils.

6 – **Einspritzeinheit**
Nur Motoren mit Mono-Motronic; bei MPI-Einspritzung, Schlauchanschluß am Drosselklappenstutzen.

7 – **Entlüftungsleitung**
Kommt vom Schwerkraft-/Überlaufventil am Kraftstoffbehälter.

8 – **Aktivkohlebehälter**
Einbauort: Radkasten vorn rechts. Zum Ausbau Sicherungslasche –Pfeil– entriegeln und Behälter nach oben herausschieben.
Der Anschlußstutzen »MOTOR« führt zum Magnetventil –2–.
Im Anschlußstutzen »TANK« ist ein Unterdrucksperrventil eingebaut.

Bedingt durch wechselnde Temperaturverhältnisse entstehen im Kraftstofftank Kraftstoffdämpfe, die bei konventionellen Tankbe- und Entlüftungssystemen ins Freie gelangen. Um diese Verdunstungsemissionen zu vermeiden, wird ein Aktivkohlesystem eingesetzt.

Bei stehendem und laufendem Motor gelangen infolge von Benzinaufheizung Kraftstoffdämpfe über eine Schlauchverbindung in den Aktivkohlebehälter und werden dort gespeichert. Der Aktivkohlebehälter befindet sich unter dem rechten Kotflügel im Radkasten.

Im Fahrbetrieb wird Frischluft, die vom Motor angesaugt wird, in den Aktivkohlebehälter geleitet. Die Frischluft löst die an der Aktivkohle haftenden Kraftstoffteilchen und leitet sie durch die Entlüftungsleitung zur Verbrennung in den Motor. In der Entlüftungsleitung befindet sich ein Magnetventil, das die Entlüftungsmenge reguliert. Angesteuert wird das Ventil vom Steuergerät der Einspritzanlage. Dabei läßt sich der Öffnungsquerschnitt vom Steuergerät je nach Drehzahl, Last und Lambda-Regelfunktion stufenlos regulieren. Bei Vollast ist das Ventil beispielsweise ganz geöffnet, bei Schubabschaltung ganz geschlossen. Bei unterbrochenem Stromkreis ist das Ventil in Pfeilrichtung offen.

Kraftstoffbehälter-Entlüftung prüfen

Benötigte Sonderwerkzeuge und Prüfgeräte: Handelsübliche Handvakuumpumpe, Unterdruckprüfgerät.

- Zündung ausgeschaltet.

Aktivkohlebehälter prüfen

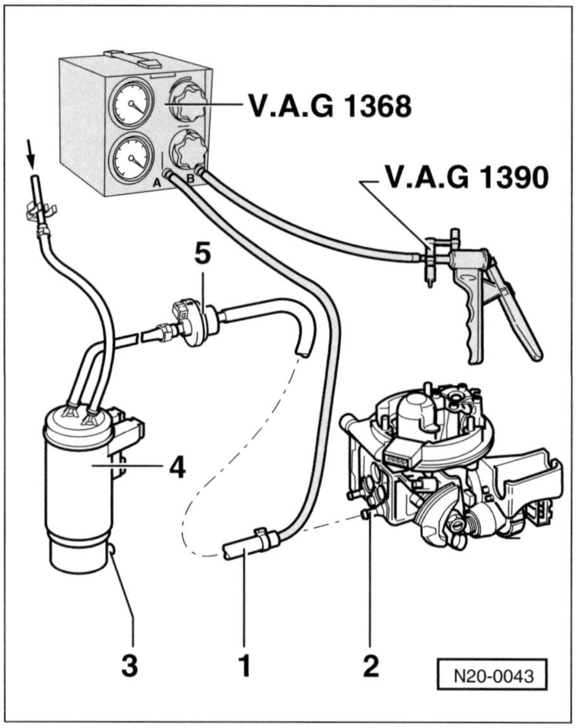

- Entlüftungsschlauch –1– zum Magnetventil –5– an der Einspritzeinheit –2–, bei MPI-Einspritzung am Ansaugrohr abziehen.
- Handvakuumpumpe und Unterdrucktester wie in der Abbildung dargestellt an den Schlauch –1– anschließen.
- Unterdrucktester auf Durchgang stellen. Dazu VW-Prüfgerät V.A.G 1368 in Stellung A/B bringen.
- Handvakuumpumpe mehrmals betätigen. Es darf sich kein Unterdruck aufbauen.
- Baut sich Unterdruck auf: Belüftungsstutzen –3– unten am Aktivkohlebehälter –4– auf Verschmutzung prüfen, gegebenenfalls reinigen.
- Magnetventil –5– auf Durchgang in Pfeilrichtung prüfen, gegebenenfalls ersetzen.
- Baut sich kein Unterdruck auf: Belüftungsstutzen –3– zuhalten und Unterdruckpumpe wieder mehrmals betätigen. Es muß sich Unterdruck aufbauen. Das Unterdrucksperrventil im Aktivkohlebehälter muß schließen.
- Baut sich kein Unterdruck auf: Aktivkohlebehälter ersetzen.

Leitung zum Kraftstoffbehälter und Verschlußdeckel prüfen

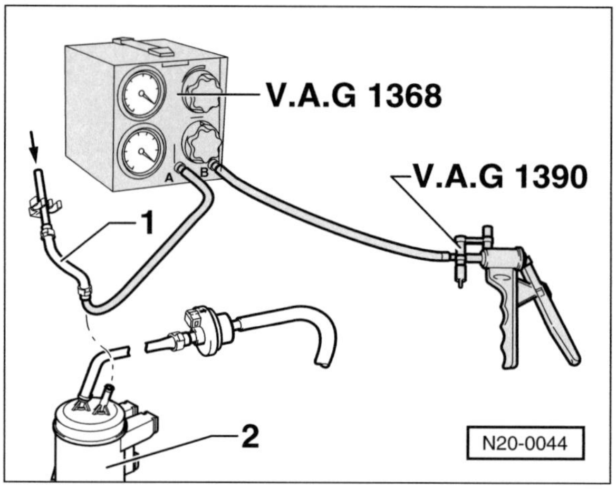

- Entlüftungsschlauch –1– vom Kraftstoffbehälter am Aktivkohlebehälter –2– abziehen.
- Handvakuumpumpe und Unterdrucktester wie in der Abbildung dargestellt an den Schlauch –1– anschließen.
- Unterdrucktester auf Durchgang stellen. Dazu VW-Prüfgerät in Stellung A/B bringen.
- Verschlußdeckel vom Kraftstoff-Einfüllstutzen abschrauben.
- Vakuumpumpe mehrmals betätigen. Es darf sich kein Unterdruck aufbauen.
- Baut sich Unterdruck auf: Schwerkraft-/Überlaufventil –5– prüfen, siehe Abbildung N20-0041 auf Seite 66.
- Leitung –1– vom Kraftstoffbehälter auf Durchgang prüfen.
- Baut sich kein Unterdruck auf: Verschlußdeckel am Kraftstoff-Einfüllstutzen aufschrauben.
- Handvakuumpumpe mehrmals betätigen. Es darf sich kein Unterdruck aufbauen, sonst Verschlußdeckel vom Kraftstoff-Einfüllstutzen ersetzen.

Hinweis: Bei geringem Kraftstoffstand im Kraftstoffbehälter muß die Handvakuumpumpe mindestens 20 bis 30 mal betätigt werden.

Gaszug einstellen

Achtung: Der Gaszug ist sehr knickempfindlich und deshalb beim Einbau besonders sorgfältig zu behandeln. Ein einziger leichter Knick kann zum späteren Bruch im Fahrbetrieb führen. Züge, die geknickt wurden, dürfen deswegen **nicht** eingebaut werden.

- Gaspedal in Vollgasstellung drücken und in dieser Stellung festklemmen oder durch Helfer halten lassen.
- Prüfen, ob der Drosselklappenhebel am Vollastanschlag anliegt.

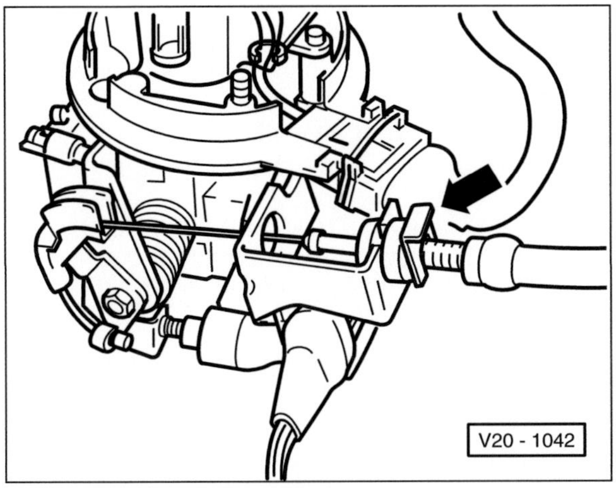

- Andernfalls Sicherungsklammer –Pfeil– herausziehen, Gaszug am Widerlager herausziehen bis der Drosselklappenhebel am Vollastanschlag anliegt. In dieser Stellung Sicherungsklammer aufstecken. Bei richtiger Einstellung erreicht der Drosselklappenhebel **knapp** die Volllaststellung, wobei das Spiel am Drosselklappenhebel maximal 1 mm betragen darf.
- Gaspedal loslassen.

Benzin-Einspritzanlage

Die Benzinmotoren sind mit elektronischen Einspritzanlagen unterschiedlicher Ausführung ausgestattet. Die 1,0- und 1,3-l Motoren, sowie der 1,6-l-Motor bis 8/95, sind mit der Mono-Motronic von BOSCH ausgestattet. Die 1,4-l- und 1,6-l-Motoren seit 9/95 haben Mehrstellen-Einspritzanlagen (Multi Point Injection, abgekürzt MPI) von BOSCH beziehungsweise MARELLI, welche, obgleich von unterschiedlichen Herstellern, fast identisch aufgebaut sind.

Die Vorteile der Benzineinspritzung gegenüber einem Vergaser sind:

- Genau dosierte Kraftstoffmenge in jedem Betriebszustand des Motors, dadurch geringerer Verbrauch bei guten Fahrleistungen.
- Reduzierung der Abgas-Schadstoffe durch exakte Kraftstoffzumessung.
- Abgasreinigung durch Lambda-geregelten Katalysator möglich.
- Steuerung von Zündung und Einspritzung in einem Steuergerät, gemeinsame Nutzung von Sensoren.
- Eigendiagnose des Steuergerätes, dadurch schnelleres Auffinden von Defekten.
- Das Steuergerät ist mit einem Fehlerspeicher ausgestattet. Treten während des Betriebs Defekte in der Einspritzanlage beziehungsweise der Zündung auf, so werden diese im Speicher abgelegt. Abgespeicherte Fehler können mit Hilfe eines VW-Auslesegerätes ausgedruckt werden. Sollten die Einspritzanlage beziehungsweise der Motor nicht einwandfrei arbeiten, so kann man sich gegen Kostenerstattung in der VW-Werkstatt die Fehlerliste ausdrucken lassen, um dann gegebenenfalls den Defekt zu beheben.

Die Einspritzanlage besitzt langzeitstabile Bauteile und ist praktisch wartungsfrei, nur der Luftfiltereinsatz muß alle 30.000 km gewechselt werden. Wesentliche Einstell- und Reparaturarbeiten können nur mit Hilfe von teuren VW-Prüfgeräten durchgeführt werden, so daß diese Arbeiten nur noch von entsprechend ausgerüsteten Fachwerkstätten ausgeführt werden können.

Achtung: Bei Arbeiten an der Einspritzanlage sind die Sauberkeitsregeln für die Kraftstoffanlage ebenso zu beachten wie die Sicherheitshinweise zur Zündanlage, siehe Seite 58, 65.

Sicherheitsmaßnahmen zur elektronischen Einspritzanlage

Achtung: Kraftstoffsystem steht unter Druck. Vor dem Öffnen des Systems Putzlappen um die Verbindungsstelle legen. Dann durch vorsichtiges Lösen der Verbindungsstelle Druck abbauen.

Um Verletzungen von Personen und/oder eine Zerstörung der Einspritz- und Zündanlage zu vermeiden, ist folgendes zu beachten:

- Zündleitungen bei laufendem Motor beziehungsweise bei Anlaßdrehzahl nicht berühren beziehungsweise abziehen.
- Leitungen der Einspritz- und Zündanlage – auch Meßgeräteleitungen – nur bei ausgeschalteter Zündung ab- und anklemmen.
- Wenn der Motor mit Anlaßdrehzahl betrieben werden soll, ohne daß er anspringt, zum Beispiel bei der Kompressionsdruckprüfung, Stecker vom Hallgeber (Zündverteiler) abziehen.

Hinweise für die Überprüfung der Einspritzanlage:

- Das Steuergerät für die Einspritz- und Zündanlage ist mit einem Fehlerspeicher ausgestattet. Vor Reparaturen, Einstellarbeiten und zur Fehlersuche Fehlerspeicher abfragen sowie die Unterdruckanschlüsse auf Dichtigkeit beziehungsweise Falschluft prüfen.
- Klemmschellen grundsätzlich durch Schraubschellen ersetzen.
- Zur einwandfreien Funktion der elektrischen Bauteile ist eine Spannung von mindestens 11,5 V erforderlich.
- Springt der Motor nach Fehlersuche, Reparatur oder Prüfungen von Bauteilen nur kurz an und geht dann aus, kann das daran liegen, daß die Wegfahrsicherung das Motor-Steuergerät sperrt. Dann muß der Fehlerspeicher abgefragt werden und gegebenenfalls das Steuergerät angepaßt werden (Werkstattarbeit).

Übersicht MPI-Einspritzanlage

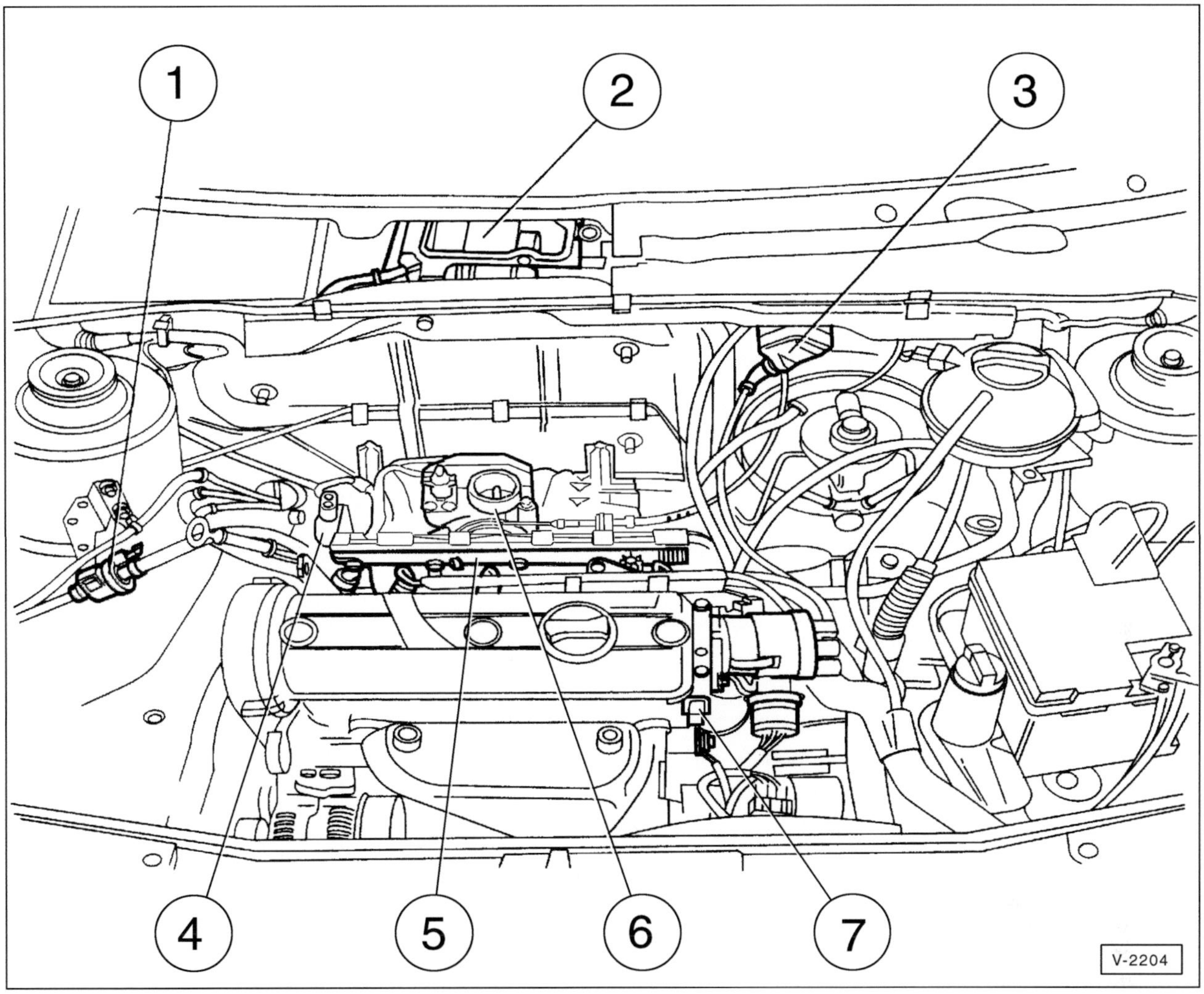

1 – Magnetventil für Tankentlüftung
2 – Motorsteuergerät
3 – Zündtrafo
4 – Geber für Saugrohrdruck und Geber für Ansauglufttemperatur
5 – Einspritzleiste mit Einspritzventilen
6 – Drosselklappen-Steuereinheit
7 – Geber für Kühlmitteltemperatur

Funktionsweise der MPI

Die elektronische Mehrpunkt-Benzineinspritzanlage von Bosch beziehungsweise Marelli verfügt über 4 Einspritzdüsen, eine für jeden Zylinder, die einzeln (sequentiell) betätigt werden und den Kraftstoff direkt vor die Einlaßventile einspritzen. Die aktuelle Kolbenstellung erkennt das Steuergerät aus den Signalen des Hallgebers der Zündanlage.

Der Kraftstoff wird von der elektrischen Kraftstoffpumpe aus dem Kraftstoffbehälter angesaugt und gelangt über den Kraftstoffilter zum Verteilerrohr und dann zu den Einspritzdüsen. Ein Druckregler am Verteilerrohr regelt den Druck im Kraftstoffsystem in Abhängigkeit vom Ansaugrohr-Unterdruck auf 1,2 bar (Motronic), beziehungsweise 3,0 bar (Marelli-Einspritzanlage).

Als Hauptgröße für die Kraftstoffzumessung dient dem Steuergerät der Unterdruck im Motor-Ansaugkrümmer. Der Unterdruck im Ansaugkrümmer hängt von der aktuellen Drosselklappenstellung (Gaspedalstellung) sowie der Motordrehzahl ab. Zusammen dienen sie als Maß für die angesaugte Luftmenge. Der Fühler für Saugrohrdruck sitzt direkt am Saugrohr, das aus Kunststoff gefertigt ist.

Zusätzlich wird die Winkelstellung der vom Gaspedal betätigten Drosselklappe über ein Potentiometer erfaßt und dient dem Steuergerät als Vergleichswert für die angesaugte Luftmenge. Dieser Wert ist notwendig zur Anpassung an Fahrzustände wie bespielsweise schnelle Beschleunigung, oder wenn der Saugrohr-Druckfühler ausfällt (Notlauffunktion).

Das Steuergerät der Zünd-/Einspritzanlage regelt entsprechend der gemessenen Luftmenge und der jeweiligen Motordrehzahl die Einspritzzeit und dadurch die Einspritzmenge nach einem vorgegebenen Kennfeld. Bei längerer Öffnung eines Einspritzventils wird mehr Kraftstoff eingespritzt. Zusätzliche Fühler und Geber sorgen in jeder Fahrsituation für die richtig bemessene Kraftstoffmenge.

- Die Drosselklappen-Steuereinheit hat die Aufgabe unter allen Betriebsbedingungen und Motorbelastungen den Leerlauf des Motors zu stabilisieren.
- Der Leerlaufschalter übermittelt dem Steuergerät die Leerlaufstellung der Drosselklappe. Das Steuergerät öffnet oder schließt über einen Stellmotor (Drosselklappensteller) die Drosselklappe und regelt so die Leerlaufdrehzahl auf den Sollwert.
- Die Leerlaufdrehzahl wird bei heißem Motor angehoben, wodurch für einen ausreichenden Öldruck auch bei sehr dünnflüssigem Öl gesorgt wird. Sie wird auch angehoben, wenn die Batteriespannung absinkt, damit die Batterie nicht weiter entladen wird. Durch diese Steuerung kann der normale Leerlauf sehr niedrig gehalten werden, wodurch sich der Kraftstoffverbrauch vermindert.
- Der Temperaturfühler am Kühlmittelstutzen mißt die Motortemperatur, der Lufttemperaturfühler im Ansaugrohr die Temperatur der angesaugten Luft.
- Die Lambdasonde (Sauerstoffsensor) ist im vorderen Abgasrohr eingeschraubt und mißt den Sauerstoffgehalt im Abgasstrom. Das Steuergerät hält anhand der Signale die Abgaszusammensetzung auf dem besten Wert für den Katalysator.
- Das Magnetventil für Tankentlüftung wird je nach Betriebszustand des Motors angesteuert. Auftretende Kraftstoffdämpfe im Tank werden von einem Aktivkohlefilter gespeichert und über das Ventil der Verbrennung zugeführt. Die Kraftstoffdämpfe werden also durch den Aktivkohlefilter größtenteils wirtschaftlich genutzt und gelangen nicht ins Freie.

Drosselklappen-Steuereinheit

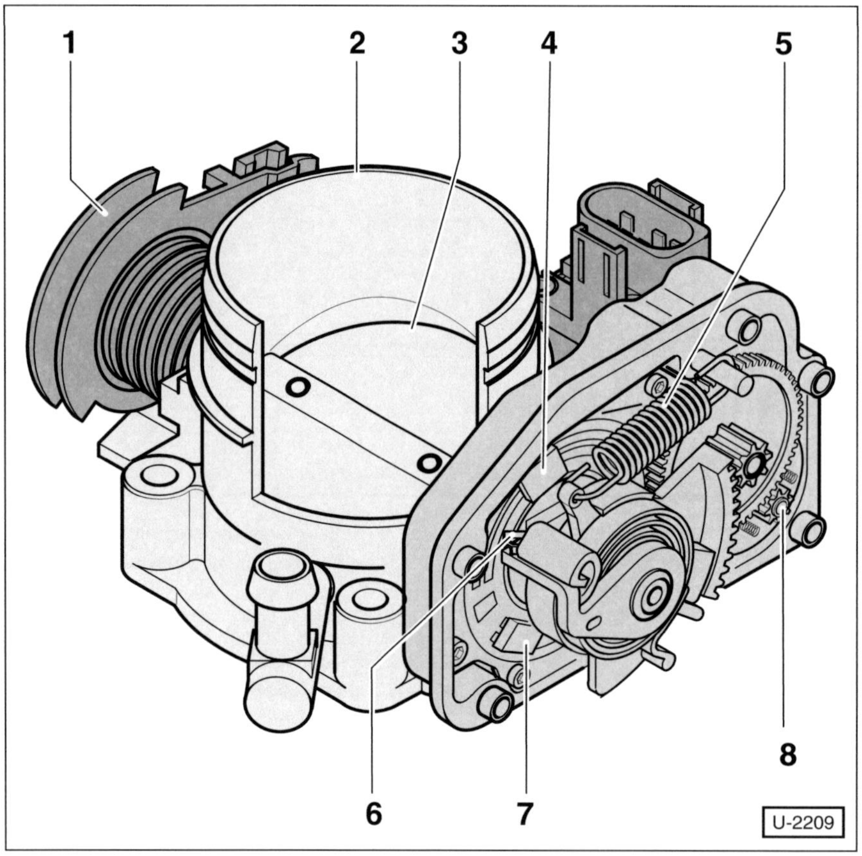

1 – **Gaszug-Seilscheibe**
Dient zur Führung und Befestigung des Gaszuges.

2 – **Ansaugstutzen**

3 – **Drosselklappe**

4 – **Drosselklappensteller-Potentiometer**
Übermittelt dem Steuergerät die Stellung des Drosselklappenstellers.

5 – **Notlauffeder**
Stellt bei Spannungsunterbrechung die Drosselklappe in Grundstellung. Die Verstellung der Drosselklappe durch den Fahrer über den Gaszug wird dadurch nicht beeinflußt.

6 – **Leerlaufschalter**

7 – **Drosselklappenpotentiometer**
Übermittelt dem Steuergerät die Stellung der Drosselklappe.

8 – **Drosselklappensteller**

Übersicht Mono-Motronic

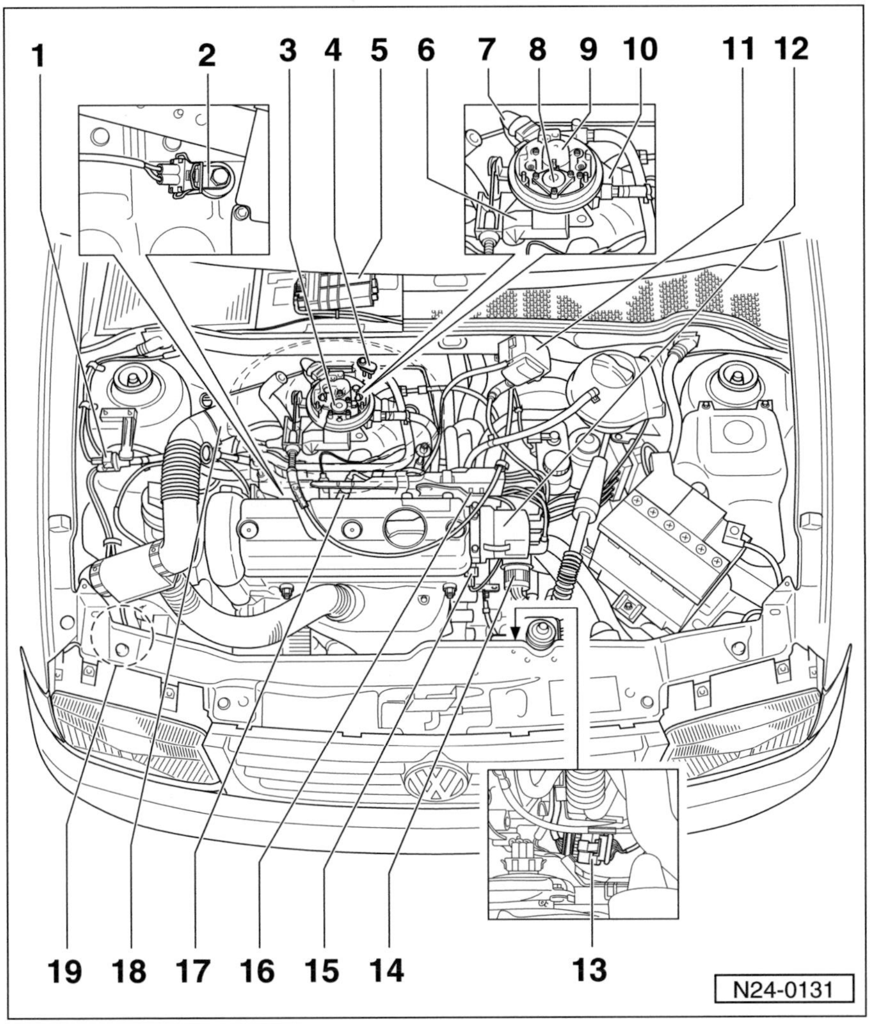

1 – **Magnetventil fürAktivkohlebehälter**

2 – **Klopfsensor**
Nur 1,3- und 1,6-l-Motor.

3 – **Einspritzeinheit**

4 – **Temperaturregler für Ansaugluftvorwärmung**

5 – **Steuergerät für Mono-Motronic**

6 – **Drosselklappensteller**
Mit Leerlaufschalter.

7 – **Anschlußstecker**
Für Einspritzventil und für Geber für Ansauglufttemperatur.

8 – **Kraftstoff-Druckregler**

9 – **Einspritzventil**
Mit Geber für Ansauglufttemperatur.

10 – **Drosselklappenpotentiometer**

11 – **Zündtrafo**

12 – **Zündverteiler**

13 – **Steckverbindung, 4fach**
Für Lambdasonde.

14 – **Zentral-Steckverbindung**

15 – **Geber für Kühlmitteltemperatur**

16 – **Masseanschluß**

17 – **Zündkerze**

18 – **Luftfilter**

19 – **Aktivkohlebehälter**

Funktionsweise der Mono-Motronic

Die Mono-Motronic ist eine elektronische Benzineinspritzanlage, die den Kraftstoff intermittierend, also stoßweise in das Ansaugrohr einspritzt. Dabei hat die Mono-Motronic, im Gegensatz zu den anderen Einspritzsystemen, nur **ein** zentrales Einspritzventil für alle Zylinder, ist also eine sogenannte Einpunkteinspritzung. Die Verteilung des Kraftstoffs auf die einzelnen Zylinder erfolgt durch das Sammelsaugrohr, wie bei einem herkömmlichen Vergaser.

Die Luftmenge wird vom Motor über den Luftfilter angesaugt und gelangt in die Einspritzeinheit. Im Gehäuse der Einspritzeinheit befindet sich eine durch den Gaszug betätigte Drosselklappe. Die Winkelstellung der Drosselklappe wird über ein Potentiometer erfaßt und dient dem Steuergerät zusammen mit der momentanen Motordrehzahl als Maß für die angesaugte Luftmenge.

Das Steuergerät regelt entsprechend der gemessenen Luftmenge und der jeweiligen Motordrehzahl, die durch die Zündanlage übermittelt wird, die Einspritzzeit und dadurch die Einspritzmenge. Bei längerer Öffnung des Einspritzventils wird mehr Kraftstoff eingespritzt. Zusätzliche Fühler und Geber sorgen in jeder Fahrsituation für die richtig bemessene Kraftstoffmenge.

- Der Leerlaufschalter übermittelt dem Steuergerät die Leerlaufstellung der Drosselklappe.
- Das Steuergerät öffnet oder schließt über einen Stellmotor (Drosselklappensteller) die Drosselklappe und regelt so die Leerlaufdrehzahl auf den Sollwert.
- Der Temperaturfühler am Kühlmittelstutzen mißt die Motortemperatur.
- Der Lufttemperaturfühler im Halter für Einspritzventil mißt die Temperatur der angesaugten Luft.
- Lambdasonde (Sauerstoffsensor) sowie Aktivkohle-Tankentlüftung sind weitgehend baugleich wie bei der MPI-Einspritzanlage.

Einspritzeinheit Mono-Motronic

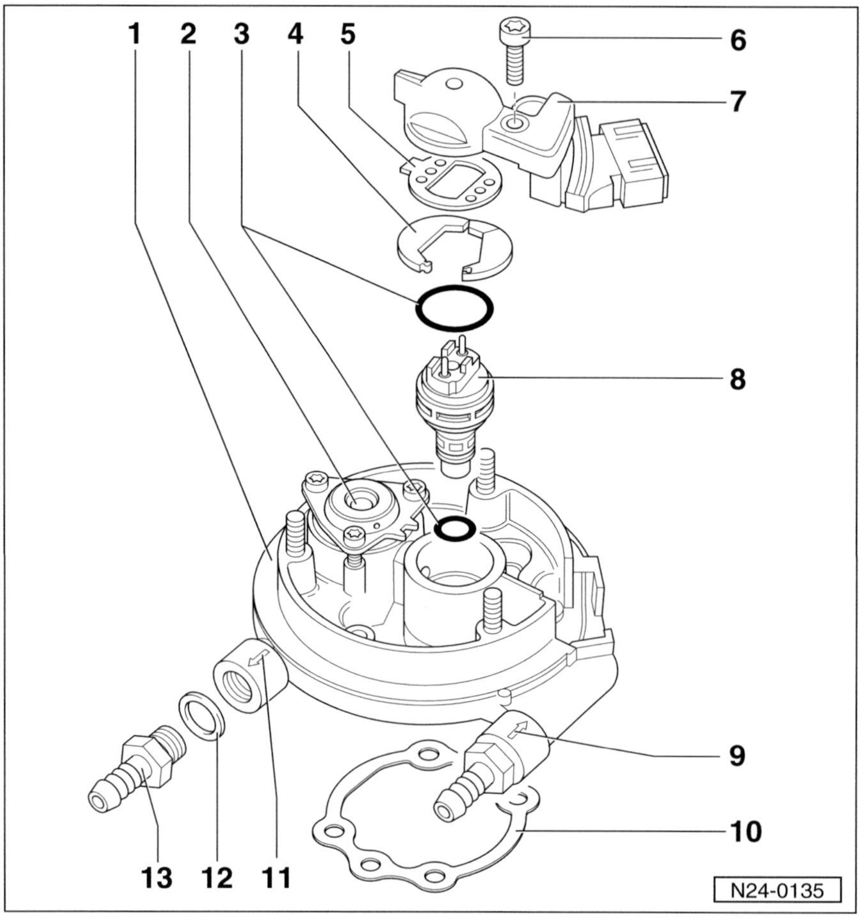

Oberteil

1 – **Einspritzeinheit-Oberteil**

2 – **Kraftstoff-Druckregler**

3 – **O-Ring**
Immer ersetzen.

4 – **Sicherungsscheibe**
Zur O-Ring Montage abnehmen.

5 – **Dichtung**
Immer ersetzen.

6 – **Schraube, 5 Nm**
Mit Sicherungsmittel D6 einsetzen.

7 – **Halter für Einspritzventil**
Mit Geber für Ansauglufttemperatur.

8 – **Einspritzventil**

9 – **Kraftstoffzulauf**

10 – **Dichtung**
Immer ersetzen.

11 – **Kraftstoffrücklauf**

12 – **Dichtung**
Immer ersetzen.

13 – **Anschlußstutzen**

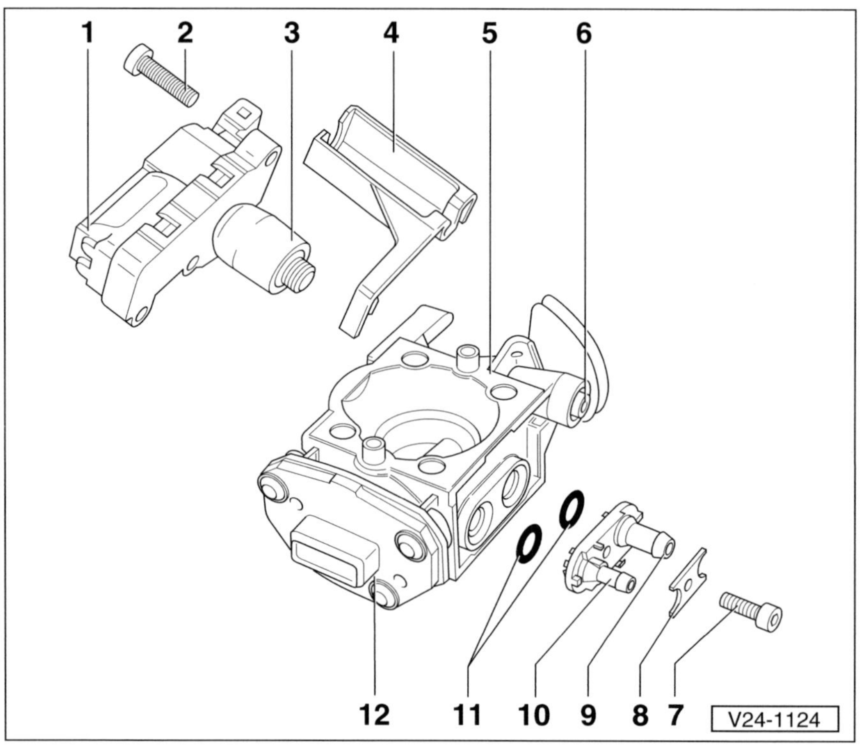

Unterteil

1 – **Drosselklappensteller**
Mit Geber für Drosselklappensteller und Leerlaufschalter. Beim Einbau darauf achten, daß der Leerlaufschalter nur über das Kunststoffplättchen des Schalters mit der Anschlagschraube betätigt werden kann. Ggf. Widerlager –4– lösen und ausrichten. Nach dem Ersetzen Leerlaufschalter-Einstellung prüfen.

2 – **Schraube, 6 Nm**

3 – **Leerlaufschalter**

4 – **Widerlager für Gaszug**

5 – **Einspritzeinheit-Unterteil**

6 – **Begrenzungsschraube**
Achtung: Die Schraube ist werksseitig gesichert, **nicht** verstellen!

7 – **Schraube, 3 Nm**

8 – **Halter**

9 – **Unterdruckanschluß**
Für Aktivkohlebehälter-Anlage.

10 – **Unterdruckanschluß**
Für Ansaugluftvorwärmung.

11 – **O-Ring**
Bei Beschädigung ersetzen.

12 – **Drosselklappenpotentiometer**
Darf nicht eingestellt werden. Bei Defekt: Unterteil ersetzen.

Ansaugkrümmer, Steuergerät

Mono-Motronic

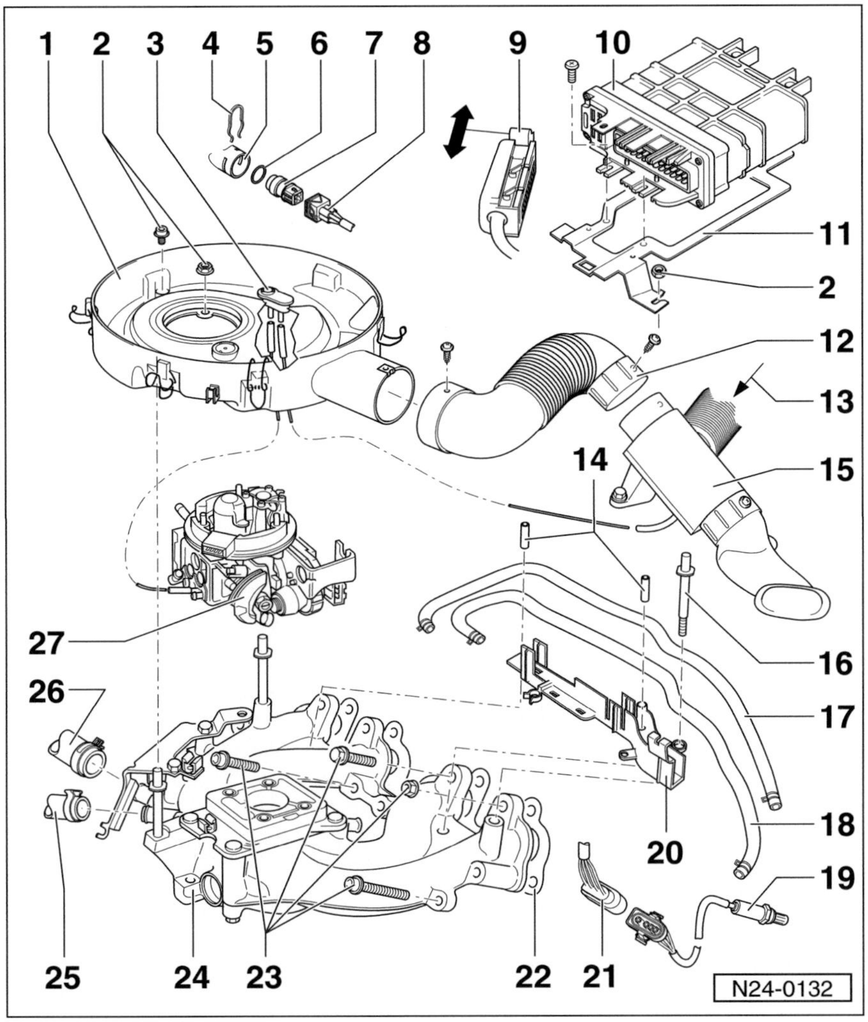

1 – **Luftfilter**

2 – **Schraube und Mutter, 10 Nm**

3 – **Temperaturregler**
Für Ansaugluftvorwärmung

4 – **Halteklammer**

5 – **Kühlmittelregler-Gehäuse**

6 – **O-Ring**
Immer ersetzen.

7 – **Geber für Kühlmitteltemperatur**
Mit Geber für Kühlmitteltemperaturanzeige. Vor Ausbau ggf. Druck vom Kühlsystem abbauen.

8 – **Anschlußstecker**
Für Geber für Kühlmitteltemperatur und Geber für Kühlmitteltemperaturanzeige.

9 – **Anschlußstecker**
Für Steuergerät Mono-Motronic. Stecker bei ausgeschalteter Zündung abziehen oder aufstecken, vor dem Abziehen entriegeln.

10 – **Steuergerät für Mono-Motronic**
Einbauort: Im Wasserkasten rechts. Bei Ersatz muß das Steuergerät an die elektronische Wegfahrsicherung angepaßt werden.

11 – **Halter**

12 – **Verbindungsrohr**

13 – **Warmluft**
Wird vom Warmluftfangblech am Abgaskrümmer angesaugt.

14 – **Spreizstift**

15 – **Ansaugluftstutzen**
Mit Regelklappe für Ansaugluftvorwärmung.

16 – **Stiftschraube, 15 Nm**

17 – **Vorlaufschlauch**
Vom Kraftstoffilter, weiße Markierung. Mit Federbandschellen sichern.

18 – **Rücklaufschlauch**
Zum Kraftstoffbehälter, blaue Markierung. Mit Federbandschellen sichern.

19 – **Lambdasonde, 50 Nm**

20 – **Kabelleiste/ Leitungsführung**
Zum Ausbau Spreizstift –14– herausziehen, dazu ggf. Blechschraube einschrauben und mit Zange herausziehen.

21 – **Steckverbindung, 4fach**
Für Lambdasonde und Sondenheizung. Sitzt am Halter vor dem Getriebe. Die Kontakte für die Lambdasonde sind vergoldet.

22 – **Dichtung**
Immer ersetzen.

23 – **Schrauben, 25 Nm**

24 – **Ansaugrohr**

25 – **Unterdruckanschluß**
Zum Bremskraftverstärker.

26 – **Kühlmittelschlauch**
Zum Kühlmittelregler-Gehäuse.

27 – **Einspritzeinheit**

Kühlmittel-Temperaturgeber aus- und einbauen/prüfen

Ausbau

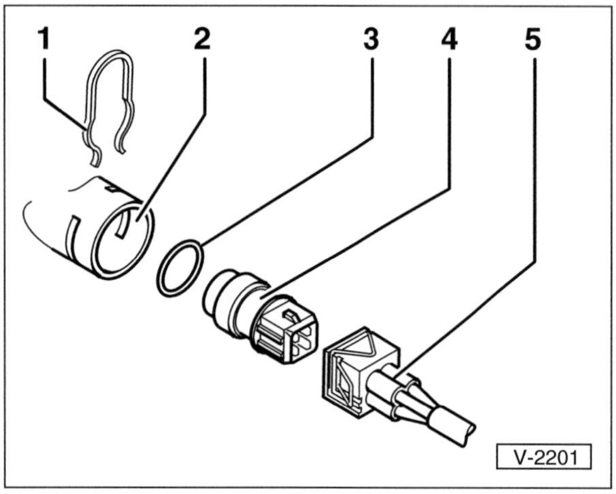

- Stecker –5– abziehen.
- Halteklammer –1– am Kühlmittelregler-Gehäuse –2– herausziehen. 3 – Dichtring.
- Kühlmittel-Temperaturgeber –4– herausnehmen.

Prüfen

- Ohmmeter an die Kontakte des Kühlmittel-Temperaturgebers anschließen.
  Geber für Kühlmitteltemperatur: Kontakt 1 und 3;
  Geber für Kühlmitteltemperaturanzeige: Kontakt 2 und 4.

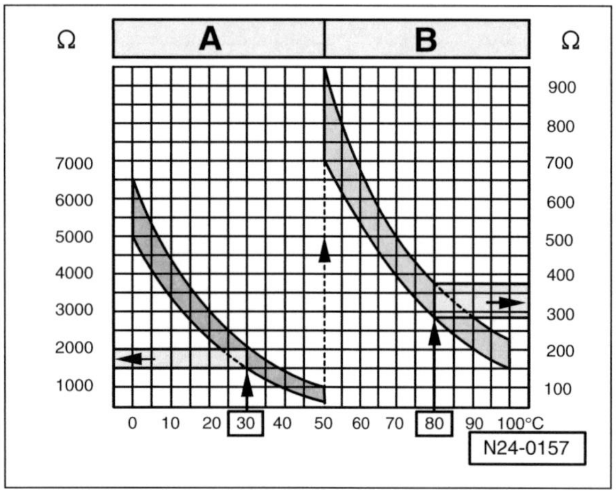

- Widerstandswerte messen und mit den Sollwerten im Diagramm vergleichen.

Das Diagramm gilt für den Geber für Kühlmitteltemperatur und für den Geber für Ansauglufttemperatur (Kontakt 1 und 2 am Anschluß Einspritzventil).

Der Bereich A zeigt die Widerstandswerte für den Temperaturbereich 0° bis +50° C, Bereich B die Werte für den Temperaturbereich +50° bis +100° C.

Ablesebeispiele:

+ 30 °C entspricht einem Widerstand von 1500 – 2000 Ω.
+ 80 °C entspricht einem Widerstand von 275 – 375 Ω.

Einbau

- Kühlmittel-Temperaturgeber mit neuem Dichtring –3– einsetzen und mit Halteklammer sichern.
- Stecker aufschieben.

Einspritzventil prüfen

Mono-Motronic

Funktion prüfen

- Prüfen, ob die Sicherung Nr. 18 in Ordnung ist.
- Ansaugluftхutze beziehungsweise Luftfilter von der Einspritzeinheit abschrauben.

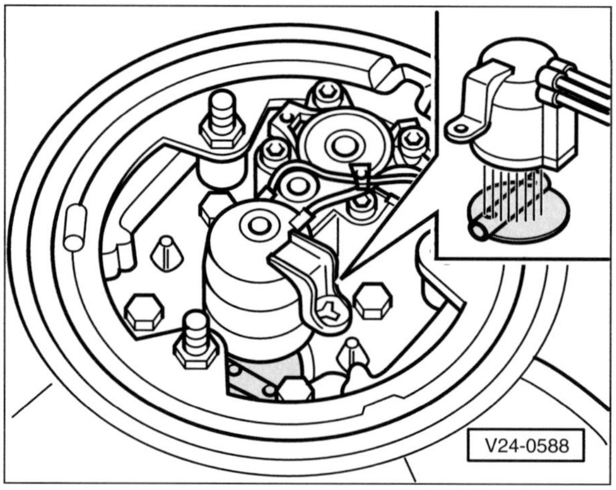

- Motor starten und im Leerlauf laufen lassen. Falls der Motor nicht anspringt, Anlasser durch Helfer betätigen lassen.
- Der Abspritzstrahl muß auf der Drosselklappe sichtbar sein.
- Zündung ausschalten und Einspritzventil auf Dichtheit prüfen: Es dürfen nicht mehr als 2 Tropfen pro Minute austreten.

Ist kein Abspritzstrahl zu erkennen:

- Kraftstoff-Druckregler prüfen (Werkstattarbeit).
- Ansteuerung prüfen.

Ansteuerung prüfen

- Luftfilter ausbauen.

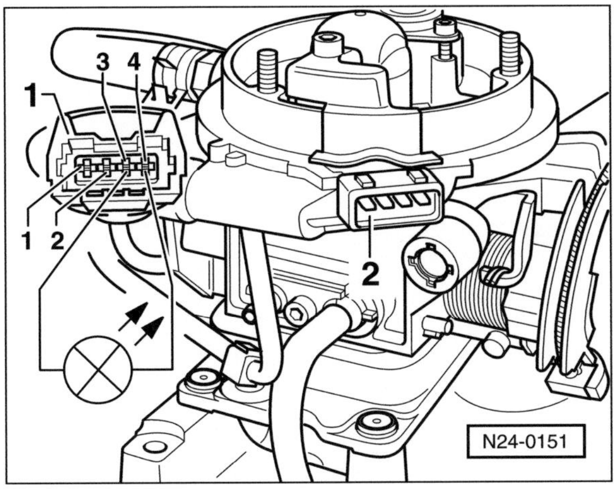

- 4fach-Stecker –1– vom Anschluß –2– abziehen.
- Diodenprüflampe an die Kontakte 3 und 4 am Stecker –1– anschließen.
- Anlasser betätigen und Spannungsversorgung für Einspritzventil prüfen.
- Die Leuchtdiode muß flackern. In diesem Fall Zündung ausschalten und Einspritzventil ersetzen.
- Flackert die Leuchtdiode nicht, ist folgendermaßen vorzugehen:
- Zündung ausschalten.
- Leitung zwischen 4fach-Stecker Kontakt 3 und Steuergerät nach Stromlaufplan auf Unterbrechung prüfen. Dabei ist zu beachten, daß von der Zentralsteckverbindung zum Steuergerät eine Widerstandsleitung mit einem Leitungswiderstand von max. 3,5 Ω eingebaut ist.
- Leitung zwischen 4fach-Stecker Kontakt 4 und Relaisplatte nach Stromlaufplan auf Unterbrechung prüfen. Dabei ist zu beachten, daß von der Zentralsteckverbindung zur Relaisplatte eine Widerstandsleitung mit einem Leitungswiderstand von max. 2,5 Ω eingebaut ist.
- Zusätzlich Leitungen auf Kurzschluß untereinander prüfen. Sollwert: ∞ Ω.
- Wird kein Fehler in der Leitung festgestellt, dürfte das Steuergerät der Mono-Motronic defekt sein. **Achtung**: Bevor das Steuergerät ersetzt wird, elektrische Prüfung der Einspritzanlage durchführen lassen (Werkstattarbeit).
- Stecker aufschieben.

Widerstand prüfen

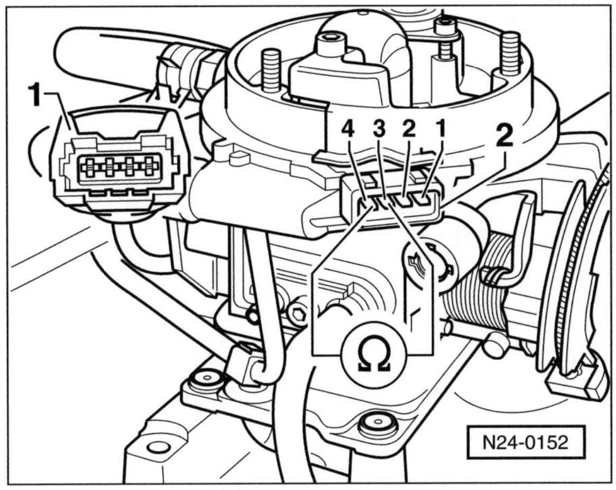

- Stecker –1– vom Anschluß –2– abziehen.
- Ohmmeter an die Kontakte 3 und 4 am Anschluß –2– anschließen und Widerstand prüfen.
  Sollwert: 1,2 – 1,6 Ω bei einer Umgebungstemperatur von +15° bis +30° C.
- Stecker aufschieben.
- Luftfilter einbauen.

Luftansaugsystem auf Undichtigkeit (Falschluft) prüfen

Benötigte Hilfsmittel: Handelsübliches Motorlecksuchspray, z. B. VW-G 001 800 A1.

Durch den Unterdruck im Ansaugsystem wird das Lecksuchspray mit der Falschluft angesaugt. Das Lecksuchspray setzt die Zündwilligkeit des Gemisches herab. Dies führt zu einem Abfallen der Motordrehzahl und zu einer Veränderung des Lambdasondenwertes.

Achtung: Die auf der Dose aufgeführten Sicherheitsvorschriften müssen unbedingt eingehalten werden.

- Motor starten und im Leerlauf drehen lassen.
- Teile des Ansaugsystems systematisch mit Motorlecksuchspray besprühen.
- Fällt die Motordrehzahl kurzzeitig ab und verändert sich der Anzeigewert der Lambdaregelung: Besprühte Stelle des Ansaugsystems auf Undichtigkeit prüfen und die Undichtigkeit beseitigen.

Hinweis: Falls das Motorlecksuchspray nicht zur Verfügung steht, kann das Ansaugsystem auch mit etwas Benzin geprüft werden. **Achtung: Benzindämpfe sind giftig, nicht einatmen!**

- Motor im Leerlauf drehen lassen und Dichtstellen sowie Anschlüsse im Ansaugtrakt mit Benzin bestreichen. Wenn sich die Drehzahl kurzfristig erhöht, undichte Stelle beseitigen.

Ansaugluftvorwärmung prüfen

Mono-Motronic

Die Ansaugluftvorwärmung wird temperaturabhängig über eine Luftklappe im Luftansaugstutzen geregelt. Bei defekter Ansaugluftvorwärmung können folgende Beanstandungen auftreten:

- Schlechter Leerlauf in der Warmlaufphase.
- Übergangsstörungen.
- Schlechte Leistung, Höchstgeschwindigkeit wird nicht erreicht.
- Hoher Kraftstoffverbrauch.

Prüfvoraussetzung: Der Motor muß Umgebungstemperatur haben, die Ansaugluft max. +35° C.

- Unterdruckschläuche von der Membrandose zum Temperaturregler und vom Temperaturregler zur Einspritzeinheit auf festen Sitz prüfen.
- Schläuche durch Verbiegen auf Beschädigung und Porosität untersuchen, gegebenenfalls auswechseln.
- Ansaugstutzen des Luftfilters ausbauen.

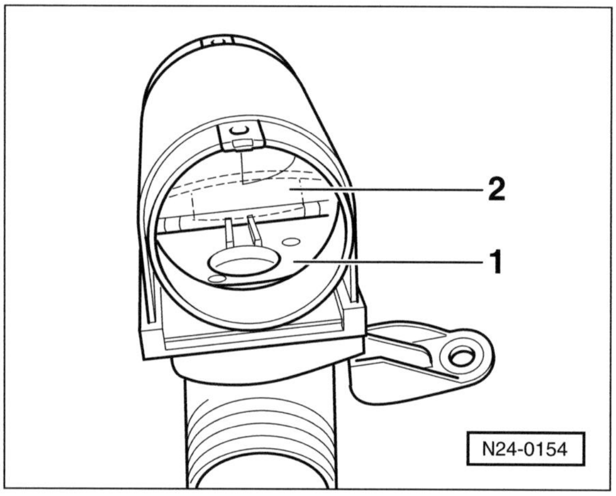

- Stellung und Leichtgängigkeit der Regelklappe im Ansaugstutzen prüfen. Bei einer Temperatur von:
  über +22° C: Klappe muß den Warmluftanschluß verschließen –1–;
  –20° bis +22° C: Klappe muß etwas bis max. ⅔ weit geöffnet sein –2–.
- Ansaugstutzen einbauen.

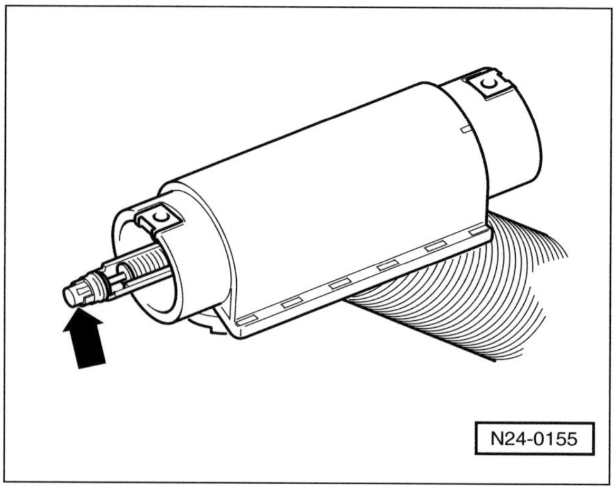

Achtung: Die Funktion des Thermo-Elementes läßt sich durch Besprühen mit handelsüblichem Kältespray einfach prüfen.

- Funktion und Leichtgängigkeit der Regelklappe prüfen. Dazu Hilfsschlauch auf den Unterdruckanschluß aufschieben und durch Saugen am Hilfsschlauch prüfen, ob sich die Regelklappe bewegt.
- Unterdruckleitung wieder aufstecken.
- Motor starten und im Leerlauf laufen lassen. Die Regelklappe muß aufgezogen werden.
- Unterdruckschlauch vom Temperaturregler an der Einspritzeinheit abziehen. Die Regelklappe muß nach max. 20 Sekunden ihre Ausgangslage eingenommen haben.

Luftfilter aus- und einbauen

Mono-Motronic

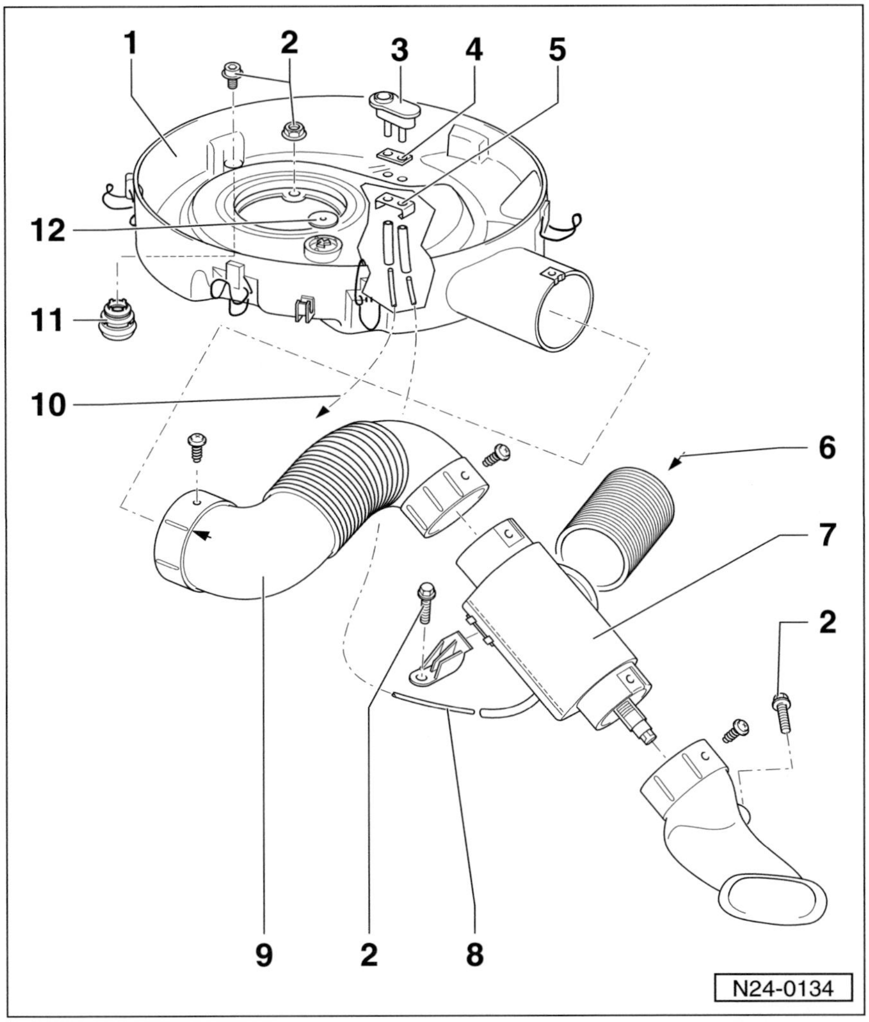

1 – **Luftfiltergehäuse**

2 – **Schraube und Mutter, 10 Nm**

3 – **Temperaturregler**
Für Ansaugluftvorwärmung. Das Anschlußröhrchen aus Metall oder mit Kerbe muß mit der Regelklappe verbunden werden.

4 – **Dichtung**
Bei Beschädigung ersetzen.

5 – **Sicherung**

6 – **Warmluft**
Wird vom Warmluftfangblech am Abgaskrümmer angesaugt.

7 – **Ansaugluftstutzen**
Mit Regelklappe für Ansaugluftvorwärmung.

8 – **Unterdruckleitung**

9 – **Verbindungsrohr**

10 – **zur Einspritzeinheit**

11 – **Tülle**

12 – **Rückschlagventil**

Ausbau

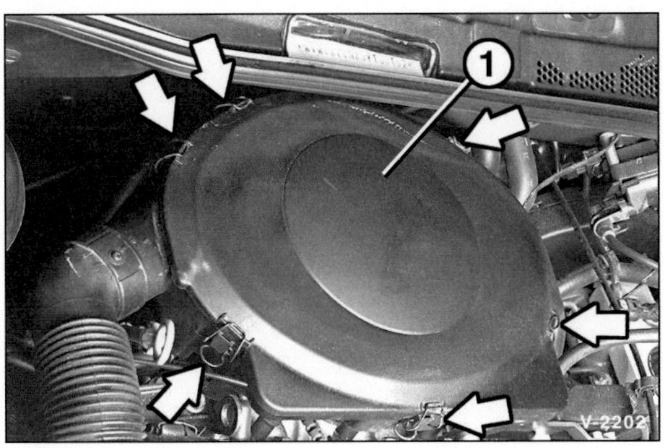

- Schnellverschlüsse öffnen und Filterdeckel –1– abnehmen.
- Filtereinsatz herausnehmen.

- Filtergehäuse –2– abschrauben und abnehmen.

Einbau

- Filtergehäuse ansetzen und mit 10 Nm anschrauben.
- Filtereinsatz einlegen, Deckel auflegen und mit Schnellverschlüssen befestigen.

Saugrohrvorwärmung, Zwischenflansch

Mono-Motronic

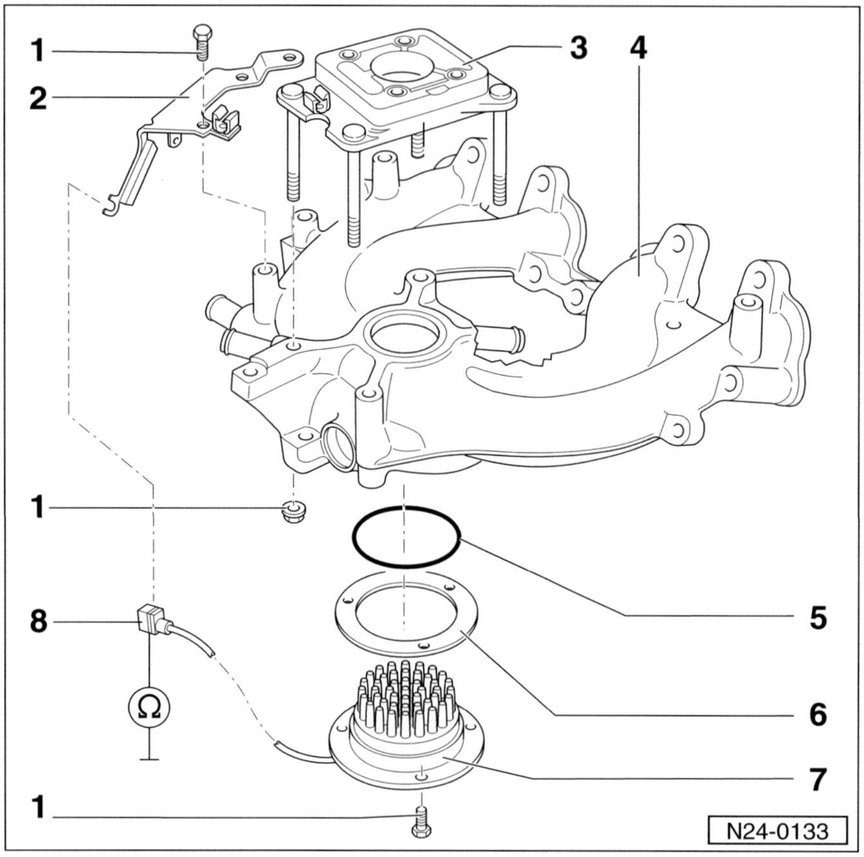

1 – Schraube, 10 Nm

2 – Halter

3 – Zwischenflansch
Auf Risse und Verzug prüfen.

4 – Ansaugrohr

5 – O-Ring
Bei Beschädigung ersetzen

6 – Dichtung

7 – Ansaugrohrvorwärmer
Bei kaltem Motor prüfen. Widerstand zwischen Stecker und Masse (–): 0,25 bis 0,50 Ω. Ausschalttemperatur ca. +60° C.

8 – Anschlußstecker

Technische Daten Mono-Motronic

Motor **Kennbuchstaben**	**1,0-l** **AEV**	**1,3-l** **ADX**	**1,6-l** **AEA**
Leerlaufdrehzahl 1/min CO-Gehalt Vol.% Drehzahlbegrenzung 1/min	750 – 850 max. 0,5 6300	750 – 850 max. 0,5 6300	750 – 850 max. 0,5 6300
Druckregler **Kraftstoffdruck** bei Leerlaufdrehzahl oder beim Betätigen der Fernbedienung **Haltedruck** nach dem Ausschalten der Zündung oder Fernbedienung	0,8 – 1,2 bar nach 5 Minuten mindestens 0,5 bar Überdruck		
Drosselklappensteller/Leerlaufschalter Anschlußstecker 6polig Widerstand zw. Kontakt 1 + 6 Widerstand zw. Kontakt 4 + 5 – wenn Drosselklappe geschlossen – wenn Drosselklappe geöffnet	3 – 200 Ω max. 200 Ω ∞ Ω		
Einspritzventil Abspritzstrahl Widerstand zwischen Kontakt 2 + 3 bei +15° bis +30° C Umgebungstemperatur	sichtbar auf Drosselklappe 1,2 – 1,6 Ω		

Widerstandswerte für die Geber für Kühlmitteltemperatur und für Ansauglufttemperatur, siehe Seite 78.

Störungsdiagnose Benzin-Einspritzanlage

Bevor anhand der Störungsdiagnose der Fehler aufgespürt wird, müssen folgende Prüfvoraussetzungen erfüllt sein: Bedienungsfehler beim Starten ausgeschlossen. Sowohl für den kalten wie warmen Motor gilt: Vor und während des Startens kein Gas geben. Bei heißem Motor kann es nach dem Anspringen des Motors erforderlich sein, etwas Gas zu geben.

Kraftstoff im Tank, Motor mechanisch in Ordnung, Batterie geladen, Anlasser dreht mit ausreichender Drehzahl, Zündeinstellung und Zündanlage sind in Ordnung, keine Undichtigkeiten an der Kraftstoffanlage, Verschmutzungen im Kraftstoffsystem ausgeschlossen, Kurbelgehäuse-Entlüftung in Ordnung, elektrische Masseverbindung (Motor-Getriebe-Aufbau) vorhanden. Fehlerspeicher abfragen (Werkstattarbeit). **Achtung: Die Kraftstoffanlage steht unter Druck.** Wenn Kraftstoffleitungen gelöst werden, vorher Druck abbauen. Dazu Tankdeckel kurzzeitig öffnen. Beim Abziehen der Leitungen dicken Lappen darüberlegen, um eventuelle Kraftstoffspritzer aufzufangen. Kraftstoffleitungen vorher mit Kaltreiniger säubern.

Störung	Ursache	Abhilfe
1. Motor springt nicht an.	1. Sicherung Nr. 18 defekt.	■ Sicherung ersetzen.
	2. Elektro-Kraftstoffpumpe läuft beim Betätigen des Anlassers nicht an (keine Laufgeräusche hörbar).	■ Prüfen, ob Spannung an der Pumpe anliegt. Elektrische Kontakte auf gute Leitfähigkeit überprüfen.
	3. Kraftstoffpumpenrelais defekt.	■ Relais überprüfen.
	4. Luftansaugsystem undicht, Motor zieht Falschluft.	■ Ansaugsystem auf Undichtigkeit (Falschluft) prüfen.
	5. Unterdruckleitungen undicht.	■ Sämtliche Unterdruckleitungen auf Porosität oder Beschädigung überprüfen.
	6. Druckregler defekt.	■ Kraftstoffdruck und Haltedruck prüfen.
	7. Einspritzventil(e) defekt, verklebt.	■ Einspritzventil(e) prüfen.
	8. Drosselklappensteller/-potentiometer defekt.	■ Drosselklappensteller/-potentiometer prüfen.
	9. Steuergerät erhält keine Spannung.	■ Spannungsversorgung prüfen.
	10. Kein Hallgeber-Signal bzw. Störung in der Zündanlage.	■ Hallgeber bzw. Zündsystem prüfen.
2. Der kalte Motor springt schlecht an, läuft unrund.	1. Kühlmittel-/Ansaugluft-Temperaturfühler defekt.	■ Temperaturfühler prüfen.
	2. Saugrohrvorwärmung defekt (Monomot.).	■ Saugrohrvorwärmung überprüfen.
	3. Ansaugluftvorwärmung defekt (Monomot.).	■ Ansaugluftvorwärmung überprüfen.
	4. wie unter 1.4 und 1.5.	■ wie unter 1.4 und 1.5.
3. Der heiße Motor springt nicht oder schlecht an.	1. Rückschlagventil der Kraftstoffpumpe defekt.	■ Rückschlagventil prüfen.
	2. Aktivkohle-System defekt.	■ Aktivkohle-Anlage überprüfen.
	3. Kraftstoffsystem undicht.	■ Sichtprüfung an allen Verbindungsstellen im Bereich des Motors und der elektrischen Kraftstoffpumpe. Alle Anschlüsse nachziehen.
	4. Druck im Kraftstoffsystem zu hoch.	■ Kraftstoffdruck prüfen lassen, gegebenenfalls Druckregler ersetzen.
	5. Rücklaufleitung zwischen Drosselklappengehäuse und Tank verstopft oder geknickt.	■ Leitung reinigen oder ersetzen.
	6. wie unter 1.4 , 1.5, 1.7 – 1.9, 2.1.	■ wie unter 1.4 , 1.5, 1.7 – 1.9, 2.1.

Störung	Ursache	Abhilfe
4. Leerlauf- und Übergangsstörungen, schlechte Gasannahme.	1. Lambdaregelung defekt.	■ Lambdaregelung prüfen.
	2. Lambdasondenheizung defekt.	■ Lambdasondenheizung prüfen.
	3. Leerlaufschalter defekt.	■ Leerlaufschalter prüfen.
	4. Abgasanlage zwischen Zylinderkopf. und Katalysator undicht	■ Abgasanlage auf Dichtheit prüfen.
	5. Störung in der Zündanlage.	■ Zündsystem prüfen.
	6. wie unter 1.4 – 1.8, 2.1 – 2.3, 3.2.	■ wie unter 1.4 – 1.8, 2.1 – 2.3, 3.2.
5. Motoraussetzer im Fahrbetrieb.	1. Elektrische Verbindungen zur Kraftstoffpumpe zeitweise unterbrochen.	■ Steckverbindungen und Anschlüsse von elektrischen Leitungen an der Kraftstoffpumpe und dem Kraftstoffpumpen-Relais auf feste und widerstandslose Verbindung prüfen. Sicherung und Kontaktstellen am Kraftstoffpumpen-Relais prüfen. Kontakte reinigen bzw. erneuern. Stromaufnahme der Kraftstoffpumpe prüfen.
	2. Kraftstoff-Fördermenge zu gering.	■ Kraftstoffpumpen-Fördermenge prüfen.
	3. Kraftstoffilter verstopft.	■ Kraftstoffilter erneuern.
	4. Kraftstoffpumpe defekt.	■ Kraftstoffpumpe prüfen.
	5. Drosselklappenpotentiometer defekt.	■ Drosselklappenpotentiometer prüfen.
	6. Kühlmittel-Temperaturfühler defekt.	■ Temperaturfühler prüfen.
	7. Steuergerät erhält teilweise keine Spannung.	■ Spannungsversorgung prüfen.
	8. wie unter 1.4 – 1.7.	■ wie unter 1.4 – 1.7.
	9. Störung in der Zündanlage.	■ Zündsystem prüfen.
6. Der Motor läuft nach.	1. Einspritzventil(e) undicht.	■ Einspritzventil(e) prüfen.
	2. Zündzeitpunkt falsch.	■ Zündzeitpunkt-Einstellung prüfen.
	3. wie unter 3.2.	■ wie unter 3.2.

Diesel-Einspritzanlage

Diesel-Einspritzverfahren

Beim Dieselmotor wird reine Luft in die Zylinder angesaugt und dort sehr hoch verdichtet. Dadurch steigt die Temperatur in den Zylindern über die Zündtemperatur des Dieselöls an. Wenn der Kolben kurz vor dem Oberen Totpunkt steht, wird in die hochverdichtete und etwa +600° C heiße Luft Dieselöl eingespritzt. Das Dieselöl zündet von selbst, Zündkerzen sind also nicht erforderlich.

Bei sehr kaltem Motor kann es vorkommen, dass durch die Verdichtung die Zündtemperatur nicht erreicht wird. In diesem Fall muss vorgeglüht werden. Dazu befindet sich in jedem Brennraum eine Glühkerze, die den Brennraum aufheizt. Die Dauer des Vorglühens ist abhängig von der Umgebungstemperatur und wird durch das Motor-Steuergerät über ein Vorglührelais gesteuert.

Für die Einspritzung beim Dieselmotor gibt es 3 unterschiedliche Verfahren: Die Wirbel- oder Vorkammereinspritzung sowie die Direkteinspritzung.

Bei der **Wirbel- oder Vorkammereinspritzung** wird der Kraftstoff in die Vorkammer des betreffenden Zylinders eingespritzt. Das heiße Gemisch entzündet sich sofort. Die Sauerstoffmenge, die in der Vorkammer vorhanden ist, reicht aber nur zur Verbrennung eines Teils des eingespritzten Kraftstoffs. Der übrige, unverbrannte Teil wird durch den bei der Verbrennung entstandenen Überdruck in den Verbrennungsraum geblasen. Dort verbrennt der Kraftstoff vollständig. Der 1,9-l-Dieselmotor AEF arbeitet nach dem Wirbelkammer-Einspritzverfahren.

Bei der **Direkteinspritzung** wird der Kraftstoff direkt in den Brennraum eingespritzt, und zwar in die Brennmulde im Kolben.

Direkteinspritzung beim 1,7-/1,9-l-Dieselmotor (außer AEF)

Der Kraftstoff wird von der Verteiler-Einspritzpumpe aus dem Kraftstoffvorratsbehälter angesaugt. In der Einspritzpumpe wird der für die Diesel-Einspritzung erforderliche hohe Druck aufgebaut und der Kraftstoff entsprechend der Zündfolge auf die einzelnen Zylinder verteilt.

Dabei baut die Einspritzpumpe einen Druck von 900 bar auf und spritzt den Kraftstoff mit Mehrstrahl-Einspritzdüsen in 2 Stufen ein. Zunächst erfolgt eine Voreinspritzung von einer geringen Menge Kraftstoff, wodurch die Zündbedingungen für die Hauptkraftstoffmenge verbessert werden. Daraus resultiert eine weichere und damit auch leisere Verbrennung, ähnlich wie bei der Wirbelkammereinspritzung.

Die Einspritzpumpe ist wartungsfrei. Alle beweglichen Teile der Pumpe werden mit Dieselöl geschmiert. Angetrieben wird die Einspritzpumpe von der Kurbelwelle über den Zahnriemen.

Direkteinspritzung beim 1,4-l-Dieselmotor

Die Diesel-Direkteinspritzung erfolgt durch ein »**Pumpe-Düse-System**«. Im Gegensatz zu den bisherigen Diesel-Einspritzsystemen, bei denen **eine** Einspritzpumpe den Kraftstoffdruck für alle Einspritzdüsen aufbaut, hat das Pumpe-Düse-System für jeden Zylinder eine eigene Einspritzpumpe. Einspritzpumpe, Steuerventil und Einspritzdüse sind wiederum zu einem Bauteil, der so genannten »Pumpe-Düse-Einheit«, zusammengefasst.

Der Dieselkraftstoff wird durch eine mechanische Kraftstoffpumpe zu den Pumpe-Düse-Einheiten gefördert. Die Kraftstoffpumpe ist zusammen mit der Vakuumpumpe am Zylinderkopf angeflanscht und wird direkt von der Nockenwelle angetrieben. Die 4 Einspritzpumpen der Pumpe-Düse-Einheiten werden durch zusätzliche Nocken an der Nockenwelle über Rollenkipphebel betätigt. Aufgrund des hohen Einspritzdrucks von ca. 2.000 bar wird der Kraftstoff sehr fein zerstäubt. Die Kraftstoff-Einspritzmenge wird vom Motor-Steuergerät über Magnetventile den Pumpe-Düse-Einheiten exakt zugeteilt.

Durch den hohen Druck in den Pumpe-Düse-Einheiten erwärmt sich der Kraftstoff sehr stark, was sich auf die Funktion des Tankgebers negativ auswirkt. Um den Kraftstoff zu kühlen befindet sich ein Kraftstoffkühler im Kraftstoff-Rücklauf, am Unterboden des Fahrzeuges.

Bevor der Kraftstoff in die Einspritzpumpe beziehungsweise zu den Pumpe-Düse-Einheiten gelangt, durchfließt er den Kraftstofffilter. Dort werden Verunreinigungen und Wasser zurückgehalten. Es ist deshalb äußerst wichtig, den Kraftstofffilter entsprechend der Wartungsvorschrift zu entwässern beziehungsweise auszuwechseln.

Achtung: Bei Arbeiten an der Kraftstoffanlage Sicherheits- und Sauberkeitsregeln beachten, siehe Seite 65.

Vorglühanlage/Glühkerzen prüfen

Eine defekte Vorglühanlage führt zu Kaltstartschwierigkeiten insbesondere bei Außentemperaturen unter +10° C.

Spannungszufuhr prüfen

Prüfvoraussetzungen: Motor ist kalt (Umgebungstemperatur), die Batterie ist geladen (über 11,5 Volt).

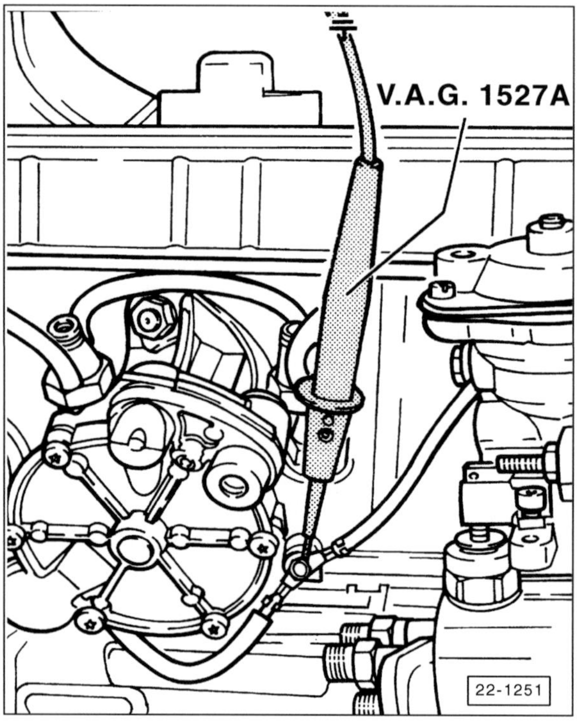

- Spannungsprüfer am Zuleitungskabel zu den Glühkerzen und an Masse (–) anschließen.
- Zündschlüssel auf »Vorglühen« drehen (Zündung einschalten).

Achtung: Der Turbodieselmotor ist mit einer türkontaktgesteuerten Vorglühanlage ausgerüstet. Das bedeutet: Nach dem Einsteigen beginnt beim Schließen der Fahrertür automatisch das Vorglühen.

- Wenn keine Spannung angezeigt wird, Streifensicherung für Glühkerzen auf Beschädigung (Haarrisse), festen Sitz und ausreichenden Kontakt prüfen, gegebenenfalls Kontakte reinigen. Die Streifensicherung befindet sich im Sicherungskasten oben links neben dem Steuergerät für Glühzeitautomatik. Stärke der Sicherung: 50 A.
- Falls die Streifensicherung in Ordnung ist, Sicherungen Nr. 15 und Nr. 18 prüfen.

Stromaufnahme prüfen

Um die Stromaufnahme der einzelnen Glühkerzen zu prüfen, wird von der Werkstatt ein Amperemeter mit Gleichstromzange verwendet. Die Stromzange wird über das isolierte Kabel geklemmt und der Stromwert durch Induktion gemessen.

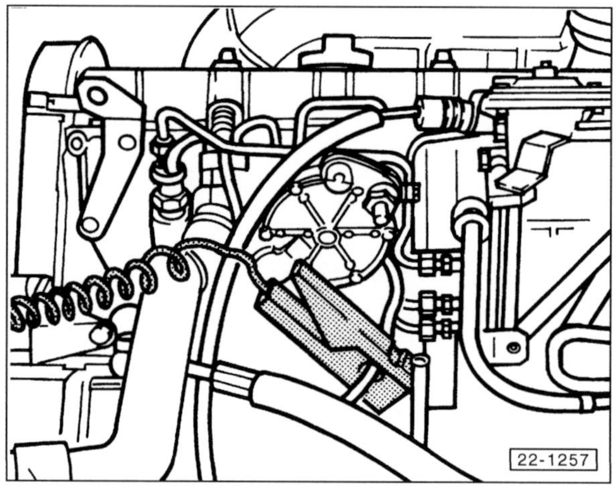

- Stromzange, wenn vorhanden, über die Zuleitung für Glühkerzen klemmen.
- Zündung einschalten, Motor vorglühen, starten und im Leerlauf drehen lassen.
- Während des **Nachglühens** (bis 180 s) die Stromaufnahme bei laufendem Motor ablesen:
  Die Stromaufnahme liegt während des Nachglühens konstant bei ca. **8 A pro Glühkerze**. Wenn die gemessene Stromaufnahme ca. 32 A beträgt, sind die Glühkerzen in Ordnung.
  Bei 24 A = 1 Glühkerze defekt
  Bei 16 A = 2 Glühkerzen defekt
  Bei 8 A = 3 Glühkerzen defekt
  Bei 0 A = alle Glühkerzen defekt

Achtung: Die Stromwerte werden nur bei einer Batteriespannung von über 11,5 Volt erreicht.

Defekte Glühkerze ermitteln

Hinweis: Eine oder mehrere defekte Glühkerzen können mit zwei unterschiedlichen Methoden aufgespürt werden.

Methode 1, alle Dieselmotoren

- Zuleitung und Stromschiene abschrauben.
- Diodenprüflampe an den Pluspol der Batterie (+) anklemmen und nacheinander an jede Glühkerze anlegen.
- Wenn die Leuchtdiode leuchtet, ist die Glühkerze in Ordnung.
- Wenn die Leuchtdiode nicht aufleuchtet, Glühkerze ersetzen.
- Zuleitung und Stromschiene anschrauben.

Achtung: Wird kein Fehler gefunden und der Motor springt trotzdem schlecht an, ist folgendermaßen vorzugehen:

Methode 2, alle Dieselmotoren außer Direkteinspritzer

- Alle Einspritzdüsen ausbauen.
- Wärmeschutzdichtungen abnehmen.
- Zündung einschalten und »Vorglühen«.

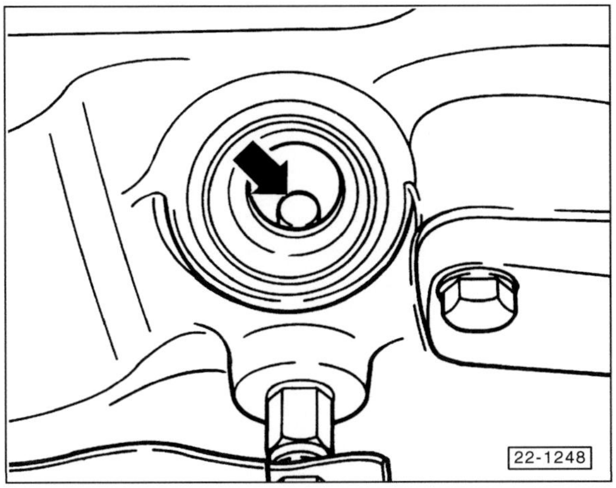

- Durch die Einspritzdüsenbohrungen beobachten, welche Glühkerzen glühen beziehungsweise defekt sind.

Hinweis: Wenn der Stromdurchgang einer Glühkerze geprüft wird, kann deren Funktionsfähigkeit nicht einwandfrei festgestellt werden. Auch Glühkerzen mit Durchgang können defekt sein.

Glühkerzen mit verbrannten Glühstiften

Verbrannte Glühstifte von Glühkerzen sind häufig Folgeschäden von Düsenstörungen. Derartige Schäden sind nicht auf Mängel in oder an der Glühkerze zurückzuführen.

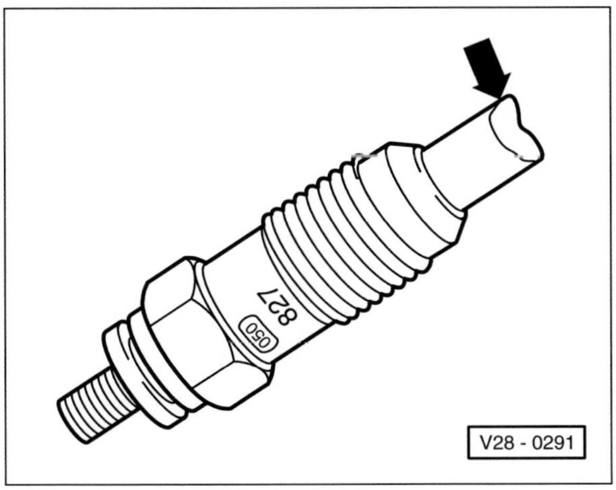

Werden im Beanstandungsfall derartige Glühkerzen gefunden –Pfeil–, genügt es nicht, diese nur zu ersetzen. Es muß eine Überprüfung der Einspritzdüsen auf Abspritzdruck und Dichtigkeit erfolgen (Werkstattarbeit).

Glühkerzen aus- und einbauen

Ausbau

- Elektrische Leitungen an den Glühkerzen abschrauben.
- Glühkerzen herausschrauben.

Einbau

- Glühkerze einschrauben und festziehen. Das Anzugsdrehmoment beträgt bei Wirbelkammermotoren **25 Nm** und bei Direkteinspritzmotoren **15 Nm**.

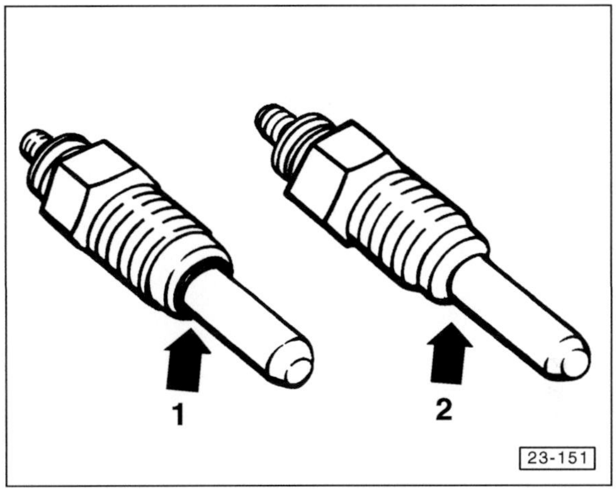

Achtung: Anzugsdrehmoment **nicht** überschreiten, sonst wird der Ringspalt zwischen Glühstab und Gewindeteil zugezogen –2–. Die Größe des Ringspalts –1– beträgt normalerweise 0,5 mm. Ein zugezogener Ringspalt führt zu vorzeitigem Ausfall der Glühkerze.

- Elektrische Leitungen anschrauben.

Die Kraftstoffilter-Vorwärmanlage

Damit der Kraftstoff bei niedrigen Außentemperaturen fließfähig bleibt, wird er vorgewärmt. Das geschieht durch den zuviel geförderten Kraftstoff, der sich beim Durchfluß durch die die Einspritzpumpe erwärmt. Der zum Tank zurückfließende Kraftstoff wird bei Bedarf über den Kraftstoffilter geleitet und erwärmt dort den Kraftstoffvorlauf.

Bleibt der Motor bei großer Kälte aufgrund versulzten Dieselkraftstoffs stehen, ist es mitunter sehr schwierig, den Motor wieder zum Laufen zu bringen. Dabei bieten sich folgende Möglichkeiten an:

- Kraftstoffilter ausbauen und im Wasserbad erwärmen, bis der Dieselkraftstoff wieder flüssig wird.
- Kraftstoffilter ausbauen und durch neuen Filter ersetzen.
- Fahrzeug in Garage schieben oder abschleppen und Garage heizen.
- Einspritzanlage mit heißem Wasser abspritzen.

Achtung: Auf keinen Fall dürfen die Einspritzanlage oder der Tank mit einer Lötlampe oder einem vergleichbaren Gerät erhitzt werden. Explosionsgefahr!

Leerlaufdrehzahl/Höchstdrehzahl überprüfen/einstellen

1,9-l-Dieselmotor AEF

Prüfen

- Motor auf Betriebstemperatur bringen. Dazu Motor warmfahren bis die Kühlmittel-Temperaturanzeige normale Betriebstemperatur des Kühlmittels signalisiert. Anschließend noch mindestens 5 km weiterfahren, damit auch eine ausreichende Motoröltemperatur sichergestellt ist.
- Elektrische Verbraucher müssen ausgeschaltet sein.

Leerlaufdrehzahl

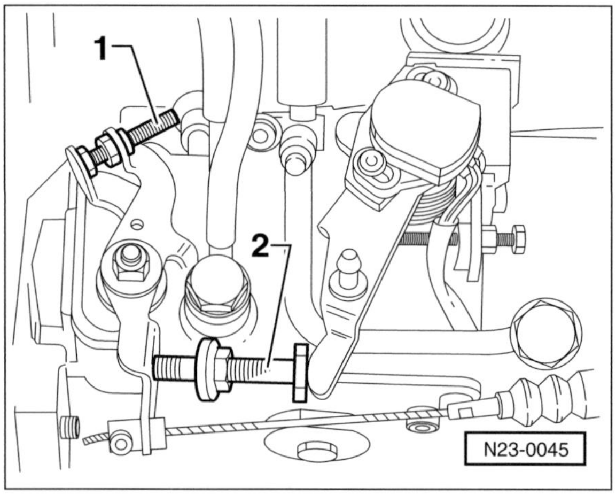

- Leerlaufdrehzahl prüfen. Sollwert, siehe Seite 94.
- Gegebenenfalls Leerlaufdrehzahl an der Einstellschraube –1– einstellen.
  Rechtsdrehung: Drehzahl erhöht sich
  Linksdrehung: Drehzahl verringert sich

Achtung: Die Schraube –2– darf **auf keinen Fall** verdreht werden.

Höchstdrehzahl (Abregeldrehzahl)

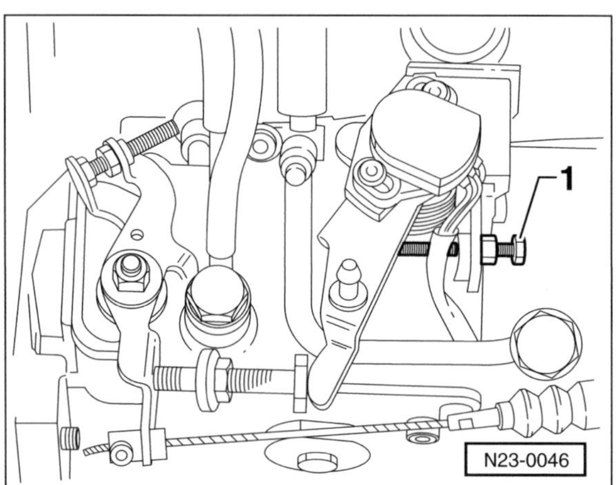

- Sicherungsdraht und Plastikschutzkappe von der Einstellschraube –1– abnehmen.
- Vollgas geben. Sollwert, siehe Seite 94.
- Gegebenenfalls Kontermutter für Einstellschraube –2– lösen und Höchstdrehzahl einstellen. Anschließend Kontermutter festziehen.

Einspritzdüsen aus- und einbauen

1,9-l-Dieselmotor AEF, AFN, AHU, ALE, AKW

Defekte Einspritzdüsen können zu starkem Klopfen des Motors führen und Lagerschäden vermuten lassen. Bei derartigen Beanstandungen Motor im Leerlauf laufen lassen und Einspritzleitungs-Überwurfmuttern der Reihe nach lösen. Verschwindet das Klopfen nach dem Lösen einer Überwurfmutter, so zeigt dies eine defekte Düse an.

Defekte Düsen macht man auch ausfindig, indem man der Reihe nach die Einspritzleitungs-Überwurfmuttern löst, während der Motor in schnellerem Leerlauf dreht. Bleibt die Motordrehzahl nach Lösen einer Überwurfmutter konstant, zeigt dies eine defekte Düse an. Geprüft werden kann die Einspritzdüse mit Hilfe eines Manometers (Werkstattarbeit).

Die ersten Anzeichen von Düsenstörungen treten wie folgt auf:

- Fehlzündungen
- Klopfen in einem oder mehreren Zylindern
- Motor überhitzt
- Leistungsabfall des Motors
- Übermäßig starker schwarzer Auspuffqualm
- Hoher Kraftstoffverbrauch
- Verstärkter Blaurauch beim Kaltstart

Ausbau

- Einspritzleitungen mit Kaltreiniger reinigen.

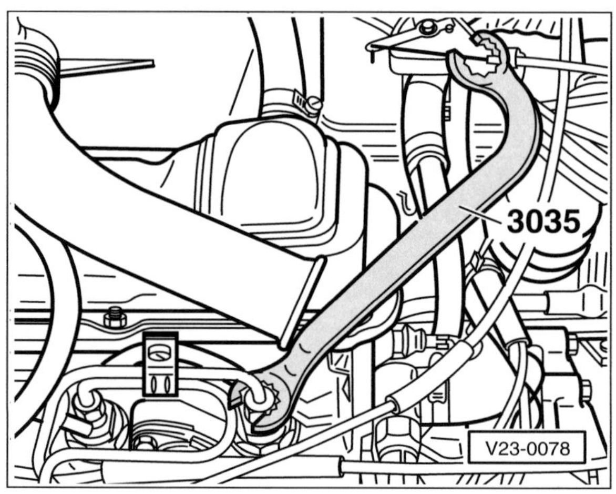

- Einspritzleitungen komplett ausbauen, dazu Überwurfmuttern mit offenem Ringschlüssel, z. B. HAZET 4560 oder VW 3035, lösen. **Achtung:** Biegeform nicht verändern. Leitungssatz immer komplett ausbauen.

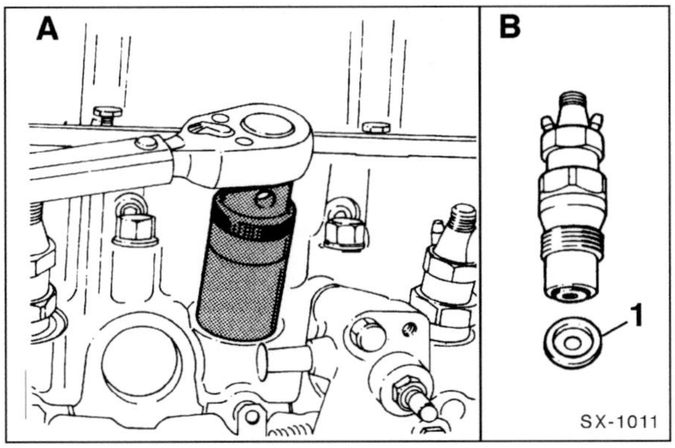

- Einspritzdüsen mit Steckschlüsseleinsatz SW 27 ausbauen. 1 – Wärmeschutzdichtung.

Einbau

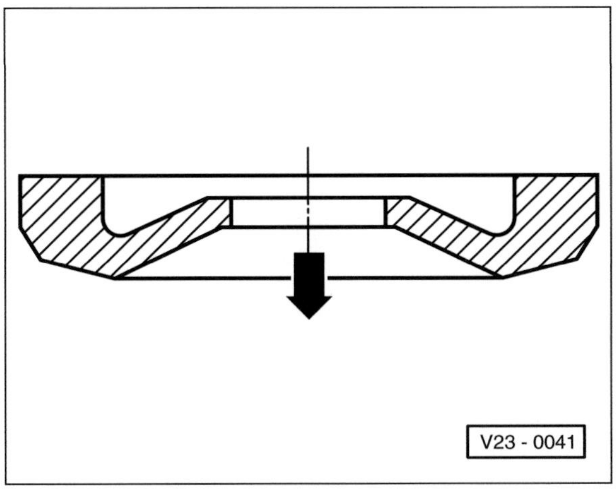

- Grundsätzlich **neue** Wärmeschutzdichtungen zwischen Zylinderkopf und Einspritzventil verwenden. Die Vertiefung muß nach oben zeigen, Pfeil zeigt zum Zylinderkopf.
- Einspritzdüsen mit **70 Nm** festziehen.

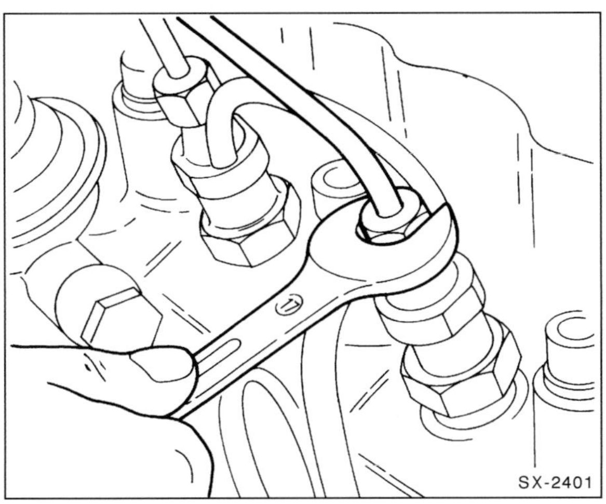

- Einspritzleitungen mit **25 Nm** festziehen.

Förderbeginn der Einspritzpumpe überprüfen/einstellen

1,9-l-Dieselmotor AEF

Der Förderbeginn der Einspritzpumpe muß nach dem Spannen, Abnehmen oder Ersetzen des Zahnriemens sowie dem Lösen von Verschraubungen an der Einspritzpumpe oder der Zahnriemenräder grundsätzlich neu eingestellt werden.

Der Förderbeginn der Einspritzpumpe kann bei ein- oder ausgebautem Motor überprüft werden. Beschrieben wird hier die Prüfung beim eingebauten Wirbelkammermotor. Zur Prüfung wird der Absteckstift VW-3359 benötigt.

Prüfen

- Verbindungsschlauch Luftfilter/Saugrohr ausbauen.
- Oberen Zahnriemenschutz und Zylinderkopfdeckel ausbauen, siehe Seite 28.

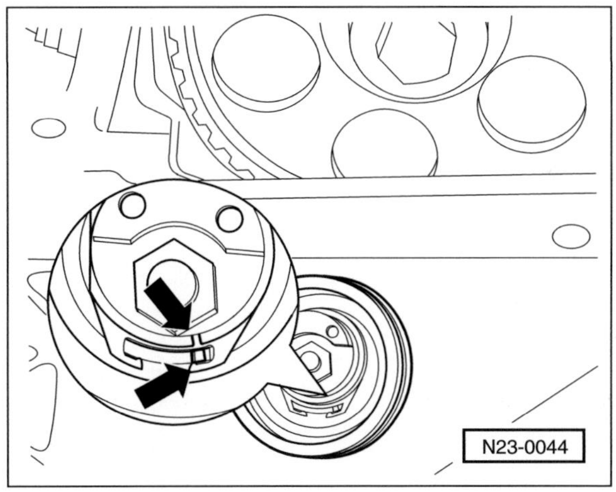

- Zahnriemenspannung prüfen. Kerbe und Erhebung –Pfeile– auf der Spannrolle müssen übereinstimmen.
- Stimmen die Markierungen nicht überein, Zahnriemenspannung einstellen, siehe Seite 29.
- Kurbelwelle auf OT für Zylinder 1 stellen und Einstellung nicht mehr verändern.

Motor auf OT für Zylinder 1 stellen

- Motor-Kurbelwelle drehen, bis sich die Nockenwelle in OT-Stellung befindet.
- Das Durchdrehen des Motors (Kurbelwelle) kann auf mehrere Arten erfolgen:
  1. Fahrzeug seitlich vorn aufbocken. Fünften Gang einlegen, Handbremse anziehen. Angehobenes Vorderrad durchdrehen. Dadurch dreht sich auch die Motor-Kurbelwelle. Zum Drehen des Rades wird ein Helfer benötigt.
  2. Fahrzeug auf ebene Fläche stellen. Fünften Gang einlegen. Fahrzeug vor- oder zurückschieben.
  3. Kurbelwelle an der Zentralschraube des Schwingungsdämpfers mit 12kant-Stecknuß SW 19 (z.B. HAZET 880TZ19) durchdrehen. Vorher Fahrzeug aufbocken und Riemenscheibenverkleidung abziehen, Getriebe in Leerlaufstellung schalten.

Achtung: Motor nicht an der Befestigungsschraube des Nockenwellenrades durchdrehen. Dadurch wird der Zahnriemen überbeansprucht.

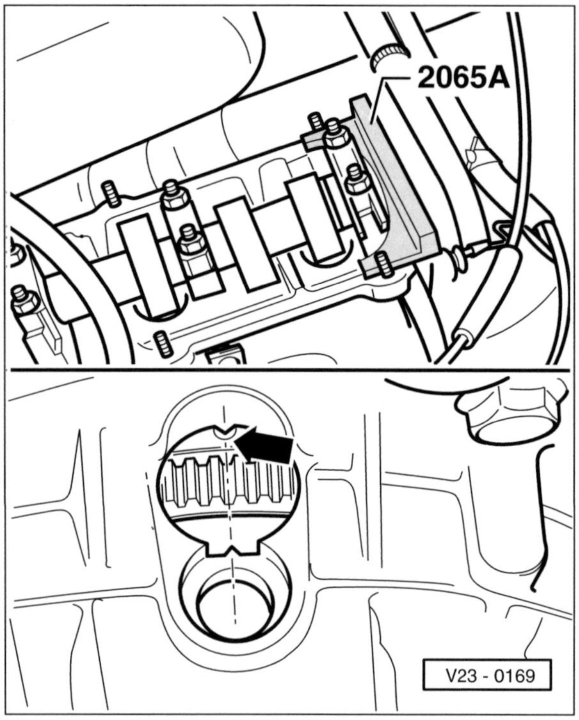

- Kunststoff-Abdeckkappe aus der Bohrung in der Kupplungsglocke herausziehen –unterer Teil der Abbildung–.
- Motor durchdrehen, bis die OT-Markierung am Schwungrad genau unterhalb vom Anguß an der Kupplungsglocke steht. Der Kolben des 1. Zylinders steht dann im Oberen Totpunkt (OT).
- Das Einstellineal VW-2065 A muß sich nun ohne Widerstand in die Nut am hinteren Ende der Nockenwelle einsetzen lassen. Wenn nicht, Kurbelwelle um eine Umdrehung weiterdrehen. Der Motor steht dann in Zünd-OT für Zylinder 1. Steht das Spezialwerkzeug nicht zur Verfügung, Lineal wie in Abbildung V-1057 dargestellt, anfertigen, siehe Seite 28.
- Die Nockenwelle wird mit dem Einstellineal in OT-Stellung arretiert.

- **Einstellineal parallel zum Zylinderkopf ausrichten (ausmitteln):** Dazu Motor an der Kurbelwelle etwas verdrehen, bis ein Ende des Einstellineals am Zylinderkopf anschlägt. Am anderen Ende des Einstellineals mit Fühlerlehre das entstandene Spiel messen. Fühlerlehre mit halbiertem Spielmaß zwischen Einstellineal und Zylinderkopf einschieben. Motor nun so drehen, bis das Einstellineal auf der Fühlerlehre aufliegt. Zweite Fühlerlehre mit dem gleichen Maß am anderen Ende zwischen Einstellineal und Zylinderkopf einführen.

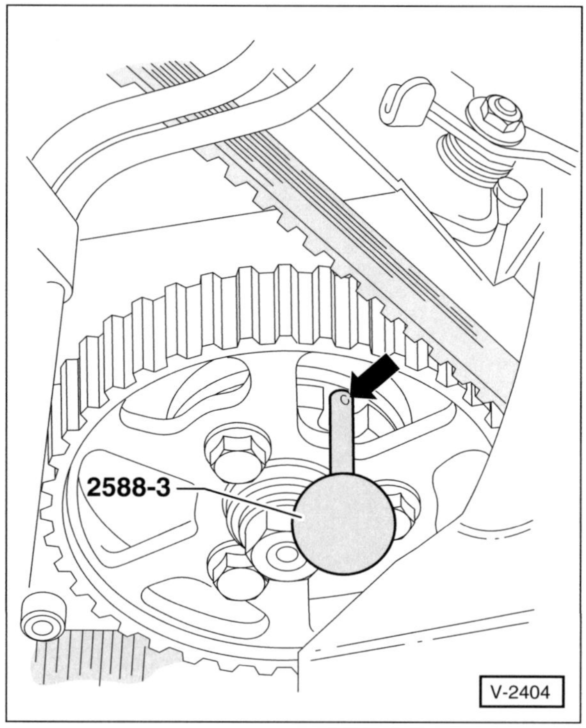

- Jetzt muß der Absteckdorn HAZET 2588-3 in die Bohrung der Nabe für Einspritzpumpenrad und Einspritzpumpenhalter passen. Durch den Absteckdorn wird das Einspritzpumpenrad arretiert. Der Dorn muß sich soweit einstecken lassen, bis die Bohrung –Pfeil– ca. 3 mm vor der Nabe der Einspritzpumpe steht. Ist der HAZET-Dorn nicht vorhanden, Metallstab mit 6 mm ∅ verwenden.
- Läßt sich der Dorn nicht in die Bohrung der Einspritzpumpe einsetzen, obwohl die OT-Markierung und die Stellung der Nockenwelle stimmen, muß der Förderbeginn neu eingestellt werden.

Förderbeginn einstellen

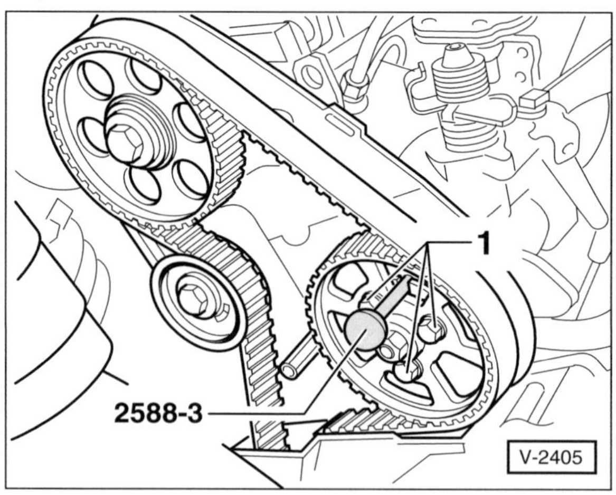

- Schrauben –1– für Einspritzpumpenrad soweit lösen, daß sich das Zahnriemenrad gegenüber der Einspritzpumpennabe gerade verdrehen läßt.

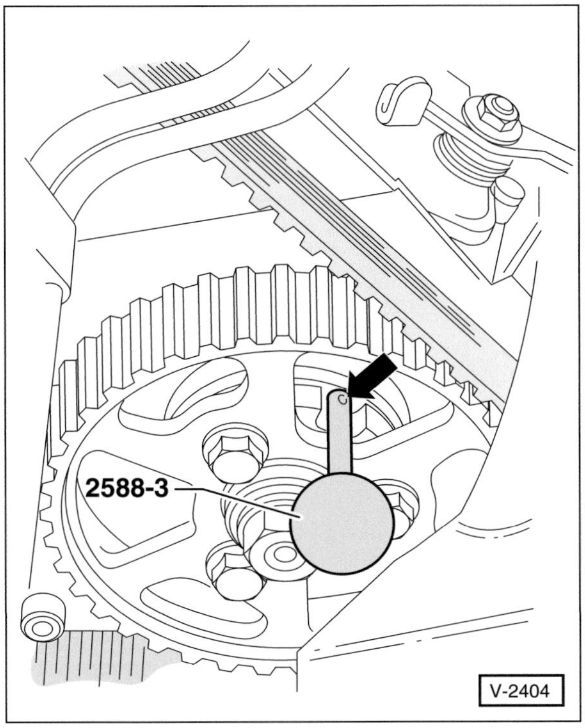

- Nabe der Einspritzpumpe soweit verdrehen, bis der Absteckstift HAZET 2588-3 paßt. **Achtung:** Der Dorn muß soweit eingesteckt werden, bis die Bohrung –Pfeil– ca. 3 mm vor der Nabe in der Einspritzpumpe steht.
- Befestigungsschrauben für Einspritzpumpenrad mit **25 Nm** festziehen.
- Absteckdorn für Einspritzpumpenrad entfernen.
- Einstellineal für Nockenwelle entfernen.
- Kurbelwelle 2 Umdrehungen in Motordrehrichtung weiterdrehen und wieder auf Zünd-OT für Zylinder 1 stellen. Markierungen am Schwungrad und Nockenwellenstellung prüfen.
- Einspritzpumpenrad mit Absteckdorn arretieren. Falls das nicht möglich ist, Einstellvorgang wiederholen.
- Zylinderkopfdeckeldichtung auflegen, Zylinderkopfdeckel aufschrauben. Muttern mit **10 Nm** anziehen.
- Obere Zahnriemenabdeckung einbauen.
- Kunststoff-Abdeckkappe in die Bohrung der Kupplungsglocke einsetzen.

Kraftstoffanlage auf Dichtheit prüfen

Prüfen

Achtung: Für die Prüfung werden ein Druckprüfgerät mit Anzeige sowie ein Adapter für den Rücklaufanschluß der Einspritzpumpe benötigt.

- Motor starten und im Leerlauf laufen lassen.
- Drehzahl mehrmals kurzzeitig erhöhen (gasgeben) und dadurch mögliche Luft aus dem System entfernen.
- Motor abstellen.
- Rücklaufleitung an der Einspritzpumpe abklemmen.

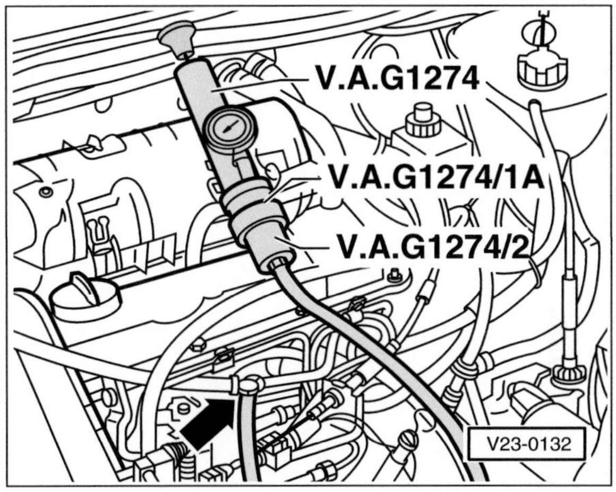

- Schlauchleitung der Handpumpe anstelle der Rücklaufleitung an der Einspritzpumpe anschrauben.
- Kraftstoffvorlaufleitung am Kraftstoffbehälter mit handelsüblicher Schlauchklemme verschließen.
- Mit der Handpumpe einen Überdruck von 1,0 – 1,5 bar erzeugen. **Achtung:** Falls in den Leitungen Luft vorhanden ist, wird diese komprimiert und erfordert ein mehrmaliges Aufpumpen.
- Fällt der Druck ständig ab, undichte Stelle suchen und beseitigen. **Achtung:** Durch Umstecken der Schlauchklemme, z. B. hinter den Kraftstoffilter, Fehler einkreisen.

Achtung: Das Abdrücken der Rücklaufleitung kann durch Anschließen der Handpumpe an den Vorlauf der Einspritzpumpe erfolgen. Dann müssen die Rücklauf- und Vorlaufleitung am Kraftstoffbehälter (Tank) sowie die Vorlaufleitungen am Austritt des Kraftstoffilters abgeklemmt werden.

Der Kraftstoffilter

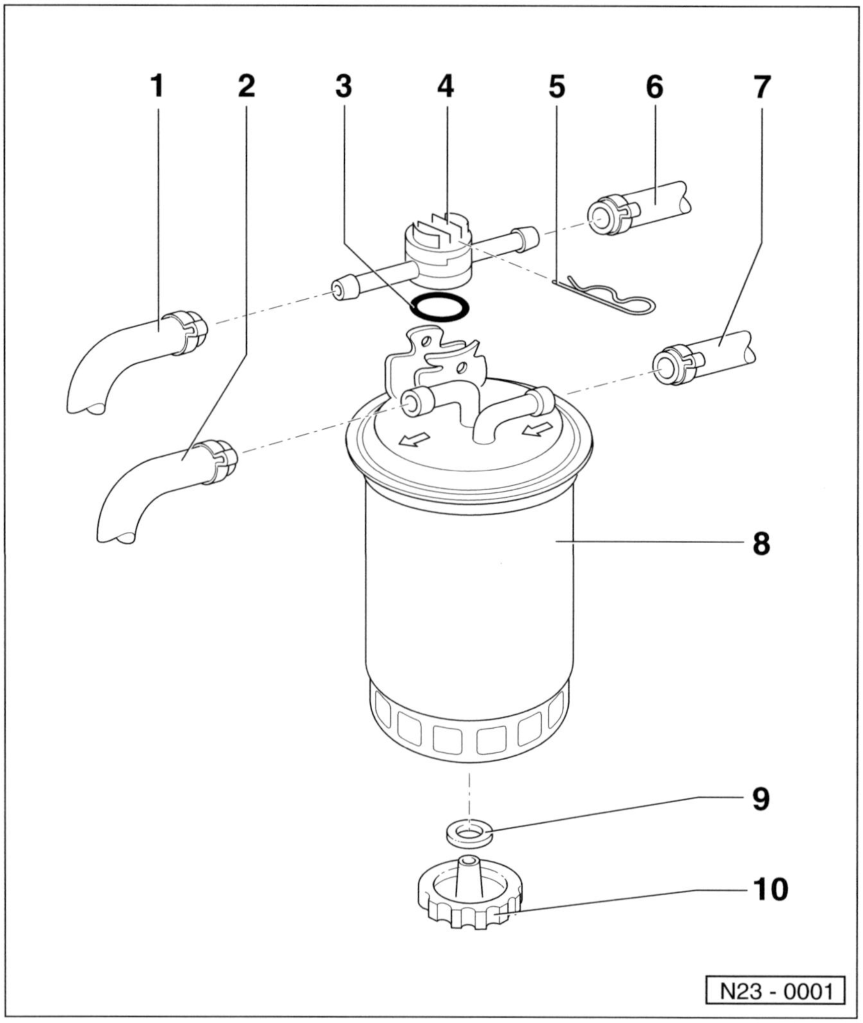

1 – **Rücklaufleitung**
Von der Einspritzpumpe.

2 – **Vorlaufleitung**
Zur Einspritzpumpe.

3 – **O-Ring**
Immer ersetzen.

4 – **Regelventil**
Einbaulage: Der Pfeil auf dem Ventil zeigt zum Kraftstoffbehälter. Beim **Filterwechsel** Halteklammer –5– abziehen und Ventil mit angeschlossenen Kraftstoffleitungen abnehmen.
Funktion: Bei Temperaturen **unter +15° C** ist der Durchgang zum Filter **geöffnet.** Bei Temperaturen **über +31° C** ist der Durchgang zum Filter **verschlossen.**

5 – **Halteklammer**

6 – **Rücklaufleitung**
Zum Kraftstoffbehälter.

7 – **Vorlaufleitung**
Vom Kraftstoffbehälter.

8 – **Kraftstoffilter**
Neuen Filter vor dem Einbau mit Dieselkraftstoff füllen.
Achtung: Die Durchflußrichtung ist mit Pfeilen auf dem Filter gekennzeichnet. Anschlüsse nicht vertauschen.

9 – **Dichtung**
Auf Beschädigung prüfen, gegebenenfalls ersetzen.

10 – **Entwässerungsschraube**
Zum Belüften Halteklammer –5– abziehen und Regelventil –4– mit angeschlossenen Kraftstoffleitungen abnehmen.
Zum Entwässern Schraube –10– lösen und ca. 100 cm^3 Flüssigkeit ablaufen lassen.

Technische Daten Diesel-Einspritzanlage

Motor	Kennbuchstaben	Leerlaufdrehzahl	Abregeldrehzahl	Förderbeginn einstellen
1,4-l	AMF	950 ± 100/min	4800 ± 100/min	dynamisch
1,7-/1,9-l	AHG, AKU, AQM	885 ± 60/min	5050 ± 100/min	dynamisch
1,9-l	AEF	940 ± 20/min	5050 ± 100/min	statisch mit Stift VW-3359
1,9-l	AFN, ASV	910 ± 40/min	5000 ± 200/min	dynamisch
1,9-l	AGD, ASX	910 ± 40/min	5050 ± 100/min	dynamisch
1,9-l	AHU	900 ± 40/min	5000 ± 200/min	dynamisch
1,9-l	ALE	900 ± 50/min	5000 ± 200/min	dynamisch
1,9-l	ALH	910 ± 40/min	5000 ± 100/min	dynamisch

Störungsdiagnose Diesel-Einspritzanlage

Bevor anhand der Störungsdiagnose der Fehler aufgespürt wird, müssen folgende Prüfvoraussetzungen erfüllt sein: Bedienungsfehler beim Starten ausgeschlossen. Kraftstoff im Tank, Motor mechanisch in Ordnung, Batterie geladen, Anlasser dreht mit ausreichender Drehzahl, elektrische Masseverbindung (Motor-Getriebe-Aufbau) vorhanden. Fehlerspeicher abfragen (Werkstattarbeit). **Achtung:** Wenn Kraftstoffleitungen gelöst werden, müssen diese vorher mit Kaltreiniger gesäubert werden.

Störung	Ursache	Abhilfe
1. Motor springt nicht oder schlecht an.	1. Motor glüht nicht vor.	■ Vorglühanlage prüfen.
	2. Kraftstoffversorgung defekt.	■ Prüfen, ob Kraftstoff gefördert wird.
	a) Kraftstoffleitungen geknickt, verstopft, undicht, porös.	■ Kraftstoffleitungen reinigen.
	b) Kraftstoffilter verstopft.	■ Kraftstoffilter ersetzen.
	c) Im Winter: Eis oder Wachs in Filter und Leitungen.	■ Fahrzeug in beheizte Garage schieben.
	d) Tankbelüftung verschlossen. Kraftstoffsieb im Tank verschmutzt.	■ Reinigen.
	3. Förderbeginn verstellt.	■ Förderbeginn prüfen, einstellen.
	4. Einspritzdüsen defekt.	■ Einspritzdüsen prüfen, Überwurfmuttern nacheinander lösen und prüfen, ob die Zylinder arbeiten.
	5. Kraftstoffabschaltventil schaltet nicht.	■ Kraftstoffabschaltventil, Steuergerät für Abschaltventil sowie ab 1.95 Steuergerät für Wegfahrsicherung prüfen (Werkstattarbeit).
	6. Einspritzpumpe defekt.	■ Versuchsweise neue Pumpe einbauen.
2. Motor ruckelt im Leerlauf, beim Anfahren.	1. Leerlaufdrehzahl falsch.	■ Leerlaufdrehzahl einstellen.
	2. Gasbetätigung schwergängig.	■ Gangbar machen, einstellen.
	3. Kraftstoffschläuche an der Kraftstoffpumpe bzw. am Kraftstoffilter lose.	■ Kraftstoffschläuche ersetzen, mit Schlauchschellen befestigen, Hohlschrauben festziehen.
	4. Zu- und Rücklaufleitung an der Einspritzpumpe vertauscht.	■ Anschlüsse der Kraftstoffleitungen prüfen.
	5. Wie unter 1.2 – 4.	■ Wie unter 1.2 – 4.
3. Kraftstoffverbrauch zu hoch.	1. Luftfilter verschmutzt.	■ Filtereinsatz ersetzen.
	2. Kraftstoffanlage undicht.	■ Sichtprüfung an allen Kraftstoffleitungen (Saug- Rücklauf- und Einspritzleitungen), Kraftstoffilter und Einspritzpumpe durchführen, Kraftstoffanlage auf Dichtheit prüfen.
	3. Rücklaufleitung verstopft.	■ Rücklaufleitung von Einspritzpumpe zum Kraftstoffbehälter mit Luft durchblasen. Überströmdrossel in der Hohlschraube der Rücklaufleitung ersetzen.
	4. Leerlauf- bzw. Höchstdrehzahl zu hoch.	■ Einstellen.
	5. Wie unter 1.3 – 4.	■ Wie unter 1.3 – 4.

Abgasanlage

Die Abgasanlage besteht aus folgenden Teilen: Abgaskrümmer, vorderes Abgasrohr mit Katalysator, Vorschalldämpfer und Nachschalldämpfer. Die beim Benzinmotor für die Regelung des Katalysators erforderliche Lambdasonde sitzt im vorderen Abgasrohr vor dem Katalysator.

Vor- und Nachschalldämpfer sind serienmäßig als ein Teil eingebaut. Sie können jedoch im Reparaturfall auch einzeln ausgetauscht werden. Dazu muß das Abgasrohr an der vorgezeichneten Stelle getrennt und anschließend mit einer Doppelschelle wieder verbunden werden. Alle übrigen Teile der Abgasanlage sind miteinander verschraubt beziehungsweise mit Doppelschellen verbunden und lassen sich einzeln auswechseln. Selbstsichernde Muttern und Dichtungen sind nach dem Ausbau zu ersetzen. Halteringe und Gummipuffer auf Porosität und Beschädigung prüfen, gegebenenfalls auswechseln.

Beim Einbau einer neuen Abgasanlage empfiehlt es sich, alle Befestigungsteile ebenfalls zu erneuern.

Die Abbildungen gelten für die Benzinmotoren mit folgenden Kennbuchstaben: ADX, AEA, AEE, AER, AEV, AEX, AKV, ALL, ANX, APQ.

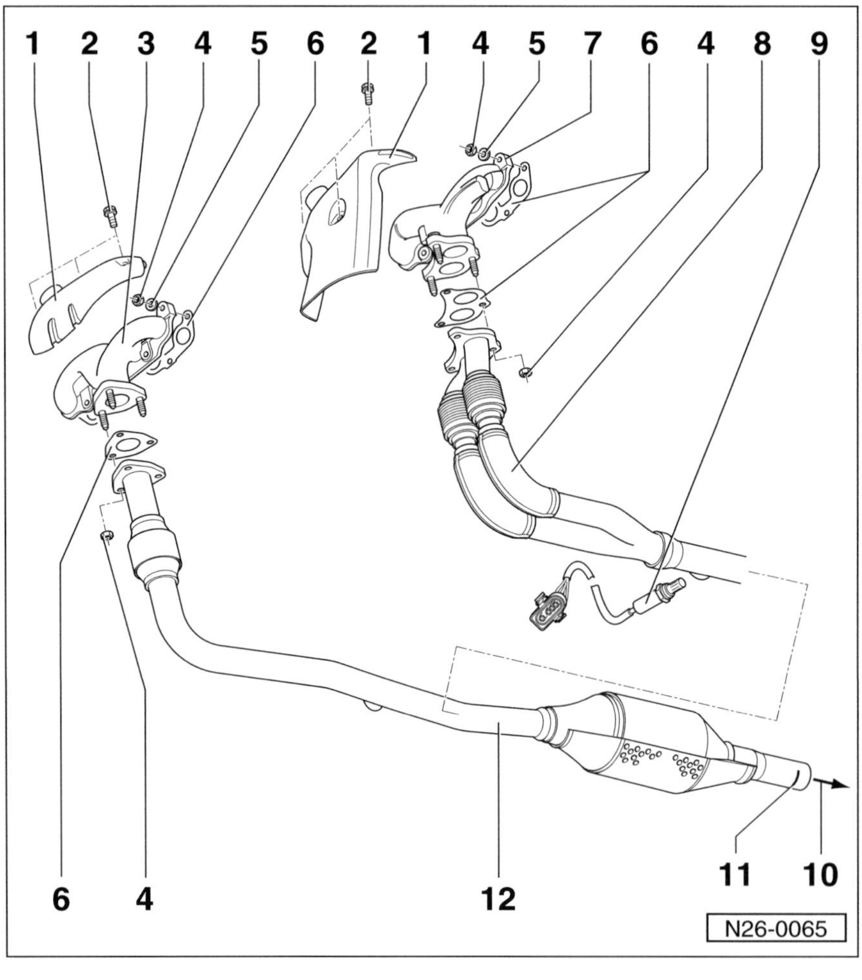

Abgaskrümmer, Abgasrohr vorn mit Katalysator, Lambdasonde

1 – **Warmluftfangblech**

2 – **10 Nm**

3 – **Abgaskrümmer**
Motor ADX, AEV, AER, AEX, AKV, ALL, ANX, APQ.

4 – **Sicherungsmutter, 25 Nm**

5 – **Unterlegscheibe**

6 – **Dichtung**
Immer ersetzen.

7 – **Abgaskrümmer**
Motor AEA, AEE.

8– **Abgasrohr vorn mit Katalysator**
Motor AEA, AEE.

9 – **Lambdasonde, 55 Nm**
Motor AER, AEX, ANX, APQ
Achtung: Nur das Gewinde mit "G5" fetten; "G5" darf nicht an die Schlitze des Sondenkörpers kommen.
Zum Ausbau verwendet die Fachwerkstatt den Schlüssel VW-3337 .

10 – **zum Vorschalldämpfer**

11 – **Markierung**
Dreimal am Umfang.

12 – **Abgasrohr vorn mit Katalysator**
Motor ADX, AEV, AER, AEX, AKV, ALL, ANX und APQ.
Motor AKV und ALL zusätzlich mit mit Mikrokatalysator und Wärmeschutzblech.

Bei den Motoren AKV und ALL befindet sich die Lambdasonde im Abgaskrümmer.

Schalldämpfer mit Aufhängungen

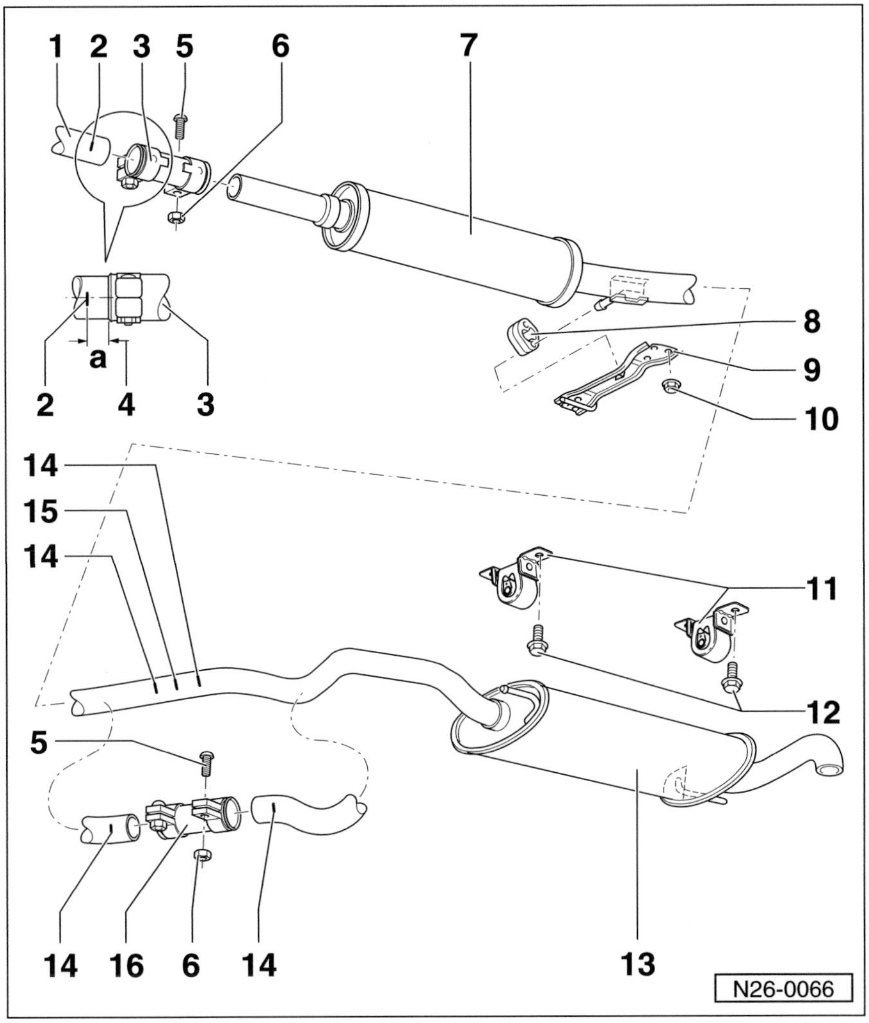

1 – **Abgasrohr vorn mit Katalysator**

2 – **Markierung**
Für Doppelschelle –3–, dreimal am Umfang vorhanden.

3 – **Doppelschelle**

4 – **Maß –a– = ca. 5 mm**

5 – **Flachrundschraube**

6 – **Mutter, 25 Nm**

7 – **Vorschalldämpfer**
1,6-l-Motor: Mit Tilgergewicht an der Eingangsseite des Dämpfers.

8 – **Halteschlaufe**
Bei Beschädigung ersetzen.

9 – **Verbindungsstrebe**

10 – **Mutter, 15 Nm**

11 – **Aufhängung**

12 – **Schrauben, 20 Nm + ¼ Umdrehung (90 °) weiterdrehen**

13 – **Nachschalldämpfer**

14 – **Markierung**
Für Reparatur-Doppelschelle –16–, dreimal am Umfang vorhanden.

15 – **Trennstelle**
Im Reparaturfall Verbindungsrohr an der Trennstelle mit Karosseriesäge, z. B. V.A.G 1523, rechtwinklig trennen.
Die Trennstelle ist durch drei Eindrückungen auf dem Umfang des Verbindungsrohres gekennzeichnet.

16 – **Reparatur-Doppelschelle**
Muß bis an die Markierungen –14– aufgeschoben werden.

Katalysatorschäden vermeiden

Um Beschädigungen am Katalysator zu vermeiden, sind folgende Hinweise unbedingt zu beachten:

Benzinmotor

- Grundsätzlich nur **bleifreies** Benzin tanken.
- Das Anlassen des Motors durch **Anschieben** oder Anschleppen darf nur in **einem** Versuch über eine Strecke von etwa 50 Metern erfolgen. Besser: Starthilfekabel verwenden. Unverbrannter Kraftstoff könnte bei einer Zündung zur Überhitzung des Katalysators und zu seiner Zerstörung führen. Ist der Motor **betriebswarm**, darf er **nicht** angeschoben oder angeschleppt werden.
- Bei Startschwierigkeiten nicht unnötig lange den Anlasser betätigen. Während des Anlassens wird permanent Kraftstoff eingespritzt. Fehlerursache ermitteln und beseitigen.
- Kraftstofftank nie ganz leerfahren.
- Treten Zündaussetzer auf, hohe Motordrehzahlen vermeiden und Fehler umgehend beheben.
- Nur die vorgeschriebenen Zündkerzen verwenden.
- Keine Funkenprüfung mit abgezogenem Zündkerzenstecker durchführen.
- Es darf kein Zylindervergleich (Balancetest) durch Zündabschaltung eines Zylinders durchgeführt werden. Bei Zündabschaltung der einzelnen Zylinder – auch über Motortester – gelangt unverbrannter Kraftstoff in den Katalysator.

Benzin- und Dieselmotor

- Fahrzeug nicht über trockenem Laub oder Gras beziehungsweise auf einem Stoppelfeld abstellen. Die Abgasanlage wird im Bereich des Katalysators sehr heiß und strahlt die Wärme auch nach Abstellen des Motors noch ab. Brandgefahr!
- Keinen Unterbodenschutz an Abgasrohren auftragen.
- Die Hitzeschilde der Abgasanlage nicht verändern.
- Beim Ein- oder Nachfüllen von Motoröl besonders darauf achten, dass auf keinen Fall die MAX-Markierung am Ölmessstab überschritten wird. Das überschüssige Öl gelangt sonst aufgrund unvollständiger Verbrennung in den Katalysator und kann das Edelmetall beschädigen oder den Katalysator vollständig zerstören.

Funktion des Katalysators

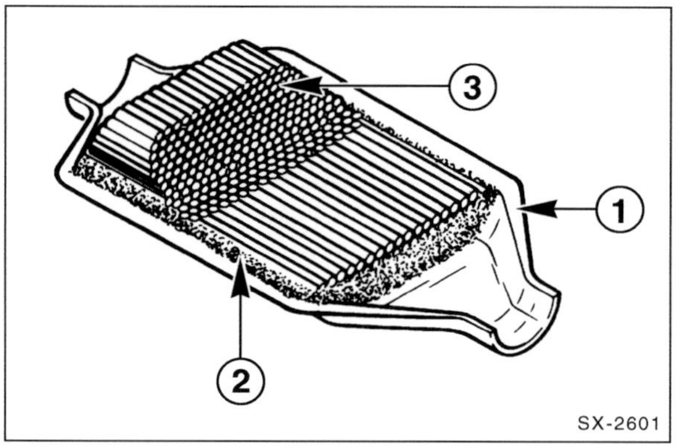

Der Katalysator dient zur Abgasreinigung. Er besteht aus einem Keramik-Wabenkörper –3–, der mit einer Trägerschicht überzogen ist. Auf der Trägerschicht befinden sich Edelmetallsalze, die den Umwandlungsprozess bewirken. Im Gehäuse –1– wird der Katalysator durch eine Isolations-Stützmatte –2– fixiert, die außerdem Wärmeausdehnungen ausgleicht.

Benzinmotor

In Verbindung mit der elektronischen Einspritzanlage und der Lambdasonde wird die Kraftstoffmenge für die Verbrennung dosiert, damit der Katalysator die Schadstoffe reduzieren kann. Die Lambdasonde sitzt im Abgaskrümmer und wird hier vom Abgasstrom umspült. Bei der Lambdasonde handelt es sich um einen elektrischen Messfühler, der den Restgehalt an Sauerstoff im Abgas durch elektrische Spannungsschwankungen anzeigt und Rückschlüsse auf die Zusammensetzung des Luft-Benzingemisches ermöglicht. Dadurch kann die Steuereinheit der Einspritzanlage das Kraftstoff-Luftverhältnis in Bruchteilen von Sekunden ständig verändern. Das ist einerseits erforderlich, da sich ja die Betriebsverhältnisse (Leerlauf, Vollgas) ständig ändern, zum anderen aber auch, weil nur dann eine optimale Nachverbrennung im Katalysator erfolgt, wenn noch genügend Benzin-Anteile im Motor-Abgas vorhanden sind.

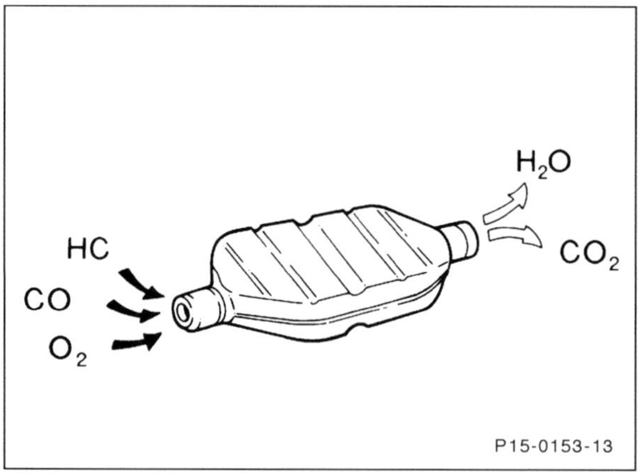

Bei dem verwendeten Katalysator handelt es sich um einen sogenannten 3-Wege-Katalysator. Das bedeutet, daß bei diesem Katalysator aufgrund der Lambdaregelung die Oxidation von Kohlenmonoxid (CO) und Kohlenwasserstoffen (HC) sowie die Reduktion der Stickoxide (NO_X) gleichzeitig durchgeführt werden.

Katalysator beim Dieselmotor

Im Gegensatz zum Katalysator für den Benzinmotor kommt beim Dieselmotor ein ungeregelter Katalysator zum Einsatz, da ein Dieselmotor immer mehr Luft zugeführt bekommt, als für die reine Verbrennung notwendig ist.

Dieser Katalysator wandelt die im Abgas befindlichen, giftigen Kohlenmonoxide und Kohlenwasserstoffverbindungen in Kohlendioxid (CO_2) und Wasser (H_2O) um. Außerdem vermindert sich der dieseltypische Abgasgeruch.

Der bei Dieselmotoren höhere Anteil von Stickoxiden (NO_X) im Abgas wird durch ein zusätzliches Abgas-Rückführungssystem auf geringem Niveau gehalten.

Das Abgasrückführungsventil sitzt am Ansaugkrümmer und wird über Unterdruck angesteuert. Seine Aufgabe besteht darin, bei heißem Motor einen Teil der Abgase in die Verbrennungsräume des Motors zurückzuführen, um die Verbrennungstemperatur zu mindern und dadurch den Schadstoffanteil der Abgase zu reduzieren.

Abgasanlage aus- und einbauen

Ausbau

- Fahrzeug aufbocken.
- Sämtliche Schrauben und Muttern der Abgasanlage mit rostlösendem Mittel einsprühen. Rostlöser einige Zeit einwirken lassen.
- Lambdasonde ausbauen. **Achtung:** Aus Platzgründen wird dafür ein spezieller Schlüssel benötigt, zum Beispiel HAZET 4680-3. Falls dieser nicht vorhanden ist, Steckverbindung trennen und Abgasanlage mit Lambdasonde ausbauen.
- Vorderes Abgasrohr vom Krümmer abschrauben. Abgasanlage vorn etwas absenken und abstützen.
- Hintere Halterungen abschrauben, Abgasanlage hinten etwas absenken, bei zweiteiliger Anlage Nachschalldämpfer herausnehmen.
- Vorschalldämpfer aus der Halteschlaufe aushängen und Abgasanlage herausnehmen.
- Die Teile der Abgasanlage können auch einzeln ausgebaut werden. Falls sich Verbindungsstücke oder Schrauben nicht lösen lassen, Abgasrohr an der Verbindungsstelle mit Schweißbrenner erhitzen. Asbest unterlegen! **Achtung:** Brandgefahr!

Einbau

Achtung: Gummi-Halteschlaufen, Muttern und Schrauben grundsätzlich erneuern. Um die Muttern und Schrauben der Abgasanlage auch nach längerer Zeit leichter lösen zu können, empfiehlt es sich, diese mit einer Hochtemperaturpaste, zum Beispiel LiquiMoly LM-508-ASC, einzustreichen.

Achtung: Alle Schraubverbindungen zunächst nur handfest anziehen. Verbindungsstücke vor dem Zusammenfügen mit Schmirgelleinen von Verbrennungsrückständen reinigen.

- Vorderes Abgasrohr mit neuer Dichtung ansetzen und handfest an Krümmer anschrauben. Katalysator abstützen.
- Vorschalldämpfer und Nachschalldämpfer mit Reparatur-Doppelschelle verbinden. Schrauben noch nicht festziehen.
- Hinteren Teil der Abgasanlage am Katalysator ansetzen und mit Doppelschelle verbinden. Dabei hintere Abgasanlage abstützen. Schrauben noch nicht festziehen.
- Vorschalldämpfer in die Gummi-Halteschlaufe einhängen.
- Nachschalldämpfer mit Aufhängungen am Unterboden anschrauben. Schrauben mit **20 Nm** festziehen und anschließend um **¼ Umdrehung (90°)** weiterdrehen.
- Abgasanlage so ausrichten, daß sie spannungsfrei in den Aufhängungen sitzt. Dabei auf ausreichenden Abstand zum Aufbau achten (mindestens 25 mm), gegebenenfalls Anlage verdrehen oder in Längsrichtung verschieben. Die Halterungen müssen gleichmäßig belastet werden. Darauf achten, daß die Rohre weit genug in die Schellen geschoben werden. Zur Erleichterung sind als Markierungen in den Rohren Eindrückungen angebracht.
- Sämtliche Schrauben festziehen.
- Fahrzeug ablassen.

Lambdasonde aus- und einbauen

Benzinmotor

Die Lambdasonde dient zur Regelung der Abgaszusammensetzung und wird bei Fahrzeugen mit geregeltem Katalysator eingebaut. Sie ist in das vordere Abgasrohr in der Nähe des Katalysators in den Abgaskrümmer eingeschraubt.

Ausbau

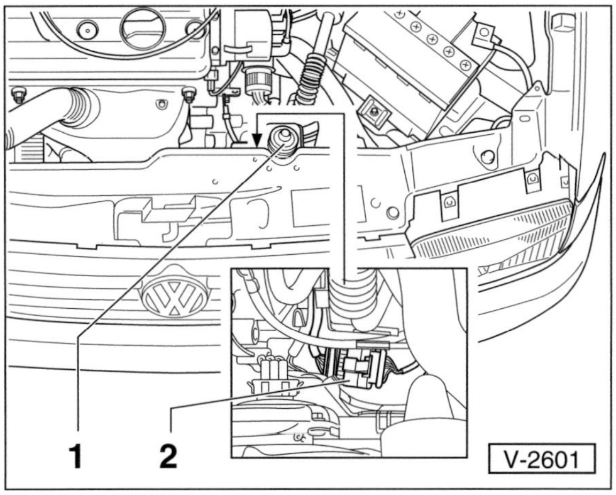

- Elektrische Steckverbindung –2– der Lambdasonde trennen. 1 – Vorratsbehälter für Servolenkung.

- Fahrzeug aufbocken.
- Lambdasonde aus dem vorderen Abgasrohr herausschrauben. **Achtung:** Aus Platzgründen wird dafür ein spezieller Schlüssel benötigt, zum Beispiel HAZET 4680-3. Falls dieser nicht vorhanden ist, Schrauben für Abgasanlage lösen, Anlage absenken und Lambdasonde herausschrauben.

Einbau

- Gewinde der Lambdasonde mit VW-Spezialfett G5 bestreichen. **Achtung:** G5 darf **nicht** an die Schlitze des Sondenkörpers kommen. Sondenkörper der neuen Lambdasonde möglichst nicht berühren, nicht verschmutzen.
- Lambdasonde mit **55 Nm** in das vordere Abgasrohr einschrauben.
- Fahrzeug ablassen.
- Stecker für Lambdasonde zusammenfügen.

Abgasanlage auf Dichtigkeit prüfen

Bei Fahrzeugen mit geregeltem Katalysator können Undichtigkeiten der Abgasanlage vor der Lambdasonde zu folgenden Störungen führen:

■ Startschwierigkeiten; Motor geht aus, schüttelt im Leerlauf, ruckelt beim Beschleunigen.

Prüfvoraussetzung: Motor kalt oder handwarm. Zur Prüfung ist eine Druckluftanlage erforderlich.

- Motor starten und bei laufendem Motor Abgasanlage auf Undichtigkeit abhören.
- Motor abstellen.
- Druckluftpistole in das Endrohr der Abgasanlage einführen und mit einem Lappen abdichten.
- Betriebsdruck der Druckluftanlage auf ca. 6 bar einstellen. Druckluftpistole andauernd betätigen.
- Verbindungsstellen Zylinderkopf/Krümmer und Krümmer/Abgasrohr vorn mit handelsüblichem »Leck-Sucher« einsprühen und auf Blasenbildung untersuchen.
- Undichtigkeit beseitigen.

Kupplung

Die Kupplung trennt beim Schalten der Gänge den Kraftschluß zwischen Motor und Getriebe und beim Anfahren sorgt sie durch Reibung für einen stoßfreien Kraftschluß.

Die Kupplung besteht aus der Kupplungsdruckplatte, der Kupplungsmitnehmerscheibe und dem Ausrücklager.

Die Kupplungsdruckplatte ist fest mit dem Schwungrad verschraubt, das wiederum an der Kurbelwelle des Motors angeflanscht ist. Zwischen der Kupplungsdruckplatte und dem Schwungrad befindet sich die Kupplungsmitnehmerscheibe, die von der Kupplungsdruckplatte gegen das Schwungrad gepreßt wird. Die Mitnehmerscheibe wird von der mit ihr verzahnten Getriebeantriebswelle zentriert.

Beim Niedertreten des Kupplungspedals (auskuppeln) wird über die hydraulische beziehungsweise mechanische Betätigung und den Ausrückhebel das Ausrücklager gegen die Feder der Kupplungsdruckplatte gedrückt. Dadurch entspannt sich die Kupplungsdruckplatte, und die Mitnehmerscheibe wird nicht mehr gegen die Schwungscheibe gepreßt. Der Kraftschluß zwischen Motor und Getriebe ist also aufgehoben.

Wird das Kupplungspedal zurückgenommen (einkuppeln), preßt die Druckplatte die Mitnehmerscheibe gegen das Schwungrad, der Kraftschluß ist wieder hergestellt, da die angepreßte Mitnehmerscheibe über die Verzahnung fest mit der Getriebewelle verbunden ist.

Bei jedem Ein- und Auskuppeln wird durch den leichten Schleifvorgang etwas Reibbelag von der Mitnehmerscheibe abgeschliffen. Die Mitnehmerscheibe ist also ein Verschleißteil, doch hat sie eine mittlere Lebensdauer von über 100.000 Kilometern. Der Verschleiß hängt im wesentlichen von der Belastung (Anhängerbetrieb) und der Fahrweise ab. Die Kupplung ist wartungsfrei, da sie sich selbst nachstellt.

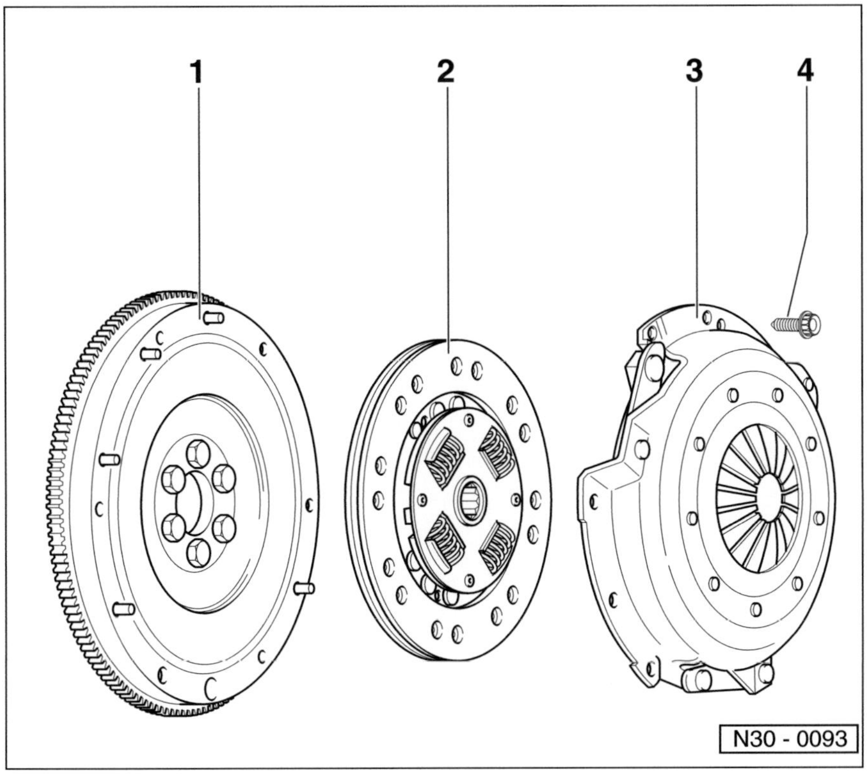

Benzinmotor:

1 – Schwungrad
Anlagefläche für Kupplungsbelag muß frei von Rillen, Öl und Fett sein. Auf festen Sitz der Zentrierstifte achten.

2 – Kupplungsscheibe
Einbaulage beachten, Federkäfig zeigt zur Druckplatte. Kerbverzahnung hauchdünn mit MoS_2-Fett einstreichen.

3 – Druckplatte

4 – Zwölfkantschraube, 20 Nm
Stufenweise über Kreuz lösen beziehungsweise anziehen.

Kupplung im Dieselmotor

Abweichend von den Fahrzeugen mit Benzinmotor besitzt der Dieselmotor ein Zweimassenschwungrad. Getriebe- und Kupplungsgehäuse sind an den Dieselmotor angepaßt.

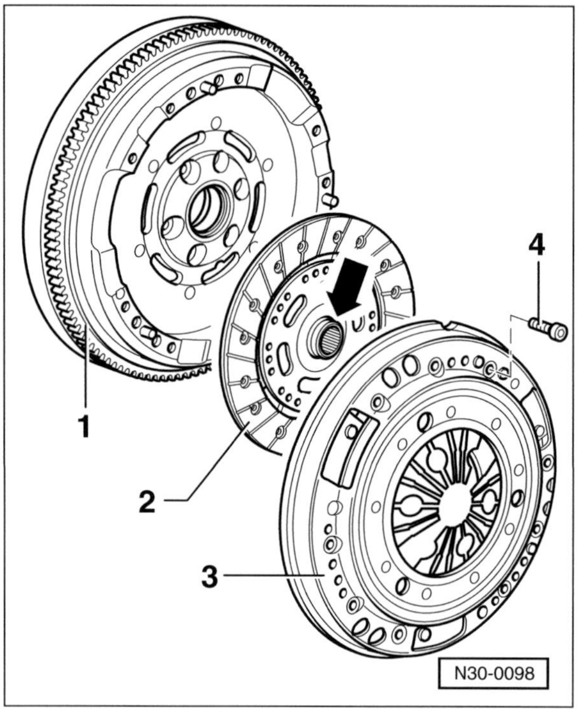

Das Zweimassenschwungrad –1– besitzt ein Feder- und Dämpfersystem, um die Übertragung der vom Motor erzeugten Drehschwingungen zu reduzieren. Außerdem verringert sich dadurch auch die Geräuschübertragung im unteren Drehzahlbereich. Der Außendurchmesser und der Durchmesser im Bereich der Kupplungsscheibe –2– sind kleiner als beim Schwungrad des Benzinmotors. Die Kupplungsscheibe hat ebenfalls einen geringeren Durchmesser.

- Beim Einbau darauf achten, daß das kürzere Nabenende –Pfeil– zur Druckplatte –3– zeigt.
- Die Druckplatte wird mit **13 Nm** an das Schwungrad angeschraubt –4–.

Kupplung aus- und einbauen/prüfen

Ausbau

- Getriebe ausbauen, siehe Seite 110.

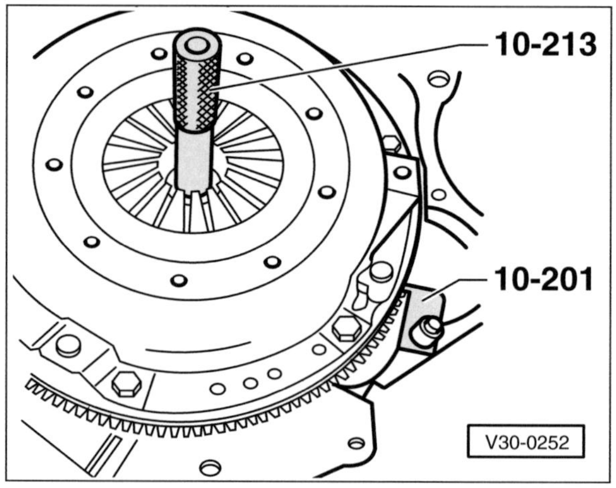

- Damit das Schwungrad beim Lösen der Schrauben nicht mitdreht, Schwungrad entweder mit VW-Werkzeug 10-201 oder mit Schraubendreher und Dorn arretieren.
- Befestigungsschrauben der Kupplungsdruckplatte nacheinander jeweils um 1 bis 1½ Umdrehungen lösen, bis die Druckplatte entspannt ist.

Achtung: Wenn die Schrauben sofort ganz gelöst werden, kann die Membranfeder beschädigt werden.

- Nach dem Lösen, Schrauben ganz herausdrehen.
- Druckplatte und Kupplungsscheibe herausnehmen. **Achtung:** Druckplatte und Kupplungsscheibe beim Herausnehmen nicht fallen lassen, sonst können nach dem Einbau Rupf- und Trennschwierigkeiten auftreten.
- Ausrücklager von der Führungshülse abnehmen. **Achtung:** Lager nur abwischen, nicht auswaschen.
- Schwungrad mit benzingetränktem Lappen auswischen.

Prüfen

- Kupplungsdruckplatte auf Brandrisse und Riefen prüfen.

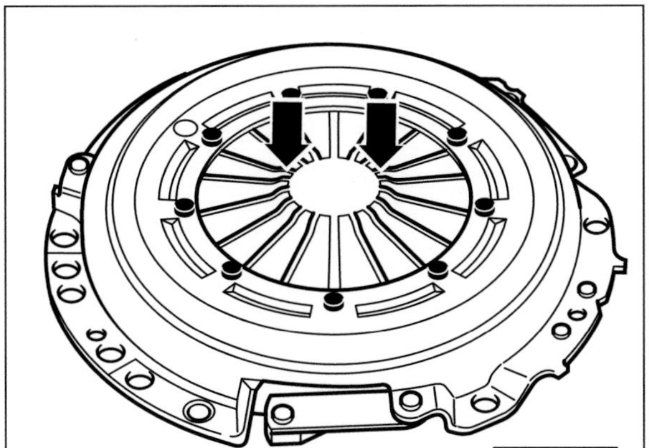
V30-0094

- Membranfeder auf Brüche untersuchen –Pfeile–. Eine Abnutzung bis zur halben Membranfederdicke ist zulässig.
- Federverbindungen zwischen Druckplatte und Deckel auf Risse, Nietbefestigungen auf festen Sitz prüfen. Kupplungen mit beschädigten oder losen Nietverbindungen ersetzen.

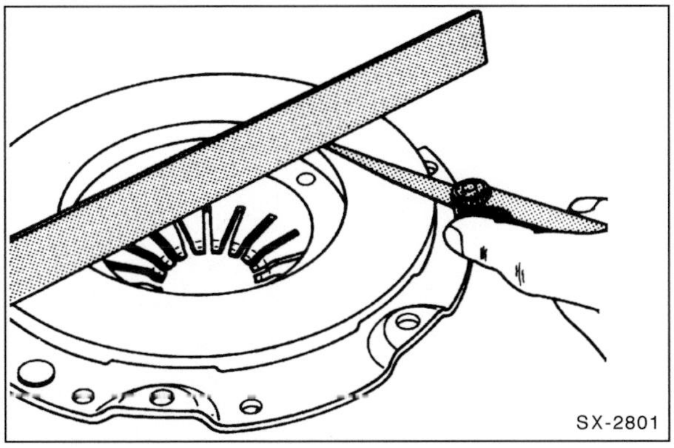
SX-2801

- Auflagefläche der Druckplatte auf Risse, Brandstellen und Verschleiß prüfen. Druckplatten, die bis zu 0,2 mm nach innen durchgebogen sind, dürfen noch eingebaut werden. Die Prüfung erfolgt mit Lineal und Fühlerblattlehre.
- Schwungrad auf Brandrisse und Riefen prüfen.
- Verölte, verfettete oder mechanisch beschädigte Kupplungsscheiben austauschen.
- Kupplungsscheibe auf ausreichende Belagstärke und Belagrisse prüfen.
- In der Werkstatt kann die Kupplungsscheibe auf Schlag geprüft werden. Der Seitenschlag darf bei der Kupplungsscheibe maximal 0,8 mm betragen (2,5 mm vom Außenrand gemessen). **Achtung:** Diese Prüfung ist nur dann notwendig, wenn die alte Kupplungsscheibe wieder eingebaut werden soll und die Kupplung vorher nicht richtig ausgekuppelt hat. Gegebenenfalls darf die Kupplungsscheibe vorsichtig ausgerichtet werden.

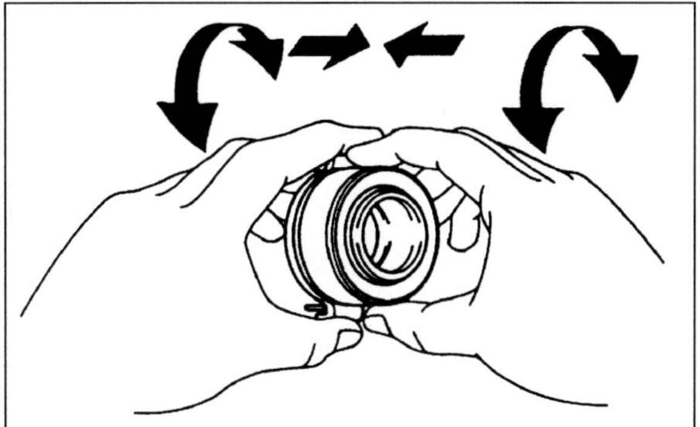
SX-2802

- Ausrücklager von Hand prüfen. Dazu Lager leicht zusammenpressen und drehen. Das Lager muß sich leicht drehen lassen, sonst austauschen.
- In eingebautem Zustand macht sich ein defektes Ausrücklager durch Geräusche bei getretenem Kupplungspedal bemerkbar. In diesem Fall Lager austauschen.

Einbau

Achtung: Werden Neuteile eingebaut, unbedingt Kupplungsdruckplatte und Kupplungsscheibe über Motorkennbuchstaben und Motornummer nach dem Ersatzteilkatalog zuordnen lassen, damit keine falschen Teile eingebaut werden.

Werden die alten Kupplungsteile eingebaut, so müssen diese zuvor geprüft werden, siehe am Ende des Kapitels.

- Vor dem Einbau einer neuen Kupplungsdruckplatte, Korrosionsschutzfett **nur an der Anlauffläche** restlos entfernen. An den anderen Stellen darf das Fett auf keinen Fall entfernt werden, da sonst die Lebensdauer der Kupplung erheblich verkürzt wird.
- Zentrierstifte am Schwungrad auf festen Sitz prüfen.
- Kerbverzahnung der Kupplungsscheiben von Korrosion reinigen. Verzahnung der Antriebswelle hauchdünn mit MoS_2-Fett schmieren. Die VW-Werkstätten verwenden das Fett G000100. Danach Kupplungsscheibe auf der Antriebswelle hin- und herbewegen, bis die Nabe auf der Welle leichtgängig ist. Überschüssiges Fett **unbedingt** entfernen.
- Beim Einsetzen der Kupplungsscheibe darauf achten, daß der Federkäfig zur Druckplatte zeigt.
- Kupplungsscheibe (Mitnehmerscheibe) und Kupplungsdruckplatte in das Schwungrad einsetzen. Die Kupplungsdruckplatte in die entsprechenden Paßstifte setzen. Die Kupplungsscheibe muß mit einem passenden Dorn, beispielsweise HAZET 2174, oder mit einer alten Getriebe-Antriebswelle zentriert werden.

- Befestigungsschrauben für Kupplungsdruckplatte einschrauben und nacheinander mit 1 bis 1½ Umdrehungen anziehen, bis die Druckplatte festgezogen ist. Anzugsdrehmoment Benzinmotor: **20 Nm**, Dieselmotor: **13 Nm**. Die Druckplatte darf sich nicht verkanten, da sonst Paßstifte und Zentrierbohrungen beschädigt werden.

Achtung: Die Druckplatte muß **vollständig** am Schwungrad anliegen. **Dann** erst Befestigungsschrauben einsetzen. **Keinesfalls** Druckplatte mit den Schrauben heranziehen, sonst werden die Zentrierbohrungen der Druckplatte und Zentrierstifte am Schwungrad beschädigt.

- Anschließend Zentrierdorn entfernen.
- Getriebe einbauen, siehe Seite 110.

Kupplungszug auf Funktion prüfen

Wenn die Kupplung schleift, kann das möglicherweise an einem nicht ordnungsgemäß funktionierenden Nachstellmechanismus liegen. Vor dem Ausbau des Kupplungszuges ist immer die Funktion vom Nachstellmechanismus zu prüfen. Gegebenenfalls Kupplungszug gangbar machen.

Achtung: Seit 27.4.95 wird ein geänderter Kupplungszug eingebaut, siehe Abbildung N30-0129 auf Seite 105.

Die Schutzhülle –1– befindet sich seit diesem Datum hinter der Nachstellvorrichtung –2–. Die Nachstellvorrichtung sitzt in einem Drahthalter am Getriebe, bisher Blechhalter. Die Abbildungen in diesem Kapitel zeigen den Kupplungszug bis 4/95. Hinweise für den Kupplungszug ab 5/95 sind im Text *kursiv* dargestellt. Der geänderte Kupplungszug kann auch in bisherige Fahrzeuge eingebaut werden, allerdings muß dann auch der Drahthalter verwendet werden.

Funktion prüfen

- Kupplungspedal mindestens 5mal bis zum Anschlag betätigen.

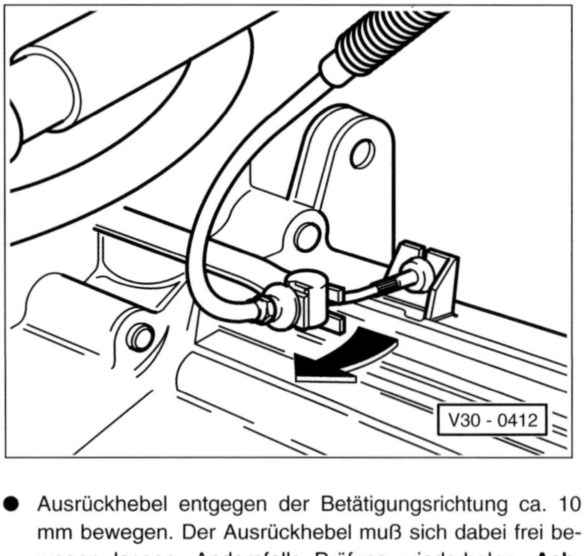

- Ausrückhebel entgegen der Betätigungsrichtung ca. 10 mm bewegen. Der Ausrückhebel muß sich dabei frei bewegen lassen. Andernfalls Prüfung wiederholen. **Achtung:** Vor jeder Prüfung Kupplungspedal ca. 5mal bis zum Anschlag niedertreten.
- Kann der Ausrückhebel nicht entgegen der Betätigungsrichtung bewegt werden, Nachstellmechanismus gangbar machen.

Gangbar machen

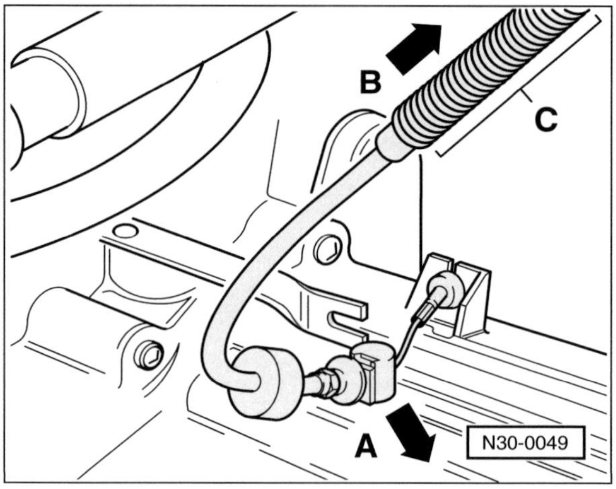

- Kupplungszug aus der Aufnahme des Ausrückhebels durch kräftiges Ziehen herausnehmen, Pfeilrichtung –A–.
- Kupplungspedal bis zum Bodenblech durchtreten.
- Hülle zur Spritzwand drücken, Pfeilrichtung –B–, bis der Nachstellmechanismus im Bereich des Faltenbalges –C– zusammengedrückt werden kann. Kupplungszug in die Aufnahme des Ausrückhebels einsetzen.
- *Gummipuffer aus der Abstützung am Getriebe ziehen.*

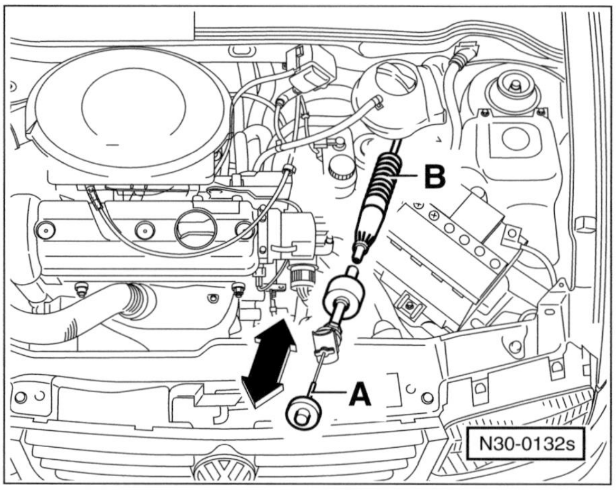

- *Litze –A– des Kupplungszuges einige Male hin- und herbewegen, bis der Nachstellmechanismus –B– zusammengedrückt werden kann.*
- *Kupplungszug in zusammengedrückter Stellung mit einem Gummi-Halteband spannen und in gespanntem Zustand einbauen. Das Halteband liegt neuen Zügen bei. Halteband anschließend entfernen.*
- Funktion erneut prüfen.

Hinweis: Kupplungszug erst ersetzen, wenn auch mehrmaliges »Gangbarmachen« keinen Erfolg bringt.

Kupplungsbetätigung

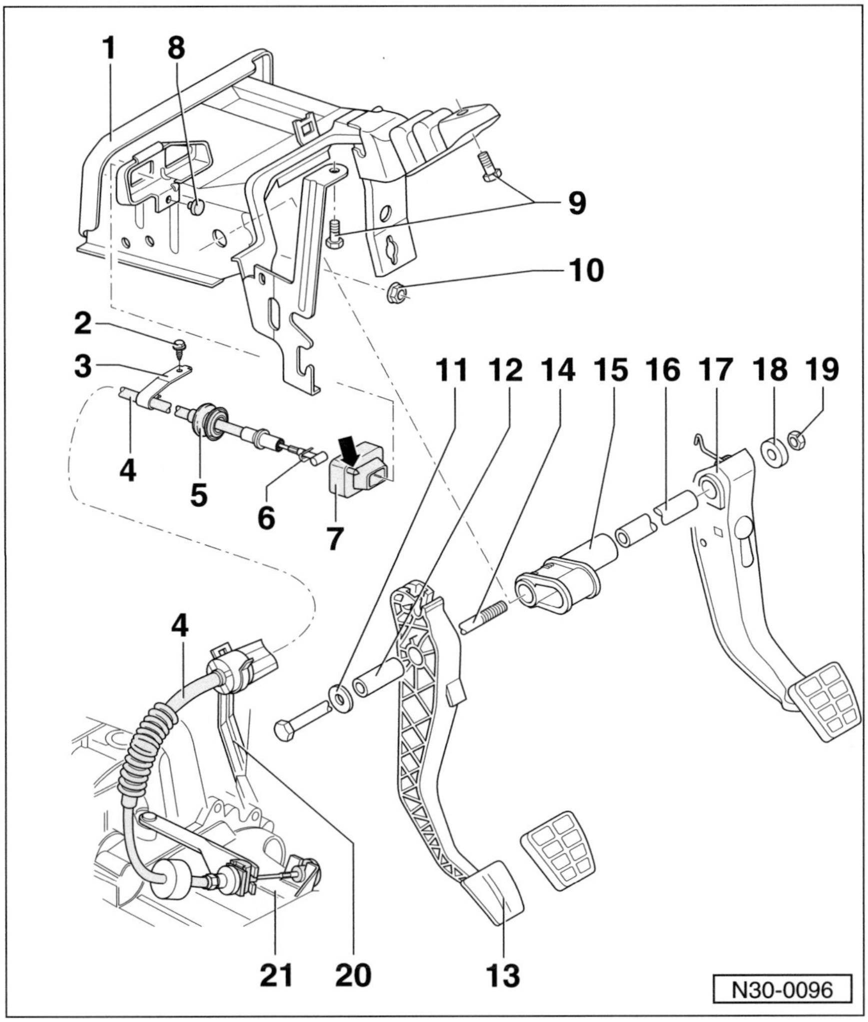

1 – **Lagerbock**

2 – **Sechskantschraube, 2 Nm**
Für Halter an Aufbau.

3 – **Halter**

4 – **Kupplungszug**

5 – **Faltenbalg**
In Spritzwand einknöpfen.

6 – **Aufnahmeblech**
Für Kupplungszug in Kupplungspedal.

7 – **Abstützung**
So einbauen, daß sich die Gummiführung –Pfeil– in der Aufnahmebohrung befindet.

8 – **Gummipuffer**
In Lagerbock einknöpfen.

9 – **Sechskantschraube, 25 Nm**

10 – **Sechskantmutter, 25 Nm**
Selbstsichernd, daher immer ersetzen.

11 – **Scheibe**

12 – **Lagerbuchse**
Mit MoS_2-Schmierfett fetten.

13 – **Kupplungspedal**

14 – **Achse**
Für Brems- und Kupplungspedal.

15 – **Lagerbuchse**

16 – **Lagerbuchse**
In Lagerbuchse –15– einschieben.

17 – **Bremspedal**

18 – **Scheibe**

19 – **Sechskantmutter, 25 Nm**

20 – **Halter**
Wird gemeinsam mit der Aufnahme für die Batterie festgeschraubt.

21 – **Getriebe**

Kupplungszug aus- und einbauen

Ausbau

Achtung: Vor dem Ausbau Kupplungszug auf Funktion prüfen.

- Batterie-Massekabel (–) abklemmen. **Achtung:** Dadurch werden elektronische Speicher gelöscht, wie zum Beispiel der Radiocode. Hinweise im Kapitel »Batterie aus- und einbauen« beachten.
- Kupplungspedal mehrere Male bis zum Anschlag niedertreten.

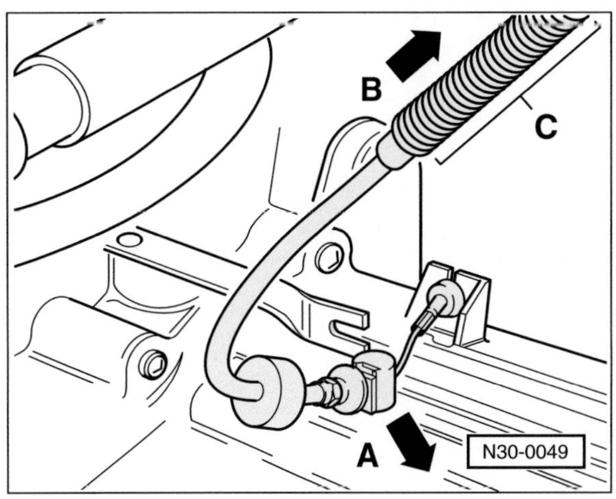

- Kupplungszug aus der Aufnahme des Ausrückhebels herausnehmen –Pfeil A–. Dazu Hülle des Kupplungszuges in Fahrtrichtung nach vorn ziehen.

- Nachstellmechanismus zur Spritzwand drücken –Pfeil B– und im Bereich des Faltenbalges –C– zusammenschieben. Bei neueren Zügen (ab 27.04.95) liegt der Faltenbalg weiter vom Ausrückhebel entfernt.
- Kupplungszug aus der Aufnahme am Getriebe aushängen.

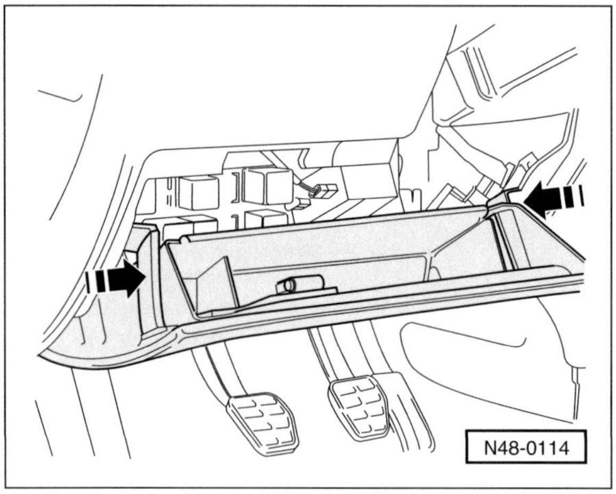

- Ablagekasten unterhalb der Schalttafel aus den Aufnahmen ziehen, vorher Stege zur Mitte hin –Pfeilrichtung– drücken.

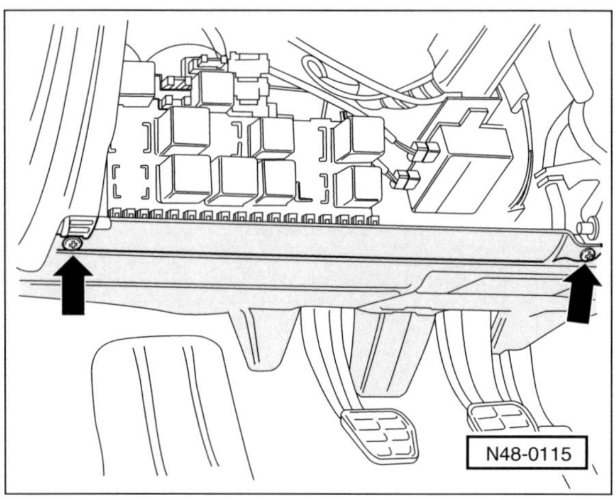

- Abdeckung abschrauben –Pfeile–.
- Relaisplatte aus der Aufnahme aushängen. **Achtung:** Steckverbindungen für Leitungen und Relais dabei nicht abziehen.

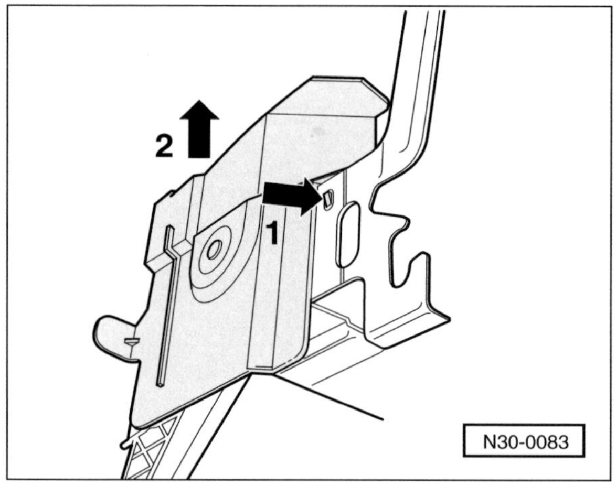

- Abdeckkappe für Kupplungspedal am Lagerbock ausclipsen –1– und abziehen –2–.

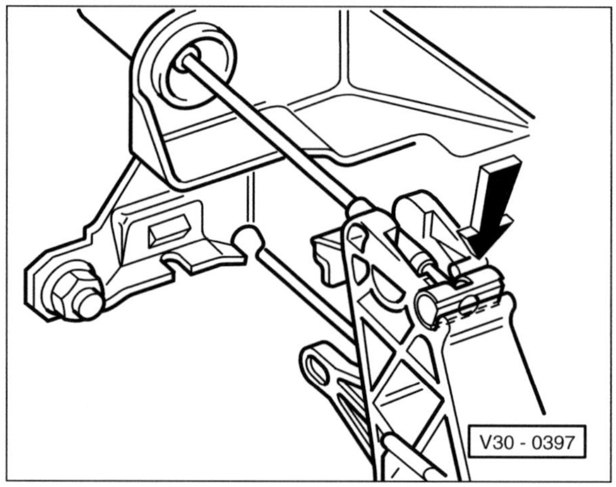

- Kupplungszug am Kupplungspedal aushängen –Pfeil–.

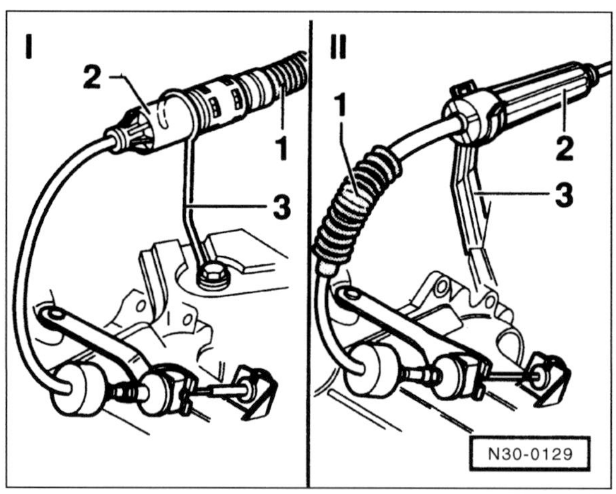

- Kupplungszug aus dem Halter im Motorraum ausclipsen und abnehmen. **Achtung:** Seit 27.4.95 wird ein geänderter Kupplungszug eingebaut. I – neuer Kupplungszug; II – bisheriger Zug. Die Schutzhülle –1– befindet sich jetzt hinter der Nachstellvorrichtung –2–. Die Nachstellvorrichtung sitzt in einem Drahthalter am Getriebe, bisher Blechhalter –3–.

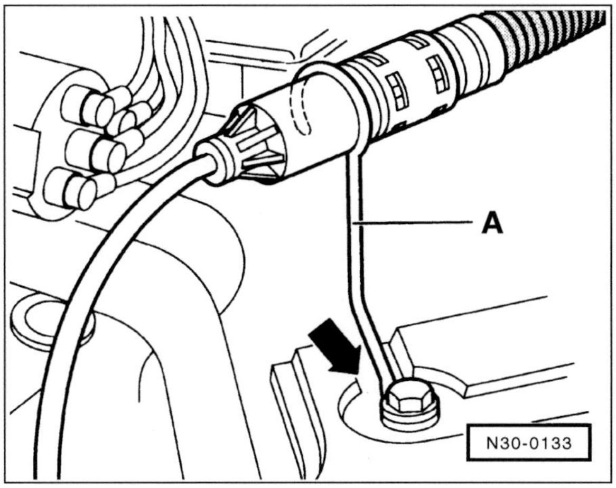

- Der geänderte Kupplungszug kann auch in ältere Fahrzeuge eingebaut werden, allerdings muß dann auch der neue Drahthalter –A– verwendet werden. Er wird auf der Batteriekonsole befestigt. Dazu muß eine 10 mm breite Nut –Pfeil– 5 mm tief eingearbeitet werden.

Einbau

- Einhängepunkt für den Kupplungszug am Kupplungspedal mit MoS_2-Fett schmieren.
- Kupplungszug durch die Stirnwand schieben und Faltenbalg einknöpfen.
- Kupplungszug in die Halter im Motorraum einclipsen.

Achtung: Kupplungszug dabei nicht knicken, sonst ist die Funktion des Nachstellmechanismus nicht mehr sichergestellt.

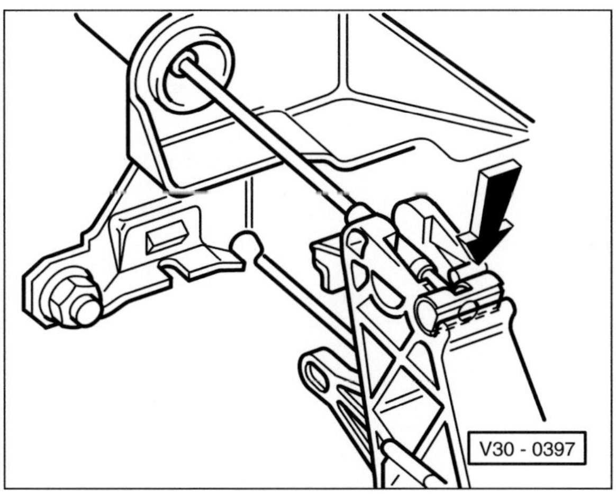

- Kupplungszug am Kupplungspedal einhängen.

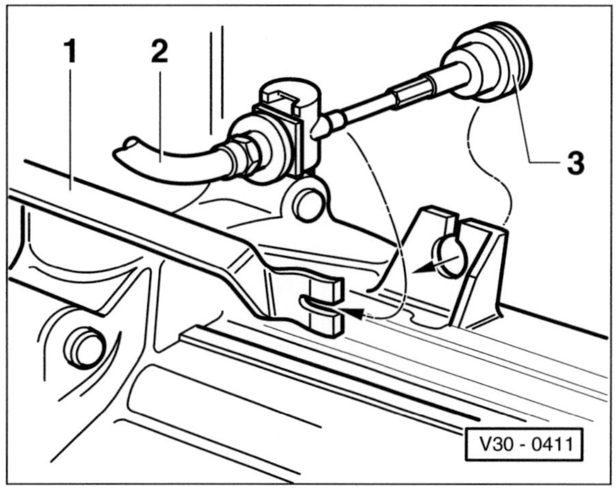

- Kupplungszug wie folgt am Getriebe einhängen:
  - ◆ Gummipuffer –3– einhängen;
  - ◆ Hülle –2– in Fahrtrichtung ziehen, dabei den Puffer in den Ausrückhebel –1– einsetzen.

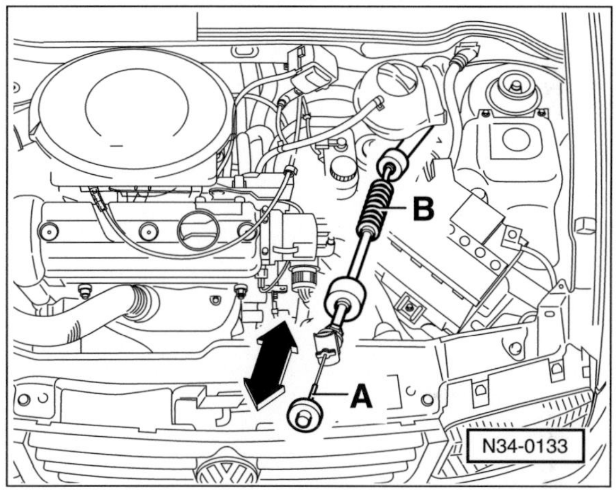

Achtung: Wenn die Hülle nicht in Fahrtrichtung gezogen werden kann, Litze –A– des Zuges einige Male hin- und herbewegen, bis die Hülle im Bereich des Faltenbalges –B– zusammengedrückt werden kann.
Falls sich die Hülle immer noch nicht zusammenschieben läßt, Kupplungszug gangbar machen.

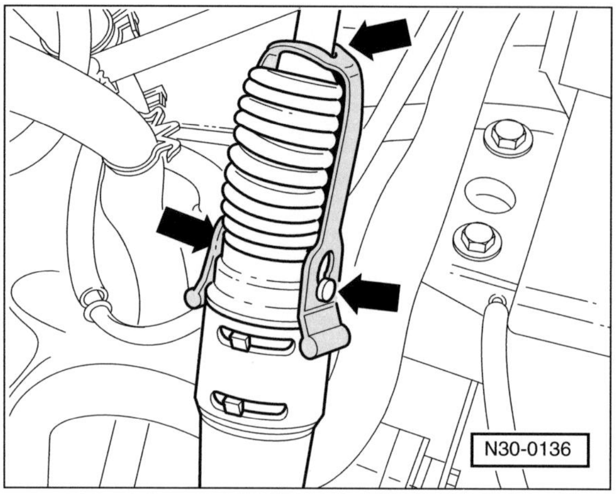

- Kupplungszug in gespanntem Zustand einhängen. Halteband anschließend entfernen.
- Abdeckkappe für Kupplungspedal am Lagerbock einrasten.
- Relaisplatte in die Aufnahme einhängen. Steckverbindungen für Leitungen und Relais auf festen Sitz prüfen, gegebenenfalls aufdrücken.
- Ablagekasten unterhalb der Schalttafel einsetzen.
- Kupplungszug auf Funktion prüfen.

- **Kupplungszug seit 27.04.95:** Kupplungszug in zusammengedrückter Stellung mit einem Gummi-Halteband spannen. Das Halteband liegt neuen Zügen bei.

Kupplungsausrückung

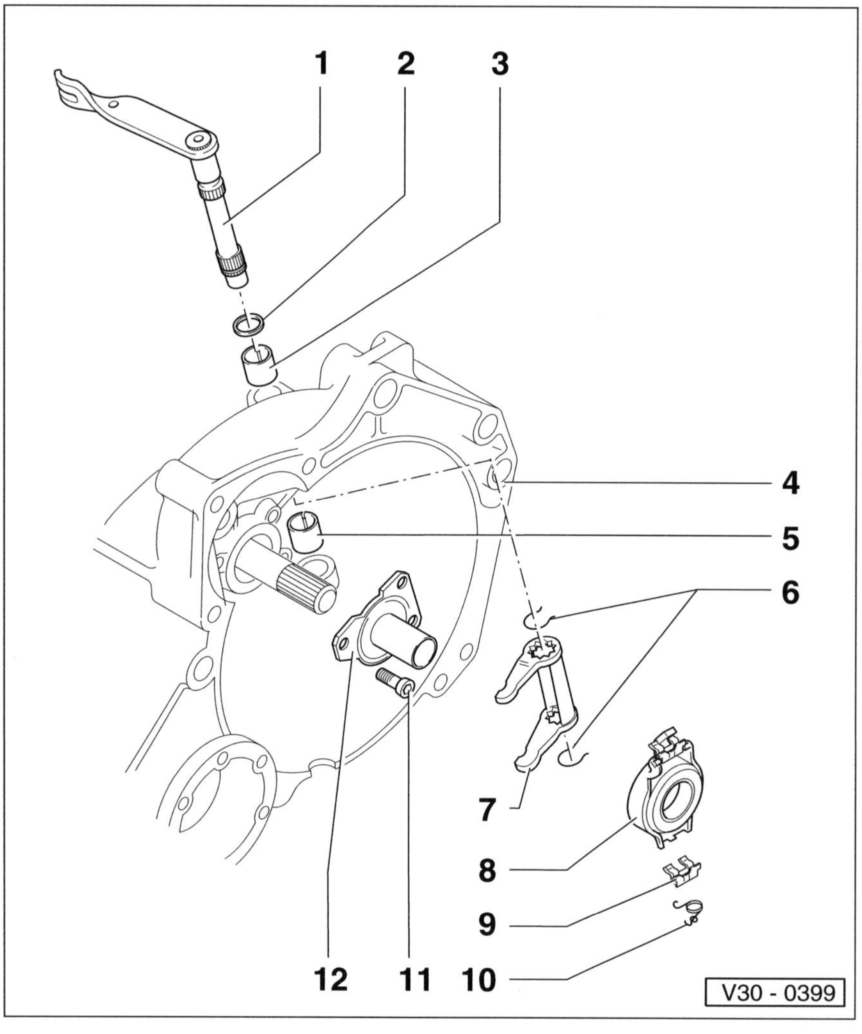

1 – **Ausrückwelle**
Auf Leichtgängigkeit prüfen.

2 – **Dichtring**
Mit Schraubendreher heraushebeln.

3 – **Lagerbuchse**

4 – **Kupplungsgehäuse**

5 – **Lagerbuchse**

6 – **Sicherungsclip**
Vor Ausbauen der Ausrückwelle heraushebeln.

7 – **Ausrückhebel**

8 – **Ausrücklager**
Lager nicht auswaschen, nur abwischen.
Lager ersetzen, wenn beim Auskuppeln Geräusche entstehen oder wenn das Lager schwergängig ist.
Zum Ausbau Getriebe ausbauen.

9 – **Halteklammer**
Auf das Ausrücklager aufstecken.

10 – **Haltefeder**
Zuerst in die Halteklammer und anschließend in den Ausrückhebel einsetzen.

11 – **Schraube, 18 Nm**
Selbstsichernd, daher immer ersetzen.

12 – **Führungshülse**
Führung für Ausrücklager fetten.

Hinweis: Sämtliche Lager- und Berührungsflächen mit dem Fett für Gleichlaufgelenke, ET-Nr. G000 603, fetten.

Störungsdiagnose Kupplung

Störung	Ursache	Abhilfe
Kupplung rupft.	Motor- und Getriebelager defekt.	■ Prüfen, gegebenenfalls auswechseln.
	Getriebe liegt in der Aufhängung nicht fest.	■ Befestigungsschrauben nachziehen.
	Druckplatte trägt ungleichmäßig.	■ Druckplatte auswechseln.
	Mitnehmerscheibe kein Originalteil.	■ Original-Kupplungsscheibe einbauen.
	Kurbelwelle fluchtet nicht zur Getriebe-Antriebswelle.	■ Zentrierflächen von Motor und Getriebe überprüfen.
	Ausrücker drückt einseitig.	■ Ausrücker überprüfen.
	Kupplungspedal ist schwergängig.	■ Achse des Pedals ölen.
	Ausrückgabel/-lager defekt.	■ Ersetzen.
Kupplung rutscht.	Kupplungsscheibe verschlissen.	■ Dicke der Kupplungsscheibe prüfen, gegebenenfalls auswechseln.
	Spannung der Membranfeder zu gering.	■ Druckplatte auswechseln.
	Nachstellvorrichtung funktioniert nicht korrekt.	■ Funktion der Nachstellvorrichtung prüfen, Nachstellvorrichtung gangbar machen.
	Belag verhärtet oder verölt.	■ Kupplungsscheibe austauschen.
	Kupplung wurde überhitzt.	■ Original-Kupplungsscheibe einbauen.
Kupplung trennt nicht, oder nicht richtig.	Belag durch Abrieb verklebt.	■ Kupplungsscheibe austauschen.
	Kupplungsscheibe klemmt auf der Antriebswelle.	■ Kerbverzahnung reinigen, entgraten, ggf. Rost entfernen, leicht mit MoS_2-Fett schmieren.
	Kupplungsscheibe hat Seitenschlag.	■ Kupplungsscheibe prüfen lassen, ersetzen.
	Kupplungspedal erreicht den Begrenzungsanschlag nicht.	■ Prüfen, ob Begrenzungsanschlag erreicht wird, gegebenenfalls Fußmatte ausschneiden.
	Ausrücker defekt.	■ Ausrücker auf Verformung prüfen.
	Führungslager für die Getriebe-Antriebswelle in der Kurbelwelle defekt.	■ Führungslager in der Kurbelwelle ersetzen.
	Mitnehmerscheibe stark verbogen, oder Belag gebrochen.	■ Mitnehmerscheibe ersetzen.
	Nachstellvorrichtung schwergängig oder defekt.	■ Nachstellvorrichtung gangbar machen, defekte Teile ersetzen.
	Membranfeder gebrochen.	■ Druckplatte ersetzen.
Geräusch bei betätigtem Kupplungspedal.	Ausrücklager defekt.	■ Ausrücklager prüfen, ersetzen.
	Kupplungsscheibe schlägt an die Druckplatte.	■ Kupplungsscheibe auswechseln.
Auf- und abschwellendes Geräusch bei Zug- oder Schubzustand, oder wenn das Fahrzeug in ausgekuppeltem Zustand rollt.	Torsionsdämpfer der Kupplungsscheibe schwergängig.	■ Kupplungsscheibe erneuern.
	Nietverbindungen der Kupplung locker.	■ Kupplung ersetzen.
	Unwucht der Kupplung zu groß.	■ Kupplung und Mitnehmerscheibe ersetzen.
Kupplungspedal knarrt.	Pedal schwergängig.	■ Achse des Pedals ölen.
	Achse des Pedallagers verschlissen.	■ Achse und Pedallager ersetzen.
Kupplungspedal kommt nicht zurück.	Nachstellvorrichtung defekt.	■ Nachstellvorrichtung prüfen.
	Kupplungszug gerissen.	■ Seilzug ersetzen.

Getriebe/Schaltung

Das Getriebe kann ohne Ausbau des Motors ausgebaut werden. Ein Ausbau ist dann erforderlich, wenn die Kupplung ausgewechselt werden soll oder wenn das Getriebe erneuert beziehungsweise überholt werden muß. Da es jedoch in keinem Fall anzuraten ist, Reparaturen am Getriebe mit Heimwerkermitteln in Angriff zu nehmen, beschreibe ich lediglich den Ausbau des Aggregates.

Beschrieben wird der Ausbau beim Benzinmotor. Hinweise für den Dieselmotor stehen am Ende des Kapitels.

Getriebe aus- und einbauen

Ausbau

- Batterie-Massekabel (–) abklemmen. **Achtung:** Dadurch werden elektronische Speicher gelöscht, wie zum Beispiel der Radiocode. Hinweise im Kapitel »Batterie aus- und einbauen« beachten.
- Kupplungspedal mehrere Male bis zum Anschlag betätigen.

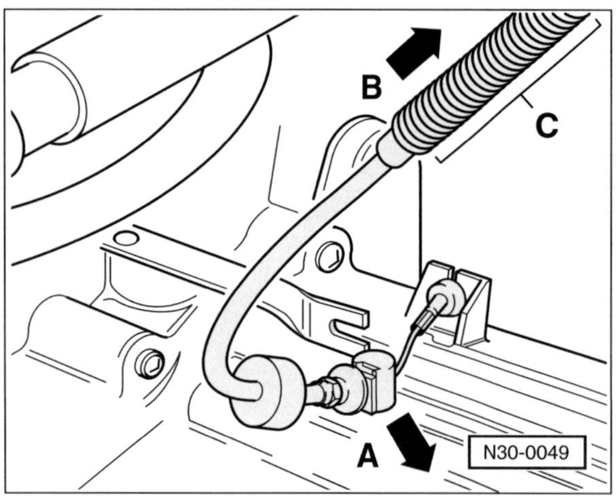

- Kupplungszug aus Aufnahme des Ausrückhebels herausnehmen –Pfeil A–, dazu Hülle des Kupplungszuges in Fahrtrichtung nach vorn ziehen. Anschließend Nachstellmechanismus zur Spritzwand drücken –Pfeil B– und im Bereich des Faltenbalges –C– zusammenschieben.

Achtung: Läßt sich die Hülle des Kupplungszuges nicht in Fahrtrichtung nach vorn ziehen, ist der Nachstellmechanismus des Kupplungszuges wieder funktionstüchtig zu machen, siehe Seite 104.

- Kupplungszug aus Aufnahme am Getriebe aushängen.

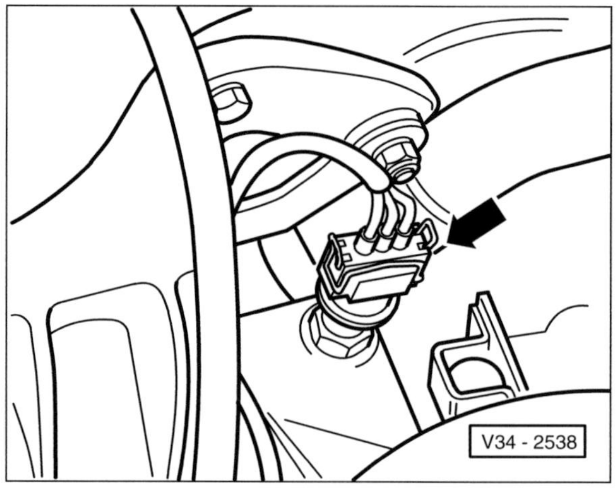

- Stecker vom Geber für Geschwindigkeitsmesser abziehen –Pfeil–.
- Masseleitung abschrauben.
- Verbindungsschrauben Motor/Getriebe oben herausdrehen.
- Dämpfungswanne unterhalb Motor/Getriebe, falls vorhanden, abbauen.

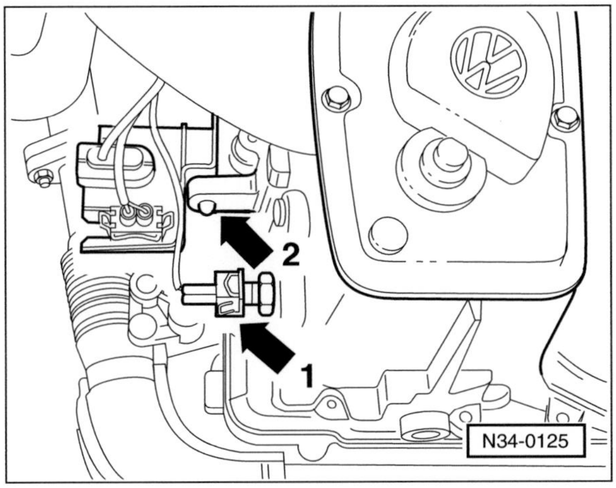

- Stecker für Rückfahrscheinwerfer –Pfeil 1– abziehen.
- Halter für Steckverbindungen aus Öse am Getriebe ausclipsen –Pfeil 2–.
- Gelenkwellen von Flanschwellen abbauen, dazu Lenkung bis zum Anschlag nach links einschlagen. Linke Gelenkwelle so weit wie möglich hochbinden.

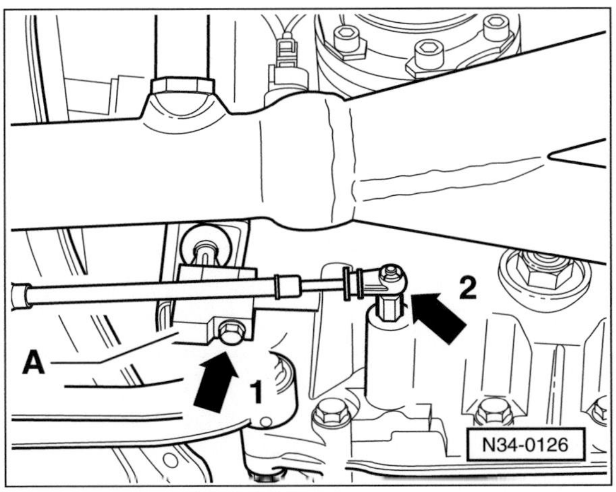

- Schaltfinger –A– durch Lösen der Schraube –Pfeil 1– abbauen.
- Seilzug, zwischen Schaltbetätigung und Getriebe, am Getriebe abhebeln –Pfeil 2–.
- Abdeckblech für Schwungrad abschrauben.

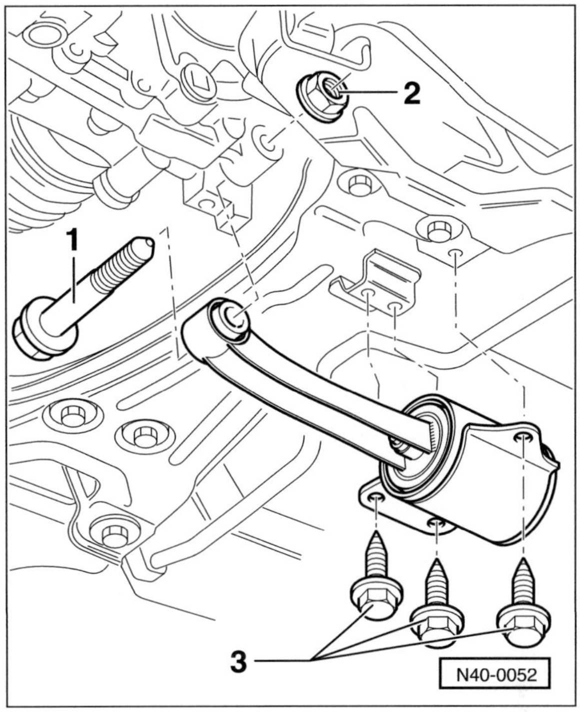

- Pendelstütze ausbauen, dazu Schrauben –3– und Mutter –2– herausdrehen und Schraube –1– entnehmen.

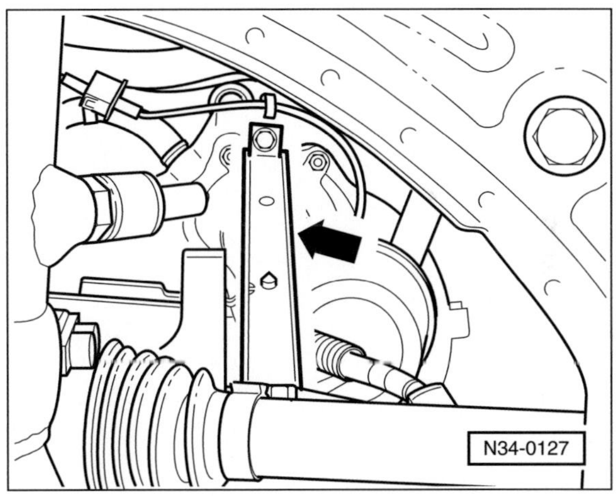

- Stütze für Ansaugstutzen –Pfeil– abschrauben.
- Anlasser ausbauen, siehe Seite 238.
- Fahrzeuge mit ovalem Luftfilter: Deckel von Luftfilter abbauen.

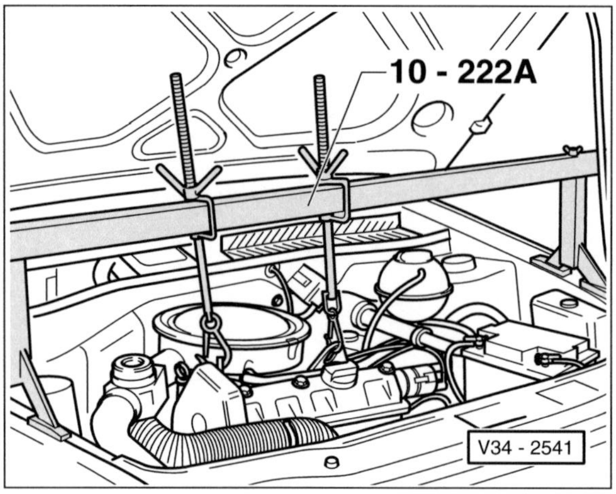

- Abfangvorrichtung VW-10-222A in Verbindung mit Füßen 10–222 A/1 montieren und Motor/Getriebe-Aggregat über die Spindeln leicht vorspannen.
- Steht die Aufhängevorrichtung nicht zur Verfügung, geeignetes Rohr über Motorraum legen und in den Kotflügelsicken abstützen, dabei Holz unterlegen. Nicht das Rohr auf die Kotflügel legen. Geeignetes Drahtseil oder Haken in die Halteösen des Motors einhängen und mit Rohr über eine Spindel verbinden. Haken oder Drahtseil spannen.

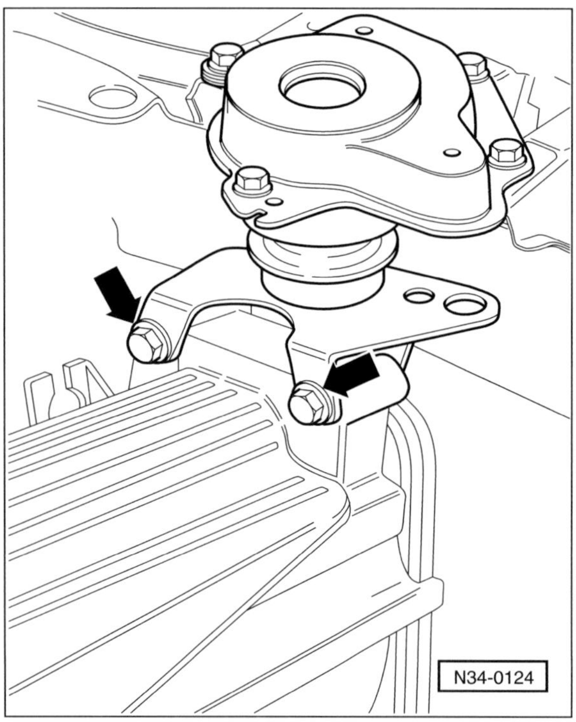

- Sechskantschrauben –Pfeile– an Getriebekonsole links für Getriebe herausschrauben.
- Motor mit Getriebe vorsichtig in Schräglage bringen. Dazu an Abfangvorrichtung 10-222 A die linke Spindel geringfügig herunterdrehen.

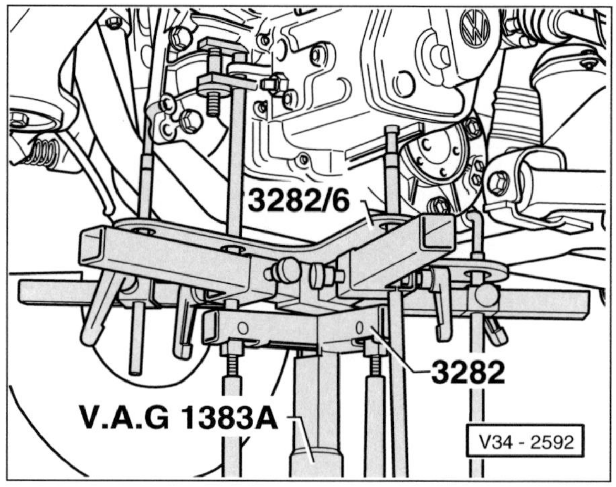

- Getriebeheber mit Getriebeaufnahme 3282, Justierplatte 3282/6 für "084"-,"085"-Getriebe und Aufnahmeelemente am Getriebe ausrichten und anschrauben. Getriebe leicht anheben.
- Steht der Getriebeheber nicht zur Verfügung, Getriebe mit einem Werkstattwagenheber leicht anheben. **Achtung:** Zwischen Getriebe und Wagenheber Holz zwischenlegen.
- Die unteren Befestigungsschrauben zwischen Motor und Getriebe herausschrauben.
- Getriebe von Paßhülsen abdrücken und vorsichtig absenken.

Einbau

- Vor dem Einbau Kupplung prüfen, siehe Seite 102.
- Kerbverzahnung der Antriebswelle reinigen und leicht mit MoS_2-Schmierfett oder VW-G 000 100 schmieren. **Achtung:** Die Kupplungsscheibe muß sich auf der Antriebswelle leicht hin- und herschieben lassen.
- Prüfen, ob die Paßhülsen zur Zentrierung Motor/ Getriebe im Motorblock vorhanden sind, gegebenenfalls einsetzen.
- Getriebe anheben und in die Kupplung einfahren. Falls beim Einsetzen die Getriebe-Antriebswelle nicht in die Kupplungsscheibe einrastet, Antriebswelle von hinten am Flansch für die Gelenkwelle mit der Hand entsprechend verdrehen. Beim Ansetzen des Getriebes auf richtigen Sitz des Zwischenbleches achten.

Befestigung Motor an Getriebe (Benziner)

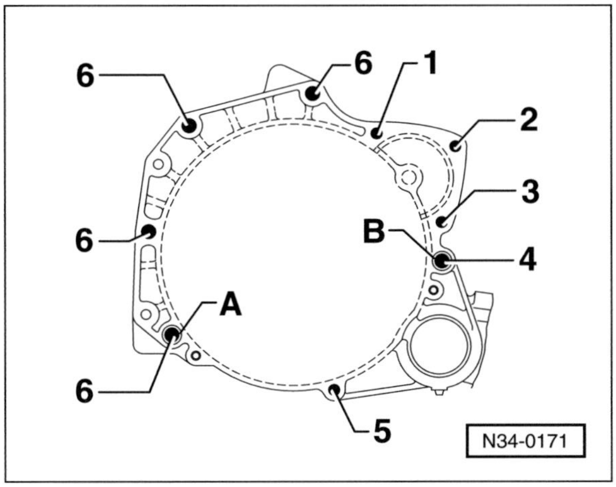

Position	Schraube	Anzugsdrehmoment
1	M 8 x 65	**20 Nm**
2	M 8 x 70	**20 Nm**
3	M 8 x 160	**20 Nm**
4	M 12 x 62	**80 Nm**
5	M 7 x 12	**15 Nm**
6	M 12 x 70	**80 Nm**
A	Paßhülse	
B	Paßhülse	

- Untere Befestigungsschrauben Motor/Getriebe einsetzen und festschrauben.
- Motor/Getriebe in Einbaulage ausrichten. Dazu an Abfangvorrichtung 10-222 A die linke Spindel anziehen.
- Sechskantschrauben –Pfeile– an Getriebekonsole links einsetzen und mit **50 Nm** festziehen.
- Abfangvorrichtung abbauen. **Achtung:** Abfangvorrichtung erst abnehmen, wenn die Schrauben der linken Getriebekonsole festgezogen sind.
- Verbindungsschrauben Motor/Getriebe oben einschrauben; Anzugsmoment einhalten.
- Falls ausgebaut, Deckel für Luftfilter aufsetzen.
- Anlasser einbauen, siehe Seite 238.
- Stütze für Ansaugstutzen einsetzen und mit **25 Nm** anschrauben.

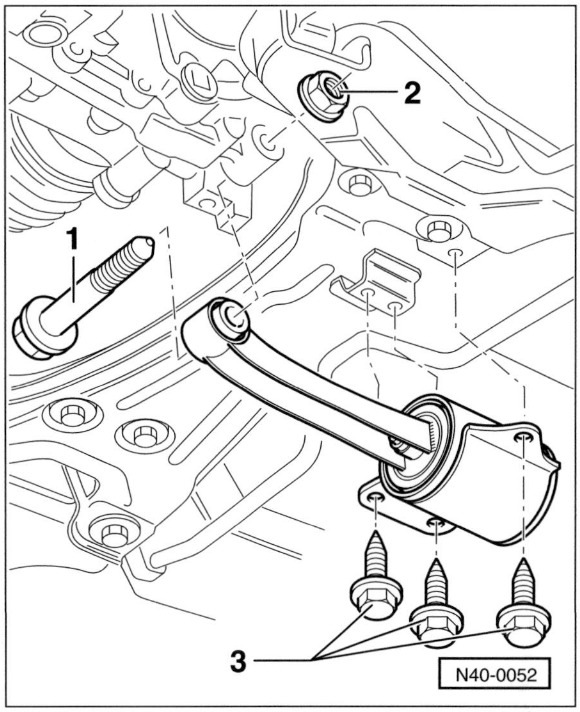

- Pendelstütze einsetzen und anschrauben. Mutter –2– an Schraube –1– mit **50 Nm** und Schrauben –3– mit **30 Nm** beziehungsweise bei Fahrzeugen ab 12/96 mit **20 Nm** festziehen und anschließend um **90° weiterdrehen**.
- Abdeckblech für Schwungrad anschrauben.

- Gewindebohrung im Schaltfinger mit Gewindeschneider M8 reinigen.
- **Neue** Befestigungsschraube –Pfeil 1– für Schaltfinger leicht einschrauben. Schraube immer ersetzen, da sie mit Sicherungsmittel vorbehandelt ist.
- Schaltfinger so weit aufschieben, daß sich die Befestigungsschraube in der vorderen Ansenkung der Schaltwelle befindet –Pfeil 2–. Schaltfinger mit **20 Nm** anschrauben.

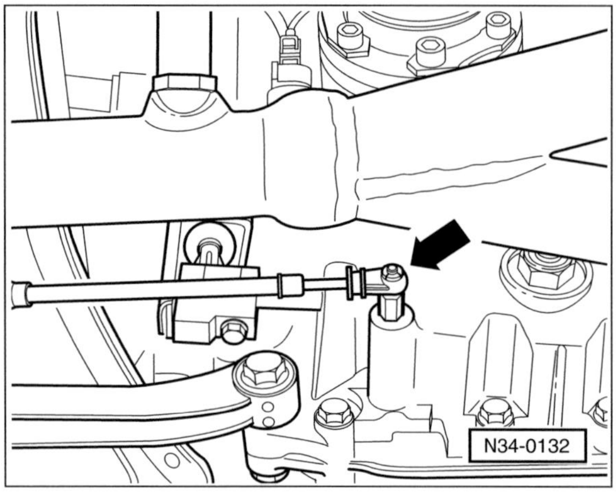

- Seilzug zwischen Schaltbetätigung und Getriebe, am Getriebe aufdrücken –Pfeil–.
- Gelenkwellen an die Flanschwellen anbauen, siehe Seite 125.
- Halter für Steckverbindungen in die Öse am Getriebe einclipsen.
- Stecker für Rückfahrscheinwerfer aufstecken.
- Falls vorhanden, Dämpfungswanne unter Motor/Getriebe anbauen.
- Masseleitung anschrauben.
- Stecker vom Geber für Geschwindigkeitsmesser aufstecken.

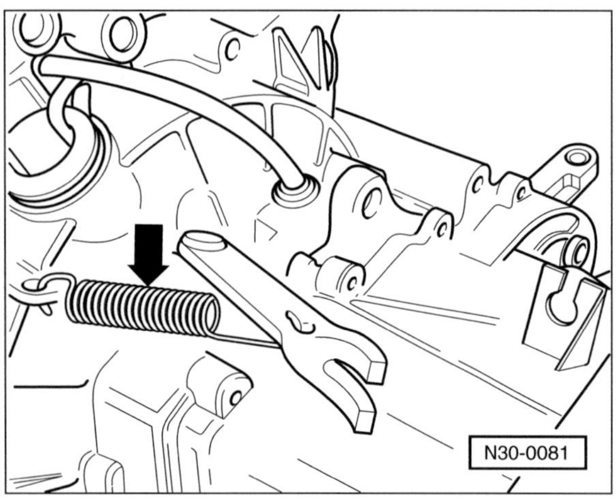

Achtung: Vor dem Einbau des Kupplungszuges, falls vorhanden, Feder –Pfeil– zwischen Ausrückhebel und Getriebe unbedingt herausnehmen, sonst ist die ordnungsgemäße Funktion des Nachstellmechanismus nicht sichergestellt. Die Feder dient nur als Transportsicherung für das Ausrücklager.

- Kupplungszug einhängen, siehe Seite 105.
- Batterie-Massekabel (–) anklemmen.
- Zeituhr einstellen.
- Diebstahlcode für Radio eingeben.
- Getriebeölstand prüfen, siehe Seite 281.

- Schaltbetätigung einstellen, siehe Seite 120.

Speziell Dieselmotor

Beim Aus- und Einbau des Getriebes an Fahrzeugen mit Dieselmotor sind folgende Abweichungen gegenüber Fahrzeugen mit Benzinmotor zu beachten:

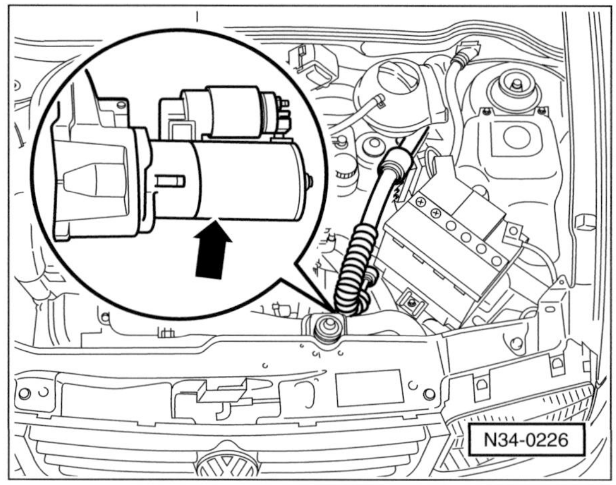

- Der Anlasser ist vor dem Getriebe angebracht –Pfeil–. Deshalb vor Ausbau des Anlassers, Dämpfungswanne unterhalb Motor/Getriebe, falls vorhanden, abbauen.

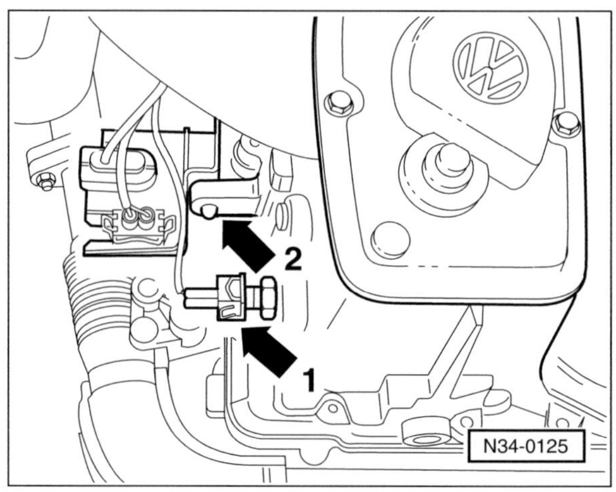

- Wegen der Einbaulage des Anlassers wurde die Öse –Pfeil 2–, oberhalb des Schalters für den Rückfahrscheinwerfer –Pfeil 1– entfernt. **Achtung:** Als Ersatzteil ist nur ein Getriebegehäuse mit Öse –Pfeil 2– erhältlich. Die Öse muß vor dem Einbau am Dieselmotor direkt am Gehäuse abgesägt werden.

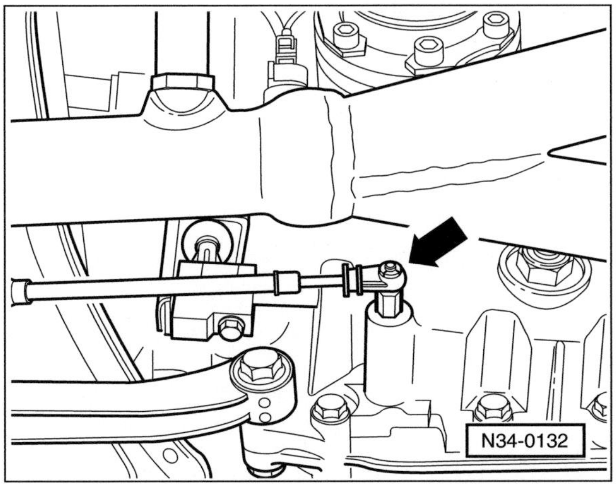

- Bolzen –Pfeil– für den Seilzug der Schaltbetätigung herausschrauben.

Befestigung Motor an Getriebe (Diesel)

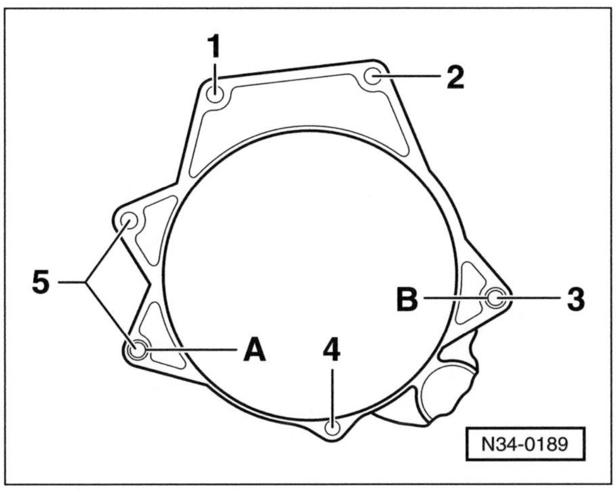

Pos.	Schraube	Anzugsdrehmoment
1	M 12 x 55	**80 Nm**
2	M 12 x 70	**80 Nm**
3	M 12 x 62	**80 Nm**
4	M 7 x 12	**10 Nm**
5	M 10 x 150	**60 Nm**
A	Paßhülse	
B	Paßhülse	

Achtung: Schraube 4 dient zur Befestigung des Abschirmblechs für das Schwungrad, mit Schraube 5 wird zusätzlich der Anlasser am Getriebe angeschraubt.

Die Schaltung

Die Schaltung besteht aus Handschalthebel, Schaltstange und Schaltfinger. Mit dem Handschalthebel wird über die Schaltstange und den Schaltfinger im Getriebe der jeweilige Gang eingelegt. Eine zusätzliche Führung im Schaltgehäuse sorgt zusammen mit einem am Getriebe angebrachten Seilzug dafür, daß Pendelbewegungen des Triebwerks nicht auf den Schalthebel übertragen werden.

Achtung: Sämtliche Lagerstellen und Gleitflächen mit MoS_2-Schmierfett fetten.

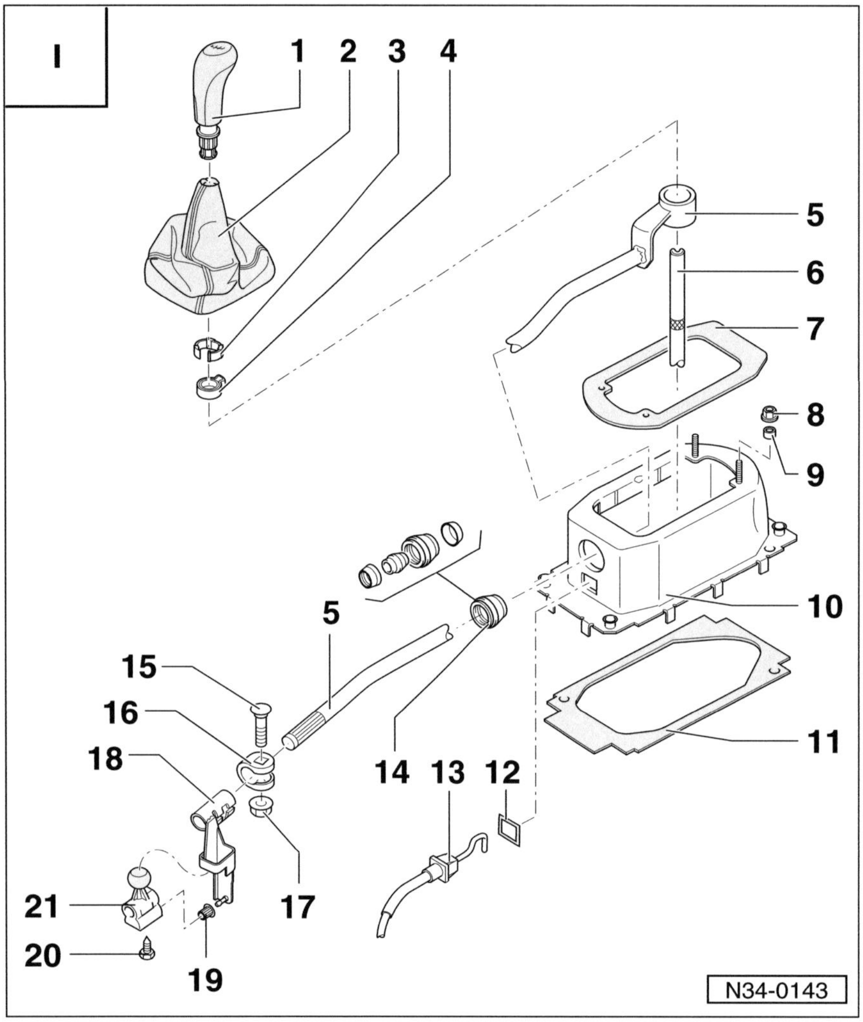

1 – **Schaltknopf**

2 – **Abdeckung**
Zum Ausbau vom Rahmen abziehen. Vor dem Einbau mit Schaltknopf verbinden.

3 – **Klemmhülse**

4 – **Klemmschelle**
Zum Befestigen des Schaltknopfes auf dem Schalthebel.

5 – **Schaltstange**

6 – **Schalthebel**

7 – **Dichtung**
Selbstklebend, zwischen Schaltgehäuse und Unterboden. Zum Einbau auf Schaltgehäuse kleben.

8 – **Kunststoffmutter**
Für Konsole an Schaltgehäuse. Vor dem Ausbau der Schaltbetätigung abschrauben.

9 – **Distanzhülse**
Zwischen Konsole und Schaltgehäuse.

10 – **Schaltgehäuse**

11 – **Dichtung**
Zwischen Schaltgehäuse und Bodenplatte. Selbstklebend, zum Einbau auf Schaltgehäuse kleben.

12 – **Dichtung**

13 – **Seilzug**
Bewirkt, daß die Aggregatebewegungen nicht direkt auf den Schalthebel übertragen werden.

14 – **Schaltstangenlager**
Besteht aus mehreren Teilen, wird beim Ausbauen immer zerstört.
Beim Einbau darauf achten, daß beide Kunststoffhalbschalen nicht auseinandergedrückt werden.

15 – **Schraube**

16 – **Klemmschelle**

17 – **Sechskantmutter, 20 Nm**
Nach Einbau Schaltbetätigung einstellen.

18 – **Winkelfinger**

19 – **Lagerbuchse**

20 – **Sechskantschraube, 20 Nm**

21 – **Schaltfinger**

Schalthebel/Seilzug

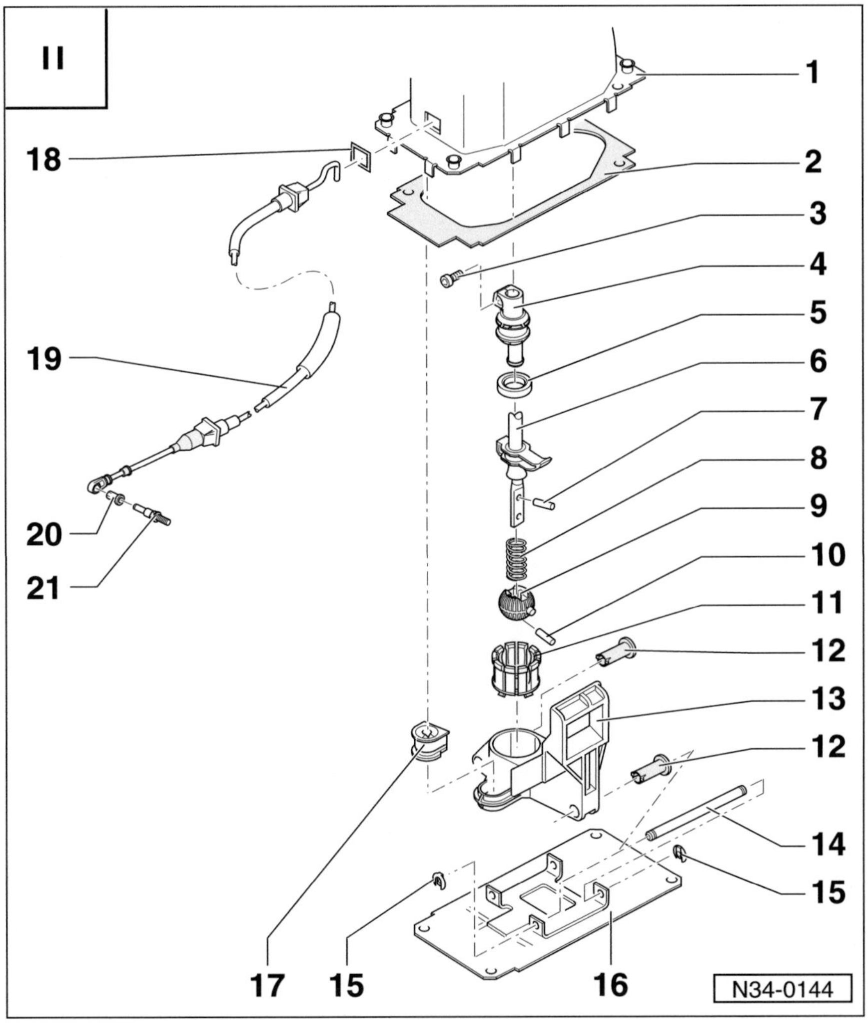

1 – **Schaltgehäuse**

2 – **Dichtung**
Selbstklebend, zwischen Schaltgehäuse und Bodenplatte. Zum Einbau auf Schaltgehäuse kleben.

3 – **Schraube, 2 Nm**

4 – **Einstellexzenter**
Mit Schalthebel verrasten, nach Einbau Schaltbetätigung einstellen.

5 – **Kunststoffring**

6 – **Schalthebel**
Kann gemeinsam mit dem Seilzug –19– bei eingebauter Schaltbetätigung aus- und eingebaut werden.

7 – **Spannhülse**
Mit geeignetem Dorn aus- und eintreiben.

8 – **Druckfeder**

9 – **Kugel**

10 – **Spannhülse**

11 – **Lager**
Gemeinsam mit Schalthebel aus der Führung aus- und einpressen.

12 – **Buchse**
Für Lagerbolzen.

13 – **Führung**

14 – **Lagerbolzen**

15 – **Sicherungsscheibe**

16 – **Bodenplatte**
Zum Abbauen Laschen des Schaltgehäuses aufbiegen.

17 – **Aufnahme**
Für den Seilzug –19–. Wenn die Aufnahme nicht von Hand aus- und eingedrückt werden kann, mit dem Stempel VW-408a aus- und einpressen.

18 – **Dichtung**

19 – **Seilzug**
Bewirkt, daß die Aggregatebewegungen nicht direkt auf den Schalthebel übertragen werden. Kann gemeinsam mit dem Schalthebel bei eingebauter Schaltbetätigung aus- und eingebaut werden.

20 – **Buchse**
Mit Dorn aus- und eindrücken.

21 – **Bolzen, 20 Nm**
In das Getriebe einschrauben.

Schalthebel/Seilzug aus- und einbauen

Achtung: Die Schaltbetätigung bleibt eingebaut.

Ausbau

- Abdeckung für Schalthebel vom Rahmen abziehen.

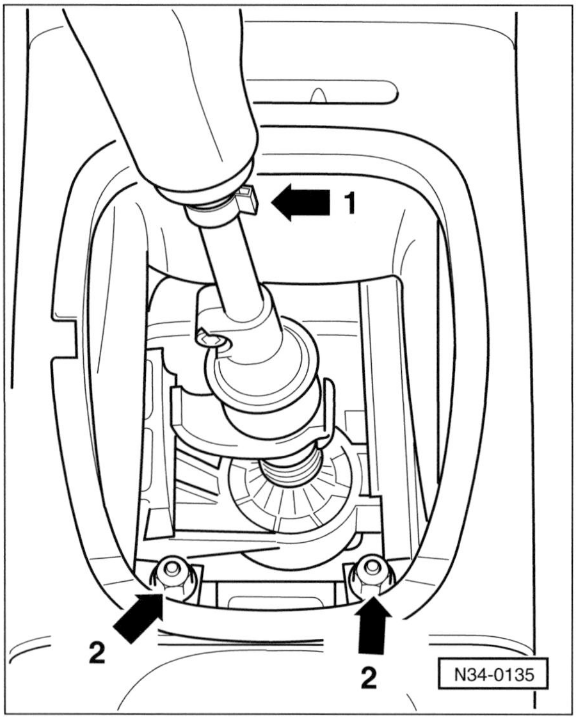

- Klemmschelle –1– mit Zange aufkneifen (wird dabei zerstört) und Schaltknopf mit Abdeckung abziehen.
- Lambdasonde, falls vorhanden, aus Abgasrohr vorn ausschrauben, siehe Seite 99.
- Abgasrohr vorn ausbauen, siehe Seite 99.
- Abschirmblech vorn abschrauben.

- Querträger vorn –Pfeil–, unterhalb der Abgasanlage abschrauben.

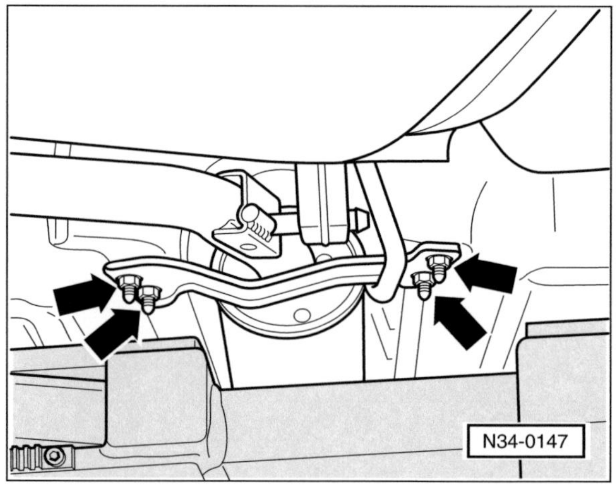

- Hinteren Querträger gemeinsam mit Abgasanlage hinten abschrauben –Pfeile–.
- Abgasanlage hinten vorsichtig absenken und abfangen.

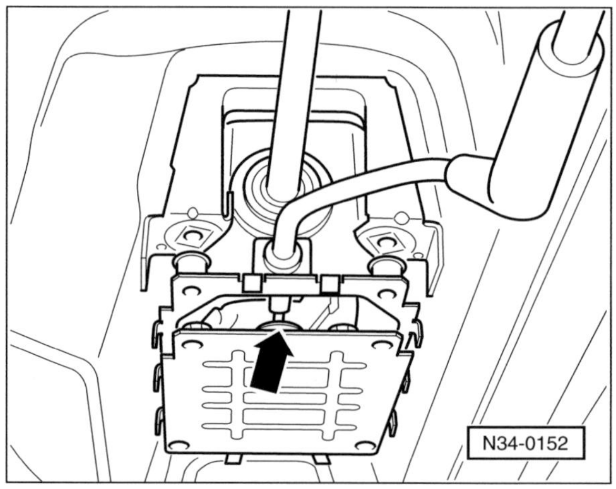

- Befestigungsschrauben für Schaltgehäuse vom Aufbau abschrauben und Blechlaschen vom Schaltgehäuse aufbiegen –Pfeile–.
- Bodenplatte etwas herunterdrücken und Seilzug aus der Aufnahme herausdrücken.
- Bodenplatte mit Schalthebel herausnehmen.

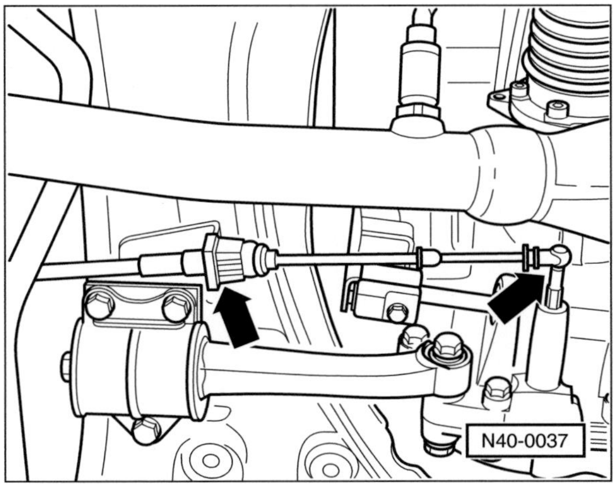

- Seilzug am Getriebe abhebeln –rechter Pfeil– und aus der Aufnahme am Aggregateträger herausziehen –linker Pfeil–, dazu Stege zusammendrücken.

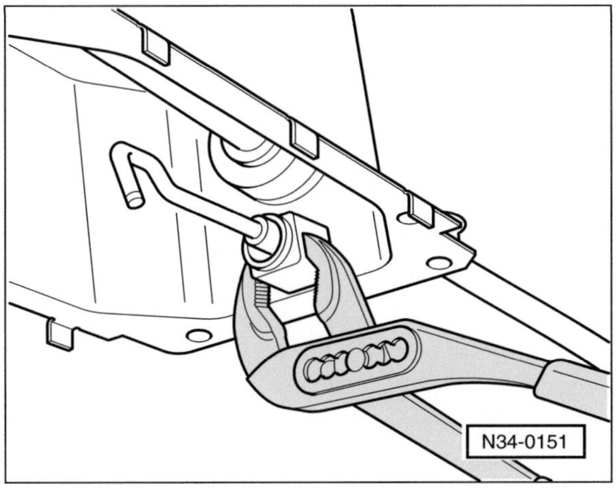

- Seilzug aus Schaltgehäuse herausziehen, dazu Stege zusammendrücken.

Einbau

- Bodenplatte mit Schalthebel einsetzen und mit **25 Nm** anschrauben, Blechlaschen umbiegen.
- Seilzug in die Aufnahme am Aggregateträger einrasten und am Getriebe aufdrücken.
- Seilzug in Schaltgehäuse einsetzen und einrasten.

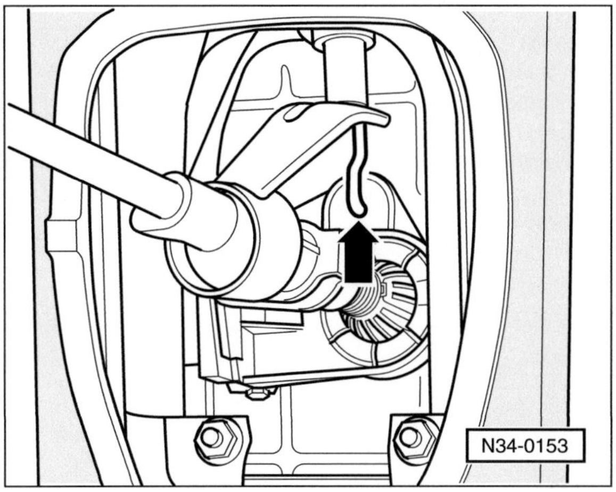

- Rückwärtsgang einlegen. Anschließend Haken des Seilzuges – Pfeil– in die Führung eindrücken.
- Abgasanlage mit hinterem Querträger einbauen.
- Vorderen Querträger anschrauben.
- Abschirmblech vorn anschrauben.
- Abgasrohr vorn einbauen, siehe Seite 99.
- Falls ausgebaut, Lambdasonde einbauen, siehe Seite 99.
- Schaltknopf mit Abdeckung aufschieben, Schaltknopf bis zum Anschlag auf den Schalthebel aufdrücken und mit neuer Klemmschelle befestigen.
- Abdeckung für Schalthebel am Rahmen aufdrücken.
- Funktion der Schaltbetätigung prüfen, siehe Seite 120.

Schaltbetätigung einstellen/ Funktion prüfen

Um die Schalteinstellung korrekt vornehmen zu können, müssen das Getriebe, die Kupplung und die Kupplungsbetätigung in Ordnung sein. Außerdem müssen die Betätigungs- und Übertragungselemente der Schaltbetätigung leichtgängig und in einem einwandfreien Zustand sein.

Achtung: Die Schaltbetätigung wird in der Fachwerkstatt mit dem Spezialwerkzeug VW-3374 eingestellt. Beschrieben wird zunächst die Einstellung ohne Spezialwerkzeug. Falls sich damit kein einwandfreies Ergebnis erzielen läßt, Einstellung mit Einstellehre wiederholen (Werkstattarbeit). Hinweise zum Einstellvorgang mit der Einstellehre stehen am Ende des Kapitels.

Einstellen

- Getriebe in Leerlaufstellung bringen, Handbremse anziehen.

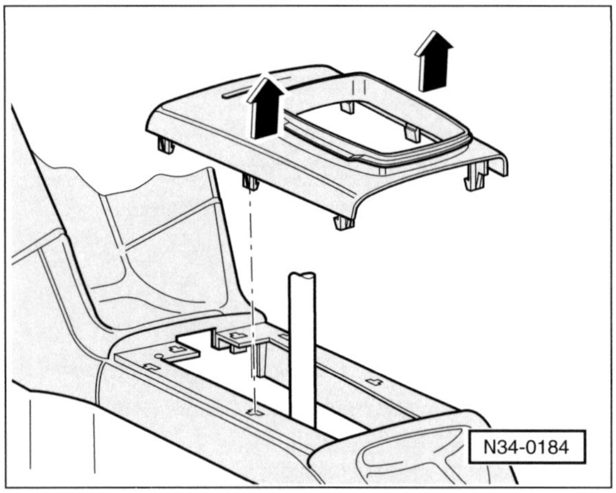

- Faltenbalg mit Rahmen von der Mittelkonsole abhebeln, nach oben ziehen und über Schaltknauf hängen.

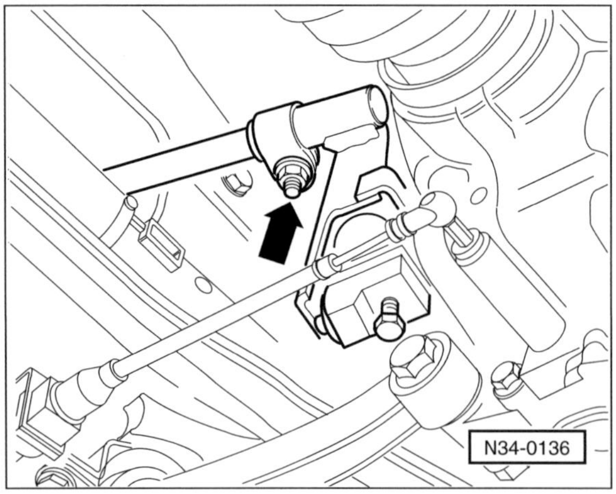

- Klemmschelle –Pfeil– lösen. Die Verbindung Schaltstange/Winkelfinger muß leichtgängig sein. **Achtung:** Schaltstange und Winkelfinger einige Male hin- und herbewegen, um die Leichtgängigkeit sicherzustellen.

- Befestigungsschraube –1– für Schaltfinger herausdrehen, ersetzen und neue Schraube leicht einschrauben. **Achtung:** Die Befestigungsschraube ist mit Sicherungsmittel beschichtet.
- Schaltfinger so weit auf Innenschalthebel aufschieben, daß sich die Befestigungsschraube in der vorderen Ansenkung der Schaltwelle befindet –Pfeil 2–. Schraube mit **20 Nm** festziehen.

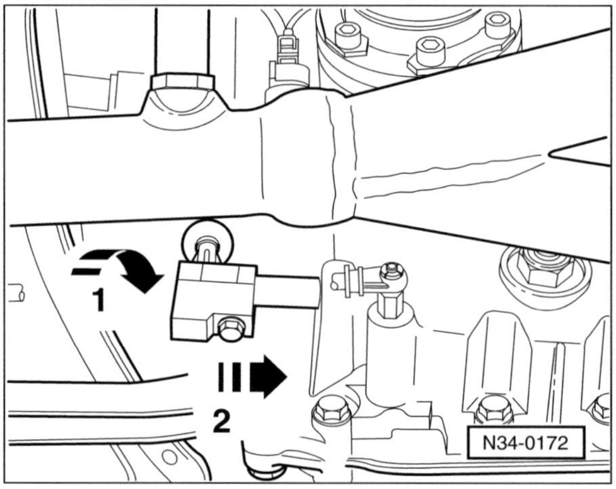

- 1. Gang am Getriebe einlegen, dazu Schaltfinger nach links drehen –Pfeil 1– und zum Getriebe drücken –Pfeil 2–.
- Winkelfinger auf Schaltfinger setzen.
- 1. Gang am Schalthebel einlegen.

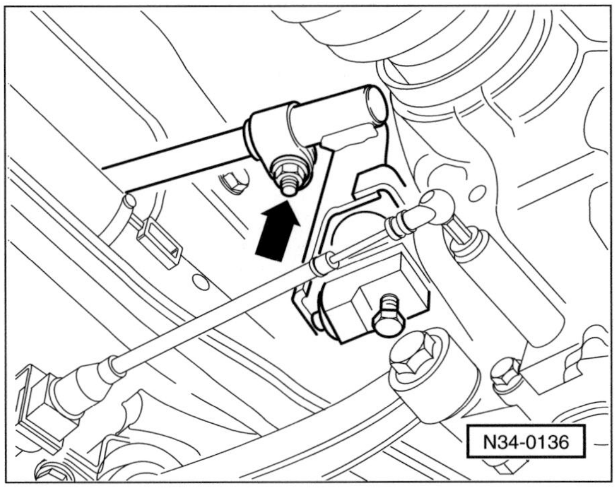

- Schaltstange in dieser Stellung mit dem Winkelfinger verbinden und Klemmschelle mit **25 Nm** anziehen –Pfeil–.

Achtung: Die Schaltstange schaut geringfügig aus der Aufnahme im Winkelfinger heraus.

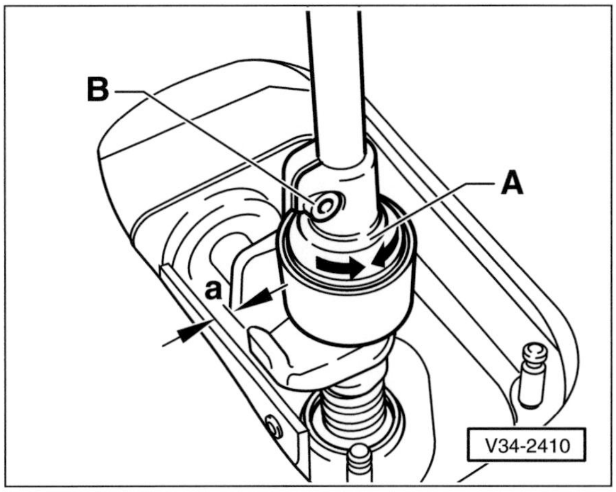

- Spiel in der Schaltbetätigung aufheben, dazu Schalthebel vorsichtig nach links drücken.
- Der Abstand zwischen Schalthebelanschlag und Schaltgehäuse muß a = 1,0 mm bis 2,0 mm betragen.
- Ist das nicht der Fall, Feineinstellung bei eingelegtem 1. Gang durchführen.

Funktion prüfen

- Der Schalthebel muß im Leerlauf in der Gasse 3./4. Gang stehen.
- Kupplung treten und alle Gänge mehrmals durchschalten. Auf die Funktion der Rückwärtsgangsperre ist besonders zu achten.
- Tritt beim wiederholten Einlegen eines Ganges noch ein Haken auf, ist wie folgt vorzugehen:
- 1. Gang einlegen.

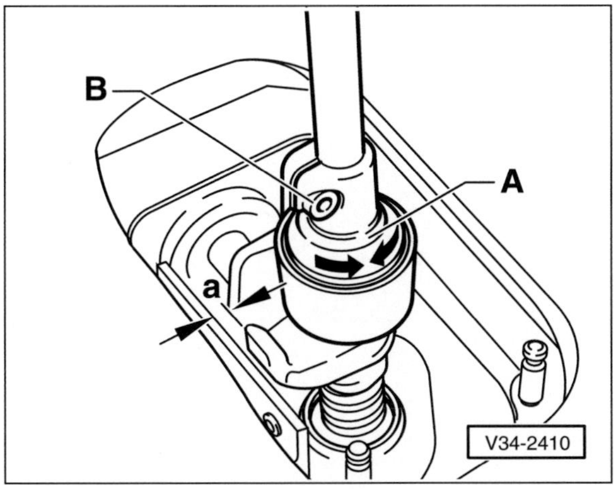

- Spiel in der Schaltbetätigung aufheben, dazu Schalthebel vorsichtig nach links drücken.
- Der Abstand zwischen Schalthebelanschlag und Schaltgehäuse muß a = 1,0 mm bis 2,0 mm betragen.
- Ist das nicht der Fall, Feineinstellung bei eingelegtem 1. Gang durchführen.

Feineinstellung

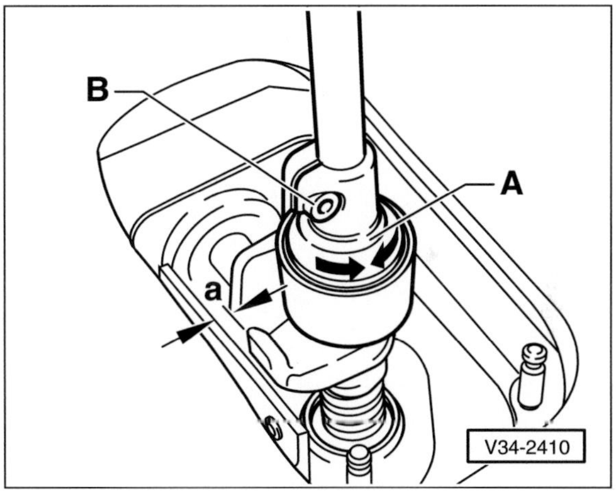

- 1. Gang einlegen.
- Klemmschraube –B– lösen .
- Einstellexzenter –A– soweit verdrehen, bis a = 1,0 mm bis 2,0 mm beträgt.
- Klemmschraube –B– ganz leicht (2 Nm) anziehen.
- Rahmen mit Faltenbalg an der Mittelkonsole aufdrücken.

Hinweise für die Einstellung mit Einstellehre

- Klemmschelle für Schaltstange am Winkelfinger gelöst.

Achtung: Schaltfinger muß vom Innenschalthebel nicht gelöst werden.

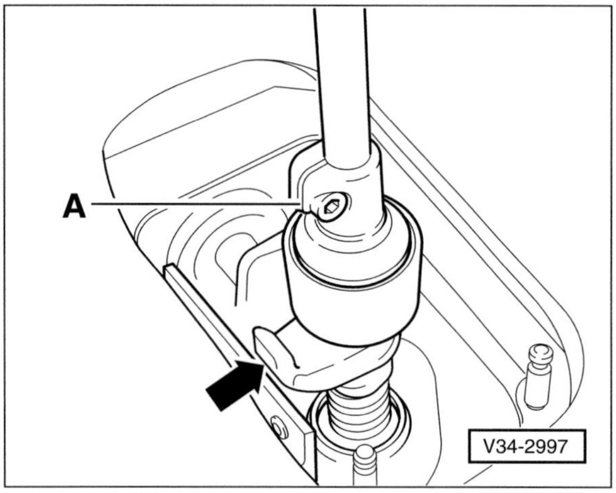

- Einstellexzenter am Schalthebel so ausrichten, daß die Klemmschelle –A– zum Haken für den Rückwärtsgang –Pfeil– zeigt.
- 5. Gang am Schalthebel einlegen.

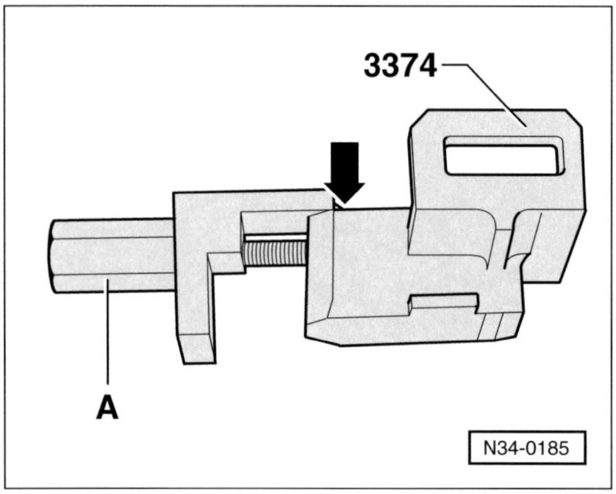

- Schraube –A– an der Schalthebellehre VW-3374 so weit herausdrehen, bis das Winkelstück gerade noch am Grundkörper anliegt –Pfeil–.

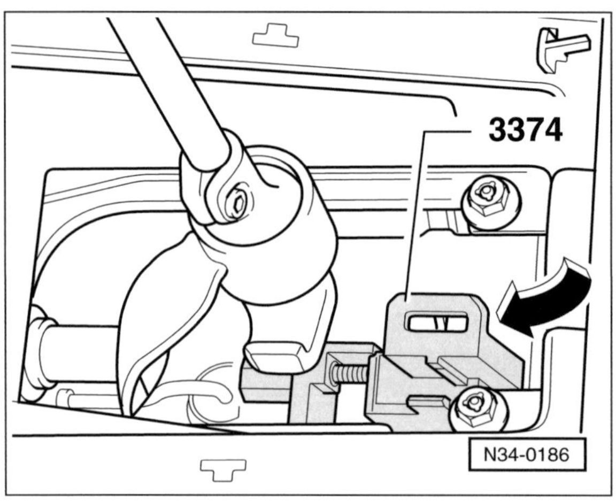

- Schalthebellehre wie folgt einsetzen: Lehre vom hinteren Bereich der Mittelkonsole aus, unterhalb des Hakens für den Rückwärtsgang in Pfeilrichtung einführen.

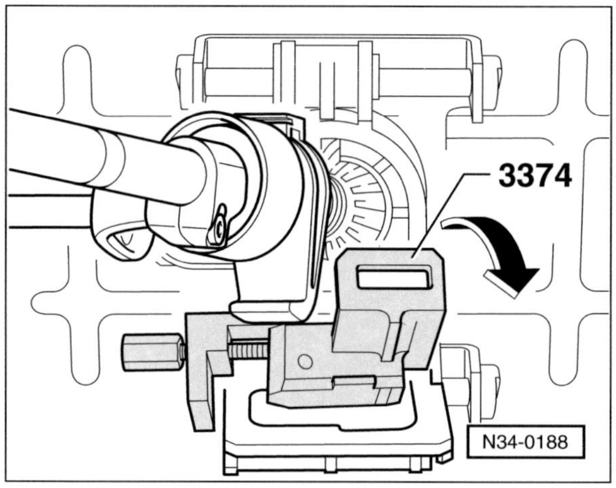

- Lehre in Pfeilrichtung in die Aussparung für den Haken des Rückwärtsganges schwenken.

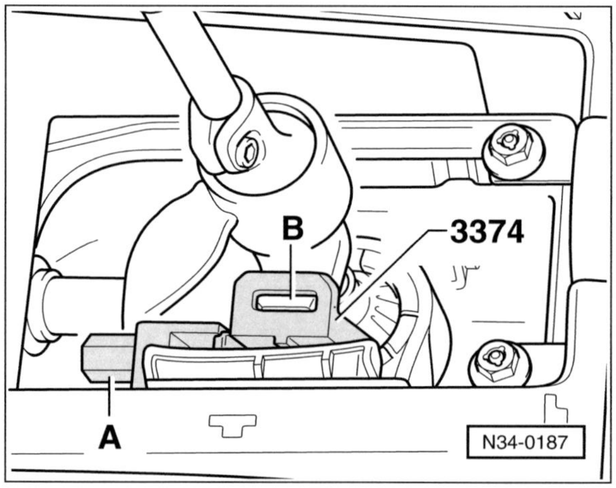

- Schraube –A– anziehen, dabei Schalthebellehre herunterdrücken.
- 5. Gang herausnehmen, Schalthebel herunterdrücken und mit dem Haken für den Rückwärtsgang in die Aussparung –B– der Schalthebellehre einsetzen.
- Schaltstange und Winkelfinger spannungsfrei ausrichten. **Achtung:** Dabei darf kein Gang eingelegt sein, Getriebe in Leerlaufstellung.
- Klemmschelle mit **25 Nm** anziehen.
- Schalthebellehre herausnehmen.
- Funktion prüfen.

Vorderachse

Bei der POLO-Vorderachse werden die Vorderräder von unteren Dreieck-Achslenkern und Federbeinen geführt. Die Achslenker sind in Gummi/Metall-Lagern an einem Aggregateträger befestigt. Die Federbeine sind oben über Federbeinlager mit der Karosserie verschraubt.

Die Radlagergehäuse sind mit dem Achslenker über ein Achsgelenk (Kugelgelenk) verbunden und mit dem Federbein verschraubt. Bei gelösten Schrauben kann der Winkel zwischen Federbeinrohr und dem Radlagergehäuse verändert werden, wodurch sich der Radsturz einstellen läßt.

Beide Achslenker sind über einen Querstabilisator miteinander verbunden, wodurch die Neigung des Fahrzeugs bei Kurvenfahrt verringert wird. Die Vorderradlager sind nicht zerlegbar und müssen nach jedem Ausbau komplett ersetzt werden.

Der Motor treibt über zwei Gelenkwellen mit jeweils zwei Gleichlaufgelenken die Vorderräder an.

Achtung: Schweiß- und Richtarbeiten an tragenden und radführenden Bauteilen der Vorderradaufhängung **sind nicht zulässig. Selbstsichernde Muttern** im Reparaturfall **immer ersetzen.**

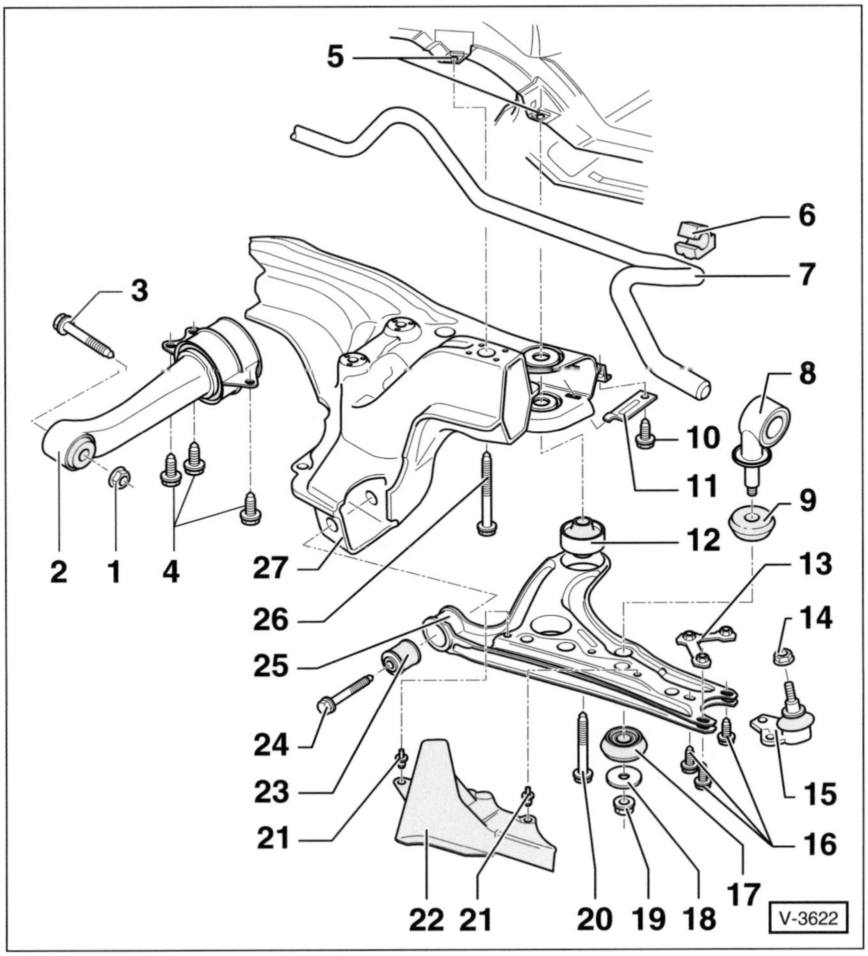

1 – **Mutter, 40 Nm + ¼ Umdreh. (90°)***

2 – **Pendelstütze**

3 – **Schraube***

4 – **Schraube***

5 – **Käfigmutter**

6 – **Gummilager**
Offene Seite zeigt nach hinten.

7 – **Stabilisator**

8 – **Koppelstange**
Auge mit Gummilager zeigt entgegen der Fahrtrichtung.

9 – **Lager für Koppelstange**
Konische Seite zum Achslenker.

10 – **Schraube, 25 Nm**

11 – **Schelle**

12 – **Lager hinten für Achslenker**

13 – **Blech mit Muttern**

14 – **Mutter, 35 Nm***

15 – **Achsgelenk**

16 – **Schraube, 20 Nm + ¼ Umdr. (90°)***

17 – **Lager für Koppelstange**

18 – **Scheibe**
Kragen zeigt vom Lager weg.

19 – **Mutter, 25 Nm***

20 – **Schraube, 50 Nm + ¼ Umdr. (90°)***

21 – **Spreizniet**

22 – **Luftleitteil**

23 – **Lager für Achslenker**

24 – **Schraube, 70 Nm**

25 – **Achslenker**

26 – **Schraube, 50 Nm + ¼ Umdr. (90°)***

27 – **Aggregateträger**

*) Immer ersetzen.

Achsgelenk prüfen/aus- und einbauen

Prüfen

- Fahrzeug vorn aufbocken.

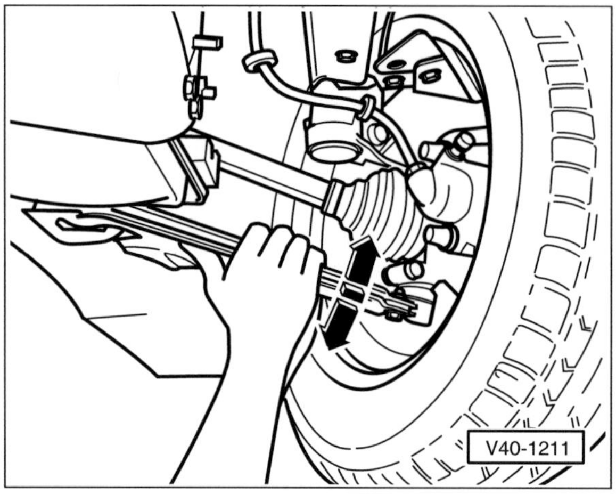

- Achslenker kräftig nach oben drücken und nach unten ziehen, dabei das Achsgelenk beobachten.
- Rad unten kräftig nach außen und innen drücken, dabei das Achsgelenk beobachten.
- Bei beiden Prüfungen darf kein fühlbares und sichtbares Spiel im Achsgelenk vorhanden sein. Eventuell vorhandenes Radlagerspiel oder Spiel im Federbeinlager oben berücksichtigen.
- Gummibalg auf Beschädigung prüfen, bei Beschädigung Achsgelenk erneuern.

Ausbau

Achtung: Bei gelöster Gelenkwellenmutter darf das Fahrzeug nicht mit vollem Gewicht auf den Rädern stehen, da bei fehlender axialer Vorspannung die Wälzkörper des Radlagers beschädigt werden.

- Fahrzeug soweit anheben, daß die Vorderachse entlastet ist, die Räder aber noch den Boden berühren.
- Befestigungsmutter für Radnabe an Gelenkwelle lösen, nicht abschrauben.
- Stellung der Vorderräder zur Radnabe mit Farbe kennzeichnen. Dadurch kann das ausgewuchtete Rad wieder in derselben Position montiert werden. Radschrauben lösen. Fahrzeug vorn aufbocken und Vorderräder abnehmen.
- Innenvielzahnschrauben für Gelenkwelle an der Getriebe-Flanschwelle abschrauben. Hierzu wird ein Innenvielzahn-Steckschlüsseleinsatz benötigt, zum Beispiel HAZET 990 Lg-8.
- Luftleitteil am Achslenker abschrauben.

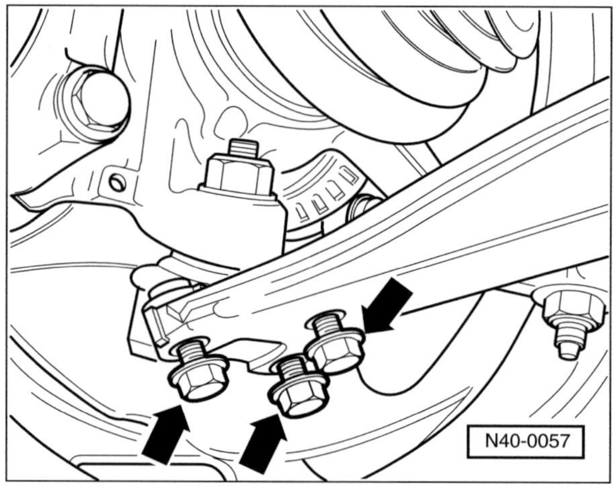

- Einbaulage des Gelenks mit einem Filzstift markieren oder mit Reißnadel umkreisen. Schrauben –Pfeile– ausschrauben.
- Rad mit Federbein nach außen ziehen und in dieser Position abstützen.
- Befestigungsmutter des Achsgelenkes herausschrauben.

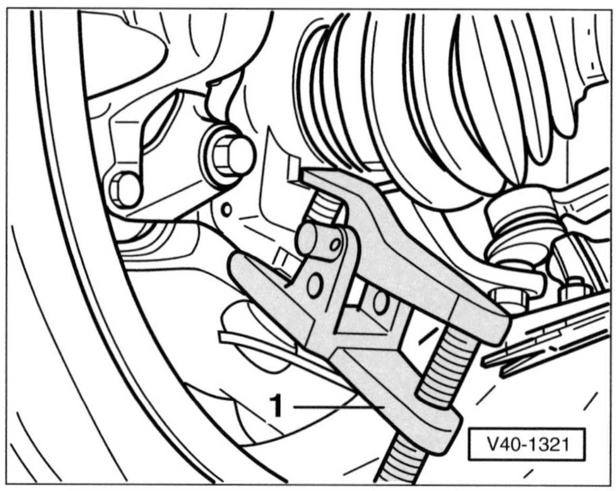

- Achsgelenk mit handelsüblichem Ausdrücker –1–, zum Beispiel Matra V176 oder HAZET 779, aus Radlagergehäuse herausdrücken. Damit das Gewinde nicht beschädigt wird, vorher Mutter einige Umdrehungen auf das Achsgelenk aufschrauben.

Einbau

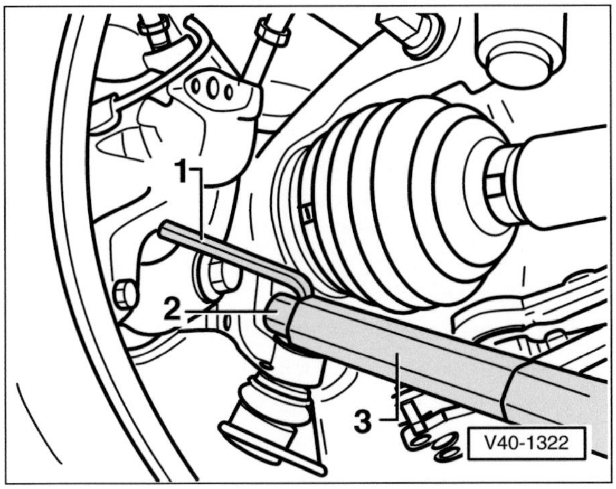

- Gelenkzapfen in Radlagergehäuse einsetzen. **Neue** selbstsichernde Mutter mit **35 Nm** anziehen. Dabei Achsgelenk mit einem um ca. 10 mm gekürzten Innensechskantschlüssel SW 5 –1– gegenhalten. Die Ziffern –2– und –3– bezeichnen den Drehmomentschlüssel mit Schraubeneinsatz.
- Achsgelenk mit **neuem** Blech mit aufgeschweißten Muttern am Achslenker ansetzen und Schrauben handfest anziehen.
- Achsgelenk in den Langlöchern verschieben, bis die Schrauben mit den angebrachten Markierungen übereinstimmen, dann mit **35 Nm** festziehen.

Achtung: Innerhalb der Langlöcher des Achsgelenkes darf der Sturz nicht eingestellt werden. Sonst können Schäden an der Gelenkwelle auftreten. Bei Einbau des Achsgelenkes in einen neuen Achslenker Befestigungsschrauben in den Langlöchern ausmitteln, dann festziehen. Anschließend muß der Sturz neu vermessen werden, siehe Seite 147.

- Gelenkwelle am Getriebe anflanschen, Schrauben über Kreuz mit **45 Nm** festziehen. Unterlegplatten nicht vergessen.

Achtung: Staubkappe am Achsgelenk sichtprüfen, sie darf weder verdrillt noch beschädigt sein.

- Luftleitteil am Achslenker anschrauben.
- Vorderrad montieren, dabei auf Markierung zur Radnabe achten. Fahrzeug ablassen, bis die Räder den Boden berühren. Radschrauben über Kreuz mit **110 Nm** festziehen.
- Gelenkwelle an Radnabe mit **neuer** Zwölfkantmutter festziehen, siehe Seite 125.

Gelenkwelle aus- und einbauen

Achtung: Bei demontierter Gelenkwelle darf das Fahrzeug nicht mit vollem Gewicht auf den Rädern stehen und nicht geschoben werden, da bei fehlender axialer Vorspannung die Wälzkörper des Radlagers beschädigt werden. Gegebenenfalls statt der Gelenkwelle ein Außengelenk einbauen und mit **50 Nm** anziehen.

Da die Gelenkwelle in die Radnabe eingepreßt ist, wird zum Ausbau ein geeignetes Ausdrückwerkzeug benötigt.

Ausbau

- Fahrzeug soweit anheben, daß die Vorderachse entlastet ist, die Räder aber noch den Boden berühren.
- Befestigungsmutter für Radnabe an Gelenkwelle lösen, nicht abschrauben.
- Stellung der Vorderräder zur Radnabe mit Farbe kennzeichnen. Dadurch kann das ausgewuchtete Rad wieder in derselben Position montiert werden. Radschrauben lösen. Fahrzeug vorn aufbocken und Vorderräder abnehmen.
- Innenvielzahnschrauben für Gelenkwelle an der Getriebe-Flanschwelle abschrauben. Hierzu wird ein Innenvielzahn-Steckschlüsseleinsatz benötigt, zum Beispiel HAZET 990 Lg-8.
- Luftleitteil am Achslenker abschrauben.

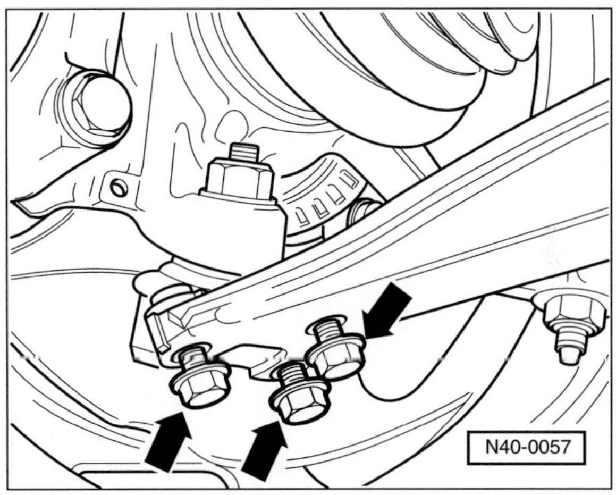

- Einbaulage des Achsgelenks mit einem Filzstift markieren oder mit Reißnadel umkreisen. Schrauben –Pfeile– herausdrehen.

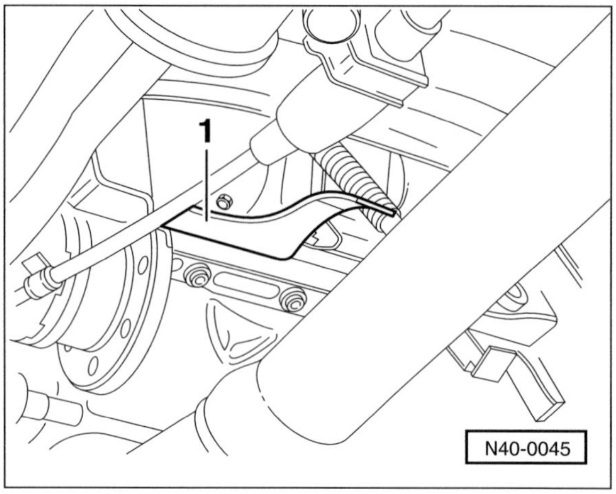

- Rechte Gelenkwelle: Beim Benzinmotor Halter –1– für Kabel der Lambdasonde oberhalb der Gelenkwelle abschrauben.

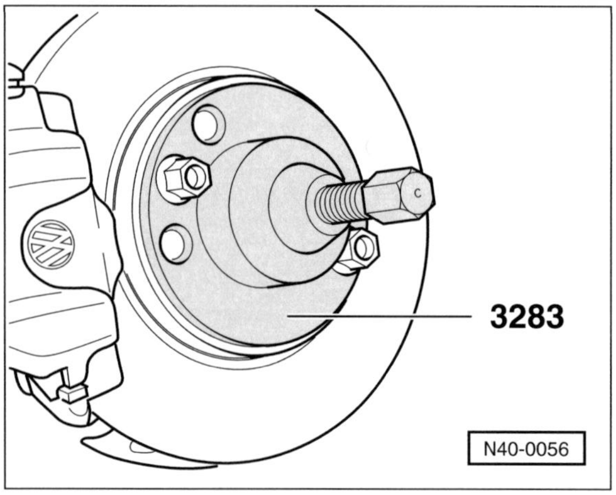

- Gelenkwelle mit handelsüblichem Abzieher aus Radnabe drücken und herausnehmen. Die VW-Werkstatt verwendet hierfür den Abzieher VW-3283.

Achtung: Gelenkwelle zerlegen, siehe Seite 130.

Einbau

- Vor dem Einbau Verzahnung der Gelenkwelle und Radnabe mit Benzin reinigen (fett- und ölfrei), sowie alle Rückstände von Korrosion oder Lack entfernen.
- Gelenkwelle soweit wie möglich in Radnabe einschieben. **Neue selbstsichernde** Zwölfkantmutter aufschrauben und soweit beiziehen, bis das Außengelenk im Radlager zur Anlage kommt. Mutter noch nicht festziehen.
- Achsgelenk mit **neuem** Blech mit aufgeschweißten Muttern am Achslenker ansetzen und Schrauben handfest anziehen.
- Achsgelenk in den Langlöchern verschieben, bis die Schrauben mit den angebrachten Markierungen übereinstimmen, dann mit **35 Nm** festziehen.
- Gelenkwelle am Getriebe anflanschen. Innenvielzahnschrauben für inneres Gleichlaufgelenk über Kreuz mit **45 Nm** festziehen. Unterlegplatten nicht vergessen.
- Luftleitteil am Achslenker anschrauben.
- Rechte Gelenkwelle: Halter für Kabel der Lambdasonde oberhalb der Gelenkwelle anschrauben.
- Vorderrad montieren, dabei auf Markierung zur Radnabe achten. Fahrzeug ablassen, bis die Räder den Boden berühren, das Fahrzeug aber noch nicht mit vollem Gewicht auf den Rädern steht. Sonst kann das Radlager vorgeschädigt werden.
- Bremse betätigen (Helfer erforderlich).
- Radschrauben über Kreuz mit **110 Nm** festziehen.
- Zwölfkantmutter für Gelenkwelle mit **200 Nm** anziehen und anschließend **eine Umdrehung lösen**.
- Zwölfkantmutter mit **50 Nm** voranziehen.

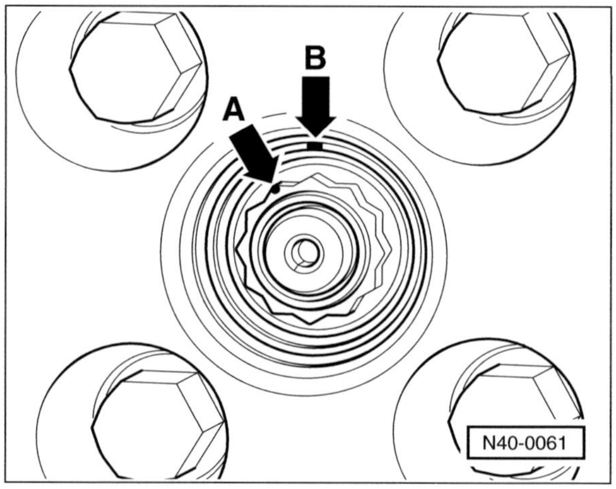

- Zwölfkant der Mutter mit einem Strich –Pfeil A– kennzeichnen.
- Zweiten Strich –Pfeil B– auf dem Rand der Radnabe über dem nächsten Zwölfkant anbringen. **Hinweis:** Der Abstand von einem Zwölfkant bis zum nächsten Zwölfkant beträgt **30°**.
- Zwölfkantmutter weiterdrehen, bis beide Striche fluchten.
- Fahrzeug ablassen.

Federbein aus- und einbauen

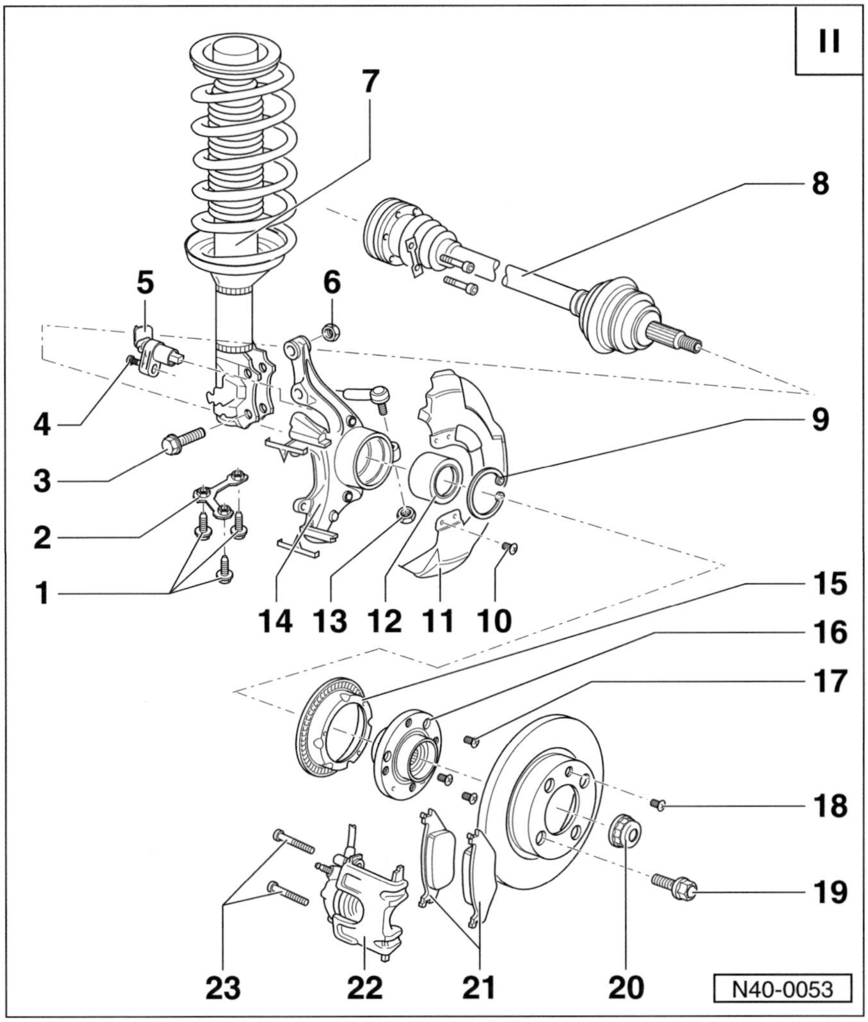

1 – **Schrauben, 35 Nm**

2 – **Blech mit Muttern**

3 – **Schraube**
Zum Einstellen des Radsturzes. Vor dem Lösen Einbaulage mit Reißnadel markieren. Mit Mutter –6– festziehen.

4 – **Innensechskantschraube, 10 Nm**

5 – **Drehzahlfühler**

6 – **Mutter, 95 Nm**
Selbstsichernd, immer erneuern.

7 – **Federbein**

8 – **Gelenkwelle**

9 – **Sicherungsring**
Auf richtigen Sitz achten.

10 – **Sechskantschraube, 10 Nm**

11 – **Abdeckblech**

12 – **Radlager**

13 – **Mutter, 35 Nm**
Selbstsichernd, immer erneuern.

14 – **Radlagergehäuse**

15 – **Rotor für Drehzahlfühler**
Für Fahrzeuge mit ABS.

16 – **Radnabe**

17 – **Kreuzschlitzschraube**

18 – **Kreuzschlitzschraube**

19 – **Radschraube, 110 Nm**

20 – **Zwölfkantmutter**
Selbstsichernd, immer erneuern. Anzugsmethode, siehe Kapitel »Gelenkwelle aus- und einbauen«.

21 – **Bremsbeläge**

22 – **Bremssattel**

23 – **Innensechskantschrauben, 25 Nm**

Achtung: Bremssattel bei 16V-Fahrzeugen mit 2 Rippschrauben und **125 Nm** festziehen.

Ausbau

Vor dem Ausbau Sturzeinstellung an den beiden unteren Befestigungsschrauben markieren, wenn bisheriges Federbein wieder eingebaut wird. Schraubenköpfe und Muttern mit Reißnadel umkreisen.

- Stellung der Vorderräder zur Radnabe mit Farbe kennzeichnen. Dadurch kann das ausgewuchtete Rad wieder in derselben Position montiert werden. Radschrauben bei auf dem Boden stehendem Fahrzeug lösen. Fahrzeug vorn aufbocken und Vorderräder abnehmen.
- Gelenkwelle so abstützen, daß sie nach dem Ausbau des Federbeins nicht nach unten durchhängt. Dazu geeigneten Stützbock unter der Gelenkwelle postieren, und zwar neben der Gummimanschette des äußeren Gleichlaufgelenks.

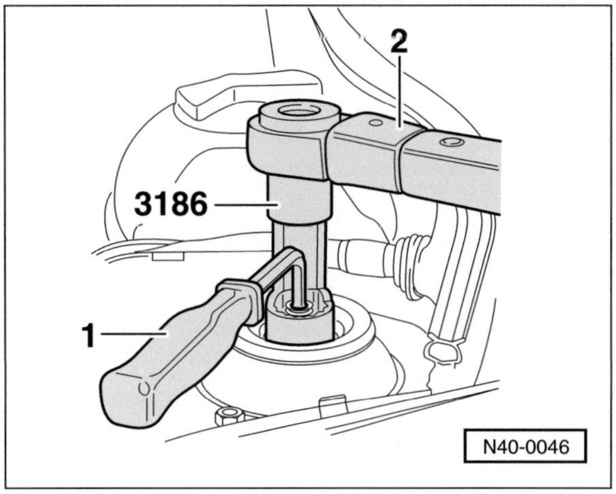

- **Bis 9/99:** Mutter am Federbein mit tiefgekröpftem Ringschlüssel abschrauben, dabei mit Innensechskantschlüssel –1– SW 7 gegenhalten. Es kann auch das Spezialwerkzeug HAZET 2593-21 oder VW 3186 verwendet werden. 2 – Drehmomentschlüssel.

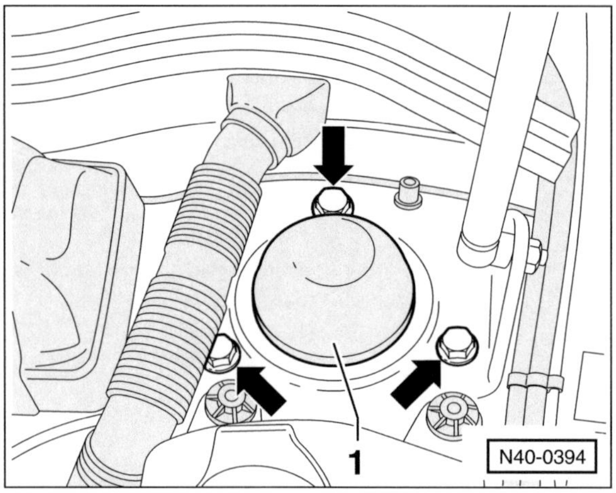

- **Seit 10/99:** Kappe –1– abnehmen. 3 Schrauben –Pfeile– herausdrehen.

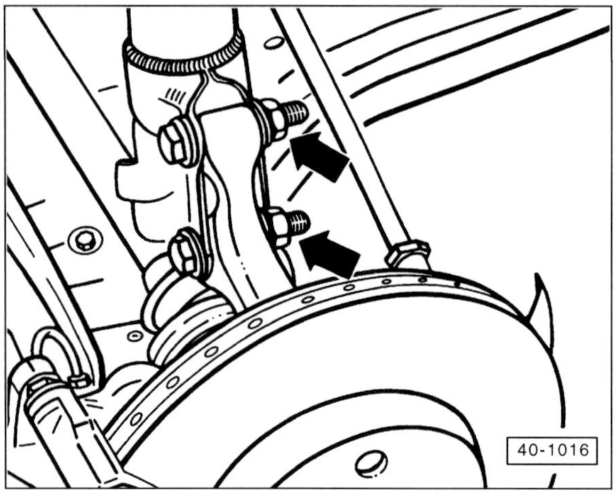

- Muttern –Pfeile– abschrauben und Bolzen herausdrücken.
- Federbein nach unten durch Radhaus herausnehmen.

Einbau

Achtung: Grundsätzlich selbstsichernde Muttern erneuern.

- Federbein von unten einsetzen, Bolzen am Radlagergehäuse durchschieben und **neue** selbstsichernde Muttern handfest anziehen.
- **Bis 9/99:** Federbein oben mit **60 Nm** festziehen, dabei Kolbenstange mit Innensechskantschlüssel SW 7 gegenhalten. **Achtung:** Damit ein Drehmomentschlüssel angesetzt werden kann, wird das das HAZET-Werkzeug 2593-21 mit Gegenhalter 2100-07 benötigt.
- **Seit 10/99:** Federbein oben mit **15 Nm** festziehen, anschließend Schrauben ¼ **Umdrehung (90°)** weiterdrehen.
- Federbein unten entsprechend der angebrachten Markierungen verschieben, dann Muttern mit **95 Nm** festziehen.
- Vorderrad montieren, dabei auf Markierung zur Radnabe achten, Fahrzeug ablassen und Radschrauben über Kreuz mit **110 Nm** festziehen.

Achtung: Nach Austausch von Stoßdämpfer und Radlagergehäuse Spur und Sturz einstellen, siehe Seite 147.

Das Federbein

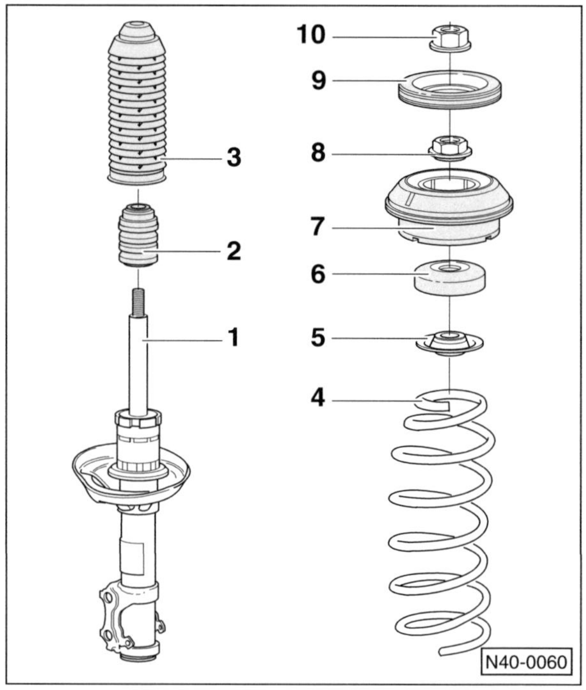

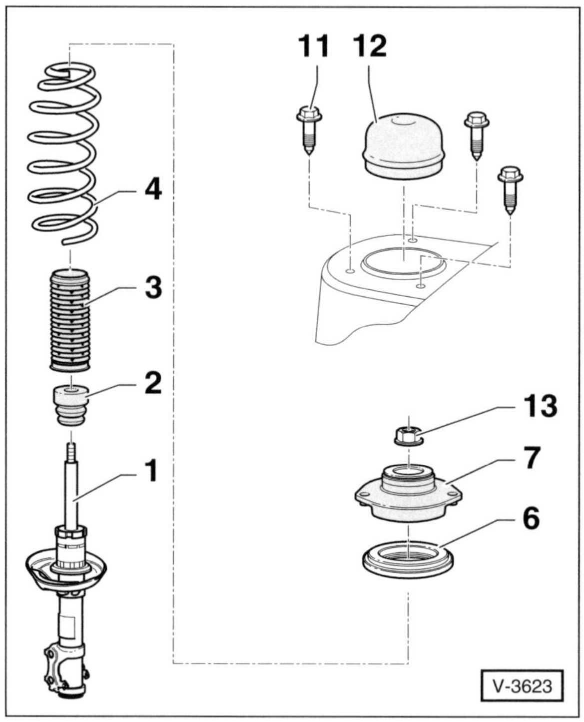

1 – Stoßdämpfer
2 – Anschlagpuffer
3 – Schutzhülle
4 – Schraubenfeder
5 – Federteller
6 – Axialrillenkugellager
7 – Federbeinlager

Bis 9/99:
8 – Mutter, **60 Nm**
9 – Anschlag
10 – Mutter, **60 Nm**

Seit 10/99:
11 – Schraube, **15 Nm +** ½ **Umdrehung (90°)**
12 – Kappe
13 – Mutter, **60 Nm**

Achtung: Muttern und Schrauben immer ersetzen.

Federbein zerlegen/Stoßdämpfer/ Schraubenfeder aus- und einbauen

Ausbau

- Federbein ausbauen, siehe Seite 127.

Achtung: Um den Stoßdämpfer ausbauen zu können, **muß die Schraubenfeder mit einem geeigneten Federspanner vorgespannt werden.**

Achtung: Auf keinen Fall Stoßdämpfer lösen, wenn die Feder nicht ordnungsgemäß gespannt ist.

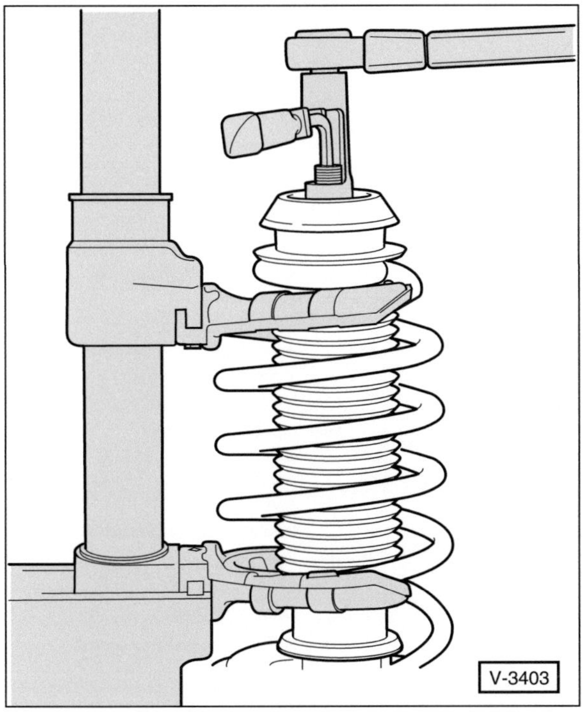

- Schraubenfeder mit geeigneter Vorrichtung spannen. **Achtung: Falls der Federspanner in die Windungen der Feder eingesetzt wird, darauf achten, daß die Federwindungen sicher umfaßt werden und der Federspanner nicht abrutschen kann. Feder grundsätzlich an 3 gleichmäßig über den Umfang verteilten Punkten spannen. Die Schraubenfeder steht unter großer Vorspannung, deshalb nur stabiles Werkzeug verwenden. Keinesfalls Feder mit Draht zusammenbinden. Unfallgefahr!**

Achtung: Die obere Mutter darf nur dann gelöst werden, wenn die Feder sicher gespannt ist.

- Mutter am Federbein abschrauben, dabei mit Innensechskantschlüssel SW 7 gegenhalten. Für die Mutter wird ein tiefgekröpfter Ringschlüssel benötigt. Bei der Verwendung des Spezialwerkzeuges HAZET 2593-21 kann zum Festziehen ein handelsüblicher Drehmomentschlüssel verwendet werden.
- Schraubenfeder langsam entspannen, Einzelteile abnehmen.
- Stoßdämpfer prüfen, siehe Seite 136.
- Gegebenenfalls Stoßdämpfer verschrotten, siehe Seite 136.

Einbau

Achtung: Es stehen Federn in verschiedenen Toleranzgruppen zur Verfügung. Nur Federn mit gleicher Kennung (Farbkennzeichnung) verwenden.

- Eine neue Schraubenfeder ist gegen Korrosion mit einem Schutzlack versehen. Vor dem Einbau Federn auf Lackschäden untersuchen und gegebenenfalls ausbessern.
- Federbein nach Abbildung N40-0060 zusammensetzen.
- Schraubenfeder mit geeigneter Spannvorrichtung spannen und in das Federbein einsetzen. Darauf achten, daß das Federende richtig in der Führung anliegt.
- **Neue** selbstsichernde Mutter mit **60 Nm** festziehen. Dabei Kolbenstange mit Inbusschlüssel gegenhalten.
- Feder langsam entspannen.
- Federbein einbauen, siehe Seite 127.

Gelenkwelle zerlegen

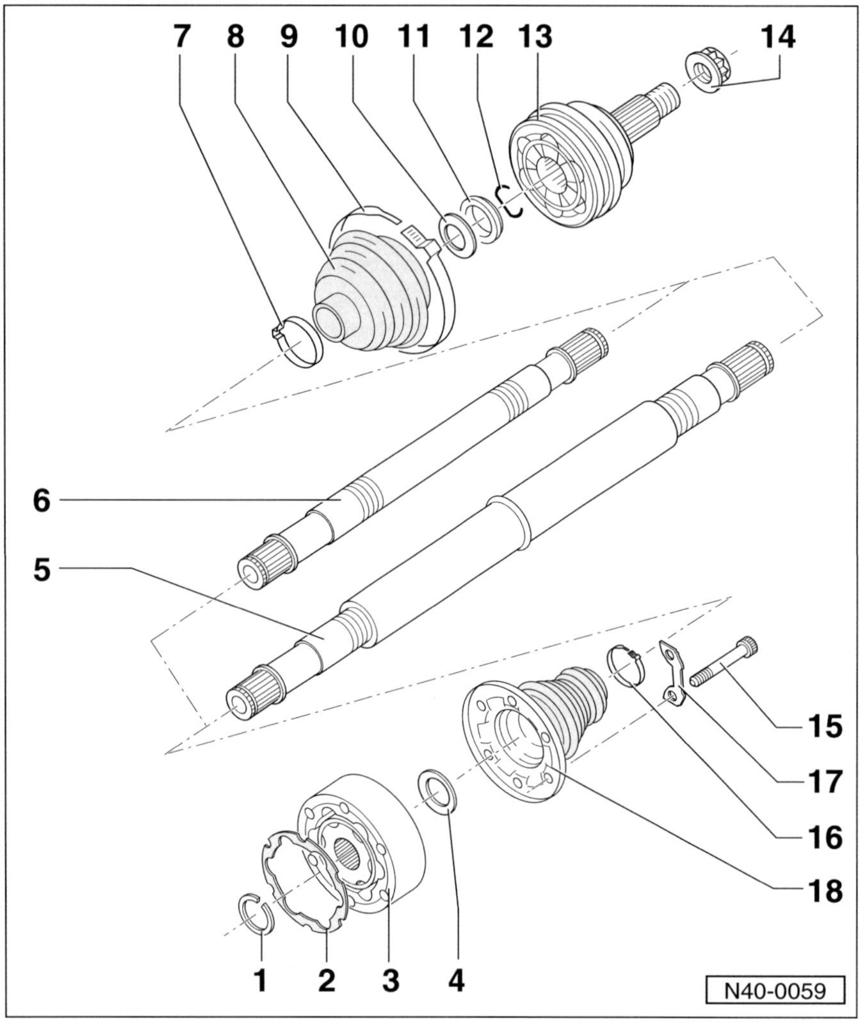

1 – **Sicherungsring**
Immer ersetzen.

2 – **Dichtung**
Immer ersetzen, Schutzfolie abziehen und in das Gelenk kleben.

3 – **Gleichlaufgelenk innen**

4 – **Tellerfeder**
Im Innendurchmesser verzahnt. Einbaulage beachten, der große Durchmesser (Konkavseite) liegt am Gleichlaufgelenk an.

5 – **Gelenkwelle rechts (Rohrwelle)**

6 – **Gelenkwelle links (Vollwelle)**

7 – **Klemmschelle**
Immer ersetzen.

8 – **Gelenkschutzhülle außen**

9 – **Klemmschelle**
Immer ersetzen.

10 – **Tellerfeder**
Einbaulage beachten, der große Durchmesser (Konkavseite) liegt am Anlaufring an.

11 – **Anlaufring**

12 – **Sicherungsring**
Immer ersetzen, in die Nut der Welle einsetzen.

13 – **Gleichlaufgelenk außen**

14 – **Zwölfkantmutter**
Selbstsichernd, immer erneuern. Anzugsmethode, siehe Kapitel »Gelenkwelle aus- und einbauen«.

15 – **Innenvielzahnschraube, 45 Nm**

16 – **Klemmschelle**
Immer ersetzen.

17 – **Unterlegplatte**

18 – **Gelenkschutzhülle innen**

Defekte Manschetten sofort erneuern. Zum Erneuern der Schutzhüllen muß die Gelenkwelle zerlegt werden. Defekte Kugeln im Lager machen sich durch Lastwechselschlagen und Knackgeräusche bemerkbar. In diesem Fall Gelenk komplett erneuern.

Achtung: Bei demontierter Gelenkwelle darf das Fahrzeug nicht mit vollem Gewicht auf den Rädern stehen, da bei fehlender axialer Vorspannung die Wälzkörper des Radlagers beschädigt werden. Gegebenenfalls statt der Gelenkwelle ein Außengelenk einbauen und mit **50 Nm** anziehen.

Zerlegen

- Gelenkwelle ausbauen, siehe Seite 125.
- Schlauchbinder an beiden Gelenkschutzhüllen mit Seitenschneider aufschneiden und abnehmen. Gelenkschutzhülle zurückschieben.
- Gelenkwelle in Schraubstock spannen. Dabei die Welle mit Aluminiumblechen schützen.

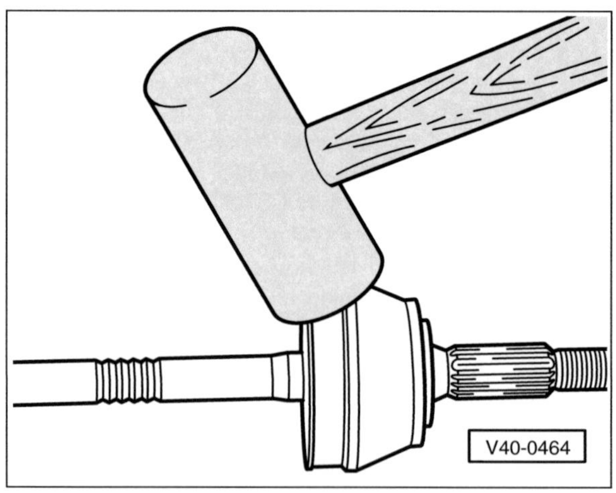

- Äußeres Gelenk: Durch kräftigen Schlag mit einem **Leichtmetallhammer** Gelenk von der Gelenkwelle abtreiben.
- Inneres Gelenk: Mit geeignetem Dorn Schutzkappe vom Gelenk abtreiben.

- Inneres Gelenk: Sicherungsring mit geeigneter Zange, zum Beispiel VW-161a, ausfedern.

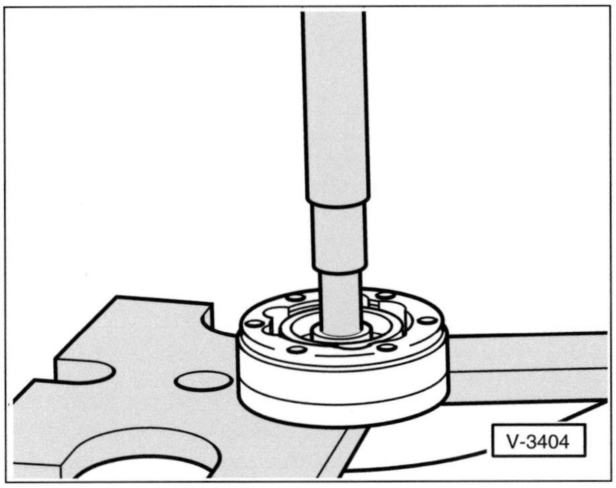

- Inneres Gelenk mit geeigneter Presse abpressen, dabei die innere Kugelnabe abstützen. Gelenkschutzhülle und Tellerfeder sowie Dichtung von der Welle abnehmen.

Zusammenbau

- Spröde oder defekte Gelenkschutzhüllen erneuern.
- Gelenkschutzhülle mit Schlauchbinder für inneres Gelenk auf die Welle schieben.
- Inneres und äußeres Gelenk: Neues Gelenk mit je **90 g** VW-Schmierfett **G 000 603** – füllen. Dabei die halbe Fettmenge in der Manschette verteilen, die andere Hälfte in das Gelenk eindrücken. Wenn nur die Gelenkschutzhülle erneuert wird, gegebenenfalls Gelenk nur nachfetten.
- Inneres Gelenk: Tellerfeder auf die Welle schieben. Dabei Tellerfeder lagerichtig aufsetzen. Der große Durchmesser der Tellerfeder stützt sich am Gelenk ab.

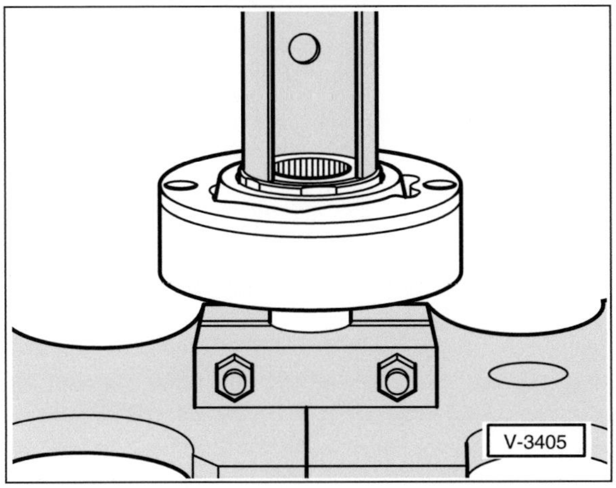

- Inneres Gelenk mit geeigneter Presse bis zum Anschlag aufpressen. **Achtung:** Fase am Innendurchmesser der Kugelnabe (Verzahnung) muß zum Anlagebund der Gelenkwelle zeigen. Neuen Sicherungsring mit VW 161a in die Nut der Welle einfedern.
- Gelenkschutzhülle für äußeres Gelenk mit Schlauchbinder auf die Welle schieben.
- Äußeres Gleichlaufgelenk mit Kunststoff- oder Leichtmetallhammer auf die Welle auftreiben, bis der Sicherungsring einrastet.

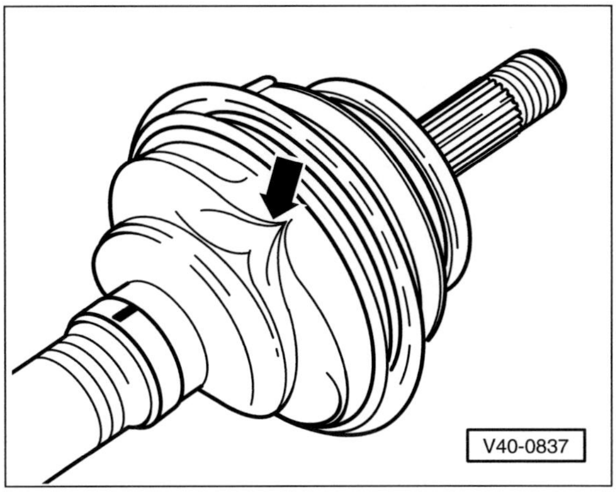

- Gelenkschutzhüllen in Einbaulage bringen.

Achtung: Die Gelenkschutzhülle wird beim Aufsetzen auf den Gelenkkörper häufig eingedrückt. Dadurch entsteht in der Gelenkschutzhülle ein Unterdruck, der im Fahrbetrieb eine Falte nach innen zieht. Deshalb nach der Montage Schutzhülle am kleinen Durchmesser kurz mit einem Schraubendreher anlüften und so für einen Druckausgleich sorgen.

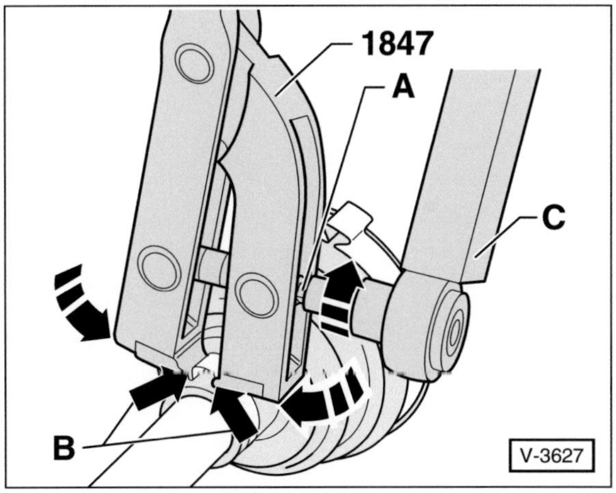

- Zum Spannen der Schlauchbinder (Edelstahl) muss eine spezielle Zange verwendet werden, beispielsweise HAZET 1847, sonst wird die erforderliche Spannkraft nicht erreicht. Zange, wie in der Abbildung gezeigt, ansetzen. **Achtung:** Die Schneiden der Zange müssen in den Ecken –B– anliegen. In dieser Stellung Schraube –A– mit Drehmomentschlüssel und **20 Nm** anziehen und dadurch Schlauchbinder spannen. Das Spannen des Schlauchbinders am kleinen Durchmesser der Manschette erfolgt in gleicher Weise.

Achtung: Das Gewinde der Zange muss leichtgängig sein, gegebenenfalls vorher mit MoS_2-Fett schmieren.

- **Inneres Gelenk:** Neue Dichtung in das Gelenk einkleben, vorher Schutzfolie von der Dichtung abziehen.
- Gelenkwelle einbauen, siehe entsprechendes Kapitel.

Hinterachse

Die Quertraverse des Hinterachskörpers besteht beim POLO aus einem verdrehbaren V-Profil. An das V-Profil ist auf jeder Seite ein Längslenker angeschweißt. Auch ohne Stabilisator wirkt sich das verdrehbare V-Profil stabilisierend auf das Fahrverhalten aus. Durch seine Torsionswirkung verringert es bei Kurvenfahrt die Aufbauneigung sowie das Abheben des kurveninneren Hinterrades. Der Hinterachskörper ist über geteilte Gummi-Metallager mit dem Aufbau verschraubt. Die besondere Form der Lager sowie die Einbaulage beider Hälften zueinander beeinflussen das Fahrverhalten positiv. Bei der Kurvenfahrt wirken sie spurkorrigierend und verhindern unerwünschte Eigenlenkbewegungen der Achse. Die Abfederung der Hinterachse geschieht über Federbeine, die am Achskörper und oben mit dem Aufbau verschraubt sind.

Die geteilten hinteren Radlager sind einstellbar.

Achtung: Schweiß- und Richtarbeiten an tragenden und radführenden Bauteilen der Hinterradaufhängung **sind nicht zulässig. Selbstsichernde Muttern** im Reparaturfall **immer ersetzen.**

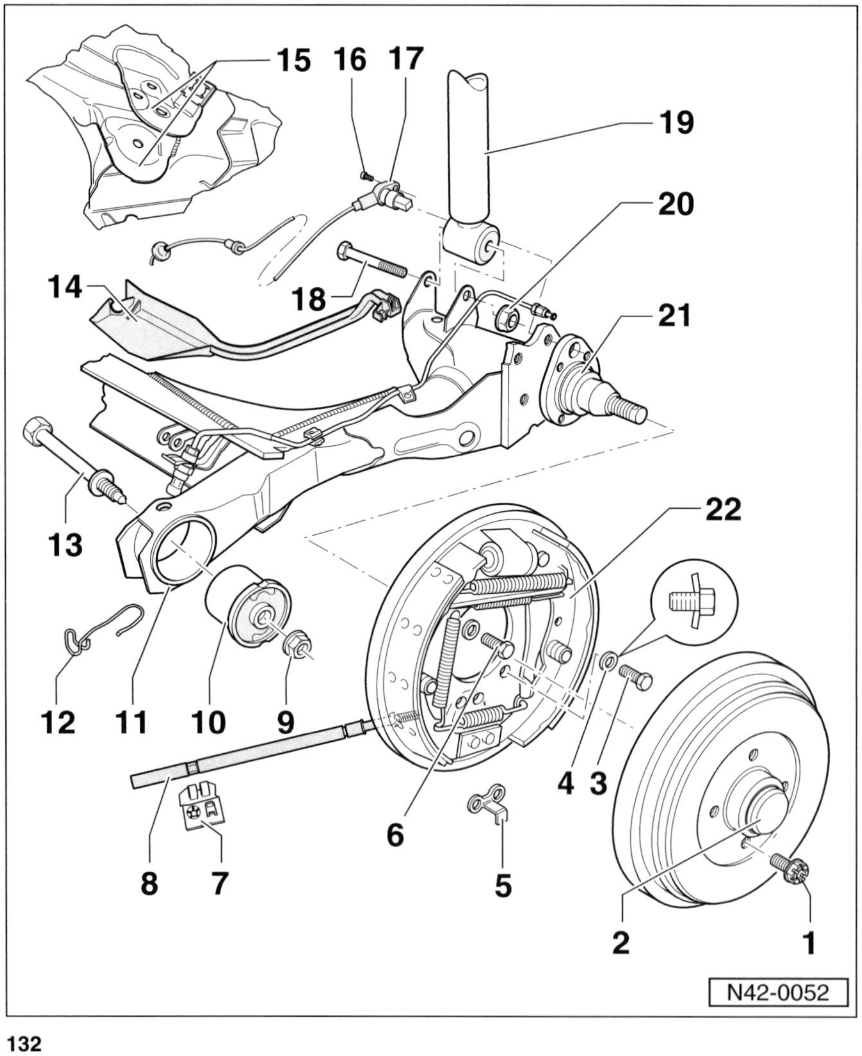

1 – **Radschraube, 110 Nm**
2 – **Radlager**
3 – **Schraube, 60 Nm**
Wird wahlweise anstelle der Schraube –6– eingebaut. Tellerfeder –4– mitverwenden.
4 – **Tellerfeder**
Einbaulage beachten.
5 – **Führung für Bremsseil**
Nur bei Bremstrommel-Ø 180 mm.
6 – **Schraube, 60 Nm**
Tellerfeder –4– darf nicht mitverwendet werden. Wird wahlweise anstelle der Schraube –3– verbaut. Als Ersatzteil nicht lieferbar. Einbau zusammen mit Schraube –3– ist erlaubt.
7 – **Halter für Handbremsseil**
Immer ersetzen.
8 – **Handbremsseil**
9 – **Mutter, 65 Nm**
Beim Festziehen muß das unbeladene Fahrzeug auf den Rädern stehen.
10 – **Gummimetallager**
11 – **Achskörper**
12 – **Halter für Handbremsseil**
13 – **Schraube**
14 – **Kabelkanal**
15 – **Lagerbock für Hinterachse**
16 – **Innensechskantschraube, 10 Nm**
17 – **Drehzahlfühler ABS**
18 – **Schraube**
19 – **Dämpfer**
20 – **Mutter, 55 Nm**
21 – **Achszapfen**
22 – **Bremsträger, Bremsbacken**

Hinterachse

Montageübersicht CADDY

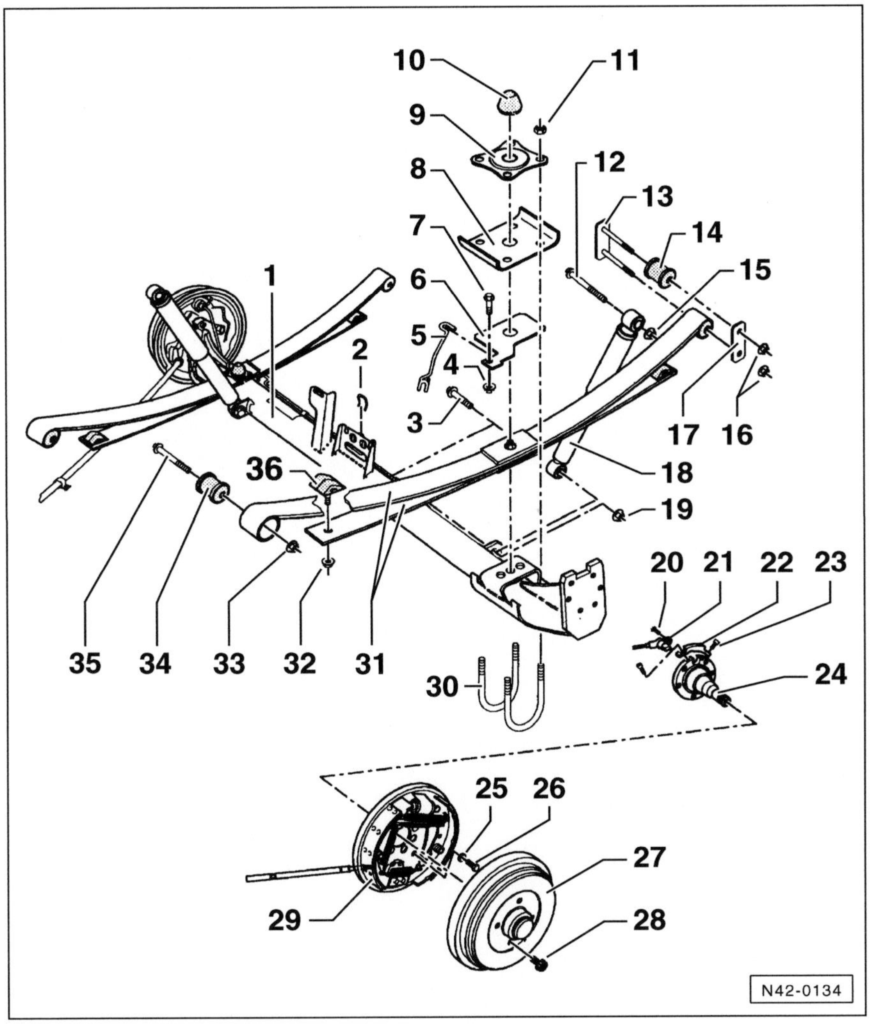

1 – Achskörper
2 – Halteklammer
3 – Schraube
4 – Sechskantmutter
5 – Halter für Handbremsseil
6 – Zwischenplatte
7 – Schraube
8 – Federspannplatte
9 – Anschlagplatte
10 – Anschlagpuffer
11 – Mutter, 100 Nm
Selbstsichernd, immer ersetzen.
12 – Schraube
13 – Federlasche
14 – Gummimetallager
15 – Mutter, 100 Nm
16 – Mutter, 100 Nm
17 – Federlasche
18 – Dämpfer
19 – Mutter, 100 Nm
20 – Innensechskantschraube, 10 Nm
21 – Drehzahlfühler
Nur bei ABS.
22 – Halter
23 – Innensechskantschraube
24 – Achszapfen
25 – Tellerfeder
26 – Sechskantschraube, 40 Nm
27 – Bremstrommel
28 – Radschraube, 110 Nm
29 – Bremsträger
30 – Federbügel
31 – Blattfeder
32 – Sechskantmutter
33 – Mutter, 100 Nm
34 – Gummimetallager
35 – Schraube
36 – Gummistützfeder

Federbein hinten aus- und einbauen/zerlegen

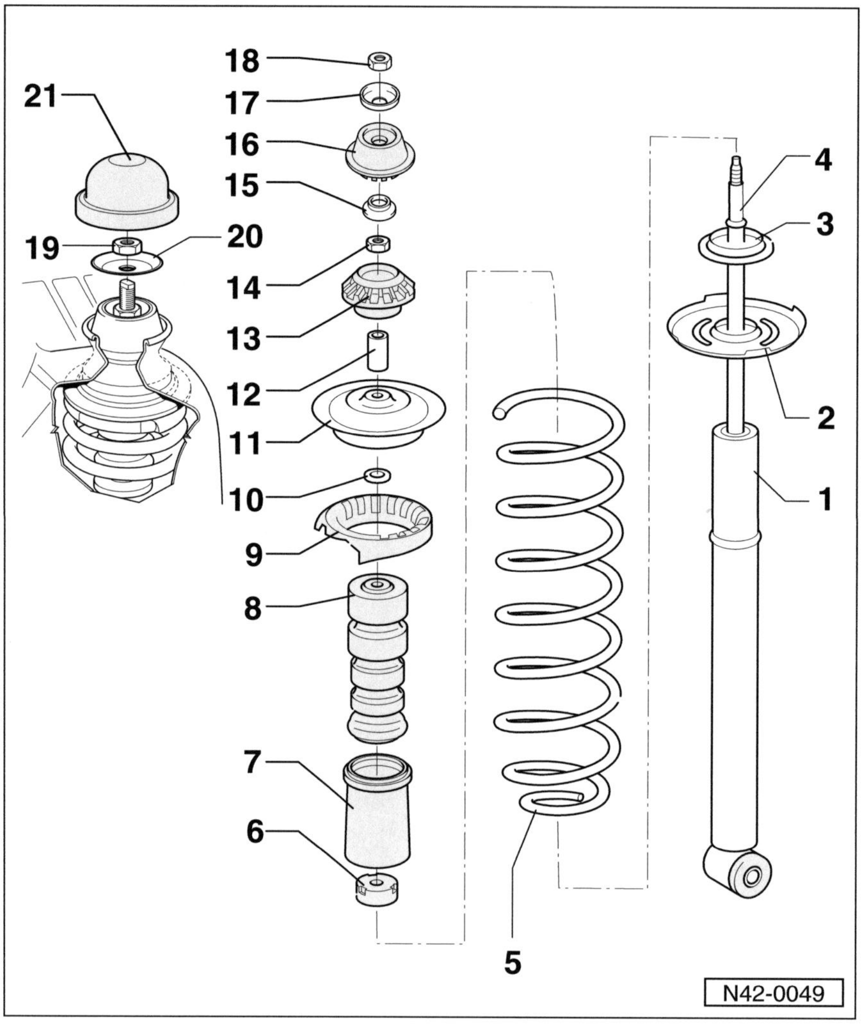

1 – Stoßdämpfer
2 – Federteller unten
3 – Unterlage
4 – Kolbenstange, Sicherungsring
5 – Schraubenfeder
6 – Schutzkappe
7 – Schutzrohr
8 – Anschlagpuffer
9 – Federauflage
10 – Scheibe
11 – Federteller oben
12 – Distanzrohr
13 – Lagerring unten (Gummi)
14 – Mutter, 15 Nm
15 – Abdeckung (klein)
16 – Lagerring oben (Gummi)
17 – Abdeckung (groß)
18 – Mutter, 15 Nm
19 – Mutter, 25 Nm
20 – Tellerscheibe
21 – Abdeckung

Ausbau

- 2 Schrauben –Pfeile– der seitlichen Kofferraumabdeckung abschrauben und Abdeckung abnehmen.

- Die Abdeckung vom Federbeindom abnehmen.

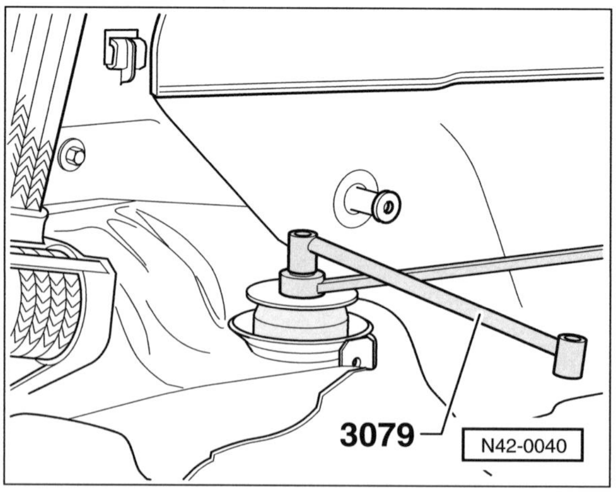

- Dämpfer oben vom Aufbau abschrauben. Hierzu wird ein gekröpfter Ringschlüssel benötigt und als Gegenhalter das VW-Werkzeug 3079 oder Hazet 2594.

- Stellung der Hinterräder zur Radnabe mit Farbe kennzeichnen. Dadurch kann das ausgewuchtete Rad wieder in derselben Position montiert werden. Radschrauben bei auf dem Boden stehendem Fahrzeug lösen. Fahrzeug hinten aufbocken und Hinterräder abnehmen.
- Wagenheber unter Längslenker stellen, Lenker leicht anheben.

Achtung: Wagenheber nicht zu hoch aufbocken, sonst wird der Wagen vom Unterstellbock gehoben.

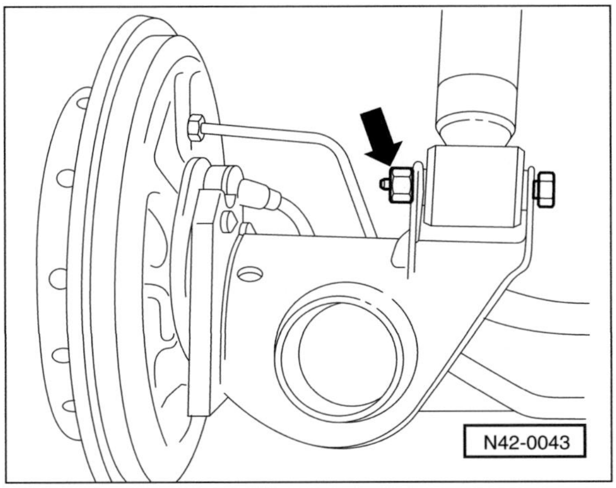
N42-0043

- Mutter unten am Stoßdämpfer abschrauben, Schraube heraustreiben und Federbein herausnehmen.

Zerlegen

Die im nachfolgenden Text angegebenen Nummern beziehen sich auf Bild N42-0049.

- Befestigungsmutter –18– abschrauben. Dabei Kolbenstange mit Maulschlüssel gegenhalten. Da die Feder –5– nur geringfügig vorgespannt ist, braucht man keinen Federspanner.
- Teile komplett von Stoßdämpfer –1– abnehmen.
- Stoßdämpfer prüfen
- Gegebenenfalls Stoßdämpfer verschrotten, siehe Seite 136.

Zusammenbauen

Der Stoßdämpfer ist einzeln austauschbar.

Achtung: Die Schraubenfedern gibt es in verschiedenen Toleranzgruppen. An einer Achse nur Federn gleicher Toleranzgruppe (gekennzeichnet durch Farbe) verwenden.

- Eine neue Schraubenfeder ist gegen Korrosion mit einem Schutzlack versehen. Vor dem Einbau Federn auf Lackschäden untersuchen und gegebenenfalls ausbessern.
- Federbein nach Abbildung N42-0049 zusammensetzen.

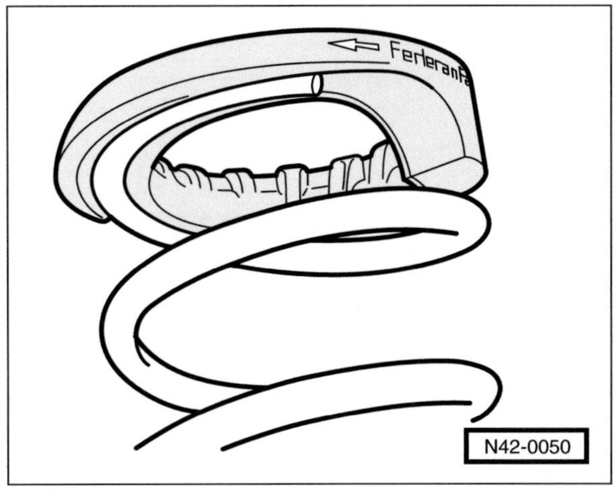
N42-0050

- Federauflage in richtiger Stellung auflegen, siehe Abbildung.
- Befestigungsschraube –14– mit **15 Nm** anziehen.

Einbau

Die im nachfolgenden Text angegebenen Nummern beziehen sich auf die Abbildung N42-0049.

- Federbein von unten in den Federbeindom einführen.
- Abdeckung (klein) –15–, Lagerring oben –16– und Abdeckung (groß) –17– vom Innenraum auf Stoßdämpfer aufsetzen und mit Befestigungsmutter –18– handfest anziehen.

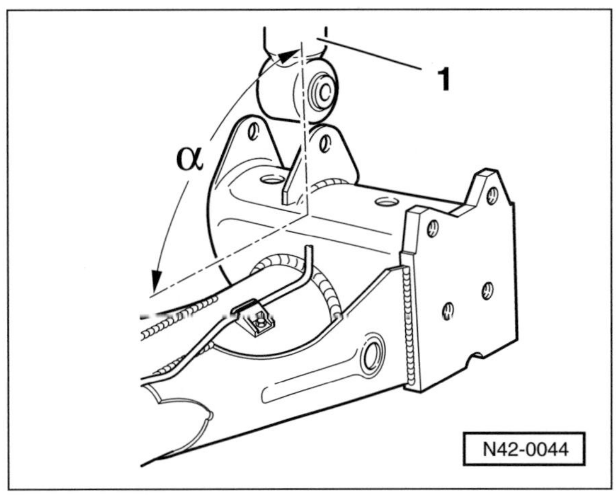

N42-0044

- Stoßdämpferschraube unten ansetzen. Achskörper mit Wagenheber soweit anheben, bis der Winkel zwischen Längslenker und Dämpfer –1– ca. 95° beträgt (rechter Winkel = 90°). In dieser Stellung die Mutter aufschrauben und mit **55 Nm** festziehen.
- Befestigungsmutter –18– am Federbein oben mit **15 Nm** festschrauben.
- Tellerscheibe –20– aufsetzen und Mutter –19– mit Sonderwerkzeug und **25 Nm** anziehen. Stoßdämpferabdeckung sowie Kofferraumabdeckung einbauen.
- Hinterräder montieren, dabei auf Markierung zur Radnabe achten, Fahrzeug ablassen und Radschrauben über Kreuz mit **110 Nm** festziehen.

Stoßdämpfer prüfen

Folgende Fahreigenschaften weisen auf defekte Stoßdämpfer hin:

- Langes Nachschwingen der Karosserie bei Bodenunebenheiten.
- Aufschaukeln der Karosserie bei aufeinander folgenden Bodenunebenheiten.
- Springen der Räder auch auf normaler Fahrbahn.
- Ausbrechen des Fahrzeuges beim Bremsen (kann auch andere Ursachen haben).
- Kurvenunsicherheit durch mangelnde Spurhaltung, Schleudern des Fahrzeuges.
- Abnorme Reifenabnutzung mit Abflachungen (Auswaschungen) am Reifenprofil.
- Defekte Dämpfer erkennt man auch während der Fahrt an Polter- und Knackgeräuschen. Allerdings haben diese Geräusche häufig auch andere Ursachen, zum Beispiel lockere Fahrwerksschrauben, Muttern, defektes Radlager, Gleichlaufgelenk. Daher Dämpfer vor dem Ersetzen immer prüfen, gegebenenfalls auf Stoßdämpferprüfstand prüfen lassen.

Der Stoßdämpfer kann von Hand geprüft werden. Eine genaue Überprüfung der Stoßdämpferleistung ist jedoch nur mit einem Shock-Tester (Stoßdämpfer eingebaut) oder einer Stoßdämpfer-Prüfmaschine möglich.

Prüfung von Hand

- Stoßdämpfer ausbauen.

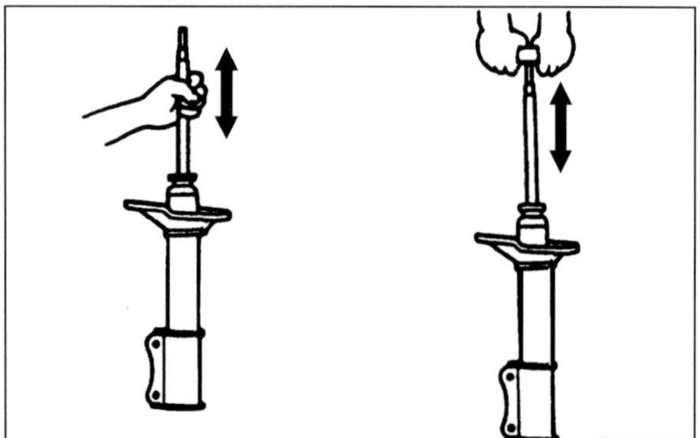

SX-3603

- Stoßdämpfer in Einbaulage halten, Stoßdämpfer auseinanderziehen und zusammendrücken. Der Stoßdämpfer muß sich über den gesamten Hub gleichmäßig schwer und ruckfrei bewegen lassen.
- Bei einwandfreier Funktion sind geringe Spuren von Stoßdämpferöl kein Grund zum Austausch. Als Faustregel gilt: Wenn ein Ölfleck sichtbar ist und sich nicht weiter ausbreitet als vom oberen Stoßdämpferverschluß (Kolbenstangendichtring) bis zum unteren Federteller, gilt der Dämpfer als in Ordnung. Voraussetzung ist, daß der Ölfleck stumpf, matt beziehungsweise durch Staub getrocknet ist. Ein geringfügiger Ölaustritt ist sogar von Vorteil, weil dadurch der Dichtring geschmiert wird und sich somit die Lebensdauer erhöht.
- Bei starkem Ölverlust Stoßdämpfer austauschen.

Stoßdämpfer verschrotten

Damit ein defekter Stoßdämpfer entsorgt werden kann, muss das Hydrauliköl aus dem Stoßdämpfer abgelassen werden. Der entleerte Stoßdämpfer kann dann wie normaler Eisenschrott behandelt werden.

Achtung: Hydrauliköl ist ein Problemstoff und darf auf keinen Fall einfach weggeschüttet oder dem Hausmüll mitgegeben werden. Gemeinde- und Stadtverwaltungen informieren darüber, wo sich die nächste Problemstoff-Sammelstelle befindet.

Sicherheitshinweis
Der Gasdruck eines neuen Stoßdämpfer beträgt bis zu 25 bar. Deshalb beim Öffnen des Dämpfers Arbeitsstelle abdecken und **unbedingt Schutzbrille tragen.**

Stoßdämpfer können auf 2 Arten entleert werden, entweder durch Anbohren oder durch Aufsägen der Außenwand.

Stoßdämpfer anbohren

- Ausgebauten Stoßdämpfer senkrecht, mit der Kolbenstange nach unten, in den Schraubstock einspannen.

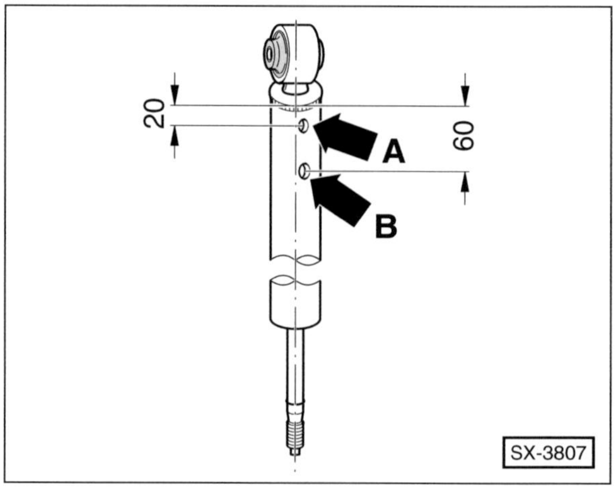

SX-3807

- An der Stelle –A– ein Loch mit 3 mm ∅ in das Außenrohr bohren.

Achtung: Bei Gasdruckstoßdämpfern entweicht nach dem Durchbohren der ersten Rohrwandung Gas. Öffnung während des Entgasens mit Lappen abdecken. Anschließend weiterbohren bis das innenliegende Rohr (ca. 25 mm) durchbohrt ist.

- An der Stelle –B– eine zweite Bohrung mit 6 mm-Bohrer bis durch das innenliegende Rohr bohren.
- Dämpfer über eine Ölauffangwanne halten und Hydrauliköl durch hin- und herbewegen der Kolbenstange über den gesamten Hub herausdrücken.
- Dämpfer abtropfen lassen, bis kein Hydrauliköl mehr austritt.
- Hydrauliköl bei einer Problemstoff-Sammelstelle entsorgen.
- Entleerten Stoßdämpfer als Eisenschrott entsorgen.

Stoßdämpfer aufsägen

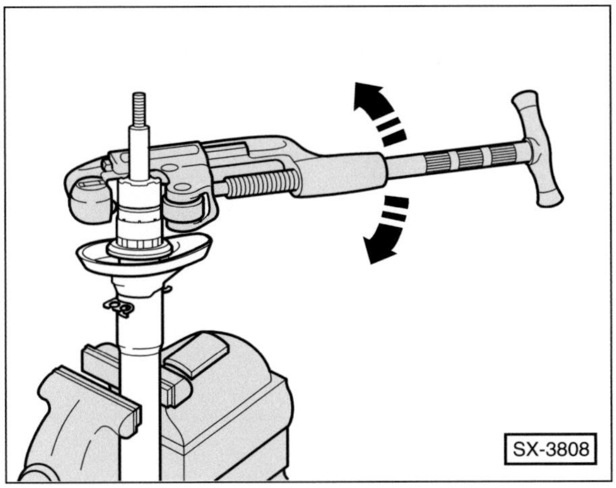

- Federbein in Schraubstock spannen.
- Rohrschneider, z. B. Stahlwille Express 150/3, ansetzen und Außenrohr durchtrennen. **Achtung:** Bei Gasdruck-Stoßdämpfern entweicht dabei das Gas; Schutzbrille tragen.
- Kolbenstange hochziehen, dabei das Innenrohr mit einer Wasserrohrzange festhalten und nach unten drücken, so dass dieses beim langsamen Hochziehen der Kolbenstange im Außenrohr verbleibt.
- Kolbenstange vom Innenrohr abziehen.
- Dämpfer über eine Ölauffangwanne halten und Hydrauliköl ablaufen lassen, bis kein Hydrauliköl mehr austritt.
- Hydrauliköl bei einer Problemstoff-Sammelstelle entsorgen.
- Entleerten Stoßdämpfer als Eisenschrott entsorgen.

Radlager aus- und einbauen

Bis 9/99

Ausbau

- Hinterrad und Bremstrommel ausbauen, siehe Seite 156.

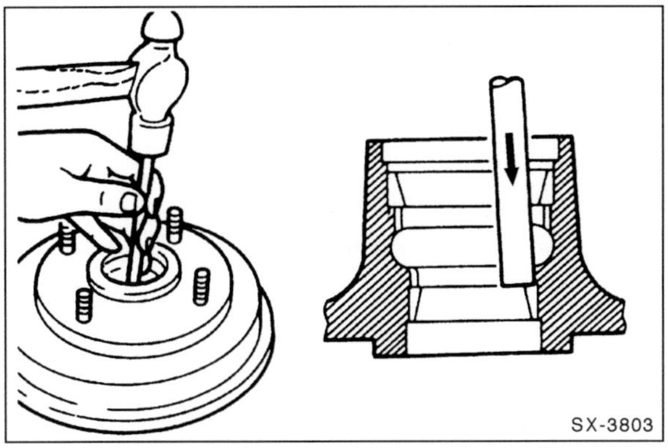

- Äußere Lagerlaufringe mit Kupferdorn austreiben. Dabei Dorn kreisförmig an verschiedenen Stellen des Laufringes ansetzen, um ein Verkanten zu verhindern.

Achtung: Nur einwandfreien Dorn benutzen, damit sich kein Grat am Laufringsitz bilden kann.

- Achszapfen und Bremstrommel beziehungsweise Radnabe mit sauberem Lappen und Spiritus reinigen.

Einbau

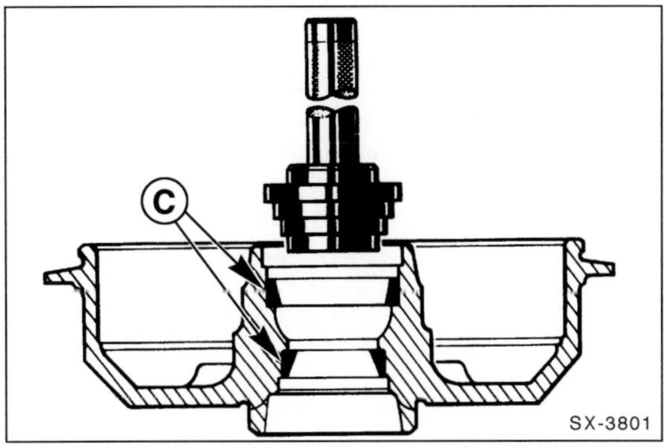

- Lagerlaufringe –C– bis zum Anschlag eintreiben. Die Werkstatt verwendet hierzu das Werkzeug VW-432. Steht das Spezialwerkzeug nicht zur Verfügung, Laufring mit geeignetem Rohr vorsichtig eintreiben.
- Kegelrollenlager mit Radlagerfett (Lithiumfett) füllen.
- Inneres Lager einsetzen.
- Dichtring mit Radlagerfett zwischen den Dichtlippen einfetten.
- Dichtring mit geeignetem Rohr eintreiben.

- Bremstrommel einbauen und dabei auch äußeres Kegelrollenlager einsetzen, siehe Seite 156.
- Radlagerspiel einstellen.
- Hinterrad einbauen und Radschrauben mit **110 Nm** festziehen.

Radlagerspiel einstellen

Bis 9/99

- Fahrzeug hinten aufbocken.
- Schutzkappe ausbauen, siehe Seite 156.
- Splint herausziehen und Kronensicherung abnehmen.

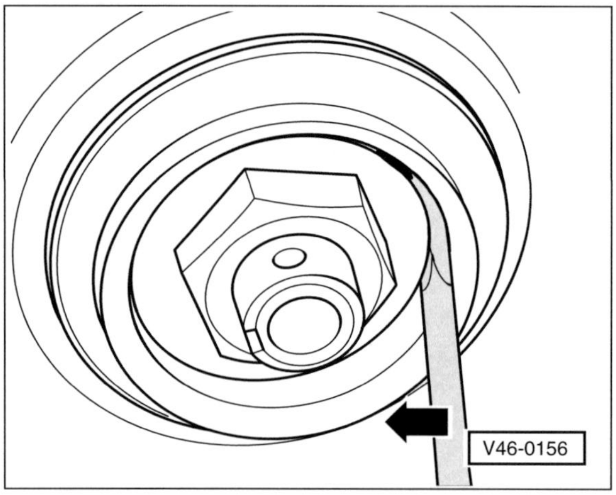

- Sechskantmutter leicht lösen und wieder anziehen. Das Radlagerspiel ist richtig eingestellt, wenn sich die Druckscheibe mit einem Schraubenzieher durch Fingerdruck –Pfeil– noch verschieben läßt. **Dabei darf auf keinen Fall der Schraubenzieher durch Dreh- oder Hebelbewegung abgestützt werden.**

Achtung: Rad beim Anziehen der Mutter drehen, damit sich das Radlager nicht verklemmt.

- Kronensicherung so aufsetzen, daß sich der Splint einstecken läßt.
- Neuen Splint einsetzen und an den Enden umbiegen.
- Fettfüllung der Fettkappe kontrollieren. Wenn das Fett harzig oder verbraucht ist, Kappe zur Hälfte mit Wälzlagerfett füllen.
- Fettkappe mit geeignetem Rohr auftreiben, das Rohr soll am Wulst der Fettkappe anliegen. **Achtung:** Verbeulte Fettkappen unbedingt ersetzen, da durch Undichtigkeiten Feuchtigkeit ins Radlager eindringt und dieses dadurch in kurzer Zeit zerstört wird.
- Fahrzeug ablassen.

Lenkung

Die Lenkbewegungen des Fahrers werden vom Lenkrad über die Lenksäule, das Lenkgetriebe und das Lenkgestänge auf die Vorderräder übertragen. Die Position des Lenkrades lässt sich in der Höhe stufenlos verstellen.

Bei Fahrzeugen mit Servolenkung wird durch die Lenkhilfe der Kraftaufwand beim Einschlagen der Räder verringert, insbesondere bei stehendem Fahrzeug. Die hydraulische Lenkhilfe besteht aus der Ölpumpe, dem Vorratsbehälter und den Öldruckleitungen. Angetrieben wird die Ölpumpe über den Keilrippenriemen. Die Pumpe saugt das Hydrauliköl aus dem Vorratsbehälter an und fördert es mit hohem Druck zum Ventilkörper. Der Ventilkörper sitzt im Lenkgetriebe. Er ist mit der Lenksäule verbunden und leitet das Öl, je nach Lenkeinschlag, in die entsprechende Seite des Arbeitszylinders. Dort drückt das Öl gegen den Zahnstangenkolben und unterstützt dadurch die Lenkbewegung.

Im Lenkrad ist der Fahrer-**Airbag** untergebracht. Der Airbag ist ein zusammengefalteter Luftsack, der im Fall einer Frontalkollision aufgeblasen wird und dadurch Oberkörper und Kopf des Fahrers vor einem Aufprall auf das Lenkrad schützt. Bei einer entsprechend starken Frontalkollision wird über ein Steuergerät eine kleine Sprengladung in der Airbag-Einheit gezündet, und die Abgase der Explosion blasen den Luftsack innerhalb weniger Millisekunden auf. Diese Zeit reicht aus, um den Aufprall des Fahrer-Oberkörpers zu dämpfen. Der Airbag fällt anschließend in sich zusammen, da die Gase durch Austrittsöffnungen entweichen.

Achtung: Schweiß- und Richtarbeiten an Lenkungsteilen sind nicht zulässig. Selbstsichernde Muttern immer ersetzen.

Airbag-Sicherheitshinweise

Neben dem Fahrer-Airbag gibt es auch den Beifahrer-Airbag sowie Seitenairbags. Wird auf dem Beifahrersitz ein gegen die Fahrtrichtung angeordneter Babysitz montiert, muss der Beifahrer-Airbag deaktiviert werden. Diese Arbeit kann nur von einer VW-Werkstatt durchgeführt werden. Außerdem muss ein entsprechendes Warnschild (kein Babysitz vorn) an Türholm, Sonnenblende oder Armaturenbrett auf der rechten Fahrzeugseite vorhanden sein, sonst kann es bei einer polizeilichen Überprüfung zu einem Bußgeldverfahren kommen.

Bei Ausstattung mit Seitenairbags dürfen für die Sitze nur spezielle und von VW freigegebene Bezüge verwendet werden.

Vor dem Ausbau der Airbageinheit folgende Punkte unbedingt beachten:

- Batterie-Massekabel (–) bei ausgeschalteter Zündung abklemmen. **Achtung:** Dadurch werden elektronische Speicher gelöscht, wie zum Beispiel bei bestimmten Radios der Radiocode. Ohne Code kann das Radio nicht mehr in Betrieb genommen werden. Deshalb Hinweise im Kapitel »Batterie aus- und einbauen« durchlesen.
- Minuspol (–) der Batterie isolieren, um versehentlichen Kontakt zu vermeiden.
- Räder in Geradeausstellung bringen.

Achtung: Werden diese Hinweise nicht beachtet, kann es im späteren Betrieb zum Ausfall des Airbag-Systems kommen.

Allgemeine Hinweise:

- Nach dem elektrischen Anschließen der Fahrer-Airbageinheit, vor dem Anklemmen der Batterie die Zündung einschalten, Zündschlüssel steht auf Position »Fahren«.
- Beim Anklemmen der Batterie darf sich keine Person im Innenraum des Fahrzeuges aufhalten.
- Die Airbageinheit ist im ausgebauten Zustand immer so abzulegen, dass die gepolsterte Seite nach oben zeigt.
- Bei Arbeitsunterbrechung die Airbageinheit nicht unbeaufsichtigt liegen lassen.
- Die Airbageinheit darf nicht zerlegt werden, bei Defekt ist sie immer komplett zu ersetzen. Da die Airbageinheit Explosivstoffe enthält, ist sie unter Verschluss oder geeigneter Aufsicht aufzubewahren. Die Entsorgung sollte die Fachwerkstatt vornehmen.
- Das Airbagsystem darf nur in der Fachwerkstatt geprüft werden. Keinesfalls mit Prüflampe, Voltmeter oder Ohmmeter prüfen.
- Die Airbageinheit darf nicht mit Flüssigkeiten wie Fett oder Reinigungsmitteln behandelt werden.
- Eine Airbageinheit, die auf eine harte Unterlage herabgefallen ist oder Beschädigungen aufweist, darf nicht mehr eingebaut werden.

Lenkrad aus- und einbauen

Fahrzeuge bis 9/99

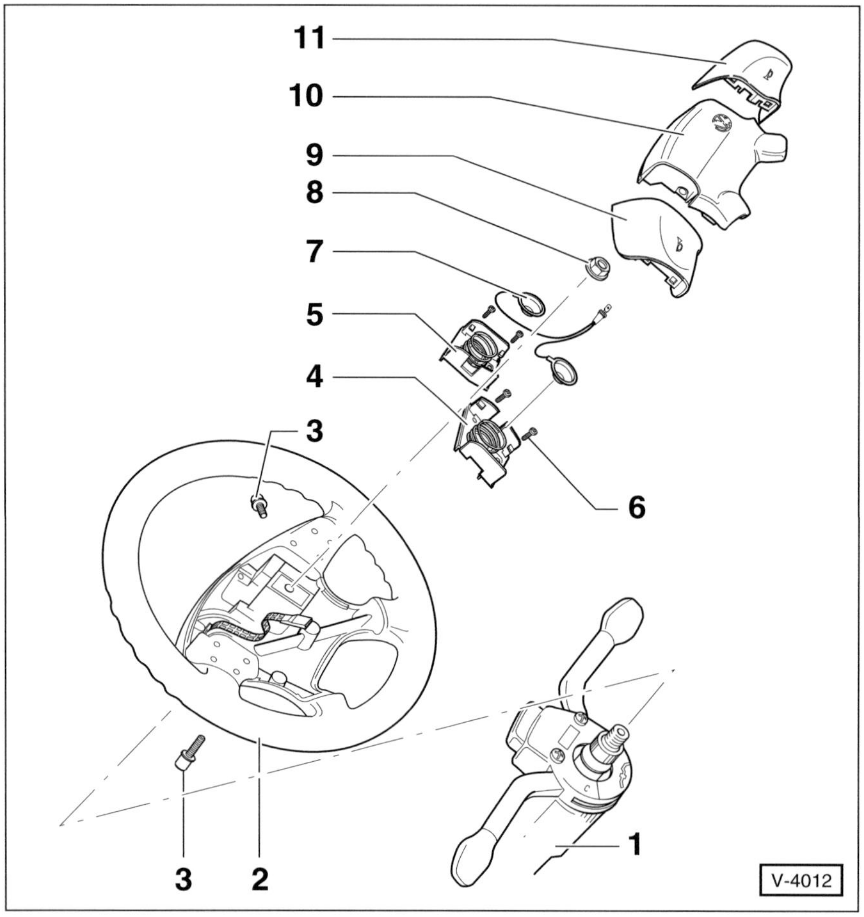

1 – Lenksäule
2 – Airbag-Lenkrad
3 – Innensechskantschraube
4 – Signaltaste-Unterteil links
5 – Signaltaste-Unterteil rechts
6 – Torxschraube T10
7 – Kontakt mit Kabel
8 – Sechskantmutter, 50 Nm
9 – Signaltaste-Oberteil links
10 – Airbageinheit
11 – Signaltaste-Oberteil rechts

Lenkrad mit Airbag

Ausbau

- Lenkung in Geradeausstellung bringen.
- Airbageinheit ausbauen, siehe Seite 141.
- Verkleidung unter Lenkstockschalter ausbauen.

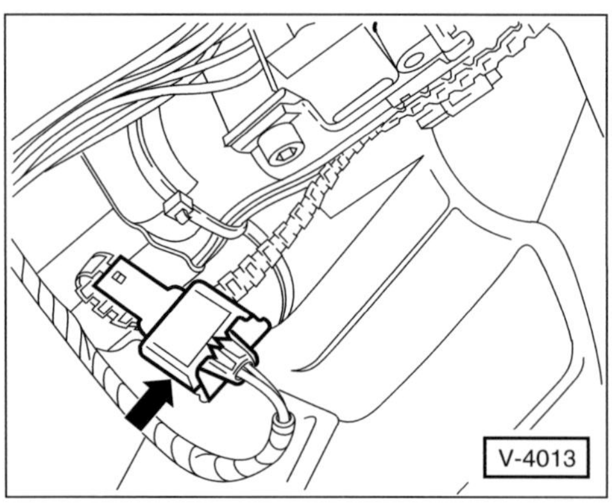

- Falls vorhanden, Schaumstoffhülle von Steckverbindung abziehen. Steckverbindung –Pfeil– für Airbag trennen.
- Lenkrad zur Lenkspindel mit Farbe oder Reißnadel kennzeichnen.
- Befestigungsmutter abschrauben und Lenkrad von der Lenkspindel abziehen.

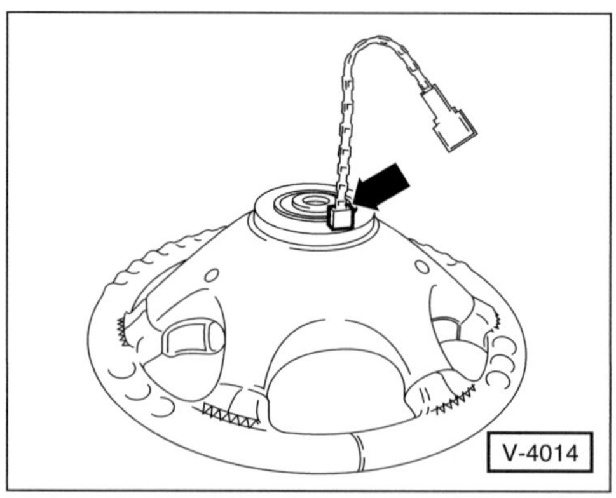

Achtung: Das ausgebaute Lenkrad in Einbaulage halten und Rückstellring geringfügig drehen, so daß das Kabel –Pfeil– nach unten zeigt. Der Ring rastet in dieser Stellung ein und ist gegen Verdrehen gesichert. Wird dies nicht beachtet, kann unkontrolliertes Verdrehen des Rückstellrings im späteren Fahrbetrieb zum Überdrehen und Zerstören der Wickelfeder des Rückstellrings führen.

Einbau

- Lenkrad so auf die Kerbverzahnung der Spindel aufschieben, daß sich die vorher angebrachten Markierungen decken. **Achtung:** Beim Aufsetzen des Lenkrades muß sich der Blinkerschalter in Mittelstellung befinden.
- Sechskantmutter mit **50 Nm** anschrauben.
- Steckverbindung für Airbageinheit unterhalb des Lenkrades zusammenstecken.
- Verkleidung unter Lenkstockschalter einbauen, dabei darauf achten, daß der Kabelanschluß des Rückstellringes in der Aussparung der Verkleidung sitzt.
- Airbageinheit einbauen.

Lenkrad ohne Airbag

Ausbau

- Abdeckkappe von Hand vom Lenkrad abziehen.
- Elektrische Leitungen für Hupenbetätigung an der Abdeckkappe abziehen.
- Lenkung in Geradeausstellung bringen.
- Befestigungsmutter abschrauben und mit Scheibe abnehmen. Zum Abschrauben wird eine Stecknuß SW 24 mit Verlängerung benötigt.
- Lenkrad zur Lenkspindel mit Farbe oder Reißnadel kennzeichnen.
- Lenkrad von der Lenkspindel abziehen.

Einbau

- Lenkrad so auf die Kerbverzahnung der Spindel aufschieben, daß sich die vorher angebrachten Markierungen decken. **Achtung:** Beim Aufsetzen des Lenkrades muß sich der Blinkerschalter in Mittelstellung befinden.
- Unterlegscheibe auflegen.
- **Neue selbstsichernde** Sechskantmutter mit **50 Nm** anschrauben.
- Elektrische Leitungen anschließen.
- Abdeckkappe aufdrücken und einrasten.

- Probefahrt durchführen und bei Geradeausfahrt Stellung des Lenkrades überprüfen. Die Speiche des Lenkrades muß sich in waagerechter Lage befinden.
- Falls das Lenkrad schräg steht, Lenkrad entsprechend umsetzen. Gegebenenfalls Spur der Vorderräder überprüfen, siehe Seite 147.
- Hupe und automatische Rückstellung des Blinkerschalters prüfen.

Airbageinheit am Lenkrad aus- und einbauen

Bis 9/99

Achtung: Bevor die Airbageinheit ausgebaut wird, unbedingt die »Airbag-Sicherheitshinweise« durchlesen, siehe Seite 139.

Ausbau

- Zündung ausschalten, Zündschlüssel steht in »0«-Stellung.
- Batterie-Massekabel (–) abklemmen. **Achtung:** Dadurch werden elektronische Speicher gelöscht, wie zum Beispiel der Radiocode. Hinweise im Kapitel »Batterie aus- und einbauen« beachten.
- Minuspol (–) der Batterie isolieren, um versehentlichen Kontakt zu vermeiden.

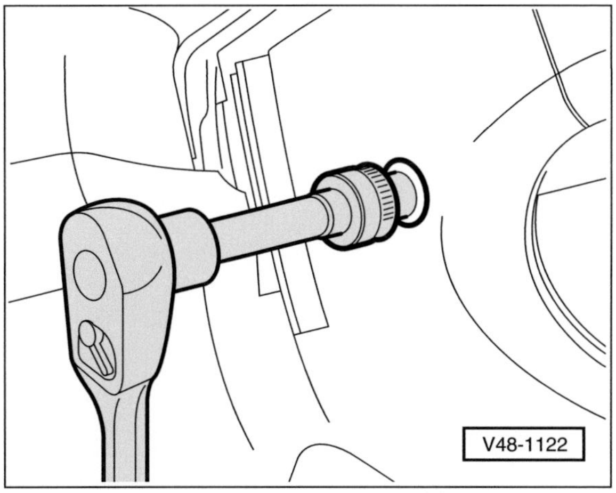

- 2 Innensechskantschrauben für Airbageinheit links und rechts an der Lenkradrückseite abschrauben.
- Airbageinheit vom Lenkrad abheben und Kabelstecker an der Rückseite abziehen.

Einbau

Achtung: Wurde der Airbag ausgelöst, ist grundsätzlich das Lenkrad ebenfalls zu ersetzen.

- Kabelstecker für Airbageinheit zusammenfügen, er muß hörbar einrasten.
- Airbageinheit einsetzen, 2 **neue** Schrauben mit **7 Nm** festschrauben.
- **Zuerst** Zündung einschalten, dann Batterie-Massekabel (–) anklemmen. **Achtung:** Während des Anklemmens der Batterie dürfen sich keine Personen im Fahrzeug aufhalten.
- Falls vorhanden, Zeituhr einstellen sowie Diebstahlcode für das Radio eingeben.

Airbageinheit am Lenkrad aus- und einbauen

Seit 10/99

Achtung: Bevor die Airbageinheit ausgebaut wird, unbedingt die »Airbag-Sicherheitshinweise« durchlesen, siehe Seite 139.

Ausbau

- Batterie-Massekabel (–) bei ausgeschalteter Zündung abklemmen. **Achtung:** Dadurch werden elektronische Speicher gelöscht, wie zum Beispiel bei bestimmten Radios der Radiocode. Ohne Code kann das Radio nicht mehr in Betrieb genommen werden. Deshalb Hinweise im Kapitel »Batterie aus- und einbauen« durchlesen.
- Minuspol (–) der Batterie mit Isolierband abkleben, um versehentlichen Kontakt zu vermeiden.
- Räder in Geradeausstellung, Lenkrad in Mittelstellung bringen.

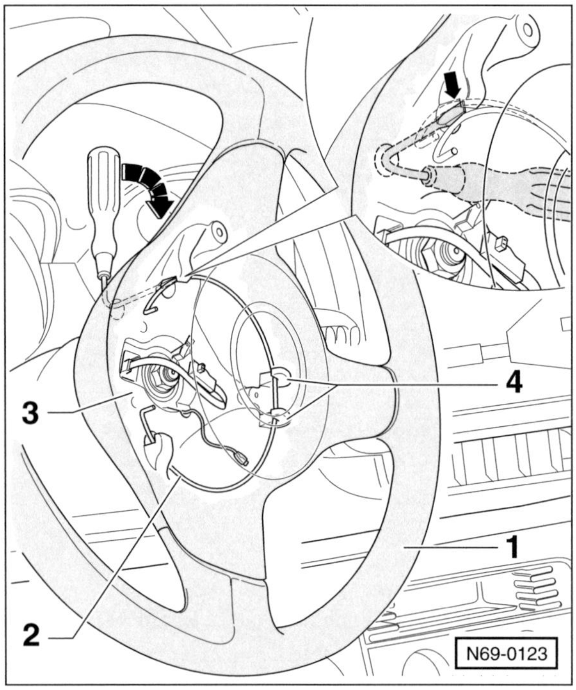

- Lenkrad –1– um 90° drehen, bis die waagerechten Lenkradspeichen senkrecht stehen.
- Mit der Lenkradverstellung Lenksäule ganz herausziehen und auf die unterste Position stellen.
- Einen ca. 5 mm breiten Schraubendreher auf 55 mm Länge abwinkeln.
- Hergestellten Schraubendreher von der Rückseite in die Bohrung des Lenkradtopfes stecken.
- Schraubendreher um 90° drehen. Dadurch wird der Sicherungsring –2– von der Rastnase im Lenkradtopf abgedrückt und somit wird die Airbageinheit –3– auf dieser Seite entriegelt.
- Lenkrad um 180° zurück drehen und zweiten Rasthaken auf der gegenüberliegenden Seite auf die gleiche Weise entriegeln.
- Lenkrad in Mittelstellung bringen.
- Airbageinheit an den waagerechten Speichen anfassen und aus der senkrechten Verankerung –4– herausziehen.
- Steckverbindungen für Hupe und für Airbageinheit an der Airbageinheit abziehen.

Einbau

- Steckverbindungen an der Airbageinheit aufschieben.
- Airbageinheit in Einbaulage am Lenkrad ansetzen.
- Airbageinheit zuerst am waagerechten Speichenbereich und dann an der senkrechten Lenkradspeiche vorsichtig andrücken und dadurch einrasten.
- Zündung einschalten. Zündschlüssel steht auf Position »Fahren«. Die Batterie ist noch nicht angeklemmt.

Sicherheitshinweis
Während des Anklemmens der Batterie dürfen sich keine Personen im Fahrzeug aufhalten.

- Batterie-Massekabel (–) bei eingeschalteter Zündung anklemmen.
- Zeituhr stellen und gegebenenfalls Radiocode eingeben sowie Hoch-/Tieflaufautomatik für elektrische Fensterheber aktivieren, siehe Kapitel »Batterie aus- und einbauen«.

Lenkrad aus- und einbauen

Seit 10/99

Achtung: Bevor die Airbageinheit ausgebaut wird, unbedingt die »Airbag-Sicherheitshinweise« durchlesen, siehe Seite 139.

Ausbau

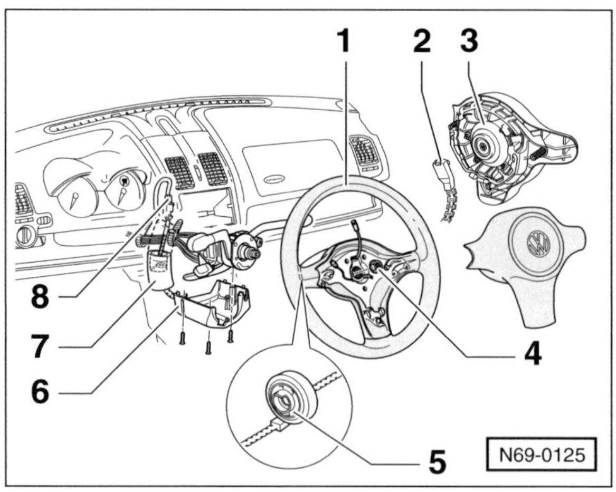

- Airbageinheit –3– ausbauen, siehe entsprechendes Kapitel. 2 – Airbagstecker.

- Untere Lenksäulenverkleidung –6– abschrauben.
- Schaumstoffrohr –7– von der Steckverbindung –8– ziehen und Steckverbindung trennen.
- Räder in Geradeausstellung, Lenkrad in Mittelstellung bringen.
- Sechskantmutter –4– abschrauben und Lenkrad –1– von der Lenksäule abziehen.

Achtung: Der Rückstellring mit Schleifring –5– verbleibt am Lenkrad.

Einbau

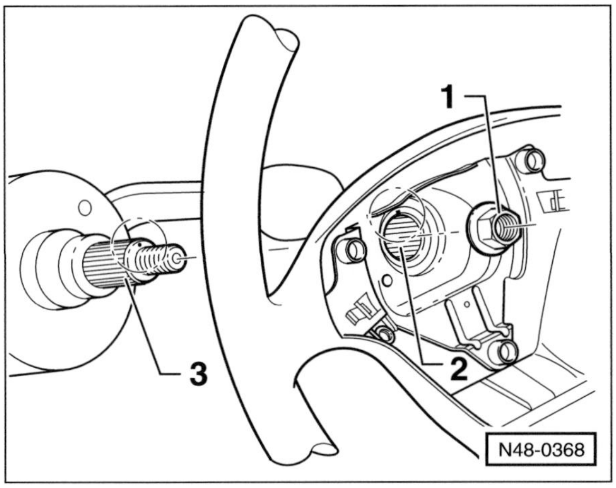

- Lenkrad so aufsetzen, dass die Strichmarkierung auf der Lenkradnabe –2– und der Körnerpunkt auf der Lenksäule –3– fluchten. Strichmarkierung und Körnerpunkt sind in der Abbildung durch gestrichelte Kreise dargestellt.
- Sechskant-Bundmutter mit **50 Nm** anziehen. **Achtung:** Bei Fahrzeugen mit ESP wird eine spezielle Mutter verwendet, die nicht für Fahrzeuge ohne ESP geeignet ist. Nach dem Festziehen dieser Mutter mit dem richtigen Drehmoment bleiben noch 3 bis 4 Gewindegänge frei. Die Mutter darf bis zu 5-mal wiederverwendet werden.
- Steckverbindung zusammenfügen und Schaumstoffrohr über die Steckverbindung schieben.
- Untere Lenksäulenverkleidung anschrauben.
- Airbageinheit einbauen, siehe entsprechendes Kapitel.

Lenkungsspiel einstellen

Nur mechanische Lenkung

Die Zahnstangenlenkung soll von Anschlag zu Anschlag spielfrei sein. Zur Einstellung sind 2 Personen erforderlich. Eine Einstellung der Servolenkung ist nicht vorgesehen.

- Fahrzeug auf der Hebebühne anheben. Räder in Geradeausstellung bringen.
- Durch wechselseitiges Hin- und Herbewegen (etwa 30° um die Geradeausstellung) des Lenkrades wird bei zu großem Lenkungsspiel ein Klappergeräusch hörbar.

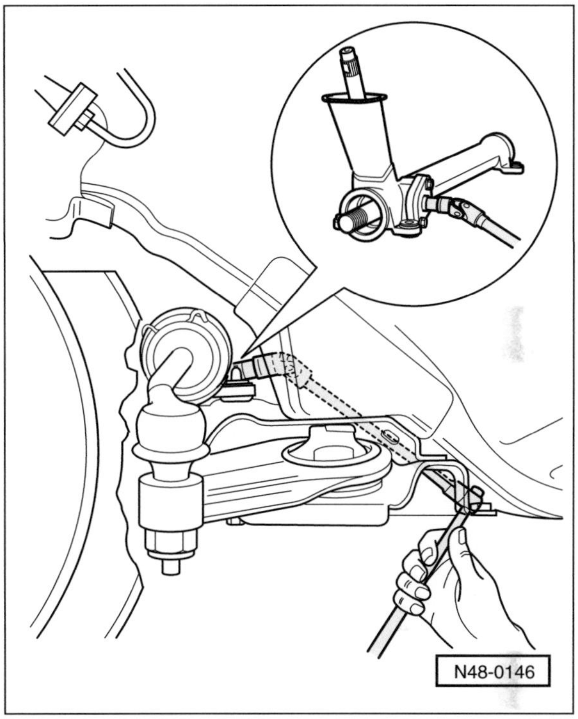

- Der zweite Mechaniker dreht dabei die Einstellschraube vorsichtig so weit hinein, bis kein Klappergeräusch mehr im Wageninnern zu hören ist.
- Einstellung bei Probefahrt kontrollieren. Ist die Lenkung schwergängig oder läuft sie in Kurven nicht allein in die Geradeausstellung zurück: Einstellschraube wieder etwas lösen.

Spurstangenkopf aus- und einbauen

Achtung: Zum Ersetzen der Spurstangen muß das Lenkgetriebe ausgebaut werden. Werkstattarbeit!

Seit ca. 2/98 ist der POLO mit geänderten Spurstangen/Spurstangenköpfen ausgerüstet. Erkennungsmerkmal neuer Spurstangenkopf: Gewindeschaft mit Sechskant und einer Schlüsselweite von 19 mm; bisheriger Spurstangenkopf: Gewindeschaft mit 2 Abflachungen und einer Schlüsselweite von 22 mm. **Achtung:** Bisherige und neue Spurstangen/Spurstangenköpfe dürfen **nicht gemischt** eingebaut werden.

Ausbau

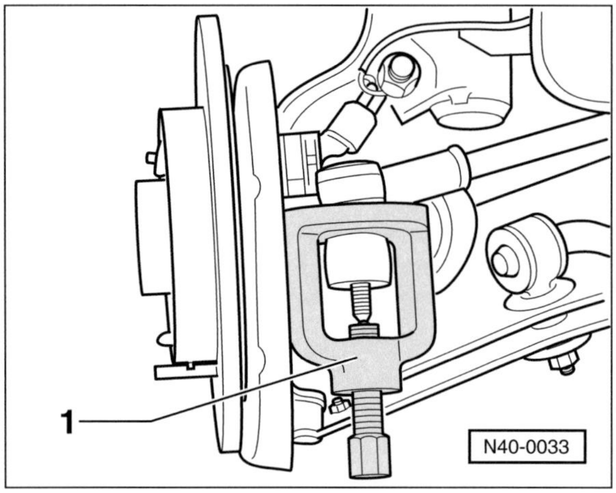

- Befestigungsmutter für Spurstangenkopf herausdrehen.
- Zapfen des Spurstangengelenks mit handelsüblichem Abzieher –1–, zum Beispiel HAZET 779, vom Lenkspurhebel abdrücken.
- Kontermutter für Spurstangenkopf an der Spurstange lösen.
- Spurstangenkopf von der Spurstange abschrauben, dabei Umdrehungen zählen und diese für den späteren Einbau notieren.

Einbau

- Neues Spurstangengelenk mit der gleichen Umdrehungsanzahl aufschrauben.
- Spurstangenkopf mit Kontermutter und **50 Nm** sichern.
- Zapfen für Spurstangengelenk am Lenkspurhebel einsetzen und mit **neuer selbstsichernder** Mutter und **35 Nm** anschrauben.
- Spur prüfen lassen, siehe Seite 147.

Flügelpumpe für Servolenkung

Bis 9/99

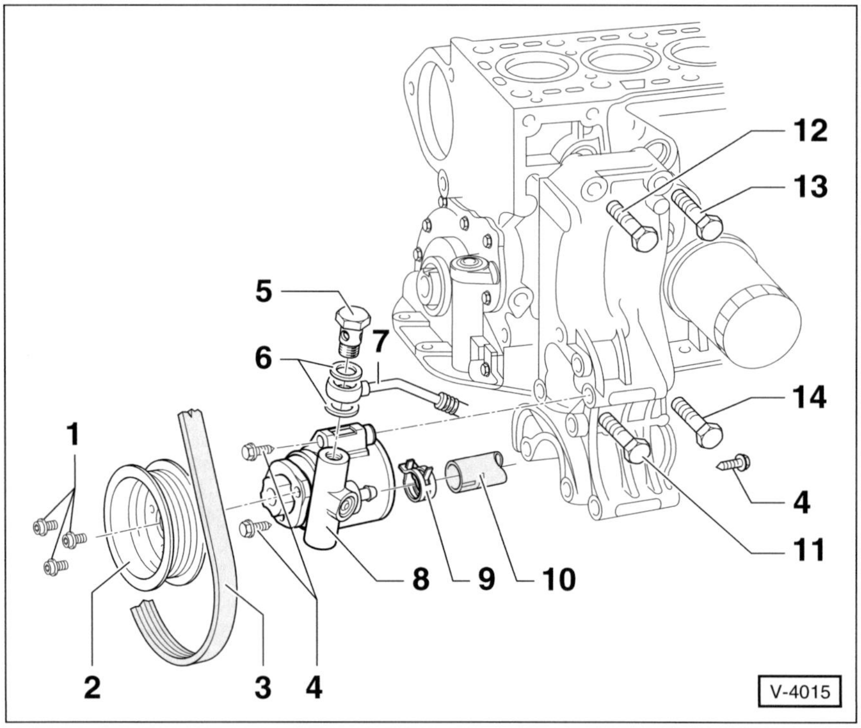

1 – **Schrauben, 25 Nm**
Beim Lösen/Anziehen am Innensechskant der Nabe gegenhalten.

2 – **Riemenscheibe**

3 – **Keilrippenriemen**

4 – **Schrauben, 25 Nm**

5 – **Hohlschraube, 30 Nm**

6 – **Dichtringe**

7 – **Druckleitung**

8 – **Flügelpumpe**
Neue Pumpe vor Einbau mit Hydrauliköl füllen und von Hand durchdrehen.

9 – **Federbandschelle**

10 – **Saugschlauch**
Darf nicht verdreht sein. Farbmarkierung fluchtet mit Gehäusetrennkante oder mit Markierung auf dem Stutzen der Pumpe.

11,14 – Schraube M10x70, 45 Nm

12,13 – Schraube M10x55, 45 Nm

Montagereihenfolge: Zuerst Schraube –12–, dann –11–, –13–, –14– festziehen.

Die Flügelpumpe kann nicht repariert werden, ggf. komplett zu ersetzen.

Ölspezifikation: VW-G 002 000.

Ölmenge im System: ca. **0,8 l.**

Lenksystem auf Dichtheit prüfen

Bei fehlendem Hydrauliköl im Ausgleichbehälter grundsätzlich Lenksystem auf Dichtheit prüfen.

- Motor starten und im Leerlauf drehen lassen.
- Lenkrad beidseitig bis zum Anschlag drehen und kurzzeitig festhalten. Dadurch baut sich der größtmögliche Leitungsdruck auf.
- In dieser Position Sichtprüfungen auf Undichtigkeit an folgenden Teilen durchführen:
  1. Drehkolbenventil.
  2. Zahnstangenabdichtung. Hierzu Schlauchbinder des Faltenbalges lösen und Faltenbalg zur Seite schieben.
  3. Flügelpumpe.
  4. Leitungsanschlüsse.

Flügelpumpe für Servolenkung

Seit 10/99

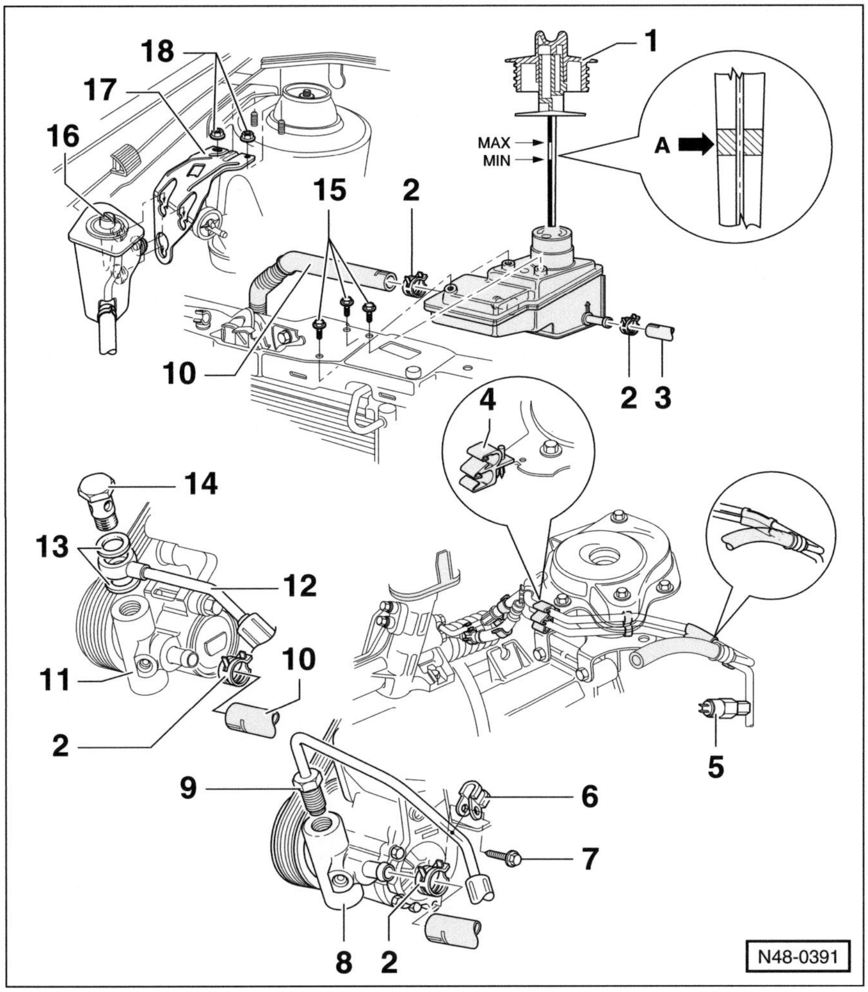

1 – **Verschlußdeckel mit Peilstab**
Bei einer Motortemperatur von ca. +50° C muß der Ölstand zwischen der MIN- und der MAX-Markierung liegen.
Pfeil A: Ölstand bei kaltem Motor.
Achtung: Bei kaltem Motor darf der Ölstand nicht über der MIN-Markierung liegen.
Ölstand immer bei vorher eingeschraubtem Verschlußdeckel prüfen.

2 – **Federbandschelle**

3 – **Rücklaufschlauch**
Die Farbmarkierung muß mit dem Pfeil auf dem Vorratsbehälter fluchten.

4 – **Halter**
Am Getriebelager.

5 – **Druckschalter, 15 Nm**

6 – **Schelle**

7 – **Schraube, 25 Nm**

8 – **Flügelpumpe (Servopumpe)**
Für Fahrzeuge ohne Klimaanlage.

9 – **Überwurfschraube, 30 Nm**

10 – **Saugschlauch**
Die Farbmarkierung muß, je nach Ausführung, mit der Gehäusetrennkante oder mit der Markierung auf dem Stutzen der Pumpe fluchten.

11 – **Flügelpumpe (Servopumpe)**
Für Fahrzeuge mit Klimaanlage.

12 – **Druckleitung**

13 – **Dichtring**
Immer ersetzen.

14 – **Hohlschraube, 30 Nm**

15 – **Schraube, 5 Nm**

16 – **Vorratsbehälter**
Für Fahrzeuge mit Benzinmotor.

17 – **Halter**
Wird am Federbeindom befestigt.

18 – **Mutter, 22 Nm**

Die Flügelpumpe kann nicht repariert werden. Fehlerursachen mit Hilfe einer Dichtigkeitsprüfung ermitteln. Liegt ein Fehler im Bauteil vor, Flügelpumpe komplett zu ersetzen.

Achtung: Eine Ersatzteil-Pumpe wird ohne Öl geliefert. Deshalb vor dem Einbau Servopumpe mit Hydrauliköl füllen und von Hand durchdrehen. Andernfalls können Geräusche im Fahrbetrieb oder Pumpenschäden auftreten.

Hydraulikölspezifikation: VW-G 002 000.

Ölmenge im System: ca. 0,8 l.

Das Lenkgetriebe

Mechanische Lenkung

Hinweis: Zum Fetten des Lenkgetriebes nur VW-Lenkgetriebefett AOF06300004 verwenden. Lenkgetriebe jedoch nicht überfetten. Die Luftausgleichbohrungen müssen frei bleiben, andernfalls kann der Faltenbalg beschädigt werden.

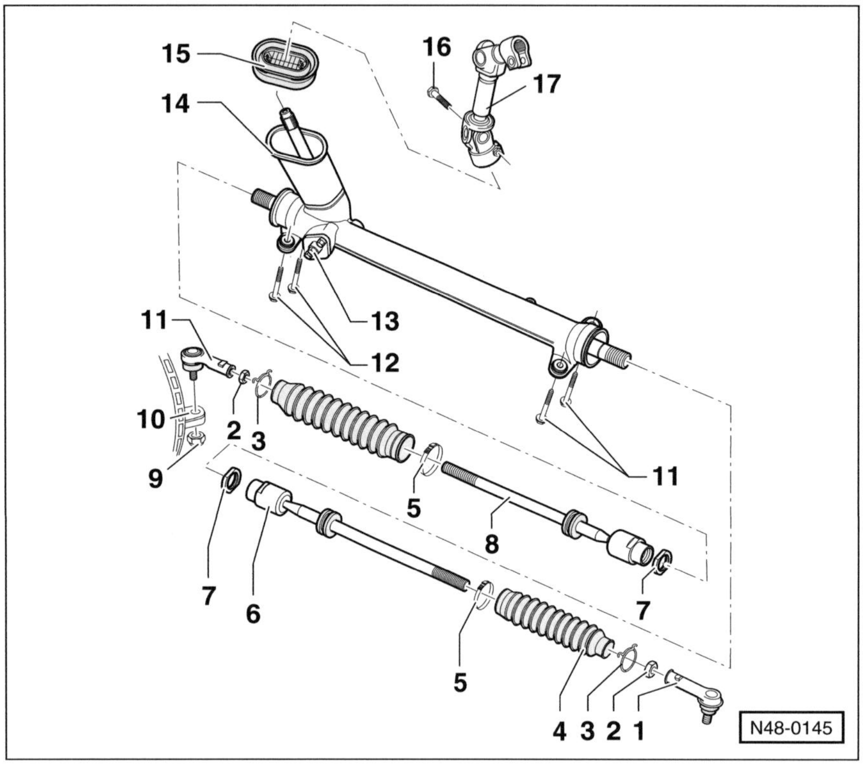

1, 11 – Spurstangenköpfe

2 – Kontermutter, 50 Nm

3 – Spannring
Einbaulage: Die Ösen zeigen nach oben.

4 – Faltenbalg
Über Spurstange auf- und abziehen. Kann bei eingebautem Lenkgetriebe ersetzt werden. Darf beim Spureinstellen nicht verdrillt werden.

5 – Klemmschelle

6 – Spurstange rechts
Einstellbar, zum Ersetzen das Lenkgetriebe ausbauen.

7 – Kontermutter, 50 Nm

8 – Spurstange links
Einstellbar, zum Ersetzen das Lenkgetriebe ausbauen. Wird voreingestellt als Ersatzteil geliefert.

9 – Mutter, 30 Nm
Selbstsichernd, immer ersetzen.

10 – Lenkspurhebel

12 – Schraube, 30 Nm

13 – Einstellschraube

14 – Lenkgetriebe

15 – Dichtung
Marke »TOP« zeigt nach oben.

16 – Schraube, 30 Nm

17 – Gelenkwelle für Lenksäule

Servolenkung

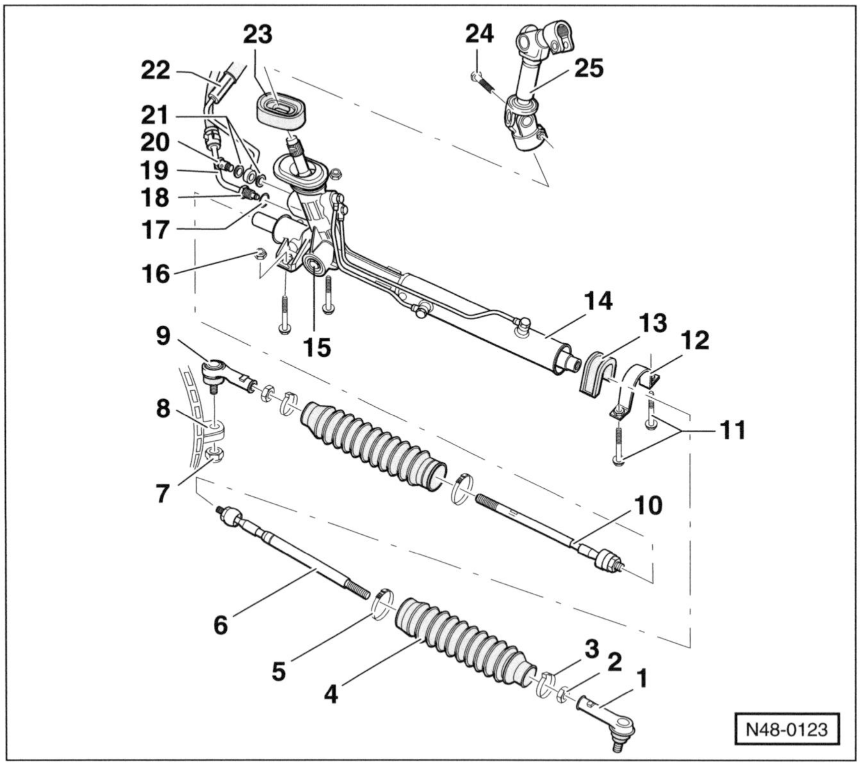

1, 9 – Spurstangenköpfe

2 – Kontermutter, 50 Nm

3, 5 – Klemmschelle

4 – Faltenbalg
Über Spurstange auf- und abziehen. Kann bei eingebautem Lenkgetriebe ersetzt werden. Darf beim Spureinstellen nicht verdrillt werden.

6, 10 – Spurstangen, 80 Nm
Einstellbar, zum Ersetzen das Lenkgetriebe ausbauen. Werden voreingestellt als Ersatzteil geliefert.

7 – Mutter, 35 Nm
Selbstsichernd, immer ersetzen.

8 – Lenkspurhebel

11 – Schrauben, 30 Nm

12 – Schelle mit Muttern

13 – Gummilager

14 – Lenkgetriebe

15 – Einstellschraube (nicht verstellen)

16 – Mutter
Selbstsichernd, immer ersetzen.

17 – Runddichtring

18 – Überwurfschraube, 20 Nm

19 – Rücklaufschlauch

20 – Hohlschraube, 30 Nm

21 – Dichtringe

22 – Druckleitung

23 – Dichtung

24 – Sechskantschraube, 30 Nm

25 – Gelenkwelle für Lenksäule

Fahrzeugvermessung

Optimale Fahreigenschaften und geringster Reifenverschleiß sind nur dann zu erzielen, wenn die Stellung der Räder einwandfrei ist. Bei unnormaler Reifenabnutzung sowie mangelhafter Straßenlage – bei schlechter Richtungsstabilität in Geradeausfahrt sowie schlechten Lenkeigenschaften in Kurvenfahrt – sollte die Werkstatt aufgesucht werden, um den Wagen optisch vermessen zu lassen.

Die Fahrzeugvermessung kann ohne eine entsprechende Meßanlage nicht durchgeführt werden. Ich beschränke mich deshalb hier auf die Beschreibung der für die Vermessung erforderlichen Grundbegriffe.

Spur/Sturz/Spreizung/Nachlauf

Als **Spur** bezeichnet man den seitlichen Abstand der Räder voneinander. In der Regel müssen Vorderräder Vorspur haben, weil sie – veranlaßt durch Sturz und Rollwiderstand – in Geradeausfahrt etwas nach außen laufen, da geringfügiges Spiel in den Radlagern, Radaufhängungen und Spurstangengelenken vorhanden ist. Die Vorspur kompensiert das Bestreben der Vorderräder, nach außen zu laufen. Für die Vorspur werden die Räder so eingestellt, daß sie – in Höhe des Radmittelpunktes gemessen – vorn etwas enger zusammenstehen als hinten.

Nachspur bedeutet, daß die Vorderräder, gemessen in Höhe des Radmittelpunktes, vorn etwas weiter auseinanderstehen als hinten.

Beim VW POLO wird die Spur auf »neutral« (0° ± 10') eingestellt. Dabei ist zu beachten, daß zur Einstellung nur die rechte Spurstange verstellt werden darf.

Sturz ist der Winkel, um den die Radebene von der Senkrechten abweicht. Die Vorderräder stehen also schräg, bei negativem Sturz beispielsweise im Radaufstandspunkt mehr auseinander als oben. Der VW POLO hat einen negativen Sturz (Sollwert: –25' ± 20'). Sturzkorrekturen dürfen nur an der Verbindung Radlagergehäuse/Federbein vorgenommen werden.

Spreizung ist der Winkel zwischen der Schwenkachse des Achsschenkels und der Senkrechten im Reifenaufstandspunkt, in Längsrichtung des Wagens gesehen.

Nachlauf ist der Winkel zwischen der Schwenkachse des Achsschenkels und der Senkrechten im Reifenaufstandspunkt in Querrichtung des Fahrzeuges gesehen. Der Nachlauf beeinflußt maßgeblich die Geradeausführung der Vorderräder. Zu geringer Nachlauf begünstigt ein Abweichen aus der Fahrtrichtung auf schlechten Straßen oder bei Seitenwind und läßt zudem nach der Kurvenfahrt die Lenkung nicht weit genug zur Mittelstellung zurücklaufen.

Prüfvoraussetzungen

Zur Fahrzeugvermessung wird eine Meßgrube oder eine Meß-Hebebühne benötigt. Bei jeder Vermessung müssen folgende Voraussetzungen erfüllt sein:

- Vorschriftsmäßiger Reifenfülldruck
- Fahrzeug unbeladen
- Fahrzeug vorher kräftig durchgefedert
- Kein unzulässiges Spiel im Lenkgestänge
- Kein unzulässiges Spiel in der Radaufhängung

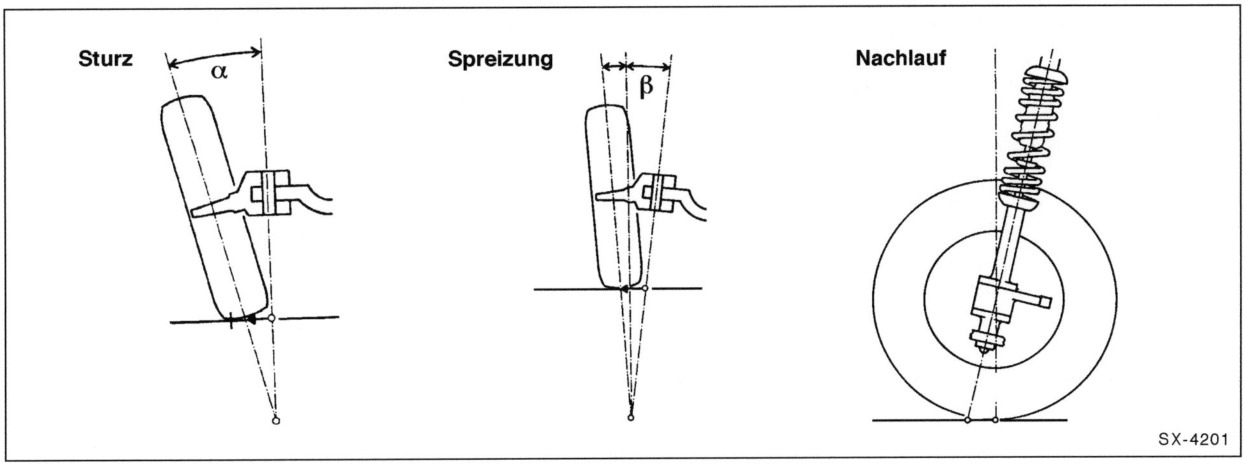

Bremsanlage

Das Bremssystem besteht aus dem Bremskraftverstärker, dem Hauptbremszylinder, gegebenenfalls mit nachgeschaltetem ABS-Gerät, sowie den Bremsen für die Vorder- und Hinterräder. Das hydraulische Bremssystem ist in zwei Kreise aufgeteilt, die diagonal wirken. Ein Bremskreis arbeitet vorn rechts/hinten links, der zweite vorn links/hinten rechts. Dadurch bremst bei Ausfall eines Bremskreises ein Vorderrad und das entgegengesetzte Hinterrad.

An den Vorderrädern sind Scheibenbremsen eingebaut, die zur besseren Wärmeabfuhr innenbelüftet sind. Die Hinterräder werden durch Trommelbremsen oder bei höherer Motorleistung durch Scheibenbremsen verzögert.

Der Bremskraftverstärker speichert bei Fahrzeugen mit Benzinmotor einen Teil des vom Motor erzeugten Ansaugunterdruckes. Beim Betätigen des Bremspedals wird dann die Pedalkraft durch den Unterdruck verstärkt. Da beim Dieselmotor der Ansaug-Unterdruck nicht vorhanden ist, erzeugt eine Vakuumpumpe den Unterdruck für den Bremskraftverstärker. Die Vakuumpumpe ist beim 1,4-l-Dieselmotor am Zylinderkopf und beim 1,7-/1,9-l-Dieselmotor am Motorblock angeflanscht. Angetrieben wird die Unterdruckpumpe von der Nockenwelle beziehungsweise von der Zwischenwelle im Motorblock.

Die Scheibenbremsen sind mit so genannten Faustsätteln ausgestattet. Bei einem Faustsattel wird nur ein Bremskolben benötigt, um beide Bremsbeläge gegen die Bremsscheibe zu drücken.

Die Handbremse wirkt über Seilzüge auf die Hinterräder.

Sicherheitshinweis
Das Arbeiten an der Bremsanlage erfordert peinliche Sauberkeit und eine exakte Arbeitsweise. Falls die nötige Arbeitserfahrung fehlt, sollten Arbeiten an der Bremse in einer Fachwerkstatt durchgeführt werden.

Die Bremsbeläge sind Bestandteil der Allgemeinen Betriebserlaubnis (ABE), außerdem sind sie vom Werk auf das jeweilige Fahrzeugmodell abgestimmt. Es empfiehlt sich deshalb, nur die vom Automobilhersteller beziehungsweise vom Kraftfahrtbundesamt freigegebenen Bremsbeläge zu verwenden. Diese Bremsbeläge haben eine KBA-Freigabenummer.

Hinweis: Auf stark regennassen Fahrbahnen sollte während des Fahrens die Bremse von Zeit zu Zeit betätigt werden, um die Bremsscheiben von Rückständen zu befreien. Durch die Drehbewegung der Bremsscheiben wird während der Fahrt zwar das Wasser von den Bremsscheiben geschleudert, doch bleibt teilweise ein dünner Film von Silikonen, Gummiabrieb, Fett und Verschmutzungen zurück, der das Ansprechen der Bremse vermindert.

Eingebrannter Schmutz auf den Bremsbelägen und zugesetzte Regennuten in den Bremsbelägen führen zur Riefenbildung auf den Bremsscheiben. Dadurch kann eine verminderte Bremswirkung eintreten.

Sicherheitshinweis
Beim Reinigen der Bremsanlage fällt Bremsstaub an. Dieser Staub kann zu gesundheitlichen Schäden führen. Deshalb beim Reinigen der Bremsanlage darauf achten, dass der Bremsstaub nicht eingeatmet wird.

ABS/EBV/ESP/EDS

ABS: Das **A**nti-**B**lockier-**S**ystem verhindert bei scharfem Abbremsen das Blockieren der Räder, dadurch bleibt das Fahrzeug lenkbar.

EBV: Die **E**lektronische **B**remskraft**v**erteilung verteilt mittels ABS-Hydraulik die Bremskraft an die Hinterräder. EBV verhindert ein Überbremsen der Hinterräder bei unbeladenem Fahrzeug.

ESP: Das **E**lektronische **S**tabilitäts-**P**rogramm vermindert die Schleudergefahr des Fahrzeuges durch gezielten Eingriff auf Bremsen und Motormanagement.

EDS: Die **E**lektronische **D**ifferential**s**perre ermöglicht das Anfahren bei unterschiedlich griffigen Fahrbahnbereichen durch Abbremsen des durchdrehenden Rades. Dadurch wird das Antriebsdrehmoment auf das »greifende« Rad umgelenkt.

Hinweise zur ABS/EBV/ESP/EDS-Anlage

Eine Sicherheitsschaltung im elektronischen Steuergerät sorgt dafür, dass sich die Anlage bei einem Defekt (zum Beispiel Kabelbruch) oder bei zu niedriger Betriebsspannung (Batteriespannung unter 10 Volt) selbst abschaltet. Angezeigt wird dies durch das Leuchten der Kontrolllampen im Armaturenbrett. Die herkömmliche Bremsanlage bleibt dabei in Betrieb. Das Fahrzeug verhält sich dann beispielsweise beim Bremsen so, als ob keine ABS-Anlage eingebaut wäre.

Sicherheitshinweis
Wenn während der Fahrt die beiden Kontrollleuchten für ABS **und** für Bremsanlage leuchten, können bei starkem Bremsen die Hinterräder blockieren, da die Bremskraftverteilung (EBV) ausgefallen ist.

Leuchten eine oder mehrere Kontrolllampen im Armaturenbrett während der Fahrt auf, folgende Punkte beachten:

- Fahrzeug kurz anhalten, Motor abstellen und wieder starten.
- Batteriespannung prüfen. Wenn die Spannung unter 10,5 Volt liegt, Batterie laden.

Achtung: Wenn die Kontrollleuchten am Anfang einer Fahrt aufleuchten und nach einiger Zeit wieder erlöschen, deutet das darauf hin, dass die Batteriespannung zunächst zu gering war und sich während der Fahrt durch Ladung vom Generator wieder erhöht hat.

- Prüfen, ob die Batterieklemmen richtig festgezogen sind und einwandfreien Kontakt haben.
- Fahrzeug aufbocken, Räder abnehmen, elektrische Leitungen zu den Drehzahlfühlern auf äußere Beschädigungen (Scheuerstellen) prüfen. Weitere Prüfungen der ABS/EBV/ESP/EDS-Anlage sollten der Werkstatt vorbehalten bleiben.

Achtung: Vor Schweißarbeiten mit einem elektrischen Schweißgerät muss der Stecker von der Hydraulik-Steuereinheit im Motorraum abgezogen werden. Stecker nur bei ausgeschalteter Zündung abziehen. Bei Lackierarbeiten darf das Steuergerät kurzzeitig mit max. +95° C, langzeitig (max. 2 Stunden) mit +85° C belastet werden.

Technische Daten Bremsanlage

Scheibenbremse	Modell	Motor	Bremssattel	Bremsscheibendicke		Bremsbelagdicke ohne Rückenplatte	
				neu	Verschleißgrenze	neu	Verschleißgrenze
vorn	POLO	33/44 kW	VW I	10 mm	8 mm	12 mm	2 mm
		33-55 kW	VW II	18 mm	16 mm	12 mm	2 mm
		74/88 kW	Girling/Lucas	20 mm	18 mm	11 mm	2 mm
		92 kW	Lucas	25 mm	23 mm	11 mm	2 mm
	CADDY	44-66 kW	Girling/Lucas	20 mm	18 mm	11 mm	2 mm
	CLASSIC	44-55 KW	VWII	12 mm	10 mm	12 mm	2 mm
	CLASSIC/ VARIANT	44-55 KW	VWII	20 mm	18 mm	10 mm	2 mm
		66-81 KW	Lucas	20 mm	18 mm	11 mm	2 mm
		44-81 KW[1)]	Lucas	20 mm	18 mm	11 mm	2 mm
hinten	POLO	74/88 kW	Lucas	10 mm	8 mm	12 mm	2 mm
		55-92 kW	Lucas	9 mm	7 mm	12 mm	2 mm
	CLASSIC/ VARIANT	44-81 kW[2)]	Lucas	10 mm	8 mm	10 mm	2 mm
		44-81 kW[3)]	Lucas	9 mm	7 mm	12 mm	2 mm

[1]) Mit Sportfahrwerk, [2]) Mit Sportfahrwerk bis 9/99, [3]) Mit Sportfahrwerk seit 10/99

Trommelbremse	Modell	Motor	Einsatzzeitraum	Ausführung	Bremstrommeldurchmesser		Bremsbelagdicke ohne Bremsbacke		Bremsbelagbreite
					neu	Verschleißgrenze	neu	Verschleißgrenze	
hinten	POLO	33-55 kW	bis 9/99	ohne ABS	180 mm	181,5 mm	5 mm	2,5 mm	30 mm
		33-55 kW	bis 9/99	mit ABS	200 mm	201,5 mm	5 mm	2,5 mm	40 mm
		37-55 kW	seit 10/99	–	200 mm	201,5 mm	5 mm	2,5 mm	40 mm
	CADDY	44-66 kW	bis 9/99	–	230 mm	231,5 mm	5 mm	2,5 mm	40 mm
		44-66 kW	seit 10/99	–	230 mm	231,5 mm	5 mm	2,5 mm	32 mm
	CLASSIC/ VARIANT	44/55 kW	bis 9/99	–	180 mm	181,5 mm	5 mm	2,5 mm	30 mm
		44-74 kW	seit 10/99	–	200 mm	201,5 mm	5 mm	2,5 mm	40 mm

Scheibenbremsbeläge vorn aus- und einbauen

Bremssattel VW II bis 12/95

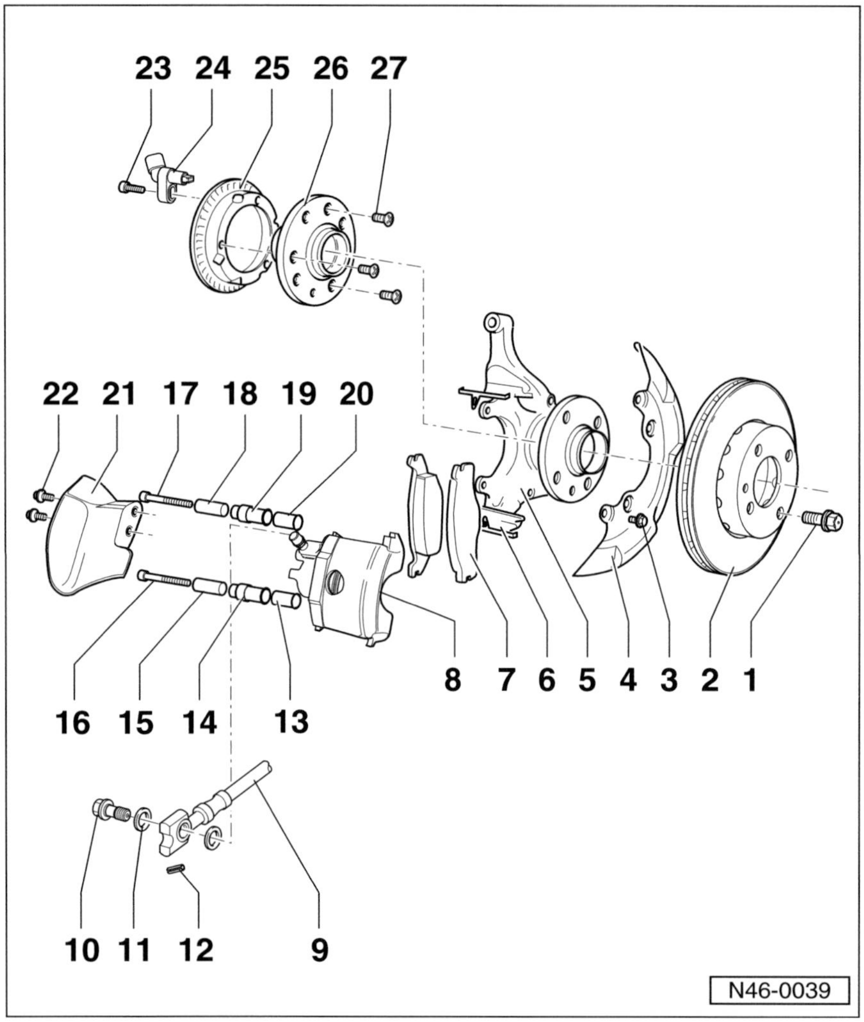

1 – **Radschraube, 110 Nm**

2 – **Bremsscheibe**
Immer achsweise ersetzen.

3 – **Schraube, 10 Nm**

4 – **Abdeckblech**

5 – **Radlagergehäuse**

6 – **Belaghaltefeder**
Beim Bremsbelagwechsel ersetzen.

7 – **Bremsbeläge**
Dicke prüfen, grundsätzlich achsweise ersetzen.

8 – **Bremssattel**

9 – **Bremsschlauch**

10 – **Hohlschraube, 15 Nm**

11 – **Dichtring**

12 – **Spannhülse**

13 – **Hülse unten**

14 – **Buchse unten**

15 – **Abstandshülse unten**

16 – **Innensechskantschraube unten, 25 Nm**

17 – **Innensechskantschraube oben, 25 Nm**

18 – **Abstandshülse oben**

19 – **Buchse oben**

20 – **Hülse oben**

21 – **Luftleitteil**

22 – **Schraube, 15 Nm**

23 – **Schraube, 10 Nm**

24 – **Rotor für Drehzahlfühler ABS**
Mit VW-Festschmierstoffpaste G 000 650 einsetzen.

25 – **Drehzahlfühler ABS**

26 – **Radnabe**

27 – **Kreuzschlitzschraube**

Hinweis: Der bis 12/94 eingebaute Bremssattel VW I weicht im Aussehen vom abgebildeten Bremssattel VW II etwas ab, ist aber gleich aufgebaut und in gleicher Weise zu montieren.

Achtung: Die Bremsbeläge sind Bestandteil der Allgemeinen Betriebserlaubnis (ABE), außerdem sind sie vom Werk auf das jeweilige Modell abgestimmt. Es empfiehlt sich deshalb, nur von VW freigegebene Bremsbeläge zu verwenden.

Ausbau, VW-II-Bremssattel bis 12/95

- Stellung der Vorderräder zur Radnabe mit Farbe kennzeichnen. Dadurch kann das ausgewuchtete Rad wieder in derselben Position montiert werden. Radschrauben bei auf dem Boden stehendem Fahrzeug lösen. Fahrzeug vorn aufbocken und Vorderräder abnehmen.

Achtung: Sollen die Bremsbeläge wieder verwendet werden, so müssen sie beim Ausbau gekennzeichnet werden. Ein Wechsel der Beläge von der Außen- zur Innenseite und umgekehrt oder auch vom rechten zum linken Rad ist nicht zulässig. Der Wechsel kann zu ungleichmäßiger Bremswirkung führen. Es empfiehlt sich, nur Original VW- beziehungsweise von VW freigegebene Bremsbeläge zu verwenden. **Grundsätzlich alle Scheibenbremsbeläge vorn gleichzeitig ersetzen, auch wenn nur ein Belag die Verschleißgrenze erreicht hat.**

- Befestigungsschrauben –Pfeile– für Bremssattel herausdrehen. Hierfür wird ein Innensechskantschlüssel SW 6 benötigt.

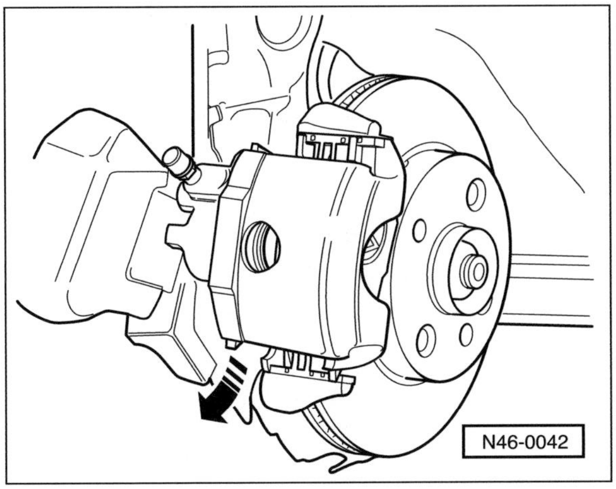

- Bremssattel unten vom Bremsträger wegschwenken –Pfeil– und abnehmen.
- Bremssattel mit Draht am Aufbau aufhängen. **Achtung:** Bremssattel nicht einfach nach unten hängen lassen; der Bremsschlauch darf nicht auf Zug beansprucht oder verdreht werden.
- Bremsbeläge seitlich aus den Führungen des Bremsträgers herausnehmen.
- Belaghaltefedern abnehmen.

Einbau

Achtung: Bei ausgebauten Bremsbelägen nicht auf das Bremspedal treten, sonst wird der Kolben aus dem Gehäuse herausgedrückt.

- Führungsfläche beziehungsweise Sitz der Beläge im Gehäuseschacht mit geeigneter Weichmetallbürste reinigen oder mit einem Lappen und Spiritus auswischen. Keine mineralölhaltigen Lösungsmittel oder scharfkantigen Werkzeuge verwenden.
- Vor Einbau der Beläge die Bremsscheibe durch Abtasten mit den Fingern auf Riefen untersuchen. Riefige Bremsscheiben können abgedreht werden (Werkstattarbeit), sofern sie noch eine ausreichende Dicke aufweisen.
- Bremsscheibendicke messen, siehe Seite 154.
- Staubkappe für Bremskolben auf Anrisse prüfen. Eine beschädigte Staubkappe umgehend ersetzen lassen, da eingedrungener Schmutz schnell zu Undichtigkeiten des Bremssattels führt. (Werkstattarbeit).

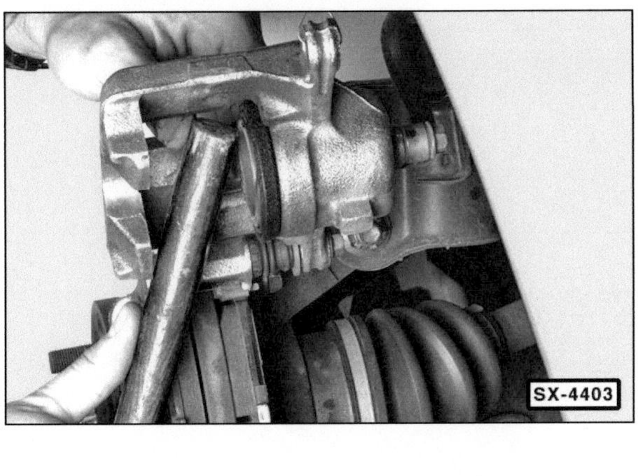

- Bremskolben mit Rücksetzvorrichtung, zum Beispiel HAZET 4971-1, zurückdrücken. Es geht auch mit einem Hartholzstab (Hammerstiel), dabei jedoch besonders darauf achten, daß der Kolben nicht verkantet wird und Kolbenfläche sowie Staubkappe nicht beschädigt werden.

Achtung: Beim Zurückdrücken des Kolbens wird Bremsflüssigkeit aus dem Bremszylinder in den Ausgleichbehälter gedrückt. Flüssigkeit im Behälter beobachten, eventuell Bremsflüssigkeit mit einem Saugheber absaugen.

Zum Absaugen eine Entlüfterflasche oder eine Plastikflasche verwenden, die nur mit Bremsflüssigkeit in Berührung kommt. Keine Trinkflaschen verwenden! **Bremsflüssigkeit ist giftig und darf auf gar keinen Fall mit dem Mund über einen Schlauch abgesaugt werden. Saugheber verwenden. Auch nach dem Belagwechsel darf die Max.-Marke am Bremsflüssigkeitsbehälter nicht überschritten werden, da sich die Flüssigkeit bei Erwärmung ausdehnt. Ausgelaufene Bremsflüssigkeit läuft am Hauptbremszylinder hinunter, zerstört den Lack und führt zur Rostbildung.**

Achtung: Bei hohem Bremsbelagverschleiß Leichtgängigkeit des Kolbens prüfen. Dazu einen Holzklotz in den Bremssattel einsetzen und durch Helfer langsam auf das Bremspedal treten lassen. Der Bremskolben muß sich leicht heraus- und hineindrücken lassen. Zur Prüfung muß der andere Bremssattel eingebaut sein. Darauf achten, daß der Bremskolben nicht ganz herausgedrückt wird. Bei schwergängigem Kolben Bremssattel instandsetzen (Werkstattarbeit).

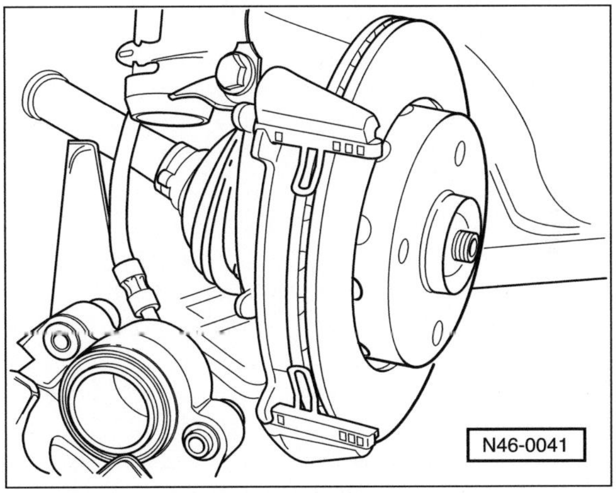

- Bremsbelaghaltefedern grundsätzlich erneuern. In der Regel werden neue Haltefedern zusammen mit den Bremsbelägen geliefert. Haltefedern so einsetzen, daß der kürzere Teil nach innen zeigt.
- Untere Bremsbelaghaltefeder in den Bremsträger einsetzen. Obere Feder ansetzen und inneren Bremsbelag seitlich über die Haltefedern in den Bremsträger einsetzen. Der innere Bremsbelag hat die kleinere Belagoberfläche.
- Äußeren Bremsbelag in den Bremsträger einsetzen.

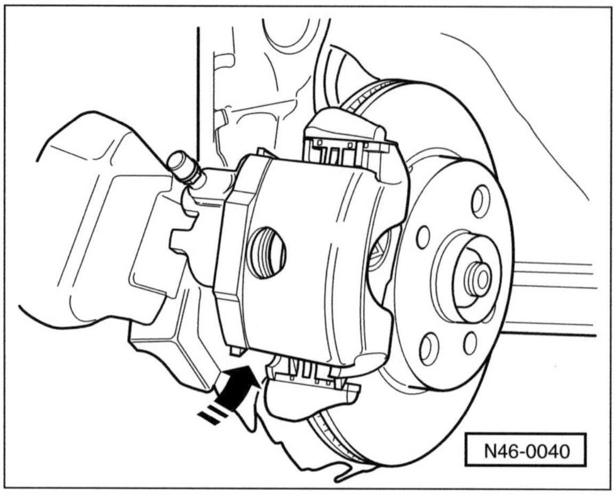

- Bremssattel oben am Bremsträger ansetzen und nach unten schwenken. **Achtung:** Bremssattel nur so weit am Bremsträger andrücken, daß die Befestigungsschrauben eingesetzt werden können. Wird der Bremssattel über diesen Punkt hinausgedrückt, können sich die Belaghaltefedern verformen. Das kann zu Geräuschen beim Bremsen führen.
- Befestigungsschrauben einsetzen und mit **25 Nm** festziehen.
- Vorderräder so ansetzen, daß die beim Ausbau angebrachten Markierungen übereinstimmen. Räder anschrauben. Fahrzeug ablassen und Radschrauben über Kreuz mit **110 Nm** festziehen.

Achtung: Bremspedal im Stand mehrmals kräftig niedertreten, bis fester Widerstand spürbar ist. Dadurch legen sich die Bremsbeläge an die Bremsscheiben an und nehmen einen dem Betriebszustand entsprechenden Sitz ein.

- Bremsflüssigkeit im Ausgleichbehälter prüfen, gegebenenfalls bis zur Max.-Marke auffüllen.
- Neue Bremsbeläge vorsichtig einbremsen, dazu Fahrzeug mehrmals von ca. 80 km/h auf 40 km/h mit geringem Pedaldruck abbremsen. Dazwischen Bremse etwas abkühlen lassen.

Achtung: Bis zu einer Fahrstrecke von ca. 200 km sollten keine Vollbremsungen vorgenommen werden.

Hinweis: Bremsbeläge sind als Sondermüll zu entsorgen. Die örtlichen Behörden geben darüber Auskunft, ob auch eine Entsorgung über den hausmüllähnlichen Gewerbemüll zulässig ist.

Achtung, Sicherheitskontrolle durchführen:

- Sind die Bremsschläuche festgezogen?
- Befindet sich der Bremsschlauch in der Halterung?
- Sind die Entlüftungsschrauben angezogen?
- Ist genügend Bremsflüssigkeit eingefüllt?
- Bei laufendem Motor Dichtheitskontrolle durchführen. Hierzu Bremspedal mit 200 bis 300 N (entspricht 20 bis 30 kg) etwa 10 sec. betätigen. Das Bremspedal darf nicht nachgeben. Sämtliche Anschlüsse auf Dichtheit kontrollieren.

Speziell VW-II-Bremse seit 1/96

Der Arbeitsablauf entspricht dem bei der VW-II-Bremse bis 12/95. Hier werden nur abweichende Hinweise gegeben.

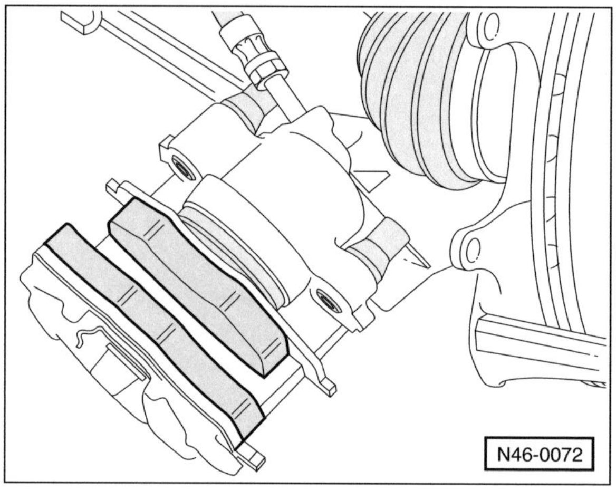

- Beide Innensechskantschrauben aus dem Bremssattel herausschrauben.
- Bremssattel vom Radlagergehäuse abziehen.

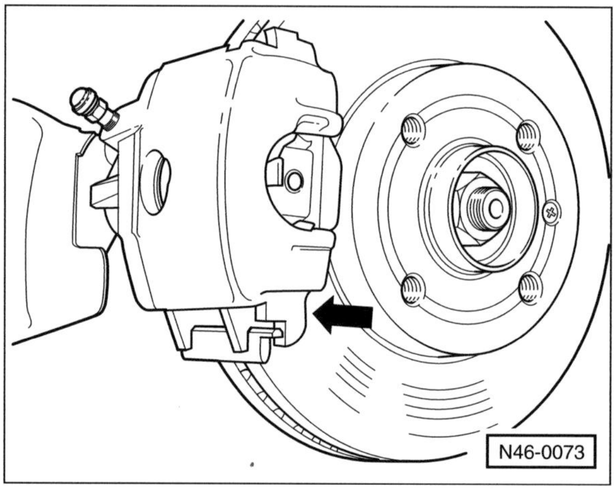

- Bremssattel mit eingelegten Bremsbelägen am Radlagergehäuse zuerst unten –Pfeil– ansetzen. Der Zapfen des Bremssattels muss hinter der Führung des Radlagergehäuses stehen.
- Bremssattel so schwenken, dass beide Innensechskantschrauben eingeschraubt werden können. Innensechskantschrauben mit **25 Nm** anziehen.

Speziell Girling-/Lucas-Bremse

Der Arbeitsablauf entspricht dem bei der VW-II-Bremse bis 12/95. Hier werden nur abweichende Hinweise gegeben.

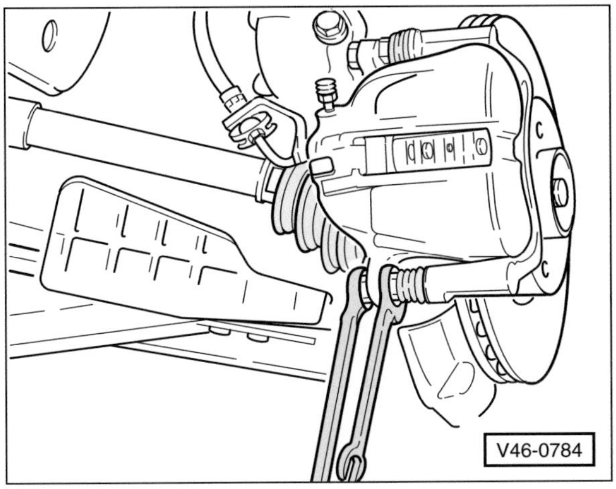

- Untere Befestigungsschraube für Bremssattel herausschrauben. Dabei am Führungsbolzen gegenhalten.

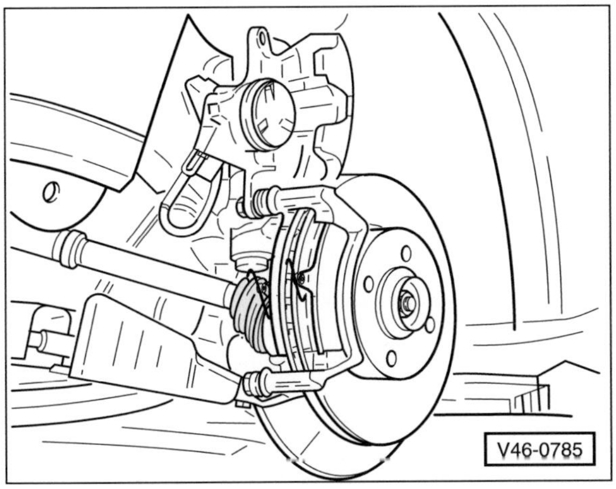

- Bremssattel nach oben schwenken.
- Bremsbeläge herausnehmen.

Achtung: Beim Einbau darauf achten, daß das Wärmeschutzblech in den Bremskolben eingesetzt ist. Der Original-Reparatursatz enthält 4 selbstsichernde Schrauben, die verwendet werden müssen.

- Bremsbeläge einsetzen.
- Bremssattel nach unten schwenken und Schrauben mit **35 Nm** anziehen.

Scheibenbremsbeläge hinten aus- und einbauen

Hinweis: Der Aus- und Einbau der Scheibenbremsbeläge für die Hinterräder erfolgt prinzipiell auf die gleiche Weise wie bei den Scheibenbremsbelägen für die Vorderräder. Deshalb auch das Kapitel »Scheibenbremsbeläge vorn aus- und einbauen« durchlesen. **Alle dort aufgeführten allgemeinen Hinweise und Sicherheitshinweise sind zu beachten.**

Hier werden **nur die abweichenden** Arbeitsschritte angegeben, die für den Aus- und Einbau der hinteren Scheibenbremsbeläge erforderlich sind.

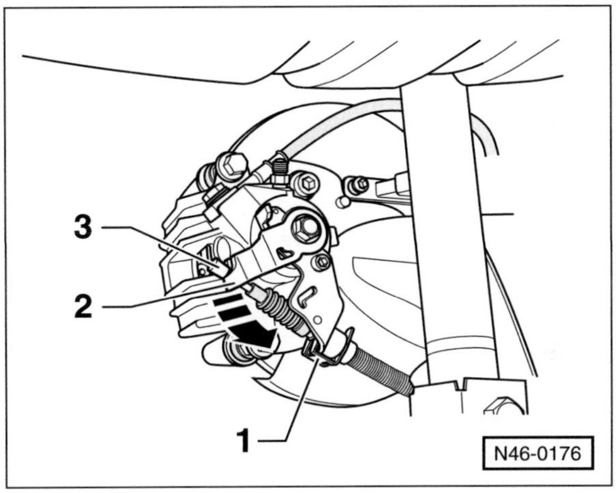

- Clip –1– abziehen.
- Bremshebel –2– in Pfeilrichtung drücken und Handbremsseil –3– aushängen.

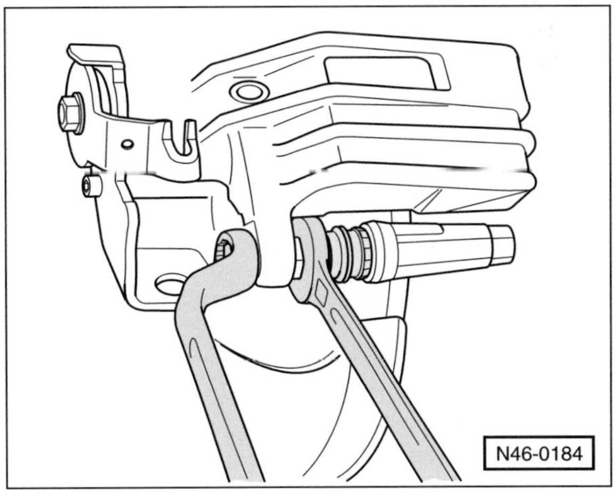

- Befestigungsschrauben vom Bremssattel abschrauben. Dabei jeweils am Führungsbolzen gegenhalten.
- Bremssattel abnehmen und mit Draht am Aufbau oder an der Schraubenfeder aufhängen. **Achtung:** Der Bremsschlauch darf nicht auf Zug beansprucht werden oder verdreht werden.

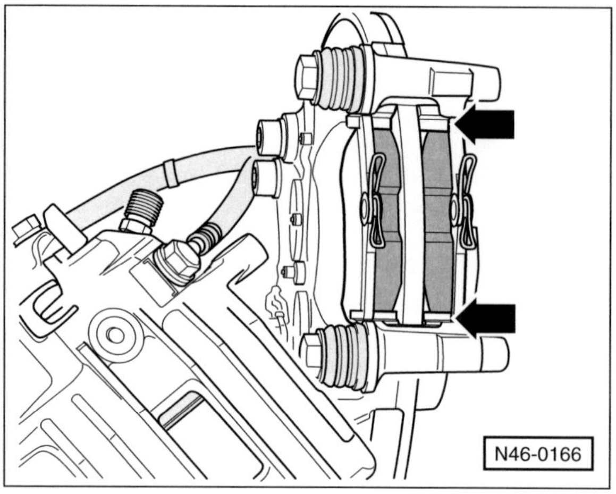

- Bremsbeläge und Belaghaltefedern –Pfeile– ausbauen.
- Bremsscheibendicke messen, siehe Seite 154.
- Bremssattel reinigen. **Achtung: Keine Drahtbürste zum Reinigen des Gehäuses verwenden.** Der Bremssattel darf ausschließlich mit Spiritus gereinigt werden.

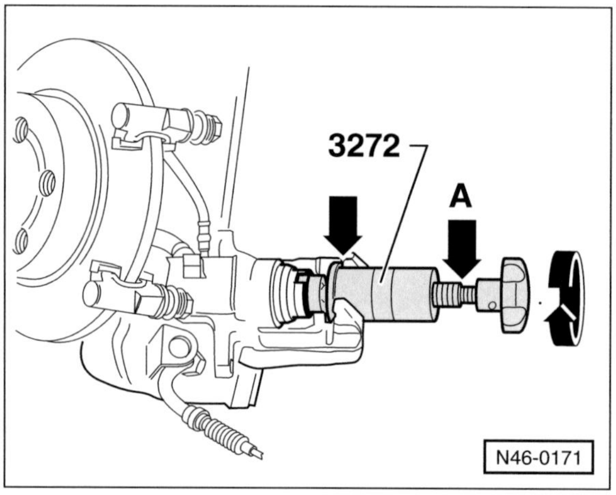

- Bremskolben zurücksetzen.

Achtung: Der Bremskolben darf nicht mit einer herkömmlichen Rücksetzvorrichtung zurückgedrückt werden. Die Nachstellung für die Handbremse würde hierbei zerstört werden. Zum Zurücksetzen des Bremskolbens **muss** das VW Werkzeug 3272 oder HAZET 4970/6 verwendet werden.

- Kolben durch Rechtsdrehen (im Uhrzeigersinn) mit dem Spezialwerkzeug unter kräftigem Druck langsam einschrauben. Der Bund –Pfeil links– des Werkzeugs muss am Bremssattel anliegen. Bei schwergängigem Kolben mit Maulschlüssel SW 13 an den Abflachungen –A– des Werkzeugs drehen.
- Belaghaltefedern und Bremsbeläge in den Bremsträger einsetzen.
- Schutzfolie von der Rückenplatte des Bremsbelages abziehen.

Hinweis: Im Reparatursatz sind 4 selbstsichernde Schrauben enthalten. Diese sind in jedem Fall zu verwenden.

- Bremssattel mit **neuen** selbstsichernden Schrauben am Bremsträger festschrauben. Schrauben mit **35 Nm** anziehen.
- Bremshebel herunterdrücken und Handbremsseil einhängen.
- Clip für Handbremsseil einbauen.
- Handbremse einstellen, siehe Seite 160.

Bremsscheibendicke prüfen

Prüfen

- Stellung der Vorderräder zur Radnabe mit Farbe kennzeichnen. Dadurch kann das ausgewuchtete Rad wieder in derselben Position montiert werden. Radschrauben bei auf dem Boden stehendem Fahrzeug lösen. Fahrzeug vorn aufbocken und Vorderräder abnehmen.

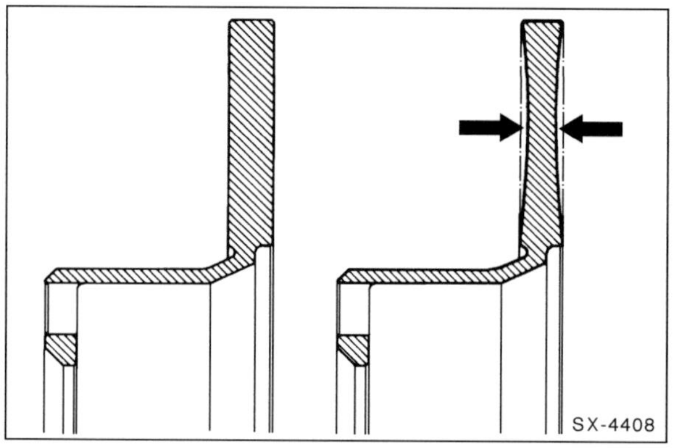

Achtung: Bremsscheibendicke immer an der dünnsten Stelle –Pfeile– messen. Die Werkstätten benutzen einen speziellen Meßschieber oder eine Mikrometer-Bügelmeßschraube, da sich durch Abnutzung der Bremsscheibe ein Rand bildet. Man kann die Bremsscheibendicke auch mit einer normalen Schieblehre messen, allerdings muß dann auf jeder Seite der Bremsscheibe eine entsprechend starke Unterlage zwischengelegt werden (beispielsweise 2 Münzen). Um das exakte Maß der Bremsscheiben zu ermitteln, müssen von dem gemessenen Wert die Dicke der Münzen beziehungsweise der Unterlagen abgezogen werden. **Achtung:** Messung an mehreren Punkten der Bremsscheibe vornehmen.

- Maße für Bremsscheibe, siehe Seite 149.
- Wird die Verschleißgrenze erreicht, Bremsscheibe erneuern.
- Bei größeren Rissen oder bei Riefen, die tiefer als 0,5 mm sind, Bremsscheibe erneuern.
- Vorderräder so ansetzen, daß die beim Ausbau angebrachten Markierungen übereinstimmen. Räder anschrauben. Fahrzeug ablassen und Radschrauben über Kreuz mit **110 Nm** festziehen.

Bremsscheibe/Bremssattel aus- und einbauen

Ausbau

- Stellung der Vorderräder zur Radnabe mit Farbe kennzeichnen. Dadurch kann das ausgewuchtete Rad wieder in derselben Position montiert werden. Radschrauben bei auf dem Boden stehendem Fahrzeug lösen. Fahrzeug vorn aufbocken und Vorderräder abnehmen.
- Bremsschlauch am Radlagergehäuse ausclipsen.
- Bremsbeläge ausbauen, siehe Seite 150.
- Bremssattel mit selbstangefertigtem Drahthaken so am Aufbau aufhängen, daß der Bremsschlauch nicht verdreht oder auf Zug beansprucht wird.

Achtung: Bremsschlauch nicht lösen, sonst muß das Bremssystem entlüftet werden.

- Soll der Bremssattel ganz abgenommen werden, muß vorher der Bremsschlauch an der Bremsschlauchkupplung abgeschraubt werden. Der Bremsschlauch kann sonst nicht am Bremssattel abgeschraubt werden. **Achtung:** Bremsflüssigkeit läuft aus. Bremsflüssigkeit in einer Flasche sammeln, die ausschließlich für Bremsflüssigkeit vorgesehen ist. Man kann auch die Bremsflüssigkeit mit einem Saugheber aus dem Vorratsbehälter absaugen. Beim hinteren Bremssattel muß zusätzlich das Handbremsseil ausgehängt werden.
- Befestigungs-Kreuzschlitzschraube für Bremsscheibe herausdrehen.
- Bremsscheibe abnehmen.

Achtung: Die Bremsscheibe darf **nicht** durch Gewaltanwendung (Hammerschläge) von der Radnabe getrennt werden. Stattdessen handelsübliche Rostlöser anwenden, um Schäden an den Bremsscheiben zu vermeiden. Falls der Ausbau nur durch kräftige Hammerschläge möglich ist, aus Sicherheitsgründen sowohl die Bremsscheiben wie auch die Radlager erneuern. Das Erneuern der vorderen Radlager sollte der Werkstatt vorbehalten bleiben, da in der Regel nur dort eine entsprechende Presse vorhanden ist. Auch bei der Verwendung eines geeigneten Abziehers Bremsscheiben erneuern.

Einbau

Um ein gleichmäßiges Bremsen beidseitig zu gewährleisten, müssen beide Bremsscheiben die gleiche Oberfläche bezüglich Schliffbild und Rauhtiefe aufweisen. Deshalb **grundsätzlich beide** Bremsscheiben ersetzen, beziehungsweise abdrehen lassen.

Die Werkstatt kann die Bremsscheibe auf Schlag prüfen. Maximaler Scheibenschlag an der Bremsfläche gemessen: 0,03 mm. Maximal zulässige Dickentoleranz: 0,01 mm.

- Bremsscheibendicke messen, siehe Seite 154.
- Falls vorhanden, Rost am Flansch der Bremsscheibe und der Vorderradnabe entfernen.
- Neue Bremsscheiben mit Nitro-Verdünnung vom Schutzlack reinigen.
- Bremsscheibe auf Radnabe aufsetzen und mit Kreuzschlitzschraube anschrauben.
- Bremsbeläge einbauen, siehe Seite 150.
- Bremsschlauch am Radlagergehäuse einclipsen. Freigängigkeit des Bremsschlauches bei vollem Lenkradeinschlag prüfen.

Achtung: War der Bremsschlauch demontiert, Bremsschlauch anschrauben und Bremsanlage entlüften, siehe Seite 162.

- Vorderräder so ansetzen, daß die beim Ausbau angebrachten Markierungen übereinstimmen. Räder anschrauben. Fahrzeug ablassen und Radschrauben über Kreuz mit **110 Nm** festziehen.

Achtung: Bremspedal im Stand mehrmals kräftig niedertreten, bis fester Widerstand spürbar ist. Dadurch legen sich die Bremsbeläge an die Bremsscheiben an und nehmen einen dem Betriebszustand entsprechenden Sitz ein.

Achtung, Sicherheitskontrolle durchführen:

- ◆ Sind die Bremsschläuche festgezogen?
- ◆ Befindet sich der Bremsschlauch in der Halterung?
- ◆ Sind die Entlüftungsschrauben angezogen?
- ◆ Ist genügend Bremsflüssigkeit eingefüllt?
- ◆ Bei laufendem Motor Dichtheitskontrolle durchführen. Hierzu Bremspedal mit 200 bis 300 N (entspricht 20 bis 30 kg) etwa 10 sec. betätigen. Das Bremspedal darf nicht nachgeben. Sämtliche Anschlüsse auf Dichtheit kontrollieren.

Quietschgeräusche der Scheibenbremse beseitigen

- Bremsbeläge ausbauen.
- Beläge und Bremssattel mit einer Weichmetallbürste oder einem Lappen und Spiritus reinigen.

Achtung: Bremsstaub nicht einatmen!

- Folgende Stellen mit Anti-Quietsch-Paste »Plastilube« oder Hochtemperaturpaste, z. B. »Liqui Moly LM-508-ASC«, bestreichen:
  - ■ Alle zugänglichen Stellen der Bremsbelag-Rückenplatte.
  - ■ Kolbenstirnseite.
  - ■ Anlagefläche des Bremsträgers.
  - ■ Gleitführungen des Bremssattels.

Achtung: Plastilube oder Hochtemperaturpaste darf **nicht** auf die Reibflächen der Bremsscheibe oder der Bremsbeläge kommen. Eventuell auf die Reibflächen gelangte Reste der Paste mit einem Lappen abwischen, gegebenenfalls mit Spiritus reinigen.

- Bremsbeläge einbauen.

Bremstrommel aus- und einbauen

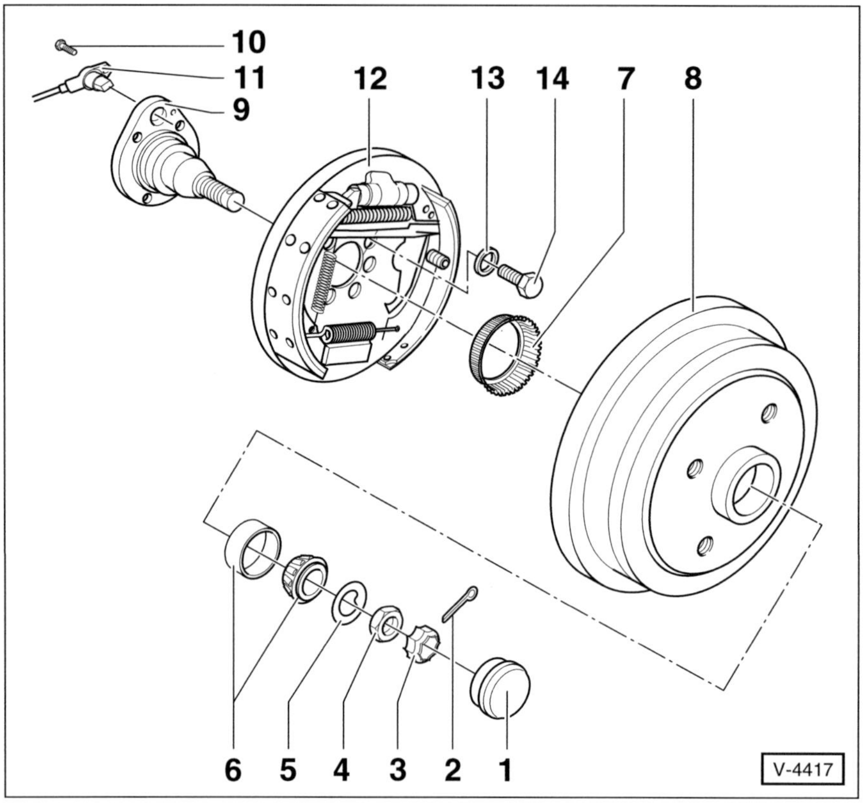

In der Abbildung ist die Ausführung bei Fahrzeugen **bis 9/99** dargestellt.

1 – **Fettkappe**

2 – **Splint**
Immer ersetzen.

3 – **Kronensicherung**

4 – **Sechskantmutter**

5 – **Druckscheibe**

6 – **Radlager außen**

7 – **Impulsrad, ABS**

8 – **Bremstrommel**

9 – **Achszapfen**

10 – **Innensechskantschraube, 10 Nm**

11 – **Drehzahlfühler, ABS**
Mit Festschmierstoffpaste G 000 650 einsetzen.

12 – **Bremsträger mit Bremsbacken**

13 – **Tellerfeder**
Große Anlagefläche zeigt zum Bremsträger.

14 – **Sechskantschraube, 60 Nm**

Achtung: Seit **10/99** ist das Radlager in die Radnabe integriert. Diese Radlager/Radnabeneinheit ist wartungs- und spielfrei. Einstellarbeiten (Radlagerspiel) sowie Reparaturen sind nicht möglich.

Ausbau, Fahrzeuge bis 9/99

Achtung: Einige Arbeitsschritte sind in den Kapiteln »Radlager aus- und einbauen« beziehungsweise »Radlagerspiel einstellen« ausführlicher beschrieben.

- Stellung der Hinterräder zur Radnabe mit Farbe kennzeichnen. Dadurch kann das ausgewuchtete Rad wieder in derselben Position montiert werden. Radschrauben bei auf dem Boden stehendem Fahrzeug lösen. Fahrzeug hinten aufbocken und Hinterräder abnehmen.

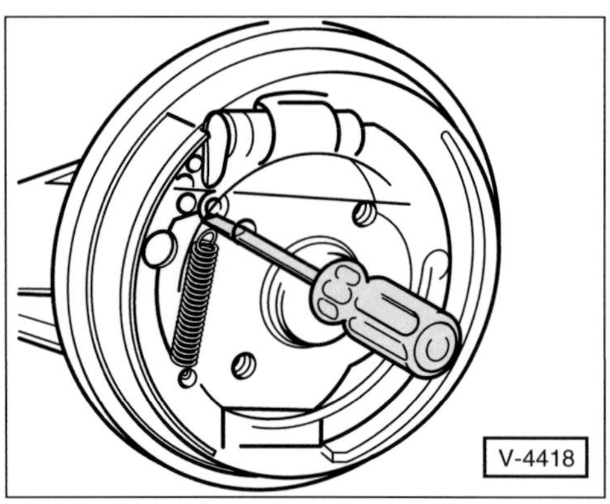

- Bremse zurückstellen. Dazu durch eine Gewindebohrung in der Bremstrommel mit einem Schraubendreher den Keil für selbstnachstellende Bremse bis zum Anschlag nach oben drücken.

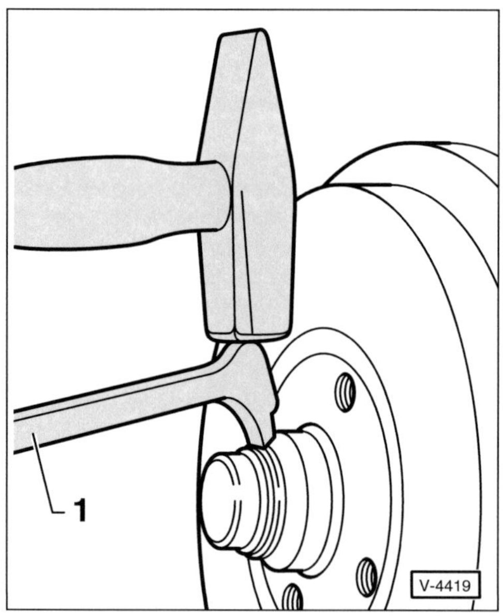

- Fettkappe abdrücken. Das Abdrücken der Fettkappe kann mit unterschiedlichen Werkzeugen erfolgen, zum Beispiel mit VW Werkzeug 637/2 –1–.

Achtung: Dabei darauf achten, daß die Fettkappe nicht beschädigt wird. Durch eine verbeulte oder deformierte Fettkappe kann Wasser in das Radlager eindringen, wodurch dieses in kurzer Zeit zerstört wird. Beschädigte Fettkappe deshalb immer ersetzen.

- Splintenden geradebiegen, Splint herausziehen. Kronensicherung abnehmen, Mutter abschrauben, Druckscheibe abnehmen.
- Äußeres Radlager herausnehmen.

Achtung: Das Lager kann herausfallen, sicherheitshalber sauberen Lappen unterlegen. Gegebenenfalls Radlager mit Radlagerfett (Lithiumfett) nachfetten.

- Bremstrommel abnehmen. Falls erforderlich, Bremstrommel mit einem Universalabzieher vom Achszapfen ziehen.
- Dichtring und inneres Radlager herausnehmen, falls es nicht mit der Bremstrommel herausgezogen wurde.

Einbau

- Bremstrommel sorgfältig reinigen. Auf Verschleiß, Beschädigungen, Maßhaltigkeit, beschädigtes Gewinde für die Radschrauben und einwandfreie Bremsfläche prüfen. Nabe mit Mehrzweckfett füllen.
- Fahrzeuge mit ABS: Werden die Bremstrommeln erneuert, jeweils Impulsrad mit 2 Schraubendrehern von alter Bremstrommel abhebeln. Mit geeigneter Presse Impulsrad auf neue Bremstrommel aufpressen.
- Inneres Radlager mit Radlagerfett in die Bremstrommel einsetzen, Dichtring mit Gummihammer kreuzweise einschlagen. Vorher Gummilippe leicht fetten.
- Bremstrommel aufschieben.
- Äußeres Radlager mit Radlagerfett einfetten und auf Achszapfen aufschieben.
- Druckscheibe mit Sechskantmutter anschrauben.
- Radlagerspiel einstellen, siehe Seite 138.
- Kronensicherung so aufsetzen, daß sich der Splint einstecken läßt. Neuen Splint verwenden, Enden umbiegen.

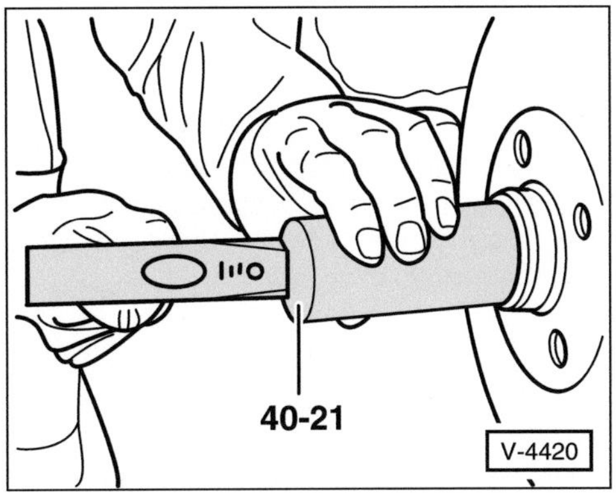

- Fettkappe vorsichtig auftreiben. Statt dem Sonderwerkzeug VW 40-21 kann auch ein geeignetes Rohr verwendet werden. Der Innendurchmesser des Rohres muß dabei am Wulst der Fettkappe anliegen. Ist die Fettkappe auch nur geringfügig verformt, ist sie zu erneuern.
- Hinterräder so ansetzen, daß die beim Ausbau angebrachten Markierungen übereinstimmen. Räder anschrauben. Fahrzeug ablassen und Radschrauben über Kreuz mit **110 Nm** festziehen.
- Bremspedal bei gelöster Handbremse voll durchtreten und dadurch Bremsbacken in Betriebsstellung bringen.

Speziell Fahrzeuge seit 10/99

- Bremsbacken zurückstellen, siehe Kapitelanfang. Kreuzschlitzschraube für Bremstrommel herausdrehen und Bremstrommel abnehmen.

Bremsbacken aus- und einbauen

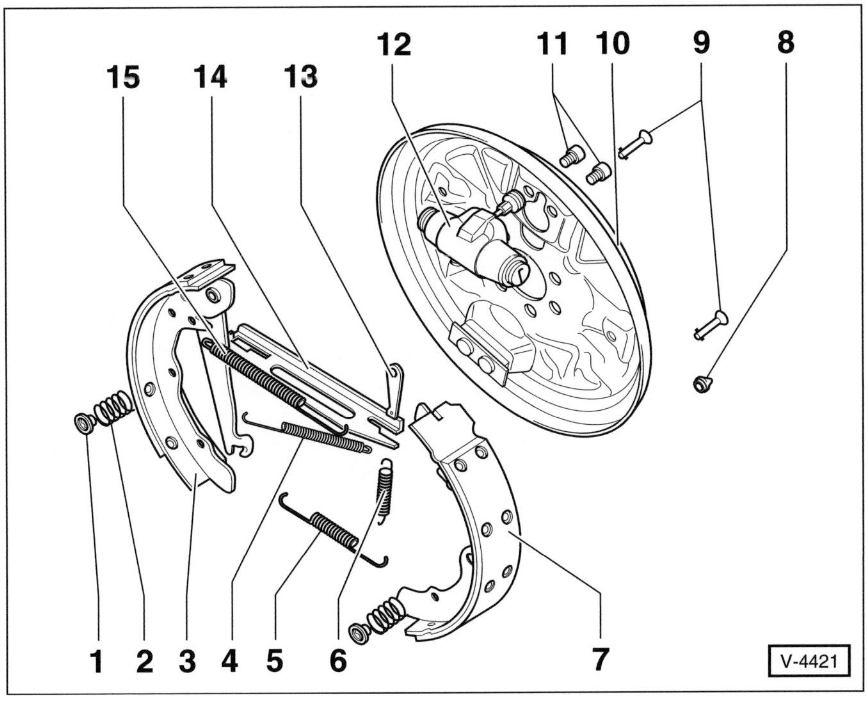

1 – **Federteller**
Gegen die Druckfeder drücken und um 90° verdrehen.

2 – **Druckfeder**

3 – **Bremsbacke**
Mit Bremshebel für Handbremse.

4 – **Rückzugfeder oben**
Mit Bremsfedernzange aushängen.

5 – **Rückzugfeder unten**
Anlagestellen mit VW-Festschmierstoffpaste G 000 650 fetten.

6 – **Zugfeder**

7 – **Bremsbacken**

8 – **Verschlußkappe**
Zum Prüfen des Bremsbelagverschleißes abnehmen.

9 – **Spannstift**

10 – **Bremsträger**

11 – **Innensechskantschraube, 10 Nm**

12 – **Radbremszylinder**

13 – **Keil**

14 – **Druckstange**
Anlagestellen mit VW-Festschmierstoffpaste G 000 650 fetten.

15 – **Anlagefeder**
Mit Bremsfedernzange aushängen.

Die Bremsbacken der Trommelbremse an den Hinterrädern stellen sich automatisch nach. Für die automatische Nachstellung ist zwischen Primärbacke und Druckstange ein Keil mit einer Zugfeder angeordnet, der die Druckstange verlängert. Nach einmaligem Betätigen der Fußbremse ist ein Lüftspiel zwischen Bremsbacken und Bremstrommel vorgegeben. Ist die Backenbewegung aufgrund von Belagverschleiß größer als das vorgegebene Lüftspiel, wird der Keil durch die Anordnung der Druckstange und der Feder nach unten gezogen. Dadurch verändert sich die Länge der Druckstange, und die Bremsbacken sind automatisch nachgestellt.

Ausbau

Falls nicht anders angegeben, beziehen sich die Bezeichnungen auf die Abbildung V-4421.

Achtung: Sollen die Bremsbacken wieder verwendet werden, so müssen sie beim Ausbau gekennzeichnet werden. Ein Wechsel der Bremsbacken vom rechten zum linken Rad und umgekehrt ist nicht zulässig. Der Wechsel kann zu ungleichmäßiger Bremswirkung führen. Grundsätzlich nur Original VW- beziehungsweise von VW freigegebene Bremsbeläge/Bremsbacken verwenden. **Grundsätzlich alle Bremsbeläge einer Achse gleichzeitig ersetzen, auch wenn nur ein Belag die Verschleißgrenze erreicht hat.**

Hinweis: Bremsbeläge/-backen immer nur an einer Fahrzeugseite ausbauen, damit die andere Seite beim Zusammenbau als Vorlage dienen kann.

- Bremstrommel ausbauen, siehe entsprechendes Kapitel.
- Federteller –1– mit Rohrzange kräftig gegen die Druckfeder –2– drücken und um ¼ Umdrehung (90°) verdrehen. Federteller herausnehmen. Auf diese Weise beide Federteller ausbauen. Dabei den Stift für die Druckfeder von hinten gegenhalten.
- Rückzugfeder unten –5– aushängen und Bremsbacken abnehmen.

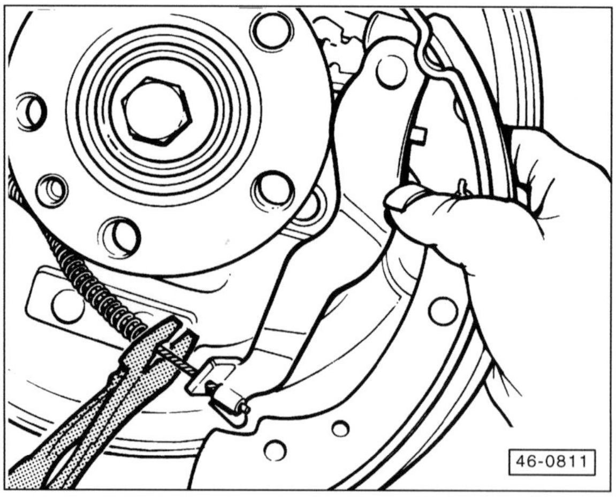

- Handbremsseil aushängen.

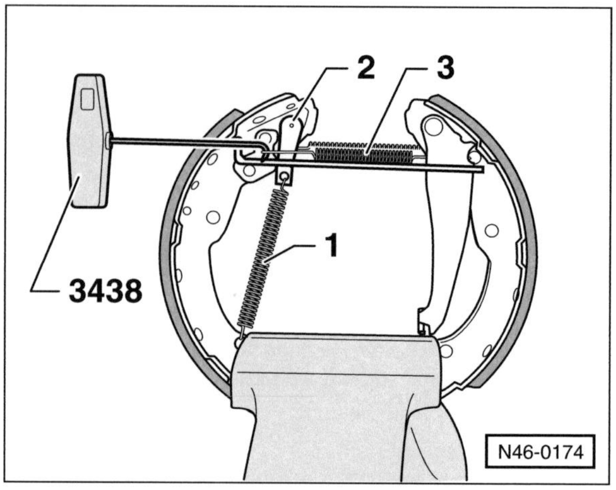

- Bremsbacken in Schraubstock einspannen.
- Zugfeder –1– für Keil –2– ausbauen.
- Rückzugfeder oben –3– mit Spezialwerkzeug VW 3438 ausbauen. Es geht auch mit einer Kombizange oder einem geeigneten Haken mit Griff. **Achtung: Verletzungsgefahr!**

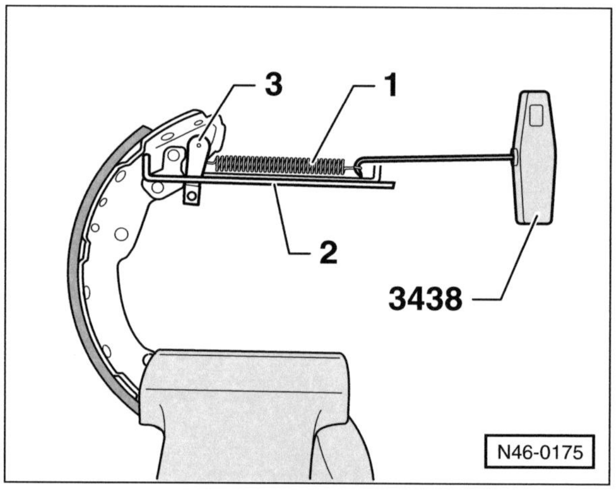

- Anlagefeder –1– mit Haken VW 3438 aushängen.
- Druckstange –2– und Keil –3– von der Bremsbacke abnehmen.

Einbau

Grundsätzlich immer alle 4 Backen an einer Achse gleichzeitig ersetzen und dabei gleiches Fabrikat verwenden. Bremstrommel und Bremsträger mit Spiritus reinigen.

Achtung: Der Bremsstaub kann gesundheitsschädlich sein, nicht einatmen! Solange die Bremsbacken ausgebaut sind, nicht auf die Fußbremse treten, da sonst die Bremskolben aus den Radbremszylindern rutschen.

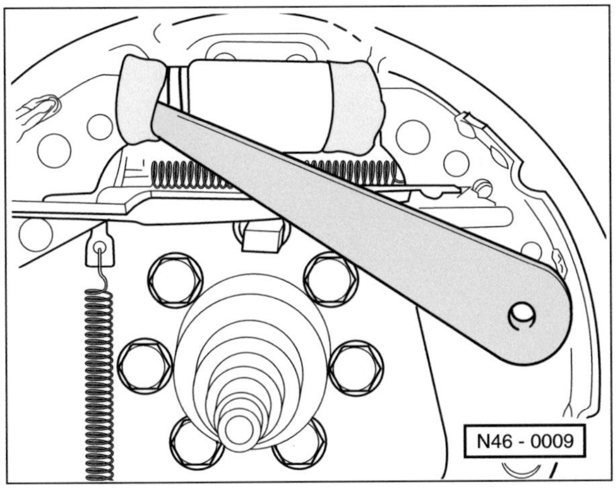

- Am Radbremszylinder die Staubmanschette von Hand oder mit einem stumpfen Gegenstand anheben. **Achtung: Dabei darf der Bremskolben nicht herausgezogen werden.** Wenn es hinter der Staubmanschette feucht ist, Radbremszylinder austauschen. Staubmanschette wieder aufsetzen.
- Bremsfläche der Bremstrommel mit dem Finger auf Riefen prüfen. Riefige Bremstrommeln ersetzen, dabei grundsätzlich beide Bremstrommeln ersetzen.
- Geringe Unebenheiten und Rostspuren an der Bremsfläche mit Schmirgelleinen (Körnung 150) beseitigen.
- Innendurchmesser der Bremstrommel messen. Wenn die Verschleißgrenze erreicht ist, Trommel ersetzen. Dabei immer beide Bremstrommeln einer Achse ersetzen. Sollwerte und Verschleißgrenzen, siehe Kapitel »Technische Daten Bremsanlage«.
- Anlagestellen für Rückzugfeder und Druckstange mit VW-Festschmierstoffpaste G 000 650 fetten.

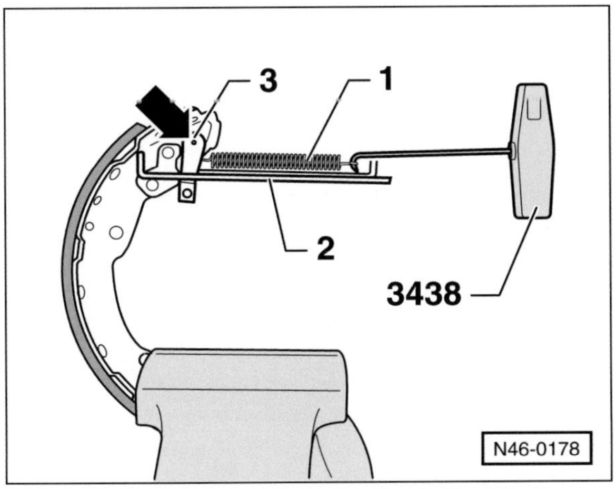

- Anlagefeder –1– mit Haken VW 3438 in die Druckstange –2– einhängen und gleichzeitig Keil –3– einsetzen. **Achtung:** Die Erhöhung –Pfeil– am Keil –3– muss beim Einbau sichtbar bleiben.
- Bremsbacke mit Bremshebel in die Druckstange einsetzen.
- Rückzugfeder –3– mit Haken VW 3438 einhängen, siehe Abbildung N46-0174.
- Zugfeder –1– für Keil –2– einhängen, siehe Abbildung N46-0174.
- Bremsbacken auf die Kolben des Radbremszylinders setzen.
- Handbremsseil am Bremshebel einhängen.
- Rückzugfeder unten einsetzen und Bremsbacke auf die untere Abstützung heben.
- Zugfeder für Keil einhängen.
- Druckfedern einsetzen und Federteller anbringen. Dazu Federteller mit Rohrzange kräftig gegen die Druckfeder drücken und um ¼ Umdrehung (90°) verdrehen. Dabei den Stift für die Druckfeder von hinten gegenhalten.
- Bremstrommel einbauen und Radlagerspiel einstellen, siehe entsprechende Kapitel.
- Bremspedal bei gelöster Handbremse voll durchtreten und dadurch Bremsbacken in Betriebsstellung bringen.
- Handbremse einstellen, siehe Seite 160.
- Hinterräder so ansetzen, dass die beim Ausbau angebrachten Markierungen übereinstimmen. Vorher Zentriersitz der Felge an der Radnabe mit Wälzlagerfett dünn einfetten. Gewinde der Radschrauben **nicht** fetten oder ölen. Korrodierte Radschrauben erneuern. Räder anschrauben. Fahrzeug ablassen und Radschrauben über Kreuz mit **110 Nm** festziehen.
- Bremsflüssigkeitsstand im Ausgleichbehälter prüfen, gegebenenfalls bis zur MAX-Marke auffüllen.
- Neue Bremsbeläge vorsichtig einbremsen. Dazu Fahrzeug mehrmals von ca. 80 km/h auf 40 km/h mit geringem Pedaldruck abbremsen. Dazwischen Bremse etwas abkühlen lassen.

Achtung: Nach dem Einbau neuer Bremsbeläge sollen während einer Fahrstrecke von bis zu 200 km unnötige Vollbremsungen unterbleiben.

Achtung, Sicherheitskontrolle durchführen:
- ◆ Sind die Bremsschläuche festgezogen?
- ◆ Befindet sich der Bremsschlauch in der Halterung?
- ◆ Sind die Entlüftungsschrauben angezogen?
- ◆ Ist genügend Bremsflüssigkeit eingefüllt?
- ◆ Bei laufendem Motor Dichtheitskontrolle durchführen. Hierzu Bremspedal mit 200 bis 300 N (entspricht 20 bis 30 kg) etwa 10 Sekunden betätigen. Das Bremspedal darf nicht nachgeben. Sämtliche Anschlüsse auf Dichtheit kontrollieren.

Handbremse einstellen

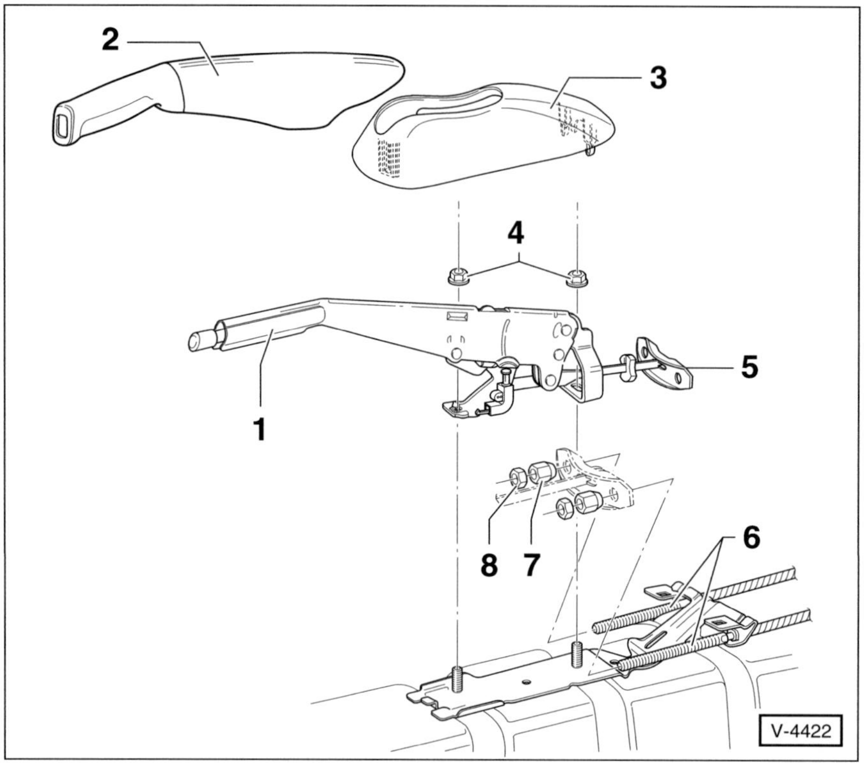

1 – **Handbremshebel**

2 – **Handgriff**
Nach vorn abziehen, vorher Rastnase unter dem Handgriff mit kleinem Schraubendreher nach unten drücken.

3 – **Abdeckung**
Nach oben abziehen.

4 – **Sechskantmutter, 25 Nm**

5 – **Ausgleichbügel**

6 – **Handbremsseil**

7 – **Nachstellmutter**

8 – **Sechskantmutter**
Mit Nachstellmutter kontern.

Aufgrund der automatischen Nachstellung der Hinterradbremse muss die Handbremse nicht regelmäßig, beispielsweise im Rahmen der Wartung, nachgestellt werden.

Hinweis: Die Handbremse muss eingestellt werden, nach dem Aus- und Einbau von:

- Handbremsseilen.
- Bremssättel/Bremsträger hinten.
- Scheibenbremsbeläge hinten.
- Bremsscheiben hinten.
- Trommelbremsbacken.

Einstellen

- Handbremse lösen.

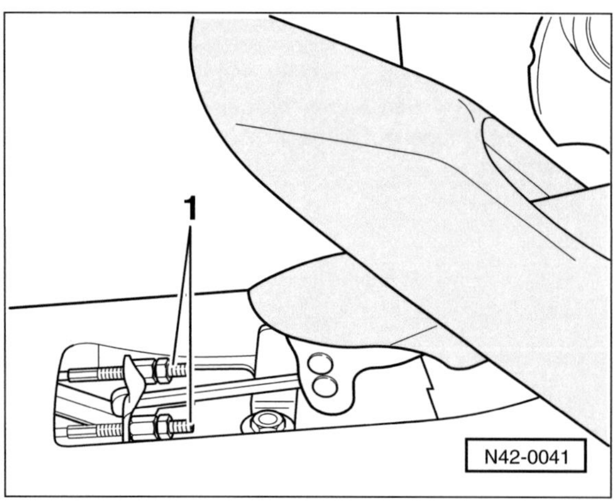

- Verkleidung vom Handbremshebel abziehen.
- Bremspedal mehrmals kräftig betätigen.

Sicherheitshinweis
Beim Aufbocken des Fahrzeugs besteht Unfallgefahr! Deshalb vorher das Kapitel »Fahrzeug aufbocken« durchlesen.

- Fahrzeug hinten aufbocken, die Hinterräder müssen vom Boden abheben.

Fahrzeuge mit Trommelbremsen hinten

- Handbremshebel 4 Rasten weit anziehen.

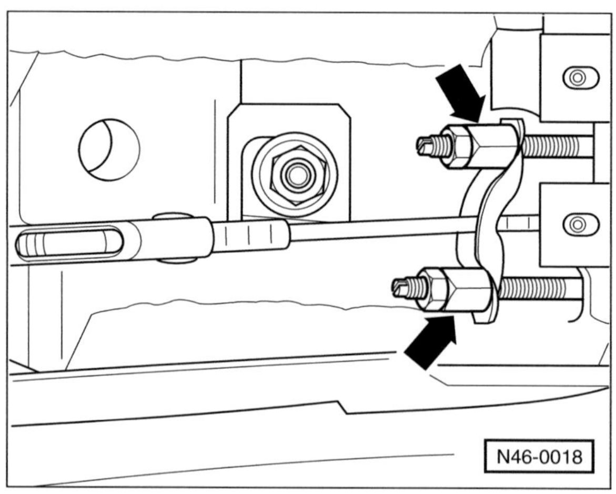

- Kontermuttern lösen, dabei die Einstellmuttern –Pfeile– gegenhalten.

- Einstellmuttern –Pfeile– gleichmäßig so weit anziehen, dass sich beide Hinterräder nur schwer von Hand durchdrehen lassen.
- Sicherstellen, dass bei gelöster Handbremse beide Hinterräder frei drehen lassen. Wenn nötig, Einstellmuttern etwas lösen.
- Einstellmuttern mit Kontermuttern sichern, dabei Einstellmuttern mit Maulschlüssel gegenhalten.

Fahrzeuge mit Scheibenbremsen hinten

- Einstellmuttern am Handbremshebel (–Pfeile– in Abbildung N46-0018) bei gelöster Handbremse so weit anziehen, bis sich die Hebel für die Handbremsbetätigung an den Bremssätteln vom Anschlag abheben.

- Einstellmuttern so verdrehen, dass bei gelöster Handbremse das Spiel –Pfeil– zwischen Hebel und Anschlag am Bremssattel auf beiden Seiten gleich groß ist. Das Spiel darf an jedem Bremssattel maximal 1,5 mm betragen.
- Handbremse mit Handbremshebel 3-mal fest anziehen und wieder lösen.
- Sicherstellen, dass beide Hinterräder frei drehen. Gegebenenfalls die Einstellmuttern etwas zurückdrehen.
- Einstellmuttern mit Kontermuttern sichern, dabei Einstellmuttern mit Maulschlüssel gegenhalten.

- Fahrzeug ablassen.
- Verkleidung für Handbremshebel anbringen.

Hinweise zum Umgang mit der Bremsflüssigkeit

Beim Umgang mit Bremsflüssigkeit ist zu beachten:

Sicherheitshinweis
Bremsflüssigkeit ist giftig. Keinesfalls Bremsflüssigkeit mit dem Mund über einen Schlauch absaugen. Bremsflüssigkeit nur in Behälter füllen, bei denen ein versehentlicher Genuss ausgeschlossen ist.

- Bremsflüssigkeit ist ätzend und darf deshalb nicht mit dem Autolack in Berührung kommen, gegebenenfalls sofort abwischen und mit viel Wasser abwaschen.
- Bremsflüssigkeit ist hygroskopisch. Das heißt, sie nimmt aus der Luft Feuchtigkeit auf, wodurch der Siedepunkt der Bremsflüssigkeit und somit die Wärmebelastbarkeit abnimmt. Bremsflüssigkeit deshalb im dicht geschlossenen Originalbehälter an trockenem Ort aufbewahren.
- Bremsflüssigkeit ist entflammbar. Sie muss sicher und bei Raumtemperatur aufbewahrt werden
- **Bremsflüssigkeit, die schon einmal im Bremssystem verwendet wurde, darf nicht wieder verwendet werden. Auch beim Entlüften der Bremsanlage nur neue Bremsflüssigkeit verwenden.**
- Bremsflüssigkeits-Spezifikation: **FMVSS 116 DOT 4.**
- **Bremsflüssigkeit darf nicht durch Mineralöl oder Kühlmittel/Frostschutzmittel verunreinigt werden.** Schon geringe Spuren Mineralöl machen die Bremsflüssigkeit unbrauchbar beziehungsweise führen zum Ausfall des Bremssystems. Stopfen und Manschetten der Bremsanlage werden beschädigt, wenn sie mit mineralölhaltigen Mitteln zusammenkommen. Zum Reinigen dieser Teile keine ölgetränkten Putzlappen verwenden.
- Um Verunreinigungen der Bremsflüssigkeit zu vermeiden, ist der Ausgleichbehälter für Bremsflüssigkeit im Fahrzeug stets direkt aus dem Original-Vorratsbehälter zu befüllen.
- Beim Hantieren mit Bremsflüssigkeit müssen die Hände sauber und trocken sein.
- Vor dem Öffnen sind die Deckel vom Bremsflüssigkeitsbehälter sowie vom Ausgleichbehälter für Bremsflüssigkeit im Fahrzeug und die Entlüftungsventile von Schmutz zu befreien.
- Bremsflüssigkeit alle 2 Jahre wechseln, möglichst nach der kalten Jahreszeit.

Achtung: Bremsflüssigkeit ist ein Problemstoff und darf auf keinen Fall einfach weggeschüttet oder dem Hausmüll mitgegeben werden. Gemeinde- und Stadtverwaltungen informieren darüber, wo sich die nächste Problemstoff-Sammelstelle befindet beziehungsweise wie die örtlichen Bestimmungen über den Umgang mit Problemstoffen lauten.

Bremsanlage entlüften

Nach jeder Reparatur an der Bremse, bei der die Anlage geöffnet wurde, kann Luft in die Druckleitungen eingedrungen sein. Dann ist das Bremssystem zu entlüften. Luft ist auch dann in den Leitungen, wenn sich beim Tritt auf das Bremspedal der Bremsdruck schwammig anfühlt. In diesem Fall muss die Undichtigkeit beseitigt und die Bremsanlage entlüftet werden.

In der Werkstatt wird die Bremse in der Regel mit einem Bremsenfüll- und Entlüftungsgerät entlüftet. **Hinweis:** Beim Einsatz dieses Geräts darf ein Befülldruck von 1 bar nicht überschritten werden.

Es geht aber auch ohne das Gerät. Die Bremsanlage wird dann durch Pumpen mit dem Bremspedal entlüftet, dazu wird ein Helfer gebraucht.

Muss die ganze Anlage entlüftet werden, jede Radbremse einzeln entlüften. Das ist immer dann der Fall, wenn Luft in jeden einzelnen Bremszylinder gedrungen ist. Falls nur ein Bremssattel erneuert beziehungsweise überholt wurde, genügt in der Regel das Entlüften des betroffenen Bremszylinders.

Sicherheitshinweis, Fahrzeuge mit ABS:
Ist eine Kammer des Bremsflüssigkeit-Ausgleichbehälters komplett leergelaufen (zum Beispiel bei Undichtigkeiten im Bremssystem, oder wenn beim Entlüften vergessen wurde Bremsflüssigkeit nachzufüllen), wird Luft angesaugt, die in die ABS-Hydraulikpumpe gelangt. Die Bremsanlage muss dann in der Werkstatt mit dem Entlüftungsgerät entlüftet werden. Bei Einbau eines neuen Bremsschlauchs muss die Anlage ebenfalls mit einem Entlüftergerät entlüftet werden.

Die Reihenfolge der Entlüftung: 1. Bremssattel hinten rechts, 2. Bremssattel hinten links, 3. Bremssattel vorne rechts, 4. Bremssattel vorne links.

Achtung: Entlüftungsventile vorsichtig öffnen, damit sie nicht abgedreht werden. Es empfiehlt sich, die Ventile ca. 2 Stunden vor dem Entlüften mit Rostlöser einzusprühen. Bei fest sitzenden Ventilen das Entlüften von einer Werkstatt durchführen lassen.

Achtung: Während des Entlüftens ab und zu den Ausgleichbehälter beobachten. Der Flüssigkeitsspiegel darf nicht zu weit sinken, sonst wird über den Ausgleichbehälter Luft angesaugt. **Immer nur neue Bremsflüssigkeit nachgießen!**

- Staubkappe vom Entlüfterventil des Bremszylinders abnehmen. Entlüfterventil reinigen, sauberen Schlauch aufstecken, anderes Schlauchende in eine mit Bremsflüssigkeit halb voll gefüllte Flasche stecken (geeigneten Schlauch und passendes Gefäß gibt es auch im Autozubehör-Handel).
- Von einem Helfer Bremspedal so oft niedertreten lassen, »pumpen«, bis sich im Bremssystem Druck aufgebaut hat. Zu spüren am wachsenden Widerstand beim Betätigen des Pedals.
- Ist genügend Druck vorhanden, Bremspedal niedertreten und Fuß auf dem Bremspedal halten.

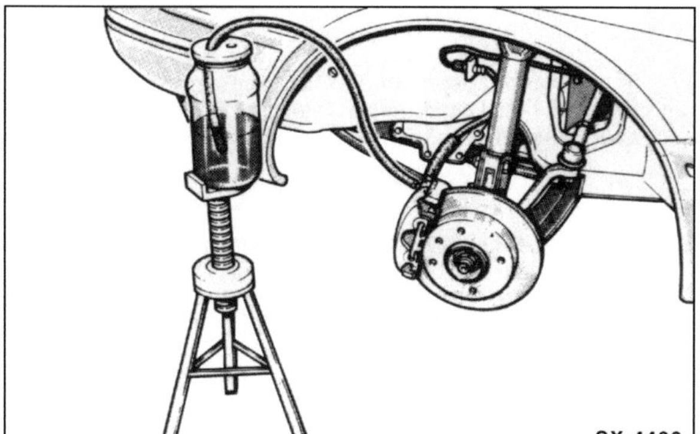

SX-4406

- Entlüfterventil am Bremssattel etwa eine halbe Umdrehung mit Ringschlüssel öffnen. Ausfließende Bremsflüssigkeit in der Flasche sammeln. Darauf achten, dass sich das Schlauchende in der Flasche ständig unterhalb des Flüssigkeitsspiegels befindet.
- Sobald der Flüssigkeitsdruck nachlässt, Entlüfterventil schließen.
- Pumpvorgang wiederholen, bis sich Druck aufgebaut hat. Bremspedal niedertreten, Fuß auf dem Bremspedal lassen. Entlüfterschraube öffnen, bis der Druck nachlässt, dann Entlüfterschraube schließen.
- Entlüftungsvorgang an einem Bremszylinder so lange wiederholen, bis sich in der Bremsflüssigkeit, die in die Entlüfterflasche strömt, keine Luftblasen mehr zeigen.
- Nach dem Entlüften Schlauch von Entlüfterschraube abziehen, Staubkappe auf Ventil stecken.
- Die Bremszylinder an den anderen Rädern auf gleiche Weise entlüften, Reihenfolge einhalten.
- Nach dem Entlüften den Ausgleichbehälter bis zur Max.-Markierung auffüllen.
- Bremspedal bei abgestelltem Motor niedertreten, dabei darf sich der Druck nicht schwammig anfühlen. Andernfalls Bremsanlage nochmals entlüften. Dabei an jedem Bremssattel den Entlüftungsvorgang 5-mal durchführen.

Achtung, Sicherheitskontrolle durchführen:

- ◆ Sind die Entlüftungsschrauben angezogen?
- ◆ Ist genügend Bremsflüssigkeit eingefüllt?
- ◆ Bei laufendem Motor Dichtheitskontrolle durchführen. Hierzu Bremspedal mit 200 bis 300 N (entspricht 20 bis 30 kg) etwa 10 Sekunden betätigen. Das Bremspedal darf nicht nachgeben. Sämtliche Anschlüsse auf Dichtheit kontrollieren.

- Anschließend einige Bremsungen auf einer Straße ohne Verkehr durchführen. Dabei sollte mindestens einmal die Bremsregelung des ABS-Systems geprüft werden, beispielsweise auf losem Untergrund. Dazu Bremse stark betätigen, bis am spürbaren Pulsieren des Bremspedals der Beginn der Bremsregelung erkennbar ist.

Achtung: Falls der Bremspedalweg nach der Probefahrt zu groß ist, obwohl er direkt nach dem Entlüften in Ordnung war, dann ist möglicherweise Luft in der ABS-Hydraulikeinheit. In diesem Fall Bremsanlage umgehend in der Fachwerkstatt entlüften lassen.

Hinweis: Bremsflüssigkeit ist ein Problemstoff und darf auf keinen Fall einfach weggeschüttet oder dem Hausmüll mitgegeben werden. Gemeinde- und Stadtverwaltungen informieren darüber, wo sich die nächste Problemstoff-Sammelstelle befindet beziehungsweise wie die örtlichen Bestimmungen über den Umgang mit Problemstoffen lauten.

Bremsschlauch aus- und einbauen

Das Bremsleitungssystem stellt die Verbindung vom Hauptbremszylinder zu den vier Radbremsen her.

Achtung: Die starren Bremsleitungen aus Metall sollen von einer Fachwerkstatt verlegt werden, da zur fachgerechten Montage einige Erfahrung nötig ist.

Als flexible Verbindungen zwischen den starren und beweglichen Fahrzeugteilen, beispielsweise den Bremssätteln, werden druckfeste Bremsschläuche verwendet. Diese müssen bei erkennbaren Schäden ausgewechselt werden.

Sicherheitshinweis, Fahrzeuge mit ABS:
Ist eine Kammer des Bremsflüssigkeit-Ausgleichbehälters komplett leergelaufen (zum Beispiel bei Undichtigkeiten im Bremssystem oder wenn beim Entlüften vergessen wurde, Bremsflüssigkeit nachzufüllen), wird Luft angesaugt, die in die ABS-Hydraulikpumpe gelangt. Die Bremsanlage muss dann in der Werkstatt mit dem Entlüftungsgerät entlüftet werden. **Bei Einbau eines neuen Bremsschlauchs muss die Anlage ebenfalls mit einem Entlüftungsgerät entlüftet werden.**

Achtung: Bremsschläuche nicht mit Öl oder Petroleum in Berührung bringen, nicht lackieren oder mit Unterbodenschutz besprühen.

Ausbau

Achtung: Regeln im Umgang mit Bremsflüssigkeit beachten, siehe entsprechendes Kapitel.

- Fahrzeug aufbocken.
- Bremssattel ausbauen, siehe Seite 155.
- Bremsschlauch an Führung und Halter der Kupplung ausclipsen.
- Bremsschlauch an der starren Leitung und am Bremssattel abschrauben, dabei Bremsschlauch nicht verdrillen. Soll der Bremsschlauch am Bremssattel erneuert werden, muss vorher der Bremssattel ausgebaut werden. **Achtung:** Auslaufende Bremsflüssigkeit mit Lappen auffangen. Gegebenenfalls Leitungsanschluss in Richtung Hauptbremszylinder mit geeignetem Stopfen verschließen.

Radbremszylinder aus- und einbauen

Ausbau

- Bremsbacken ausbauen, siehe entsprechendes Kapitel.
- Überwurfmutter für Bremsleitung lösen, nicht ganz abnehmen.
- 2 Innensechskantschrauben für Radbremszylinder hinten am Bremsträger abschrauben.

Einbau

- Lappen unter das Bremsträgerblech legen.
- Überwurfmutter für Bremsleitung abschrauben und sofort am neuen Radbremszylinder handfest anschrauben. Dadurch ist sichergestellt, dass nur wenig Bremsflüssigkeit ausläuft.
- Schrauben für Radbremszylinder einschrauben und mit 8 Nm anziehen.
- Überwurfmutter für Bremsleitung mit offenem Ringschlüssel, zum Beispiel HAZET 612N, leicht anziehen. Anzugsmoment: 5 Nm.
- Bremsbacken einbauen, siehe entsprechendes Kapitel.
- Bremsanlage entlüften, siehe entsprechendes Kapitel.

Bremskraftverstärker prüfen

Der Bremskraftverstärker ist auf Funktion zu überprüfen, wenn zur Erzielung ausreichender Bremswirkung die Pedalkraft außergewöhnlich hoch ist.

- Bremspedal bei stehendem Motor mindestens 5-mal kräftig durchtreten, dann bei belastetem Bremspedal Motor starten. Das Bremspedal muss jetzt unter dem Fuß spürbar nachgeben.
- Andernfalls Unterdruckschlauch am Bremskraftverstärker abschrauben, Motor starten. Durch Fingerauflegen am Ende des Unterdruckschlauches prüfen, ob Unterdruck vorhanden ist.
- Ist kein Unterdruck vorhanden: Unterdruckschlauch auf Undichtigkeiten und Beschädigungen prüfen, gegebenenfalls ersetzen. Sämtliche Schellen fest anziehen.
- Dieselmotor: Unterdruckschlauch von der Vakuumpumpe abziehen und mit dem Finger prüfen, ob Unterdruck am Schlauchanschluss anliegt.
- Ist Unterdruck vorhanden: Unterdruck messen, gegebenenfalls Bremsservo ersetzen (Werkstattarbeit).

Bremskraftregler prüfen

Der VW POLO ohne ABS-Bremsanlage ist an der Hinterachse mit einem lastabhängigen Bremskraftregler ausgestattet. Der Bremskraftregler hat die Aufgabe, den Bremsdruck an den Hinterrädern in Abhängigkeit von der Fahrzeugbeladung zu regulieren, um die Stabilität des Fahrzeuges beim Bremsen zu verbessern und ein Überbremsen (blockieren) zu vermeiden.

Der lastabhängige Bremskraftregler ist hinten am Aufbau befestigt und wird über eine Feder von der Hinterachse aus gesteuert.

Um die Einstellung des Bremskraftreglers zu kontrollieren, ist ein entsprechendes Manometer nötig, das nur in einer VW-Werkstatt zur Verfügung steht, deshalb wird im nachfolgenden nur die Funktionsprüfung beschrieben.

Funktion prüfen

- Das Fahrzeug muß auf den Rädern stehen.
- Von 2. Person Bremskraftregler beobachten lassen.

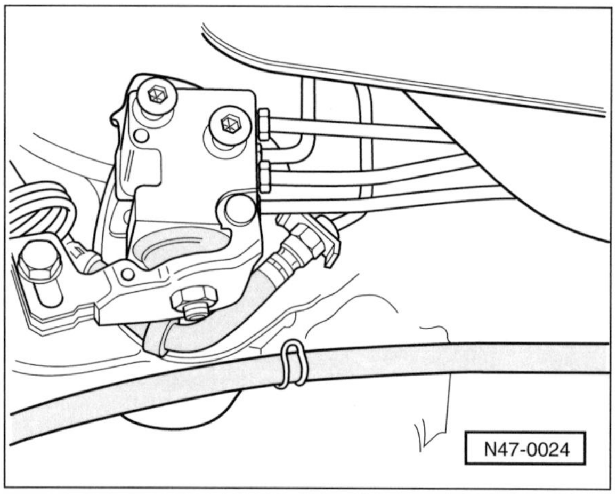

- Bremspedal kräftig durchtreten und schnell loslassen. Dabei muß sich der Hebel des Bremskraftreglers bewegen.

Bremslichtschalter aus- und einbauen

Der Bremslichtschalter sitzt am Pedalbock. Wenn das Bremslicht nicht aufleuchtet, zuerst Sicherung überprüfen. Anschließend Glühlampe überprüfen. Wenn die betreffende Glühlampe oder Sicherung nicht defekt ist, Bremslichtschalter prüfen.

Prüfen

- Ablage auf Fahrerseite ausbauen, siehe Seite 206.

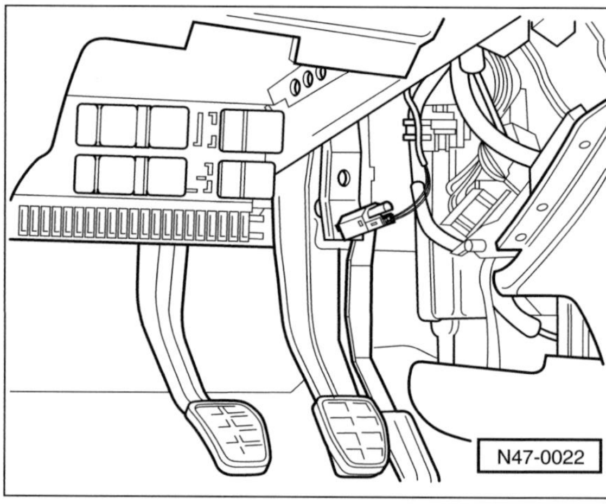

- Kabelstecker am Bremslichtschalter abziehen und mit kurzem Kabel die beiden Leitungen im Stecker verbinden.
- Zündung einschalten. Wenn jetzt das Bremslicht aufleuchtet, Bremslichtschalter auswechseln.

Ausbau

- Bremslichtschalter um 90° (1/4 Umdrehung) im Uhrzeigersinn, also rechtsherum, drehen und vom Pedalbock abnehmen.

Einbau

- Stößel des Bremslichtschalters ganz herausziehen.
- Bremspedal von Hand betätigen, Bremslichtschalter in Pedalbock einsetzen und durch Linksdrehen befestigen.
- Bremspedal loslassen. Der Betätigungsstift stellt sich automatisch ein.
- Stecker auf Bremslichtschalter aufschieben.
- Bremslicht überprüfen.
- Ablage auf Fahrerseite einbauen.

Störungsdiagnose Bremse

Störung	Ursache	Abhilfe
Leerweg des Bremspedals zu groß.	Bremsbeläge teilweise oder völlig abgenutzt.	■ Bremsbeläge erneuern.
	Ein Bremskreis ausgefallen.	■ Bremskreise auf Flüssigkeitsverlust prüfen.
	Speziell bei Trommelbremse:	
	Nachstellautomatik der Trommelbremse klemmt.	■ Nachstelleinheit gangbar machen.
Bremspedal läßt sich weit und federnd durchtreten.	Luft im Bremssystem.	■ Bremse entlüften.
	Zu wenig Bremsflüssigkeit im Ausgleichbehälter.	■ Neue Bremsflüssigkeit nachfüllen, Bremse entlüften.
	Dampfblasenbildung. Tritt meist nach starker Beanspruchung auf, z. B. Paßabfahrt.	■ Bremsflüssigkeit wechseln. Bremse entlüften.
Bremswirkung läßt nach, und Bremspedal läßt sich durchtreten.	Undichte Leitung.	■ Leitungsanschlüsse nachziehen oder Leitung erneuern.
	Beschädigte Manschette im Haupt- oder Radbremszylinder.	■ Manschette erneuern. Beim Hauptbremszylinder Innenteile ersetzen, ggf. Hauptbremszylinder ersetzen.
Schlechte Bremswirkung trotz hohen Fußdrucks.	Bremsbeläge verölt.	■ Bremsbeläge erneuern.
	Ungeeigneter oder verhärteter Bremsbelag.	■ Beläge erneuern. Nur Original-Bremsbeläge vom Automobilhersteller verwenden.
	Bremskraftverstärker defekt, Unterdruckleitung porös, defekt.	■ Bremsservo, Unterdruckleitung prüfen.
	Speziell bei Scheibenbremse:	
	Bremsbeläge abgenutzt.	■ Bremsbeläge erneuern.
Bremse zieht einseitig.	Unvorschriftsmäßiger Reifendruck.	■ Reifendruck prüfen und berichtigen.
	Bereifung ungleichmäßig abgefahren.	■ Abgefahrene Reifen ersetzen.
	Bremsbeläge verölt.	■ Bremsbeläge erneuern.
	Verschiedene Bremsbelagsorten auf einer Achse.	■ Beläge erneuern. Nur Original-Bremsbeläge vom Automobilhersteller verwenden.
	Schlechtes Tragbild der Bremsbeläge.	■ Bremsbeläge austauschen.
	Speziell bei Scheibenbremse:	
	Verschmutzte Bremssattelschächte.	■ Sitz- und Führungsflächen der Bremsbeläge im Bremssattel reinigen.
	Korrosion in den Bremssattelzylindern.	■ Bremssattel erneuern.
	Bremsbelag ungleichmäßig verschlissen.	■ Bremsbeläge erneuern (beide Räder), Bremssättel auf Leichtgängigkeit prüfen.
	Speziell bei Trommelbremse:	
	Kolben in den Radbremszylindern schwergängig.	■ Radbremszylinder instand setzen.
Keilförmiger Bremsbelag-Verschleiß.	**Speziell bei Scheibenbremse:**	
	Bremsscheibe läuft nicht parallel zum Bremssattel.	■ Anlagefläche des Bremssattels prüfen.
	Korrosion in den Bremssätteln.	■ Verschmutzung beseitigen.

Störung	Ursache	Abhilfe
Bremsen erhitzen sich während der Fahrt.	Ausgleichsbohrung im Hauptbremszylinder verstopft.	■ Hauptbremszylinder reinigen und Innenteile erneuern lassen.
	Spiel zwischen Betätigungsstange und Hauptbremszylinder zu gering.	■ Spiel prüfen.
	Bremse schwergängig.	■ Bewegliche Teile der Trommelbremse schmieren. Bremssattel überholen lassen (Werkstattarbeit).
	Speziell bei Scheibenbremse:	
	Drosselbohrung im Spezial-Bodenventil verstopft.	■ Hauptbremszylinder reinigen, Innenteile ersetzen und Bremsflüssigkeit erneuern.
	Speziell bei Trommelbremse:	
	Bremsbacken-Rückzugfedern erlahmt.	■ Rückzugfedern erneuern.
Bremsen rattern.	Ungeeigneter Bremsbelag.	■ Beläge erneuern. Nur Original-Bremsbeläge vom Automobilhersteller verwenden.
	Speziell bei Scheibenbremse:	
	Bremsscheibe stellenweise korrodiert.	■ Scheibe mit Schleifklötzen sorgfältig glätten.
	Bremsscheibe hat Seitenschlag.	■ Scheibe nacharbeiten oder ersetzen.
	Speziell bei Trommelbremse:	
	Bremsbeläge verschlissen.	■ Beläge erneuern. Nur Original-Bremsbeläge vom Automobilhersteller verwenden.
	Bremstrommel unrund.	■ Bremstrommel ersetzen.
Bremsbeläge lösen sich nicht von der Bremsscheibe, Räder lassen sich schwer von Hand drehen.	**Speziell bei Scheibenbremse:** Korrosion in den Bremssattelzylindern.	■ Bremssattel überholen, eventuell austauschen.
Ungleichmäßiger Belag-Verschleiß.	**Speziell bei Scheibenbremse:**	
	Ungeeigneter Bremsbelag.	■ Beläge erneuern, Nur Original-Bremsbeläge vom Automobilhersteller verwenden.
	Bremssattel verschmutzt.	■ Bremssattelschächte reinigen.
	Kolben nicht leichtgängig.	■ Kolben gangbar machen (Werkstattarbeit).
	Bremssystem undicht.	■ Bremssystem auf Dichtigkeit prüfen.
Bremse pulsiert.	**ABS** in Funktion.	■ Normal, keine Abhilfe.
	Speziell bei Scheibenbremse:	
	Seitenschlag oder Dickentoleranz der Bremsscheibe zu groß.	■ Schlag und Toleranz prüfen. Scheibe nacharbeiten oder ersetzen.
	Bremsscheibe läuft nicht parallel zum Bremssattel.	■ Anlagefläche des Bremssattels prüfen.
	Speziell bei Trommelbremse:	
	Anlagefläche des Scheibenrades an der Bremstrommel nicht plan, dadurch Verzug der Bremstrommel.	■ Es kann versucht werden, die Scheibenräder untereinander auszutauschen.

Räder und Reifen

Der VW POLO ist je nach Modell und Ausstattung mit Reifen und Felgen unterschiedlicher Größe ausgerüstet. Neben der Felgenbreite ist auch die Einpreßtiefe wichtig. Die Einpreßtiefe ist das Maß von der Felgenmitte bis zur Anlagefläche der Radschüssel an die Bremsscheibe.

Alle Scheibenräder sind als sogenannte Hump-Felgen ausgelegt. Der Hump ist ein in die Felgenschulter eingepreßter Wulst, der auch bei extrem scharfer Kurvenfahrt nicht zuläßt, daß der schlauchlose Reifen von der Felge gedrückt wird.

Sofern Reifen und/oder Felgen montiert werden, die nicht in den Fahrzeugpapieren vermerkt sind, ist eine Eintragung in die Fahrzeugpapiere erforderlich. Dazu wird in der Regel eine Freigabebescheinigung von VW benötigt.

Achtung: Die technische Entwicklung geht ständig weiter. Es kann sein, daß inzwischen auch für ältere Fahrzeug-Modelle andere Reifenfülldrücke beziehungsweise andere Reifen-Felgen-Kombinationen zugelassen sind. Es empfiehlt sich deshalb, die aktuellen Daten bei der Fachwerkstatt zu erfragen.

Achtung: Der Gesetzgeber verlangt, daß Reifen lediglich bis zu einer Profiltiefe von 1,6 mm abgefahren werden dürfen, und zwar muß die gesamte Lauffläche noch 1,6 mm Tiefe aufweisen. Es empfiehlt sich jedoch, sicherheitshalber die Sommerreifen bei einer Profiltiefe von 2 mm und die Winterreifen bei einer Profiltiefe von 4 mm auszutauschen.

Räder- und Reifenmaße, Reifenfülldruck

In der Tabelle ist nur eine Auswahl von Räder/Reifenkombinationen aufgeführt.

Modell	**Motor**	**Scheibenrad** (Felge)	**Einpreßtiefe** mm	**Reifengröße** Gürtelreifen (schlauchlos)	**Reifenfülldruck (Überdruck) in bar**			
					halbe Zuladung		volle Zuladung	
					vorn	hinten	vorn	hinten
POLO	Benziner 33/37 kW bis 9/99	5½J x 13	43	175/65 R 13	1,9	1,9	2,1	2,4
	Benziner 37 kW seit 10/99	5½J x 13	43	175/65 R 13	1,9	1,9	2,2	2,5
	Benziner 92 kW	6J x 15	45	195/45 R 15	2,6	2,4	2,8	3,0
	Diesel 42/44/47 kW bis 9/99	5½J x 13	43	175/65 R 13	2,1	2,1	2,3	2,6
	Diesel 47 kW seit 10/99	5½J x 13	43	175/65 R 13	2,2	2,0	2,3	2,6
CLASSIC	Benziner 40/44 kW	6J x 14	38	185/60 R 14	2,0	2,0	2,2	2,6
VARIANT	Benziner 40/44 kW	6J x 14	38	185/60 R 14	2,1	2,0	2,2	2,6
CADDY	Benziner 40/44 kW	5½J x 14	35	175/65 R 14	2,0	2,4	2,1	3,4
	Diesel 47 kW	6J x 14	35	185/60 R 14	2,2	2,4	2,3	3,4

Sämtliche Überdruckangaben beziehen sich auf kalte Reifen. Der sich bei längerer Fahrt einstellende, um ca. 0,2 bis 0,4 bar höhere Überdruck darf nicht reduziert werden. **Winterreifen** werden mit einem 0,2 bis 0,3 bar höheren Überdruck gefahren, als in der Tabelle angegeben. Die Luftdruckempfehlungen des jeweiligen Reifenherstellers bei Winterreifen sind zu beachten. Da die Winterreifen einer Geschwindigkeitsbeschränkung unterliegen, muß ein Hinweis über die zulässige Höchstgeschwindigkeit im Blickfeld des Fahrers angebracht werden (§ 36, Absatz 1 StVZO).

- Bei sportlicher Fahrweise empfiehlt es sich, den Reifenüberdruck an Vorder- und Hinterrädern um 0,2 bar zu erhöhen. Bei dieser Erhöhung ist vom Basis-Überdruck auszugehen, wie er für die verschiedenen Belastungszustände vorgeschrieben ist.
- Bei Anhängerbetrieb Reifenfülldruck auf den unter »volle Zuladung« angegebenen Wert erhöhen.
- Die Fülldruckwerte stehen auch auf einem Aufkleber an der Tankklappen-Innenseite.

Reifen- und Scheibenrad-Bezeichnungen

Reifen-Bezeichnungen

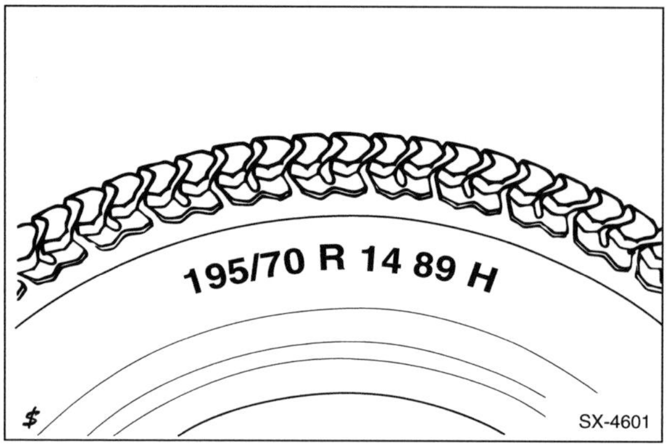

195 = Reifenbreite in mm.

/70 = Verhältnis Höhe zu Breite (die Höhe des Reifenquerschnitts beträgt 70 % von der Breite).

Fehlt eine Angabe des Querschnittverhältnisses (zum Beispiel 155 R 13), so handelt es sich um das »normale« Höhen-Breiten-Verhältnis. Es beträgt bei Gürtelreifen 82 %.

R = Radial-Bauart (= Gürtelreifen).

14 = Felgendurchmesser in Zoll.

89 = Tragfähigkeits-Kennzahl.

Achtung: Steht zwischen den Angaben 14 und 89 die Bezeichnung M+S, dann handelt es sich um einen Reifen mit Winterprofil.

H = Kennbuchstabe für zulässige Höchstgeschwindigkeit, H: bis 210 km/h.

Die Geschwindigkeitsbuchstaben gelten sowohl für Sommer- als auch für Winterreifen.

Geschwindigkeits-Kennbuchstabe

Kennbuchstabe	Zulässige Höchstgeschwindigkeit
Q	160 km/h
S	180 km/h
T	190 km/h
H	210 km/h
V	240 km/h

Reifen-Herstellungsdatum

Das Herstellungsdatum steht auf dem Reifen im Hersteller-Code.

Beispiel: DOT CUL2 UM8 3407 TUBELESS

DOT = Department of Transportation (US-Verkehrsministerium)
CU = Kürzel für Reifenhersteller
L2 = Reifengröße
UM8 = Reifenausführung
3407 = Herstellungsdatum = 34. Produktionswoche 2007
Hinweis: Falls anstelle der 4-stelligen Ziffer eine 3-stellige Ziffer, gefolgt von einem ◁-Symbol aufgeführt ist, dann wurde der Reifen im vergangenen Jahrzehnt produziert. Die Bezeichnung 509◁ bedeutet beispielsweise: 50. Produktionswoche 1999.
TUBELESS = schlauchlos (TUBETYPE = Schlauchreifen)

Achtung: Neureifen müssen seit 10/98 zusätzlich mit einer ECE-Prüfnummer an der Reifenflanke versehen sein. Diese Prüfnummer weist nach, dass der Reifen dem ECE-Standard entspricht. Werden Reifen seit 10/98 **ohne** ECE-Prüfnummer montiert, erlischt die Allgemeine Betriebserlaubnis (ABE) des Fahrzeuges.

Beispiel Scheibenrad-Bezeichnungen: 6 J x 15

6 = Maulweite der Felge in Zoll
J = Kennbuchstabe für Höhe und Kontur des Felgenhorns (B = niedrigere Hornform)
x = Kennzeichen für einteilige Tiefbettfelge
15 = Felgen-Durchmesser in Zoll

Austauschen und auswuchten der Räder

Es ist nicht zweckmäßig, bei einem Austausch der Räder die Drehrichtung der Reifen zu ändern, da sich die Reifen nur unter vorübergehend stärkerem Verschleiß der veränderten Drehrichtung anpassen. Bei einigen Reifen ist eine Laufrichtung durch einen Pfeil auf der Seitenwand vorgegeben, die Laufrichtung ist dann unbedingt einzuhalten.

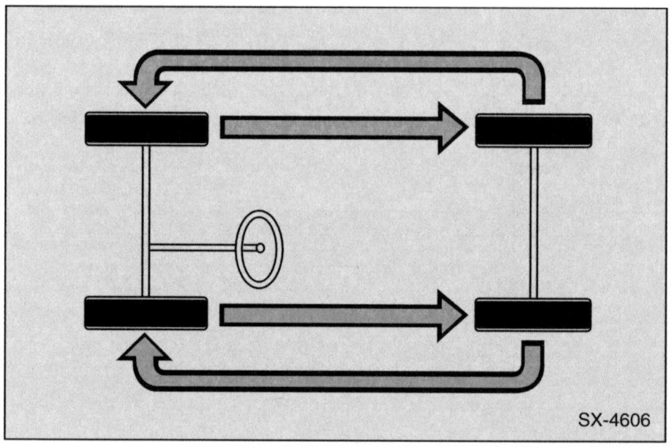

Bei deutlich stärkerer Abnutzung der vorderen Reifen empfiehlt es sich, die Vorderräder gegen die Hinterräder zu tauschen. Dadurch haben alle 4 Reifen etwa die gleiche Lebensdauer.

Zum Festziehen der Radschrauben sollte immer ein Drehmomentschlüssel verwendet werden. Dadurch wird sichergestellt, daß die Radschrauben gleichmäßig fest angezogen sind. Anzugsmoment: **110 Nm**.

Reifen nicht einzeln, sondern mindestens achsweise ersetzen. Dabei Reifen mit der größeren Profiltiefe immer hinten montieren.

Achtung: Beim Erneuern und Demontieren schlauchloser Reifen ist aus Sicherheitsgründen unbedingt das Gummiventil mit auszutauschen.

- Zum Schutz gegen Festrosten des Rades ist der Zentriersitz des Scheibenrades an den Radnaben vorn und hinten bei jeder Demontage des jeweiligen Rades mit Wälzlagerfett leicht einzufetten.
- Vor der Demontage Rad mit Kreide zur Radnabe markieren, damit es in gleicher Stellung wieder montiert werden kann.
- Leichtmetallfelgen sind durch einen Klarlacküberzug gegen Korrosion geschützt. Beim Radwechsel darauf achten, daß die Schutzschicht nicht beschädigt wird, andernfalls mit Klarlack ausbessern.
- Verschmutzte Schrauben und Gewinde reinigen.
- Radschrauben über Kreuz in mehreren Durchgängen festziehen.

Achtung: Durch einseitiges oder unterschiedlich starkes Anziehen der Radschrauben können das Rad und/oder die Radnabe verspannt werden. Das Anzugsdrehmoment beträgt für alle Radschrauben **110 Nm.**

Auswuchten der Räder

Die serienmäßigen Räder werden im Werk ausgewuchtet. Das Auswuchten ist notwendig, um unterschiedliche Gewichtsverteilung und Materialungenauigkeiten auszugleichen.

Im Fahrbetrieb macht sich die Unwucht durch Trampel- und Flattererscheinungen bemerkbar. Das Lenkrad beginnt dann bei höherem Tempo zu zittern.

In der Regel tritt dieses Zittern nur in einem bestimmten Geschwindigkeitsbereich auf und verschwindet wieder bei niedrigerer und höherer Geschwindigkeit.

Solche Unwuchterscheinungen können mit der Zeit zu Schäden an Achsgelenken, Lenkgetriebe und Stoßdämpfern führen.

Räder grundsätzlich alle 20.000 km und nach jeder Reifenreparatur auswuchten lassen, da sich durch Abnutzung und Reparatur die Gewichts- und Materialverteilung am Reifen ändert.

Reifenpflegetips

Generell gilt, daß Reifen sozusagen ein »Gedächtnis« haben und unsachgemäße Behandlung – dazu zählt beispielsweise auch schnelles oder häufiges Überfahren von Bordstein- oder Schienenkanten – oft erst viel später zu Reifenpannen führt.

Reifen reinigen

- Reifen möglichst nicht mit einem Dampfstrahlgerät reinigen. Wird die Düse des Dampfstrahlers zu nahe an den Reifen gehalten, dann wird dessen Gummischicht innerhalb weniger Sekunden irreparabel zerstört, selbst bei Verwendung von kaltem Wasser. Ein auf diese Weise gereinigter Reifen sollte sicherheitshalber ersetzt werden.
- Ersetzt werden sollte auch ein Reifen, der über längere Zeit mit Öl oder Fett in Berührung kam. Der Reifen quillt an den betreffenden Stellen zunächst auf, nimmt jedoch später wieder seine normale Form an und sieht äußerlich unbeschädigt aus. Die Belastungsfähigkeit des Reifens nimmt aber ab.

Reifen lagern

- Reifen sollten kühl, dunkel und trocken aufbewahrt werden. Sie dürfen nicht mit Fett und Öl in Berührung kommen.
- Räder liegend oder an den Felgen aufgehängt in der Garage oder im Keller lagern.
- Bevor die Räder abmontiert werden, Reifenfülldruck etwas erhöhen (ca. 0,3–0,5 bar).
- Für Winterreifen eigene Felgen verwenden, denn das Ummontieren der Reifen auf dieselben Felgen lohnt sich aus Kostengründen nicht.

Reifen einfahren

Neue Reifen haben vom Produktionsprozeß her eine besonders glatte Oberfläche. Deshalb müssen neue Reifen – das gilt auch für das neue Ersatzrad – eingefahren werden. Bei diesem Einfahren rauht sich durch die beginnende Abnutzung die glatte Oberfläche auf.

Während der ersten 300 km sollte man mit neuen Reifen speziell auf Nässe besonders vorsichtig fahren.

Gleitschutzketten

Die Verwendung von Gleitschutzketten ist nur an der Antriebsachse (Vorderachse) erlaubt.

Mit Gleitschutzketten darf nicht schneller als 50 km/h gefahren werden. Auf schnee- und eisfreien Straßen sind die Gleitschutzketten abzunehmen.

Es sollten nur von VW freigegebene Gleitschutzketten verwendet werden.

Das Notrad

Bei der Benutzung des platzsparenden Reserve-Notrades sind folgende Punkte zu beachten:

- Das Notrad darf an Vorder- oder Hinterachse montiert werden.
- Das Notrad ist nur für den vorübergehenden und kurzzeitigen Einsatz bestimmt. Muß das Rad bei einer Reifenpanne montiert werden, ist es deshalb so schnell wie möglich wieder durch ein Normalrad zu ersetzen.
- Nach Montage des Notrades muß der **Reifenfülldruck so schnell wie möglich geprüft werden,** der Druck muß **4,2 bar** betragen.
- Mit montiertem Notrad darf **nicht schneller als 80 km/h** gefahren werden. Vollgasbeschleunigungen, starkes Bremsen und rasante Kurvenfahrten sind zu vermeiden.

- Das Notrad ist schmaler als das Normalrad und sollte nur kurze Zeit verwendet werden, bis das Normalrad repariert ist. Der Reifen des Notrades ist für eine Gesamtlaufstrecke von ca. 3000 km ausgelegt.
- Das Notrad ist speziell für den Wagentyp entwickelt. Es darf daher nicht für andere Wagentypen benutzt werden. Ebensowenig dürfen Noträder anderer Fahrzeugtypen verwendet werden.
- Die Verwendung von Gleitschutzketten (Schneeketten) auf dem platzsparenden Notrad ist aus technischen Gründen nicht zulässig. Falls mit Gleitschutzketten gefahren werden muß, ist bei einer Vorderrad-Reifenpanne das Notrad an der Hinterachse zu montieren und der hintere Reifen auf die Vorderachse zu wechseln. Dabei empfiehlt es sich, bereits vor der Montage des Rades die Gleitschutzkette aufzulegen.
- Auf die Felge des Notrades darf kein Sommer- oder Winterreifen montiert werden.
- Niemals zwei oder mehr Noträder gleichzeitig montieren.

Fehlerhafte Reifenabnutzung

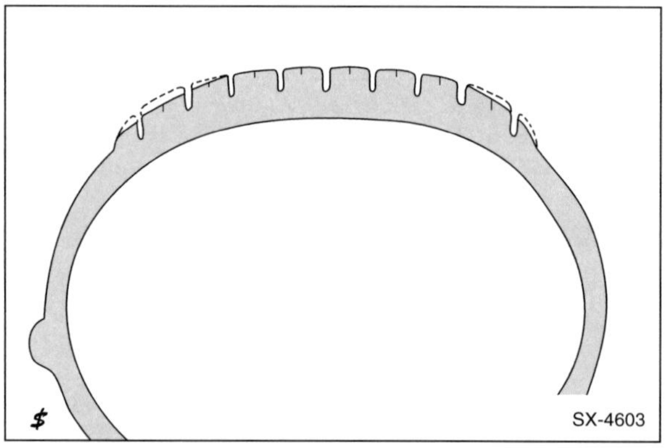
SX-4603

- An den Vorderrädern ist eine etwas größere Abnutzung der Reifenschultern gegenüber der Laufflächenmitte normal, wobei aufgrund der Straßenneigung die Abnutzung der zur Straßenmitte zeigenden Reifenschulter (linkes Rad: außen, rechtes Rad: innen) deutlicher ausgeprägt sein kann.
- Ungleichmäßiger Reifenverschleiß ist zumeist die Folge zu geringen oder zu hohen Reifenfülldrucks und kann auf Fehler in der Radeinstellung oder Radauswuchtung sowie auf mangelhafte Stoßdämpfer oder Felgen zurückzuführen sein.
- In erster Linie ist auf vorschriftsmäßigen Reifenfülldruck zu achten, wobei spätestens alle vier Wochen eine Prüfung vorgenommen werden sollte.
- Reifenfülldruck nur bei kühlen Reifen prüfen. Der Reifenfülldruck steigt nämlich mit zunehmender Erhitzung bei schneller Fahrt an. Dennoch ist es völlig falsch, aus erhitzten Reifen Luft abzulassen.
- Bei zu hohem Reifenfülldruck wird die Laufflächenmitte mehr abgenutzt, da der Reifen an der Lauffläche durch den hohen Innendruck mehr gewölbt ist.
- Bei zu niedrigem Reifenfülldruck liegt die Lauffläche an den Reifenschultern stärker auf, und die Laufflächenmitte wölbt sich nach innen durch. Dadurch ergibt sich ein stärkerer Verschleiß der Reifenschultern.

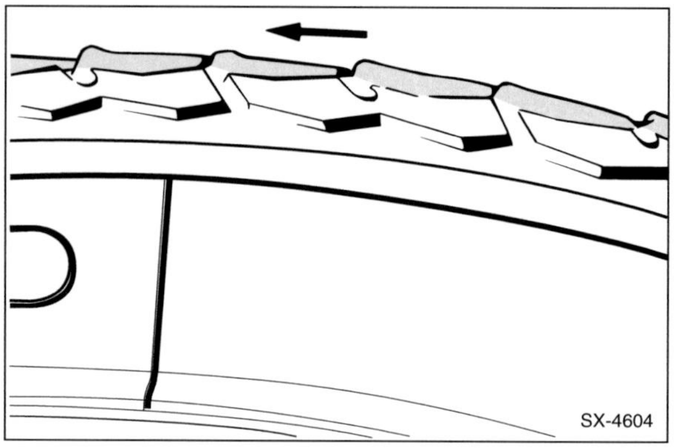
SX-4604

- Sägezahnförmige Abnutzung des Profils ist in der Regel auf eine Überbelastung des Fahrzeuges zurückzuführen.
- Falsche Radeinstellung und Unwucht ergeben jeweils typische Reifenverschleißbilder, auf die in der Störungsdiagnose hingewiesen wird.

Vorderwagenunruhe beseitigen

Das Lenkradflattern bei bestimmten Geschwindigkeiten ist in der Regel auf eine Unwucht der Räder zurückzuführen.

Prüfen

- Reifenfülldruck prüfen, gegebenenfalls korrigieren.
- Probefahrt durchführen. Störung möglichst genau eingrenzen, Geschwindigkeitsbereich, Fahrbahnbeschaffenheit, Kurven- oder Geradeausfahrt.
- Fahrzeug aufbocken.
- Mittenzentrierung der Felgen prüfen. Dabei müssen die Radnabe oder Bremstrommel über den Kragen der Scheibenräder hinausragen oder zumindest bündig damit abschließen. Andernfalls Felge austauschen.
- Radaufhängung prüfen. Dazu Gummi-Metallager, Gelenke, Stoßdämpfer und Felgen auf einwandfreien Zustand prüfen.
- Räder ausbauen und reinigen. Dabei beispielsweise auch Steine aus dem Profil entfernen.
- Reifen auf Bremsplatten untersuchen. Das sind Stellen geringerer Profiltiefe, die bei Vollbremsungen mit blockierten Rädern entstehen können.
- Profiltiefe der einzelnen Reifen prüfen und miteinander vergleichen. Bei abnormalem Reifenverschleiß vorn und/oder hinten muß das Fahrzeug vorn und hinten vermessen und gegebenenfalls eingestellt werden. Dabei ist die Einstellung der Vorspur an die obere Toleranzgrenze zu legen. **Achtung:** Für die Vermessung ist eine entsprechende Meßanlage erforderlich, die in der Regel nur in einer Fachwerkstatt vorhanden ist.

- Probefahrt durchführen und prüfen, ob die Störungen noch vorhanden sind.

Höhen- und Seitenschlag der Räder prüfen

- Bei aufgebocktem Fahrzeug geeignete Meßuhr an der Lauffläche und danach an der Reifenflanke ansetzen. Rad von Hand langsam drehen, Zeigerausschlag der Meßuhr ablesen und Stelle des maximalen Höhenschlags am Reifen mit Kreide kennzeichnen.

Sollwerte: Maximaler Höhenschlag = 0,8 mm; maximaler Seitenschlag = 1,2 mm.

- Falls diese Werte nicht eingehalten werden, Räder auf stationärer Auswuchtmaschine auswuchten. Dabei müssen die Räder in gleicher Weise wie am Fahrzeug mittenzentriert werden. Konische Spannvorrichtungen, die das Rad in der Mittenbohrung zentrieren, sind nicht zulässig. Die zulässige Restunwucht in beiden Wuchtebenen beträgt 5 Gramm.

Höhenschlag beseitigen (matchen):

- Luft aus dem Reifen lassen und Reifenwülste in das Felgenbett drücken.
- Reifen auf der Felge um 120° verdrehen.
- Reifen aufpumpen und Höhenschlag erneut prüfen.
- Falls der Maximalwert überschritten wird, Reifen auf der Felge um weitere 120° verdrehen und Höhenschlag prüfen.
- Falls der Maximalwert eingehalten wird, Räder auswuchten.

Höhen- und Seitenschlag der Felge prüfen

- Felge ohne Reifen mittenzentriert auf die Auswuchtmaschine oder am Fahrzeug montieren. Meßuhr anbringen.

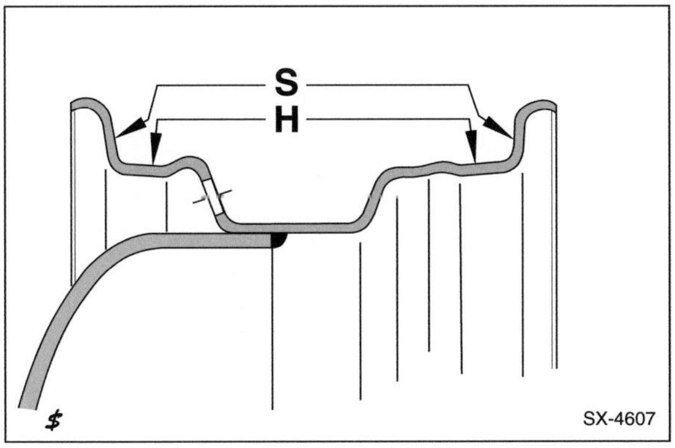

- Höhenschlag –H– und Seitenschlag –S– der Felge prüfen. Der Höhenschlag (Rundlaufabweichung) wird an der Felgenschulter, der Seitenschlag an der seitlichen Fläche des Felgenhornes gemessen. Dabei sind punktuelle Ausschläge der Meßuhr, die durch Materialerhöhungen oder -vertiefungen entstehen, nicht zu berücksichtigen.

Sollwerte: Maximaler Höhenschlag = 0,5 mm; maximaler Seitenschlag = 0,8 mm (Leichtmetallfelge: Höhen- und Seitenschlag jeweils max. 0,3 mm).

- Falls die Sollwerte überschritten werden, Felge ersetzen.

Montage der Räder am Fahrzeug

- Bei aufgebocktem Fahrzeug Räder so ansetzen, daß sich die Stelle des maximalen Höhenschlages oben befindet. Radschrauben in diesem Zustand über Kreuz mit einem Drehmomentschlüssel und **110 Nm** festziehen.

Achtung: Wenn die Verschleißunterschiede der einzelnen Reifen klein sind, Räder mit dem geringsten Höhenschlag und den kleinsten Auswuchtgewichten an der Vorderachse montieren.

- Probefahrt durchführen. Falls immer noch Vorderwagenunruhe oder Lenkradschütteln festgestellt wird, kann es sich um Restunwuchten handeln, die durch Nachwuchten am Fahrzeug beseitigt werden.

Räder am Fahrzeug nach- oder auswuchten

- Beim Auswuchten der Antriebsräder unbedingt beide Reifen einer Achse auf Rollen (Geberböcke) setzen.
- Der Antrieb der Räder muß durch den Fahrzeugmotor erfolgen, damit die Räder synchron laufen.
- Probefahrt durchführen.

Falls immer noch Störungen auftreten, so sind die Radial- oder Taumelbewegungen eines oder mehrerer Reifen zu hoch. Mit Werkstattmitteln kann das nicht gemessen werden. In diesem Fall bleibt nur der Austausch der vorderen und/oder hinteren Reifen. Dabei sollten die Reifen grundsätzlich paarweise ersetzt werden.

Störungsdiagnose Reifen

Abnutzung	Ursache
Stärkerer Reifenverschleiß auf beiden Seiten der Lauffläche.	■ Zu niedriger Reifenfülldruck.
Stärkerer Reifenverschleiß in der Mitte der Lauffläche, über den gesamten Umfang.	■ Zu hoher Reifenfülldruck.
Auswaschungen der Profilseite.	■ Statische und dynamische Unwucht des Rades. Eventuell zu großer Seitenschlag der Felge, zu großes Spiel in den Traggelenken.
Auswaschungen in der Mitte des Reifenprofils.	■ Statische Unwucht des Rades. Eventuell Folge von zu großem Höhenschlag.
Starke Abnutzung an einzelnen Stellen in der Mitte der Lauffläche.	■ Blockierspuren von Vollbremsungen.
Schuppenförmige oder sägezahnähnliche Abnutzung des Profils. In krassen Fällen mit Gewebebrüchen verbunden, die nach einiger Zeit außen sichtbar werden.	■ Überbelastung des Wagens. Innenseite der Reifen auf Gewebebrüche untersuchen!
Gummizungen an den seitlichen Profilkanten.	■ Fehlerhafte Radeinstellung. Reifen radiert. Bei Hinterrädern auch Zustand der Stoßdämpfer prüfen!
Gratbildung an einer Profilseite des Vorderrades.	■ Falsche Spureinstellung. Reifen radiert. Häufiges Fahren auf stark gewölbter Fahrbahn. Schnelle Kurvenfahrt.
Stoßbrüche im Reifenunterbau. Anfangs nur im Innern des Reifens sichtbar.	■ Überfahren von kantigen Steinen, Schienenstößen und ähnlichem bei hohen Geschwindigkeiten.
Einseitig abgefahrene Laufflächen.	■ Sturzeinstellung überprüfen.

Karosserie

Die Karosserie des POLO ist selbsttragend. Bodengruppe, Seitenteile, Dach und die hinteren Kotflügel sind miteinander verschweißt. Front- und Heckscheibe sowie die hinteren Seitenscheiben sind eingeklebt. Die Reparatur größerer Karosserieschäden sowie das Ersetzen der geklebten Scheiben sollte der Fachwerkstatt vorbehalten bleiben.

Motorhaube, Heckklappe, die Türen und vordere Kotflügel sind angeschraubt und lassen sich leicht auswechseln. Beim Einbau sind dann unbedingt die richtigen Luftspaltmaße einzuhalten, sonst klappert beispielsweise die Tür, oder es können während der Fahrt erhöhte Windgeräusche auftreten. Der Luftspalt muß auf jeden Fall parallel verlaufen, das heißt, der Abstand zwischen den Karosserieteilen muß auf der gesamten Länge des Spaltes gleich groß sein.

Neben den Karosserie-Anbauteilen wird in diesem Kapitel auch die Innenausstattung, wie Sitze und Verkleidungen, behandelt.

Muß an der Karosserie geschweißt werden, soll dies grundsätzlich durch Widerstandspunktschweißen (RP) durchgeführt werden. Nur wenn sich die Schweißzange nicht ansetzen läßt, ist das Schutzgas-Schweißverfahren anzuwenden.

Sicherheitshinweise bei Karosseriearbeiten

- Soweit Schweißarbeiten oder andere funkenerzeugende Arbeiten in Batterienähe durchgeführt werden, muß grundsätzlich die Batterie ausgebaut werden. Beim Batterieausbau Hinweise beachten, siehe Seite 230.
- An besonders korrosionsgefährdeten Karosserieteilen sind verzinkte Bleche verwendet worden. Zinkschicht vor dem Schweißen nicht abschleifen (nur bei Hartlötung abschleifen). Schweißstrom um ca. 10 % erhöhen. **Achtung:** Beim Schweißen von verzinkten Stahlblechen entsteht giftiges Zinkoxid, daher für eine gute Arbeitsplatzbelüftung sorgen.
- An Teilen der gefüllten Klimaanlage darf weder geschweißt, noch hart- oder weichgelötet werden. Das gilt auch für Schweiß- und Lötarbeiten am Fahrzeug, wenn die Gefahr besteht, daß sich Teile der Klimaanlage erwärmen. **Achtung: Der Kältemittelkreislauf der Klimaanlage darf nicht geöffnet werden. Gelangt Kältemittel auf die Haut, kann dies zu Erfrierungen führen.**
- Unterbodenschutz und Dichtmaterialien an der Reparaturstelle mit rotierender Drahtbürste entfernen oder mit Heißluftgeläse auf maximal +180° C erwärmen und mit Spachtel ablösen.
- Im Rahmen einer Reparatur-Lackierung darf im Trockenofen oder in seiner Vorwärmzone das Fahrzeug bis maximal **+80° C** aufgeheizt werden. Sonst können elektronische Steuergeräte im Fahrzeug beschädigt werden.
- Vor Beginn von Trenn- Richt- und Ausbeularbeiten sind die Gurtstraffereinheiten der vorderen Sicherheitsgurte auszubauen.

Stoßfänger vorn aus- und einbauen

Bis 9/99

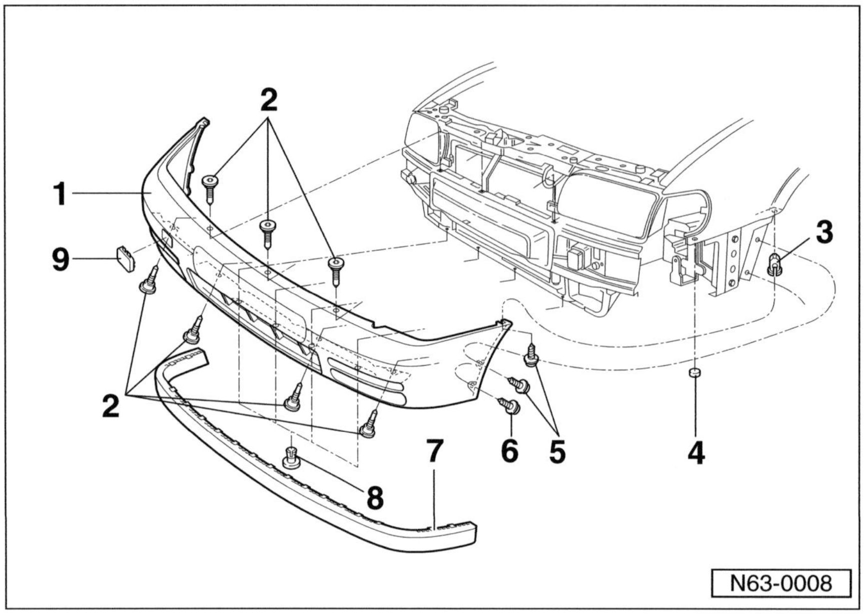

1 – **Abdeckung/Stoßfänger**

2 – **Torxschraube T30 (7 Stück)**

3 – **Spreizmutter**

4 – **Puffer**

5 – **Schraube (4 Stück)**

6 – **Schraube (2 Stück)**
Nur vorhanden bei breitem Stoßfänger.

7 – **Spoiler**
In Abdeckung eingeclipst.

8 – **Spreizniet (4 Stück)**
Nur vorhanden bei breitem Stoßfänger.

9 – **Abdeckkappe für Abschleppöse**

Ausbau

- Blinkleuchten und Kühlergrill ausbauen.

- Schrauben an den Radhausschalen herausdrehen.

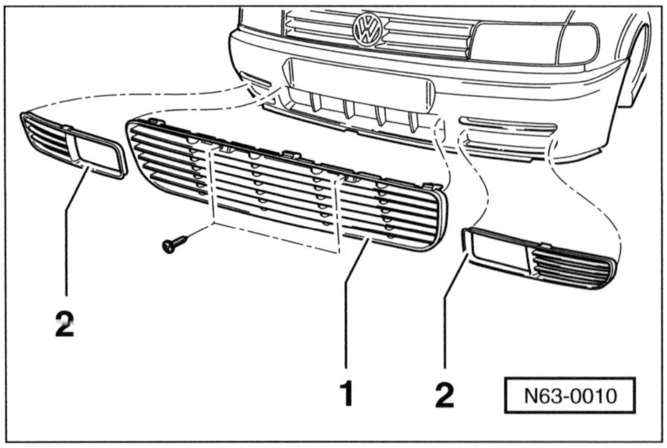

- Breiter Stoßfänger: Blende –1– abschrauben und mit Blende –2– ausclipsen.
- Elektrische Anschlußstecker für Nebelscheinwerfer an den Lampenrückseiten abziehen.
- Stoßfänger nach vorn abnehmen.

Einbau

- Stoßfänger mit Helfer einsetzen.
- Torxschrauben oben und unten am Stoßfänger einschrauben und mit **5 Nm**, also nur leicht, anziehen.
- Schrauben links und rechts an den Radhausschalen anschrauben.
- Elektrische Anschlußkabel für Nebelscheinwerfer/Blinkleuchten aufstecken.
- Kühlergrill einbauen, siehe Seite 175.
- Nebelscheinwerfer einstellen, siehe Seite 247.

Stoßfänger vorn aus- und einbauen

Seit 10/99

Ausbau

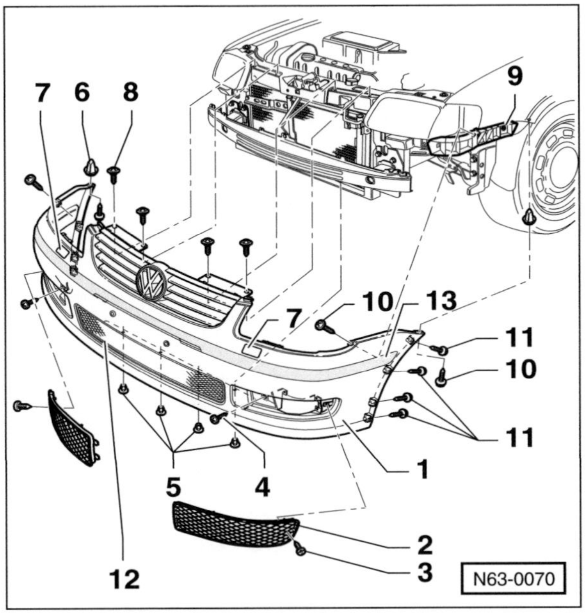

1 – Stoßfängerabdeckung
2 – Lüftungsgitter seitlich
3 – Schraube, 2 Nm
4 – Schraube, 2,5 Nm
5 – Spreizclip
6 – Spreizmutter
7 – Abdeckung Scheinwerfer-Reinigungsanlage
8 – Schraube, 2,5 Nm
9 – Führungsteil
10 – Schraube, 1,2 Nm
11 – Schraube, 1,2 Nm
12 – Lüftungsgitter mitte
13 – Stoßleiste

- Blinkleuchten vorn ausbauen, siehe Seite 248.
- Blenden –7– für Scheinwerfer-Reinigungsanlage von der Stoßfängerabdeckung abziehen und ausclipsen.
- Schrauben –10– und –11– herausdrehen und Abdeckung –1– im Bereich der Radhausschale lösen.
- Schrauben –3– herausdrehen und äußere Lüftungsgitter –2– aus der Abdeckung –1– herausziehen.
- Spreizclips –5– ausclipsen.
- Schrauben –4– und –8– herausdrehen. Abdeckung von den Führungsteilen –9– auf beiden Seiten abziehen.
- Steckverbindung vom Temperaturfühler abziehen.
- Gegebenenfalls Stoßleiste aus der Stoßfängerabdeckung ausclipsen.
- Stoßfängerträger mit 7 Schrauben vom Schloßträger abschrauben.

Einbau

- Stoßfängerträger ansetzen und handfest anschrauben. Anschließend die inneren 3 Schrauben mit **14 Nm**, die äußeren 4 Schrauben mit **23 Nm** festziehen.
- Der weitere Einbau erfolgt sinngemäß in umgekehrter Ausbaureihenfolge.

Kühlergrill aus- und einbauen

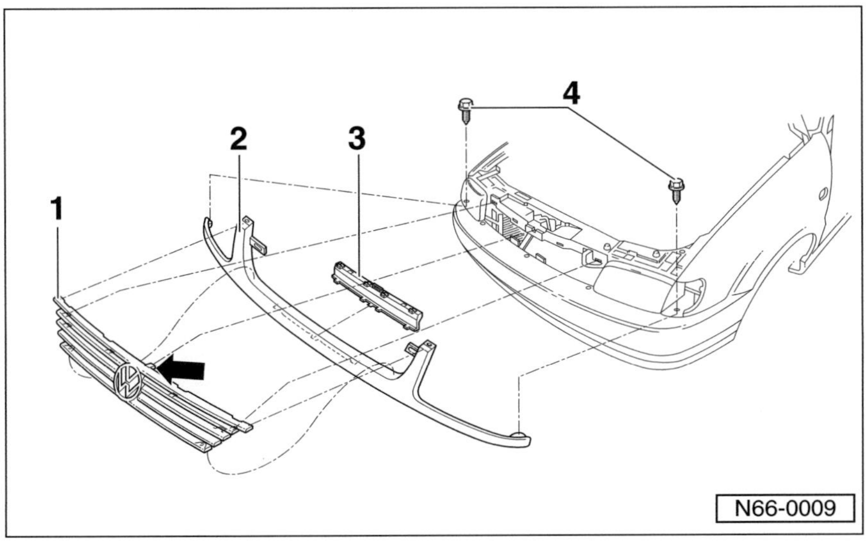

1 – Kühlergrill

Ausbau

- ◆ Blinkleuchten ausbauen, siehe Seite 242/248.
- ◆ Kombischrauben –4– herausdrehen, Rastnasen vom Führungsteil –3– (2 Stück) und Kühlergrill –1– (4 Stück) mit einem Schraubendreher entriegeln.
- ◆ Kühlergrill vom Blendrahmen abziehen, dabei obere und untere Rastnasen mit einem Schraubendreher entriegeln.

Einbau

- ◆ Kühlergrill einclipsen und anschrauben.
- ◆ Blinkleuchten einbauen, siehe Seite 242/248.

2 – Blendrahmen

3 – Führungsteil

4 – Kombischraube

Stoßfänger hinten aus- und einbauen

POLO bis 9/99

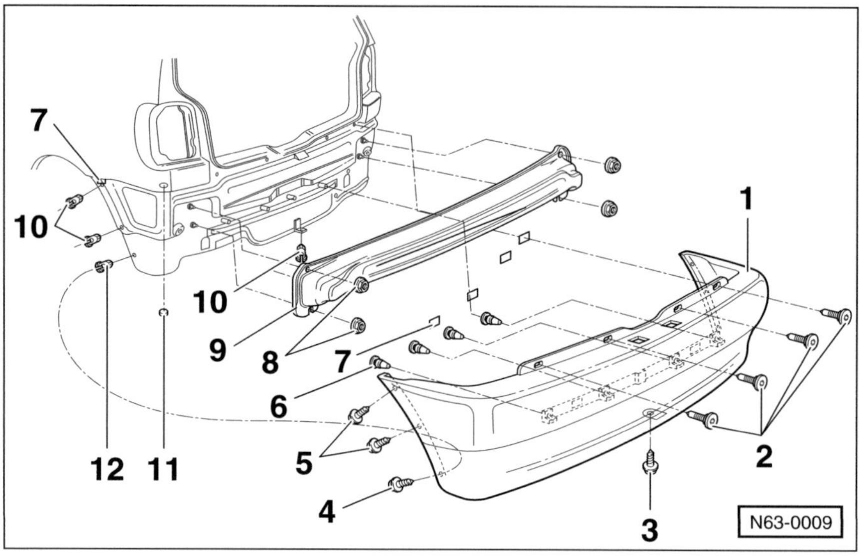

1 – **Stoßfänger**
2 – **Torxschraube T30 (4 Stück)**
3 – **Schraube**
Nur vorhanden bei breitem Stoßfänger.
4 – **Schraube (2 Stück)**
Nur vorhanden bei breitem Stoßfänger.
5 – **Schraube (4 Stück)**
6 – **Zentrierkegel (4 Stück)**
7 – **PU-Folie**
8 – **Mutter (4 Stück), 15 Nm**
9 – **Deformationselement**
10 – **Spreizmutter**
11 – **Puffer**
12 – **Spreizmutter**
Nur vorhanden bei breitem Stoßfänger.

Ausbau

- Heckklappe öffnen.
- Torxschrauben –2– herausdrehen.
- Breiter Stoßfänger: Schrauben –3– und –4– herausdrehen.
- Schrauben –5– abschrauben.
- Stoßfänger von den Zentrierkegeln –6– abziehen.
- Stecker von der Kennzeichenleuchte abziehen.

Einbau

- Der Einbau erfolgt sinngemäß in umgekehrter Ausbaureihenfolge.

Stoßfänger hinten aus- und einbauen

POLO seit 10/99

Ausbau

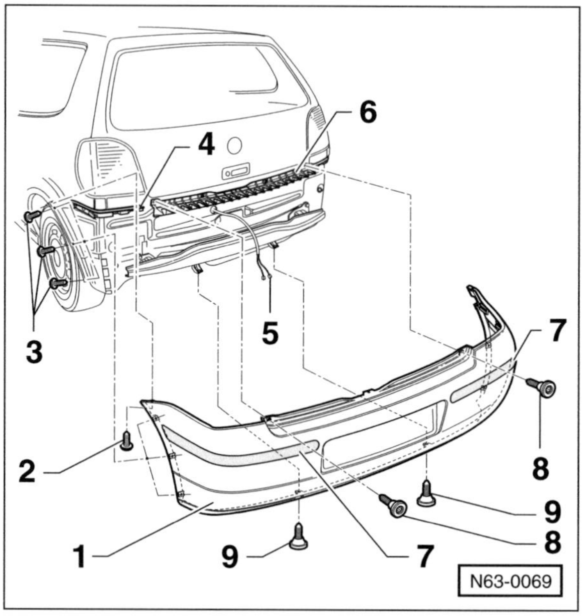

1 – Stoßfängerabdeckung
2 – Schraube, 1,2 Nm
3 – Schraube, 1,2 Nm
4 – Führungsteil
5 – Elektrische Leitung für Kennzeichenleuchte
6 – Befestigungsleiste
7 – Stoßleiste
8 – Schraube, 6,5 Nm
9 – Schraube, 6,5 Nm

- Schrauben –2– und –3– herausdrehen und Abdeckung –1– im Bereich der Radhausschale lösen.

- Schrauben –8– und –9– herausdrehen.
- Stoßfängerabdeckung links und rechts von den Führungsteilen –4– abziehen.
- Steckverbindung –5– für Kennzeichenleuchte trennen.

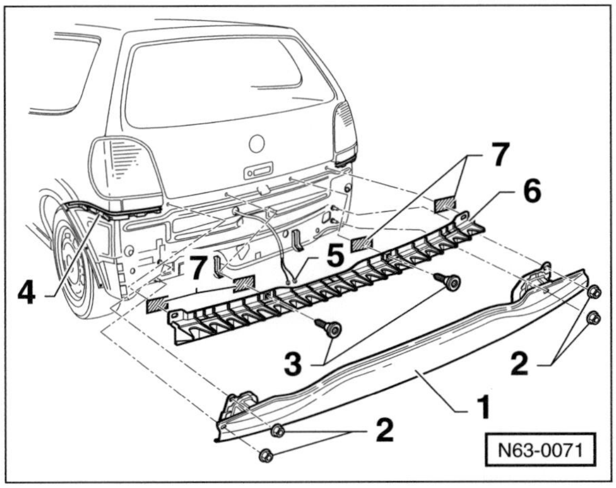

1 – Stoßfängerträger
2 – Mutter, 16 Nm
3 – Schraube, 6,5 Nm
4 – Führungsteil
5 – Elektrische Leitung für Kennzeichenleuchte
6 – Befestigungsleiste
7 – Schutzfolie

- Stoßfängerträger –1– mit Muttern –2– abschrauben.

Einbau

- Der Einbau erfolgt sinngemäß in umgekehrter Ausbaureihenfolge.

Stoßfänger hinten

Montageübersicht POLO CLASSIC

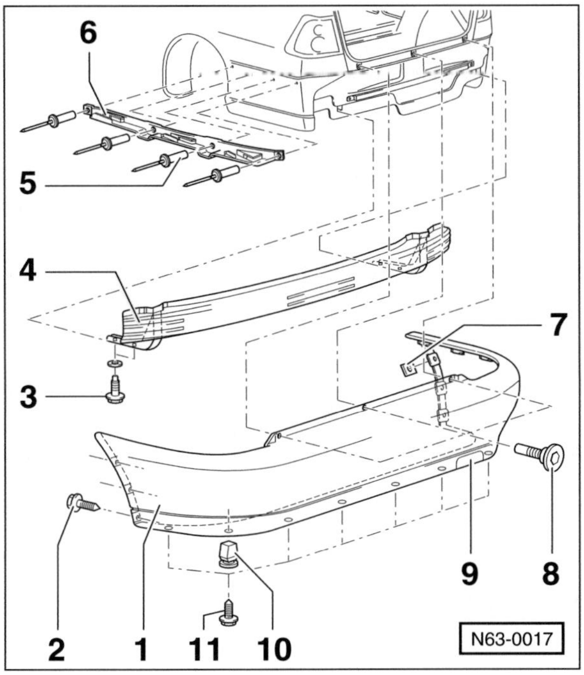

1 – Abdeckung/Stoßfänger
2 – Kombischraube/Radhausschale
3 – Sechskantschraube, **70 Nm**
4 – Deformationselement
5 – Blindniet
6 – Führung
7 – Blechmutter
8 – Torxschraube T30, **6 Nm**
9 – Abdeckung für Abschleppöse
10 – Spreizmutter/Verkleidung Unterboden
11 – Sechskantschraube/Verkleidung Unterboden, **15 Nm**

Stoßfänger hinten

Montageübersicht CADDY

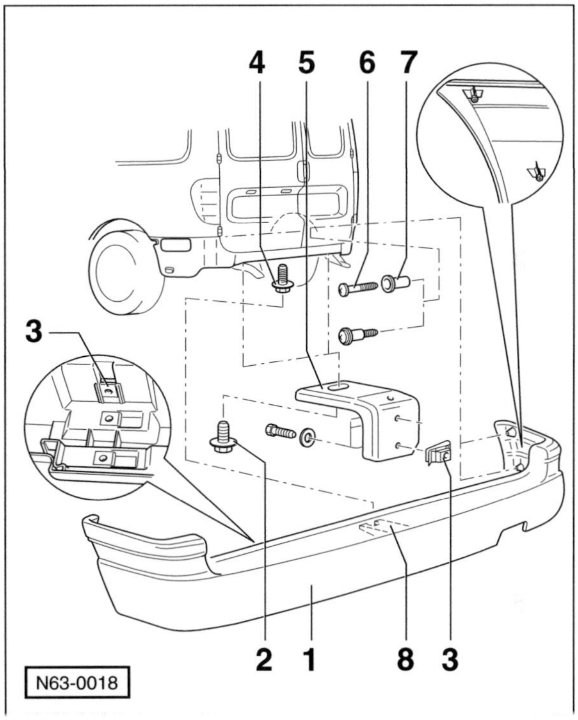

1 – Abdeckung/Stoßfänger
2 – Sechskantmutter
3 – Blechmutter
4 – Sechskantschraube
5 – Halter
6 – Kreuzschlitzschraube
7 – Führungshülse
8 – Halter/Abdeckung

Stoßfänger hinten

Montageübersicht POLO VARIANT

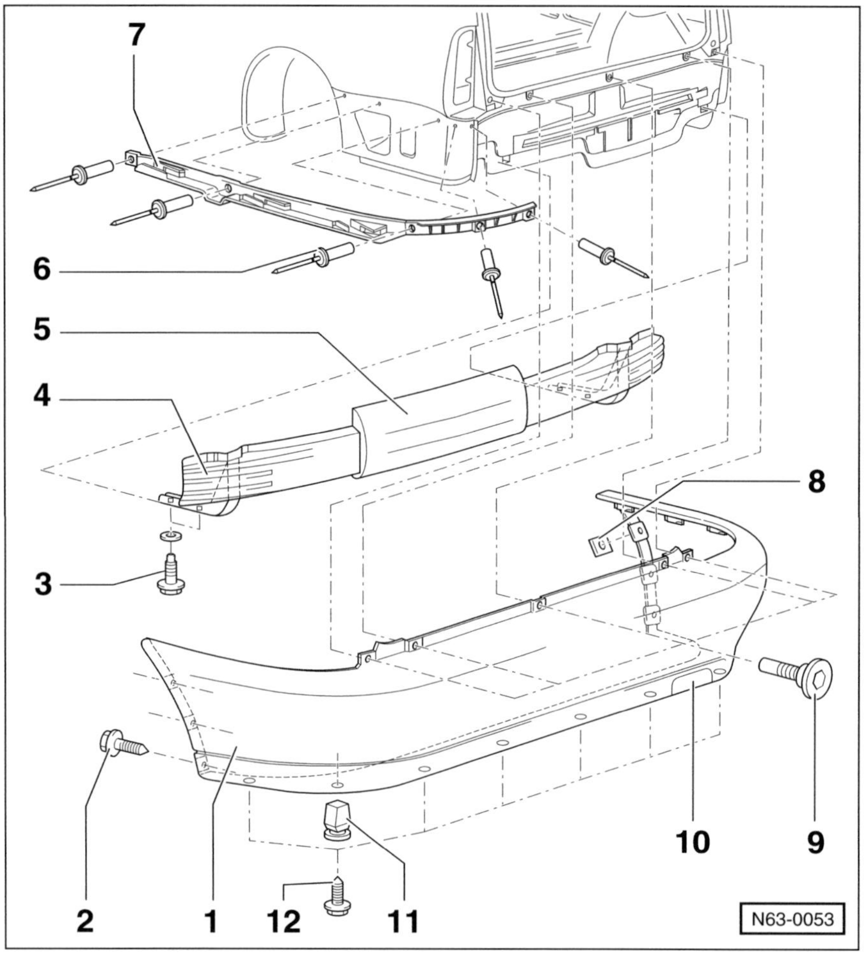

1 – **Abdeckung/Stoßfänger**

2 – **Kombischraube**
Für Befestigung Radhausschale.

3 – **Sechskantschraube, 70 Nm**

4 – **Deformationselement**

5 – **Deformationselement**
Auf –4– aufgeklebt.

6 – **Blindniet**

7 – **Führung**

8 – **Blechmutter**

9 – **Torxschraube T30, 6 Nm**

10 – **Abdeckung für Abschleppöse**

11 – **Spreizmutter**

12 – **Sechskantschraube, 1,5 Nm**
Für Verkleidung Unterboden.

Kotflügel vorn aus- und einbauen

Ausbau

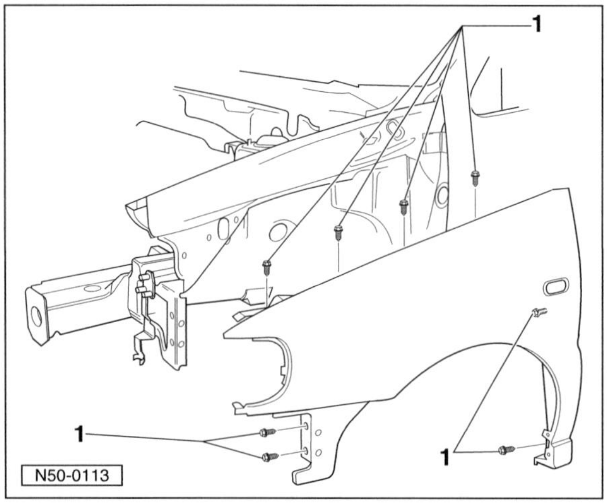

- Kühlergrill ausbauen, siehe Seite 175.
- Stoßfänger vorn ausbauen, siehe Seite 174/175.
- Radhausschale ausbauen.
- Falls vorhanden, Stabantenne (für Autoradio) vom Kotflügel abschrauben.
- Sechskantschrauben –1– abschrauben. **Hinweis:** Bei Fahrzeugen mit langem Unterholm ist der Kotflügel mit einer zusätzlichen Schraube am Unterholm befestigt.
- Durch den Unterbodenschutz und das Abdichtband sitzt der Kotflügel sehr fest. Zum Lösen des Kotflügels ist deshalb ein Fön erforderlich, der mindestens eine Temperatur von +450° C erreicht. Steht kein Fön zur Verfügung, empfiehlt es sich, den Unterbodenschutz an den Trennstellen mit einem scharfen Messer wegzuschneiden.

Achtung: Unterbodenschutz (PVC-Material) nur leicht und kurzzeitig erwärmen. Das PVC darf sich farblich nicht verändern und keine Blasen bilden. Sonst entstehen gesundheitsgefährdende Dämpfe, außerdem entsteht stark korrosionsfördernde Salzsäure.

- Kotflügel Stück für Stück vorsichtig abziehen.

Einbau

- Kotflügel gegebenenfalls lackieren.
- Anlageflächen des Kotflügels reinigen, gegebenenfalls ausrichten.
- Schraubpunkte im Kotflügel-Anlagebereich Radhaus und A-Säule (Säulen, an der die Fahrer- und Beifahrertür angeschlagen sind) mit je einer Zink-Zwischenlage, VW-Nr. AKL 381 035 50, versehen. Dies dient als Korrosionsschutz.
- Auf den Anlageflächen handelsübliches Kotflügelabdichtband auflegen.
- Kotflügel ansetzen, ausrichten und anschrauben. Dabei auf gleichmäßiges Fugenmaß zwischen Motorhaube und Kotflügel sowie Tür achten.

Achtung: Die Befestigungsschrauben (Blechschrauben) dürfen nur mit ca. **5 Nm**, also nur leicht, festgezogen werden.

- Auf der Innenseite des Kotflügels Unterbodenschutz auftragen.
- Gegebenenfalls Stabantenne einbauen.
- Radhausschale einbauen.
- Stoßfänger einbauen.
- Kühlergrill einbauen.

Schloßträger/Scheinwerferträger aus- und einbauen

Bis 9/99

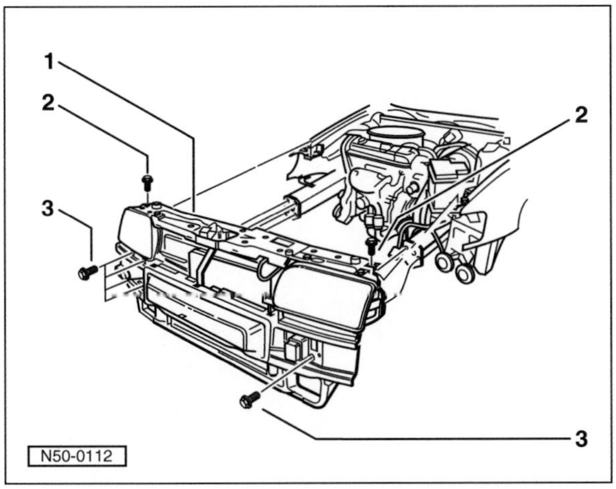

Ausbau

- Stoßfänger vorn ausbauen, siehe Seite 174/175.
- Seilzug für Motorhaubenschloß am Schloßträger –1– aushängen.
- Mehrfachstecker für Scheinwerfer und Blinkleuchten rechts vorn im Motorraum trennen.
- Kühlmittel ablassen und Kühlmittelschläuche am Kühler abziehen, siehe Seite 51.
- Fahrzeuge mit Klimaanlage: Kältemittelleitung am Schloßträger ausclipsen. **Achtung:** Der Kältemittelkreislauf darf keinesfalls geöffnet werden, da austretendes Kältemittel zu Hauterfrierungen führen kann.
- Kombischrauben –2– und Sechskantschrauben –3– herausdrehen.
- Schloßträger abnehmen.

Einbau

- Der Schloßträger muß spannungsfrei eingebaut werden. Kombischrauben –2– mit **5 Nm**, Sechskantschrauben –3– mit **25 Nm** festziehen.
- Kühlmittelschläuche am Kühler montieren, siehe Seite 51.
- Kühlmittel auffüllen, siehe Seite 51.
- Mehrfachstecker für Scheinwerfer und Blinkleuchten zusammenfügen.
- Fahrzeuge mit Klimaanlage: Kältemittelleitung am Schloßträger einclipsen.
- Stoßfänger einbauen.
- Bowdenzug für Motorhaube einhängen, siehe Seite 180.
- Scheinwerfer einstellen, siehe Seite 247.

Schloßträger in Servicestellung bringen

Seit 10/99

Ausbau

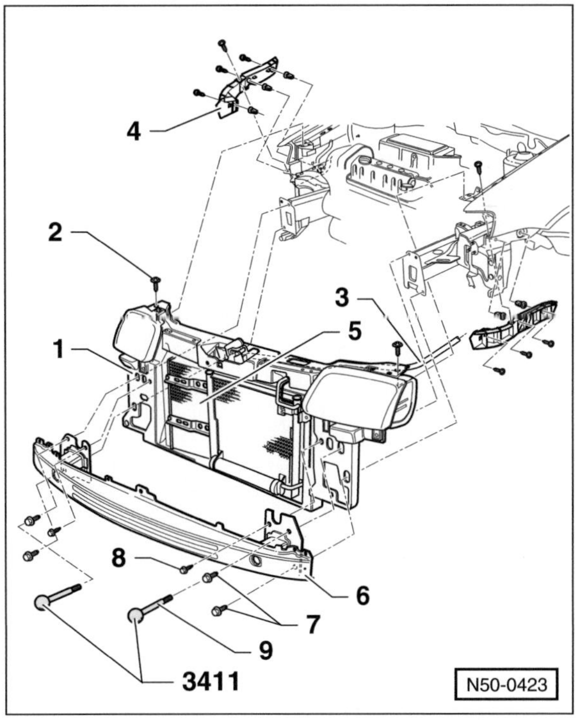

1 – Schloßträger	7 – Schraube, 23 Nm
2 – Schraube, 8 Nm	8 – Schraube, 14 Nm
3 – Bowdenzug	9 – VW-Spezialwerkzeug Ersatzweise: M8x160-Schraube mit Unterlegscheibe, ca. 35 mm ∅.
4 – Führungsteil	
5 – Kühler und Kondensator	
6 – Stoßfängerträger	

- Stoßfängerabdeckung vorn ausbauen.
- Bowdenzug –3– am Schloß aushängen.
- Links und rechts jeweils eine Schraube –7– an den Längsträgern herausdrehen und stattdessen VW-3411 oder Ersatzwerkzeug einschrauben.
- Schrauben –7– und –2– herausdrehen und Schloßträger im Bereich des Werkzeuges VW-3411 nach vorn ziehen.

Einbau

- Der Einbau erfolgt sinngemäß in umgekehrter Ausbaureihenfolge.

Seilzug für Motorhaube aus- und einbauen

Achtung: Seilzüge dürfen nicht geknickt werden, da sie später an dieser Stelle brechen können. Geknickte Züge sollen nicht eingebaut werden.

Zum Ersetzen des Seilzuges Betätigungshebel und Schloß abschrauben, Seilzug aushängen.

Am Seilzugnippel des Betätigungshebels eine Schnur anbinden und Seilzug vom Motorraum aus herausziehen. Schnur als Hilfe zum Einziehen benutzen.

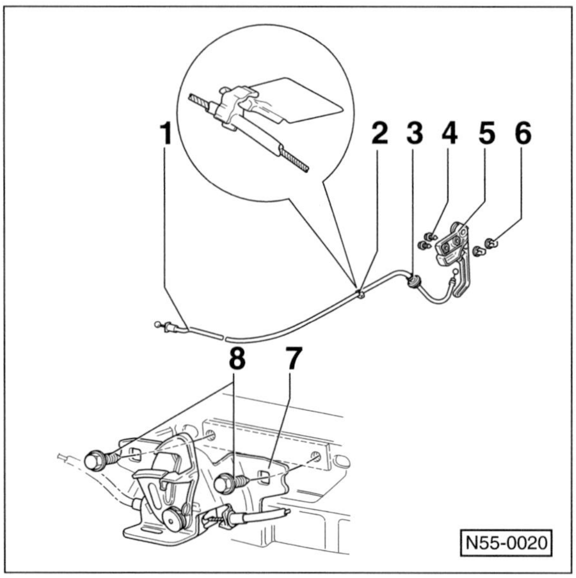

1 – Seilzug
2 – Clip
3 – Dichttülle
4 – Blechschraube
5 – Betätigungshebel
Seilzug eingehängt.
6 – Spreizmutter
7 – Schloß
Seilzug eingehängt.
8 – Sechskantschraube, **12 Nm**
Neue Schrauben sind selbstsichernd (beschichtet). Bei Wiederverwendung: Gewinde der Schraube mit Drahtbürste und Mutterngewinde mit Gewindebohrer reinigen, Schraube am Gewinde mit VW-Sicherungsmittel D 185 400 A2 bestreichen.

Motorhaube aus- und einbauen/ einstellen

Ausbau

- Motorhaube öffnen.
- Zuleitungsschlauch und elektrische Steckverbindung, falls vorhanden, an der Scheibenwaschdüse abziehen.

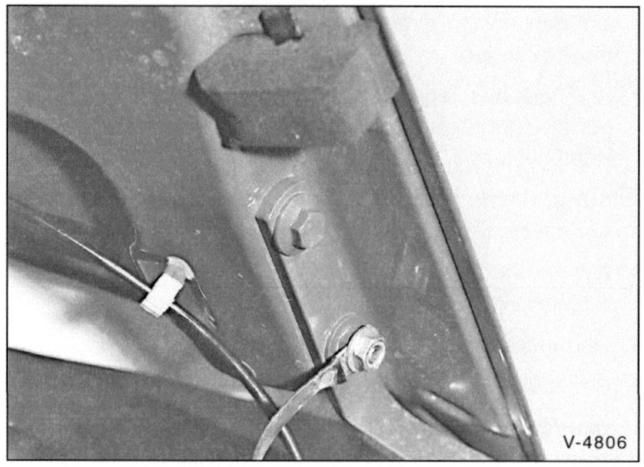

- Einbaulage der Motorhaube kennzeichnen, dazu Schrauben am Scharnier mit Filzstift umkreisen.
- Schrauben am Scharnier herausdrehen und Motorhaube abnehmen. Dazu ist eine Hilfsperson erforderlich. Vor dem Lösen der Scharnierschrauben Stoff als Lackschutz zwischen Haube und Karosserie legen.

Einbau

- Motorhaube ansetzen, Schrauben reindrehen, Haube ausrichten und Schrauben festziehen. Massekabel am linken Scharnier mit anschrauben, siehe Abbildung.

Motorhaube einstellen:

- Schrauben für Haubenschloß lösen.
- Scharnierschrauben etwas lösen und Motorhaube in Längs- und Querrichtung verschieben, bis die Klappe gleichmäßig und parallel zu den Kotflügeln steht.
- Scharnierschrauben mit **20 Nm** festziehen. Die Lage der Motorhaube darf dabei nicht verändert werden.

- Soll die Motorhaube in der Höhe verstellt werden: 2 Einstellpuffer soweit wie möglich in das Abschlußblech einschrauben.
- Schloß so verschieben, daß die geschlossene Motorhaube bündig mit den Kotflügeln abschließt. Nach der Einstellung Schrauben wieder festziehen.
- Anschließend Einstellpuffer einstellen: Plastilin oder Knetgummi auf beide Puffer aufkleben und Motorhaube schließen. Haube öffnen und Dicke des zusammengedrückten Knetgummis messen. Einstellpuffer entsprechend weit herausschrauben. Die Klappe muß in geschlossenem Zustand spannungsfrei auf beiden Einstellpuffern aufliegen.

Heckklappe aus- und einbauen

POLO

Ausbau

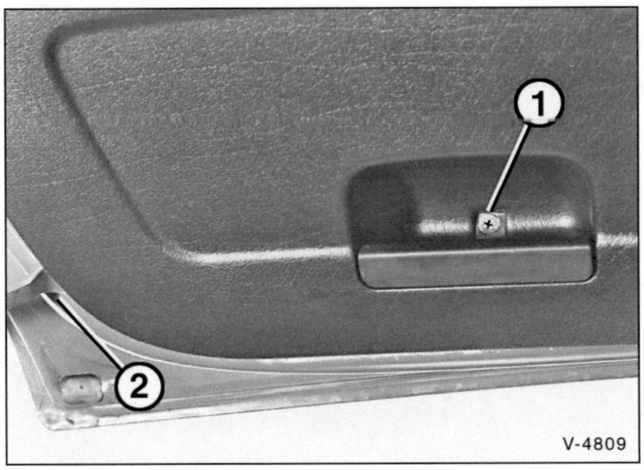

- Griffschale abschrauben –1–, dann Heckklappenverkleidung abhebeln –2–.

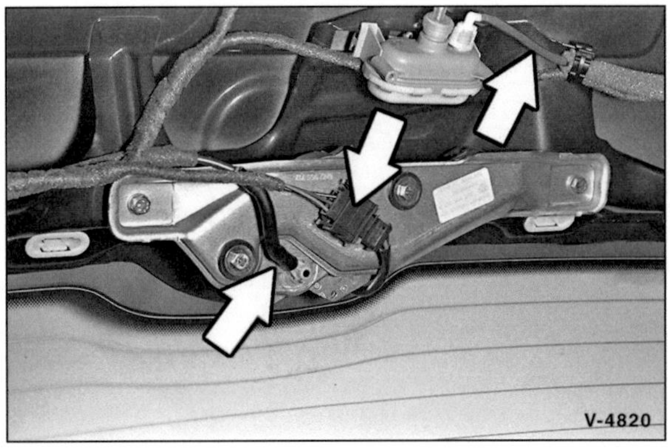

- Zuleitungsschlauch der Scheibenwaschdüse abziehen.
- Elektrische Steckverbindung am Scheibenwischermotor abziehen.
- Falls vorhanden, Unterdruckschlauch der Zentralverriegelung am Heckklappenschloß abziehen.

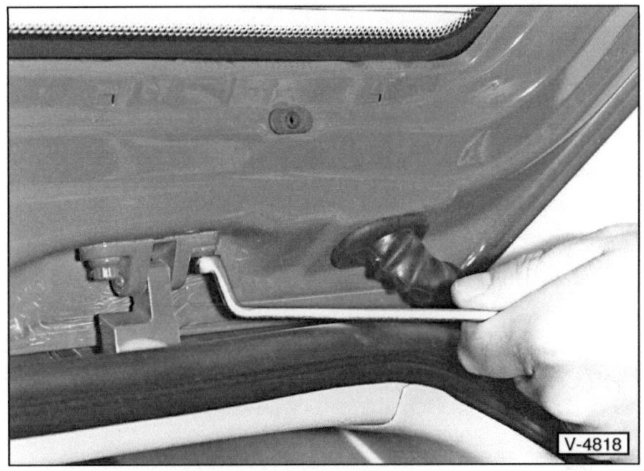

- Einbaulage der Heckklappe kennzeichnen, dazu Schrauben am Scharnier mit Filzstift umkreisen.
- Heckklappe abstützen.

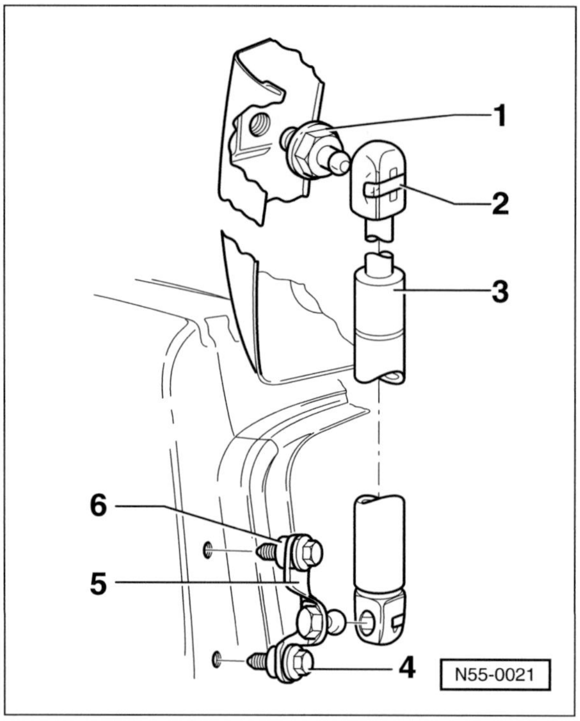

1 – Kugelzapfen, 20 Nm
2 – Sicherungsbügel
3 – Gasdruckfeder
4 – Schraube, 10 Nm
5 – Lagerbock
6 – Dichtscheibe

- Gasdruckfeder von der Haube abbauen. Dazu Sicherungsbügel –2– mit einem Schraubendreher anheben und Gasdruckfeder vom Kugelzapfen –1– abziehen. Soll die Gasdruckfeder demontiert werden, Gasdruckfeder in gleicher Weise vom unteren Kugelzapfen abziehen.

Achtung: Der Sicherungsbügel –2– darf nicht ganz aus der Kugelpfanne entfernt werden, da er sonst verbogen wird.

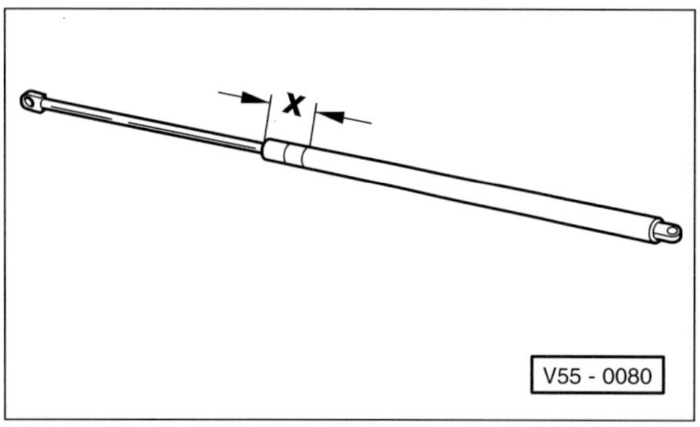

Achtung: Falls die Gasdruckfeder ersetzt wird, muß die alte Feder entgast werden, bevor sie verschrottet wird. Dazu Gasdruckfeder **im Bereich x = 50 mm** in den Schraubstock einspannen. Feder unbedingt nur in diesem Bereich einspannen, sonst besteht **Unfallgefahr!** Anschließend Zylinder im ersten Drittel der Zylindergesamtlänge – ausgehend von der Bezugskante auf der Kolbenstangenseite – aufsägen. Um herausspritzendes Öl aufzufangen, Bereich des Sägetrennschnittes mit einem Lappen abdecken. Außerdem ist während des Sägevorganges eine Schutzbrille zu tragen.

- Schrauben am Scharnier mit einem 12kant Ringschlüssel, Schlüsselweite 8 mm, herausdrehen und Heckklappe abnehmen. Dazu ist ein Helfer erforderlich. Vor dem Lösen der Scharnierschrauben Stoff als Lackschutz zwischen Haube und Karosserie legen.

Einbau

- Heckklappe ansetzen, Schrauben reindrehen, Haube ausrichten und Schrauben mit **20 Nm** festziehen.
- Gasdruckfeder am Kugelzapfen aufschieben, der Sicherungsbügel muß einrasten.
- Heckklappe einstellen.
- Schloßteil mit **20 Nm** anschrauben.
- Zuleitungsschlauch der Scheibenwaschdüse aufstecken.
- Elektrische Steckverbindung am Scheibenwischermotor aufstecken.
- Heckklappenverkleidung einbauen.

Heckklappe einstellen

- Schrauben am Schloßteil lösen, nicht abschrauben.
- Scharnierschrauben lösen und Klappe in Längs- und Querrichtung verschieben, bis die Klappe gleichmäßig und parallel zum Karosserieausschnitt steht.
- Schloßteil mit **20 Nm** anschrauben.

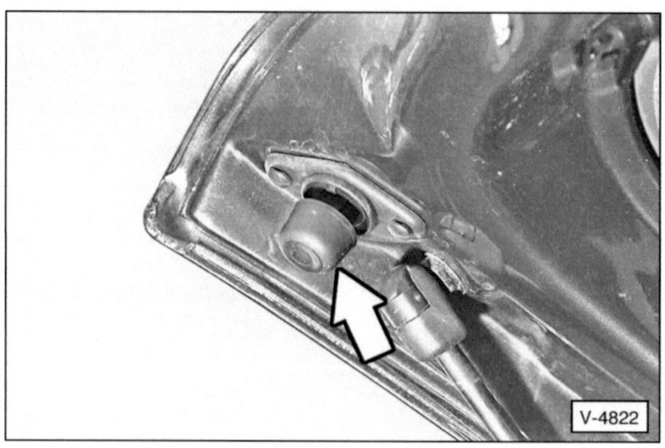

- Soll die Klappe in der Höhe verstellt werden: 2 Einstellpuffer entsprechend weit wie folgt verstellen.

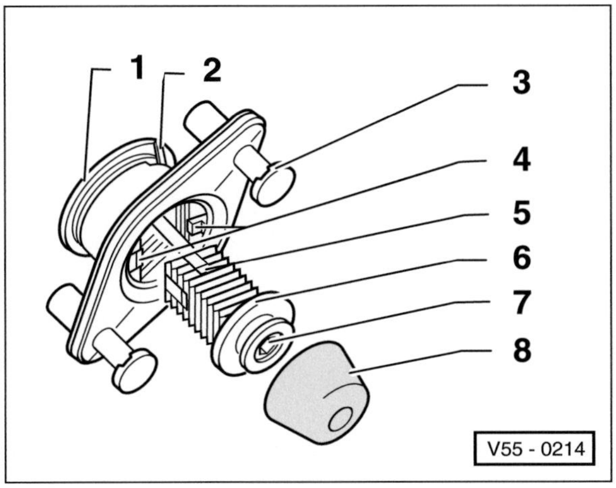

1 – Gewindehülse (mit Linksgewinde)
2 – Distanzsteg
3 – Spreizstifte mit Demontageschlitz
4 – Rastnasen für Grundeinstellung
5 – Vertiefung für Rastnasen
6 – Rastschieber
7 – Klemmschraube
8 – Gummipuffer

- Spreizstift im Demontageschlitz mit schmalem Schraubendreher heraushebeln und Einstellpuffer aus der Klappe herausnehmen.
- Gummipuffer abnehmen und Klemmschraube (Innensechskant 3 mm) bis zum Rand des Rastschiebers herausdrehen.

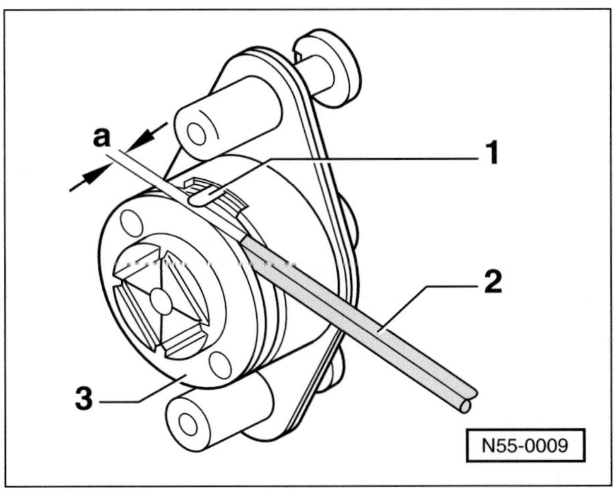

- Gewindehülse –3– (Linksgewinde) auf a = 3 mm Abstand einstellen. Abstand z. B. mit Innensechskantschlüssel –2– prüfen. Gummipuffer wieder montieren.

Achtung: Im Neuzustand ist der Einstellpuffer bereits auf 3 mm Abstand eingestellt. Der Distanzsteg –1– liegt dann an der Gewindehülse –3– an.

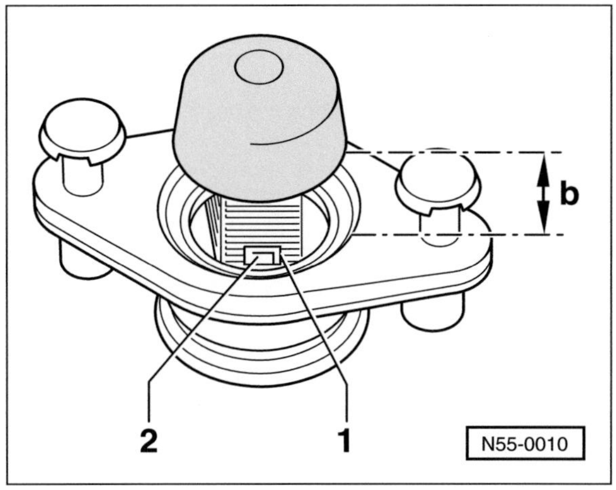

- Rastschieber herausziehen und wieder soweit eindrücken, bis die Rastnasen –2– in der Vertiefung –1– einrasten. Der Abstand zwischen Gehäuse und Gummipuffer beträgt dann b = 10 mm.
- Einstellpuffer einsetzen, Spreizstifte eindrücken.
- Klappe in die zweite Raststufe des Schlosses drücken.
- Heckklappe wieder öffnen.

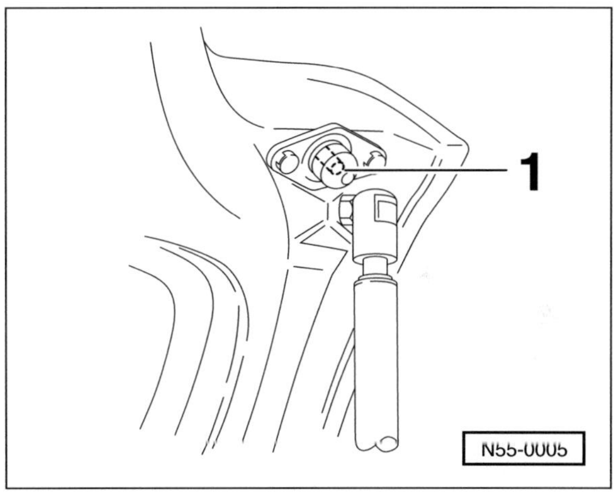

- Klemmschraube –1– ganz leicht mit 2 Nm, **also kaum merklich,** anziehen. Zum Einhalten des Anzugsdrehmoments verwendet die Werkstatt einen Drehmoment-Schraubendreher.

Flügeltüren hinten

Montageübersicht CADDY

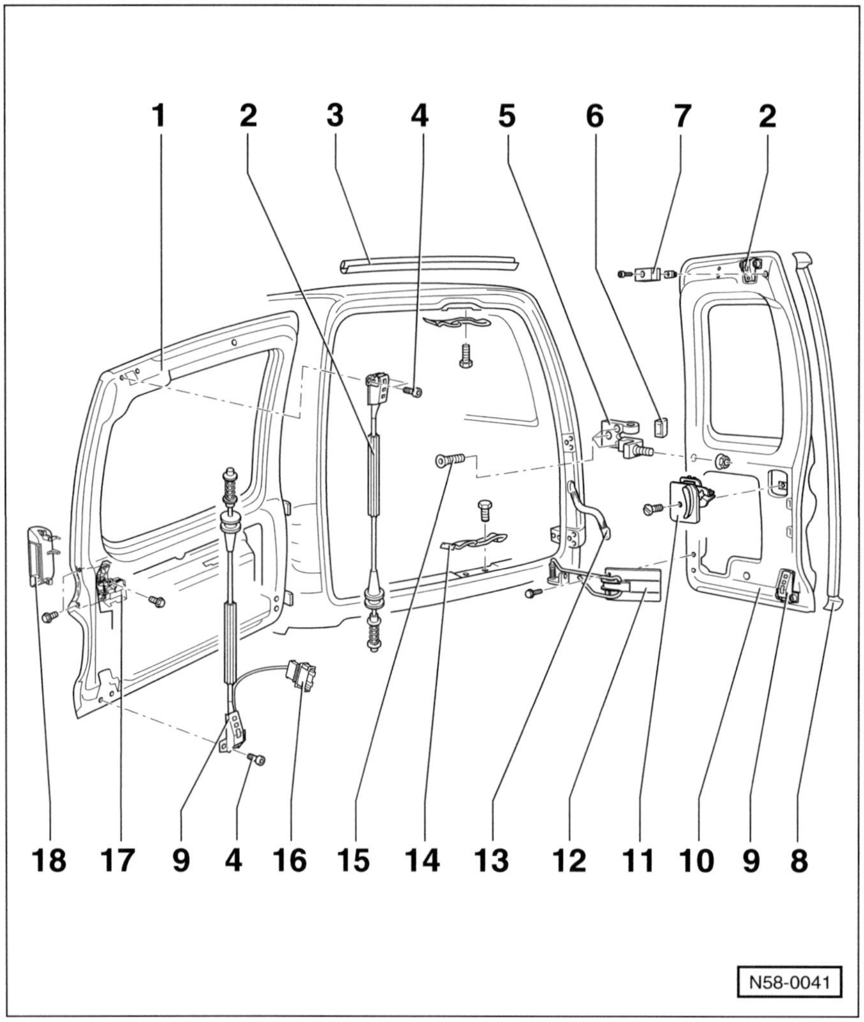

1 – **Flügeltür hinten links**

2 – **Türschloß oben**
Ausbau:
- ◆ Türverkleidung ausbauen.
- ◆ Seilzug an Türschloßbetätigung –17– beziehungsweise –11– für rechte Tür aushängen.
- ◆ Schrauben –4– herausdrehen und Schloß mit Seilzug aus der Tür ziehen.

3 – **Dichtung**
Mit doppelseitigem Klebeband ankleben.

4 – **Schraube**

5 – **Türscharnier**

6 – **Anschlagpuffer**
Am Türscharnier aufgeclipst.

7 – **Anschlagpuffer**

8 – **Dichtung**

9 – **Türschloß unten**
Ausbau. Sinngemäß wie bei –2–.

10 – **Flügeltür hinten rechts**

11 – **Türschloßbetätigung**

12 – **Türfeststeller**

13 – **Gummitülle**
Für Leitungen.

14 – **Schließbügel**
Einstellen durch Verschieben in den Langlöchern.

15 – **Schraube**

16 – **Steckverbindung**

17 – **Türschloß**

18 – **Türgriff**
Ausbau:
- ◆ Schrauben herausdrehen.
- ◆ Türgriff abnehmen.

Türschloß hinten

Montageübersicht CADDY

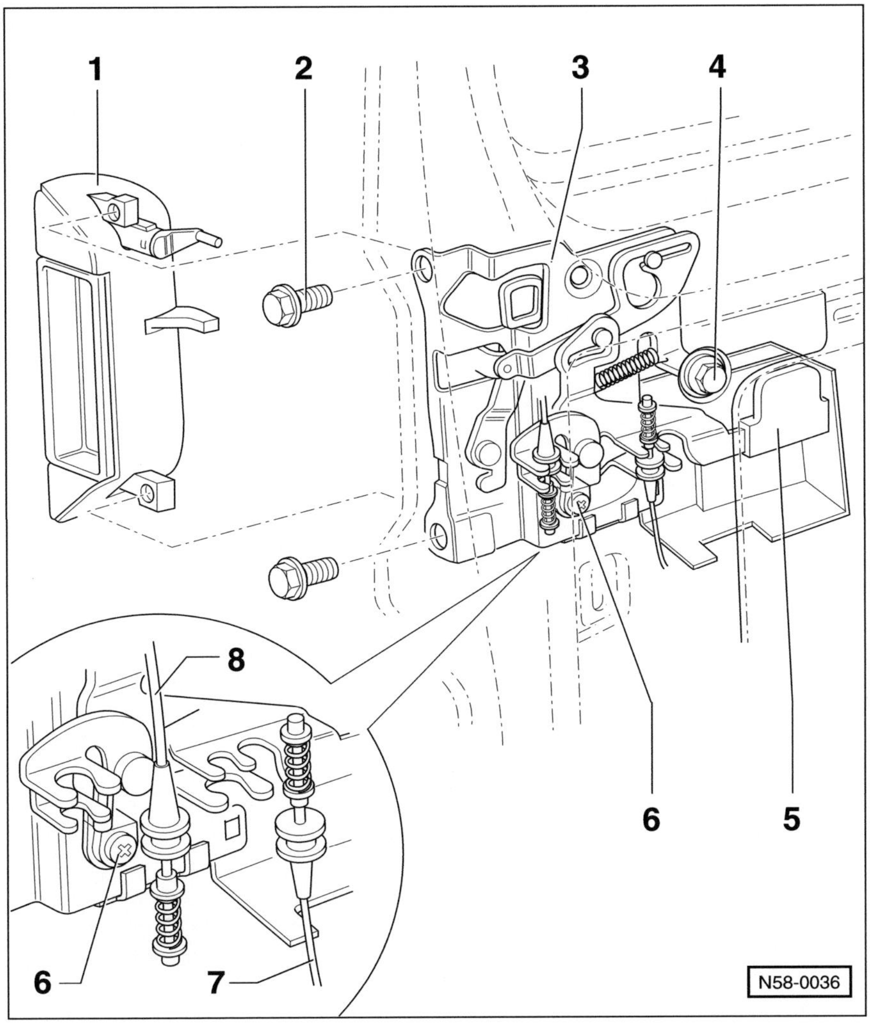

1 – Türgriff

Ausbau:

- ◆ Schrauben –2– herausdrehen.
- ◆ Türgriff abnehmen.

2 – Schraube, 10 Nm

3 – Türschloß

Ausbau:

- ◆ Türverkleidung ausbauen.
- ◆ Rechte Kennzeichenleuchte ausbauen.
- ◆ Seilzüge –7– und –8– aushängen.
- ◆ Türgriff –1– ausbauen.
- ◆ Schraube –4– herausdrehen und Türgriff abnehmen.

4 – Schraube

5 – Innenbetätigung, 10 Nm

6 – Schraube

Für Einstellung der Seilzüge.

7 – Seilzug

Für Türschloß unten.

8 – Seilzug

Für Türschloß oben.

Heckklappenschloß

Montageübersicht POLO

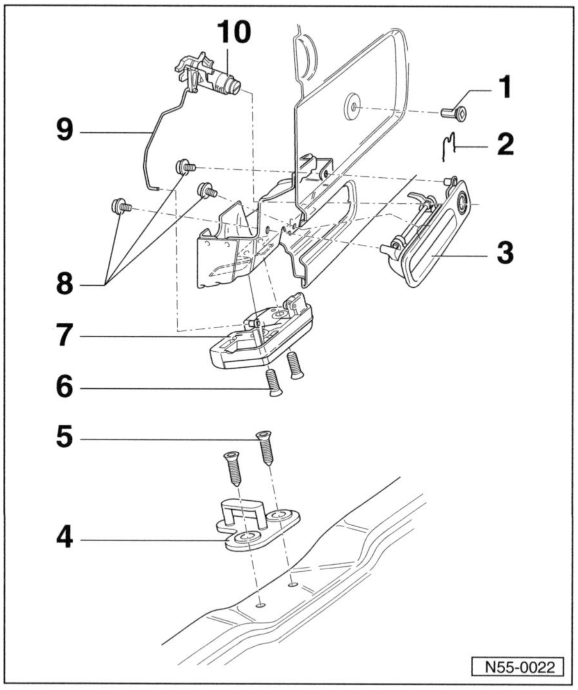

1 – **Blindnietmutter**

2 – **Sicherungsklammer**

3 – **Griff**

Ausbau: Heckklappenverkleidung ausbauen. Zugstange –9– ausclipsen, Klammer –2– abhebeln und Schließzylindergehäuse aus dem Griff –3– herausnehmen. Steckverbindung für Kofferraumbeleuchtung trennen und Betätigungsstange für Zentralverriegelung ausclipsen. Torxschrauben –8– herausdrehen und Griff aus der Klappe herausnehmen.

4 – **Schließblech**

5 – **Linsensenkschraube, 20 Nm**

6 – **Linsensenkschraube, 20 Nm**

7 – **Klappenschloß**

Einbau: Nur in geschlossenem Zustand, Drehfalle von Hand einrasten.

8 – **Torxschraube T45**

9 – **Zugstange**

10 – **Schließzylindergehäuse**

Ausbau: Verkleidung für Klappe ausclipsen. Der Handgriff ist mit einer Kreuzschlitzschraube befestigt. Zugstange –9– ausclipsen, Sicherungsklammer –2– heraushebeln und Schließzylindergehäuse aus dem Griff –3– herausnehmen.

Heckklappenschloß

Montageübersicht POLO CLASSIC/POLO VARIANT

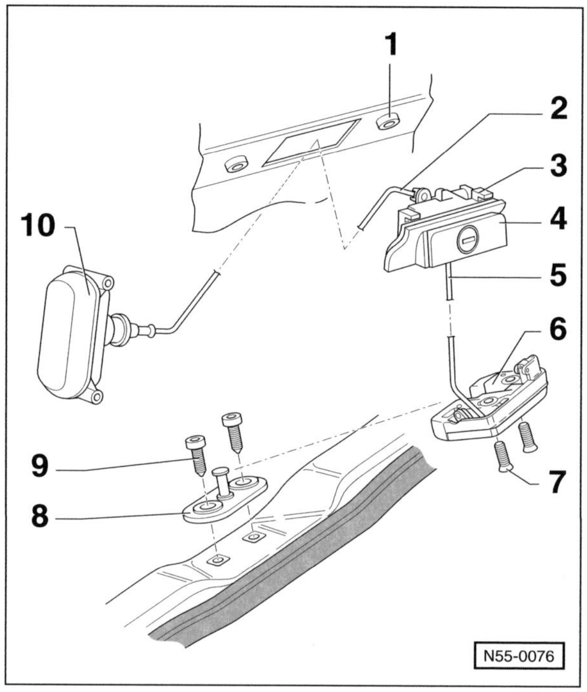

1 – **Blindnietmutter**

2 – **Verbindungsstange**

Für Stellelement –10–.

3 – **Rastnase**

4 – **Drucktaste**

Ausbau: Griffleiste ausbauen. Heckklapenverkleidung ausbauen. Zugstange –5– und Verbindungsstange –2– ausclipsen. Rastnase –3– eindrücken und Drucktaste nach außen drücken. Einbau in umgekehrter Reihenfolge.

5 – **Zugstange**

6 – **Schloß**

7 – **Schraube, 20 Nm**

8 – **Schließblech**

9 – **Schraube, 20 Nm**

10 – **Stellelement, Klappe hinten**

Tankklappeneinheit

Montageübersicht CADDY

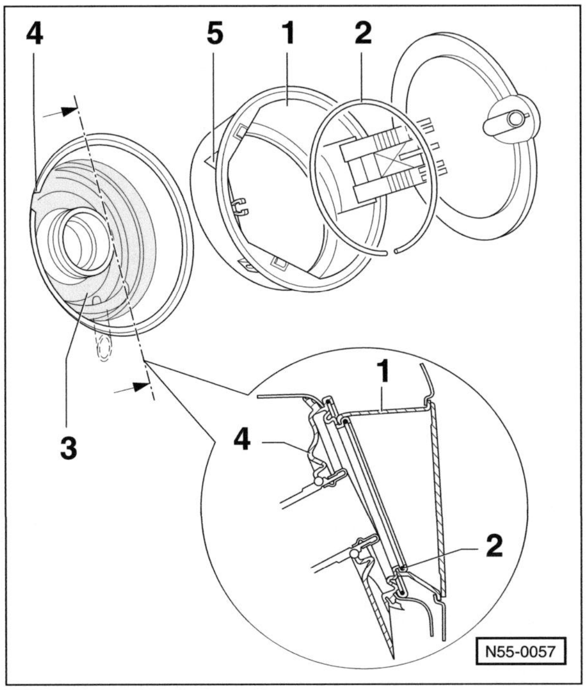

1 – Tankklappeneinheit

2 – Ring

Verbindet Gummitopf -3- und Tankklappeneinheit -1-.

3 – Gummitopf

4 – Aussparung

5 – Markierung

Muß mit Aussparung im Karosserieausschnitt übereinstimmen.

Dachleiste aus- und einbauen

Es sind auf jeder Seite 2 Dachleisten vorhanden, die nebeneinander verlaufen.

Ausbau der Leiste an der Dachseite

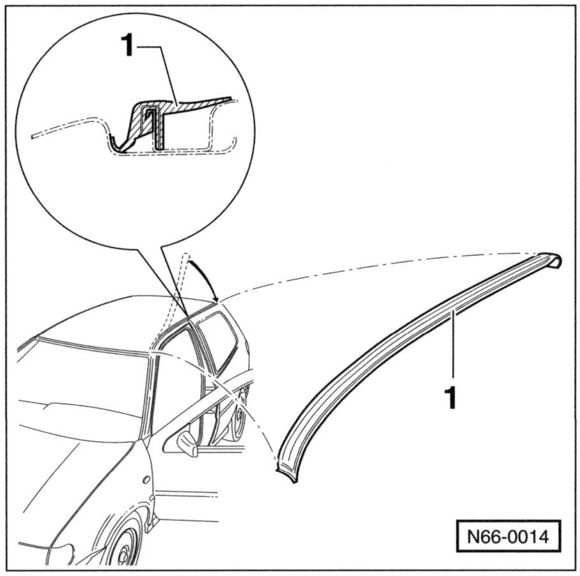

- Dachleiste –1– von dem Dachflansch abziehen.

Einbau

- Dachleistenvorderkante zur Dachkante ausrichten. Damit fester Sitz gewährleistet ist, muß die Dachleiste bündig an der Dachkante anliegen.
- Dachleiste von vorn nach hinten auf Dachflansch aufdrücken.

Ausbau der Leiste an der Türseite

- Zuerst Leiste an Dachseite ausbauen.

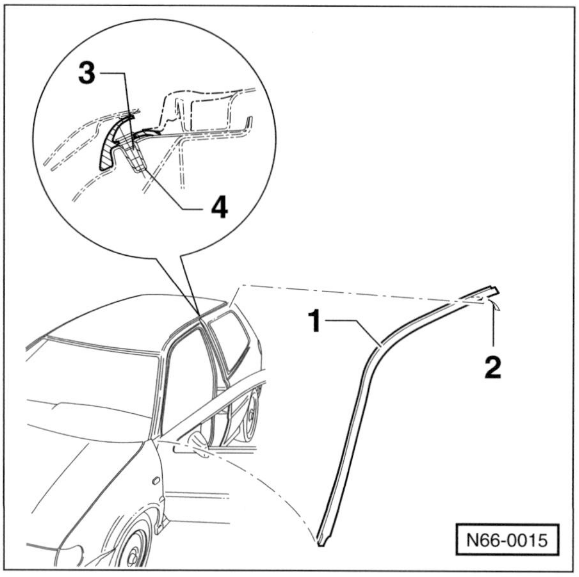

- Befestigungsclip –3– herausziehen.
- Leiste –1– mit Heißluftfön erwärmen und abziehen.

Einbau

- Außenblech mit Benzin reinigen, mit Silikonentferner nochmals abwischen und mit sauberem Tuch trockenreiben.
- Leiste mit Clip –3– erst fixieren und dann vom Clip zum Kotflügel hin, Stück für Stück in Abschnitten von 25 cm verkleben. Die Umgebungstemperatur soll etwa +20°C betragen.
- Gesamte Leiste nochmals kräftig andrücken.
- Leiste an Dachseite einbauen.

Seitenschutzleiste aus- und einbauen

Die Seitenschutzleisten sind selbstklebend. Nach Entfernen einer Leiste muß diese erneuert werden.

Ausbau

- Damit sich der Kleber leichter löst, Leiste mit Heißluftfön auf etwa +40° C erwärmen. Leiste abziehen.

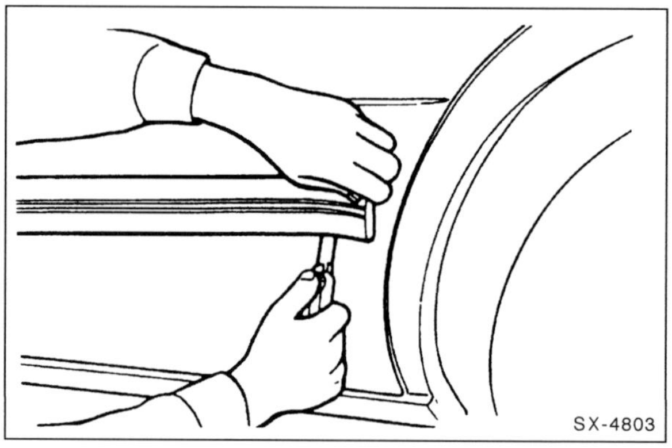

- Zur Erleichterung des Abziehens kann die Klebeverbindung zwischen Leiste und Karosserie auch mit einer dünnen Nylonschnur (Drachenschnur 0,8 mm ∅) gelöst werden. Zur Erleichterung die Schnur an beiden Enden um Holzstücke wickeln.

Einbau

- Klebestelle an der Karosserie mit Benzin reinigen, anschließend mit Silikonentferner nachwischen.
- Schutzfolie von neuer Leiste abziehen und Schutzleiste kräftig andrücken. Die Umgebungstemperatur soll etwa +20°C betragen.

Tür aus- und einbauen/einstellen

Ausbau

- Mehrfachstecker an der Türvorderseite trennen. Dazu Kunststoffmutter nach links drehen, siehe Abbildung. Zum Verdrehen kann ein handelsüblicher Hakenschlüssel oder eine Rohrzange (Lappen zwischenlegen) verwendet werden.

- Hintere Tür: Bei Zentralverriegelung den Faltenbalg –1– ausknöpfen und Leitungsverbindung für Unterdruckleitung mit 7mm-Gabelschlüssel auseinanderdrücken.

- Sicherungsmutter –3– abschrauben und Bolzen –4– herausziehen.
- Abdeckkappe –2– mit Schraubendreher abhebeln. Darunterliegende Madenschraube aus dem oberen und unteren Scharnier herausdrehen und Tür nach oben aus den Scharnierwinkeln herausheben.

Einbau

- Tür in die Scharniere einsetzen und Madenschrauben mit **25 Nm** festziehen. Ein Einstellen der Tür ist nur bei Ersatz notwendig, oder wenn das Scharnier gelöst wurde.
- Türbremse anschrauben, Sicherungsmutter mit **7 Nm**, also nicht zu fest, anschrauben.
- Türstecker zusammenfügen. Dabei muß der Pfeil am Türstecker mit der Markierung am Karosseriestecker übereinstimmen. Stecker zusammenfügen, dazu Kunststoffmutter nach rechts drehen.

Tür einstellen:

Die Tür muß eingestellt werden, wenn die Tür nicht korrekt in der Karosserie sitzt, beziehungsweise wenn eine neue Tür eingebaut wurde.

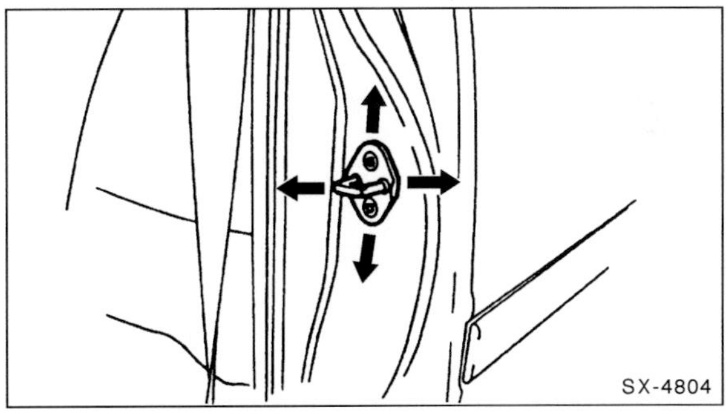

- Tür-Schließkeil so weit lösen, daß er mit etwas Kraftaufwand verschoben werden kann. Zum Lösen wird ein Schlüssel für Torxschrauben, Größe T 45, benötigt.
- Die Einstellung erfolgt durch Lösen der Scharnierschrauben und Verschieben der Tür. Die Scharniere haben größere Bohrungen als der Durchmesser der Befestigungsschrauben, das Scharnier kann also verschoben werden.
- Tür ausbauen.
- Scharnierschrauben an der Karosserie (A- beziehungsweise B-Säule) nur soweit lösen, daß die Scharniere bei eingesetzter Tür verschoben werden können.
- Tür einhängen, Madenschrauben festziehen und Fugenmaß durch Verschieben der Tür einstellen.
- Tür vorsichtig öffnen, Madenschrauben lösen und Tür wieder aushängen.
- Scharnierschrauben mit **35 Nm** festziehen.
- Im hinteren Bereich der Tür ist die Einstellung am Schließkeil vorzunehmen. Dazu Schließkeil so weit lösen, daß er mit etwas Kraftaufwand verschoben werden kann. Tür schließen und ausrichten. Die Tür darf sich beim Schließen nicht heben oder senken. Anschließend Tür vorsichtig öffnen und Schließkeil mit den beiden Schrauben und **20 Nm** festziehen. Um das Verschieben besser kontrollieren zu können, Schließkeil mit Filzstift umranden.

Türverkleidung aus- und einbauen

Bis 9/99

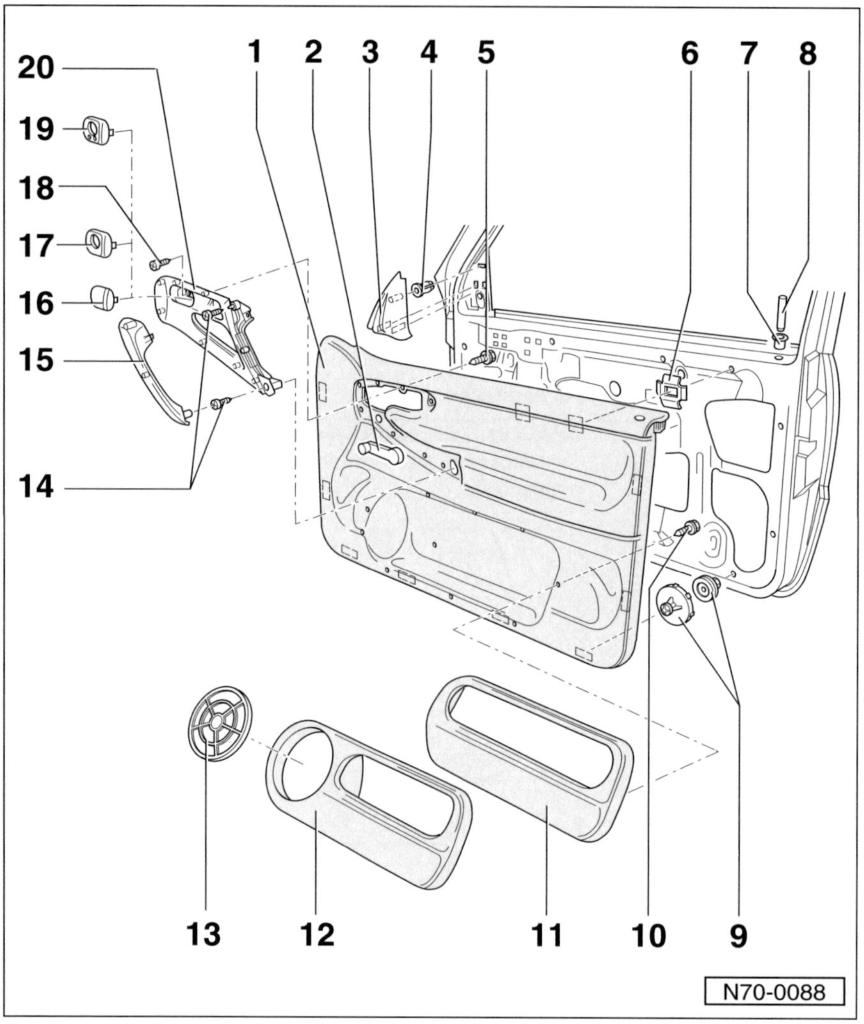

1 – **Verkleidung**

2 – **Fensterkurbel**

3 – **Abdeckung**
Vom Türrahmen abziehen (geclipst).

4 – **Spreizclip**

5 – **Schraube (7 Stück)**

6 – **Clip**

7 – **Rosette**

8 – **Verriegelungsknopf**
Von Sicherungsstange abdrehen.

9 – **Befestigungsclip (7 Stück)**

10 – **Schraube**

11 – **Türablage**
Zum Ausbau vorher Türverkleidung abbauen.

12 – **Türablage, mit Lautsprecher**
Zum Ausbau vorher Türverkleidung abbauen.

13 – **Abdeckung**
In Ablage eingeclipst.

14 – **Schraube**

15 – **Abdeckung**
In Verkleidung eingeclipst.

16 – **Blende**
In Verkleidung eingeclipst.

17 – **Blende für mechanische Spiegelverstellung**
In Verkleidung eingeclipst.

18 – **Schraube**

19 – **Blende für elektrische Spiegelverstellung**

20 – **Zuziehgriff (Grundkörper)**

Ausbau

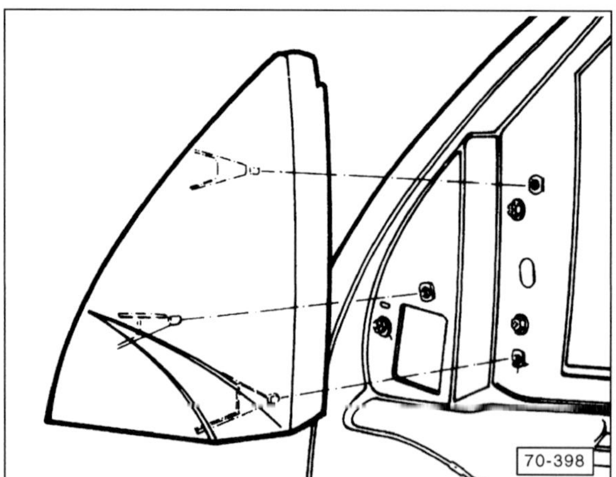

- Dreieckblende im rechten Winkel vom Türrahmen abziehen.

- Verriegelungsknopf –8– abschrauben, siehe große Abbildung.

- Haltegriff-Abdeckung mit breitem Schraubendreher oder Messer vorsichtig von unten abheben.

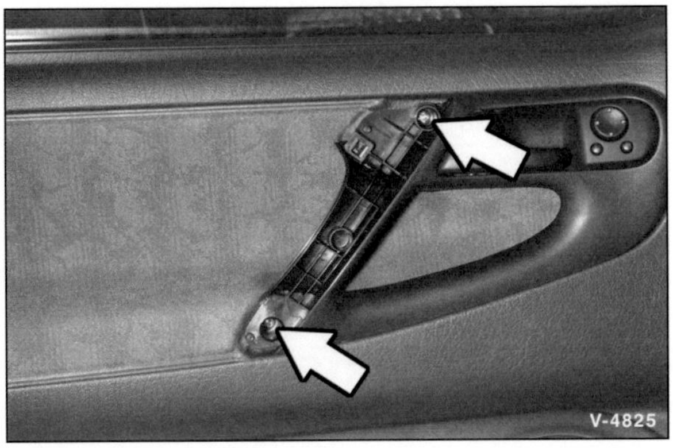

- 2 Schrauben herausdrehen.
- Mechanische Spiegelverstellung: Blende –17– durch kräftiges Ziehen abclipsen und Schraube –18– abschrauben.

- Falls ein elektrisch verstellbarer Spiegel eingebaut ist, Blende durch kräftiges Ziehen abclipsen und Kabelstecker am Schalter abziehen.

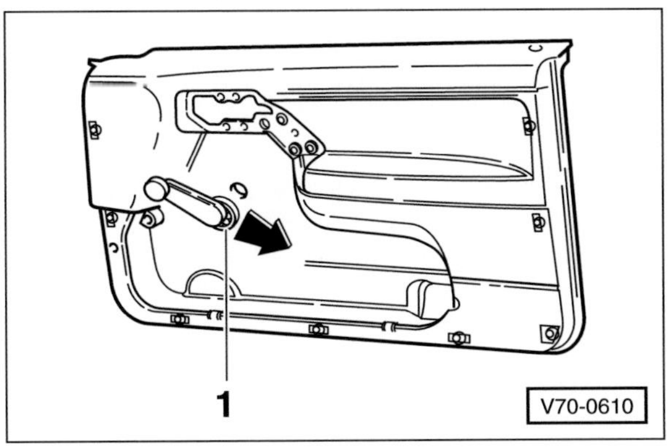

- An der Fensterkurbel den Abstandsring –1– in Pfeilrichtung schieben, dadurch wird die Sicherungsklammer entriegelt. Gleichzeitig Fensterkurbel vom Antrieb abziehen.
- Türverkleidung an der Unterseite mit einem breiten Kunststoff- oder Holzkeil vom Türrahmen abhebeln. Dabei rasten die Befestigungsclips aus den Aufnahmen aus. Verkleidung abnehmen.
- Gegebenenfalls Türablage ausbauen, dazu Lautsprecherblende ausclipsen, Schrauben herausdrehen und Türablage abheben.

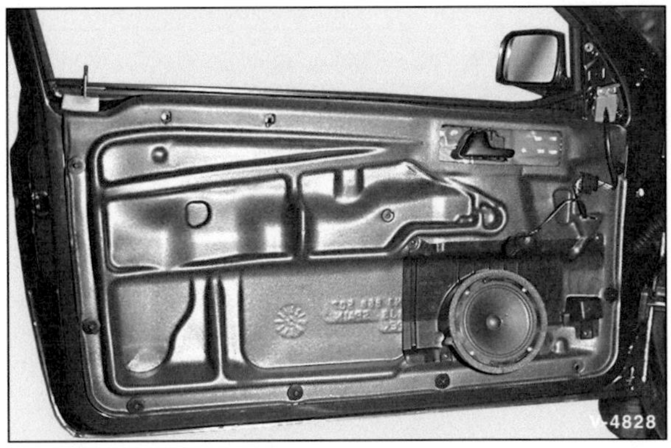

- Falls erforderlich, Dämpfungsfolie abziehen.

Einbau

- Dämpfungsfolie sorgfältig und faltenfrei von unten nach oben auf den Türrahmen kleben. Dämpfungsfolien haben die Aufgabe, den Fahrzeuginnenraum gegen Zugluft, Geräusche und Wassereintritt abzudichten. Umlaufende Dichtschnur ausbessern, eingerissene Folie mit Klebeband abdichten.
- Befestigungsclipse für Türverkleidung überprüfen. Beschädigte und verbogene Clips ersetzen.
- Falls ausgebaut, Türablage an der Türverkleidung anschrauben.
- Türverkleidung einsetzen und im Bereich der Clipse mit dem Handballen andrücken. Vorher gegebenenfalls Kabel für Spiegelbetätigung durchführen.
- Türinnengriff oben und unten anschrauben.
- Blende auf Türinnengriff aufdrücken und mit dem Handballen aufschlagen.
- Falls vorhanden, Mehrfachstecker für elektrische Spiegelverstellung aufschieben.
- Blende und Spiegelverstellknopf aufdrücken.
- Verriegelungsknopf einschrauben.

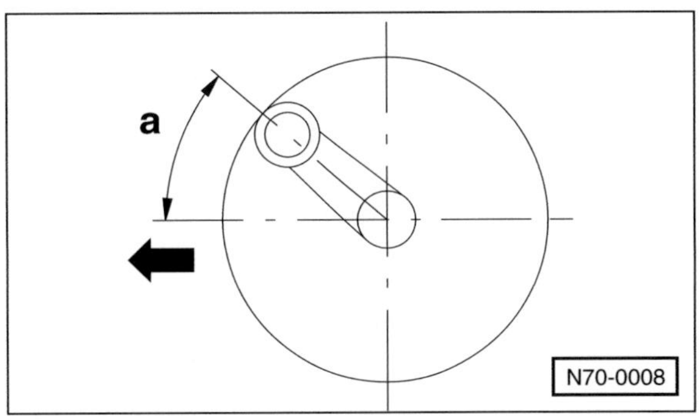

- Fensterkurbel so auf die Kurbelachse aufschieben, daß die Kurbel bei geschlossenem Fenster in einem Winkel von a = 45° ± 12° nach vorn oben zeigt. Vorher Kunststoffring einsetzen.
- Dreieckblende an den Befestigungspunkten einclipsen.

Türverkleidung aus- und einbauen

Seit 10/99

Ausbau

- Batterie-Massekabel (–) bei ausgeschalteter Zündung abklemmen. **Achtung:** Dadurch werden elektronische Speicher gelöscht, wie zum Beispiel bei bestimmten Radios der Radiocode. Ohne Code kann das Radio nicht mehr in Betrieb genommen werden. Deshalb Hinweise im Kapitel »Batterie aus- und einbauen« durchlesen.
- Fensterkurbel ausbauen. Dazu die 4 Rastnasen außen an der Blende lösen. Blende im Bereich der Kurbelachse etwas anheben und nach oben oder unten drehen. Fensterkurbel von der Kurbelachse abschrauben und abziehen.

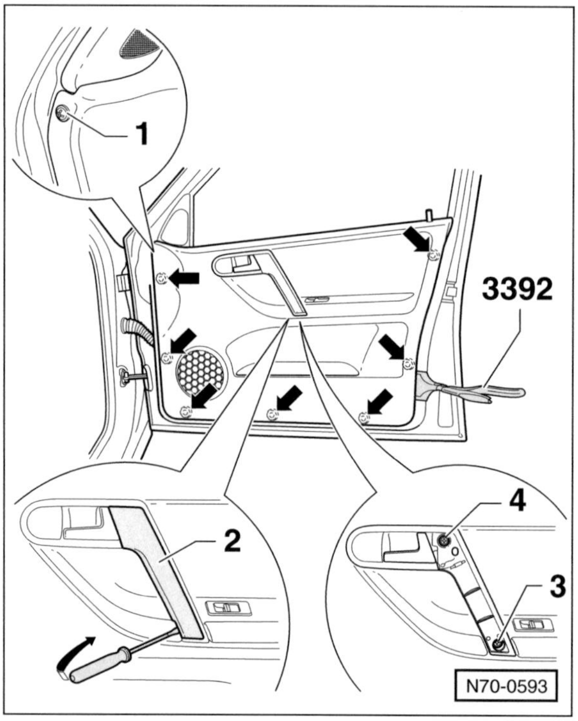

- Schraube –1– herausdrehen.
- Blende –2– heraushebeln. Dazu flachem Schraubendreher in die Öffnung am Haltegriff einsetzen und in –Pfeilrichtung– schwenken.
- Schrauben –3– und –4– herausdrehen.
- Türverkleidung im Bereich der Clips –Pfeile– mit den Fingern vom Türrahmen abziehen. Zur Erleichterung kann die Zange VW-3392 oder HAZET 799/4 verwendet werden.
- Steckverbindungen für Fensterheber, Zentralverriegelung und Spiegelverstellung trennen.

Einbau

- Vor dem Einbau alle Clips auf Beschädigungen prüfen, gegebenenfalls ersetzen.
- Der Einbau erfolgt sinngemäß in umgekehrter Ausbaureihenfolge.
- Beim Einbau der Fensterkurbel Einbaulage beachten, siehe Seite 191.
- Batterie-Massekabel (–) anklemmen. **Achtung:** Zeituhr stellen und gegebenenfalls Radiocode eingeben sowie Hoch-/Tieflaufautomatik für elektrische Fensterheber aktivieren , siehe Kapitel »Batterie aus- und einbauen«.

Türfensterscheibe vorn aus- und einbauen

Ausbau

- Türinnenverkleidung ausbauen.

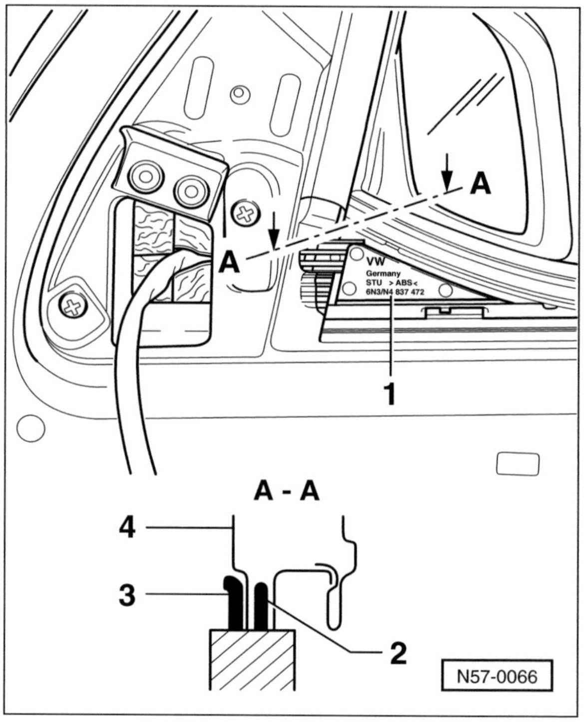

- Fensterabdichtung –1– innen von hinten beginnend vom Flansch abziehen. Beim Wiedereinbau beachten, daß die Führungen –2– und –3– das Türinnenblech –4– umgreifen.

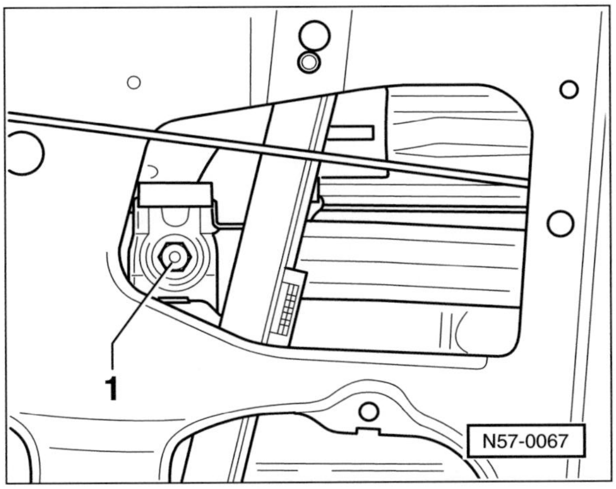

- Fensterscheibe herunterkurbeln. Muttern –1– lösen und Klemmbacken auseinanderdrücken.
- Scheibe nach vorn neigen und aus dem Fensterschacht herausheben.

Einbau

- Fensterscheibe in die Tür einführen.
- Scheibe am Fensterheber anschrauben, Schrauben **nicht** festziehen.
- Fenster einstellen.
- Fensterabdichtung innen am Flansch aufdrücken.
- Türinnenverkleidung einbauen.

Türfensterscheibe vorn einstellen

- Türverkleidung ausbauen.

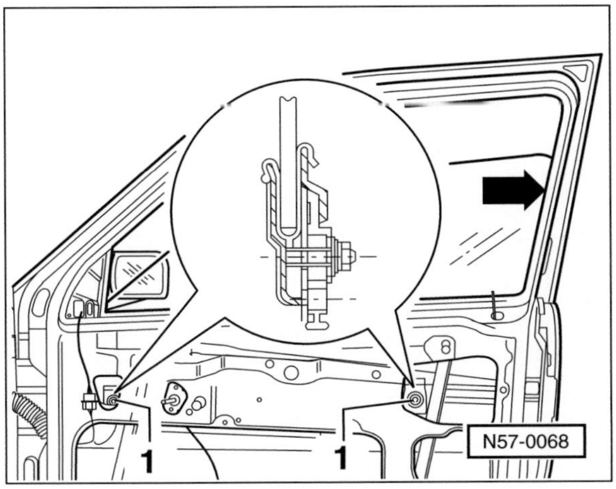

- Fensterscheibe so weit hochkurbeln, bis die Muttern –1– in den Montagebohrungen sichtbar sind.
- Muttern etwas lösen, Fensterscheibe in die Fensterführung drücken –Pfeil– und Klemmbacken mit den Muttern –1– mit **10 Nm**, also nur leicht, festziehen.
- Türverkleidung einbauen.

Fensterheber vorn aus- und einbauen

Manuelle oder elektrische Betätigung

Ausbau

- Türfensterscheibe ausbauen.

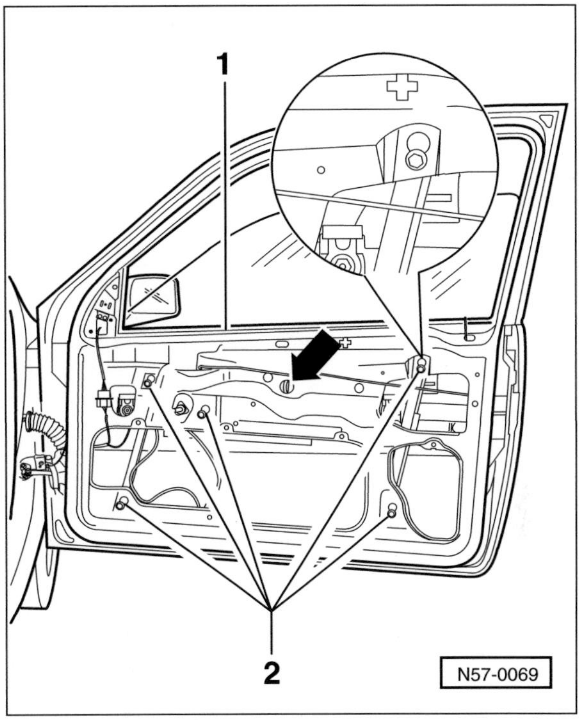

- Clip –Pfeil– für Bowdenzüge ausclipsen.
- Sechskantschrauben –2– lösen.
- Fensterheber etwas anheben, damit die Sechskantschrauben –2– durch die Montagelöcher gezogen werden können.
- Fensterheber nach unten aus der Tür herausnehmen. Bei elektrischen Fensterhebern: Kabelstecker abziehen.

Einbau

- Fensterheber einsetzen, Schrauben –2– einsetzen und mit **10 Nm**, also nicht zu fest, anschrauben.
- Bowdenzug im Clip verlegen.
- Wo vorhanden, Kabelstecker aufstecken.
- Türfensterscheibe einbauen.
- Türinnenverkleidung einbauen.

Fensterheber hinten aus- und einbauen

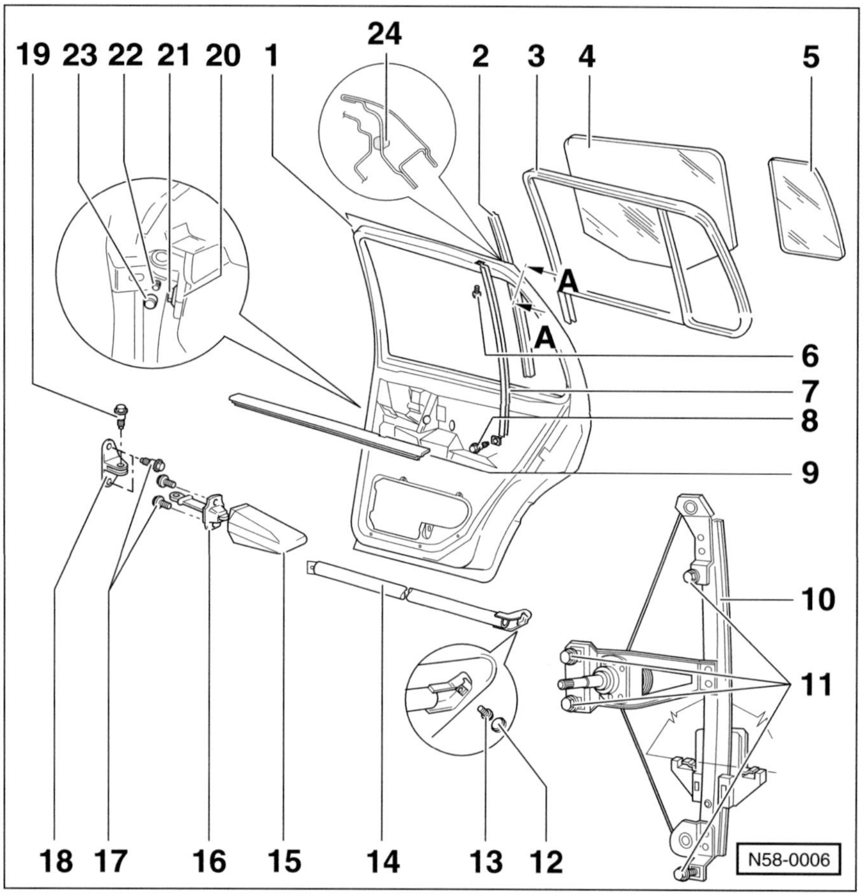

1 – **Tür**

2 – **Fensterführung, Steg**
Im Mittelsteg eingeknöpft.

3 – **Fensterführung**
Im Fensterrahmen eingeknöpft.

4 – **Türfensterscheibe**

5 – **Dreieckfenster**

6 – **Kreuzschlitzschraube**

7 – **Mittelsteg**

8 – **Sechskantschraube, 6 Nm**

9 – **Fensterschachtabdichtung**
Auf dem Flansch aufgesteckt.

10 – **Fensterheber**

11 – **Sechskantschrauben, 10 Nm**
Werden zum Ausbau des Fensterhebers nur gelöst.

12 – **Abdeckung**

13 – **Sechskantschraube, 25 Nm**

14 – **Aufprallträger**

15 – **Hülle**

16 – **Türfeststeller**

17 – **Sechskantschraube, 8 Nm**

18 – **Haltebock**

19 – **Bolzen, 10 Nm**

20 – **Türscharnier**
An der Tür und der B-Säule angeschraubt. Je nach Ausführung Scharnierbolzen eingesteckt und mit Madenschraube gesichert.

21 – **Torxschraube T 45, 35 Nm**

22 – **Madenschraube, 25 Nm**
(Nicht alle Modelle).

23 – **Abdeckkappe**

24 – **Puffer**

Ausbau

- Türinnenverkleidung ausbauen.
- Fensterscheibe herunterkurbeln.

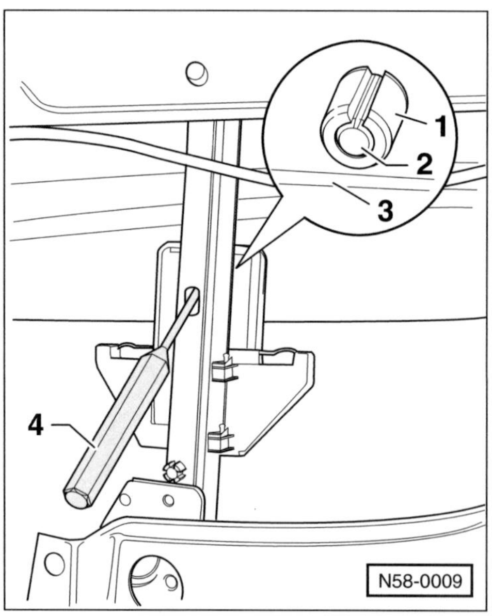

- Spreizstift –2– aus dem Spreizdübel –1– mit einem Dorn, Stärke 3 mm, ausdrücken.
- Spreizdübel –1– mit einem Dorn, Stärke 3 mm, aus der Türfensterscheibe –3– drücken.
- Fensterscheibe nach oben schieben und festklemmen.

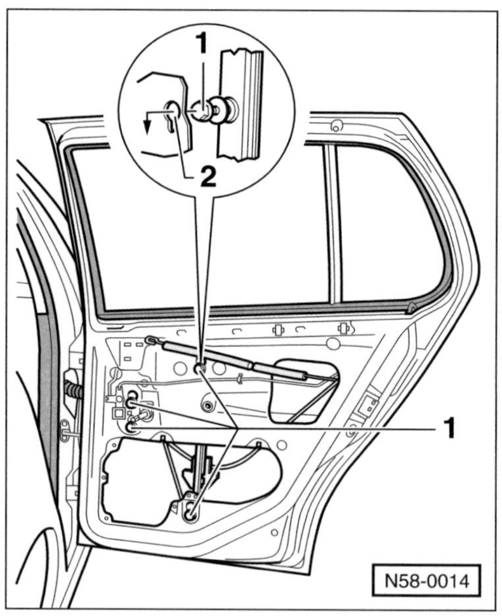

- Schrauben –1– lösen. Fensterheber anheben und Schrauben durch die Öffnungen –2– herausziehen.

Einbau

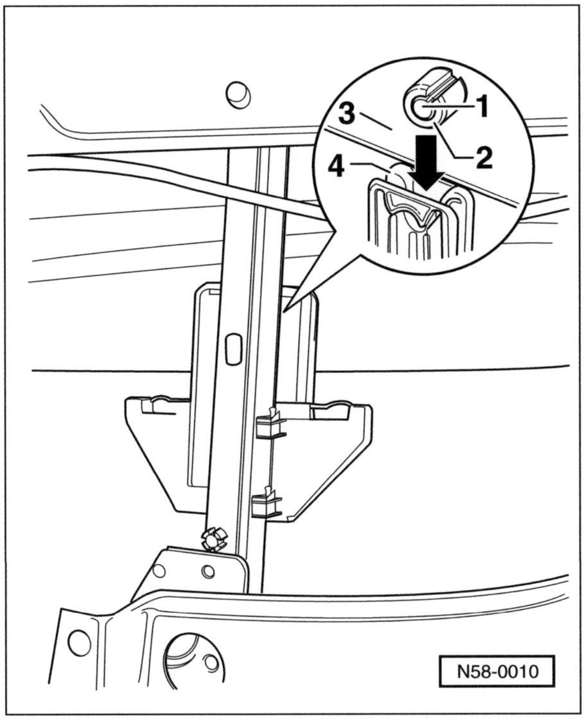

- Spreizdübel –2– und Spreizstift –1– in die Scheibe einsetzen. Überstand auf beiden Seiten ausmitteln.
- Fensterscheibe –3– in den Schlitz der Fensterheberführung –4– einsetzen. Mit einem leichten Schlag von oben auf die Scheibe den Zapfen im Fensterheber –Pfeil– einrasten.
- Türinnenverkleidung einbauen.

Türgriff aus- und einbauen

Ausbau

- Tür öffnen.
- An der hinteren Stirnseite die Torxschraube –2– (in Höhe des Türgriffs) herausschrauben, siehe folgende Abbildung.
- Türgriff nach vorn, also in Fahrtrichtung, schieben.

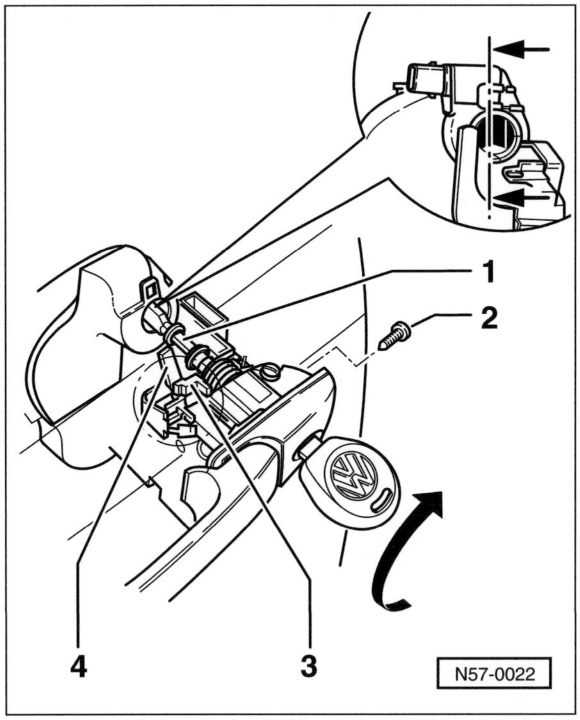

- Nur bei der Fahrertür: Schlüssel in das Schloß stecken und um 90° drehen, dabei gibt der Mitnehmer –3– vom Türgriff den Betätigungshebel –4– des Türschlosses frei.
- Türgriff aus der Tür herausschwenken.

Einbau

- Nur Fahrertür bei Fahrzeugen mit Zentralverriegelung: Vor dem Einsetzen des Türgriffs muß der Mitnehmer für die Verbindungsstange –1– in senkrechter Position –Pfeile– stehen, siehe Abbildung N57-0022.

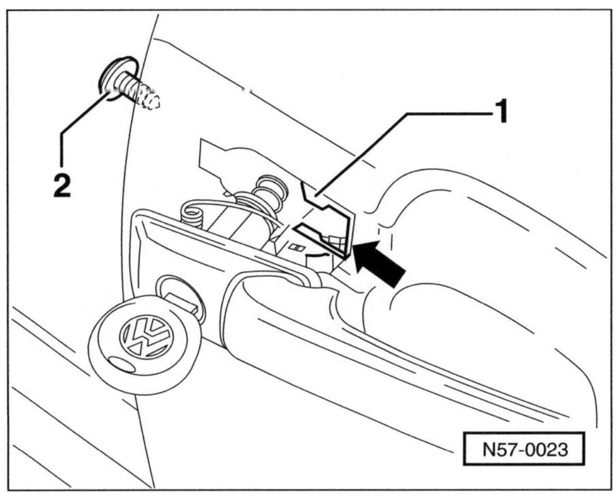

- Klammer –1– auf Beschädigung prüfen und gegebenenfalls ersetzen.
- Türgriff so einschwenken, daß der Türgriff am Türblech ohne Luftspalt –Pfeil– vorbei gleitet.
- Türgriff nach hinten schieben und Torxschraube –2– einschrauben.

Schließzylinder ersetzen/ gangbar machen

Ausbau

- Schlüssel in Schloß stecken.
- Türgriff, beziehungsweise Heckklappenschloß ausbauen.
- Schließzylinder mit eingestecktem Schlüssel vorsichtig herausziehen.

Achtung: Wird der Schlüssel jetzt herausgezogen, fallen die Schließplättchen aus dem Schließzylinder. Gegebenenfalls Schließzylinder mit Tesaband umwickeln, dann kann der Schlüssel gefahrlos herausgezogen werden.

Ersetzen

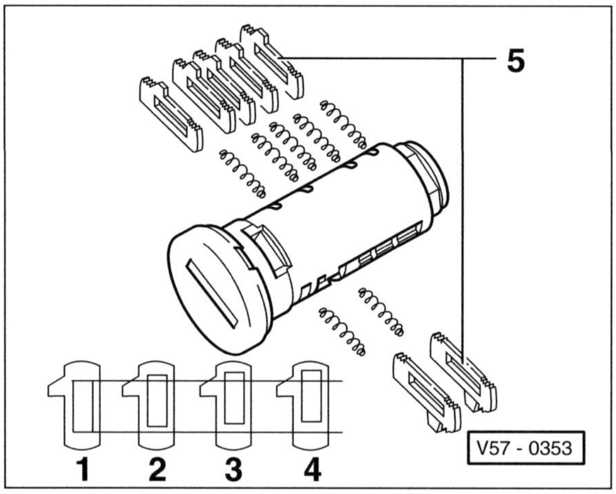

- Anhand der Schlüsselnummer kann die Werkstatt mit einem Schließzylinder-Reparatursatz den zum Fahrzeug passenden Schließzylinder zusammenbauen. Die Schlüsselnummer befindet sich auf einem Kunststoffanhänger, der mit den Fahrzeugschlüsseln mitgeliefert wird. Teilweise steht die Schlüsselnummer auch auf dem Schließzylinder von Fahrer- oder Beifahrertür.

Gangbar machen

Durch Eindringen von Wasser, insbesondere im Winter bei Streusalzeinsatz, können die Schließplättchen korrodieren, so daß sich der Schließzylinder in seinem Gehäuse nicht mehr bewegen läßt.

- Schließzylinder und Gehäuse in Kraftstoff auswaschen und so sämtliches Fett entfernen.
- Schließzylinder mit Korrosionsschutzöl, zum Beispiel »Caramba«, einsprühen und einwirken lassen.
- Beweglichkeit der Schließplatten prüfen. Dazu mit kleinem Schraubendreher Schließplatten eindrücken. Und zwar immer von der Seite, wo sich neben den Schließplatten eine kleine Bohrung für die Schließplattenfeder befindet. Die Schließplatten müssen sich leicht eindrücken lassen und von selbst vollständig zurückfedern.
- Andernfalls Schließplatten ausbauen. Dazu Schließzylinder mit Tesaband umwickeln, auszubauende Schließplatte aussparen.

Achtung: Es empfiehlt sich, die Schließplatten einzeln gangbar zu machen, da bei Verwechslungen der Schlüssel nicht mehr paßt. Die richtige Position der Schließplatten selbst wieder herauszufinden, ist praktisch unmöglich.

- Schlüssel herausziehen.
- Schließplatte in Richtung »Federbohrung« herausdrücken. Darauf achten, daß die Feder nicht verlorengeht.
- Alle Teile sorgfältig in Korrosionsschutzöl reinigen.
- Schließplatte und Feder mit Fett VW-G000400 oder anderem wasserfestem Mehrzweckfett bestreichen und wieder einsetzen.
- Leichtgängigkeit prüfen.
- Schlüssel einschieben, Tesaband abnehmen.
- Schließzylinder einsetzen.
- Türgriff, beziehungsweise Heckklappenschloß einbauen.

Türschloß/Innenbetätigung aus- und einbauen

Ausbau

- Türfensterscheibe schließen.
- Türgriff ausbauen.
- Türverkleidung ausbauen, Dämpfungsfolie im hinteren Bereich vorsichtig abziehen.
- Torxschrauben –2– herausdrehen, siehe Abbildung N57-0070.
- Zugstange der Innenbetätigung am Schloß aushängen.
- Bei Zentralverriegelung: Elektrisches Anschlußkabel und Druckschlauch am Schloß abziehen.

Innenbetätigung ausbauen

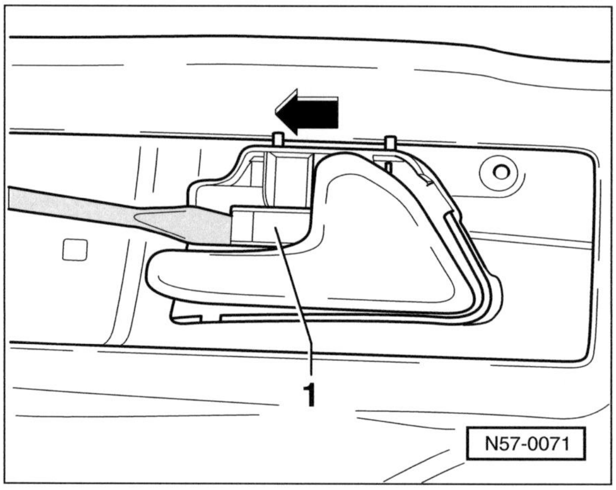

- Mit einem Schraubendreher die Sicherungslasche –1– aus der Bohrung im Türinnenblech herausdrücken.

● Innenbetätigung in Fahrtrichtung verschieben, dabei rastet der Griff aus dem Türblech aus.

Einbau

● Türinnenbetätigung am Türblech einsetzen und nach hinten schieben, bis sie einrastet.

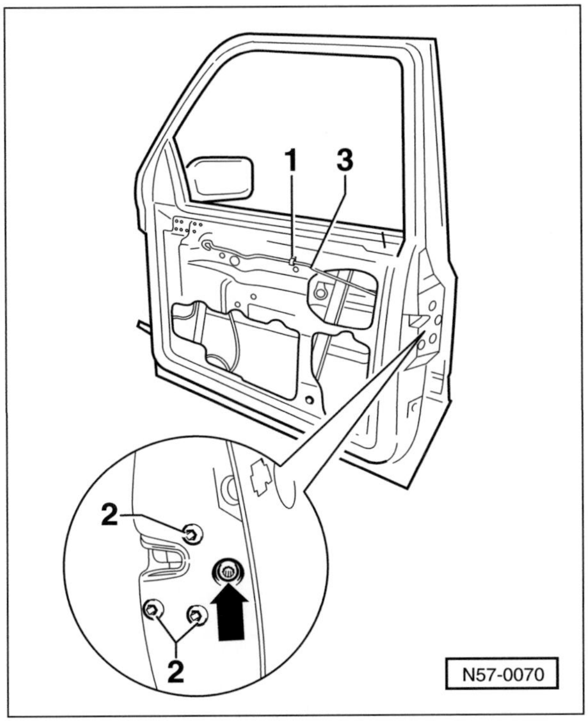

● Einstellschraube –Pfeil– vor dem Einbau des Türschlosses lösen. Dazu wird ein Torxschraubendreher Größe T20 benötigt. **Achtung:** An der linken Tür hat die Schraube Rechtsgewinde, also linksherum lösen. An der rechten Tür hat die Schraube Linksgewinde, also rechtsherum lösen.

● Schloß einsetzen, Sicherungsstange zur Türverriegelung und Stange zum Innengriff einhängen.

● Torxschrauben –2– festziehen.

● Türgriff einbauen, siehe Seite 195.

● Einstellschraube –Pfeil– mit **3 Nm**, also nur ganz leicht, festziehen. Dadurch wird das Schloß eingestellt. Links- und Rechtsgewinde je nach Fahrzeugseite beachten.

● Türverkleidung einbauen.

Die Zentralverriegelung

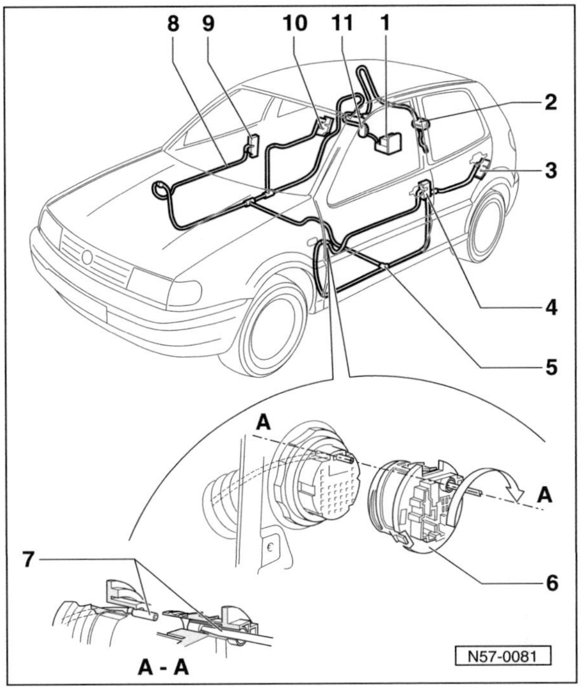

1 – Bi-Druckpumpe

2 - 4, 9 - 11 – Stellelemente an Schlössern und Tankklappe

5 – T-Verteilerstücke
Abgedeckt durch Tür-Einstiegleiste.

6 – Steckverbindung Tür/Karosserie

7 – Rohrleitungsverbindung in Steckverbindung

8 – Farbmarkierungen
Rohrleitungen müssen bis zur Farbmarkierung in die Rohrleitungsverbindung geschoben werden.

Die Zentralverriegelung (Zusatzausstattung) besteht aus der elektrischen Druckpumpe, den Druckleitungen und den Schaltelementen für die einzelnen Schlösser. Die Druckpumpe baut zum Öffnen der Schlösser einen Luft-Überdruck und zum Schließen einen Unterdruck auf, der über Schlauchleitungen an die einzelnen Schaltelemente für die Schlösser gelangt.

Die Zentralverriegelung ist nach längerer Standzeit des Fahrzeuges und nach Ersetzen der Bi-Druckpumpe erst nach mehrfacher Betätigung wieder betriebsbereit.

Bei intakter Anlage muß die Verriegelung aller Schlösser nach ca. 2 Sekunden erfolgt sein. Läuft die Bi-Druckpumpe länger als 5 Sekunden, ist die Anlage undicht. Bei undichter Anlage darf die Bi-Druckpumpe max. 30 Sekunden laufen, danach muß die Steuereinheit in der Bi-Druckpumpe die Pumpe abschalten.

Damit die Zentralverriegelung einwandfrei funktionieren kann, muß die Batterie geladen und die Sicherung intakt sein.

- Ist die Anlage undicht, systematisch von der Pumpe her an den T-Stücken die Schläuche abziehen. Pumpe laufen lassen, jeweiligen Anschluß am T-Stück zuhalten und dadurch undichte Seite feststellen. Undichtes Schaltelement oder undichte Rohrleitung ersetzen. Rohrleitungen müssen bis zur Farbmarkierung in die Rohrleitungsverbindungen geschoben werden. Zum leichteren Aufschieben, Anschlußstücke vorher mit Seifenlösung einstreichen.

Tankklappe notentriegeln/ Stellelement aus- und einbauen

Die Türschlösser können bei Ausfall der Zentralverriegelung weiterhin mit dem Fahrzeugschlüssel betätigt werden. Lediglich die Tankklappe muß dann folgendermaßen geöffnet werden:

- Bi-Druckpumpe rechts hinter Kofferraumverkleidung ausbauen.

Entriegeln

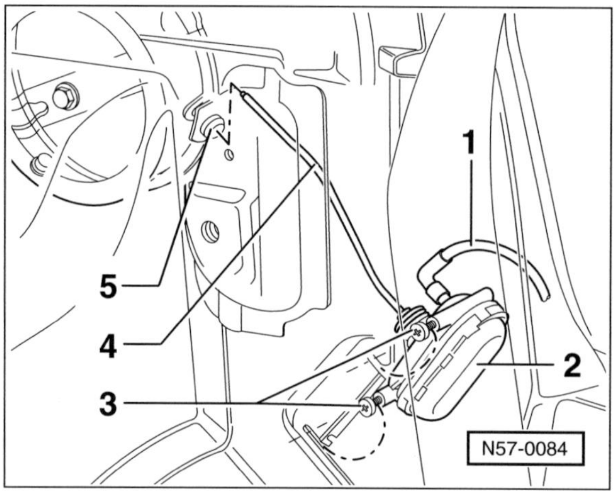

- Verriegelungsstange –4– in Richtung Stellelement ziehen. Die Tankklappe öffnet sich dabei.

Ausbau Stellelement

- Kreuzschlitzschrauben –3– lösen.
- Stellelement –2– mit montierter Verriegelungsstange aus Tankklappentopf –5– herausziehen.
- Druckleitung –1– am Stellelement abziehen.

Einbau

- Verriegelungsstange –4– in den Tankklappentopf –5– einführen, dazu rechte Heckleuchte ausbauen.
- Druckleitung bis zur Farbmarkierung in das Anschlußstück schieben. Stellelement einsetzen und anschrauben.
- Bi-Druckpumpe einbauen.

Stellelement Türschloß aus- und einbauen

Ausbau

- Türschloß ausbauen, siehe Seite 196.
- Drehfalle vom Türschloß in Stellung »geschlossen« drehen.
- Anschlagpuffer für Türscheibe abziehen.

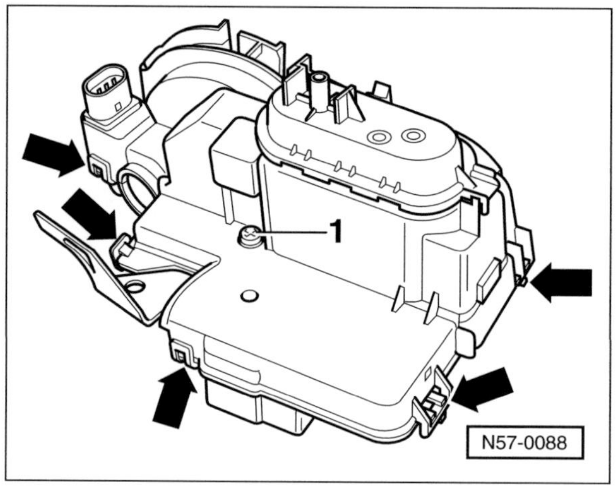

- Torxschraube –1–, Größe T15, herausdrehen.
- Stellelement entriegeln –Pfeile– und vom Türschloß abnehmen.

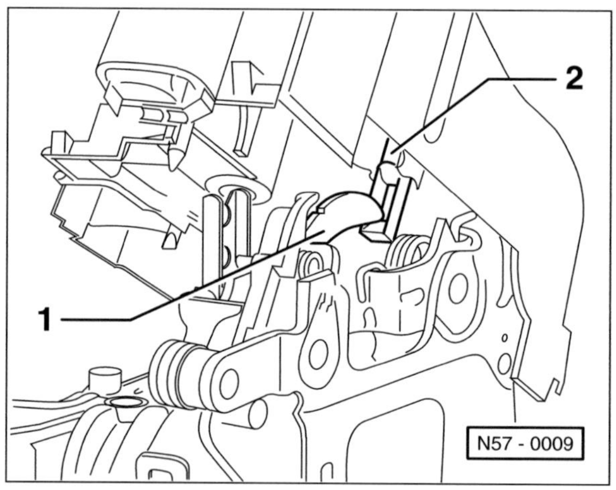

- Der Sperrhebel –1– gleitet beim Abnehmen des Stellelements aus dem Stößel –2–. Beim Einbau gleiche Lage herstellen.

Einbau

- Sperrhebel –1– in Stößel –2– setzen und Schloß komplettieren.
- Druckleitung bis zur Farbmarkierung in das Anschlußstück schieben. Stellelement einsetzen und anschrauben.

Achtung: Funktioniert das Türschloß nicht nach Ersetzen des Stellelements, muß das komplette Schloß mit Stellelement ersetzt werden.

Druckpumpe aus- und einbauen

Die Druckpumpe der Zentralverriegelung sitzt rechts im Kofferraum in einem schalldämmenden Gehäuse.

Ausbau

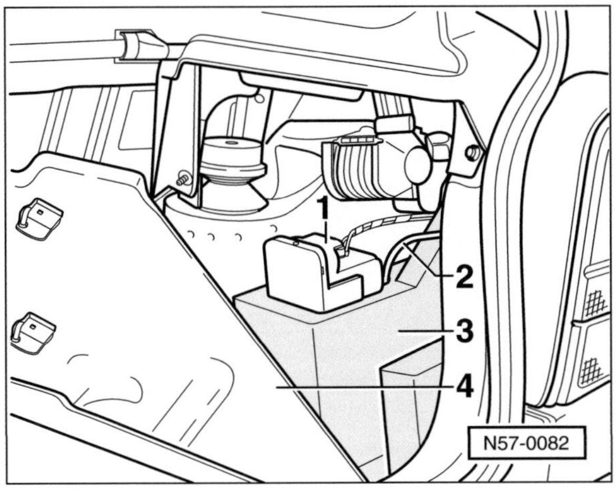

- Kofferraumverkleidung rechts –4– aufklappen.
- Bi-Druckpumpe aus dem Dämpfungsgehäuse –3– herausnehmen.
- Schlauchverbindung –2– trennen und Mehrfachstecker –1– abziehen.

Einbau

- Der Einbau erfolgt in umgekehrter Reihenfolge wie der Ausbau. Druckleitung bis zur Farbmarkierung in das Anschlußstück schieben.

Das Schiebe-/Ausstelldach

Bis 9/99

Die Arbeiten am Schiebe-/Ausstelldach beschränken sich in der Regel auf das Fetten der Führungsschienen sowie dem Reinigen der Wasserablaufschläuche in der Karosserie. Reparaturen erfordern Erfahrung und sollten der Fachwerkstatt vorbehalten bleiben.

Führungsschienen fetten

Achtung: Im Bedarfsfall sind die Führungsschienen ausschließlich mit dem VW-Spezialfett G 000 450 02 zu fetten, da sonst die Funktionen nicht gewährleistet sind. Auf keinen Fall ein herkömmliches Mehrzweckfett verwenden.

Wasserablaufschläuche reinigen

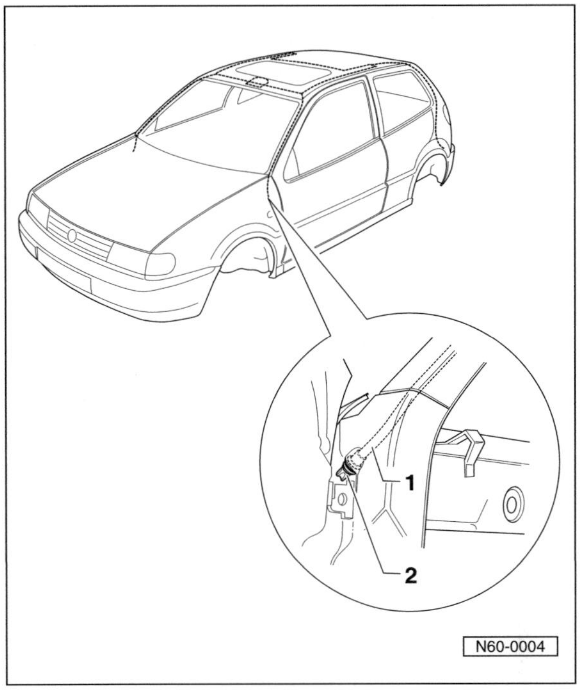

1 – Wasserablaufschläuche vorn; 2 – Wasserablaufventil.

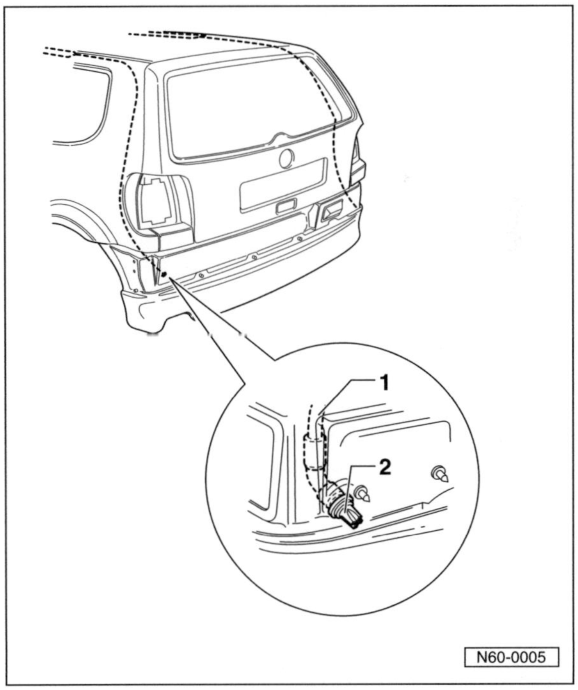

1 – Wasserablaufschlauch; 2 – Wasserablaufventil.

Bei Fahrzeugen mit Schiebedach sind Wasserablaufschläuche vorhanden, die das Wasser vom Schiebedach nach außen ableiten.

- Verstopfte Wasserablaufschläuche lassen sich am besten mit alten, flexiblen Tachowellen reinigen. Dazu Tachowellen zu einer ca. 230 cm langen Sonde zusammenfügen. Gegebenenfalls Tachowelle in eine elektronisch gesteuerte Bohrmaschine einspannen und mit langsamen Umdrehungen die Wasserablaufschläuche »durchbohren«.
- Die vorderen Wasserablaufschläuche verlaufen in den A-Säulen (vordere Karosseriesäulen) und enden zwischen Tür und A-Säule. Die Reinigung erfolgt vom Schiebe-/Ausstelldach-Ausschnitt her.
- Die hinteren Wasserablaufschläuche verlaufen in den C-Säulen (hintere Karosseriesäulen) und enden seitlich hinter der Stoßfängerabdeckung. Die Reinigung erfolgt vom unteren Schlauchende her, vorher hinteren Stoßfänger ausbauen.

Glasdeckel für Schiebe-/Ausstelldach aus- und einbauen

Bis 9/99

Ausbau

- Schiebe-/Ausstelldach ausstellen (hinten hochstellen).

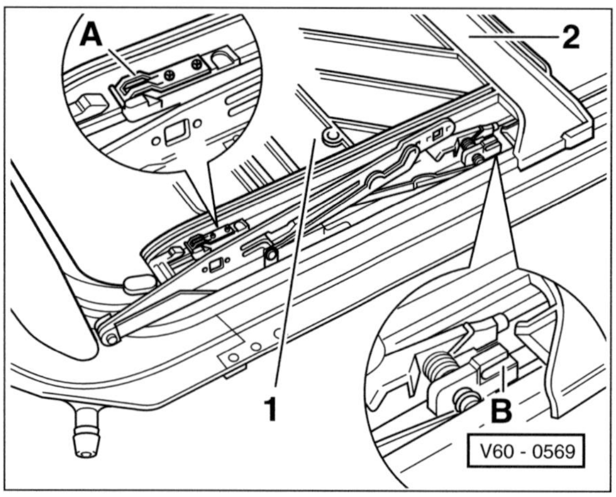

- Sonnenschutz –1– nach hinten schieben.
- Blendrahmen nach hinten schieben (der Rahmen ist im Bereich der vorderen Führungen –A– aufgeclipst und im hinteren Bereich durch Zapfen –B– geführt).

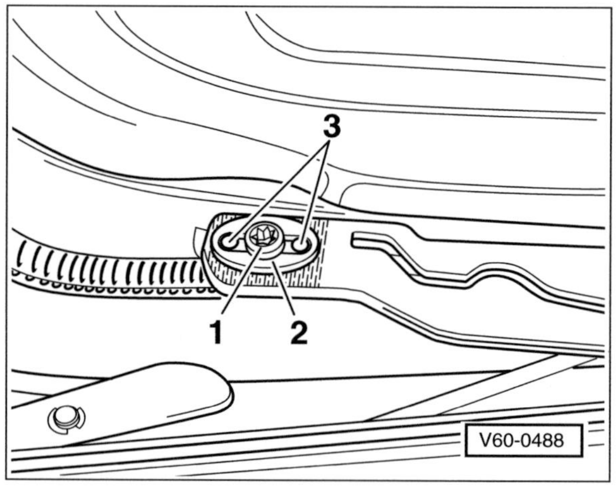

- Befestigungsschrauben –1– mit Torxschraubendreher, Größe T 25, herausdrehen und Einstellscheiben –2– abnehmen. Die Einstellscheiben –2– werden durch Führungsstifte –3– positioniert.
- Schiebe-/Ausstelldachdeckel nach oben herausnehmen.

Einbau

- Der Deckel muß in Nullstellung eingebaut werden, das heißt in geschlossener Stellung. Deckelantrieb auf Nullstellung fahren.
- Sonnenschutz und Blendrahmen nach hinten schieben. Der Blendenrahmen ist im vorderen Bereich aufgeclipst und im hinteren Bereich durch Zapfen geführt.

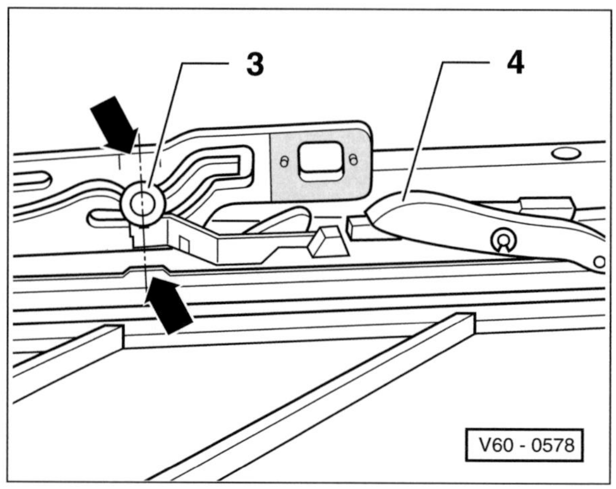

- Nullstellung am Deckelantrieb überprüfen:
  - Die Zapfen –3– müssen innerhalb der Markierungen (Kerben) –Pfeile– stehen.
  - Die Rasthaken –4– müssen in den Führungsschienen eingerastet sein.
- Ist dies nicht der Fall, Seilzugantrieb abschrauben und Antrieb parallel ausrichten, siehe Seite 201.

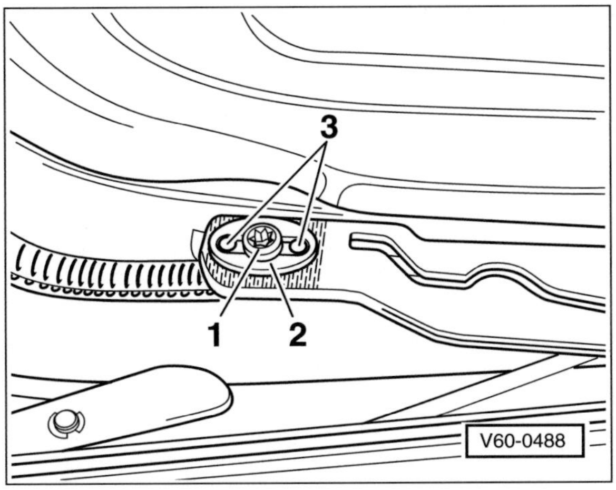

● Schiebe-/Ausstelldachdeckel von oben einsetzen und Torx-Befestigungsschrauben leicht anziehen.

Achtung: Beim Anziehen der Torxschrauben –1– auf richtigen Sitz der Einstellscheiben –2– achten: Die Führungsstifte –3– befinden sich in den Langlöchern der Einstellscheiben.

● Schiebe-/Ausstelldachdeckel zum Dachausschnitt in der Höhe einstellen: An der Vorderkante muß der Deckel 1 mm tiefer, an der Hinterkante 1 mm höher als die umliegende Dachdichtung liegen. Befestigungsschrauben in dieser Stellung mit **6 Nm**, also nicht zu fest, anziehen.

Sonnenschutz für Schiebe-/ Ausstelldach aus- und einbauen

Bis 9/99

Ausbau

● Schiebe-/Ausstelldachdeckel ausbauen.

● Antrieb in Nullstellung (geschlossene Stellung) bringen, siehe Kapitel »Schiebe-/Ausstelldachdeckel ausbauen«.

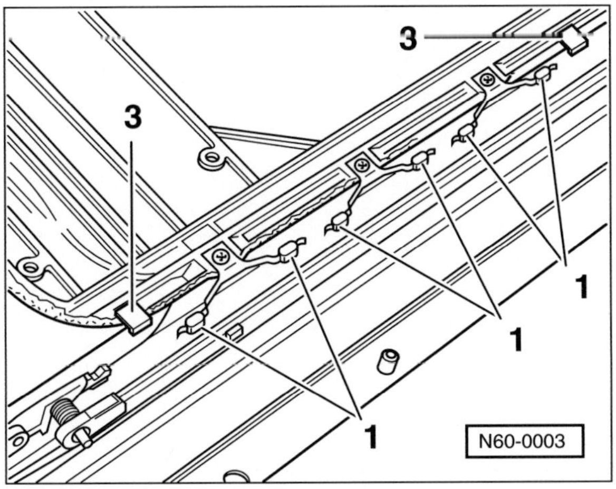

● Anschläge –3– einer Seite ausclipsen und Sonnenschutz zu dieser Seite drücken. Gleitfüße –1– der Führungen aus den Führungskanälen der Montageeinheit mit einem kleinen Schraubendreher von vorn nach hinten heraushebeln. Sonnenschutz seitlich herausschwenken.

Einbau

● Sonnenschutz in den Dachausschnitt einsetzen. Die Gleitfüße einer Seite in die Führungskanäle einstecken. Gleitfüße der anderen Seite mit einem kleinen Schraubendreher in die Führungskanäle hebeln.

● Seitliche Anschläge –3– aufstecken.

Parallellauf für Schiebe-/Ausstelldach einstellen

Bis 9/99

Einstellen

● Sonnenschutz zurückschieben und Blendrahmen ausclipsen, siehe Kapitel »Schiebe-/Ausstelldachdeckel ausbauen«. Der Deckel kann eingebaut bleiben.

● Abdeckung für Seilzugantrieb am Dachhimmel ausbauen.

● 2 Schrauben für Seilzugantrieb abschrauben und Antrieb etwas nach unten ziehen. Das Antriebsritzel darf nicht mehr mit den Seilzügen im Eingriff stehen.

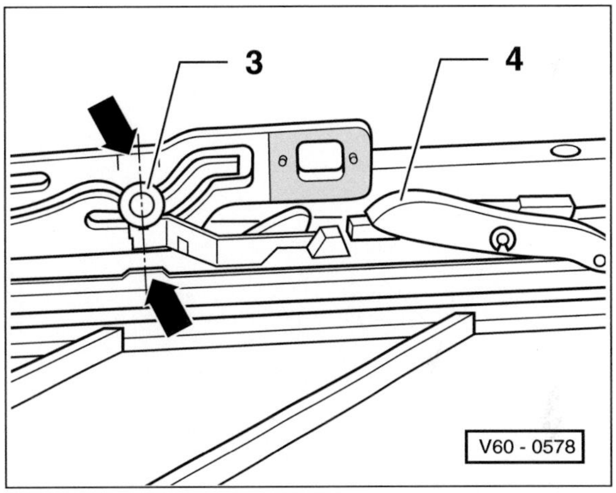

● Führungen von vorne nach hinten von Hand verschieben, bis:
  ◆ die Zapfen –3– links und rechts innerhalb der Markierungen (Kerben) –Pfeil– stehen und
  ◆ die Rasthaken –4– in den Führungsschienen eingerastet sind.

● Seilzugantrieb einsetzen, Gewinde der Befestigungsschrauben (microverkapselt) entweder erneuern oder vor dem Einschrauben mit einer Drahtbürste reinigen und mit VW-Sicherungsmittel AMV 197 000 01 beschichten. Schrauben mit **3 Nm**, also nur leicht, anziehen.

● Blendrahmen einclipsen.

● Seilzugantrieb-Abdeckung in die Dachverkleidung einsetzen.

Deckeldichtung für Schiebe-/ Ausstelldach einstellen

Bis 9/99

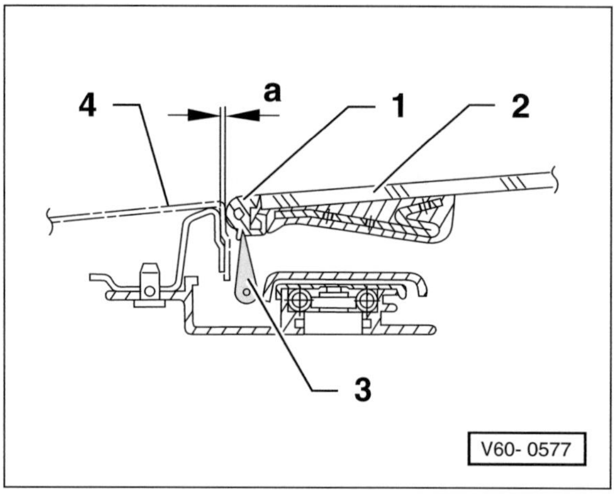

- Umlaufend gleichmäßige Vorspannung zwischen Deckeldichtung –1– und Karosserie –4– mit Hilfe eines etwa 0,3 mm dicken Pappstreifens (z. B. Visitenkarte) prüfen. Der Pappstreifen muß sich bei geschlossenem Dach stramm durchziehen lassen. Bereiche mit zu großer oder geringer Vorspannung markieren.
- Schiebedachdeckel ausbauen.
- Bei zu geringer Vorspannung kann die Dichtung mit einem Keil –3– auseinander gedrückt oder bei zu großer Vorspannung zusammengedrückt werden.
- Schiebedachdeckel einbauen und Prüfung, gegebenenfalls Einstellung wiederholen.

Außenspiegel aus- und einbauen

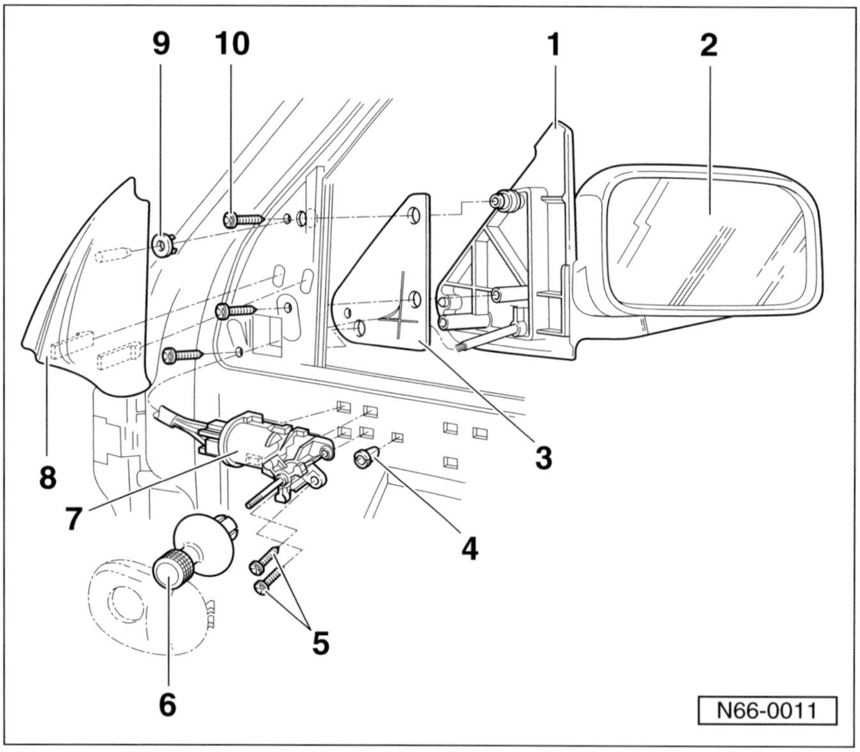

1 – **Spiegelgehäuse**

2 – **Spiegelglas**

3 – **Unterlage/Spiegelfuß**

4 – **Spreizmutter**

5 – **Kreuzschlitzschrauben**

6 – **Betätigungsknopf**
Auf Betätigung aufgesteckt.

7 – **Betätigung (manuell)**

8 – **Abdeckung**

9 – **Clip**

10 – **Schraube, 3 Nm**

Ausbau

- Türverkleidung ausbauen, siehe Seite 190/192.
- Außenspiegel mit mechanischer Verstellung: Betätigung mit Bowdenzügen am inneren Türträger abschrauben –5–.
- Linsenschrauben –10– von innen herausdrehen und Außenspiegel abnehmen. Falls vorhanden, elektrischen Anschlußstecker abziehen.

Einbau

- Falls vorhanden, Kabelstecker aufstecken.
- Innere Befestigungsschrauben –10– nur ganz leicht, mit **3 Nm**, anziehen.
- Mechanische Verstellung: Bowdenzüge einfädeln, Betätigung anschrauben.
- Türverkleidung einbauen.

Spiegelglas aus- und einbauen

Die Spiegelgläser sind nur eingeclipst, unabhängig davon ob der Außenspiegel manuell oder elektrisch verstellbar ist.

- Gehäuse-Unterkante mit Tesaband abkleben und dadurch vor Beschädigung schützen.

Ausbau

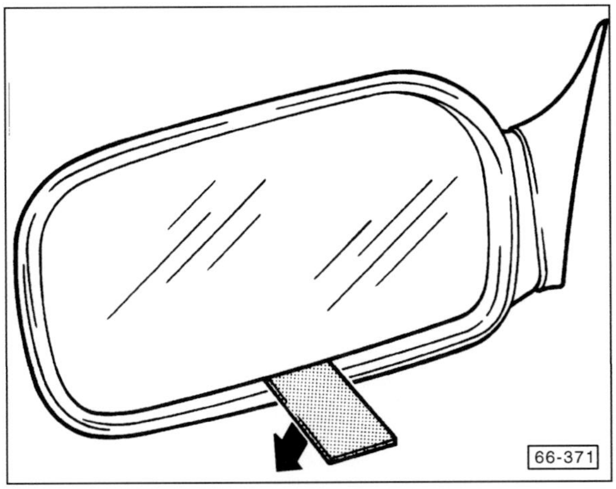

- Spiegelglas mit flachem Kunststoffspachtel nach hinten vorsichtig abdrücken, zuerst unten, dann oben.
- Falls vorhanden, Steckverbindung für Spiegelheizung an der Rückseite abziehen.

Einbau

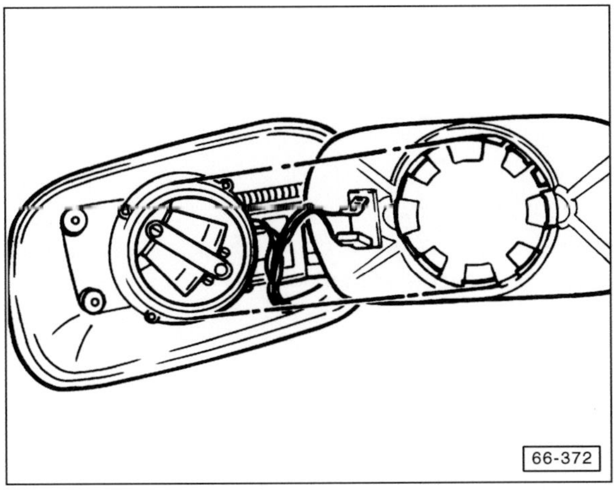

- Gegebenenfalls Steckverbindung für Spiegelheizung einstecken.
- Spiegelglas in die Führungszapfen einsetzen und einclipsen. Dabei nur auf die Glasmitte drücken. **Achtung:** Aus Sicherheitsgründen unbedingt Handschuhe anziehen oder sauberen Lappen unterlegen.

Spiegelgehäuse aus- und einbauen

Seit 10/99

Ausbau

- Außenspiegel zur leichteren Montage nach vorn klappen.

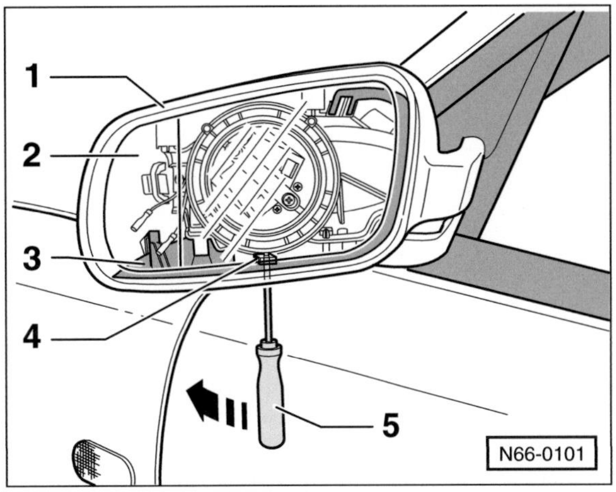

- Spiegelglas –2– senkrecht stellen, sonst könnte das Gehäuse beim Abziehen am Spiegelglas hängen bleiben.
- Schraubendreher –5– durch die Öffnung unten am Spiegelträger bis an die Klammer –4– einstecken.
- Schraubendreher –5– in –Pfeilrichtung– drücken und dadurch mit der Klammer –4– das Spiegelgehäuse entriegeln.

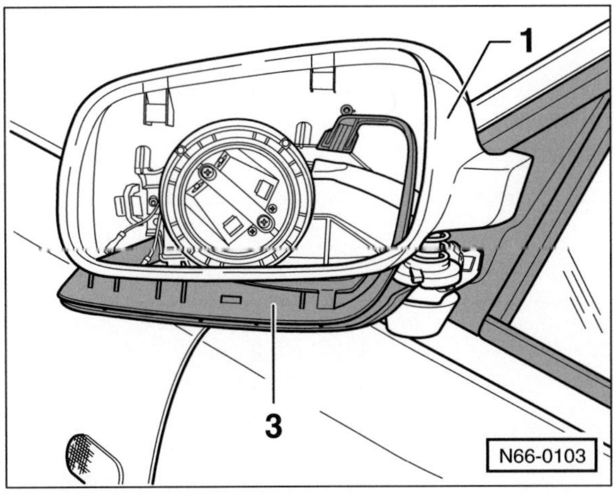

- Spiegelgehäuse –1– vom Spiegelträger –3– nach oben abziehen.

Einbau

- Der Einbau erfolgt sinngemäß in umgekehrter Ausbaureihenfolge.

Mittelkonsole aus- und einbauen

Bis 9/99

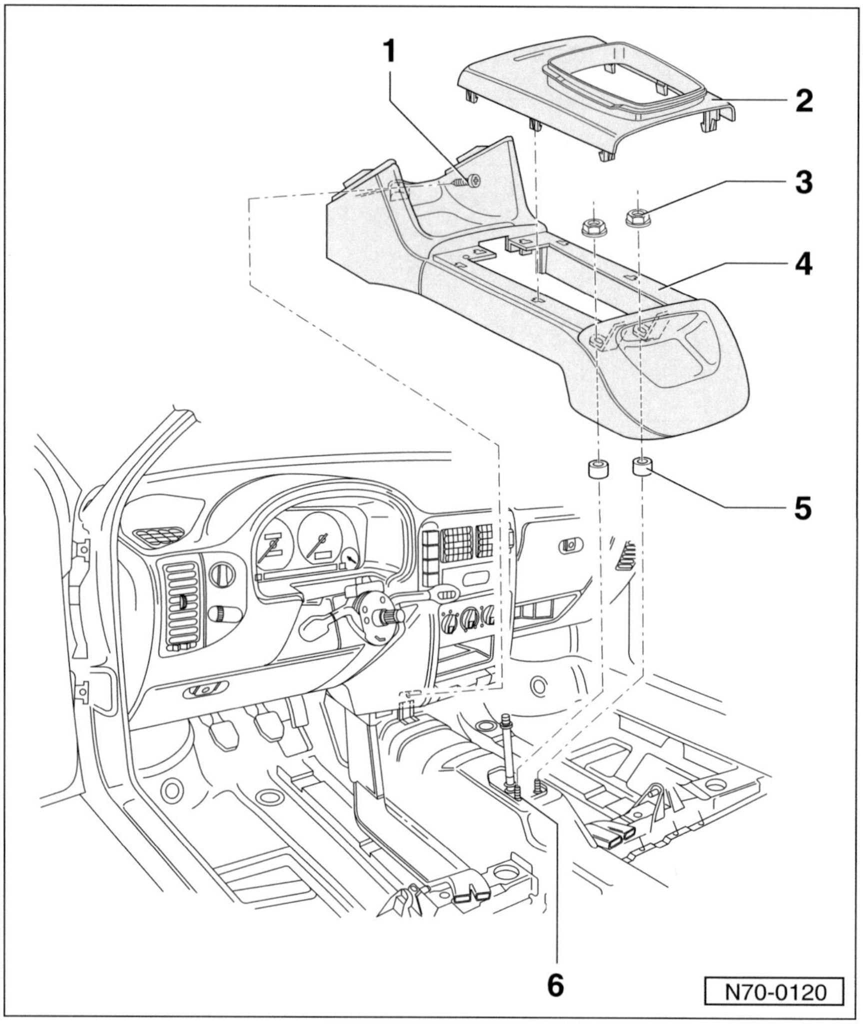

1 – **Kreuzschlitzschraube**
2 – **Abdeckung**
3 – **Sechskantmutter**
4 – **Mittelkonsole**
5 – **Distanzhülse**
6 – **Gewindebolzen**

Ausbau

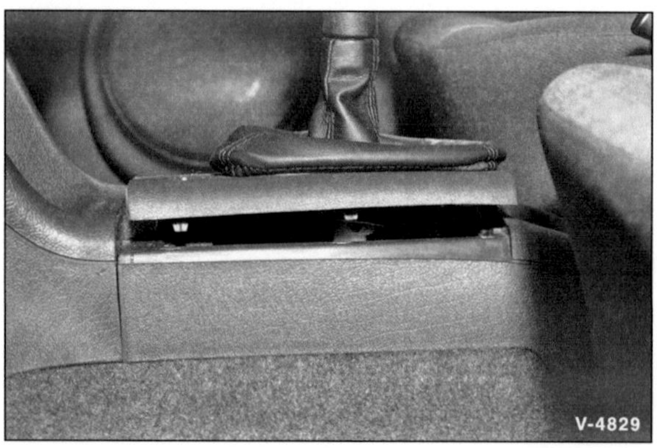

- Blende für Schalthebel-Faltenbalg an der Mittelkonsole ausclipsen und nach oben ziehen.
- Sechskantmuttern –3– abschrauben, siehe große Abbildung.
- Kreuzschlitzschraube –1– abschrauben.
- Konsole hinten von den Bolzen –6– heben und nach hinten von der Schalttafel abziehen.

Einbau

- Distanzhülsen –5– auf die Bolzen aufsetzen.
- Konsole mit Schraube –1– und Muttern –3– anschrauben.
- Schalthebel-Faltenbalg einclipsen.

Mittelkonsole aus- und einbauen

Seit 10/99

Ausbau

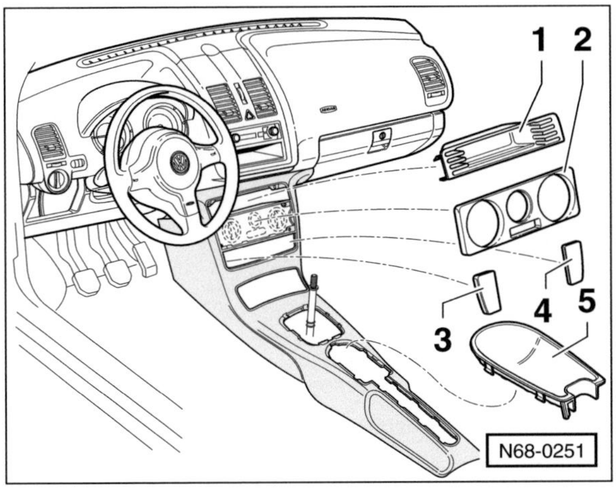

- Untere Ablage auf der Fahrerseite ausbauen, siehe Seite 206.
- Münzbox –1–, Abdeckkappe links –3– und Abdeckkappe rechts –4– ausclipsen.
- Blende –2– ausclipsen.
- Rahmen für Handbremse –5– ausclipsen.

Hinweis: Schaltknopf und Schalthebelmanschette sind im Bild nur zur besseren Darstellung weggelassen worden.

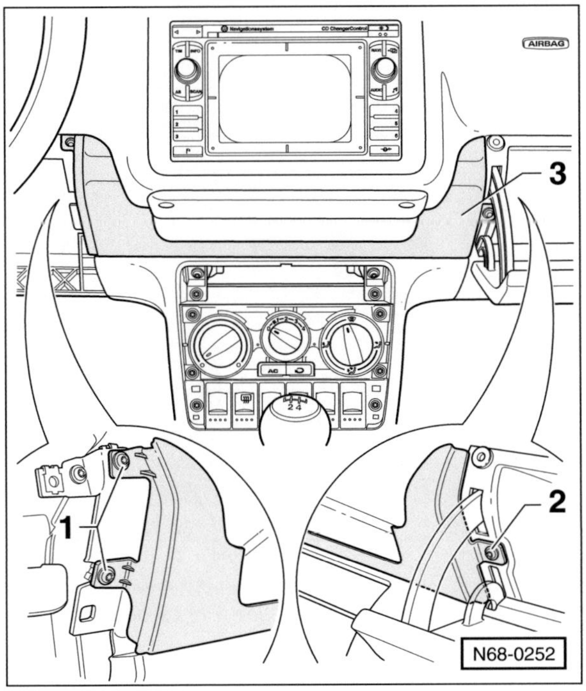

- 2 Schrauben –1– herausdrehen.
- Handschuhfach öffnen und Schraube –2– herausdrehen.
- Blende –3– abnehmen.

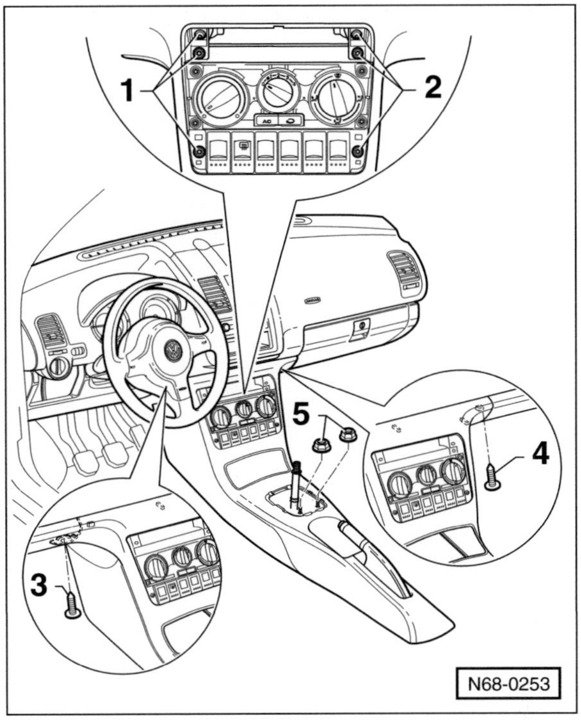

- 6 Blechschrauben –1– und –2– herausdrehen.
- Schrauben –3– und –4– herausdrehen.
- Muttern –5– abschrauben.

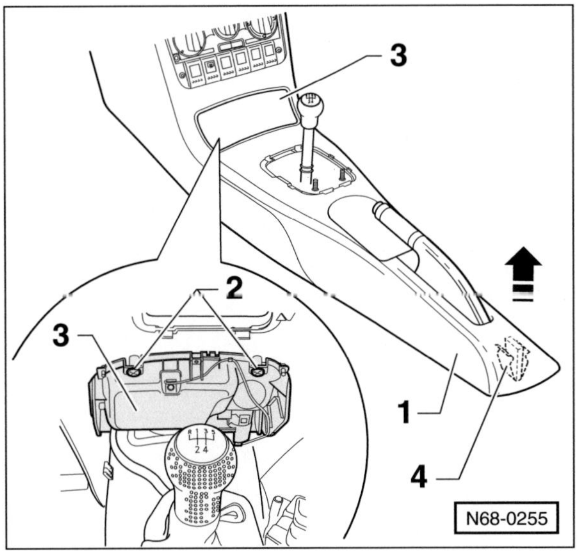

- Mittelkonsole –1– im hinteren Bereich hochziehen, aus der Klammer –4– ausclipsen und in –Pfeilrichtung– hochschwenken.
- Schrauben –2– herausdrehen und Aschenbecher –3– herausnehmen.
- Mittelkonsole herausnehmen.

Einbau

- Der Einbau erfolgt in umgekehrter Ausbaureihenfolge.

Ablage Fahrerseite aus- und einbauen

Bis 9/99

Ausbau

- Ablagefach öffnen.

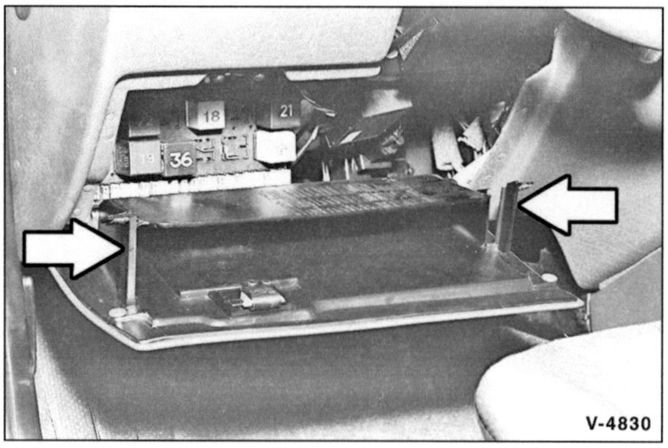

- Beide Halter nach innen drücken –Pfeile– und Ablagefach nach unten klappen.
- Ablagefach nach hinten aus dem Scharnier herausziehen.

Einbau

- Ablagefach am Scharnier einrasten und Halter einfedern.

Ablage Fahrerseite aus- und einbauen

Seit 10/99

Ausbau

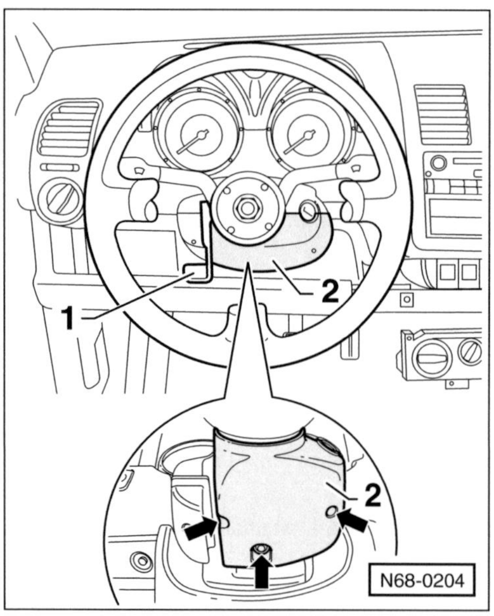

- Höhenverstellung für Lenkrad –1– lösen und Lenkrad in oberste Position bringen.
- Schrauben –Pfeile– herausdrehen.
- Untere Verkleidung für Lenkstockschalter –2– abnehmen.

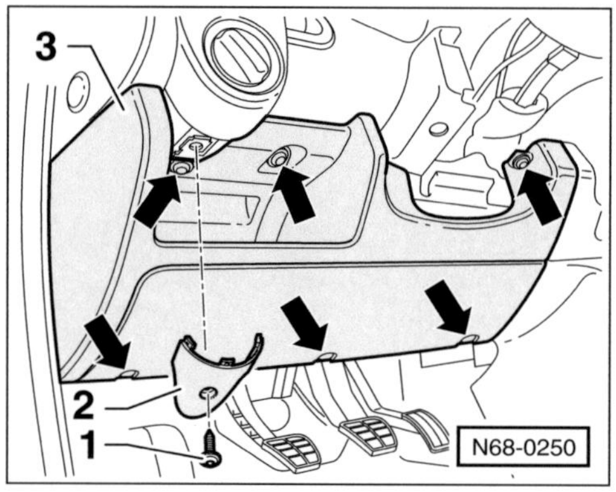

- Schraube –1– herausdrehen.
- Abdeckung –2– abnehmen.
- 6 Schrauben –Pfeile– herausdrehen.
- Ablage Fahrerseite –3– abnehmen.

Einbau

- Der Einbau erfolgt sinngemäß in umgekehrter Ausbaureihenfolge.

Handschuhkasten/Ablagefach ausbauen

Bis 9/99

Ausbau

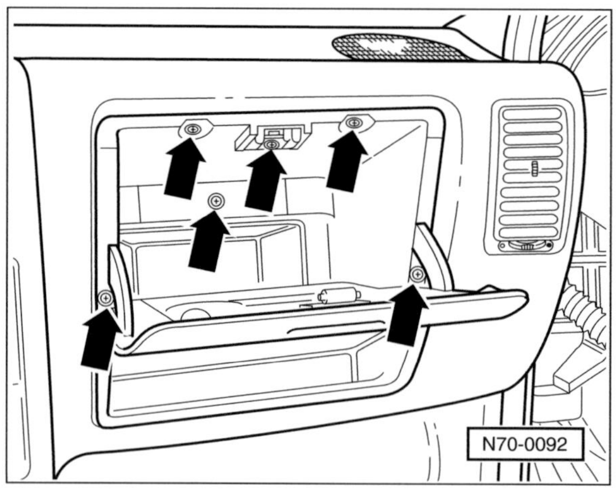

- Fahrzeuge ohne Airbag: Handschuhkasten öffnen und Schrauben –Pfeile– abschrauben. Handschuhkasten herausziehen.

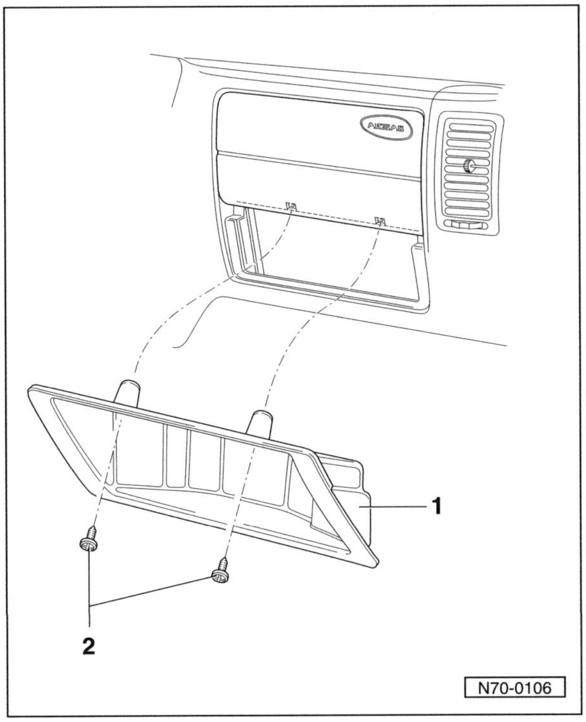

- Fahrzeuge mit Airbag: Schrauben –Pfeile– abschrauben, Ablagefach herausziehen.

Einbau

- Fach beziehungsweise Handschuhkasten einsetzen und anschrauben.

Handschuhkasten aus- und einbauen

Seit 10/99

Ausbau

- Ablage Fahrerseite ausbauen, siehe entsprechendes Kapitel.
- Mittelkonsole ausbauen, siehe entsprechendes Kapitel.

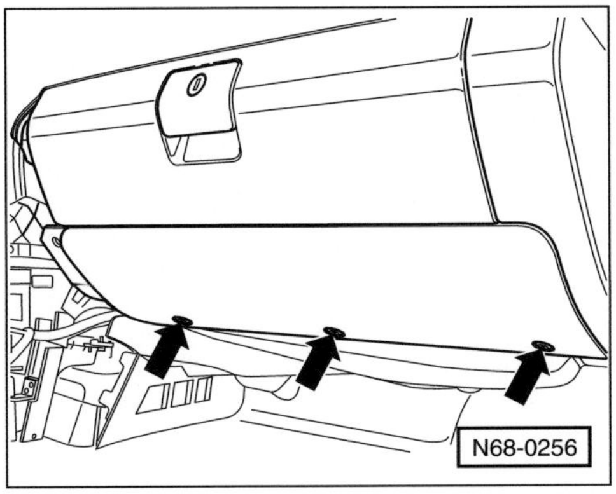

- 3 Schrauben –Pfeile– herausdrehen.
- Handschuhkasten öffnen.

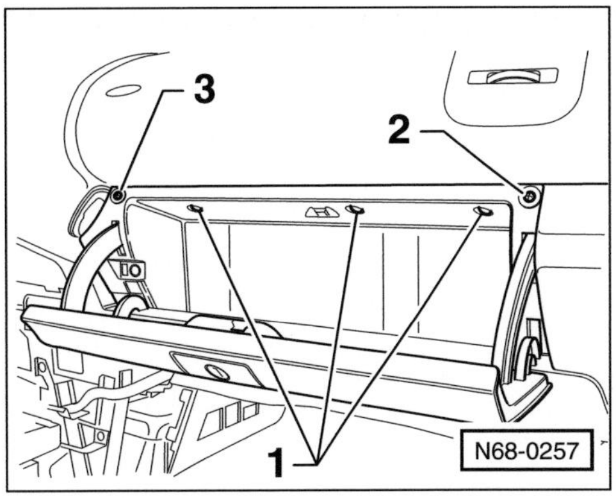

- 3 Schrauben –1– herausdrehen.
- Anschlagpuffer –2– und –3– herausdrehen.

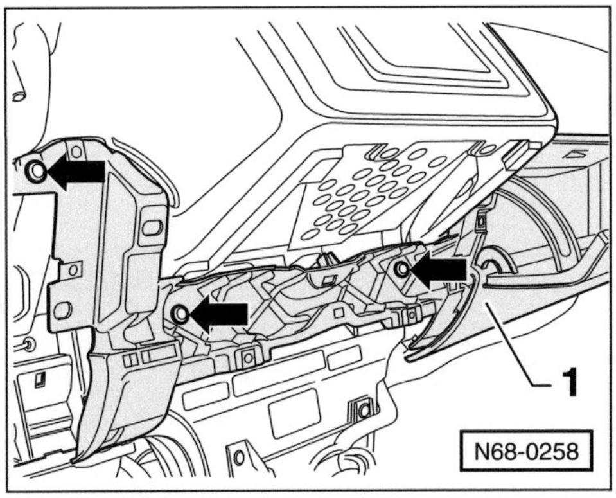

- 3 Schrauben –Pfeile– herausdrehen.
- Handschuhkasten herausnehmen.

Einbau

- Der Einbau erfolgt sinngemäß in umgekehrter Ausbaureihenfolge.

Seitenverkleidung aus- und einbauen

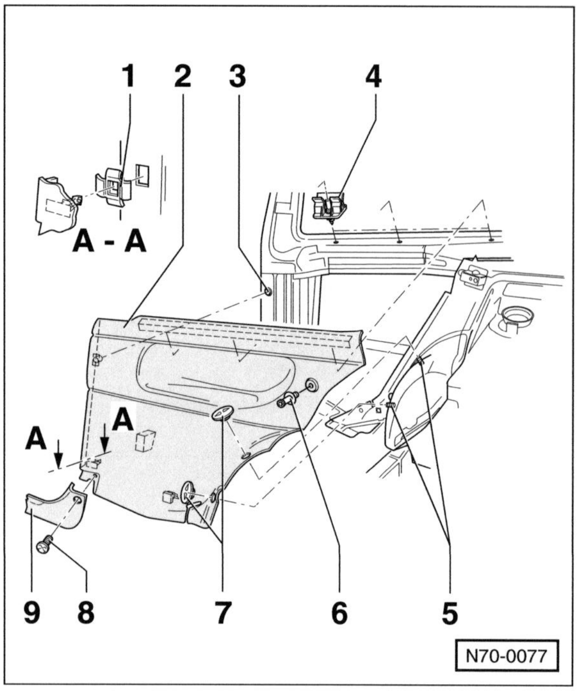

1 – **Aufnahmeclip**
2 – **Verkleidung**
3 – **Aufnahmeclip**
4 – **Klammer**
5 – **Gewindebolzen**

Ausbau, 2türiges Modell

- Kreuzschlitzschraube –8– herausdrehen.
- Einstiegleiste –9– im hinteren Bereich lösen.
- Lehne entriegeln und vorklappen.
- Bolzen –6– herausdrehen und Druckknöpfe –7– abschrauben.
- Verkleidung von der B-Säule (Dachsäule, an der sich das Türschloß befindet) abclipsen.
- Verkleidung aus den 3 Klammern –4– herausziehen und von der Seitenwand abnehmen.
- Der Einbau geschieht in umgekehrter Ausbaureihenfolge.

Auflage für Kofferraumabdeckung aus- und einbauen

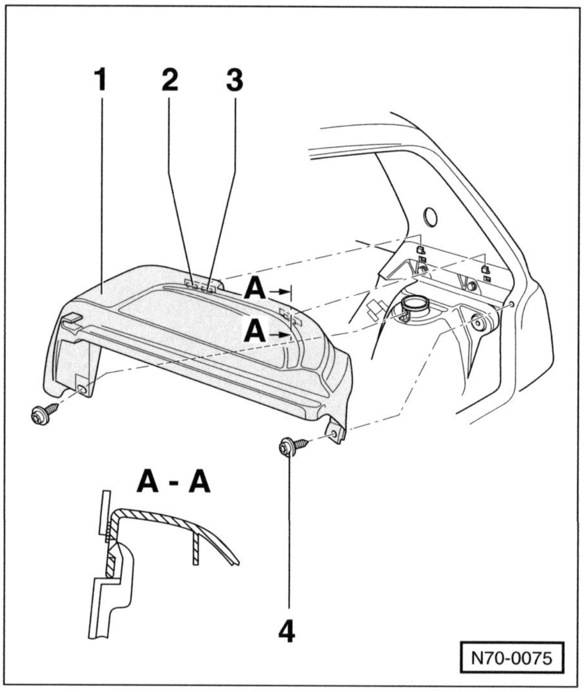

1 – **Auflage**
2 – **Aufnahme, Polo 2türig**
3 – **Aufnahme, Polo 4türig**
4 – **Torxschraube T20**

Ausbau

- Kofferraumabdeckung abnehmen.
- Torxschrauben abschrauben.
- Auflage aus der seitlichen Verkleidung ausclipsen.
- Der Einbau geschieht in umgekehrter Ausbaureihenfolge.

Kofferraumverkleidung seitlich aus- und einbauen

POLO

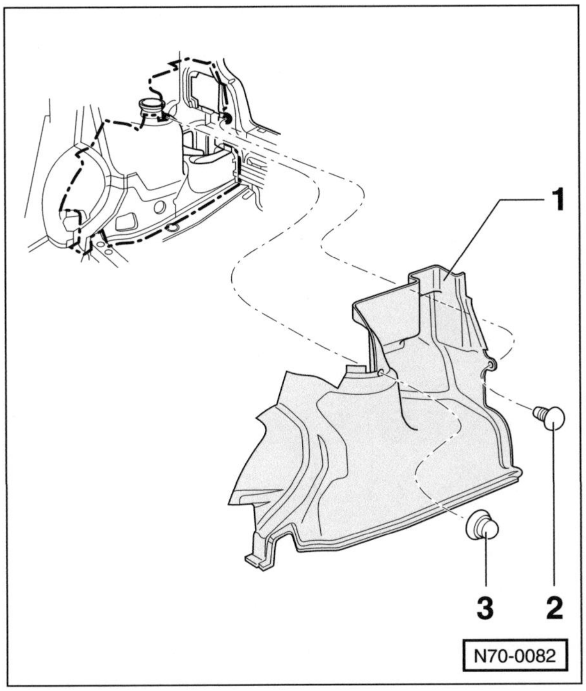

1 – Verkleidung

2 – Stopfen

3 – Druckknopf

Ausbau

- Hintere Kofferraumverkleidung ausbauen.
- Seitenverkleidung, beim 4türigen Modell die C-Säulenverkleidung im hinteren Bereich lösen.
- Stopfen –2– mit geeignetem Werkzeug abhebeln.
- Nur rechte Seite: Druckknopf –3– abschrauben. Verkleidung abnehmen.

Einbau

- Der Einbau geschieht in umgekehrter Ausbaureihenfolge.

Hintere Kofferraumverkleidung aus- und einbauen

Bis 9/99

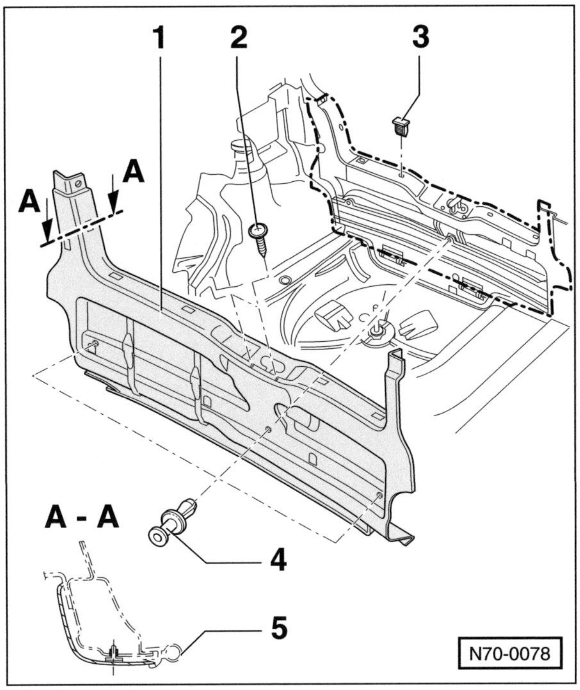

1 – Abdeckung Schloßträger

2 – Kreuzschlitzschraube

3 – Clip (8 Stück)

4 – Clip

5 – Dichtung

Ausbau

- Kofferraumabdeckung abnehmen.
- Rücksitzlehne und Verkleidung über Reserverad nach vorn klappen.
- Auflagen für Kofferraumabdeckung ausbauen, siehe Seite 209.
- Clips –4– ausbauen, dazu Innenteil mit Innensechskantschlüssel herausdrehen.
- Kreuzschlitzschrauben –2– herausdrehen und Abdeckung abnehmen.

Einbau

- Der Einbau geschieht in umgekehrter Ausbaureihenfolge.

Hintere Kofferraumverkleidung aus- und einbauen

Seit 10/99

Ausbau

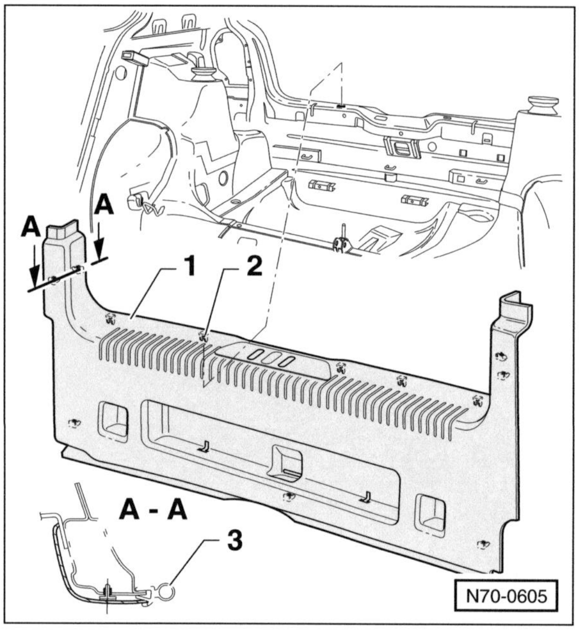

- Kofferraumabdeckung aushängen.
- Lehne und Verkleidung Kofferraumboden nach vorn klappen.
- Beide Auflagen für Kofferraumabdeckung ausbauen. **Links:** 2 Torxschrauben T20 herausdrehen, Auflage im Bereich der C-Säulen-Verkleidung nach oben drücken und ausclipsen. **Rechts:** 2 Torxschrauben herausdrehen und Auflage abnehmen. Kofferraumleuchte ausclipsen und Steckverbindung für Steckdose trennen.
- Abdeckung –1– aus den 11 Befestigungsclips –2– lösen und abnehmen.

Einbau

- Vor dem Einbau Clips in die Aufnahmen der Abdeckung einsetzen.
- Der Einbau erfolgt sinngemäß in umgekehrter Ausbaureihenfolge.
- Nach dem Einbau richtigen Sitz der Dichtung –3– prüfen, gegebenenfalls Dichtung verschieben.

Wasserkastenabdeckung aus- und einbauen

Die Wasserkastenabdeckung muß beispielsweise zur Demontage des Scheibenwischerantriebs ausgebaut werden.

Ausbau

- Motorhaube öffnen.

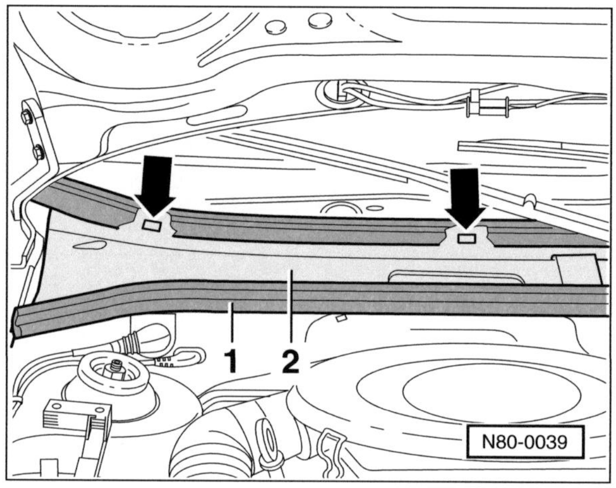

- Rechte Wasserkastenabdeckung ausbauen: Gummidichtung –1– nach oben abziehen, Abdeckung –2– ausclipsen und abnehmen.
- Linke Wasserkastenabdeckung in gleicher Weise ausbauen, jedoch zuvor Scheibenwischerarme ausbauen, siehe Seite 261.

Einbau

- Wasserkastenabdeckungen einclipsen und Gummidichtung aufsetzen.
- Scheibenwischerarme einbauen, siehe Seite 261.

Der pyrotechnische Gurtstraffer

Der Gurtstraffer ist bei allen POLO-Modellen eingebaut und fest in den Gurtautomaten integriert. Er sorgt bei einem Frontalaufprall für einen eng am Körper liegenden Sicherheitsgurt und verhindert, daß der Insasse unter dem Gurt wegrutscht. Ausgelöst wird der Gurtstraffer bei einem starken Frontalaufprall.

Beim Auslösen des Gurtschloßstraffers wird eine kleine Zündkapsel von einer Feder gegen einen Aufschlagstift geschossen. Die bei der Explosion der Kapsel freiwerdenden Gase treiben einen Kolben im Druckrohr nach unten. Am Kolben ist ein Seil befestigt, das die Gurtrolle verdreht. Das Gurtband wird so innerhalb von 10 ms (Millisekunden) um bis zu 150 mm aufgerollt.

Der Gurtstraffer ist wartungsfrei. Nach Auslösen muß der Gurtautomat komplett ersetzt werden. Erkennbar ist ein ausgelöster Gurtstraffer am Blockieren des Sicherheitsgurtes, oder wenn das Abrollen des Gurtes mit einem deutlichen Schnarrgeräusch verbunden ist. **Achtung:** Vor der Entsorgung eines nicht ausgelösten Gurtschloßstraffers muß dieser zwangsausgelöst werden (Werkstattarbeit).

Achtung: Um ein ungewolltes Auslösen des Gurtschloßstraffers zu vermeiden, ist grundsätzlich bei allen Ausbeul- und Richtarbeiten an der Karosserie, die mit starken Erschütterungen verbunden sind, der Gurtstraffer auszubauen. Montagearbeiten an den Sicherheitsgurten sollten von der VW-Werkstatt durchgeführt werden.

Vordersitz aus- und einbauen

Ausbau

Achtung: Wird ein Sitz mit **Seitenairbag** ausgebaut, **Sicherheitshinweise am Ende des Kapitels unbedingt beachten.** Ob ein Seitenairbag eingebaut ist, ist am Schriftzug »AIRBAG« im oberen Bereich der Rückenlehnen erkennbar.

- Sitz nach vorn schieben.

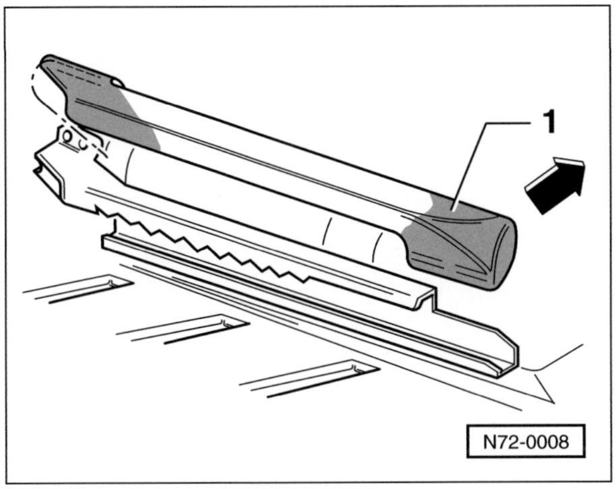

- Abdeckleiste –1– nach hinten von der inneren Sitz-Führungsschiene abziehen.
- An der äußeren Schiene Abdeckung an der Rückseite abziehen.

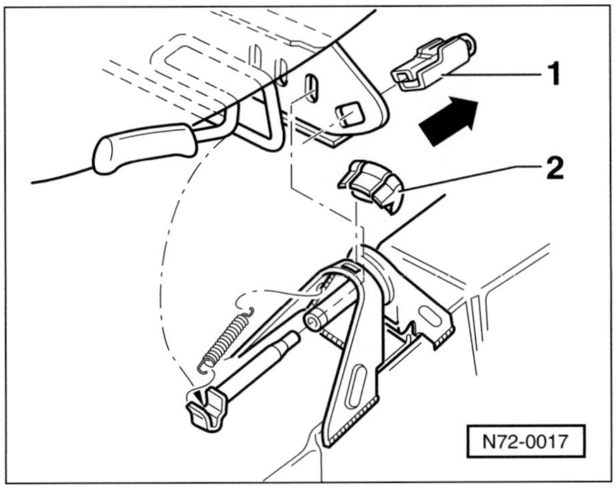

- **POLO 9/94 – 9/99:** Sicherungsklammer –1– zusammendrücken und herausnehmen.

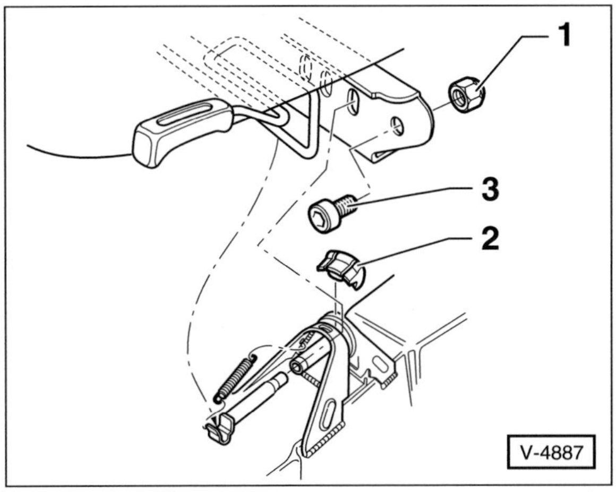

- **Seit 10/99:** Hutmutter –1- abschrauben und Schraube –2– herausnehmen.
- Falls vorhanden, Steckverbindung für Sitzheizung trennen.
- Verriegelungshebel betätigen und dabei Sitz nach hinten aus den Führungsschienen herausschieben.

Achtung: Bei Schwergängigkeit in der Längsverstellung und bei übermäßigem Spiel sind die Gleitstücke am Sitz hinten und das Gleitstück vorn –2– auf Abnutzung zu kontrollieren, gegebenenfalls zu erneuern.

Einbau

- Alle 3 Gleitstücke mit Mehrzweckfett schmieren.
- Sitz von hinten in die Führungen einfahren.
- Falls vorhanden, Steckverbindung für Sitzheizung zusammenstecken.
- **Bis 9/99:** Klammer einsetzen
- **Seit 10/99:** Schraube und Hutmutter anschrauben.
- Klammer –1– einsetzen.
- Abdeckkappe an äußerer Schiene einsetzen.
- Abdeckleiste an innerer Schiene aufsetzen.

Sicherheitshinweise für Sitze mit Seitenairbag

- Sicherheitshinweise zum Airbag im Kapitel »Lenkung« durchlesen.

Vor dem Ausbau des Sitzes:

- Batterie-Massekabel (–) bei ausgeschalteter Zündung abklemmen. **Achtung:** Dadurch werden elektronische Speicher gelöscht, wie zum Beispiel bei bestimmten Radios der Radiocode. Ohne Code kann das Radio nicht mehr in Betrieb genommen werden. Deshalb Hinweise im Kapitel »Batterie aus- und einbauen« durchlesen.

Achtung: Vor dem Trennen der Steckverbindung für Seitenairbag, elektrostatische Aufladung abbauen, dazu kurz den Schließkeil der Tür oder die Karosserie anfassen.

- Unter dem Sitz Steckverbindung für Airbag trennen und den VW-Airbag-Adapter VAS-5094 in das Steckgehäuse am Sitz einstecken. Dadurch wird der Stromkreis des Airbags gegen Masse kurzgeschlossen und verhindert, daß der Airbag aufgrund von elektrostatischen Entladungen versehentlich ausgelöst wird. **Der Airbag-Adapter VAS 5094 muss angeschlossen bleiben, bis der Sitz wieder eingebaut wird.**
- Vor dem Einbau sicherstellen, daß das Batterie-Massekabel (–) abgeklemmt ist. Etwaige elektrostatische Aufladung durch Anfassen der Tür abbauen.
- Batterie-Massekabel (–) anklemmen. **Achtung:** Zeituhr stellen und gegebenenfalls Radiocode eingeben sowie Hoch-/Tieflaufautomatik für elektrische Fensterheber aktivieren, siehe Kapitel »Batterie aus- und einbauen«.

Achtung: Es kann vorkommen, dass nach dem Aus- und Einbau eines Sitzes mit Seitenairbag, trotz korrekt durchgeführter Arbeitsanweisungen, ein Airbag-Fehler registriert wird und deshalb die Warnlampe für Airbag im Kombiinstrument aufleuchtet. In diesem Fall muss der gespeicherte Airbag-Fehler **möglichst bald** mit dem VW-Diagnosegerät gelöscht werden (Werkstattarbeit).

Rücksitz aus- und einbauen

Ausbau

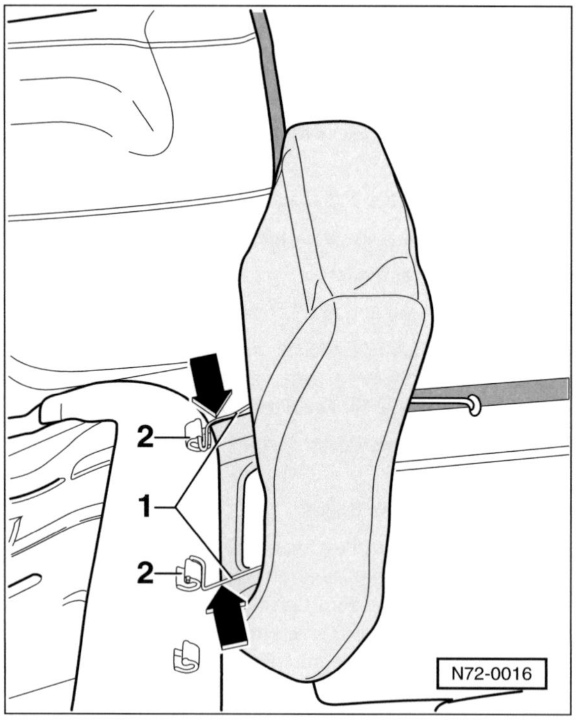

- Sitzbank nach vorn klappen. Federbügel –1– in Pfeilrichtung drücken und aus den Scharnieren –2– herausführen. Sitzbank herausnehmen.
- Beide Lehnenteile umklappen.

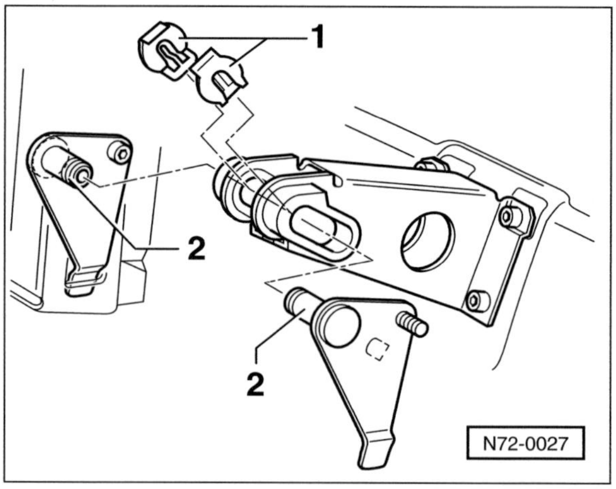

- Sicherungsscheiben –1– von den Bolzen der Adapter –3– am Mittellager –2– der Lehnenteile abziehen.

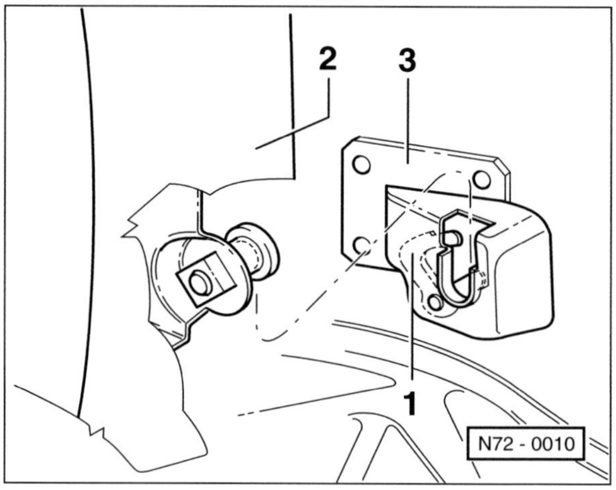

- Rasthaken –1– links beziehungsweise rechts mit einem Schraubendreher zurückdrücken und Lehnenteile –2– aus den Lehnenlagern –3– nach oben herausziehen.
- Lehnenteile aus dem Mittellager herausziehen und aus dem Fahrzeug nehmen.

Einbau

- Rückenlehne mit den Bolzen in die Lager einsetzen.
- Sicherungsscheiben auf die Adapter schieben.
- Beide Lehnenteile zurückklappen und Arretierung überprüfen.
- Sitzbankteile in Scharniere einsetzen und zurückklappen.

Heizung

Die Frischluft für die Heizung gelangt über einen Luftführungskanal und das Heizgebläse in den Fahrzeuginnenraum. Dabei durchströmt die Luft das Heizungsgehäuse und wird durch verschiedene Klappen auf die einzelnen Lufteintrittsdüsen verteilt. Wird die Heizung auf »warm« gestellt, so wird die kühle Luft durch den Wärmetauscher erwärmt. Der Wärmetauscher befindet sich im Heizungsgehäuse und wird durch das heiße Kühlmittel aufgeheizt. Die vorbeistreichende Frischluft erwärmt sich an den heißen Lamellen des Wärmetauschers und gelangt dann in den Fahrzeuginnenraum. Die Heizung wird luftseitig beeinflußt, das heißt, die Temperatur wird durch das Mischungsverhältnis von kalter und warmer Luft mit Hilfe der Temperaturmischklappe gesteuert.

Zur Verstärkung der Heizleistung dient ein vierstufiges Heizgebläse. Damit das Gebläse in den einzelnen Stufen mit unterschiedlicher Geschwindigkeit läuft, werden Widerstände vorgeschaltet. Die Widerstände befinden sich in der Anschlußplatte am Gebläse. Bei einem Defekt ist die komplette Anschlußplatte zu ersetzen.

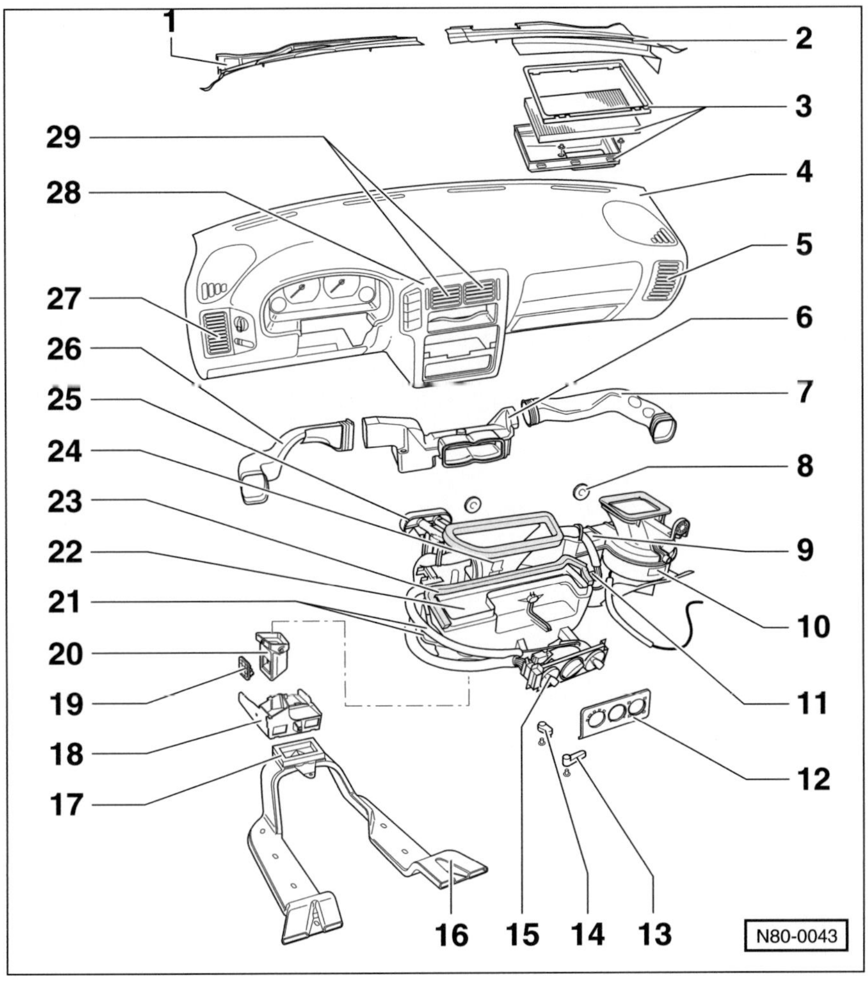

Innenraumheizung bis 9/99

1 – **Wasserkastenabdeckung links**
2 – **Wasserkastenabdeckung rechts**
3 – **Staub- und Pollenfilter**
4 – **Schalttafel**
5 – **Ausströmer rechts**
6 – **Luftführungsverteiler, oben**
7 – **Luftführung rechts**
8 – **Mutter, 5 Nm**
9 – **Heizgerät**
10 – **Frischluftgebläse**
11 – **Vorwiderstand, mit Überhitzungssicherung**
12 – **Blende für Bedieneinheit**
13 – **Hebel für Zentralklappe**
14 – **Hebel für Temperaturklappe**
15 – **Bedieneinheit für Heiz- und Frischluft**
16 – **Fondkanal**
17 – **Dichtung für Fondkanal**
18 – **Fußraumausströmer-Unterteil**
19 – **Luftführungsgitter**
20 – **Fußraumausströmer-Oberteil**
21 – **Züge**
22 – **Luftführungsverteiler**
23 – **Dichtung**
24 – **Zwischenstück**
25 – **Wärmetauscher**
26 – **Luftführung links**
27 – **Ausströmer links**
28 – **Mittenausströmer**
29 – **Dreheinsätze**

Innenraumheizung

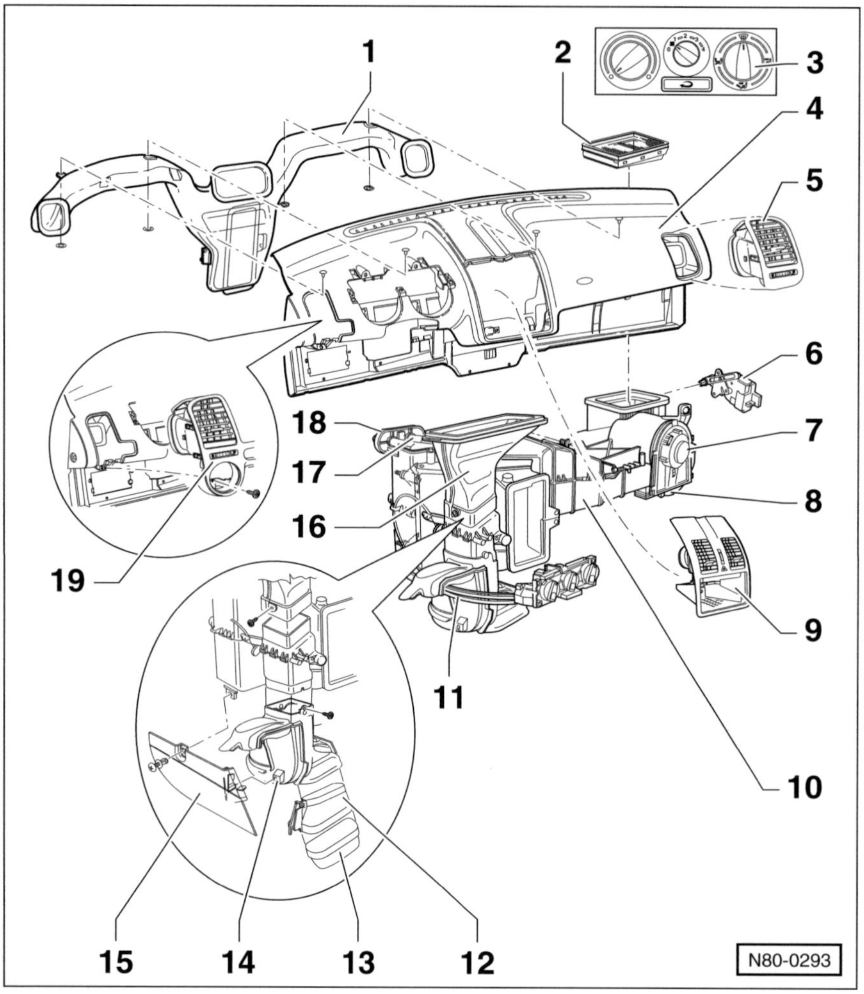

Seit 10/99

1 – **Luftführung**

2 – **Staub- und Pollenfilter**
Im Wasserkasten. Mit Aktivkohlefilter. Aus- und Einbau, siehe Kapitel »Wartung«.

3 – **Bedieneinheit**

4 – **Armaturentafel**

5 – **Ausströmer Beifahrerseite**

6 – **Stellmotor für Frischluft-/Umluftklappe**

7 – **Gebläse**

8 – **Vorwiderstand für Gebläse mit Überhitzungssicherung**

9 – **Mittenausströmer**

10 – **Heizgerät**

11 – **Züge**

12 – **Verbindungsstück**

13 – **Deckel**

14 – **Fußraumausströmer**

15 – **Fußanlage**

16 – **Zwischenstück Defrost**

17 – **Wärmetauscher**

18 – **Dichtung Wärmetauscher/Querwand**

19 – **Ausströmer Fahrerseite**

Mittenausströmer aus- und einbauen

Seit 10/99

Ausbau

- Radio ausbauen, siehe Seite 255.
- Ablage unterhalb der Radio-Einbauöffnung herausnehmen.

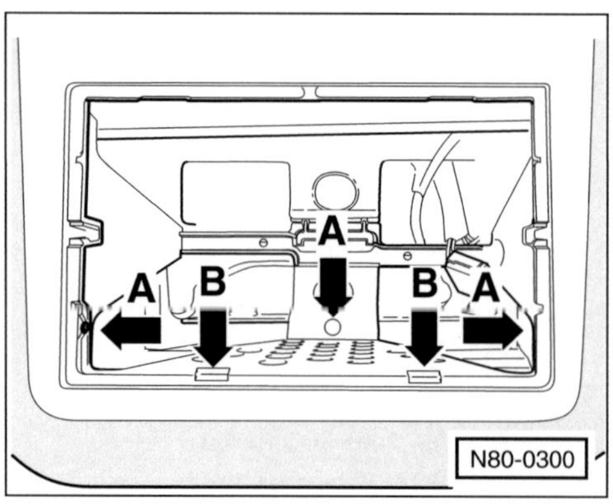

- Schrauben –Pfeile A– herausdrehen.
- Haltelaschen –Pfeile B– nach oben hebeln.

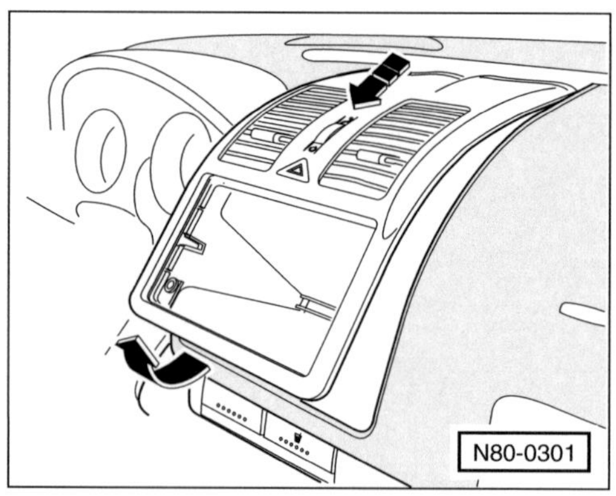

- Mittenausströmer am unteren Rand vorziehen –Pfeil unten und gleichzeitig herausnehmen.
- Steckverbindungen zum Warnblinkschalter trennen.

Einbau

- Der Einbau erfolgt sinngemäß in umgekehrter Ausbaureihenfolge.

Ausströmer Fahrerseite aus- und einbauen

Seit 10/99

Ausbau

- Lichtschalter ausbauen, siehe Seite 254.

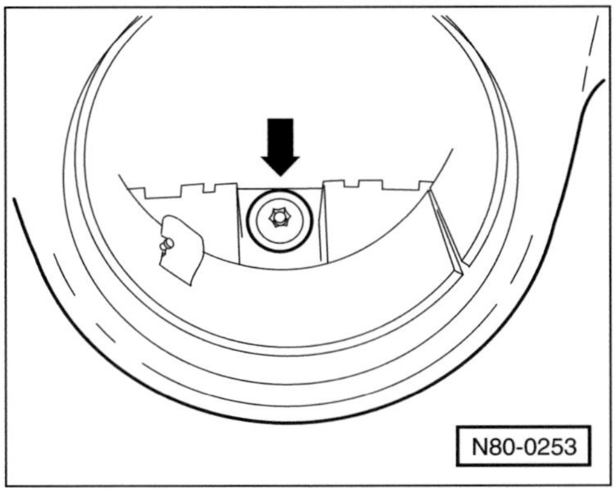

- Schraube –Pfeil– herausdrehen.
- Ausströmer aus der Armaturentafel ausclipsen. Dazu kleinen Schraubendreher zwischen Ausströmer und Armaturentafel einsetzen und Ausströmer vorsichtig heraushebeln. **Achtung:** Schraubendreher an mehreren Stellen ansetzen. Lappen oder Papierrolle unterlegen, damit die Armaturentafel nicht beschädigt wird.
- Steckverbindung für Leuchtweitenregulierung trennen.

Einbau

- Der Einbau erfolgt in umgekehrter Ausbaureihenfolge.

Seitenausströmer aus- und einbauen

Bis 9/99

Ausbau

- Linker Ausströmer: Lichtschalter ausbauen, siehe Seite 253.

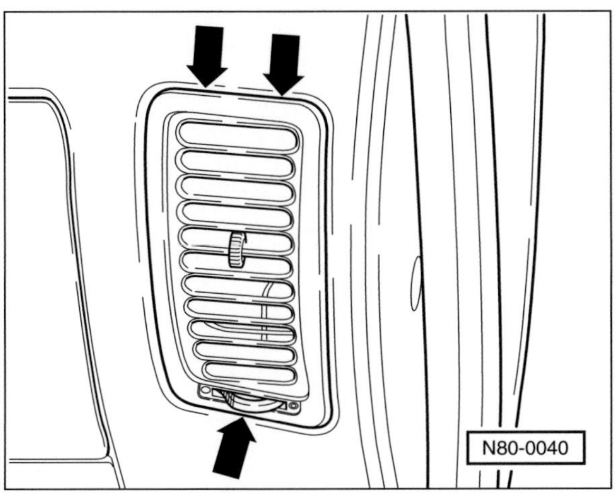

- Gehäuse für Ausströmer ausclipsen –Pfeile–.

Achtung: Gehäuse und Dreheinsatz sind ein Ersatzteil, nicht weiter zerlegen.

Einbau

- Ausströmer einclipsen.
- Linke Seite: Lichtschalter einbauen, siehe Seite 253.

Mittenausströmer aus- und einbauen

Bis 9/99

Ausbau

- Radio ausbauen, siehe Seite 255.
- Schalter neben Ausströmer herausdrücken.

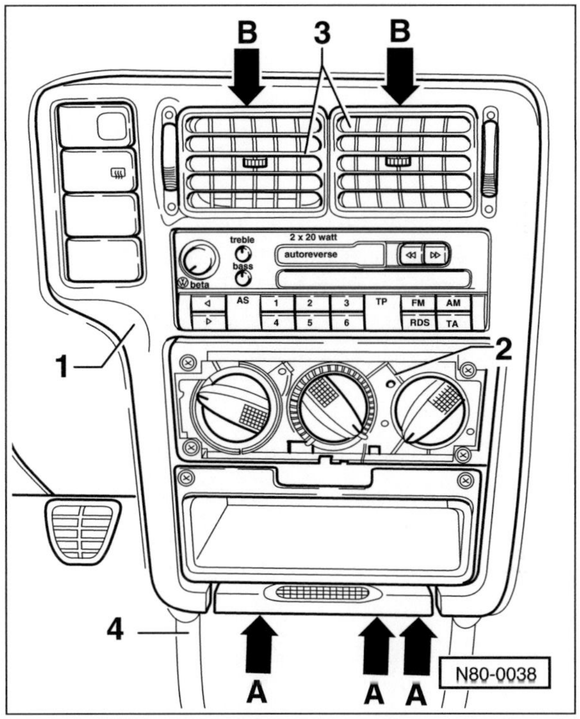

- Blende für Regulierung –2– ausclipsen.
- Regulierung –2– abschrauben.
- Mittelkonsole –4– ausbauen, siehe Seite 204.
- 3 Schrauben –A– abschrauben.
- Dreheinsätze –3– mit einer Spitzzange fassen und vorsichtig herausziehen.
- Gehäuse für Ausströmer –1– abschrauben –B– und herausnehmen.

Einbau

- Gehäuse für Ausströmer einsetzen und anschrauben. Dreheinsätze einclipsen.
- Schrauben –A– einschrauben.
- Regulierung anschrauben, Blende einclipsen.
- Mittelkonsole einbauen.
- Schalter und Radio einbauen, siehe Seite 253/255.

Fußraumausströmer aus- und einbauen

Ausbau

- Mittenausströmer ausbauen, siehe Seite 216.

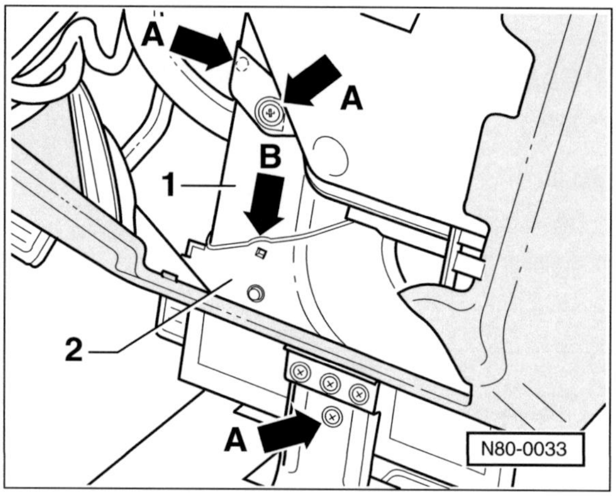

- 3 Schrauben –Pfeile A– herausdrehen.
- Fußraumausströmer-Oberteil –1– in Fußraumausströmer-Unterteil –2– schieben –Pfeil B–.
- Fußraumausströmer nach links herausziehen.
- Der Einbau erfolgt in umgekehrter Ausbaureihenfolge.

Bedieneinheit aus- und einbauen/ zerlegen

Bis 9/99

Ausbau

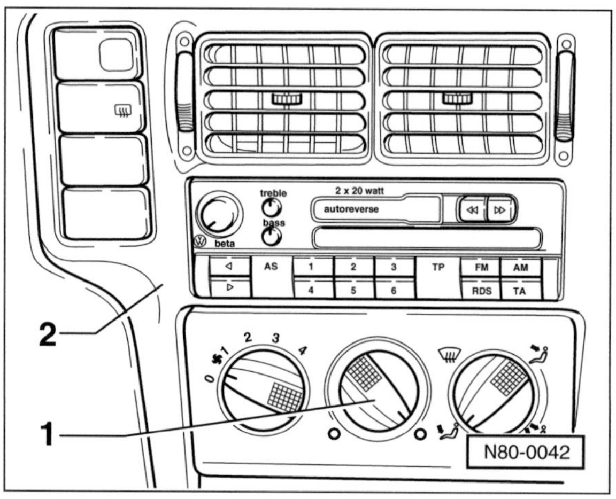

- Mittenausströmer –2– ausbauen, siehe Seite 216.
- Regulierung –1– mit angebauten Zügen aus der Schalttafel herausziehen.

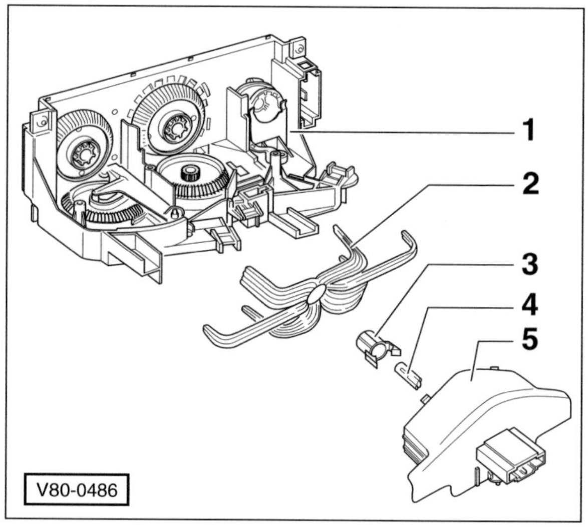

- Zum Auswechseln der Lampe, Kappe –5– abclipsen. Lampe –4– mit Farbfilter –3– herausziehen (–2– = Lichtleiter). 1 – Regulierung.
- Heizungszüge ausbauen.

Einbau

- Heizungszüge an ausgebauter Regulierung befestigen.
- Kappe mit eingesetzter Lampe in die Regulierung einrasten.
- Regulierung in die Schalttafel einsetzen und anschrauben.
- Mittenausströmer einbauen, siehe Seite 216.

Bedieneinheit aus- und einbauen/ Heizungszüge prüfen

Seit 10/99

Ausbau

- Ablage oberhalb der Bedieneinheit ausbauen. Dazu in die Ablage greifen, Ablage mit den Fingerspitzen herunterdrücken und herausschieben.
- Blende für Bedieneinheit nach hinten abziehen.

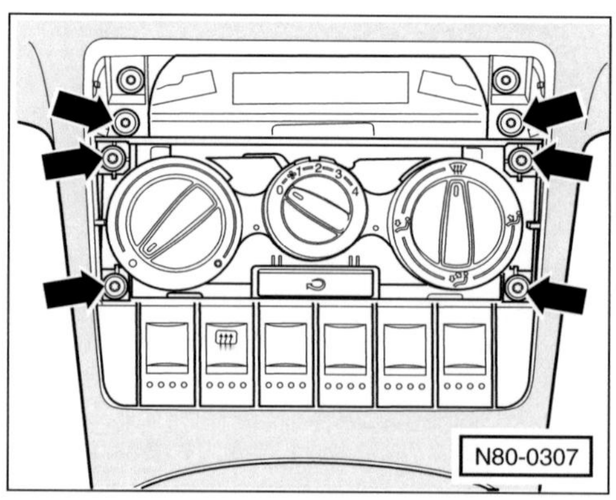

- Schrauben –Pfeile– herausdrehen.

- Lenksäulenverkleidung unten ausbauen, siehe Seite 206.
- Mittelkonsole ausbauen, siehe Seite 205.

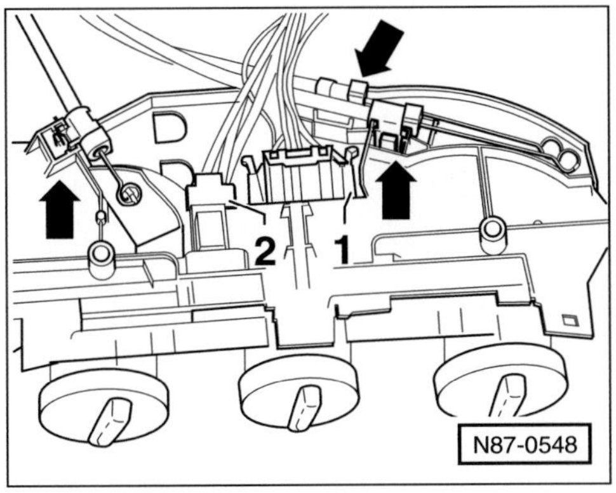

- Bowdenzüge an der Bedieneinheit aushängen –Pfeile–.
- Steckverbindung –1– und –2– abziehen.

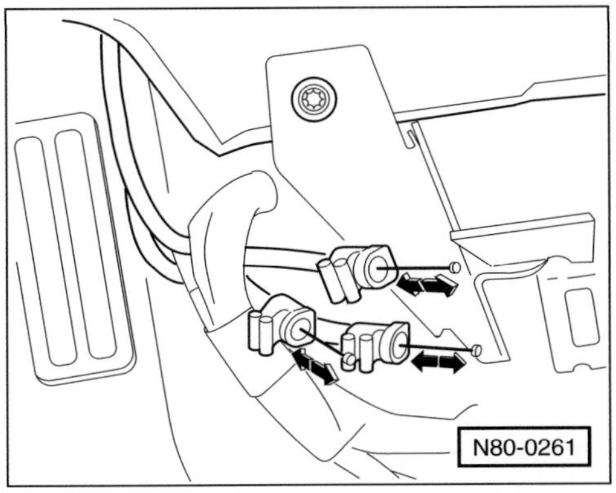

- Funktion der Bowdenzüge prüfen. Dazu Drahtenden der Züge in Pfeilrichtung hin- und herbewegen. Beschädigte oder schwergängige Züge ersetzen.

Einbau

- Heizungszüge einhängen, Zughüllen einclipsen. Die Züge sind farblich gekennzeichnet, um Verwechslungen zu verhindern.
- Drehknöpfe der Bedieneinheit von Anschlag zu Anschlag drehen. Alle Klappen müssen beim Drehen der Knöpfe bis gegen den Anschlag hörbar anschlagen.
- Der weitere Einbau erfolgt sinngemäß in umgekehrter Ausbaureihenfolge.

Heizungszüge aus- und einbauen/einstellen

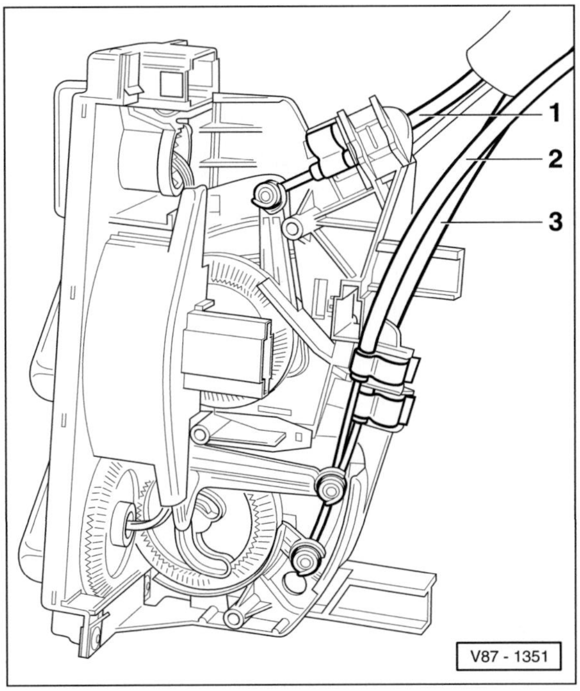

1 – **Zug für Temperatur-Drehknopf zur Temperaturklappe**
Blaue Hülle.

2 – **Zug für Luftverteilungs-Drehknopf zur Klappe Fußraum/Defrost**
Schwarze Hülle.

3 – **Zug für Luftverteilungs-Drehknopf zur Zentralklappe**
Gelbe Hülle.

Ausbau

- Heizungsregulierung ausbauen.
- Soll der Zug der Temperaturklappe oder Zentralklappe ausgebaut werden, Fußraumausströmer ausbauen, siehe Seite 217.
- Soll der Zug der Klappe Fußraum/Defrost ausgebaut werden, Ablage Fahrerseite ausbauen, siehe Seite 206.
- Heizungszüge an den Betätigungshebeln aushängen und herausnehmen. Dazu Federklammern für Zughüllen mit Schraubendreher abhebeln und Züge abnehmen.

Einbau

- Heizungszüge zuerst an der Heizungsregulierung einhängen. Zughüllen an die Anschläge auf der Regulierung setzen, dann die Federklammern mit einer Zange aufdrücken und einrasten.
- Regulierung einbauen.
- Züge an den Betätigungshebeln einhängen, Zughülle noch nicht befestigen.

Einstellen

- Temperatur-Drehknopf bis zum Anschlag auf die Stellung »kalt« drehen.

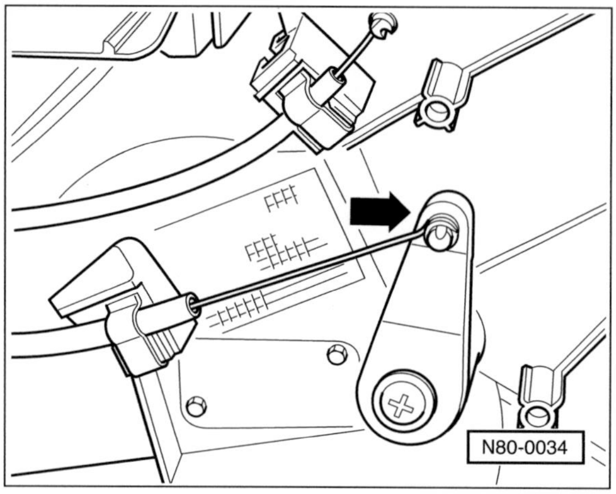

- Hebel für Temperaturklappe bis zum Anschlag drücken –Pfeil– und blaue Hülle des Zuges befestigen.
- Luftverteilungs-Drehknopf bis zum Anschlag auf die Stellung »Defrost« drehen.

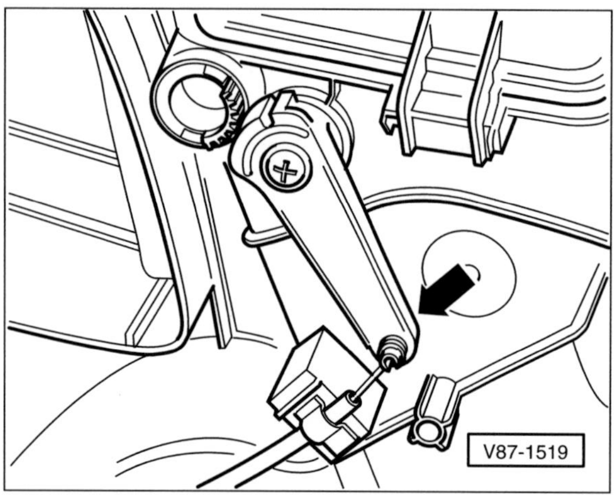

- Hebel der Klappe Zentralklappe bis zum Anschlag drücken –Pfeil– und gelbe Hülle des Zuges befestigen.
- Luftverteilungs-Drehknopf bis zum Anschlag auf die Stellung »Defrost« drehen.

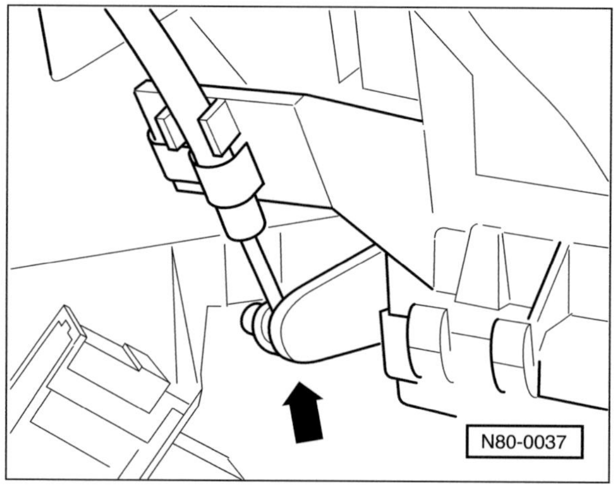

- Hebel für Zentralklappe bis zum Anschlag drücken und schwarze Hülle des Zuges befestigen.
- **Einstellung prüfen:** Drehknöpfe an der Heizungsregulierung von Anschlag zu Anschlag drehen. Dabei müssen die Klappen hörbar anschlagen.
- Fußraumausströmer und Ablage Fahrerseite einbauen.

Heizgebläse prüfen/ aus- und einbauen

Bis 9/99

Ausbau

- Batterie-Massekabel (–) abklemmen. **Achtung:** Dadurch werden elektronische Speicher gelöscht, wie zum Beispiel der Radiocode. Hinweise im Kapitel »Batterie aus- und einbauen« beachten.
- Elastische Abdeckung oben im Beifahrer-Fußraum herausziehen.

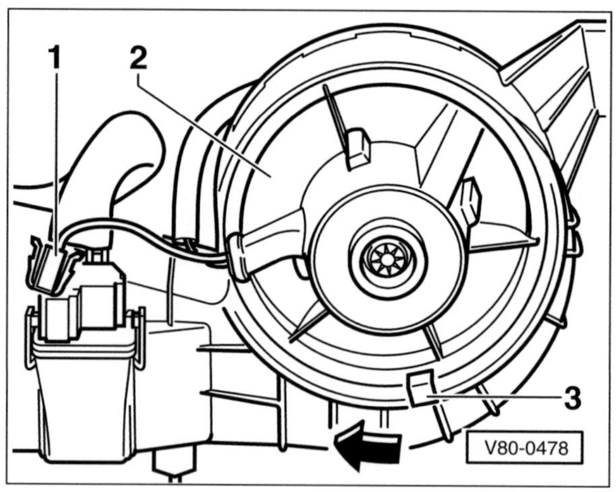

- Steckverbindung –1– vom Vorwiderstand abziehen.
- Haltezunge –3– mit Schraubendreher nach unten drücken. Gebläse –2– im Uhrzeigersinn drehen und nach unten herausnehmen.

- Lüfterrad auf Leichtgängigkeit prüfen.
- Eventuell vorhandene Fremdkörper aus dem Luftführungskanal herausnehmen.

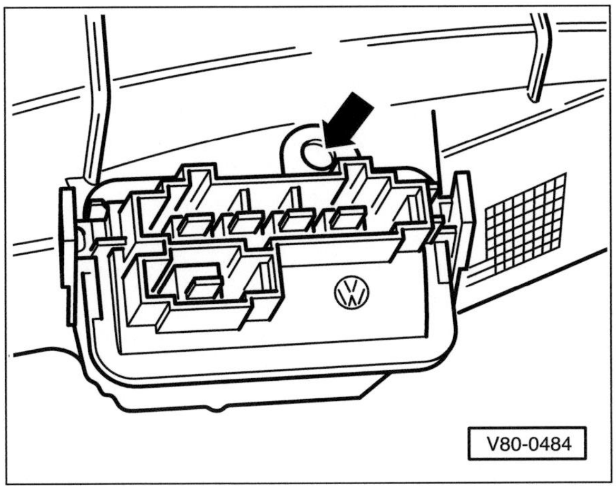

Achtung: Wenn das Heizgebläse nicht auf allen Stufen läuft, ist in der Regel ein Vorwiderstand defekt. In diesem Fall Anschlußplatte komplett ersetzen.

- Dazu seitliche Laschen zusammendrücken und Vorwiderstand herausziehen.

Einbau

- Fläche zwischen Vorwiderstand und Luftkanal vor dem Einbau mit Dichtmittel, zum Beispiel VW-AMV17600005, abdichten.
- Vorwiderstand ansetzen und einrasten. **Achtung:** Rasten die seitlichen Rasten nicht ein, Vorwiderstand mit einer Blechschraube –Pfeil– anschrauben.
- Gebläse ansetzen, nach links drehen und einrasten.
- Haltezunge eindrücken.
- Abdeckung in den Beifahrerfußraum einsetzen.
- Batterie-Massekabel (–) anklemmen. Zeituhr einstellen. Diebstahlcode für Radio eingeben.

Seit 10/99

Ausbau

- Batterie-Massekabel (–) abklemmen.
- Abdeckung im Fußraum auf der Fahrerseite ausbauen, siehe Seite 000.
- Mittelkonsole ausbauen.
- Handschuhkasten ausbauen.

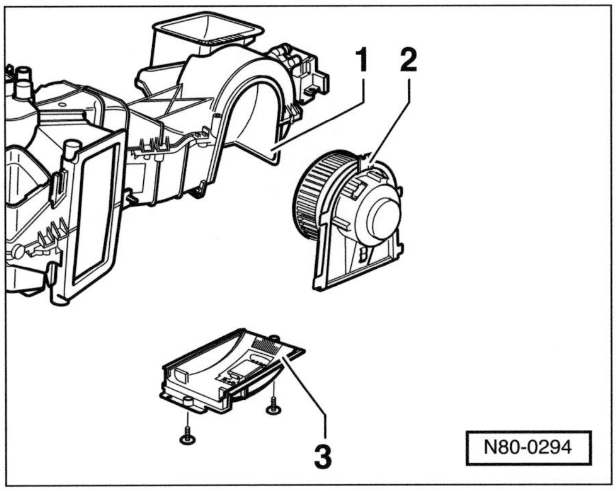

- Schaumstoffabdeckung unter dem Heizgerät –1– lösen.
- Steckverbindungen am Frischluftgebläse –2– abziehen.
- Vorwiderstand für Frischluftgebläse –3– abschrauben.
- Frischluftgebläse –2– nach unten herausziehen.

Einbau

- Der Einbau erfolgt in umgekehrter Ausbaureihenfolge.

Die Klimaanlage

Achtung: Reparaturen an der **Klimaanlage** werden nicht beschrieben. Arbeiten an der Klimaanlage sollten von einer Fachwerkstatt durchgeführt werden. Auftretende Fehler im Steuergerät oder an Sensoren und Stellgliedern werden in einem Fehlerspeicher des Steuergerätes abgelegt. Zur Fehlersuche kann die VW-Werkstatt den Fehler durch ein spezielles Prüfgerät abrufen.

Sicherheitshinweis:
Der **Kältemittelkreislauf darf nicht geöffnet** werden, da das Kältemittel bei Hautberührung Erfrierungen hervorrufen kann.
Bei versehentlichem Hautkontakt sofort mindestens 15 Minuten lang mit kaltem Wasser spülen. Kältemittel ist farb- und geruchlos sowie schwerer als Luft. Bei austretendem Kältemittel besteht am Boden beziehungsweise in unteren Räumen Erstickungsgefahr (nicht wahrnehmbar).

Funktion der Klimaanlage

Die Klimaanlage arbeitet wie ein Kühlschrank: Der Kompressor, vom Motor angetrieben, verdichtet das dampfförmige, umweltverträgliche, FCKW-freie Kältemittel (R 134 a). Dieses erhitzt sich dabei und wird in den Kondensator geleitet. Dort wird das Medium abgekühlt und verflüssigt sich. Über ein Expansionsventil wird das Kältemittel entspannt und in den Verdampfer eingespritzt, wo es aufgrund seines niedrigen Druckes verdampft. Durch diesen Verdampfungsprozess wird der von außen über das Röhren- oder Wabensystem vorbeistreichenden Luft Wärme entzogen.

Die Luft kühlt also ab, und mitgeführte Luftfeuchtigkeit wird zu Kondenswasser, das ins Freie geleitet wird.

Bei laufendem Motor und eingeschaltetem Gebläse kann dem Innenraum über verschiedene Austrittsöffnungen gekühlte Luft zugeführt werden. Die Intensität der Kühlung ist abhängig von der eingestellten Temperatur und von der Gebläseschalterstellung.

VW unterscheidet zwischen Klimaanlage und Klimatisierungsautomatik (Climatronic). In beiden Fällen ist in das Heizungs- und Lüftungssystem eine Kälteanlage integriert, so daß der Innenraum auch intensiv gekühlt werden kann. Bei beiden Versionen wird die eingestellte Innenraumtemperatur konstant gehalten.

Bei der Climatronic werden zusätzlich zur Temperatur Luftmenge und Luftverteilung automatisch geregelt. Die Luftmengenregelung erfolgt dann stufenlos über die Gebläsedrehzahl in Abhängigkeit von der Temperaturdifferenz zwischen eingestelltem Temperaturwert und der Innenraumtemperatur.

Die Climatronic besitzt zusätzlich einen Sonnensensor, der die Sonneneinstrahlung erfaßt. Er ist mittig in der Armaturentafel unter der Windschutzscheibe angeordnet. Bei besonders hoher Sonneneinstrahlung beeinflußt der Sonnensensor über eine elektronische Steuerung automatisch die Gebläsedrehzahl und damit die geförderte Luftmenge im Fahrgastraum. Die gewählte Innenraumtemperatur wird also entsprechend der Sonnenbelastung korrigiert.

Das elektronische Steuergerät ist im Bedienteil der Klimaanlage integriert. Durch manuelles Verstellen der Gebläsedrehzahl unter Minimum wird das Heizungs-/Klimatisierungssystem ausgeschaltet.

Störungsdiagnose Heizung

Störung	Ursache	Abhilfe
Heizgebläse läuft nicht.	Sicherung für Gebläsemotor defekt.	■ Sicherung für Gebläse prüfen, gegebenenfalls ersetzen.
	Gebläseschalter defekt.	■ Prüfen, ob an den Vorwiderständen Spannung anliegt. Wenn nicht, Gebläseschalter ausbauen und prüfen.
	Elektromotor defekt.	■ Gebläsemotor prüfen.
Heizgebläse läuft nur in einer Geschwindigkeitsstellung nicht.	Vorwiderstand defekt.	■ Anschlußplatte ersetzen.
Heizleistung zu gering.	Kühlmittelstand zu niedrig.	■ Kühlmittelstand prüfen, gegebenenfalls Kühlmittel auffüllen.
	Heizungsbetätigung schwergängig, defekt.	■ Heizungsbetätigung prüfen, gegebenenfalls Bowdenzug ersetzen.
	Wärmetauscher undicht oder verstopft.	■ Wärmetauscher ersetzen (Werkstattarbeit).
Heizung läßt sich nicht ausschalten.	Heizungsbetätigung schwergängig, defekt.	■ Heizungsbetätigung prüfen, gegebenenfalls Bowdenzug ersetzen.
Geräusche im Bereich des Heizgebläses.	Eingedrungener Schmutz, Laub.	■ Gebläse ausbauen, reinigen, Luftkanal säubern.
	Lüfterrad hat Unwucht, Lager defekt.	■ Gebläsemotor ausbauen und auf leichten Lauf prüfen.
Frischluft bzw. Heizluft riecht nach faulen Eiern.	Spannungsregler am Generator defekt. Batterie wird zu stark geladen und beginnt zu gasen. Dabei bildet sich Schwefelwasserstoff (H_2S).	■ Ladespannung bzw. Spannungsregler des Generators prüfen, ggf. Spannungsregler ersetzen.

Elektrische Anlage

Bei der Überprüfung der elektrischen Anlage stößt der Heimwerker in den technischen Unterlagen immer wieder auf die Begriffe Spannung, Stromstärke und Widerstand.

Die Spannung wird in Volt (V) gemessen, die Stromstärke in Ampere (A) und der Widerstand in Ohm (Ω). Mit dem Begriff Spannung ist beim Auto in der Regel die Batteriespannung gemeint. Es handelt sich dabei um eine Gleichspannung von ca. 12 Volt. Die Höhe der Batteriespannung hängt vom Ladezustand der Batterie und von der Außentemperatur ab. Sie kann zwischen 10 bis 13 Volt betragen. Demgegenüber wird die Bordspannung vom Generator (Lichtmaschine) erzeugt, die bei mittleren Drehzahlen ca. 14 Volt beträgt.

Der Begriff Stromstärke taucht im Bereich der Automobil-Elektrik relativ selten auf. Die Stromstärke ist beispielsweise auf der Rückseite von Sicherungen angegeben und weist auf den maximalen Strom hin, der fließen kann, ohne daß die Sicherung durchbrennt und damit den Stromkreis unterbricht.

Überall wo Strom fließt, muß er einen Widerstand überbrücken. Der Widerstand ist unter anderem von folgenden Faktoren abhängig: Leitungsquerschnitt, Leitungsmaterial, Stromaufnahme usw. Ist der Widerstand zu groß, treten Funktionsstörungen auf. Beispielsweise darf der Widerstand in den Zündleitungen nicht zu hoch sein, sonst fehlt ein ausreichend starker Zündfunke an den Zündkerzen, der das Kraftstoff-Luftgemisch entzündet und damit den Motor zum Laufen bringt.

Meßgeräte

Zum Messen der Bord-Elektrik gibt es im Handel sogenannte Mehrfach-Meßgeräte. Sie vereinen in einem Gerät das Voltmeter, um Spannungen zu messen, das Amperemeter, um die Stromstärke zu messen und das Ohmmeter, um den Widerstand zu messen. Die im Handel befindlichen Meßgeräte unterscheiden sich hauptsächlich im Meßbereich und in der Meßgenauigkeit. Durch den Meßbereich wird festgelegt, in welchem Bereich Spannungen oder Widerstände liegen müssen, damit sie überhaupt vom Gerät erfaßt werden können.

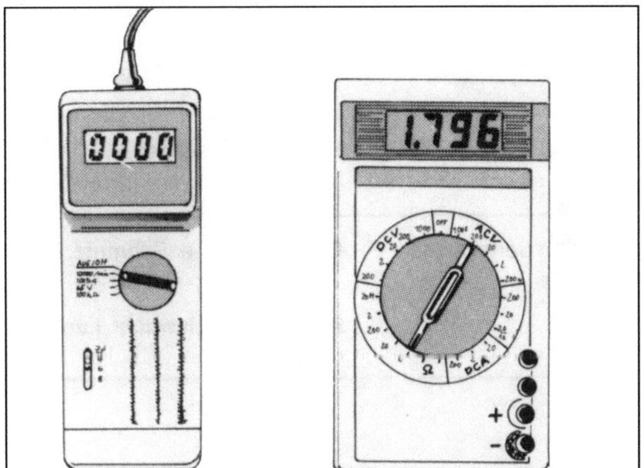

SX-5401P

Für den Heimwerker gibt es Vielfach-Meßgeräte, die speziell für Prüfarbeiten am Auto abgestimmt sind. Mit solch einem Gerät können Motordrehzahl, Zünd-Schließwinkel und Spannungen bis zu 20 Volt gemessen werden. Bei Widerstandsmessungen beschränkt sich das Gerät in der Regel auf den Kilo-Ohm-Bereich, also etwa 1–1000 kΩ.

Darüber hinaus werden Meßgeräte zur Überprüfung von elektrischen und elektronischen Bauteilen angeboten. Sie erlauben eine umfassende Messung von kleinen Widerständen in Ohm (Ω) bis zu großen Widerständen im Mega-Ohm-Bereich (MΩ). Spannungen (in Volt) können sehr exakt gemessen werden, was vor allem bei elektronischen Bauteilen erforderlich ist.

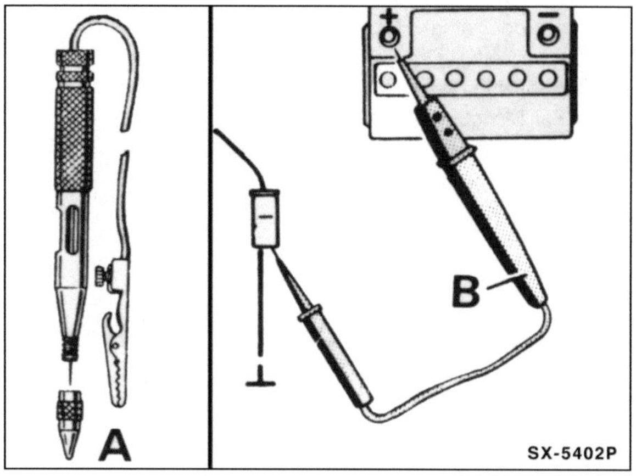

Wenn nur geprüft werden soll, ob überhaupt Spannung (V) anliegt, eignet sich hierzu eine einfache Prüflampe –A–. Dies gilt allerdings nur für Stromkreise, in denen sich keine elektronischen Bauteile befinden. Denn Elektronikteile reagieren äußerst empfindlich auf zu hohe Ströme. Unter Umständen können sie bereits durch Anschließen einer Prüflampe zerstört werden. **Achtung:** Bei der Prüfung elektronischer Bauteile (Transistoren, Dioden, und Steuergeräte) ist ein hochohmiger Spannungsprüfer –B– erforderlich. Er arbeitet wie eine Prüflampe, jedoch ohne daß elektronische Bauteile geschädigt werden, und eignet sich für sämtliche Prüfarbeiten.

Meßtechnik

Spannung messen

Spannung kann schon mit einer einfachen Prüflampe oder einem Spannungsprüfer nachgewiesen werden. Allerdings erkennt man dann nur, ob überhaupt Spannung anliegt. Um die Höhe der anliegenden Spannung zu prüfen, muß ein Voltmeter (Spannungs-Meßgerät) angeschlossen werden.

Zunächst ist beim Voltmeter der Meßbereich einzustellen, in dem sich die zu messende Spannung voraussichtlich befindet. Spannungen am Fahrzeug sind in der Regel nicht höher als ca. 14 Volt. Eine Ausnahme bildet die Zündanlage; hier kann die Zündspannung bis zu 30.000 Volt betragen. Diese hohe Spannung ist nur mit einem speziellen Meßgerät oder einem Oszilloskop meßbar.

Während man bei Meßgeräten, die speziell auf das Auto abgestimmt sind, am Wählschalter nur das Voltmeter einschalten muß, sind bei einem allgemeinen Vielfachmeßgerät erst eine Reihe von Entscheidungen zu fällen. Zunächst wird mit dem Wählschalter der Bereich Gleichspannung (DCV im Gegensatz zu ACV=Wechselspannung) eingestellt. Dann wird der Meßbereich gewählt. Da beim Auto außer an der Zündanlage keine höheren Spannungen als ca. 14 Volt auftreten, sollte die Obergrenze des einzustellenden Meßbereiches etwas höher liegen (ca. 15 bis 20 Volt). Falls sicher ist, daß die gemessene Spannung wesentlich niedriger ist, zum Beispiel im Bereich von 2 Volt, kann der Meßbereich heruntergeschaltet werden, um eine größere Anzeigegenauigkeit zu erreichen. Liegen höhere Spannungen an, als sie vom Meßbereich des Gerätes erfaßt werden, kann das Meßgerät zerstört werden.

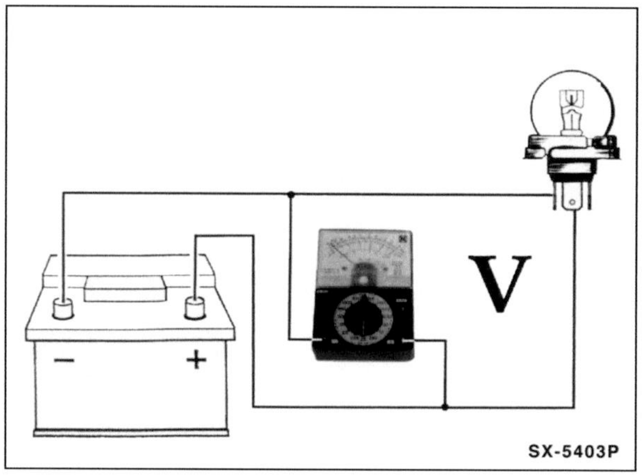

Die Kabel des Meßgerätes entsprechend der Zeichnung parallel zum Verbraucher anschließen. Dabei wird das rote Meßkabel an die vom Batterie-Pluspol kommende Leitung angelegt, das schwarze Meßkabel an die Masse-Leitung oder an Fahrzeugmasse, wie zum Beispiel den Motorblock.

Prüfbeispiel: Wenn der Motor nicht richtig anspringt, weil der Anlasser zu langsam dreht, ist es zweckmäßig, die Batteriespannung zu prüfen, während der Anlasser betätigt wird. Dazu das Voltmeter mit dem roten Kabel (+) an den Batterie-Pluspol und mit dem schwarzen Kabel an Fahrzeugmasse (–) anklemmen. Anschließend durch einen Helfer den Anlasser betätigen lassen und den Spannungswert ablesen. Liegt die Spannung unter ca. 10 Volt (bei einer Batterie-Temperatur von +20°C), muß die Batterie überprüft und eventuell vor den nächsten Startversuchen geladen werden.

Stromstärke messen

Am Auto ist es relativ selten erforderlich, die Stromstärke zu messen. Beispiel, siehe Kapitel »Batterie entlädt sich selbständig«. Benötigt wird hierzu ein Amperemeter, welches ebenfalls in einem Vielfachmeßgerät integriert ist.

Vor der Strommessung wird das Meßgerät auf den Meßbereich eingestellt, in dem sich die zu messende Stromstärke voraussichtlich befindet. Falls das nicht bekannt ist, höchsten Meßbereich einstellen und, falls keine Anzeige erfolgt, nacheinander in die nächstniedrigeren Meßbereiche schalten.

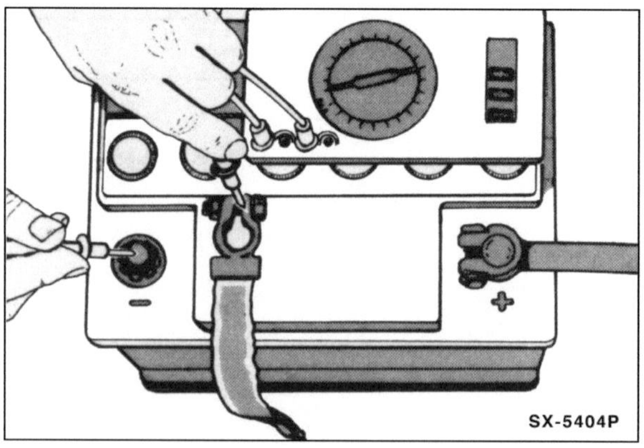

Für die Messung der Stromstärke muß der Stromkreis aufgetrennt werden, das Meßgerät (Amperemeter) wird dazwischengeschaltet. Dazu wird beispielsweise der Stecker abgezogen und das rote Kabel (+) des Amperemeters an die stromführende Leitung angeschlossen. Das schwarze Kabel (–) wird an den Kontakt angelegt, an dem normalerweise die unterbrochene Leitung angeschlossen ist. Die Massekontakte zwischen Verbraucher und Stecker müssen dann mit einem Hilfskabel verbunden werden.

Achtung: Keinesfalls sollte mit einem normalen Amperemeter die Stromstärke in der Leitung zum Anlasser (ca. 150 A) oder zu den Glühkerzen beim Dieselmotor (bis 60 A) gemessen werden. Durch die hierbei auftretenden hohen Ströme kann das Meßgerät zerstört werden. Die Werkstatt benutzt für diese Messungen ein Amperemeter mit Gleichstromzange. Dabei wird eine Stromzange über das isolierte Stromkabel geklemmt und der Stromwert durch Induktion gemessen.

Widerstand messen

Vor der Prüfung des Widerstandes ist grundsätzlich sicherzustellen, daß am Bauteil, an welches das Ohmmeter angeschlossen wird, keine Spannung anliegt. Also immer vorher Stecker abziehen, Zündung ausschalten, Leitung beziehungsweise Aggregat ausbauen oder Batterie abklemmen. Andernfalls kann das Meßgerät beschädigt werden.

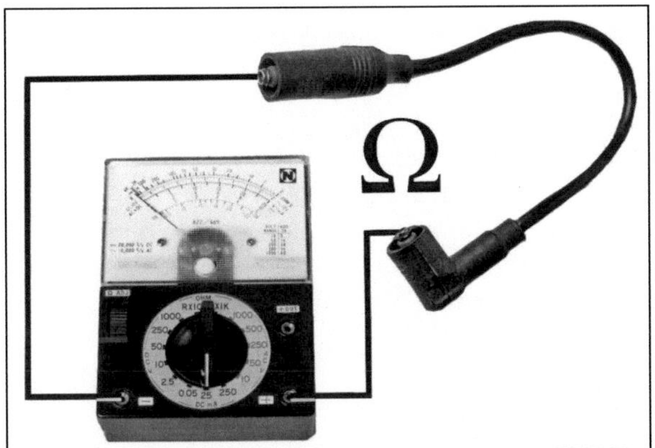

SX-5405

Das Ohmmeter wird an die 2 Anschlüsse eines Verbrauchers oder an die 2 Enden einer elektrischen Leitung angeschlossen. Dabei spielt es keine Rolle, welches Kabel (+/–) des Meßgerätes an welchen Kontakt angeklemmt wird.

Die Widerstandsmessung am Auto erstreckt sich weitgehend auf 2 Bereiche:

1. Kontrolle eines in den Stromkreis integrierten Widerstandes oder Bauteils.

2. »Durchgangsprüfung« einer elektrischen Leitung, eines Schalters oder einer Heizwendel. Dabei wird geprüft, ob eine elektrische Leitung im Fahrzeug unterbrochen ist und deshalb das angeschlossene elektrische Gerät nicht funktionieren kann. Zur Messung wird das Ohmmeter an die beiden Enden der betreffenden elektrischen Leitung angeschlossen. Beträgt der Widerstand 0 Ω, dann ist „Durchgang" vorhanden. Das heißt, die elektrische Leitung ist in Ordnung. Bei unterbrochener Leitung zeigt das Meßgerät ∞ (unendlich) Ω an.

Elektrisches Zubehör nachträglich einbauen

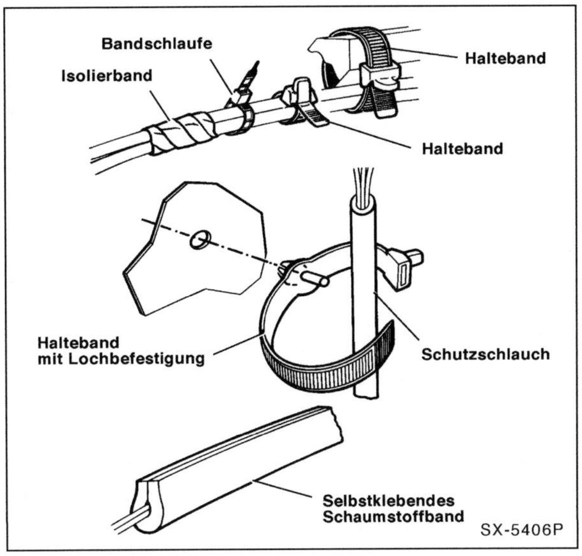

SX-5406P

Kabel, die beim Einbau von Zubehör zusätzlich zu dem serienmäßig eingebauten Kabelsatz im Fahrzeug verlegt werden müssen, sind nach Möglichkeit immer entlang der einzelnen Kabelstränge unter Verwendung der vorhandenen Kabelschellen und Gummitüllen zu verlegen.

Falls erforderlich, sind die neu verlegten Kabel, um Geräuschen während der Fahrt vorzubeugen und das Scheuern von Kabeln zu vermeiden, mit Isolierband, plastischer Masse, Kabelbändern und dergleichen zusätzlich festzulegen. Hierbei ist besonders darauf zu achten, daß zwischen den Bremsleitungen und den festverlegten Kabeln ein Mindestabstand von 10 mm sowie zwischen den Bremsleitungen und den Kabeln, die mit dem Motor oder anderen Teilen des Fahrzeuges schwingen, ein Mindestabstand von 25 mm vorliegt.

Beim Bohren von Karosserie-Löchern müssen die Lochränder anschließend entgratet, grundiert und lackiert werden. Die beim Bohren zwangsläufig anfallenden Späne sind restlos aus der Karosserie zu entfernen.

Bei allen Einbauarbeiten, die das elektrische Leitungssystem berühren, ist, um der Gefahr von Kurzschlüssen im elektrischen Leitungssystem vorzubeugen, grundsätzlich das Massekabel (–) von der Fahrzeugbatterie abzuklemmen und zur Seite zu hängen.

Achtung: Wird die Batterie abgeklemmt, werden unter Umständen der Fehlerspeicher für Motor- und Getriebesteuerung, Antiblockiersystem sowie andere elektrische Geräte wie zum Beispiel das Radio und die Zeituhr stillgelegt, beziehungsweise Speicherwerte gelöscht. Spezielle Hinweise zu diesem Thema stehen im Kapitel »Batterie-Ausbau«.

Sofern zusätzliche elektrische Verbraucher eingebaut werden, ist in jedem Fall zu überprüfen, ob die erhöhte Belastung noch von dem vorhandenen Drehstromgenerator mit übernommen werden kann. Falls erforderlich, sollte ein Generator mit größerer Leistung vorgesehen werden.

Fehlersuche in der elektrischen Anlage

Beim Aufspüren eines Defekts in der elektrischen Anlage ist es wichtig, systematisch vorzugehen. Dies gilt sowohl beim Überprüfen von ausgefallenen Glühlampen wie auch bei nicht laufenden Elektromotoren.

Der **erste Schritt** ist immer die Überprüfung der Sicherung, sofern das elektrische Bauteil abgesichert ist. Die aktuelle Sicherungsbelegung ergibt sich aus dem Aufdruck auf dem Sicherungskastendeckel, siehe auch unter Kapitel »Sicherungen auswechseln«.

Defekte Sicherung gegebenenfalls auswechseln und nach Einschalten des elektrischen Verbrauchers kontrollieren, ob diese nicht unmittelbar wieder durchbrennt. In diesem Fall muß zuerst der Fehler aufgespürt und behoben werden, in der Regel handelt es sich um einen Kurzschluß. Das bedeutet, an irgend einer Stelle, mitunter auch intern im elektrischen Gerät, sind Masse- und Plusanschluß miteinander verbunden.

Zweiter Prüfschritt: Wenn bei intakter Sicherung die Glühlampe nicht leuchtet beziehungsweise der Elektromotor nicht anläuft, ist die Stromversorgung zu überprüfen.

Glühlampe prüfen

- Lampe ausbauen und sichtprüfen. Ist der Glühfaden durchgebrannt oder sitzt der Glaskolben locker im Sockel, Lampe erneuern.
- Um einwandfrei festzustellen, ob die Glühlampe intakt ist, geht man folgendermaßen vor: Eine Plusleitung (+) und eine Masseleitung (–) direkt an die Pole der Batterie anschließen und mit der Lampe verbinden. Dabei ist es unwichtig, wie die Kabel an die Lampe angeschlossen werden. Ein Kabel an den Stromanschluß, das andere an das Glühlampengehäuse. Wenn jetzt die Lampe nicht leuchtet, Lampe erneuern. **Hinweis**: Es muß sichergestellt sein, daß die Kontakte an der Lampe und in der Lampenfassung nicht korrodiert sind. Gegebenenfalls korrodierte oder verbogene Anschlüsse abschmirgeln und einwandfreien Kontakt herstellen.
- Ist die Lampe intakt, Lampe einsetzen und einschalten. Leuchtet die Lampe nicht, mit Prüflampe Stromzuführung überprüfen. Dazu Prüflampe an Masse anlegen. Das bedeutet: Das eine Kabel der Prüflampe muß an eine gute Massestelle am Motor (blankes Metall) oder direkt am Batterie-Minuspol angeschlossen werden. Die andere Prüflampen-Prüfspitze (+) entweder an den stromführenden Stecker halten oder mit der Prüfspitze in das stromführende Kabel einstechen. Wenn die Prüflampe jetzt aufleuchtet und die Lampe dennoch nicht brennt, ist die Massezuführung zur Lampe unterbrochen. Um dies zu überprüfen, Massehilfsleitung an die Lampenfassung anlegen. Die Lampe muß jetzt leuchten.
  Hinweis: Es gibt Lampen, die nur eine spannungsführende Zuleitung haben, zum Beispiel Fahrzeuginnenbeleuchtung. Diese Lampen sind über ihr Gehäuse direkt mit der Fahrzeugmasse verbunden.
- Wenn das stromführende Kabel zur Lampe keine Spannung aufweist, die Prüflampe also nicht aufleuchtet, ist sehr wahrscheinlich der Schalter defekt. Schalter auf Durchgang prüfen.

Elektromotoren prüfen

Im Auto werden immer mehr Komfortfunktionen von kleinen Elektromotoren übernommen. Dazu gehören bespielsweise der Fensterheber, das Schiebedach, die elektrische Zentralverriegelung oder die elektrische Antenne.

Jeder Motor wird bei Bedarf über einen Schalter zugeschaltet, meist von Hand. Bei der elektrischen Antenne wird der Schalter automatisch vom Radio angesteuert.

- Sicherung des betreffenden Elektromotors prüfen, gegebenenfalls ersetzen.

Hinweis: Beim elektrischen Fensterheber und der Zentralverriegelung sollte vor einer erneuten Betätigung die Überlastungsursache beseitigt werden. Das können beispielsweise vereiste Scheiben und Schlösser oder verschmutzte Fenster-Führungsschienen sein.

- Brennt die Sicherung gleich wieder durch, liegt ein Kurzschluß vor.
- Um eindeutig zu klären, ob der Defekt im Motor liegt, 2 Hilfskabel (Ø ca. 2 mm) direkt von der Fahrzeugbatterie an den Motor anlegen. Pluskabel an den Pluspol, Massekabel an Massepol des Motors. Die Pol-Belegung ergibt sich im Zweifelsfall aus dem Stromlaufplan. Dazu muß der Motor gegebenenfalls ausgebaut werden. Alle elektrischen Motoren im Fahrzeug werden mit Bordspannung (12 bis 14 Volt) versorgt. Funktioniert der Motor jetzt ordnungsgemäß, war die Stromversorgung defekt. **Hinweis:** Ein zu langsam laufender oder aussetzender Elektromotor kann auf abgenützte Schleifkohlen hinweisen. In diesem Fall Schleifkohlen (Bürsten) ersetzen.
- Funktioniert der Motor, anhand des Stromlaufplans feststellen, welche Zuleitung am Elektromotor Spannung führt, wenn der Schalter betätigt wird und zuvor die Zündung eingeschaltet wurde.
- Spannungsführendes Kabel am Elektromotor mit Prüflampe prüfen. Da bei Elektromotoren ein großer Strom fließt, kann eine herkömmliche Prüflampe mit Glühlampe genommen werden. Diese haben spitze Prüfnadeln, mit denen das Anschlußkabel durchstochen werden kann. So läßt sich auf einfache Weise die Spannung prüfen. Motoren, die links/rechtsherum drehen, zum Beispiel Fensterhebermotoren, haben zwei Plus-Anschlüsse. **Achtung:** Scheibenwischermotor prüfen, siehe entsprechendes Kapitel.
- Liegt keine Spannung am Elektromotor an, ist die Stromversorgung defekt. Fehler in der Zuleitung nach Stromlaufplan suchen und beheben. Elektromotoren haben in der Regel aufgrund des hohen Strombedarfs zusätzliche Schaltrelais. Prüfung, siehe entsprechendes Kapitel.
- Wurde kein Fehler gefunden, Schalter prüfen.
- Ist ein Kabel defekt, ist es oft sinnvoller, man legt ein neues Kabel, da es schwierig ist, einen Defekt im Kabel zu lokalisieren.

Schalter auf Durchgang prüfen

Die meisten elektrischen Verbraucher werden über einen von Hand betätigten Schalter ein- und ausgeschaltet. Darüber hinaus gibt es auch Schalter, die automatisch betätigt werden. Zu diesen Schaltern zählen zum Beispiel der Öldruckschalter und der Geber für Bremsflüssigkeitsstand.

Grundsätzlich hat ein Schalter die Aufgabe, den Stromkreis zu schließen und zu unterbrechen. Es gibt Schalter, die die Masseleitung unterbrechen, und Schalter, die den Plusstrom unterbrechen.

Schalter für Lampen und Elektromotoren prüfen

- Betreffenden Schalter ausbauen.
- Einfache Schalter haben nur 2 Anschlüsse für die Kabel. In diesem Fall muß an einem Anschluß immer Spannung (+) anliegen und nach dem Einschalten an der anderen Klemme auch. Es gibt auch Schalter mit mehreren Klemmen. Bei diesen Schaltern anhand des Stromlaufplans klären, an welcher Klemme Spannung anliegen muß, gegebenenfalls vorher Zündung einschalten.
- Mit Prüflampe prüfen, ob am Schalter Spannung anliegt. Leuchtet die Prüflampe auf, Schalter betätigen und an der Ausgangsklemme prüfen, ob dort auch Spannung anliegt. Ist das der Fall, ist sichergestellt, daß der Schalter funktioniert.
- Wenn an der Eingangsklemme keine Spannung anliegt, liegt eine Unterbrechung in der Leitungs-Zuführung vor. Anhand des Stromlaufplans muß die Spannungszuführung kontrolliert und gegebenenfalls eine neue Leitung gelegt werden.

Geberschalter prüfen

Geberschalter sind beispielsweise: Öldruckschalter, Geber für Bremsflüssigkeits- und Kühlmittelstand.

- Durchgangsprüfer (Prüflampe oder Ohmmeter) an der Zu- und Ableitung des Schalters anschließen, dazu Kabel am Schalter abziehen. **Achtung:** Schalter, die im Motorblock eingeschraubt sind, haben in der Regel kein Massekabel, da das Schaltergehäuse über den Motorblock als Massepol dient.
- Bei geschlossenem Schalter muß der Durchgangsprüfer Durchgang anzeigen. Am besten ist ein Ohmmeter als Durchgangsprüfer: Bei geschlossenem Schalter muß es 0 Ω, bei geöffnetem Schalter ∞ Ω (unendlich) anzeigen.
- Die Funktionsfähigkeit etwa der Kühlmittel- oder Bremsflüssigkeitsstand-Warnschalter läßt sich am schnellsten prüfen, indem bei eingeschalteter Zündung die Zuleitung am Schalter abgezogen wird und an eine gute Massestelle, zum Beispiel gegen den Motorblock, gehalten wird. Spricht die Warnlampe im Schalttafeleinsatz jetzt an, liegt der Fehler am Schalter.
  Ein Sonderfall ist der Öldruckschalter: Bei stehendem Motor ist der Kontakt geschlossen (Warnlampe brennt), erst bei einem gewissen Öldruck öffnet der Schalter.

Relais prüfen

In vielen Stromkreisen ist ein Relais integriert. Ein Schaltrelais arbeitet wie ein Schalter. **Beispiel:** Wenn das Fernlicht über den Handschalter eingeschaltet wird, bekommt das Relais den Befehl, den Strom zum Fernlicht durchzuschalten. Man könnte natürlich den Strom auch direkt über den Lichtschalter von der Batterie zum Fernlicht legen. Bei allen Verbrauchern mit hoher Stromaufnahme (Fernscheinwerfer, Scheibenwischer, Nebelscheinwerfer) schaltet man jedoch ein Relais dazwischen, um den Schalter nicht zu überlasten beziehungsweise um kurze Stromwege sicherzustellen. Neben diesen Schaltrelais gibt es auch Funktionsrelais, zum Beispiel für die Wisch-Wasch-Anlage oder das Warntonrelais für eingeschaltete Außenbeleuchtung.

Schaltrelais prüfen

Beim Einschalten des betreffenden Verbrauchers wird das Relais angesteuert, das heißt durch den Schaltstrom zieht eine Magnetspule im Relaisinnern einen Kontakt an und schließt so den Stromkreis für den »Arbeitsstrom«. Der Arbeitsstrom läuft über das Relais zum Stromverbraucher weiter.

Am einfachsten läßt sich die Funktionsfähigkeit eines Relais prüfen, wenn man es gegen ein intaktes auswechselt. So macht man es auch in der Werkstatt. Da dem Heimwerker jedoch in den seltensten Fällen ein neues Relais sofort zur Verfügung steht, empfiehlt sich folgender Arbeitsschritt bei den sogenannten Schaltrelais, wie sie unter anderem zum Schalten von Nebel- und Hauptscheinwerfern verwendet werden. Die hier angegebenen Klemmenbezeichnungen können vor allem bei den serienmäßig eingebauten Relais auch anders lauten.

- Relais aus der Halterung herausziehen.
- Zündung und entsprechenden Schalter einschalten.
- Zuerst mit Spannungsprüfer feststellen, ob an Klemme 30 (+) im Relaishalter Spannung anliegt. Dazu Spannungsprüfer an Masse (–) anschließen und die andere Kontaktspitze vorsichtig in Klemme 30 einführen. Wenn die Leuchtdiode des Spannungsprüfers aufleuchtet, ist Spannung vorhanden. Zeigt der Spannungsprüfer keine Spannung an, Unterbrechung vom Batterie-Pluspol (+) zu Klemme 30 anhand des Schaltplanes aufspüren.
- Leitungsbrücke aus einem Stück isoliertem Draht herstellen, die Enden müssen blank sein.
- Mit dieser Brücke im Relaishalter die Klemme 30 (Batterie +, führt immer Spannung) mit dem Ausgang des Relais-Schließers Klemme 87 verbinden. Mit diesem Arbeitsschritt wird praktisch genau das getan, was ein intaktes Relais auch vornimmt. Wo sich die Klemmen im Relaishalter befinden, ist auf dem Relais beziehungsweise am Steckkontakt aufgeführt.
- Wenn bei eingesetzter Brücke zum Beispiel das Fernlicht aufleuchtet, kann man davon ausgehen, daß das Relais defekt ist.

- Wenn das Fernlicht nicht aufleuchtet, klären, ob die Masseverbindung zum Scheinwerfer intakt ist. Dann Unterbrechung in der Leitungsführung von Klemme 87 zum Hauptscheinwerfer anhand des Schaltplanes aufspüren und beheben.
- Falls erforderlich, neues Relais einsetzen.

Achtung: Falls ein Fehler nur zeitweise in einem Stromkreis auftritt, der mit einem Relais bestückt ist, dann liegt der Defekt in der Regel im Relais. Und zwar bleibt dann ein Kontakt im Relais ab und zu kleben, während das Relais in der übrigen Zeit einwandfrei funktioniert. Bei Auftreten des Fehlers leicht gegen das Relaisgehäuse klopfen. Wenn das Relais daraufhin durchschaltet, Relais ersetzen.

Scheibenwischermotor prüfen

Der Scheibenwischermotor sitzt im Wasserkasten unterhalb der Windschutzscheibe, beim Heckwischer in der Heckklappe. Zum Prüfen muß die jeweilige Abdeckung demontiert werden. Im nachfolgenden wird vor allem auf den Frontscheibenwischer eingegangen, beim Heckwischer dementsprechend verfahren.

Klemmenbezeichnungen

Die Klemmen am Motor sind genormt:

– Klemme 31 ist der Masseanschluß (allgemein in der Fahrzeugelektrik).

– Klemme 53 erhält Spannung für die erste Wischergeschwindigkeit.

– Klemme 53 a liefert Plusstrom (+) für die Wischer-Endabstellung: Der Motor erhält über einen Schleifkontakt so lange Spannung, bis die Wischer in Ruhestellung gelaufen sind, wenn der Fahrer den Scheibenwischer ausschaltet.

– Klemme 53 b führt die Spannung für die zweite Wischergeschwindigkeit (Nebenschlußwicklung).

– Über Klemme 53 e wird der Wischermotor beim Zurücklaufen nach dem Abschalten abgebremst, damit die Wischer nicht über ihre Parkstellung hinauslaufen.

– Nicht überall vorhanden: Klemme 53 c führt zur elektrischen Scheibenwaschpumpe, Klemme 53 i ist bei Wischermotoren mit Permanentmagnet und dritter Bürste (für höhere Wischergeschwindigkeit) vorhanden.

Wischermotor prüfen

Zunächst klären, ob der Wischermotor oder die Stromversorgung defekt ist. Dazu folgendermaßen vorgehen:

- Mehrfachstecker am Wischermotor abziehen.
- Mit 2 Hilfskabeln Spannung (+) und Masse (–) von der Fahrzeugbatterie an den Wischermotor anlegen:
  - Ein Kabel vom Batterie-Pluspol zu Klemme 53 oder 53 b verlegen.
  - Das zweite vom Batterie-Minuspol zu Motor-Klemme 31 führen.
- Der Scheibenwischermotor muß jetzt je nach benutzter Klemme auf Stufe I oder II laufen. Wenn nicht, ist der Motor oder die entsprechende Stufe defekt. Wischermotor ausbauen, siehe Seite 261.

Blinkanlage prüfen

Die Takte für die Blink- und Warnblinkanlage werden von einem Relais erzeugt, dem sogenannten Blinkgeber. Die Warnblinkanlage ist ohne Sicherung an das Relais angeschlossen. Die Richtungs-Blinkanlage wird über eine Sicherung im Sicherungskasten abgesichert.

- Ist der Blinker-Rhythmus auf einer Seite schneller als auf der anderen Seite, ist auf der »schnellen« Seite eine Glühlampe defekt oder eine Leitungsunterbrechung vorhanden.
- Bei allen anderen Störungen ist meist das Blinkrelais die Ursache. Klemmenbelegung am Blinkgeber, die Anschlußfahnen sind markiert:
  - Klemme 31 ist Masse (minus, allgemein in der Fahrzeugelektrik)
  - Klemme 49 ist Relaiseingang (plus liegt ständig an), Klemme 49 a der Relaisausgang
- Steht kein neues Relais zur Verfügung, dünnen Draht vorsichtig zwischen Klemme 49 und 49a im Relaisstecker einstecken. **Achtung:** Dabei dürfen die empfindlichen Relaiskontakte nicht beschädigt werden. Drahtenden vor dem Einstecken umbiegen, damit keine scharfen Kanten vorhanden sind. Defektes Blinkrelais wieder aufsetzen. Die Anschlußfahnen sind so lang, daß das Relais trotz Überbrückung wieder aufgesteckt werden kann.
- Zündung einschalten. Wird der Blinkhebel jetzt betätigt, leuchtet die betreffende Blinkerseite dauernd auf. Durch Ein- und Ausschalten mit dem Blinkerhebel kann ein Blinkrhythmus erzeugt werden. Dennoch: Umgehend neues Blinkrelais einbauen.
- Leuchtet das Blinklicht trotz Überbrückung der Relaiskontakte nicht, liegt ein Defekt im Blinkerschalter oder in der elektrischen Zuleitung vor.

Bremslicht prüfen

- Brems-Glühlampen überprüfen, gegebenenfalls erneuern.

Sind die Brems-Glühlampen in Ordnung, anschließend Bremslichtschalter prüfen. Oberhalb des Bremspedals sitzt am Pedalbock der Bremslichtschalter. Beim Niedertreten des Bremspedals wandert ein Druckstift aus dem Schalter heraus. Der Schalterkontakt schließt, und die Bremslichter leuchten auf.

- Bremslichtschalter überprüfen. Der Schalter befindet sich im Fußraum am Lagerbock des Bremspedals.
- Zündung einschalten.
- Kabelstecker des Bremslichtschalters abziehen und beide Kontakte im Kabelstecker mit einer kurzen Hilfsleitung überbrücken. Wenn die Bremslichter jetzt aufleuchten, ist der Bremslichtschalter defekt, ersetzen.

Heizbare Heckscheibe prüfen

Bei eingeschalteter Heckscheibenheizung muß das Feld mit den sichtbaren Leiterbahnen nach einiger Zeit frei von Beschlag oder Eis sein.

- Bei Störungen zuerst Sicherung im Sicherungskasten überprüfen.
- Ist die Sicherung in Ordnung, anschließend festen Sitz der Kabelstecker links und rechts an der Heckscheibe überprüfen, gegebenenfalls von Korrosion reinigen.
- Funktioniert die Heckscheibenheizung immer noch nicht, Zuleitungen und Schalter sowie Schaltrelais prüfen, siehe Seite 226.

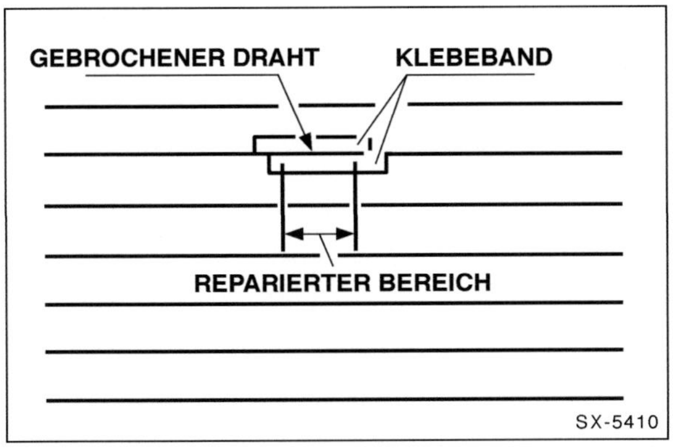

- Sind Heizfäden unterbrochen, hilft handelsüblicher Leitsilberlack zur Wiederherstellung der Verbindung. Dazu beschädigten Bereich mit Verdünner oder Ethylen reinigen.
- Unterbrochene Stelle von beiden Seiten mit Klebeband abkleben und mit einem kleinen Pinsel handelsüblichen Leitsilberlack auftragen.
- Farbe bei +25° C ca. 24 Stunden trocknen lassen. Es kann auch ein Heißluftfön verwendet werden. Bei +150°C trocknet die Farbe in ca. 30 Minuten.

Achtung: Heckscheibenheizung nicht einschalten, bevor die Farbe ganz trocken ist. Kein Benzin oder andere Lösungsmittel zum Reinigen des beschädigten Teils verwenden.

Hupe aus- und einbauen

Je nach Ausstattung besitzt der POLO eine Hupe oder Zweiklanghörner, deren Platz im Motorraum hinter dem Stoßfänger ist. Beim Betätigen der Hupe wird ein Stromkreis geschlossen. Bei den Zweiklanghörnern (Mehrausstattung) ist zur Schonung der Hupkontakte ein Relais zwischengeschaltet. Bei beiden Versionen liegt ständig Spannung an Klemme 15 der Hupe an; der Hupknopf schließt den Stromkreis zur Fahrzeugmasse.

Ausbau

- Anschlußstecker abziehen, dabei seitliche Drahtbügel zusammendrücken. Haltemutter lösen und Hupe herausnehmen.

Prüfen

- Hupe mit Hilfsleitungen direkt an die Fahrzeugbatterie anschließen, dabei Klemme 15 mit Batterie-Plus (+) verbinden. Die Hupe muß ertönen.

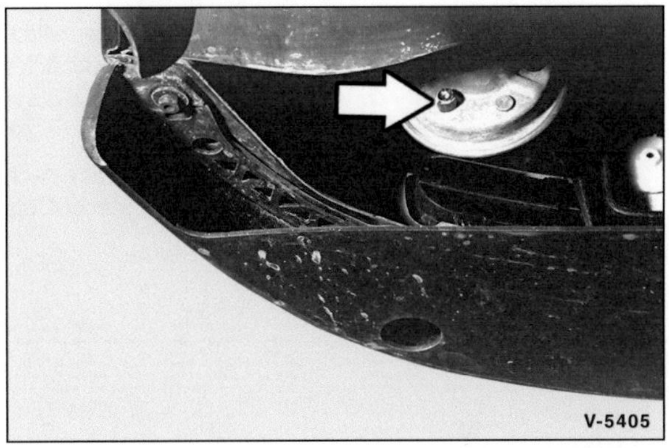

- Es kann versucht werden, eine verstimmte oder ganz defekte Hupe durch Verdrehen der Einstellschraube (Torxschraubendreher, Größe T 20) an der Rückseite wieder in Gang zu setzen, siehe –Pfeil– in der Abbildung. Zuvor Dichtmasse am Schraubenkopf abkratzen. Nach dem Einstellen Schraube wieder mit Karosserie-Dichtmasse gegen Feuchtigkeit schützen.

Die elektronische Wegfahrsicherung

Der VW POLO ist serienmäßig mit einer elektronischen Wegfahrsicherung ausgerüstet. Bei aktiviertem System verhindert die Anlage das Anspringen des Motors, wenn nicht der mit dem richtigen Code versehene Schlüssel verwendet wird.

Die Anlage besteht aus:
- dem Steuergerät für elektronische Wegfahrsicherung (im Kombiinstrument integriert),
- der Kontrolllampe für Wegfahrsicherung,
- dem angepassten Motorsteuergerät,
- einer Lesespule am Zündschloss,
- dem Zündschlüssel mit eingebautem Transponder (Antwort-Lesespeicher). Der Transponder ist eine batterielos arbeitende Empfangs- und Sendeeinheit.

■ Die Wegfahrsicherung wird beim Abziehen des Zündschlüssels aktiviert.

■ Beim Einstecken des Zündschlüssels wird durch die Lesespule elektrische Energie induktiv auf den Transponder im Schlüssel übertragen. Der Schlüsselcode wird gelesen und an das Steuergerät für Wegfahrsicherung übermittelt. Dort wird der Schlüsselcode mit dem abgespeicherten Wert verglichen. Danach wird der Code des Motor-Steuergerätes geprüft.

■ Wenn sämtliche Codes übereinstimmen, leuchtet nach dem Einschalten der Zündung im Kombiinstrument die Kontrolllampe für Wegfahrsicherung auf.

■ Falls keine Übereinstimmung der Codes vorhanden ist, wird der Motor nach maximal 2 Sekunden abgeschaltet. Das kann folgende Ursachen haben:
- ◆ Lesevorgang bis zum Einschalten der Zündung nicht abgeschlossen. In diesem Fall nach dem Einstecken des Schlüssels etwas warten und Zündschlüssel langsam drehen.
- ◆ Fehlerspeicher auslesen lassen.
- ◆ Schlechter Kontakt im Stecker des Kabels von der Lesespule zum Kombiinstrument.
- ◆ Lesevorgang durch zusätzliche Schlüssel am Schlüsselbund behindert.
- ◆ Schlüsselcode defekt.

■ Die elektronische Überprüfung der Wegfahrsicherung erfolgt mit dem V.A.G-Diagnosegerät 1551 oder 1552 durch Abrufen des Fehlerspeichers.

Geheimnummer

Die Geheimnummer ist bei Neufahrzeugen auf einem Schlüsselanhänger angebracht. Sie ist erforderlich, um neue Schlüssel zu codieren.

Identnummer

Die Identnummer wird benötigt, um bei Verlust der Geheimnummer diese beim Werk zu erfragen. Sie befindet sich ebenfalls auf einem Schlüsselanhänger, kann aber auch aus dem Steuergerät der Wegfahrsicherung ausgelesen werden.

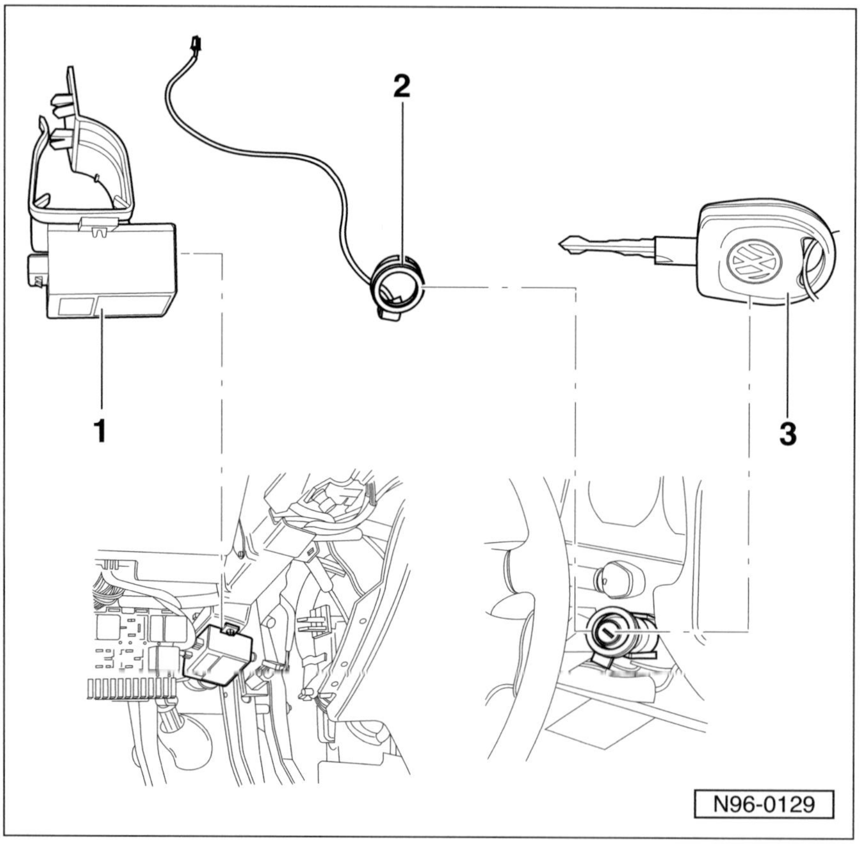

1 – Steuergerät für elektronische Wegfahrsicherung

2 – Lesespule für Wegfahrsicherung
Die Lesespule ist auf das Lenkschloßgehäuse aufgesteckt und über ein Kabel mit dem Steuergerät verbunden.

3 – Transponder
Antwort-Lesespeicher, im Zündschlüssel integriert.

Sicherungen auswechseln

Um Kurzschluß- und Überlastungsschäden an den Leitungen und Verbrauchern der elektrischen Anlage zu verhindern, sind die einzelnen Stromkreise durch Schmelzsicherungen geschützt. Es werden Sicherungen verwendet, die mit Messerkontakten ausgestattet sind, so daß herkömmliche Sicherungen nicht mehr verwendet werden können.

- Vor dem Auswechseln einer Sicherung immer zuerst den betroffenen Verbraucher ausschalten.

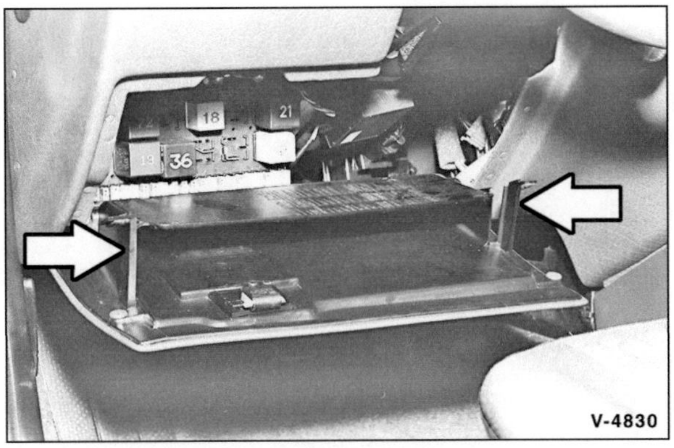

V-4830

- Die Sicherungen sind vornehmlich in einem Sicherungs- und Relaiskasten im Armaturenbrett links unter dem Lenkrad untergebracht. Deckel öffnen und beide Halterungen nach innen drücken, bis er weiter geöffnet werden kann. Deckel am Scharnier herausziehen und abnehmen.
- Eine Übersicht der aktuellen Sicherungsbelegung befindet sich auf der Innenseite der Sicherungskasten-Abdeckung sowie in der Betriebsanleitung des Fahrzeugs.

Fahrzeuge mit Klimaanlage haben weitere Sicherungen im Motorraum, neben der Batterie.

Hinweis: Die elektrischen Fensterheber (wo vorhanden) sind gemeinsam über einen Sicherungsautomaten abgesichert, der sich bei Überlastung, zum Beispiel bei festgefrorenen Scheiben, selbsttätig aus- und nach einigen Sekunden wieder einschaltet. Er sitzt in einem separaten Halter oben im Sicherungskasten. Dort sitzen auch die Sicherungen der Zusatzausstattung ABS beziehungsweise die Streifensicherung der Diesel-Vorglühanlage.

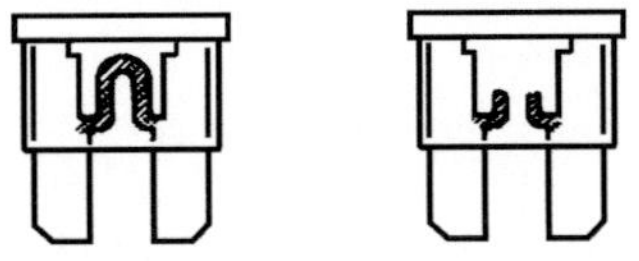

SX-5407

- Eine durchgebrannte Sicherung erkennt man am durchgeschmolzenen Metallstreifen.
- Defekte Sicherung herausziehen.
- Neue Sicherung **gleicher Sicherungsstärke** einsetzen. Die Nennstromstärke der Sicherung ist auf der Rückseite des Griffes aufgedruckt. Außerdem hat der Griff der Sicherungen eine Kennfarbe, an der ebenfalls die Nennstromstärke zu erkennen ist.

Nennstromstärke in Ampere	Kennfarbe
10	rot
15	blau
20	gelb
30	grün

- Sicherungskasten-Abdeckung wieder einrasten.
- Brennt eine neu eingesetzte Sicherung nach kurzer Zeit wieder durch, muß der entsprechende Stromkreis überprüft werden.
- Auf keinen Fall Sicherung durch Draht oder ähnliche Hilfsmittel ersetzen, weil dadurch ernste Schäden an der elektrischen Anlage auftreten können.
- Es ist empfehlenswert, stets einige Ersatzsicherungen im Wagen mitzuführen.

Batterie aus- und einbauen

Die Batterie befindet sich auf der linken Seite im Motorraum.

Achtung: Die Batterie darf nur bei ausgeschalteter Zündung abgeklemmt werden, **da sonst das Steuergerät der Einspritzanlage beschädigt wird.** Beim **Einbau der Airbageinheit** muß vor dem Anklemmen des Batterie-Massebandes die Zündung eingeschaltet werden.

Wird die Batterie abgeklemmt, werden u. a. Fehlerspeicher von der Motor- und Getriebesteuerung oder dem Antiblockiersystem gelöscht. Vor dem Abklemmen gegebenenfalls Fehlerspeicher von einer VW-Werkstatt abrufen lassen. Wurde die Batterie jedoch abgeklemmt und die gleichen Fehler treten während einer anschließenden Fahrt wieder auf, werden diese wieder im Speicher abgelegt. Auch andere ständig im Eingriff befindliche Geräte (zum Beispiel Radio und Zeituhr) werden beim Abklemmen der Batterie stillgelegt, nach dem Anklemmen betreffende Geräte neu programmieren.

Die serienmäßig eingebauten Radios besitzen überdies eine Codierung. Die Anti-Diebstahl-Codierung verhindert die unbefugte Inbetriebnahme des Gerätes, wenn die Stromversorgung unterbrochen wurde. Die Stromversorgung ist nicht nur beim Abklemmen der Batterie unterbrochen, sondern auch beim Ausbau des Radios oder wenn die Radiosicherung durchgebrannt ist.

Falls das Radio codiert ist, Radiocode vor Abklemmen der Batterie feststellen. Ist der Code nicht bekannt, kann nur die VW-Werkstatt das VW-Autoradio wieder in Betrieb nehmen, siehe auch Seite 256.

Ausbau

- Zündung ausschalten.
- Motorhaube öffnen.
- Falls vorhanden, Abdeckung an der Batterie-Oberseite abnehmen.
- Batteriekabel abklemmen, zuerst Massekabel, dann Pluskabel.

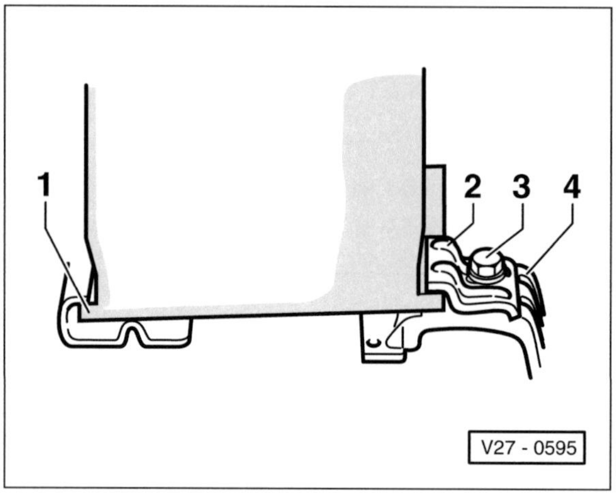

- Halteplatte am Batteriefuß abschrauben –3– und herausnehmen.
- Batterie von der Halteleiste –1– wegschieben und herausheben.

Hinweis: Bei Kauf einer neuen Autobatterie die Altbatterie an der Verkaufsstelle zurückgeben, sonst muß für die neue Batterie Pfand bezahlt werden.

Einbau

- Batterie in die Halteleiste einsetzen.
- Halteplatte –2– am Bock –4– für Batteriebefestigung ansetzen und mit **20 Nm** festschrauben.
- Sicherstellen, daß die Zündung ausgeschaltet ist. Ausnahme: Einbau der Airbageinheit, siehe Seite 141/142.
- **Achtung:** Durch das Anklemmen der Batterie, bei eingeschalteter Zündung, werden die elektronischen Steuergeräte beschädigt.
- Pluskabel am Pluspol (+), dann Massekabel am Minuspol (–) anklemmen. **Achtung:** Durch eine falsch angeschlossene Batterie können erhebliche Schäden am Generator und an der elektrischen Anlage entstehen.
- Generatorspannung prüfen, siehe Seite 236.

Hinweis: Eine zu hohe Ladespannung des Generators kann die Ursache für den Ausfall der bisherigen Batterie gewesen sein und, falls der Fehler weiter besteht, die neue Batterie schädigen.

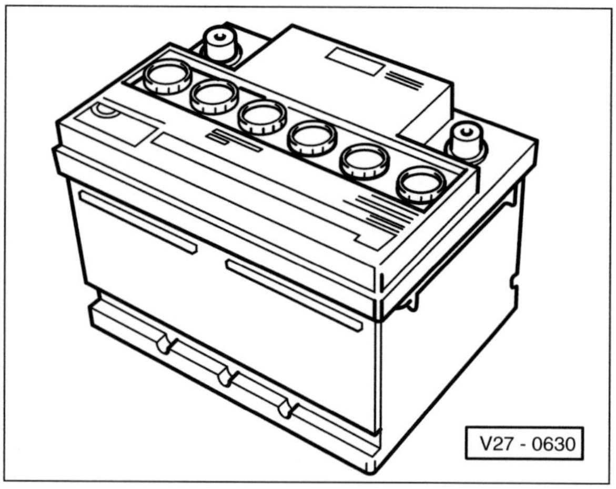

- Falls vorhanden, Abdeckung auf Batterie anbringen. **Achtung:** Bei dem abgebildeten Batterietyp mit belüfteten, herausschraubbaren Stopfen, **muß** eine Abdeckung als Schutz gegen eindringendes Spritzwasser sowie austretende, korrosionsfördernde Batteriesäure angebracht werden. Neuere Batterien mit Zentralentgasung (flache, nur mit Schraubendreher herausschraubbare Stopfen) benötigen diese Abdeckung nicht.
- Radio falls erforderlich, neu programmieren, siehe Seite 256.

Batterie laden

Die mit ■ gekennzeichneten Positionen entfallen bei der serienmäßig eingebauten wartungsarmen Batterie.

Sicherheitshinweis:
Batterie niemals kurzschließen, das heißt Plus- (+) und Minuspol (–) dürfen nicht verbunden werden. Bei Kurzschluß erhitzt sich die Batterie und kann platzen. Nicht mit offener Flamme in Batterie leuchten. Batteriesäure ist ätzend und darf nicht in die Augen, auf die Haut oder die Kleidung gelangen, gegebenenfalls mit viel Wasser abspülen.

- Die Batterie kann auch in eingebautem Zustand geladen werden. Die Anschlußkabel für das Bordnetz brauchen dazu normalerweise nicht abgenommen zu werden. Allerdings sind unbedingt die Angaben des Ladegeräteherstellers zu beachten.
- Vor dem Schnelladen immer Masse- (–) und Pluskabel (+) abklemmen. **Achtung:** Dadurch werden verschiedene Speicher gelöscht. Vor dem Abklemmen daher unbedingt Hinweise im Kapitel »Batterie aus- und einbauen« lesen.
- Vor dem Laden Säurestand prüfen, gegebenenfalls destilliertes Wasser nachfüllen.
- Gefrorene Batterie vor dem Laden auftauen. Eine geladene Batterie gefriert bei ca. –65° C, eine halbentladene bei ca. –30° C und eine entladene bei ca. –12° C.
- Batterie nur in gut belüftetem Raum laden. Beim Laden der eingebauten Batterie Motorhaube geöffnet lassen.

■ Stopfen aus der Batterie herausschrauben oder mit schmalem Schraubendreher herausheben und leicht auf die Öffnungen legen. Dadurch werden Säurespritzer auf dem Lack vermieden, während die beim Laden entstehenden Gase entweichen können. Bei der wartungsarmen Batterie bleiben die Stopfen eingeschraubt.

● Bei der Normalladung beträgt der Ladestrom ca. 10 % der Kapazität. (Bei einer 50-Ah-Batterie also etwa 5,0 A.) Als Richtwert für die Ladezeit können dann 10 Stunden genommen werden.

● Pluspol (+) der Batterie mit Pluspol, Minuspol (–) der Batterie mit Minuspol des Ladegerätes verbinden.

● Die Säuretemperatur darf während des Ladens +55° C nicht überschreiten, gegebenenfalls Ladung unterbrechen oder Ladestrom herabsetzen.

■ So lange laden, bis alle Zellen lebhaft gasen und bei drei im Abstand von je einer Stunde aufeinanderfolgenden Messungen das spezifische Gewicht der Säure und die Spannung nicht mehr angestiegen sind.

■ Nach der Ladung Säurestand prüfen, gegebenenfalls destilliertes Wasser nachfüllen.

■ Säuredichte prüfen. Liegt der Wert in einer Zelle deutlich unterhalb der anderen Werte (z. B. 5 Zellen zeigen 1,26 g/ml und 1 Zelle 1,18 g/ml), so ist die Batterie defekt und sollte erneuert werden.

■ Batterie ca. 20 Minuten ausgasen lassen, dann Verschlußstopfen einschrauben.

Achtung: Der Motor darf nicht bei abgeklemmter Batterie laufen, da sonst die elektrische Anlage beschädigt wird.

Batterie prüfen

Wartungsarme Batterie

Neuere Fahrzeuge sind mit einer wartungsarmen Blei-Calcium-Batterie ausgerüstet. Diese Batterie ist am »magischen Auge« an der Batterieoberseite erkennbar.

Das »magische Auge« ist eine optische Statusanzeige. Anhand der angezeigten Farbe können Aussagen über Säurestand und Ladezustand getroffen werden.

Achtung: Luftblasen im »magischen Auge« können die Anzeige verfälschen. Gegebenenfalls vorsichtig auf das »magische Auge« klopfen. Der Säurestand einer wartungsarmen Batterie kann aber auch von außen, anhand der MAX- und MIN-Markierung abgelesen werden. Ausnahme: Batterien mit schwarzem Gehäuse.

Anzeige grün: Batterie ist ausreichend geladen. Säurestand in Ordnung.

Anzeige schwarz: Keine beziehungsweise zu geringe Ladung der Batterie. Batterie laden

Anzeige farblos/gelb: Der Säurestand ist zu niedrig. Die Batterie muss ersetzt werden.

Achung: Batterien ohne Zellverschlusstopfen, bei den das **magische Auge farblos** oder **hellgelb** anzeigt, dürfen **nicht unter Belastung geprüft** oder **geladen** werden. Es darf auch **keine Starthilfe** gegeben werden. **Beim Prüfen, Laden oder Starthilfe besteht Explosionsgefahr!**

Hinweis: Wenn die Batterie bereits älter als 5 Jahre ist, dann empfiehlt es sich die Batterie zu ersetzen, insbesondere vor der kalten Jahreszeit.

Herkömmliche Batterie

Säurestand prüfen

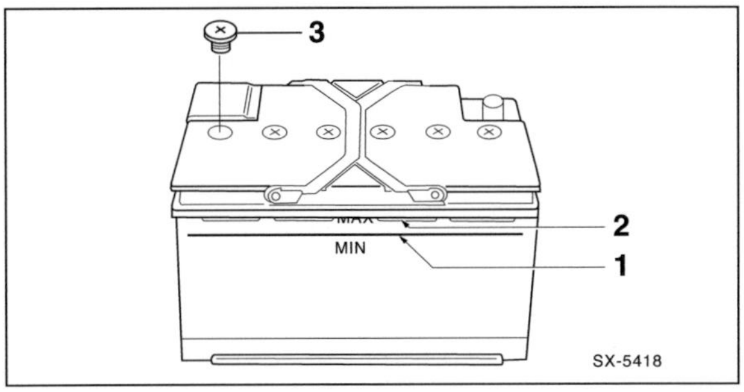

● Der Säurestand muß in den einzelnen Zellen zwischen der MIN-Marke –1– und der MAX-Marke –2– liegen. Gegebenenfalls Batteriestopfen –3– ausschrauben und destilliertes Wasser nachfüllen.

Hinweis: Läßt sich der sich der Säurestand von außen nicht erkennen, Batteriestopfen herausschrauben. Der Säurestand muß am Kunststoffsteg der inneren Säurestandmarkierung liegen. Das entspricht der äußeren MAX-Markierung.

Spannung prüfen

Der Batterie-Zustand wird durch Messen der Spannung mit einem Voltmeter zwischen den Batteriepolen überprüft. Vor der Prüfung muß die Batterie mindestens 2 Stunden abgeklemmt sein.

● Batteriepole abklemmen, siehe Seite 230.

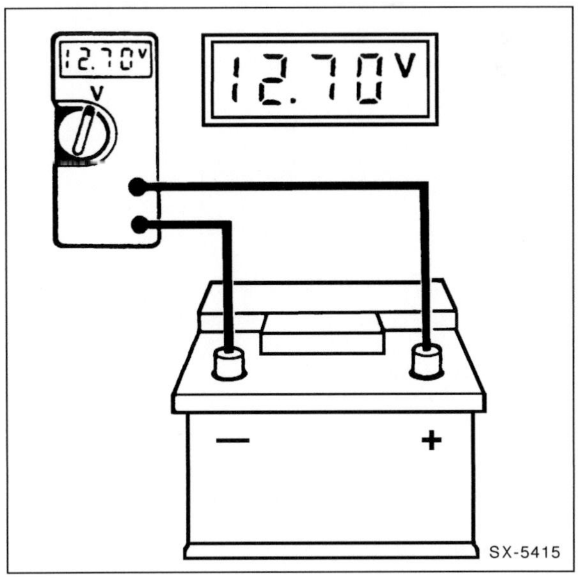

● Voltmeter an die Batteriepole anschließen und Spannung messen. **Beurteilung:** 12,6 Volt oder darüber = Batterie in gutem Zustand. 12,4 Volt = normal. 12,3 Volt oder darunter = Batterie in schlechtem Zustand, Batterie laden oder ersetzen.

● Batterie anklemmen.

Batterie unter Belastung prüfen

- Voltmeter an den Polen der Batterie anschließen.
- Motor starten und Spannung ablesen.
- Während des Startvorganges darf bei einer vollen Batterie die Spannung nicht unter 10 Volt (bei einer Säuretemperatur von ca. +20° C) abfallen.
- Bricht die Spannung sofort zusammen und wurde in den Zellen eine unterschiedliche Säuredichte festgestellt, so ist auf eine defekte Batterie zu schließen.

Säuredichte prüfen

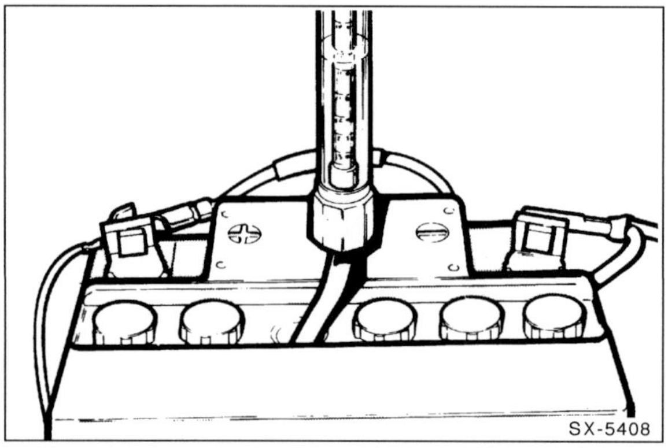
SX-5408

- Die Säuredichte ergibt in Verbindung mit der Spannungsmessung genauen Aufschluß über den Ladezustand der Batterie. Deckelleiste mit Schraubendreher abhebeln. Zur Prüfung dient ein Säureheber, der recht preiswert in Fachgeschäften angeboten wird. Je größer das spezifische Gewicht (Säuredichte) der angesaugten Batteriesäure ist, desto mehr taucht der Schwimmer auf. An der Skala kann man die Säuredichte in spezifischem Gewicht (g/ml) oder Baumégrad (+°Bé) ablesen. Folgende Werte müssen erreicht werden:

Ladezustand	+°Bé	g/ml
entladen	16	1,15
halb entladen	24	1,22
gut geladen	30	1,26

- Nacheinander jede Batteriezelle prüfen, alle Zellen müssen die gleiche Säuredichte (maximale Differenz 0,04 g/ml) haben. Sonst kann auf eine defekte Batterie geschlossen werden.

Batterie entlädt sich selbständig

Je nach Fahrzeugausstattung addiert sich zur natürlichen Selbstentladung der Batterie auch die Stromaufnahme der verschiedenen Steuergeräte im Ruhezustand. Daher sollte die Batterie in einem abgestellten Fahrzeug spätestens alle 6 Wochen nachgeladen werden. Wenn der Verdacht auf Kriechströme besteht, Bordnetz nach folgender Anleitung prüfen:

- Zur Prüfung geladene Batterie verwenden.

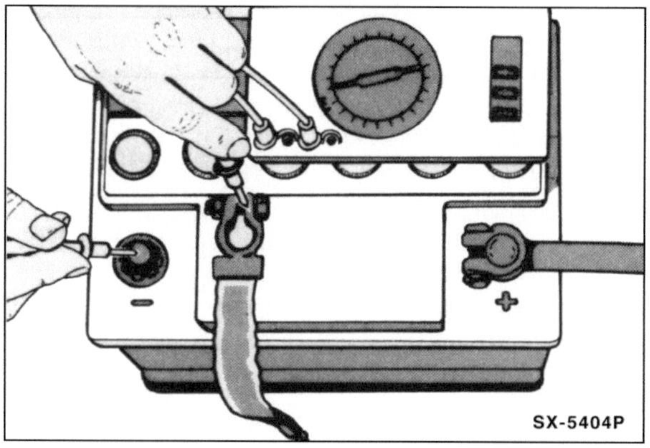
SX-5404P

- Am Amperemeter (Meßbereich von 0–5 mA und 0–5 A) den höchsten Meßbereich einstellen. Massekabel (–) von der Batterie abklemmen. **Achtung:** Dadurch werden aus dem Speicher des elektronischen Einspritz-Steuergerätes »Betriebswerte« und aus dem Speicher des Radios der Keycode für die Diebstahlsicherung sowie die eingestellten Sender gelöscht. Vor dem Abklemmen daher unbedingt Hinweise im Kapitel »Batterie aus- und einbauen« durchlesen.
- Amperemeter zwischen Batterie-Minuspol (–) und Massekabel (–) schalten. Amperemeter-Plus- (+) Anschluß an Massekabel (–) und Amperemeter-Minus-Anschluß an Batterie-Minuspol (–).

Achtung: Die Prüfung kann auch mit einer Prüflampe durchgeführt werden. Leuchtet die Lampe zwischen Masseband und Minuspol der Batterie jedoch nicht auf, ist auf jeden Fall ein Amperemeter zu verwenden.

- Alle Verbraucher ausschalten, vorhandene Zeituhr (und andere Dauerverbraucher) abklemmen, Türen schließen.
- Vom Amperebereich solange auf den Milliamperebereich zurückschalten, bis eine ablesbare Anzeige erfolgt (1–3 mA sind zulässig).
- Durch Herausnehmen der Sicherungen nacheinander die verschiedenen Stromkreise unterbrechen. Wenn bei einem der unterbrochenen Stromkreise die Anzeige auf Null zurückgeht, ist hier die Fehlerquelle zu suchen. Fehler können sein: korrodierte und verschmutzte Kontakte, durchgescheuerte Leitungen, interner Schluß in Aggregaten.
- Wird in den abgesicherten Stromkreisen kein Fehler gefunden, so sind die Leitungen an den nicht abgesicherten Aggregaten, wie Generator und Anlasser, abzuziehen.
- Geht beim Abklemmen von einem der ungesicherten Aggregate die Anzeige auf Null zurück, betreffendes Bauteil überholen oder austauschen. Bei Stromverlust in Anlasser- oder Zündanlage immer auch den Zünd-Anlaßschalter nach Stromlaufplan prüfen.
- Batterie-Massekabel (–) anklemmen.
- Zeituhr einstellen.
- Diebstahlcode für Radio eingeben.

Störungsdiagnose Batterie

Störung	Ursache	Abhilfe
Säurestand zu niedrig.	Überladung, Verdunstung (besonders im Sommer).	■ Destilliertes Wasser bis zur vorgeschriebenen Höhe nachfüllen (bei geladener Batterie).
Säure tritt aus dem Entlüftungdeckel aus.	Ladespannung zu hoch.	■ Spannungsregler prüfen, ggf. austauschen.
	*) Säurestand zu hoch.	■ Überschüssige Säure mit Säureheber absaugen.
Säuredichte zu niedrig.	Säuredichte in einer Zelle deutlich niedriger als in den übrigen Zellen.	■ Kurzschluß in einer Zelle. Batterie erneuern.
	Säuredichte in zwei benachbarten Zellen deutlich niedriger als in den übrigen Zellen.	■ Trennwand undicht, dadurch entsteht eine leitende Verbindung zwischen den Zellen, wodurch die Zellen entladen werden. Batterie erneuern.
	Batterie entladen.	■ Batterie laden.
	Generator nicht in Ordnung.	■ Generator prüfen, ggf. reparieren oder austauschen.
	Kurzschluß im Leitungsnetz.	■ Elektrische Anlage überprüfen.
	*) Säure infolge Wartungsfehler verwässert.	■ Säureausgleich durchführen.
*) Säuredichte zu hoch.	Säure wurde nachgefüllt.	■ Säureausgleich durchführen.
Abgegebene Leistung ist zu gering, Spannung fällt stark ab.	Batterie entladen.	■ Batterie nachladen.
	Ladespannung zu niedrig.	■ Spannungsregler prüfen, ggf. austauschen.
	Anschlußklemmen lose oder oxydiert.	■ Anschlußklemmen reinigen und Befestigungsschrauben anziehen.
	Masseverbindungen Batterie-Motor-Karosserie sind schlecht.	■ Masseverbindung überprüfen, ggf. metallische Verbindungen herstellen oder Schraubverbindungen festziehen.
	Zu große Selbstentladung der Batterie durch Verunreinigung der Batteriesäure.	■ Batterie austauschen.
	Eventuell. Batterie sulfatiert (grauweißer Belag auf den Plus- und Minusplatten).	■ Batterie mit kleinem Strom laden, damit sich der Belag langsam zurückbildet. Falls nach wiederholter Ladung und Entladung die abgegebene Leistung immer noch zu gering ist, Batterie austauschen.
	Batterie verbraucht, aktive Masse der Platten ausgefallen.	■ Batterie austauschen.
Nicht ausreichende Ladung der Batterie.	Fehler an Generator, Spannungsregler oder Leitungsanschlüssen.	■ Generator und Spannungsregler überprüfen, instand setzen bzw. austauschen; Leitungen einwandfrei befestigen.
	Keilriemen locker, Spannvorrichtung defekt.	■ Keilriemen spannen oder austauschen, Spannvorrichtung prüfen.
	Zu viele Verbraucher angeschlossen.	■ Größere Batterie einbauen; evtl. auch größeren Generator verwenden.
Batterie gast nach Abstellen des Motors sehr stark. Geruch nach faulen Eiern.	Spannungsregler am Generator defekt. Batterie wird zu stark geladen und beginnt zu gasen. Dabei bildet sich Schwefelwasserstoff (H_2S).	■ Ladespannung bzw. Spannungsregler des Generators prüfen, ggf. Spannungsregler ersetzen.

*) Die mit *) gekennzeichneten Hinweise gelten nicht für die serienmäßige, wartungsarme Batterie.

Der Generator

Je nach Modell und Ausstattung können Generatoren mit unterschiedlichen Leistungen eingebaut sein. Die Leistung steht auf dem Typschild am Generator. **Achtung:** Wenn nachträglich elektrisches Zubehör eingebaut wird, sollte überprüft werden, ob die bisherige Generatorleistung noch ausreicht, gegebenenfalls stärkeren Generator einbauen.

Der Generator wird von der Kurbelwelle über den Keilriemen angetrieben. Dabei dreht sich der Läufer mit der Erregerwicklung innerhalb der feststehenden Ständerwicklung mit etwa doppelter Motordrehzahl.

Über Kohlebürsten und Schleifringe fließt der Erregerstrom durch die Erregerwicklung. Dabei bildet sich ein Magnetfeld.

Die Lage des magnetischen Feldes zur Ständerwicklung ändert sich ständig, entsprechend der Umdrehung des Läufers. Dadurch wird in der Ständerwicklung ein Drehstrom erzeugt.

Da die Batterie aber nur mit Gleichstrom geladen werden kann, wird der Drehstrom durch Gleichrichter in der Diodenplatte in Gleichstrom umgewandelt. Der Spannungsregler verändert den Ladestrom durch Ein- und Ausschalten des Erregerstromes, entsprechend dem Ladezustand der Batterie. Gleichzeitig hält der Regler die Betriebsspannung konstant bei ca. 14 Volt, unabhängig von der Drehzahl.

Hinweis: Der Generator ist ein sogenanntes Austauschteil. Das bedeutet, daß ein defekter Generator bei Kauf eines überholten oder neuen Generators vom Hersteller in Zahlung genommen wird, daher Altteil zum Händler mitnehmen.

Sicherheitshinweise für den Drehstromgenerator

Bei Arbeiten an der elektrischen Anlage im Motorraum grundsätzlich das Batterie-Massekabel (–) abklemmen.

- Kabel an Spannungsregler und Generator **nicht** vertauschen. Kabel vor dem Abklemmen mit Tesaband kennzeichnen.
- Batterie oder Spannungsregler **nicht** bei laufendem Motor abklemmen.
- Generator **nicht** bei angeschlossener Batterie ausbauen.
- Beim Elektroschweißen Batterie grundsätzlich abklemmen.

Generator aus- und einbauen

Generator für den Benzinmotor mit Servolenkung und Klimaanlage

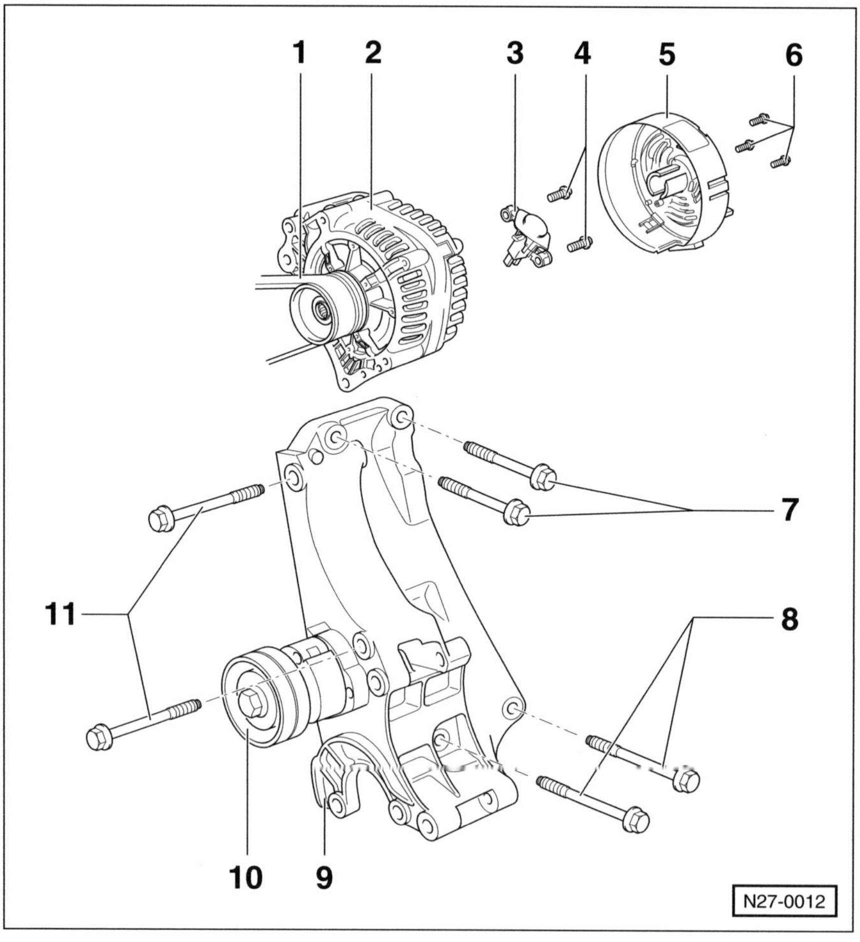

1 – Keilrippenriemen
2 – Drehstromgenerator
3 – Spannungsregler
4 – Linsenkopfschrauben
5 – Schutzkappe
6 – Schrauben
7 – Schrauben, 45 Nm
8 – Schrauben, 30 Nm
9 – Halter
10 – Innengewindehülse
11 – Schraube, 25 Nm

Ausbau

- Batterie-Massekabel (–) abklemmen. **Achtung:** Dadurch werden elektronische Speicher gelöscht, wie zum Beispiel der Radiocode. Hinweise im Kapitel »Batterie aus- und einbauen« beachten.
- Keilrippenriemen entspannen und abnehmen, siehe Seite 40.
- Dicke (B+) und dünne (D+) Leitung an der Rückseite des Generators abklemmen.

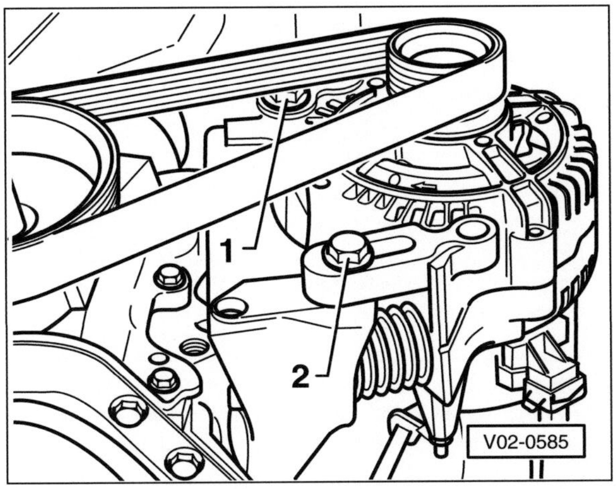

- Schrauben –1– und –2– am Lagerbock für Generator herausdrehen. Generator abnehmen.

Einbau

- Generator einsetzen und am Lagerbock anschrauben
- Modelle ohne Spannrolle: Spannschraube –2– einsetzen, noch nicht festziehen.
- Keilrippenriemen auf Verschleiß prüfen, gegebenenfalls ersetzen.
- Keilrippenriemen auflegen und spannen, siehe Seite 40.
- Elektrische Leitungen für Generator anschließen.
- Batterie-Massekabel (–) anklemmen. Zeituhr einstellen. Diebstahlcode für Radio eingeben.

Schleifkohlen für Generator/ Spannungsregler ersetzen/prüfen

Der Ausbau der Schleifkohlen (Bürsten) ist bei eingebautem Generator möglich.

Ausbau

- Batterie-Massekabel (–) abklemmen. **Achtung:** Dadurch werden elektronische Speicher gelöscht, wie zum Beispiel der Radiocode. Hinweise im Kapitel »Batterie aus- und einbauen« beachten.
- Generator-Schutzkappe abschrauben.

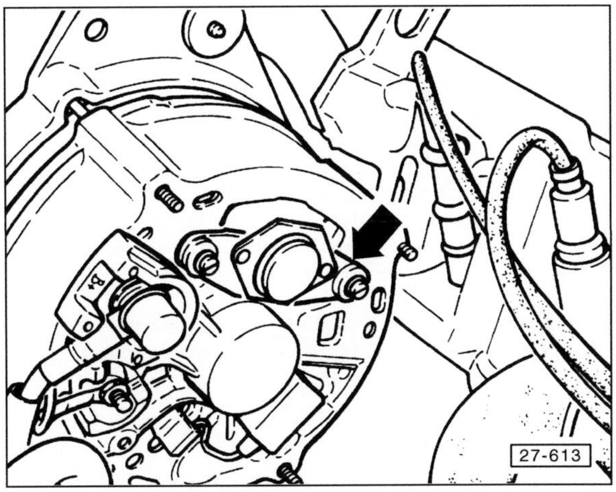

- Spannungsregler an der Rückseite des Generators abschrauben (2 Schrauben) und vorsichtig herausziehen.

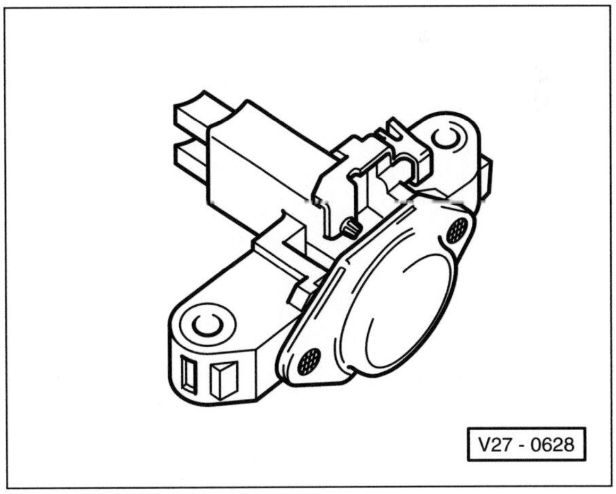

- Schleifkohlen ersetzen, wenn die Länge 5 mm oder weniger beträgt. Dazu Anschlußlitze auslöten.
- Schleifringe auf Verschleiß prüfen, gegebenenfalls feinstüberdrehen und polieren.
- Kontaktfläche reinigen und Vorspannung der Kontaktfeder prüfen, gegebenenfalls erneuern.

Einbau

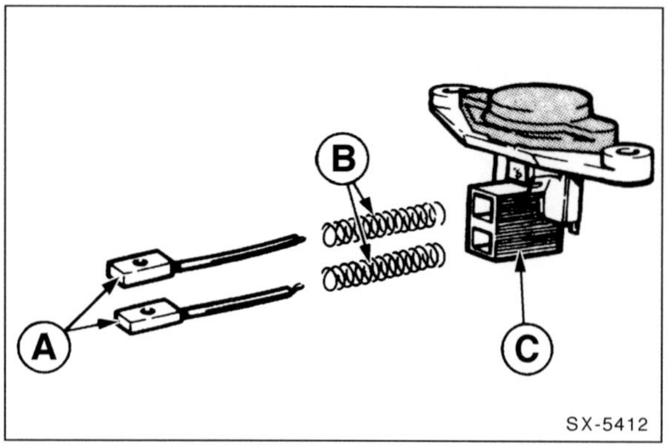

- Kohlebürsten –A– und Federn –B– in den Bürstenhalter –C– einsetzen und Anschlüsse verlöten.
- Damit beim Anlöten der neuen Bürsten kein Lötzinn in der Litze hochsteigen kann, Anschlußlitze der Bürsten mit einer Flachzange fassen. **Achtung:** Durch hochsteigendes Lötzinn würde die Litze steif und die Kohlebürste unbrauchbar werden.
- Der Isolierschlauch über der Litze muß neben der Lötstelle mit der vorhandenen Öse festgeklemmt werden.
- Nach dem Einbau neue Kohlebürsten auf leichten Lauf in den Bürstenhaltern prüfen.
- Spannungsregler erst mit einer Schraube von Hand befestigen, dann vorsichtig in endgültige Einbaulage drücken und festschrauben.
- Batterie-Massekabel (–) anklemmen. Zeituhr einstellen. Diebstahlcode für Radio eingeben.

Generatorspannung prüfen

- Voltmeter zwischen Plus- und Minuspol der Batterie anschließen.
- Motor starten. Die Spannung darf beim Startvorgang bis 8 Volt (bei +20° C Außentemperatur) absinken.
- Motordrehzahl auf 3000/min erhöhen. Die Spannung soll dann 13,5 bis 14,5 Volt betragen. Dies ist ein Beweis, daß Generator und Regler arbeiten. Die Generatorspannung (Bordspannung) muß höher als die Batteriespannung sein, damit die Batterie im Fahrbetrieb wiederaufgeladen wird.
- Regelstabilität prüfen. Dazu Fernlicht einschalten und Messung bei 3000/min wiederholen. Die gemessene Spannung darf nicht mehr als 0,4 Volt über dem vorher gemessenen Wert liegen.
- Liegen die gemessenen Werte außerhalb der Sollwerte, Generator von Fachwerkstatt überprüfen lassen.

Störungsdiagnose Generator

Störung	Ursache	Abhilfe
Ladekontrollampe brennt nicht bei eingeschalteter Zündung.	Batterie leer.	■ Laden.
	Kabel am Generator locker oder korrodiert.	■ Kabel auf einwandfreien Kontakt prüfen, Schraube festziehen.
	Ladekontrollampe durchgebrannt.	■ Ersetzen.
	Regler defekt.	■ Regler prüfen, gegebenenfalls austauschen.
	Unterbrechung in der Leitungsführung zwischen Generator, Zündschloß und Kontrollampe.	■ Mit Ohmmeter nach Stromlaufplan untersuchen.
	Steckverbindungen zwischen Gleichrichterplatte und Spannungsregler nicht gesteckt.	■ Generator demontieren, gegebenenfalls Stecker ersetzen.
	Kohlebürsten liegen nicht auf dem Schleifring auf.	■ Freigängigkeit der Kohlebürsten und Mindestlänge (5 mm) prüfen.
	Erregerwicklung im Generator durchgebrannt.	■ Läufer austauschen.
Ladekontrollampe erlischt nicht bei Drehzahlsteigerung.	Keilrippenriemen locker.	■ Keilrippenriemen spannen.
	Kohlebürsten abgenutzt.	■ Kohlebürsten sichtprüfen, gegebenenfalls austauschen.
	Regler defekt.	■ Regler prüfen, gegebenenfalls austauschen.
	Leitung zwischen Drehstromgenerator und Regler defekt.	■ Leitung und Kontakte prüfen, ggf. Leitungsstrang ersetzen.
Ladekontrollampe brennt bei ausgeschalteter Zündung.	Plusdiode hat Kurzschluß.	■ Dioden prüfen, gegebenenfalls Diodenplatte austauschen.

Anlasser aus- und einbauen

Zum Starten des Verbrennungsmotors ist ein kleiner elektrischer Motor, der Anlasser, erforderlich. Damit der Motor überhaupt anspringen kann, muß der Anlasser den Verbrennungsmotor auf eine Drehzahl von mindestens 300 Umdrehungen in der Minute beschleunigen. Das funktioniert aber nur, wenn der Anlasser einwandfrei arbeitet und die Batterie hinreichend geladen ist.

Der Anlasser besteht aus einem Antriebs-, Pol- und Kollektorgehäuse. In dem Pol- und Kollektorgehäuse sind Anker und Kollektor gelagert sowie der Bürstenhalter. Im Bürstenhalter befinden sich Kohlebürsten, die sich zwar langsam, aber stetig abnutzen. Bei hoher Abnutzung der Kohlebürsten kann der Anlasser nicht mehr einwandfrei arbeiten.

In dem vorderen Antriebsgehäuse ist der Ritzelantrieb untergebracht. Wenn der Anlasser über den Zündanlaßschalter Spannung erhält, wird über den Magnetschalter, der auf dem Anlassergehäuse sitzt, das Ritzel auf einem Steilgewinde gegen den Zahnkranz des Motor-Schwungrades geschoben. Sobald das Ritzel bis zum Anschlag auf der Spindel vorgelaufen ist, ist es formschlüssig mit dem Schwungrad verbunden. Nun kann der Anlasser den Motor auf die erforderliche Anlaßdrehzahl bringen. Wenn der Verbrennungsmotor anläuft, wird das Ritzel vom Motor her beschleunigt, es läuft also kurzzeitig schneller als der Anlassermotor und spurt aus, wodurch die Verbindung zum Verbrennungsmotor aufgehoben ist.

Da zum Starten eine hohe Stromaufnahme erforderlich ist, ist im Rahmen der Wartung auf eine einwandfreie Kabelverbindung zu achten. Korrodierte Anschlüsse säubern und auf festen Sitz der Klemmen achten.

Je nach Motorisierung sind beim VW POLO 12-Volt-Anlasser unterschiedlicher Leistung eingebaut: 1,6-l-Motor: 1,0 kW; Dieselmotor: 1,8 kW; alle anderen Benzinmotoren: 0,9 kW.

Hinweis: Der Anlasser ist ein sogenanntes Austauschteil. Das bedeutet, daß ein defekter Anlasser bei Kauf eines überholten oder neuen Anlassers vom Hersteller in Zahlung genommen wird, daher Altteil zum Händler mitnehmen.

Ausbau

- Batterie-Massekabel (–) abklemmen. **Achtung:** Dadurch werden elektronische Speicher gelöscht, wie zum Beispiel der Radiocode. Hinweise im Kapitel »Batterie aus- und einbauen« beachten.

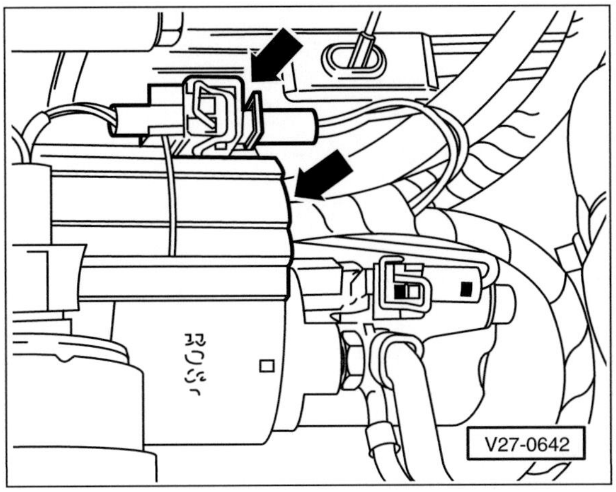

- Vor dem Lösen der Leitungen, schwarze Kunststoffkappe und Steckverbindung –Pfeil– vom Magnetschalter abziehen.

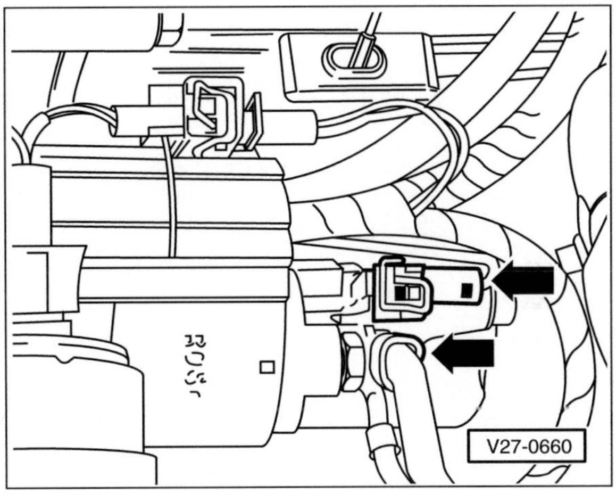

- Klemme 50 –oberer Pfeil– zum Zündanlaßschalter abziehen, dabei Drahtsicherung am Stecker niederdrücken.
- Leitung Batterie-Anlasser und Anlasser-Generator von Klemme 30 abschrauben –unterer Pfeil–.

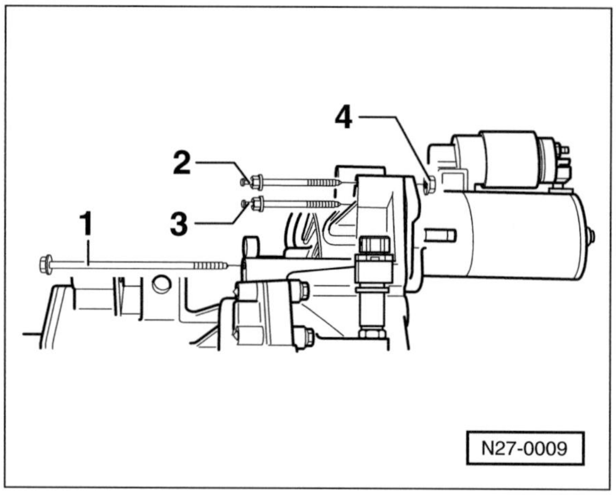

- Mutter –4– abschrauben.
- Anlasserschrauben –1– bis –3– abschrauben.

Einbau

- Anlasser einsetzen. Schraube –1– (Länge 160 mm) mit **45 Nm** anziehen, Schraube –2– (Länge 70 mm) mit Mutter –4– und **60 Nm** sowie Schraube –3– (Länge 70 mm) mit **60 Nm** anschrauben.
- Leitung an Klemme 30 mit **15 Nm** anschrauben.
- Kabelstecker auf Klemme 50 aufschieben, er muß einrasten.
- Kunststoff-Abdeckung aufdrücken, Stecker in Halterung einrasten.
- Batterie-Massekabel (–) anklemmen. Zeituhr einstellen. Diebstahlcode für Radio eingeben.

Magnetschalter prüfen/ aus- und einbauen

Bei einem Defekt des Magnetschalters wird das Ritzel im Anlasser nicht gegen den Zahnkranz des Schwungrades gezogen. Dadurch kann der Anlasser den Motor nicht durchdrehen. Dieser Defekt tritt häufiger auf als daß der Anlassermotor selbst schadhaft ist.

Prüfen in eingebautem Zustand

- Gang herausnehmen, Schalthebel in Leerlaufstellung.
- Prüfvoraussetzung: Batterie voll geladen.
- Mit Hilfskabel Klemme 30 (= dickes Pluskabel) und 50 (dünnes Kabel, zum Zündschloß) am Anlasser kurz überbrücken, das Anlasserritzel muß nach vorne schnellen (klicken) und der Anlasser anlaufen. Wenn nicht, Anlasser abschrauben und im ausgebauten Zustand überprüfen.

Ausbau

- Anlasser ausbauen und Prüfung bei ausgebautem Anlasser mit einer Autobatterie wiederholen. Als Zuleitung zu Klemme 50 des Anlassers eignet sich ein Starthilfekabel. Schnellt das Ritzel nach vorne, ohne daß der Anlasser anläuft, Anlassermotor von einer Werkstatt überholen lassen.
- Schnellt das Ritzel nicht nach vorn, Magnetschalter abschrauben und ersetzen.

Einbau

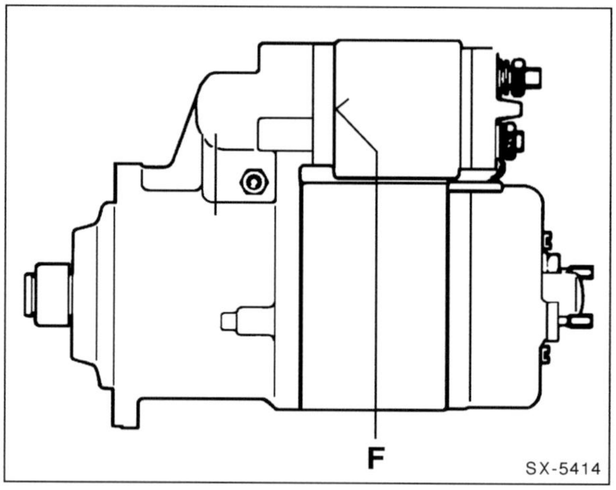

- Trennfuge –F– zum Anlasser mit geeignetem Dichtmittel abdichten.
- Magnetschalter an Gabelhebel im Anlasser einhängen, dann anschrauben.
- Leitung für Magnetschalter anschrauben.
- Anlasser erneut prüfen, wie oben beschrieben.
- Anlasser einbauen.

Störungsdiagnose Anlasser

Wenn ein Anlasser nicht durchdreht, ist zunächst zu prüfen, ob an der Klemme 50 des Magnetschalters die zum Einziehen benötigte Spannung von mindestens 10 Volt vorhanden ist. Liegt die Spannung unter dem genannten Wert, dann müssen die Leitungen, die zum Anlasserstromkreis gehören, nach dem Stromlaufplan überprüft werden. Ob der Anlasser bei voller Batteriespannung einzieht, kann folgendermaßen geprüft werden:

- Keinen Gang einlegen, Zündung eingeschaltet.
- Mit einer Leitung (Querschnitt mindestens 4 mm^2) die Klemmen 30 und 50 am Anlasser überbrücken, siehe auch Stromlaufplan.

Spurt der Anlasser dabei einwandfrei ein, so liegt der Fehler in der Leitungsführung zum Anlasser. Anderenfalls Anlasser in ausgebautem Zustand überprüfen.

Prüfvoraussetzung: Leitungsanschlüsse müssen festsitzen und dürfen nicht oxydiert sein.

Störung	Ursache	Abhilfe
Anlasser dreht sich nicht beim Betätigen des Zündanlaßschalters.	Batterie entladen.	■ Batterie laden.
	Klemmen 30 und 50 am Anlasser überbrücken: Anlasser läuft an. Leitung 50 zum Zündanlaßschalter unterbrochen, Anlaßschalter defekt.	■ Unterbrechung beseitigen, defekte Teile ersetzen.
	Kabel oder Masseanschluß ist unterbrochen. Batterie entladen.	■ Batteriekabel und Anschlüsse prüfen. Spannung der Batterie messen, ggf. laden.
	Ungenügender Stromdurchgang infolge lockerer oder oxydierter Anschlüsse.	■ Batteriepole und -klemmen reinigen. Stromsichere Verbindungen zwischen Batterie, Anlasser und Masse herstellen.
	Keine Spannung an Klemme 50 (Magnetschalter).	■ Leitung unterbrochen Zündanlaßschalter defekt.
Anlasser dreht sich zu langsam und zieht den Motor nicht durch.	Batterie entladen.	■ Batterie laden.
	Kein Mehrbereichsöl im Motor.	■ Mehrbereichsöl einfüllen.
	Ungenügender Stromdurchgang infolge lockerer oder oxydierter Anschlüsse.	■ Batteriepole und -klemmen und Anschlüsse am Anlasser reinigen, Anschlüsse festziehen.
	Kohlebürsten liegen nicht auf dem Kollektor auf, klemmen in ihren Führungen, sind abgenutzt, gebrochen, verölt oder verschmutzt.	■ Kohlebürsten überprüfen, reinigen bzw. auswechseln. Führungen prüfen.
	Ungenügender Abstand zwischen Kohlebürsten und Kollektor.	■ Kohlebürsten ersetzen und Führungen für Kohlebürsten reinigen.
	Kollektor riefig oder verbrannt und verschmutzt.	■ Kollektor abdrehen oder Anker ersetzen.
	Spannung an Klemme 50 fehlt (mind. 10 Volt).	■ Zündanlaßschalter oder Magnetschalter überprüfen.
	Magnetschalter defekt.	■ Schalter auswechseln.
Anlasser spurt ein und zieht an, Motor dreht nicht oder nur ruckweise.	Ritzelgetriebe defekt.	■ Ritzelgetriebe ersetzen.
	Ritzel verschmutzt.	■ Ritzel reinigen.
	Zahnkranz am Schwungrad defekt.	■ Zahnkranz nacharbeiten, falls erforderlich, Schwungrad erneuern.
Ritzelgetriebe spurt nicht aus.	Ritzelgetriebe oder Steilgewinde verschmutzt bzw. beschädigt.	■ Ritzelgetriebe reinigen, ggf. ersetzen.
	Magnetschalter defekt.	■ Magnetschalter ersetzen.
	Rückzugfeder schwach oder gebrochen.	■ Rückzugfeder erneuern.
Anlasser läuft weiter, nachdem der Zündschlüssel losgelassen wurde.	Magnetschalter hängt, schaltet nicht ab.	■ Zündung sofort ausschalten, Magnetschalter ersetzen.
	Zündschloß schaltet nicht ab.	■ Sofort Batterie abklemmen, Zündschloß ersetzen.

Beleuchtungsanlage

Zur Beleuchtungsanlage zählen verschiedene Leuchten und Glühlampen in unterschiedlicher Ausführung: Hauptscheinwerfer, Nebelscheinwerfer, Heckleuchten, Bremsleuchten, Rückfahrscheinwerfer, Blinkleuchten, Nebelschlussleuchten, Kennzeichen- und Innenleuchten.

Vor dem Auswechseln einer Glühlampe immer Licht und Zündung ausschalten. **Achtung: Glaskörper nicht mit bloßen Fingern anfassen,** sondern einen sauberen Lappen zwischenlegen. Der Fingerabdruck würde verdunsten und sich – aufgrund der Wärme – auf dem Reflektor niederschlagen und diesen erblinden lassen. Grundsätzlich Glühlampe nur durch eine neue des gleichen Typs ersetzen. Versehentlich entstandene Berührungsflecken auf dem Glaskörper mit sauberem, nicht faserndem Tuch und Spiritus entfernen.

Lampentabelle

Um jederzeit eine Lampe auswechseln zu können, sollte stets ein Kasten mit Ersatzlampen im Fahrzeug mitgeführt werden. Der VW-Kundendienst führt solche Ersatzlampenboxen.

12-V-Glühlampe für:	Typ	Leistung
Fernlicht, Abblendlicht	H4	60/55 W
Blinkleuchten vorn/hinten	Bajonett	21 W
Bremslicht	Bajonett	21 W
Schlußlicht	Bajonett	5 W
Standlicht	Bajonett	4 W
Kennzeichenleuchte	Glassockel	5 W
Gepäckraum-/Innenleuchte	Soffitte	10 W

Gasentladungslampen (Xenon-Licht)

Gasentladungslampen haben eine hohe Lebensdauer. Ein Austausch ist, wenn überhaupt, erst nach mehreren Betriebsjahren erforderlich. Da für die Grundeinstellung der Xenonscheinwerfer und für das Auslesen des Fehlerspeichers das VW-Diagnosegerät erforderlich ist, wird der Austausch der Xenonlampen im vorliegenden Band nicht beschrieben.

Sicherheitshinweise zum Xenonlicht: Vor Arbeiten an den mit gelben Hochspannungssymbolen gekennzeichneten Teilen des Gasentladungsscheinwerfers unbedingt das Batterie-Masseband abklemmen. Anschließend das Abblendlicht ein und wieder ausschalten. Damit werden eventuelle Restspannungen abgebaut. Das Steuergerät für die Gasentladungsscheinwerfer darf nie ohne Gasentladungslampe betrieben werden. Die Gasentladungslampe darf Aufgrund der hohen Spannungen (über 28.000 V beim Zünden der Gasentladungslampe) und Temperaturen nur im Scheinwerfergehäuse betrieben werden. **Beim Berühren von spannungsführenden Teilen besteht unter Umständen Lebensgefahr!**

Glühlampen für Außenleuchten auswechseln

- Schalter der betreffenden Lampe ausschalten.
- Zündung ausschalten.

Sicherheitshinweis
Die **Halogen-Lampen** für Abblendlicht und Fernlicht stehen unter Druck und können beim Lampenwechsel platzen. Deshalb beim Lampenwechsel Arbeitshandschuhe und Schutzbrille tragen.

Scheinwerfer bis 9/99

- Motorhaube öffnen.

- Motorhaube öffnen. Federlasche –Pfeil– nach unten drücken und Abdeckkappe abnehmen.

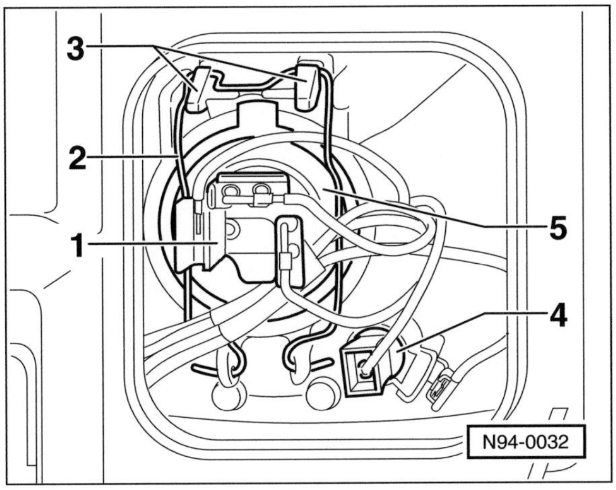

- Stecker –1– abziehen.
- Federdrahtbügel –2– der Lampenhalterung über die Rastnasen –3– nach unten klappen.
- Defekte Lampe –5– herausnehmen.
- Neue Glühlampe so einsetzen, daß die Nasen in die entsprechenden Aussparungen am Gehäuse passen.

Achtung: Glaskolben nicht mit bloßen Fingern anfassen. Versehentlich entstandene Berührungsflecken mit sauberem, nicht faserndem Tuch und Spiritus entfernen.

- Federklammer nach oben klappen und in die Haltenasen einrasten.
- Stecker auf die Fassung aufdrücken.
- Scheinwerfereinstellung von einer Fachwerkstatt kontrollieren lassen.
- Kunststoffverkleidung an der Scheinwerferrückseite aufsetzen und einrasten lassen.

Standlicht vorn

- Abdeckkappe für Scheinwerfer abnehmen.
- Fassung –4– am Anschlußstecker herausziehen, siehe Abbildung.
- Lampe leicht in die Fassung hineindrücken, um 90° (¼ Umdrehung) nach links drehen und Lampe herausnehmen.
- Neue Lampe einsetzen, leicht eindrücken und nach rechts drehen.
- Fassung mit eingesetzter Standlicht-Glühlampe in den Reflektor stecken.
- Kunststoffverkleidung an der Scheinwerferrückseite aufsetzen und einrasten lassen, siehe Scheinwerferlampe wechseln.

Blinklicht vorn

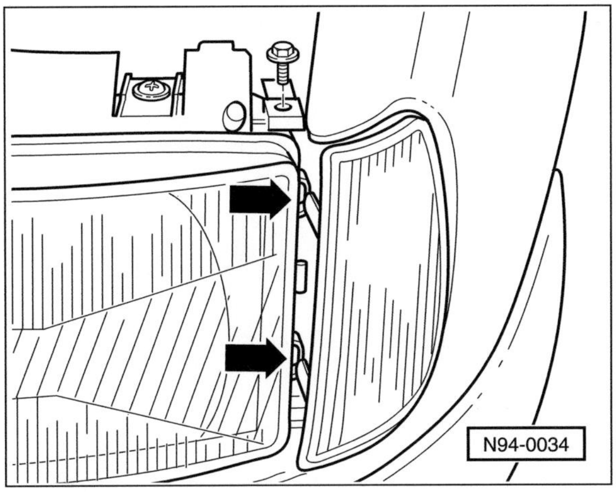

- Obere Schraube lösen. Blinkleuchte nach vorn herausziehen, dabei seitliche Laschen –Pfeile– beachten. Sie müssen beim Einbau wieder in die Führungen des Scheinwerfergehäuses geschoben werden.

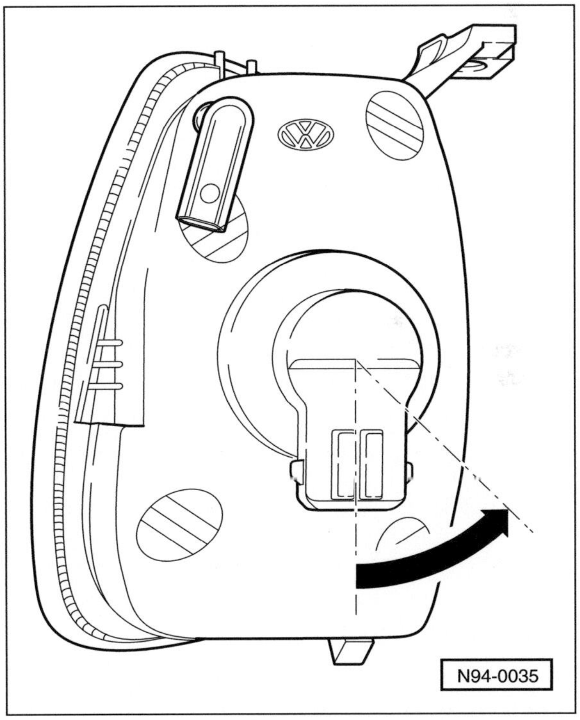

- Fassung in Pfeilrichtung drehen und herausnehmen.
- Lampe leicht in die Fassung hineindrücken, um 90° (¼ Umdrehung) nach links drehen und Lampe herausnehmen.
- Neue Lampe einsetzen, leicht eindrücken und nach rechts drehen.
- Fassung mit eingesetzter Blinklicht-Glühlampe in den Reflektor stecken und durch Drehen befestigen.

- Blinkleuchte in die Führungen des Scheinwerfergehäuses schieben und mit oberer Schraube befestigen.

Nebelscheinwerfer

Um den Nebelscheinwerfer auszubauen, muß zuerst die untere Spoilerleiste abgeschraubt werden. Bei breitem Stoßfänger mit integriertem Nebelscheinwerfer Stoßfänger ausbauen, siehe Seite 174.

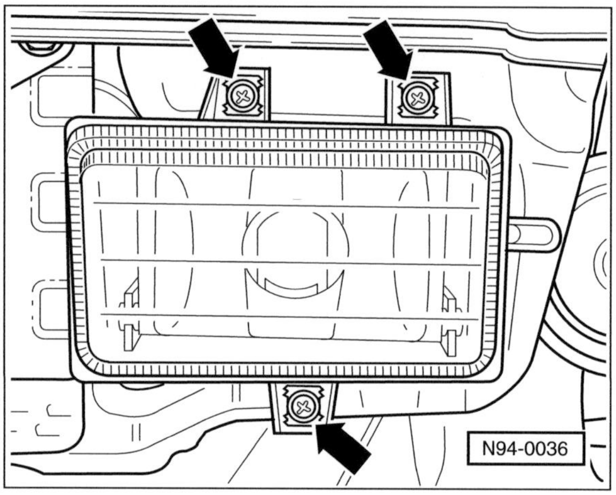

- Nebelscheinwerfer an Fahrzeug: Schrauben –Pfeile– herausdrehen, Scheinwerfereinsatz nach vorn herausnehmen und Kabelstecker abziehen.

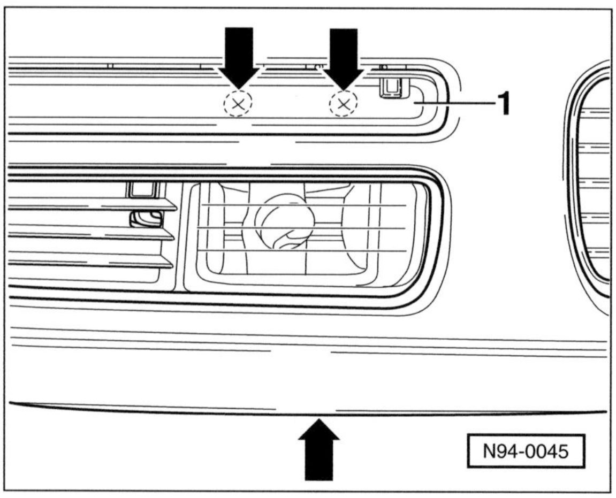

- Nebelscheinwerfer in Stoßfänger: Abdeckteil –1– ausclipsen und Befestigungsschrauben –Pfeile– herausdrehen. Scheinwerfereinsatz herausnehmen und Kabelstecker abziehen.

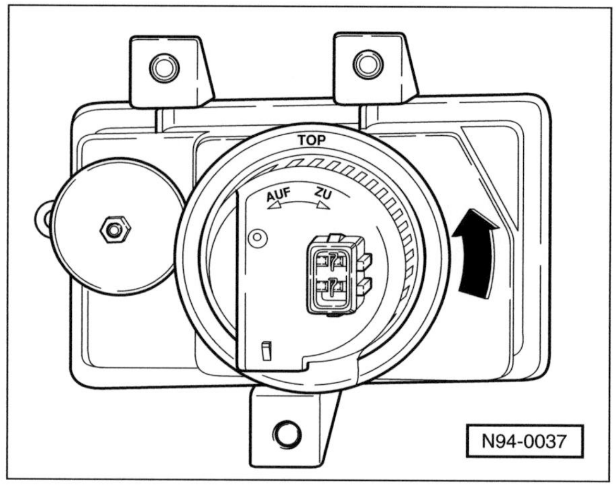

- Abdeckkappe nach links drehen und abnehmen.

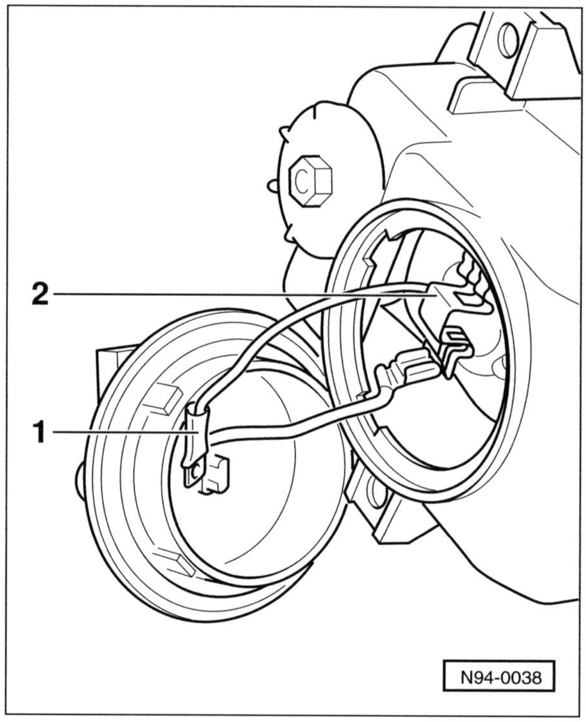

- Kabelstecker –1– an der Abdeckkappe abziehen.
- Federblechbügel –2– der Lampenhalterung aushaken, defekte Lampe herausnehmen.
- Neue Glühlampe so einsetzen, daß die Aussparungen in die entsprechenden Nasen am Gehäuse passen.
- Federblechbügel umklappen und in die Haltenasen einrasten.
- Lampenkabel in der Abdeckkappe aufstecken.
- Abdeckkappe in die Nebelleuchte einrasten (bis zum Anschlag nach rechts drehen).
- Anschlußstecker aufstecken, Scheinwerfer einsetzen und mit 3 Schrauben befestigen.
- Stoßfänger, beziehungsweise Frontspoiler einbauen.
- Nebelscheinwerfereinstellung prüfen lassen.

Scheinwerfer seit 10/99

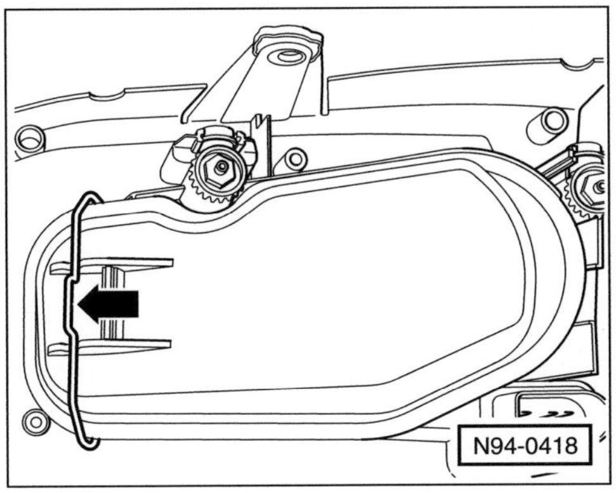

- Auf der Scheinwerfer-Rückseite den Federbügel –Pfeil– ausrasten und in Pfeilrichtung zur Seite schwenken. Verschlußdeckel abnehmen.

Abblendlicht

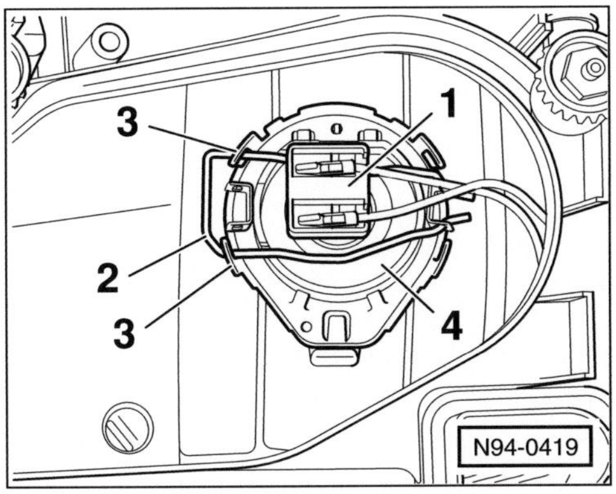

- Steckverbindung –1– von der Glühlampe abziehen.
- Federdrahtbügel –2– über die Rastnasen –3– drücken und entriegeln.
- Glühlampe –4– aus dem Reflektor herausziehen.

Achtung: Beim Einbau der neuen Lampe den Glaskolben nicht mit den Fingern berühren.

- Neue Lampe so einsetzen, daß die Rastnasen am Lamellenteller in die Aussparungen am Reflektor eingreifen.
- Stecker aufschieben.
- Verschlußdeckel einbauen.

Fernlicht

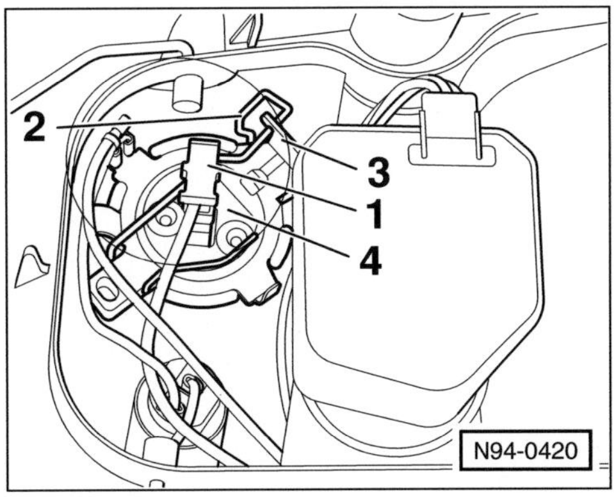

- Steckverbindung –1– von der Glühlampe abziehen.
- Federdrahtbügel –2– über die Rastnasen –3– drücken und entriegeln.
- Glühlampe –4– aus dem Reflektor herausziehen.

Achtung: Beim Einbau der neuen Lampe den Glaskolben nicht mit den Fingern berühren.

- Neue Lampe so einsetzen, daß die Rastnasen am Lamellenteller in die Aussparungen am Reflektor eingreifen.
- Stecker aufschieben.
- Verschlußdeckel einbauen.

Standlicht

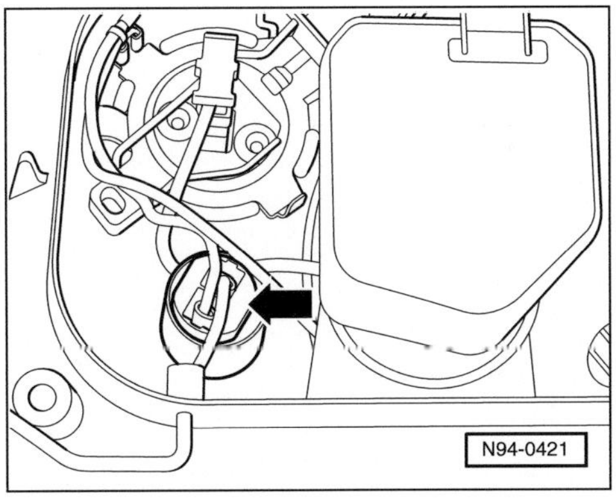

- Glühlampe –Pfeil– mit Fassung am Anschlußstecker aus dem Reflektor herausziehen.
- Lampe leicht in die Fassung drücken, ¼ Umdrehung (90°) nach links drehen und herausnehmen.
- Neue Lampe leicht in die Fassung drücken, ¼ Umdrehung (90°) nach rechts drehen und einrasten.
- Fassung mit Lampe in den Reflektor bis zum Anschlag eindrücken.
- Verschlußdeckel einbauen.

Blinklicht vorn

- Blinkleuchte ausbauen, siehe entsprechendes Kapitel. **Hinweis:** Der Stecker muß nicht von der Lampenfassung abgezogen werden.

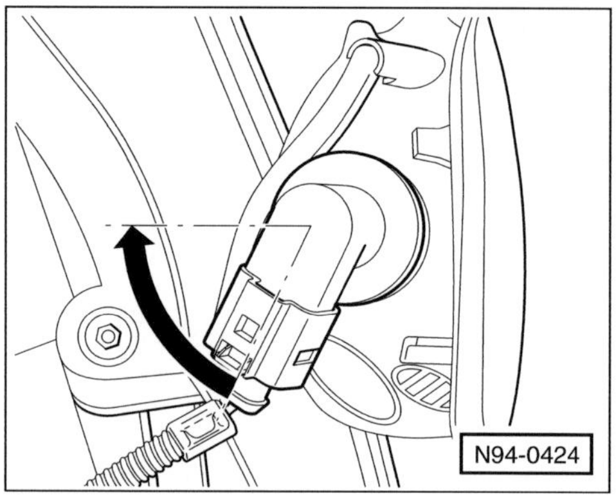

- Glühlampenfassung in Pfeilrichtung drehen und aus dem Gehäuse herausziehen.
- Lampe leicht in die Fassung drücken, ¼ Umdrehung (90°) nach links drehen und herausnehmen.
- Neue Lampe leicht in die Fassung drücken, ¼ Umdrehung (90°) nach rechts drehen und einrasten.
- Glühlampenfassung in die Blinkleuchte einsetzen, entgegen der Pfeilrichtung drehen und einrasten.

Seitliche Blinkleuchte

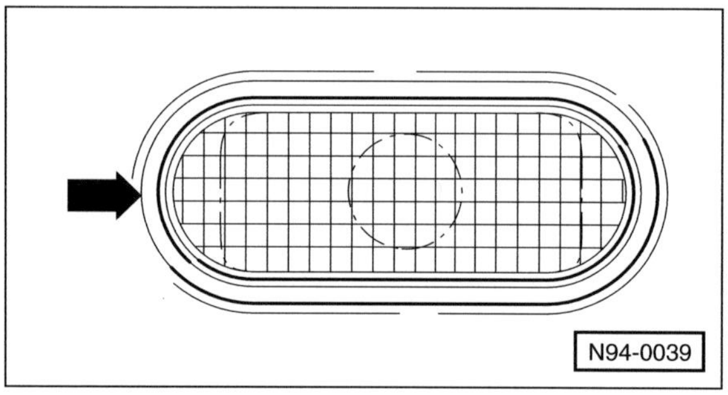

- Blinkleuchte mit einem breiten Schraubendreher oder Spachtel vorsichtig (Tuch zwischenlegen) aus dem Kotflügel heraushebeln, die Haltelasche befindet sich seitlich –Pfeil–.
- Fassung nach links drehen und aus dem Leuchtenglas herausziehen.
- Glühlampe aus der Fassung ziehen und ersetzen.
- Fassung in die Leuchte einsetzen und nach rechts drehen.
- Leuchte in den Kotflügel einrasten.

Heckleuchten

- Kofferraumklappe öffnen. Verkleidung in Leuchtennähe etwas zur Seite biegen.

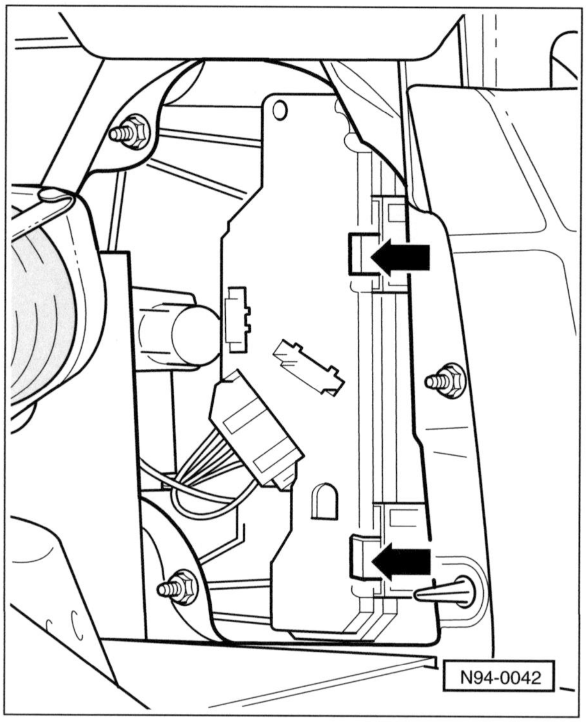

- Vom Kofferraum her die Haltelaschen –Pfeile– nach innen drücken und Lampenträger nach innen abnehmen.
- Defekte Lampe eindrücken, um 90° (¼ Umdrehung) nach links drehen und herausnehmen. **Lampenbelegung:** Äußere Lampe für Blinklicht, die anderen Lampen, von oben nach unten: Bremslicht, Schlußlicht, Rückfahrlicht (rechts) oder Nebelschlußlicht (links).
- Neue Glühlampe in die Fassung eindrücken, nach rechts drehen und einrasten.
- Lampenträger in das Gehäuse einsetzen, beide Laschen müssen einrasten.

Kennzeichenleuchte

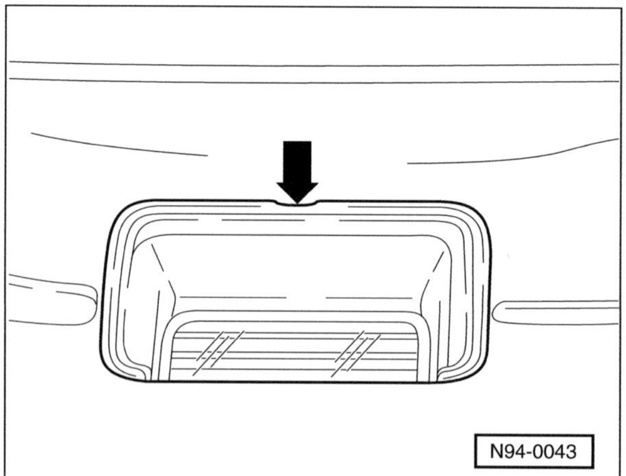

- Heckklappe öffnen. Kennzeichenleuchte mit einem breiten Schraubendreher vorsichtig an der Aussparung –Pfeil– aus dem Stoßfänger heraushebeln, bis die Haltelasche entriegelt.

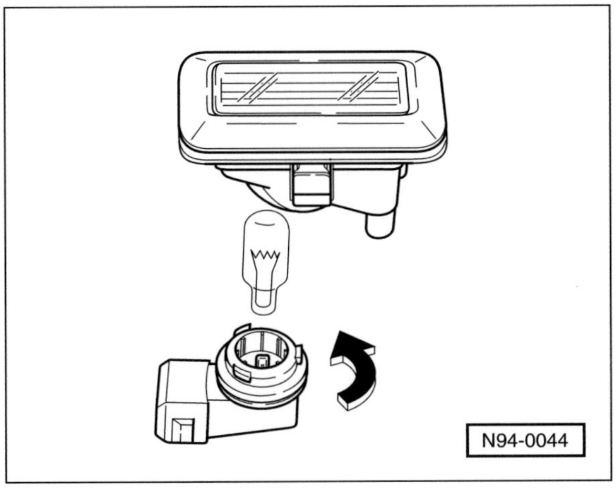

- Fassung drehen und aus dem Leuchtenglas herausziehen.
- Glassockellampe aus der Fassung herausziehen, nicht drehen.
- Neue Lampe eindrücken.
- Leuchtenglas zuerst mit der abgesetzten Fläche in den hinteren Teil der Öffnung einsetzen und einrasten.

Glühlampen für Innenleuchten auswechseln

- Schalter der betreffenden Lampe ausschalten.

Innenleuchte/Leseleuchte

- Kompletten Leuchtenträger heraushebeln, dazu Schraubendreher rechts zwischen Leuchtenrahmen und Dachverkleidung einsetzen.

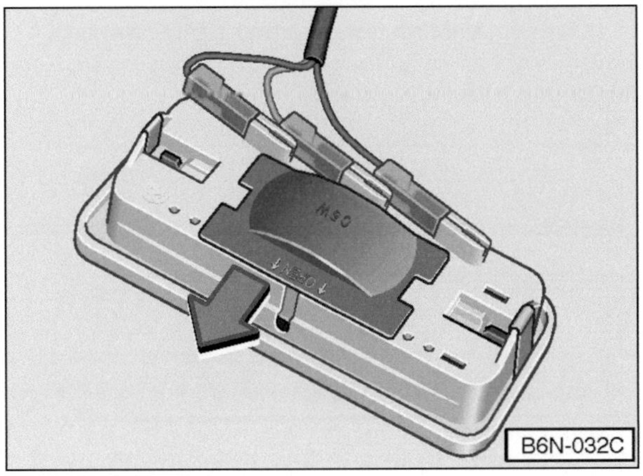

- Kunststoffabdeckung in Pfeilrichtung schieben und abnehmen.
- Glassockellampe aus der Fassung ziehen und ersetzen.
- Kunststoffabdeckung einschieben.
- Leuchtenträger zuerst auf der linken Seite einsetzen und anschließend in den Ausschnitt der Dachverkleidung drücken.

Gepäckraumleuchte

- Kofferraum öffnen.
- Mit einem Finger hinter die Leuchte greifen und Leuchte herausdrücken.
- Soffittenlampe auswechseln. Saß die Lampe locker, Kontaktzungen etwas nachbiegen.
- Leuchte einsetzen und hochdrücken.

Scheinwerfer aus- und einbauen

Bis 9/99

Der Scheinwerfer ist nicht zerlegbar. Ist zum Beispiel das Glas defekt, muß der ganze Scheinwerfer ersetzt werden.

Ausbau

- Scheinwerferschalter ausschalten.
- Blinkleuchte vorn neben Scheinwerfer ausbauen, siehe Seite 242.
- An der Scheinwerferrückseite die Abdeckung ausrasten und Stecker von den Scheinwerfer-Glühlampen sowie Leuchtweitenregulierung abziehen.
- Kühlergrill ausbauen, siehe Seite 175.

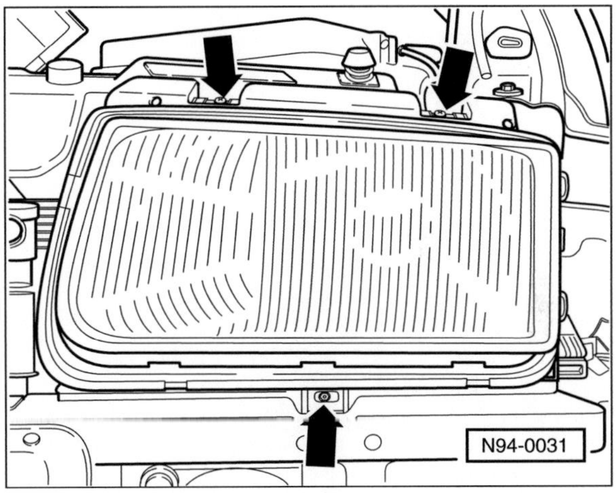

- Befestigungsschrauben –Pfeile– herausschrauben. Die untere Schraube fällt nicht herunter, da sie durch eine Klammer unverlierbar befestigt ist.
- Hammerstiel oder ähnliches vorsichtig zwischen Scheinwerfergehäuse und Stoßfänger stecken. Scheinwerfergehäuse mit dem Hammerstiel etwas nach oben drücken, dann nach vorn herausschieben.

Einbau

- Scheinwerfer einsetzen, anschrauben und anschließen. Abdeckung an Scheinwerferrückseite einclipsen.
- Kühlergrill einbauen, siehe Seite 175.
- Scheinwerfer von einer Fachwerkstatt einstellen lassen.

Scheinwerfer aus- und einbauen

Seit 10/99

Ausbau

- Blinkleuchte vorn ausbauen
- Kühlergrill ausbauen.
- Steckverbindungen für Nebelscheinwerfer trennen.
- Stoßfänger vorn ausbauen, siehe Seite 175.

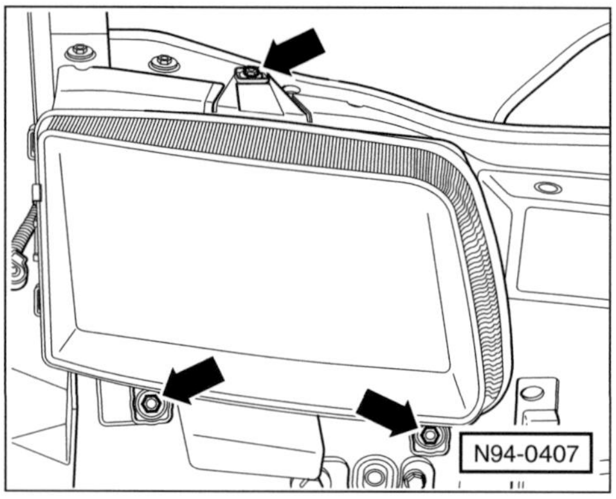

- 3 Schrauben –Pfeile– herausdrehen.
- Scheinwerfer vorsichtig nach vorn ziehen, Mehrfachsteckverbindung trennen und Scheinwerfer nach vorn herausnehmen.

Einbau

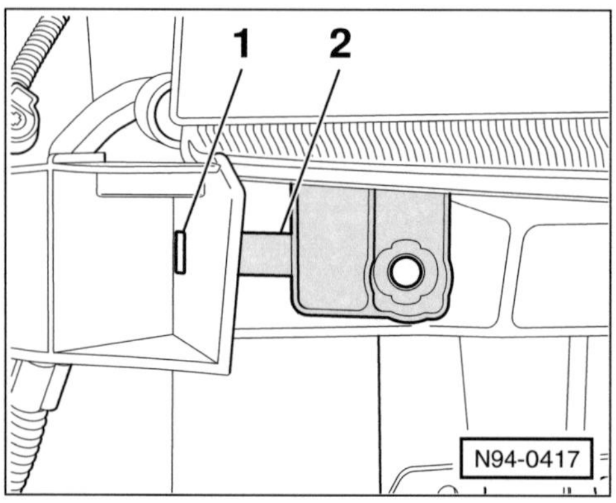

- Scheinwerfer einsetzen, dabei den Führungszapfen –2– in die Aufnahme –1– einstecken.
- Der weitere Einbau erfolgt sinngemäß in umgekehrter Ausbaureihenfolge.

Scheinwerfer einstellen

Für die Verkehrssicherheit ist die richtige Einstellung der Scheinwerfer von großer Bedeutung. Die exakte Einstellung der Scheinwerfer ist nur mit einem Spezialeinstellgerät möglich. Es wird deshalb nur gezeigt, wo die Scheinwerfer eingestellt werden können und welche Bedingungen zum richtigen Einstellen der Scheinwerfer erfüllt sein müssen.

- Reifen müssen den vorgeschriebenen Reifenfülldruck haben.
- Das unbeladene Fahrzeug muß mit 75 kg (eine Person) auf dem Fahrersitz belastet sein, sowie der Kraftstofftank gefüllt sein. Anschließend das Fahrzeug mindestens einige Meter rollen, damit sich die Federn richtig einstellen.
- Fahrzeug auf ebene Fläche stellen.
- Regulierknopf für Leuchtweitenregulierung auf »0« stellen.
- Die Scheinwerfer dürfen nur bei Abblendlicht eingestellt werden. Das korrekte Neigungsmaß beträgt für Normalscheinwerfer 12 cm auf 10 m Entfernung, bei Nebelscheinwerfern 20 cm auf 10 m Entfernung.

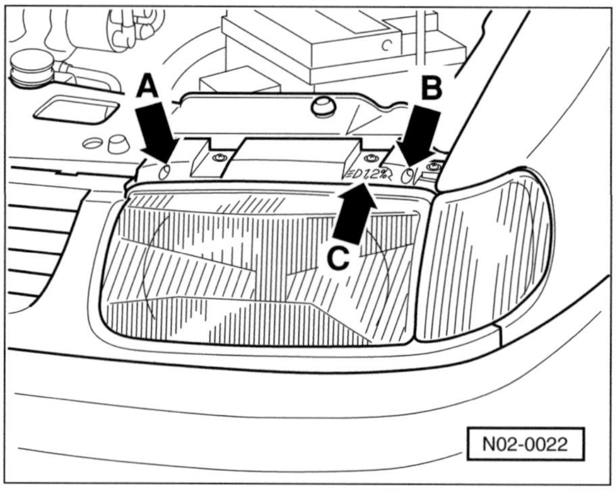

- Die Einstellschrauben sind: A – Seitenverstellung, B – Höhenverstellung. Die Abbildung zeigt den linken Scheinwerfer; rechts sind die Schrauben spiegelbildlich angeordnet. Zur Seiten- und Höhenverstellung kann die jeweilige Schraube mit einem Schraubendreher von vorn verstellt werden. C – Neigungsmaß = 1,2 %, entspricht 12 cm Leuchthöhenunterschied auf 10 m Entfernung.

Einstellung Nebelscheinwerfer

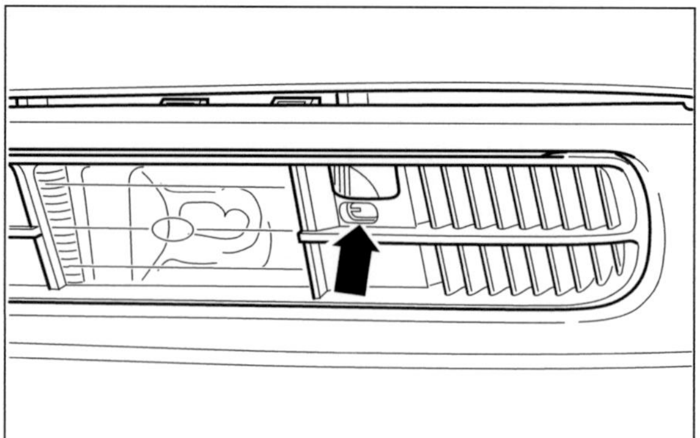

- An den Nebelscheinwerfern ist nur die Höheneinstellung möglich. Zum Verringern der Leuchtweite die Schraube rechtsherum drehen.

Blinkleuchte vorn aus- und einbauen

Seit 10/99

Ausbau

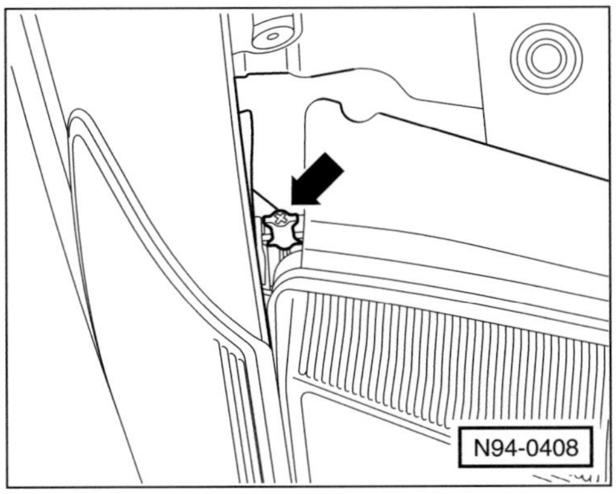

- Schraube –Pfeil– durch Linksdrehen entriegeln und nach oben ziehen. Durch das Hochziehen wird die Feder für die Blinkerbefestigung entspannt.
- Blinkleuchte nach vorn herausziehen.
- Stecker für elektrische Leitung abziehen.

Einbau

- Stecker auf die Fassung der Blinkerlampe aufschieben.

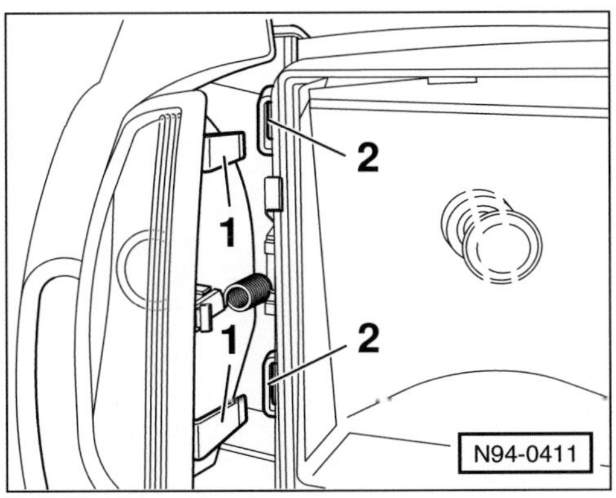

- Blinkleuchte so in den Kotflügelausschnitt schieben, daß die Laschen –1– in die Führungen –2– des Scheinwerfergehäuses eingreifen.
- Schraube –Pfeil in Abbildung N94-0408– herunterdrücken und durch Rechtsdrehen einrasten.

Lampenträger für Heckleuchte aus- und einbauen

Ausbau

- Innenverkleidung an der betreffenden Seite abnehmen.
- Haltelaschen am Lampenträger von Innen entriegeln und Lampenträger nach Innen abnehmen.

Einbau

- Lampenträger von Innen ansetzen und andrücken. Die Haltelaschen müssen hörbar einrasten.
- Innenverkleidung anbringen.

Heckleuchte aus- und einbauen

Ausbau

- Glühlampen der betreffenden Heckleuchte ausbauen, siehe Seite 241.
- Muttern vom Kofferraum her lösen.
- Leuchte nach außen abnehmen.
- Gummidichtung abnehmen, wenn möglich.

Einbau

- Poröse oder beschädigte Gummidichtung sowie gesprungene Leuchtengläser umgehend ersetzen, sonst dringt Wasser in den Innenraum.
- Leuchte mit Dichtung ansetzen, von innen her anschrauben.
- Glühlampen einbauen.

POLO bis 9/99

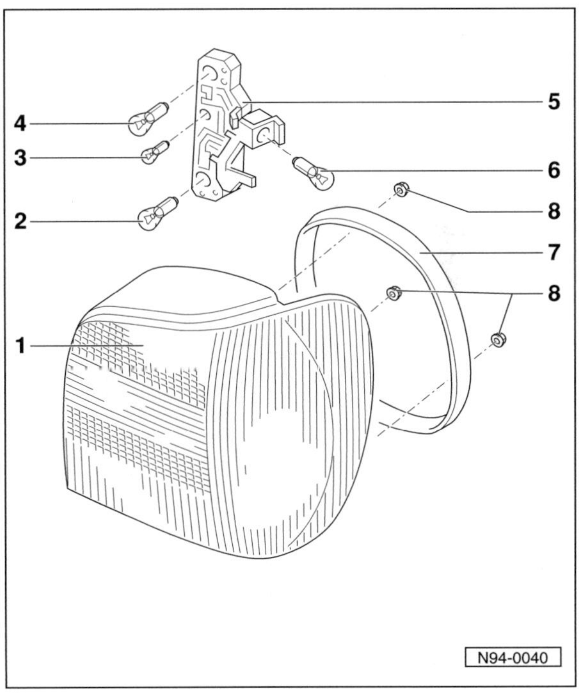

1 – Gehäuse

2 – Glühlampe für Rückfahrlicht (links: Nebelschlußlicht)

3 – Glühlampe für Schlußlicht

4 – Glühlampe für Bremslicht

5 – Lampenträger

6 – Glühlampe für Blinklicht

7 – Dichtung

8 – Sechskantmutter M 5

POLO seit 10/99

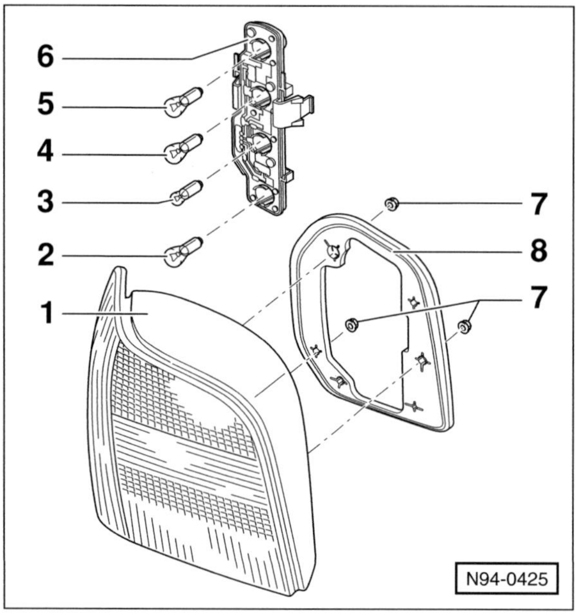

1 – Gehäuse
2 – Glühlampe für Nebelschlußlicht (rechts: Rückfahrleuchte)
3 – Glühlampe für Schlußlicht
4 – Glühlampe für Blinklicht
5 – Glühlampe für Bremslicht
6 – Lampenträger
7 – Sechskantmutter M5
8 – Dichtung

CADDY

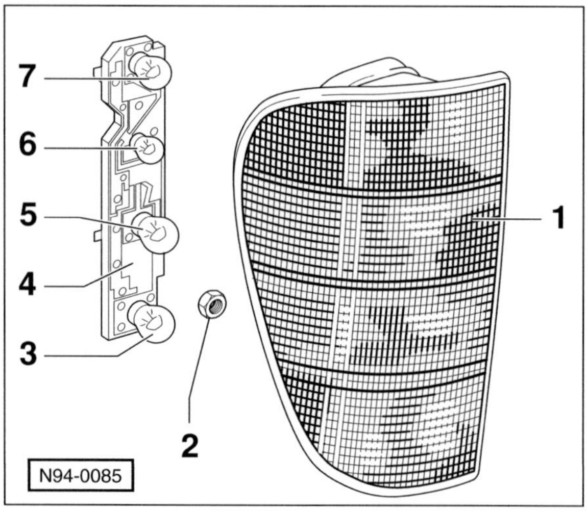

1 – Gehäuse
2 – Sechskantmutter M5
3 – Glühlampe für Nebelschlußlicht (rechts: Rückfahrleuchte)
4 – Lampenträger
5 – Glühlampe für Blinklicht
6 – Glühlampe für Schlußlicht
7 – Glühlampe für Bremslicht

POLO CLASSIC

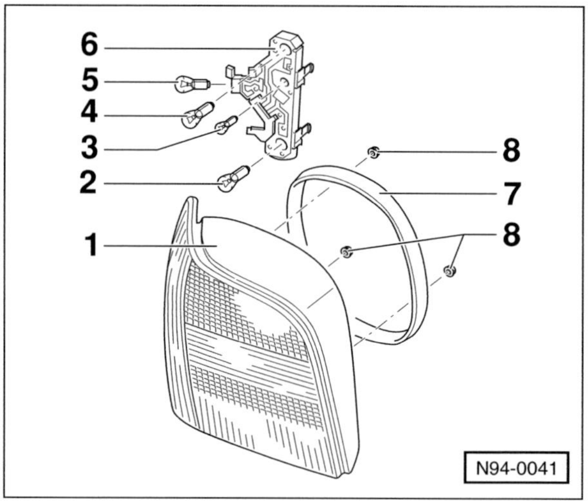

1 – Gehäuse
2 – Glühlampe für Nebelschlußlicht (rechts: Rückfahrleuchte)
3 – Glühlampe für Schlußlicht
4 – Glühlampe für Bremslicht
5 – Glühlampe für Blinklicht
6 – Lampenträger
7 – Dichtung
8 – Sechskantmutter M5

POLO VARIANT

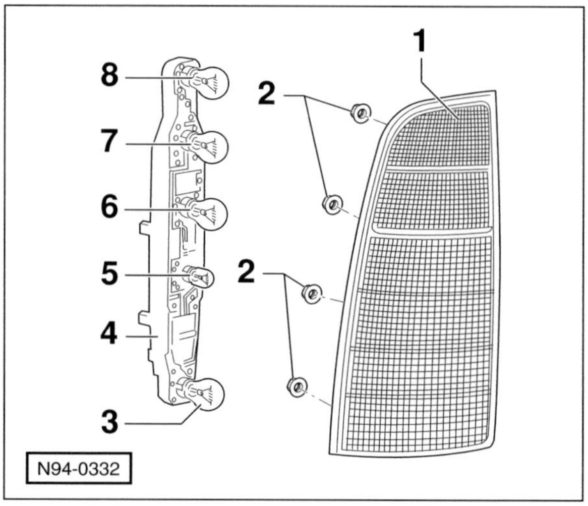

1 – Gehäuse
2 – Sechskantmutter
3 – Glühlampe für Nebelschlußlicht
Bei Schlußleuchte rechts nicht belegt.
4 – Lampenträger
5 – Glühlampe für Schlußlicht
6 – Zweifadenlampe für Brems- und Schlußlicht
7 – Glühlampe für Rückfahrlicht
8 – Glühlampe für Blinklicht

Armaturen

Beim POLO sind die Instrumente in einem Schalttafeleinsatz zusammengefaßt. Der Schalttafeleinsatz muß beispielsweise ausgebaut werden, wenn Glühlampen der Instrumentenbeleuchtung ersetzt werden sollen. Sind einzelne Instrumente defekt, muß der gesamte Schalttafeleinsatz ersetzt werden, da er nicht zerlegbar ist. In diesem Kapitel werden auch die Schalter an der Schalttafel behandelt.

Schalttafeleinsatz aus- und einbauen

Bis 8/97

Ausbau

Hinweis: Das Lenkrad muß nicht ausgebaut werden, in den folgenden Abbildungen fehlt es wegen der besseren Übersicht.

- Batterie-Massekabel (–) abklemmen. **Achtung:** Dadurch werden elektronische Speicher gelöscht, wie zum Beispiel der Radiocode. Hinweise im Kapitel »Batterie aus- und einbauen« beachten.

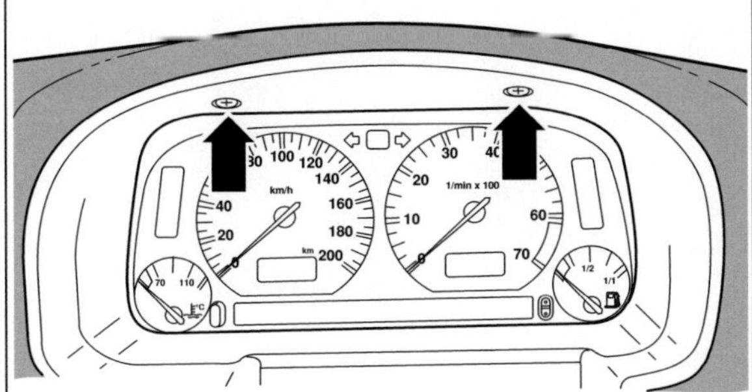

N90-0015

- Schrauben herausdrehen –Pfeile–. Blende herausziehen.

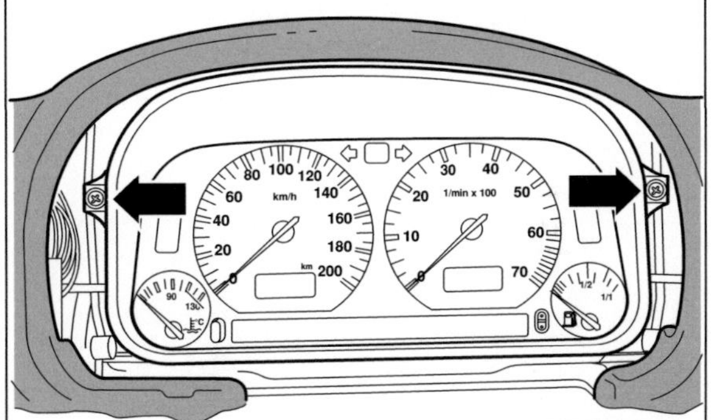

N90-0014

- Schrauben links und rechts herausdrehen –Pfeile–.
- Schalttafeleinsatz vorsichtig aus dem Schalttafelausschnitt herausziehen und nach vorne klappen.
- Steckverriegelung an der Rückseite mit einem kleinen Schraubendreher bis zum Anschlag nach oben ziehen. Stecker von Hand abziehen und Schalttafeleinsatz abnehmen.

Einbau

- Elektrische Anschlußstecker einsetzen und Verriegelung ganz eindrücken.
- Schalttafeleinsatz einsetzen und anschrauben.
- Blende einsetzen und anschrauben.

Schalttafeleinsatz aus- und einbauen

9/97 bis 9/99

Ausbau

- Lenkrad ausbauen, siehe Seite 140.
- Blinker-/Wischerschalter ausbauen, siehe Seite 252.

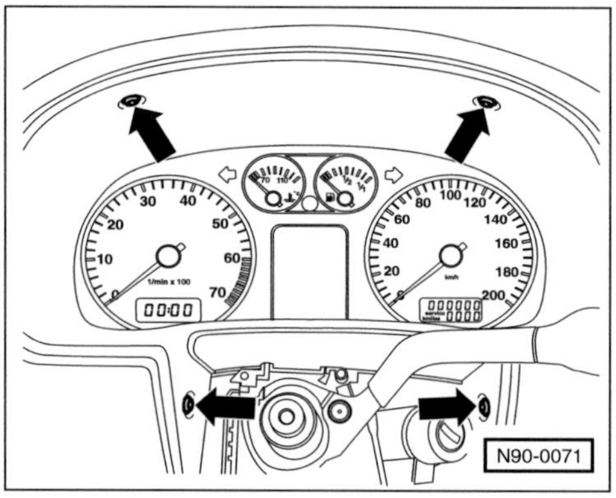

- 4 Schrauben –Pfeile– herausdrehen.
- Blendrahmen nach hinten herausziehen.

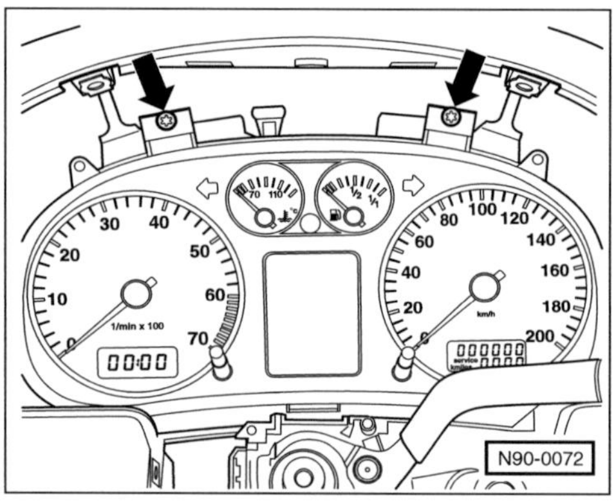

- 2 Schrauben –Pfeile– herausdrehen.
- Schalttafeleinsatz nach hinten kippen und aus den unteren Zapfenlagern ausclipsen.
- Steckverbindung entriegeln und vom Schalttafeleinsatz abziehen.
- Schalttafeleinsatz herausnehmen.

Einbau

- Der Einbau erfolgt sinngemäß in umgekehrter Ausbaureihenfolge.

Schalttafeleinsatz aus- und einbauen

Seit 10/99

Ausbau

- Lenkrad ausbauen, siehe Seite 142.

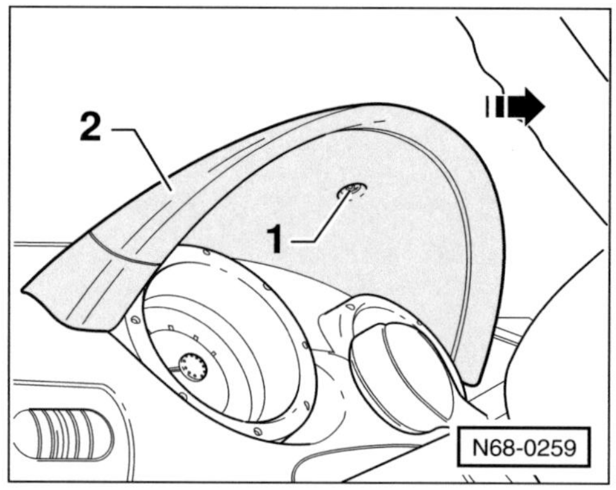

- Schraube –1– herausdrehen.
- Oberteil der Abdeckblende –2– in –Pfeilrichtung– ausclipsen.

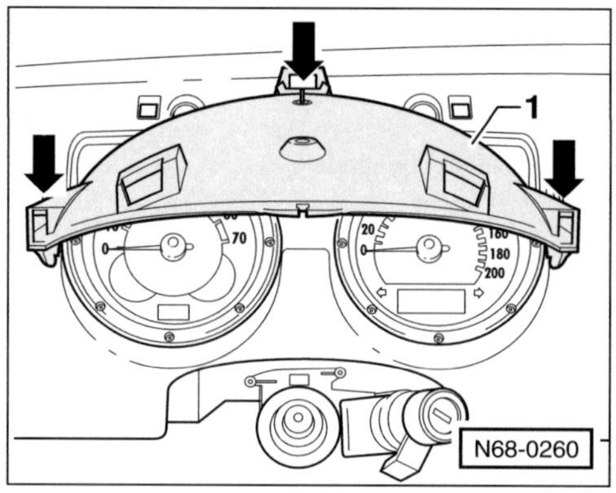

- 3 Schrauben –Pfeile– herausdrehen und Unterteil –1– der Abdeckblende abnehmen.

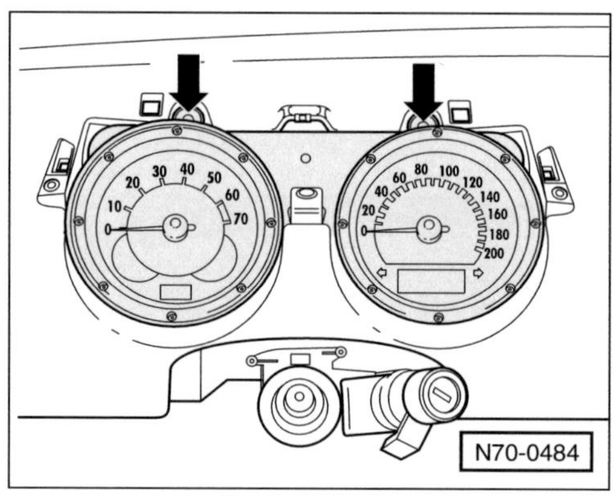

- 2 Schrauben –Pfeile– herausdrehenn.
- Schalttafeleinsatz herausziehen, Steckverbindungen entriegeln und vom Schalttafeleinsatz abziehen.
- Schalttafeleinsatz herausnehmen.

Einbau

- Der Einbau erfolgt sinngemäß in umgekehrter Ausbaureihenfolge.

Kontrollampen/Beleuchtung für Schalttafeleinsatz aus- und einbauen

Bis 9/99

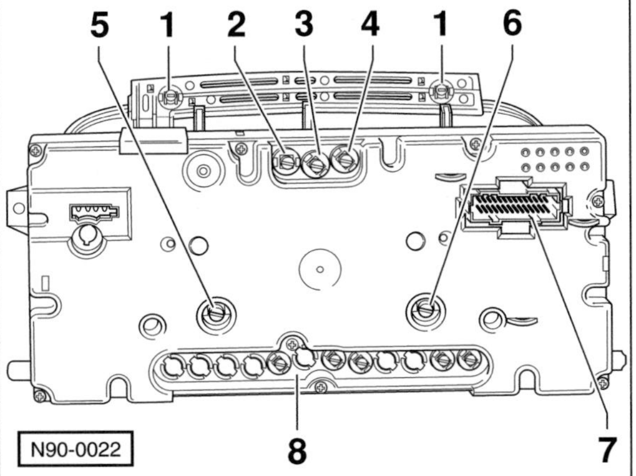

N90-0022

Lampenbelegung

12 Volt-Lampen* für:

1 – Instrumentenbeleuchtung 1,2 W

2 – Blinker rechts

3 – Fernlicht

4 – Blinker links

5 – Digitaluhr/MFA-Beleuchtung

6 – Beleuchtung Kilometerzähler

7 – Mehrfachstecker

8 – diverse Kontrolleuchten

*) Falls nicht anders angegeben, haben alle Lampen eine Leistungsaufnahme von 1,1 Watt.

Ausbau

- Schalttafeleinsatz ausbauen und auf eine saubere, weiche Unterlage ablegen.
- Lampenfassung für defekte Leuchte von Hand oder mit einem schmalen Schraubendreher nach links drehen und herausnehmen.

Einbau

- Glühlampe mit Fassung ersetzen. Fassung einsetzen und nach rechts drehen.
- Schalttafeleinsatz einbauen.

Blinker-/Wischerschalter aus- und einbauen

Blink-/Fernlichtschalter und Wischerschalter sind sogenannte Lenkstockschalter und werden zusammen ausgebaut.

Ausbau

- Batterie-Massekabel (–) abklemmen. **Achtung:** Dadurch werden elektronische Speicher gelöscht, wie zum Beispiel der Radiocode. Hinweise im Kapitel »Batterie aus- und einbauen« beachten.
- Lenkrad ausbauen. **Achtung:** Hinweise zur Airbageinheit beachten, siehe Seite 140/142.
- Verkleidung für Lenksäule von unten mit 2 oder 3 Schrauben abschrauben, siehe auch Seite 206.

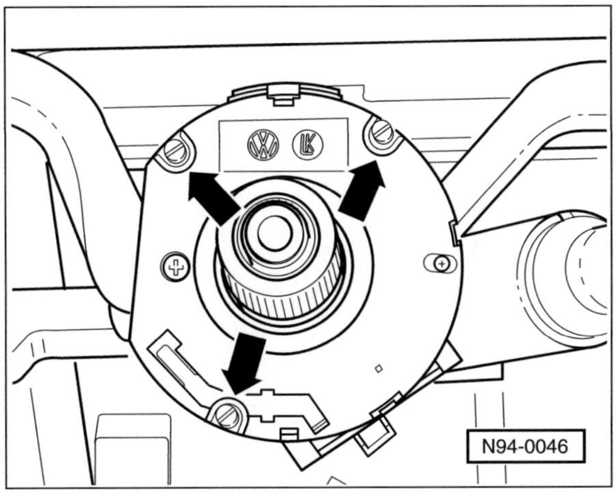

N94-0046

- Befestigungsschrauben herausdrehen.
- Steckverbindungen am Lenkstockschalter trennen.
- Lenkstockschalter von der Lenksäule abziehen.

Einbau

- Mehrfachstecker verbinden.
- Lenkstockschalter aufschieben und mit 3 Schrauben anschrauben.
- Lenksäulenverkleidung anschrauben (2 Schrauben).
- Lenkrad einbauen, siehe Seite 140/142.
- Batterie-Massekabel (–) anklemmen. Zeituhr einstellen. Diebstahlcode für Radio eingeben.
- Funktion der Hupe prüfen.

Schalter in der Armaturentafel aus- und einbauen

Bis 9/99

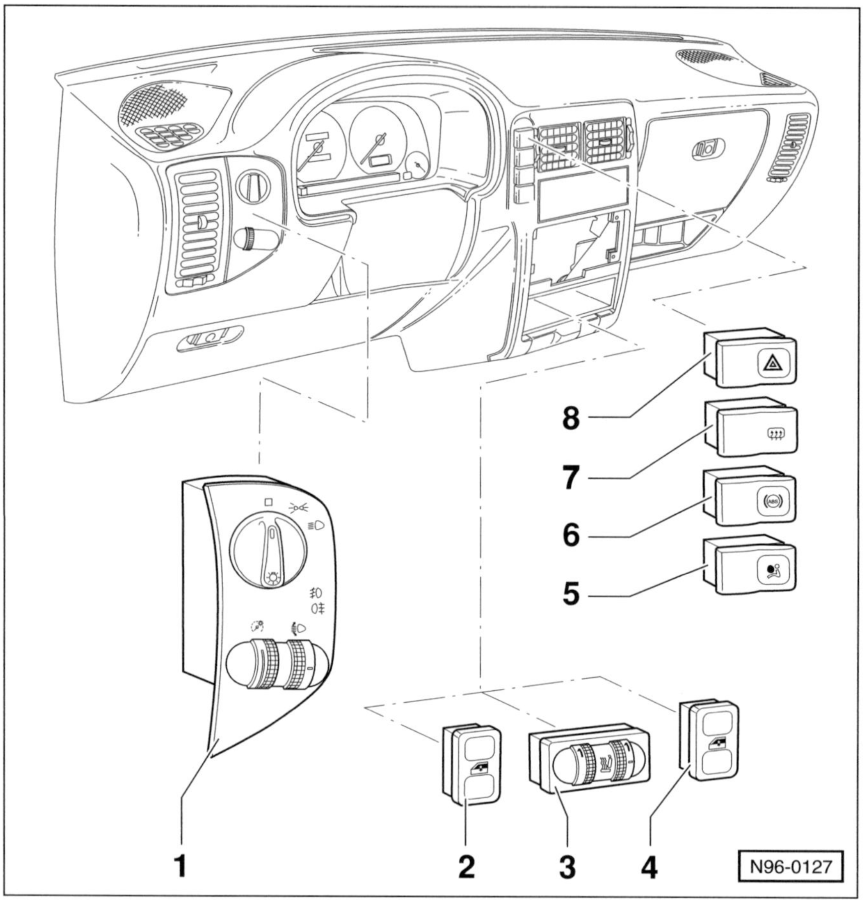

1 – Lichtschalter
2 – Schalter Fensterheber links
3 – Schalter Sitzheizung
4 – Schalter Fensterheber rechts
5 – Kontrollampe Airbag
6 – Kontrollampe ABS
7 – Schalter heizbare Heckscheibe
8 – Schalter Warnblinkanlage

Ausbau

- Batterie-Massekabel (–) abklemmen. **Achtung:** Dadurch werden elektronische Speicher gelöscht, wie zum Beispiel der Radiocode. Hinweise im Kapitel »Batterie aus- und einbauen« beachten.

Lichtschalter/Leuchtweitenregulierung ausbauen

- Ablage Fahrerseite ausbauen, siehe Seite 206.

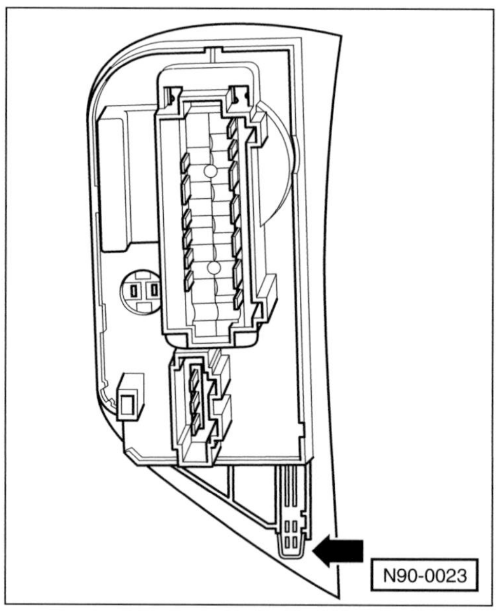

- Hinter Schalttafel greifen und untere Halterung –Pfeil– nach oben drücken.
- Lichtschalter aus der Schalttafel herausziehen und elektrische Steckverbindung abziehen.

Einbau

- Steckverbindung aufstecken.
- Lichtschalter in die Schalttafel einsetzen und einrasten.
- Ablagefach einsetzen.

Schalter/Kontrolleuchten ausbauen (Positionen –2– bis –8–, siehe Abbildung N96-0127)

- Flachen Schraubendreher an der rechten Seite des Schalters zwischen Schalttafel und Schalter ansetzen und Schalter vorsichtig heraushebeln.
- Steckverbindung abziehen.

Einbau

- Steckverbindung aufstecken.
- Schalter in die Schalttafel einsetzen und einrasten.
- Batterie-Massekabel (–) anklemmen. Zeituhr einstellen. Diebstahlcode für Radio eingeben.

Schalter in der Armaturentafel aus- und einbauen

Seit 10/99

Ausbau

Hinweis: Der Aus- und Einbau bezieht sich auf die Schalter für heizbare Heckscheibe, Sitzheizung usw.

- Schlitzschraubendreher zwischen Armaturentafel und Schalter und Schalter vorsichtig etwas heraushebeln.
- Schalter herausziehen und Stecker abziehen.

Einbau

- Stecker aufstecken, Schalter in die Öffnung der Armaturentafel eindrücken und einrasten.

Lichtschalter aus- und einbauen

Seit 10/99

Ausbau

- Drehgriff des Lichtschalters in Stellung »0« drehen.

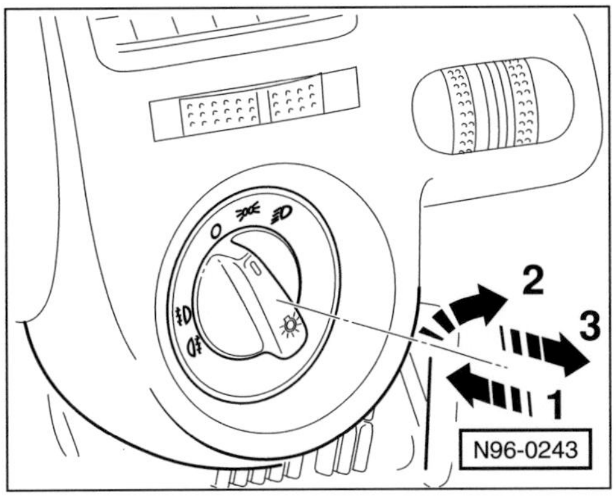

- Drehgriff fest hineindrücken –1– und etwas nach rechts drehen –2–.
- Drehgriff in dieser Stellung halten und Lichtschalter am Drehgriff aus der Armaturentafel herausziehen –3–.
- Steckverbindung entriegeln und abziehen.

Einbau

- Stecker aufstecken und einrasten.

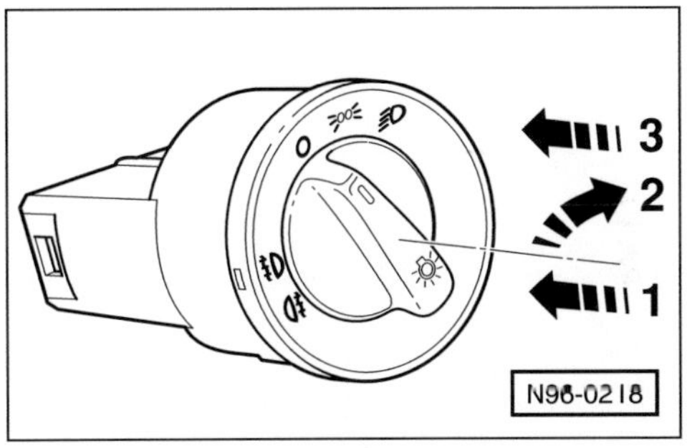

- Lichtschalter festhalten, Drehgriff fest hineindrücken –1– und etwas nach rechts drehen –2–.
- Drehgriff in dieser Stellung halten und Lichtschalter in die Armaturentafel einsetzen –3–.
- Drehgriff in Stellung »0« drehen, loslassen und Schalter einrasten.

Radio aus- und einbauen

Das vom Werk eingebaute Radiogerät ist mit einer Einschubhalterung ausgestattet, die den schnellen Ein- und Ausbau des Radios ermöglicht. Allerdings gelingt das nur mit Ausziehbügeln, die beim Kauf des Radios beigelegt oder im Fachhandel erhältlich sind.

Ausbau

- Zündung ausschalten.
- Batterie-Massekabel (–) abklemmen. **Achtung:** Beim Abklemmen der Batterie werden Speicher im Radio und in elektronischen Steuergeräten gelöscht. Serienmäßig werden Radios mit Anti-Diebstahl-Codierung eingebaut. Diese Codierung verhindert die unbefugte Inbetriebnahme des Gerätes, wenn die Stromversorgung unterbrochen wurde. Die Stromversorgung ist beispielsweise unterbrochen beim Abklemmen der Batterie, beim Ausbau des Radios oder wenn die Radiosicherung durchgebrannt ist. Falls das VW-Radio codiert ist, Radiocode vor Abklemmen der Batterie oder Ausbau des Radios feststellen. Ist der Code nicht bekannt, kann nur die VW-Werkstatt das VW-Autoradio wieder in Betrieb nehmen.

Die individuelle Code-Nummer ist in der Radio-Bedienungsanleitung angegeben. Sie sollte nicht im Fahrzeug aufbewahrt werden.

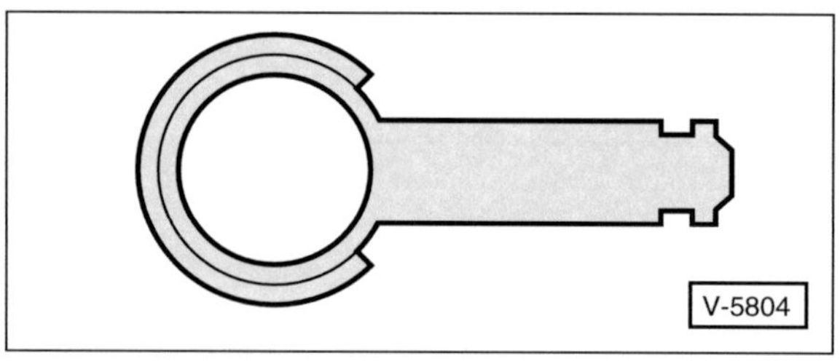

Für den Ausbau werden die beiden Entriegelungswerkzeuge VW 3316 benötigt.

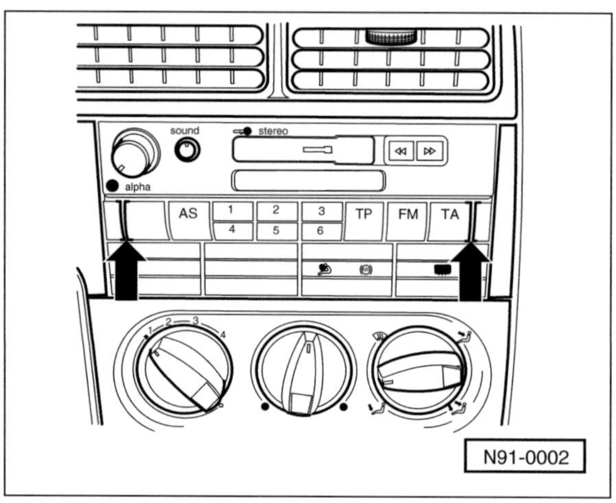

- Entriegelungswerkzeuge in die Entriegelungsschlitze –Pfeile– stecken, bis sie einrasten.

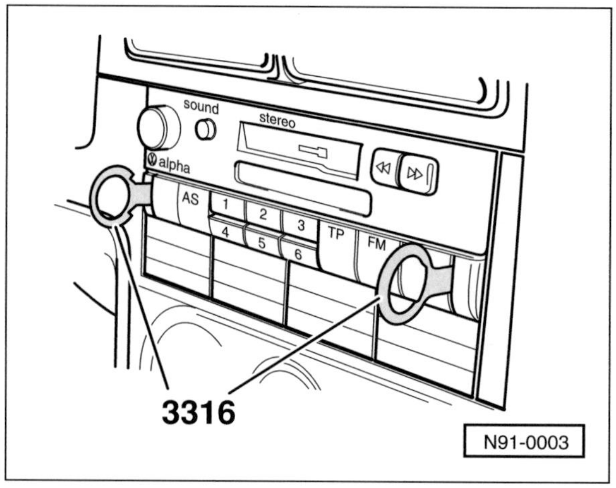

- Radio an den Grifffösen der Werkzeuge aus der Schalttafel herausziehen.

Achtung: Die Entriegelungswerkzeuge dürfen dabei nicht zur Seite gedrückt oder verkantet werden.

- Bei ausgebautem Radio Entriegelungswerkzeuge abnehmen. Dazu die seitlichen Rastnasen am Radio nach Innen drücken.
- Steckverbindungen für Lautsprecher und Antenne herausziehen, Mehrfachsteckverbindung für Stromversorgung abziehen. Falls das Radio nicht mit den serienmäßigen Mehrfachsteckern angeschlossen ist, Kabel vor dem Abziehen kennzeichnen, damit sie beim Einbau nicht vertauscht werden.

Einbau

- Beide Ausziehbügel aus dem Radio herausziehen.
- Elektrische Anschlüsse an der Rückseite des Radiogerätes anbringen.
- Radio in Armaturentafel eindrücken, bis die Haltefedern einrasten.
- Batterie-Massekabel (–) anklemmen.
- Radio einschalten und Funktion überprüfen. Falls ein Radio mit Anti-Diebstahl-Codierung eingebaut ist, zuvor Geheimcode eingeben.

Hinweise für den nachträglichen Radioeinbau

- Der serienmäßig eingebaute Mehrfachstecker des Kabelstranges paßt zu allen Radiogeräten aus dem VW-Zubehörprogramm seit Modelljahr 1994. Der Versorgungsstecker hat folgende Kabelfarben und Anschlüsse:

Rot	Dauerplus
Braun	Minus (Fahrzeugmasse)
Grau/Blau	Skalenbeleuchtung
Braun/Rot	Steuerleitung für »Zündschlüssel«-gesteuerte Radio Aus-/Einschaltung. Diesen Anschluß niemals zur Betriebsspannungs-Versorgung verwenden.

- Für andere Radiogeräte ist ein VW-Adapterkabel erhältlich.

Achtung: Wird das Adapterkabel nicht verwendet, unbedingt darauf achten, daß keine unisolierten Kabel frei herumliegen. Ein sonst möglicher Kurzschluß kann zu einem Kabelbrand führen.

- Darauf achten, daß nur typgeprüfte Entstörsätze (mit allgemeiner Betriebserlaubnis, ABE) verwendet werden, sonst kann die Zulassung des Fahrzeuges erlöschen. Im Handel gibt es speziell auf den VW abgestimmte Entstörsätze mit Einbauanleitung. Serienmäßige Entstörmaßnahmen bei Radio/-vorbereitung, siehe Seite 257.

Achtung: Wurde das Radio nachträglich eingebaut, Radio auf Antenne abstimmen. Dazu schwachen Mittelwellensender einstellen und an der Antennenabgleichschraube (vorn rechts in der Blende des Radios, oder am Gehäuse) mit kleinem Schraubendreher auf besten Empfang einregulieren.

Radio-Codierung eingeben

Gilt nur für VW-Radio mit Codierung (erkennbar am roten Schlüssel-Symbol auf der Frontblende)

Die Anti-Diebstahl-Codierung verhindert die unbefugte Inbetriebnahme des Gerätes, wenn die Stromversorgung unterbrochen wurde. Die Stromversorgung wird beispielsweise unterbrochen beim Abklemmen der Batterie, beim Ausbau des Radios oder wenn die Radiosicherung durchgebrannt ist.

Falls das Radio codiert ist, Radiocode vor Abklemmen der Batterie oder Ausbau des Radios feststellen. Ist der Code nicht bekannt, kann nur die VW-Werkstatt das Autoradio wieder in Betrieb nehmen.

Die individuelle Code-Nummer ist in der Radio-Bedienungsanleitung angegeben. Sie sollte nicht im Fahrzeug aufbewahrt werden.

Elektronische Sperre aufheben

- Stromversorgung herstellen, Radio einschalten.
- Die Tasten »TP« und »TA« **gleichzeitig** so lange drücken, bis in der Radioanzeige »1000« erscheint. Tasten loslassen.
- Mit Hilfe der Stationstasten 1 bis 4 die geheime Code-Nummer eingeben.
  Dabei wird mit Taste 1 die erste Stelle der Code-Nummer eingegeben, mit Taste 2 die zweite Stelle usw.
- Anschließend wieder die Tasten »TP« und »TA« gleichzeitig so lange drücken, bis in der Radioanzeige »SAFE« erscheint. Tasten loslassen. Das Gerät ist jetzt wieder betriebsbereit. Ist die Code-Nummer richtig in das Radiogerät eingegeben worden, muß bei abgezogenem Zündschlüssel die Leuchtdiode neben dem Gerätenamen blinken.

Achtung: Wird versehentlich eine falsche Code-Nummer eingegeben, erscheint in der Anzeige »SAFE« zunächst blinkend und dann dauernd. Jetzt kann der gesamte Vorgang **einmal** wiederholt werden. Wird erneut eine falsche Code-Nummer eingegeben, ist das Radio für ca. 1 Stunde gesperrt, es kann nicht in Betrieb genommen werden. Nach Ablauf von 1 Stunde – das Gerät muß dabei eingeschaltet bleiben – kann die elektronische Sperre wieder aufgehoben werden. Dieser Zyklus gilt für alle weiteren Versuche.

Lautsprecher aus- und einbauen

Die serienmäßigen Lautsprecher können ohne Ausbau der Türverkleidungen oder Schalttafel demontiert werden.

Ausbau

- Radio ausschalten.

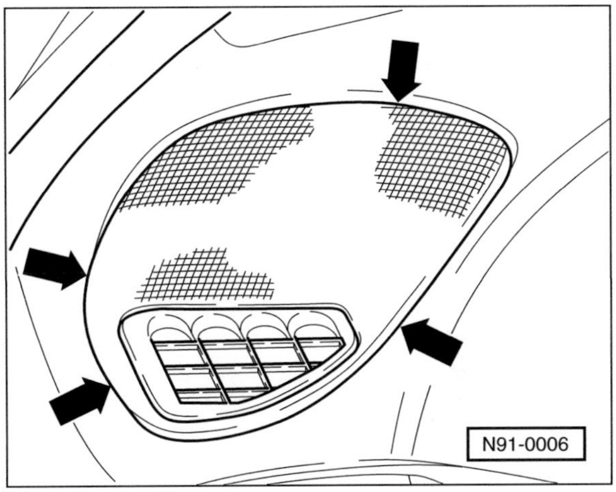

- Lautsprecherabdeckung mit einem Schraubendreher vorsichtig aushebeln. Die Abbildung zeigt die oberen Lautsprecher in der Schalttafel. Bei Türlautsprechern Abdeckung in gleicher Weise abhebeln.
- 4 Schrauben am Lautsprecher herausschrauben, beziehungsweise Grundplatte mit Lautsprecher heraushebeln.
- Steckverbindung abziehen.

Einbau

- Kabelstecker am Lautsprecher aufstecken.
- Lautsprecher einsetzen, teilweise befindet sich am Lautsprecher eine Einbaumarkierung, damit er nicht verdreht eingesetzt wird.
- Lautsprecher gegebenenfalls mit 4 Schrauben anschrauben.

Dachantenne aus- und einbauen

Für den Radioempfang wird serienmäßig eine Dachantenne mit elektronischem Verstärker verwendet. Der Antennenverstärker sitzt im Antennenfuß. Nachträglich kann auch eine herkömmliche Stabantenne eingebaut werden. Gezeigt wird hier der Aus- und Einbau der Dachantenne.

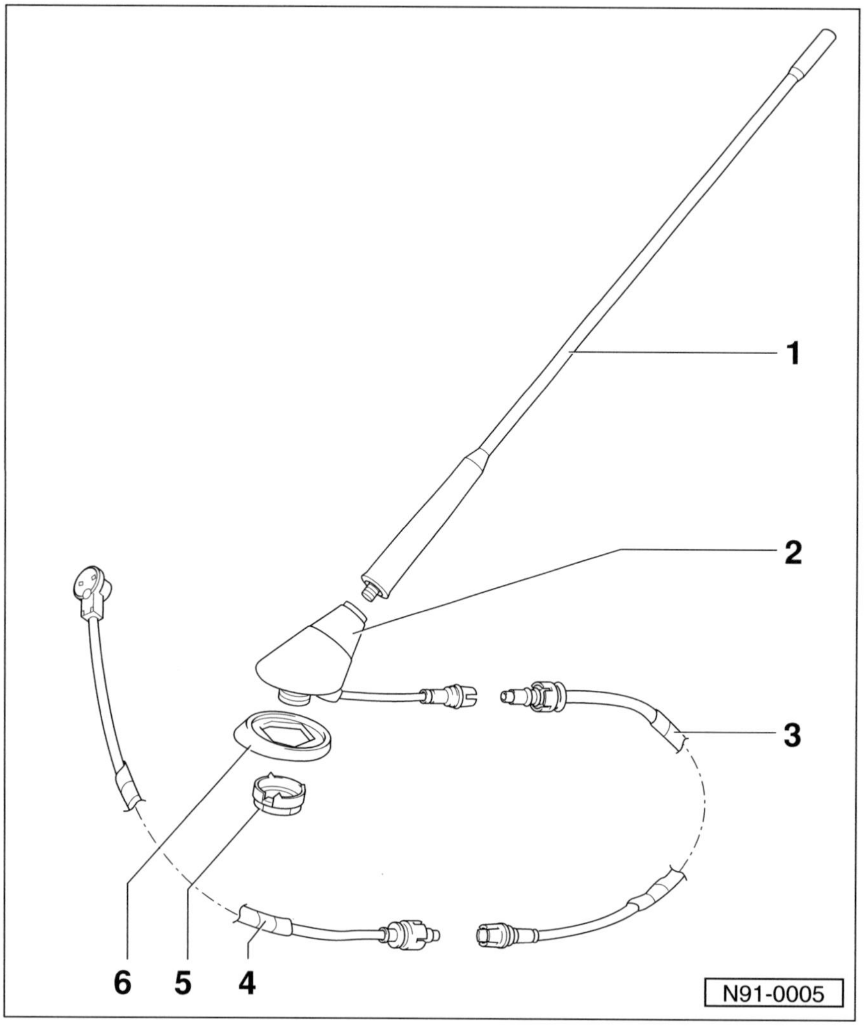

1 – **Antennenstab**

2 – **Antennenfuß**
Mit eingebautem Verstärker. Ausbauen: Dachhimmel hinten absenken.

3 – **Antennenleitung**
Durch linke A-Säule (linker Holm der Windschutzscheibe) hinter Armaturentafel.

4 – **Antennenleitung**
Von Leitung –3– hinter Armaturentafel zum Radio.

5 – **Sechskantmutter**
Mit Zahnscheibe durch Kunststoffring verbunden. Im Bereich der Zahnscheibe Kontaktfett auf der Dachinnenseite auftragen (Masseverbindung).

6 – **Dichtung**

Entstörmaßnahmen

Der überwiegende Teil der elektrischen Verbraucher im Fahrzeug ist serienmäßig für den Radiobetrieb nahentstört.

Bei Fahrzeugen mit Radio, beziehungsweise Radiovorbereitung sind zusätzlich folgende Bauteile entstört:

- Lüfter für Kühlmittel
- Scheibenwischermotor
- Heckscheibenwischermotor

Zusätzliche Masseverbindungen bei Fahrzeugen mit Radio beziehungsweise Radiovorbereitung:

- Masseband vom linken Radhaus zur Motorhaube
- Benziner: Masseband vom Zündtrafo zum Motorblock

Dichtung und Antennenleitung(en) einbauen

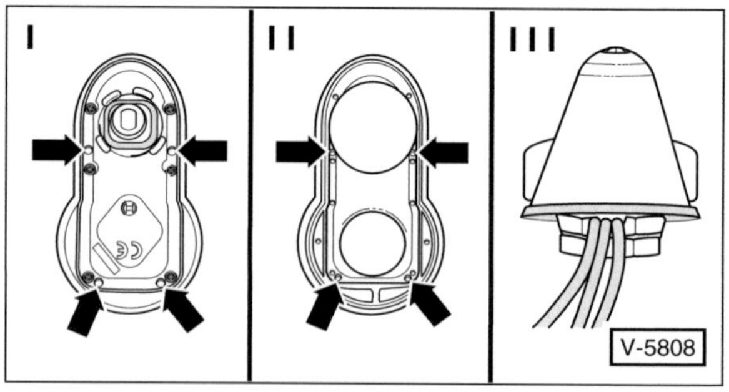

- Dichtung des Antennenfußes so einsetzen, daß die 4 Aussparungen –Pfeile I– genau in die entsprechenden Zapfen –Pfeile II– des Antennenfußes eingreifen.
- Antennenleitung(en) durch die Nut in der Befestigungsmutter wie abgebildet –III– verlegen.

Scheibenwischanlage

Scheibenwischergummi ersetzen

Scheibenwischergummis bei schlechtem Wischbild ersetzen. Im Handel werden sowohl komplette Scheibenwischerblätter (Wischergummi mit Träger) als auch einzelne Wischergummis angeboten. **Achtung:** Wenn die Scheibenwischerblätter rubbeln, Anstellwinkel der Scheibenwischerarme kontrollieren beziehungsweise einstellen, siehe Seite 285.

Ausbau

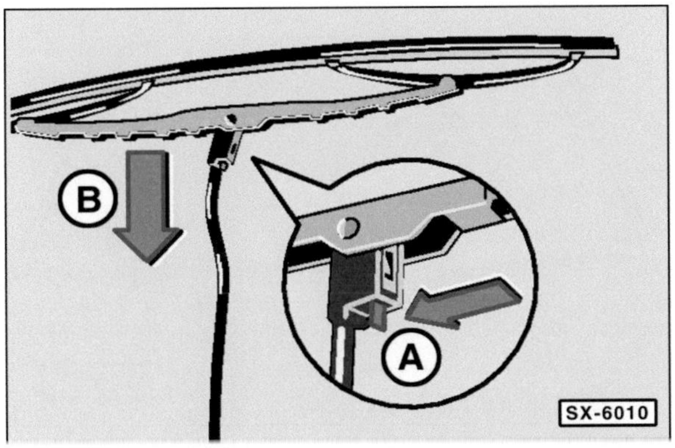

- Wischerarm hochklappen, Wischerblatt rechtwinklig zum Wischerarm stellen.
- Federklammer –A– niederdrücken –Pfeilrichtung– und Wischerblatt nach unten –B– aus dem Haken am Wischerarm schieben. Wischerblatt vom Haken des Wischerarmes abnehmen.

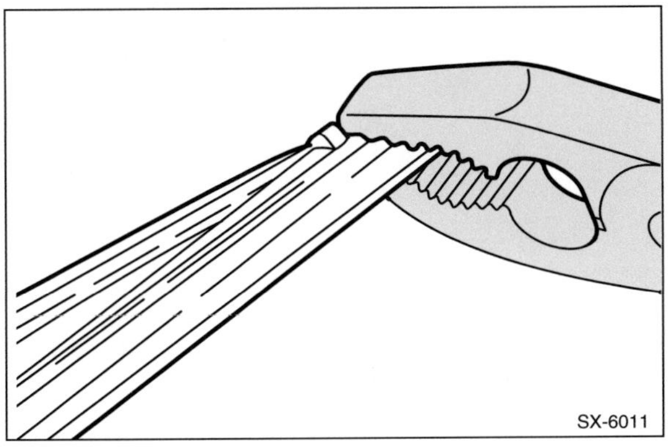

- An der geschlossenen Seite des Wischergummis beide Stahlschienen mit Kombizange zusammendrücken und diese seitlich aus der oberen Klammer herausnehmen. Anschließend Gummi komplett mit Schienen aus den restlichen Klammern des Wischerblattes herausziehen.

Einbau

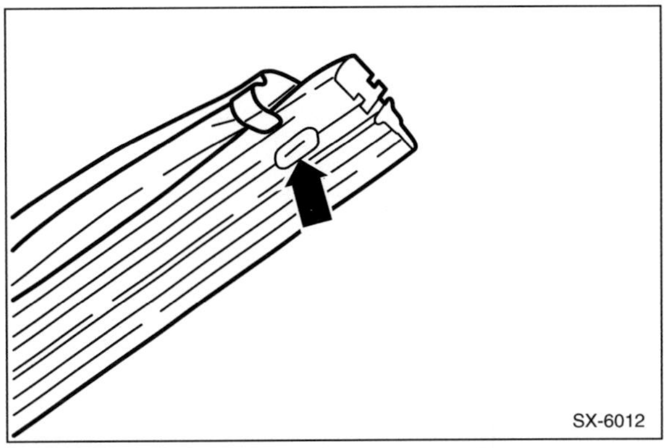

- Neues Wischergummi ohne Halteschienen in die unteren Klammern des Wischerblattes lose einlegen.
- Beide Schienen so in die erste Rille des Wischergummis einführen, dass die Aussparungen zum Gummi zeigen und in die Gumminasen der Rille einrasten. **Achtung:** Die Schienen sind leicht gebogen. Schienen so einsetzen, dass der Bauch des Bogens vom Wischerblatt weg gerichtet ist.
- Wischergummi an der geschlossenen Seite mit Seifenwasser bestreichen, damit es besser in die Haltebügel gleitet.
- Beide Stahlschienen und Gummi mit Kombizange zusammendrücken und so in die obere Klammer einsetzen, daß die Klammernasen beidseitig in die Haltenuten –Pfeil– des Wischergummis einrasten.
- Wischerblatt über den Wischerarm schieben und Federklammer in den Haken des Wischerarms einclipsen. Die Windleitschaufel am Wischerblatt, falls vorhanden, muß nach unten zeigen.
- Wischerarm zurückklappen. Darauf achten, daß das Wischergummi überall an der Scheibe anliegt, gegebenenfalls Träger vorsichtig nachbiegen.

Scheibenwaschdüsen vorn aus- und einbauen/einstellen

Achtung: Die Spritzdüsen dürfen nicht entgegen der Spritzrichtung gereinigt werden, also auf keinen Fall von vorne durchblasen.

Fächerdüsen (voreingestellt, neuere Modelle)

Ausbau

- 2fach-Stecker und Waschwasserschlauch abziehen.

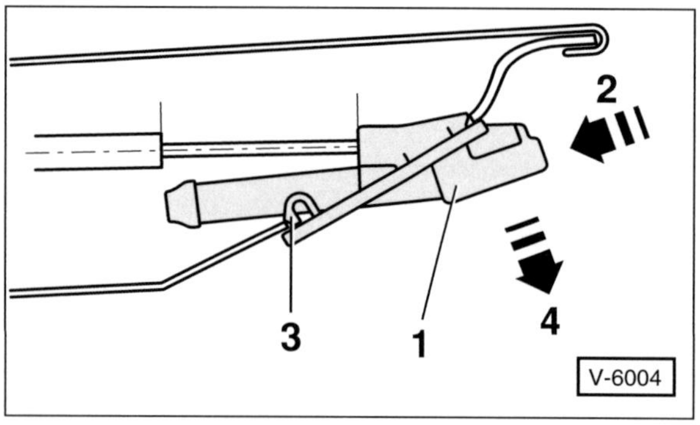

- Waschdüse –1– in Pfeilrichtung –2– drücken. Dadurch wird die Kunststoffeder –3– zusammengedrückt und die Düse kann nach unten in Pfeilrichtung –4– herausgenommen werden.

Einbau

- Waschdüse eindrücken und einrasten. Waschwasserschlauch und elektrischen Stecker aufstecken.

Einstellen

Liegen die beiden Spritzfelder nicht auf gleicher Höhe, können die Fächerdüsen geringfügig in der Höhe korriert werden.

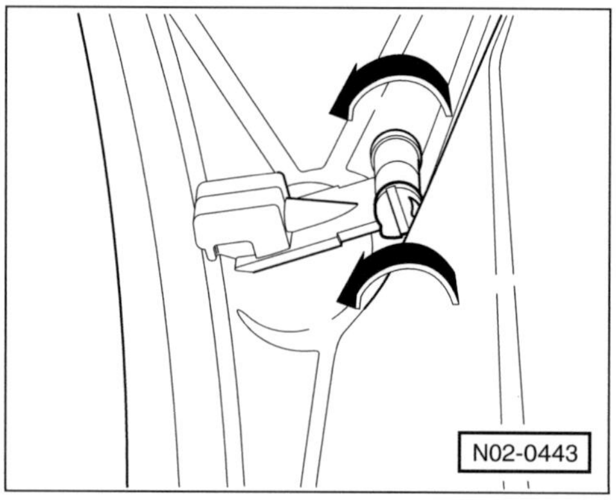

Hinweis: Es sind 2 verschiedene Düsentypen eingebaut.

- **Ausführung 1** (Abbildung): Mit einem Schraubendreher den Exzenter an der Spritzdüse in Pfeilrichtung drehen, um den Spritzstrahl nach oben zu verstellen. Verstellung nach unten: Exzenter gegen die Pfeilrichtung verdrehen.
- **Ausführung 2:** Spritzstrahl am Einsteller mit der Hand nach oben oder nach unten verstellen. Der Einsteller sitzt unterhalb der Spritzdüsenöffnung und ist von der Frontscheibe her zugänglich.

Spritzdüsen ohne Voreinstellung

Ausbau

- Zulaufschlauch von der Spritzdüse abziehen. Bei elektrisch beheizbarer Düse, elektrischen Stecker abziehen.

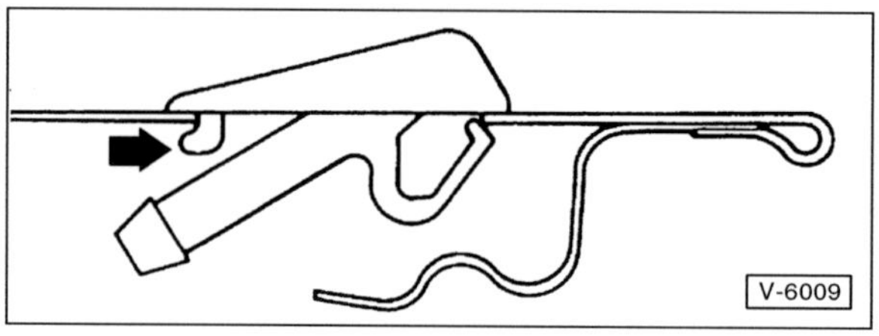

- Haltelasche der Düse in Pfeilrichtung drücken und Düse nach oben abnehmen.

Einbau

- Düse von oben eindrücken, bis sie einrastet.
- Zulaufschlauch, gegebenenfalls Stecker, aufschieben.

Einstellen

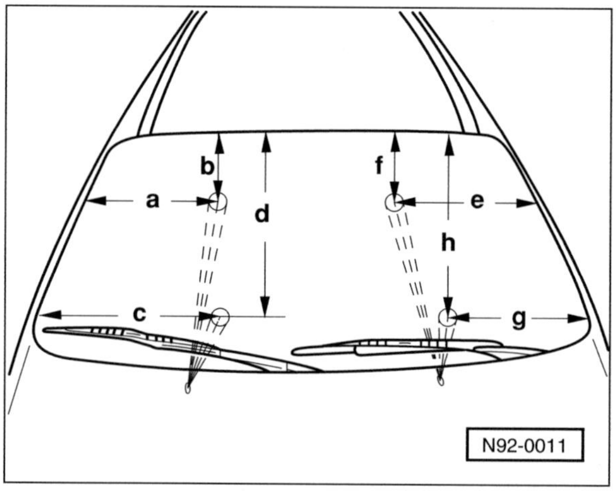

- Maße für Spritzstrahleinstellung (Toleranz ± 20 mm).
POLO: a = 280 mm, b = 290 mm, c = 430 mm, d = 560 mm, e = 370 mm, f = 270 mm, g = 290 mm, h = 560 mm.
CLASSIC/VARIANT/CADDY: a = 280 mm, b = 300 mm, c = 430 mm, d = 560 mm, e = 400 mm, f = 330 mm, g = 330 mm, h = 560 mm.

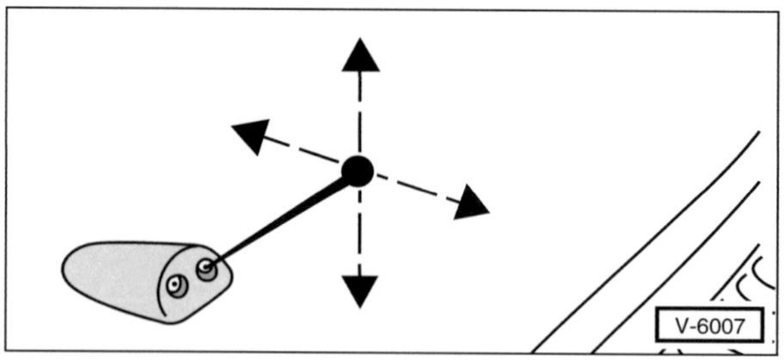

- Spritzrichtung der Düsen gegebenenfalls mit einem Dorn, ∅ 0,8 mm korrigierten. Die Fachwerkstatt verwendet das Werkzeug HAZET 4850-1.

Der Scheibenwischerantrieb

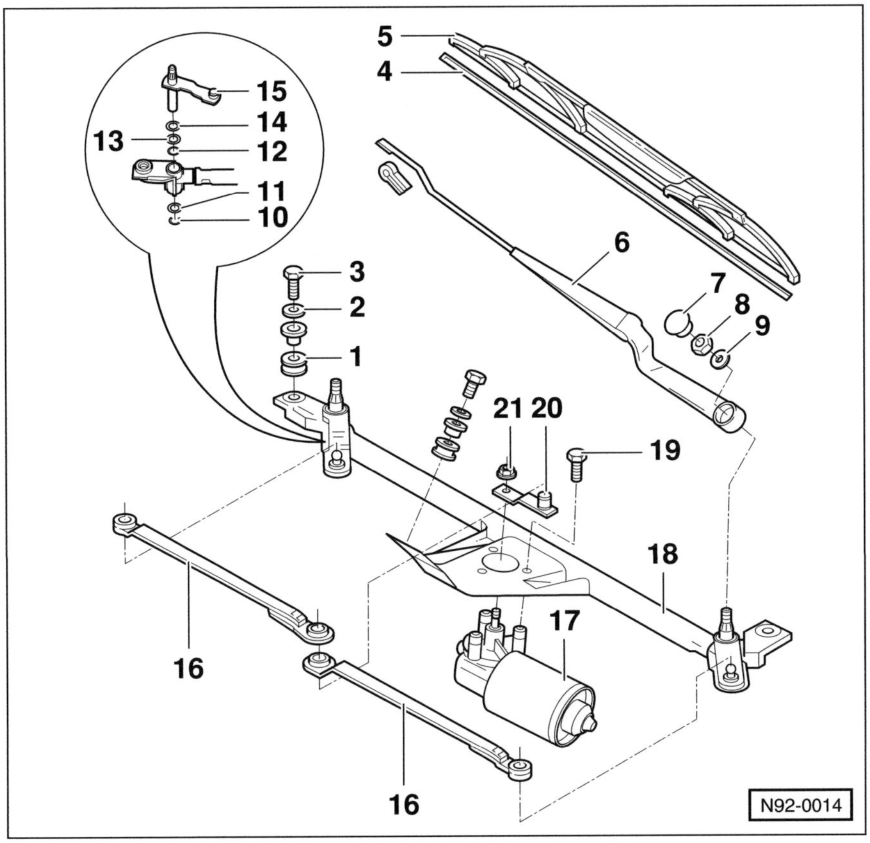

Frontscheibenwischer

1 – **Gummiring**
2 – **Scheibe**
3 – **Sechskantschraube, 5 Nm**
4 – **Wischergummi**
5 – **Wischerblatt**
6 – **Wischerarm**
7 – **Abdeckkappe**
8 – **Sechskantmutter, 20 Nm**
9 – **Scheibe**
10 – **Sprengring**
11 – **Scheibe**
12 – **O-Ring**
13 – **Federscheibe**
14 – **Federscheibe**
15 – **Gelenkhebel**
16 – **Gelenkstange**
17 – **Wischermotor**
18 – **Wischerrahmen**
19 – **Sechskantschraube, 20 Nm**
20 – **Kurbel**
21 – **Sechskantmutter, 20 Nm**

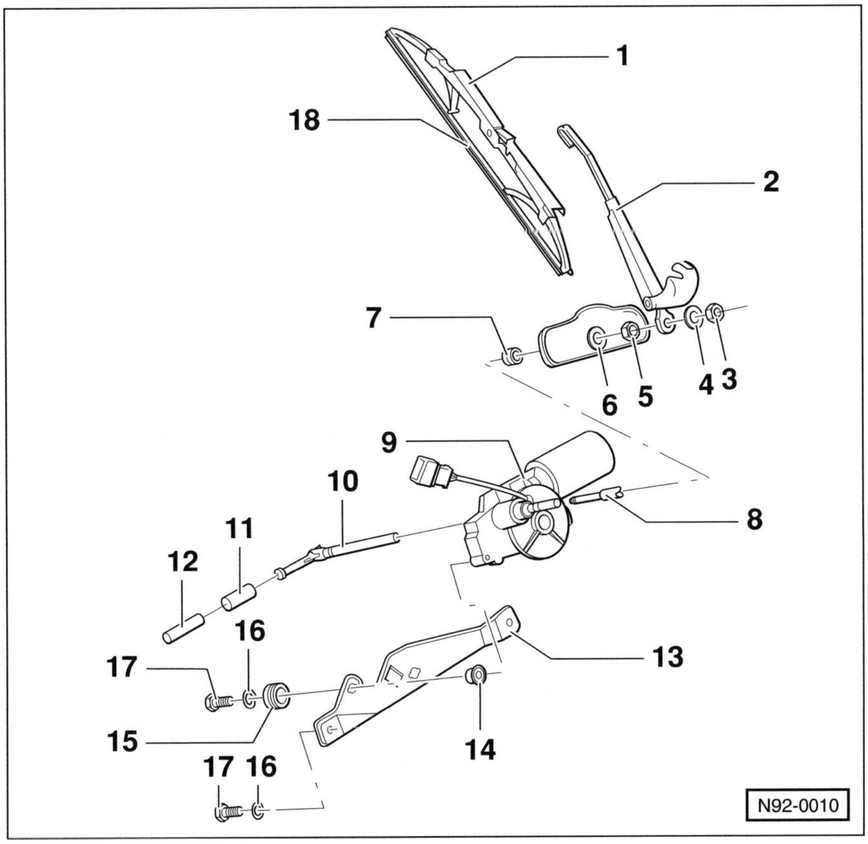

Heckscheibenwischer

1 – **Wischerblatt**
2 – **Wischerarm**
3 – **Sechskantmutter, 15 Nm**
4 – **Scheibe**
5 – **Sechskantmutter, 7 Nm**
6 – **Abdeckung**
7 – **Gummiring**
8 – **Spritzdüse**
Spritzstrahl auf Mitte Wischerfeld einstellen.
9 – **Wischermotor**
10 – **Anschlußrohr**
Zusammen mit Spritzdüse erneuern.
11 – **Gummischlauch**
12 – **Schlauch**
13 – **Wischermotorhalter**
14 – **Scheibe**
15 – **Gummiring**
16 – **Scheibe**
17 – **Sechskantschraube, 5 Nm**
18 – **Wischergummi**

Wischermotor aus- und einbauen

Ausbau

- Batterie-Massekabel (–) abklemmen. **Achtung:** Dadurch werden elektronische Speicher gelöscht, wie zum Beispiel der Radiocode. Hinweise im Kapitel »Batterie aus- und einbauen« beachten.
- Frontscheibenwischer: Wasserkastenabdeckung ausbauen, siehe Seite 211.
- Heckscheibenwischer: Heckklappenverkleidung ausbauen, siehe Seite 181.
- Mehrfachstecker am Wischermotor abziehen.
- Wischerarme abschrauben und von den Wischerwellen abziehen, vorher Abdeckkappen mit schmalem Schraubendreher abhebeln.

Frontscheibenwischer

- Wischerrahmen mit Schrauben –3– abschrauben und komplett mit Wischermotor herausnehmen, siehe Abbildung N92-0014.
- Antriebsstangen –16– von der Kurbel abhebeln.
- Motor vom Wischerrahmen abschrauben, dazu 3 Schrauben herausdrehen.
- Kurbel von der Motorachse abschrauben.

Heckscheibenwischer

- Überwurfmutter –5– abschrauben, siehe Abbildung N92-0010.
- Wischermotorhalter mit Schrauben –17– abschrauben und komplett mit Wischermotor herausnehmen.

Einbau

- Wird ein neuer Wischermotor eingebaut, Motor vor dem Einbau in Endstellung bringen. Dazu Mehrfachstecker anschließen und Motor etwa 1 Minute laufen lassen. Anschließend Motor mit Wischerschalter ausschalten und in Endstellung laufen lassen. Mehrfachstecker abziehen.

Frontscheibenwischer

- Wischermotor am Wischerrahmen anschrauben.
- Kurbel aufsetzen und mit Mutter anschrauben, noch nicht festziehen.

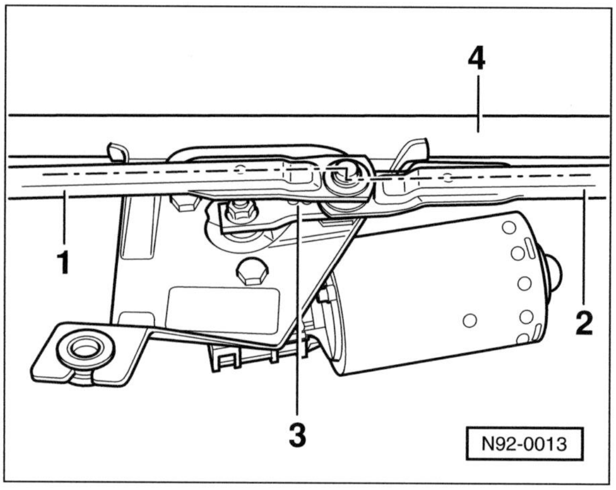

- Auf die Kurbel –3– erst Gelenkstange –2–, dann –1– drücken. 4 – Wischerrahmen.
- Gelenkstangen –1– und –2– entsprechend der in der Abbildung gezeigten Mittellinie nach Flucht ausrichten, das heißt, beide Gelenkstangen müssen zusammen eine Gerade bilden.
- Kurbel mit **20 Nm** festschrauben.
- Motor mit Wischerrahmen einsetzen und mit **5 Nm**, also nicht zu fest anschrauben.
- Mehrfachstecker aufschieben und Wischermotor in Parkstellung laufen lassen.

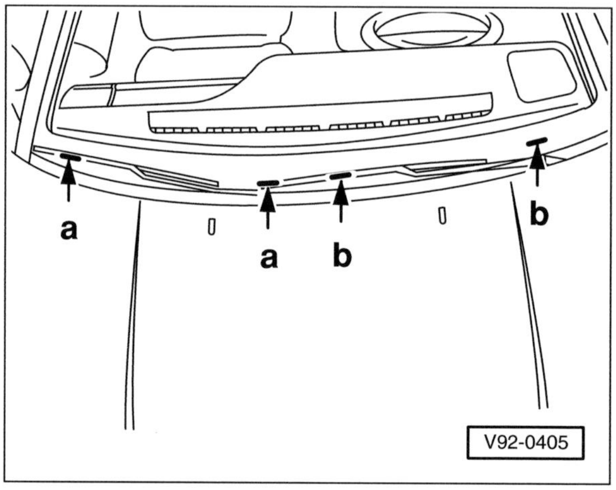

- Wischerarme entsprechend den an der Windschutzscheibe angebrachten Markierungen auf die Wischerlager schieben und mit **20 Nm** festschrauben. a = Markierung für Linkslenker-Fahrzeuge (zum Beispiel deutsche Ausführung); b = Markierung für Rechtslenker.

Heckscheibenwischer

- Wischermotor am Wischerrahmen anschrauben.
- Überwurfmutter an der Wischerwelle von außen aufschrauben.
- Motor mit Wischerrahmen einsetzen und mit **5 Nm**, also nicht zu fest anschrauben.

- Mehrfachstecker aufschieben und Wischermotor in Endstellung laufen lassen.

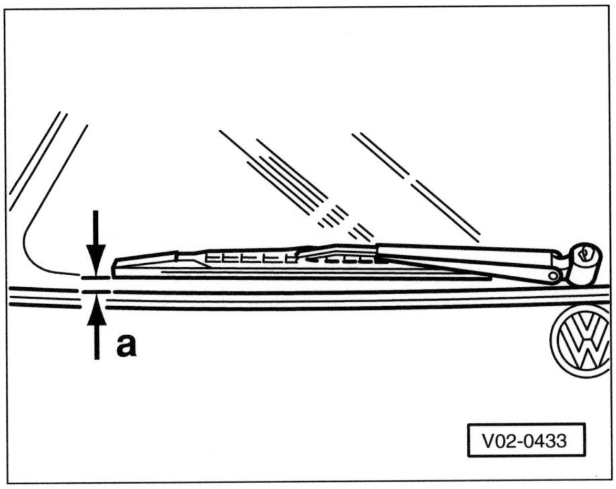

- Wischerarm so aufschrauben, daß er bei Endablage den Abstand a = 20 mm zur Scheibenunterkante hat.

- Abdeckkappen auf die Wischerwellen aufdrücken.
- Batterie-Massekabel (–) anklemmen. **Achtung:** Batterie nur bei **ausgeschalteter Zündung** anklemmen, sonst kann das Steuergerät der Einspritzanlage beschädigt werden.
- Funktion der Wischeranlage überprüfen.
- Wasserkastenabdeckung, beim Heckscheibenwischer Innenverkleidung einsetzen und anschrauben.
- Batterie-Massekabel (–) anklemmen. Zeituhr einstellen. Diebstahlcode für Radio eingeben.

Spritzdüse für Heckwischer aus- und einbauen

Ausbau

- Heckwischer in Endstellung laufen lassen.
- Kappe vom Heckwischer abklappen.

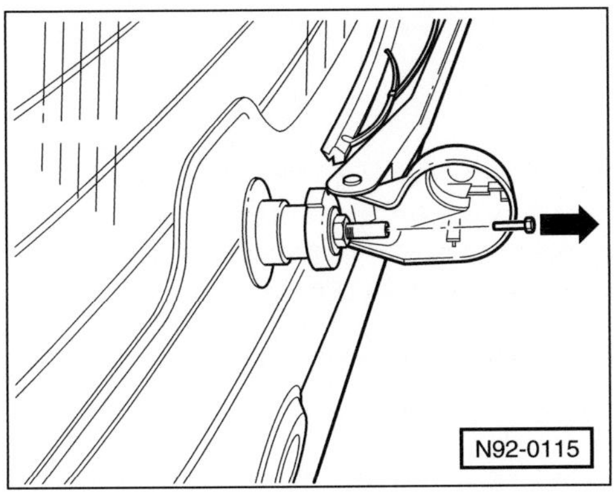

- Spritzdüse mit einer geeigneten Zange vorsichtig in Pfeilrichtung herausziehen.

Einbau

- Spritzdüse bis zum Anschlag in die Wischerachse einschieben. Dabei darauf achten, daß die Spritzdüsenöffnung senkrecht nach oben zeigt.

Scheibenwaschpumpe prüfen/ersetzen

Achtung: Elektromotor der Scheibenwaschpumpe prüfen, siehe Seite 225.

Ausbau

- Damit die Pumpe besser erreicht wird, Batterie vom Halter abschrauben und seitlich verschieben.
- Stecker abziehen, dabei Drahtsicherungen zusammendrücken.

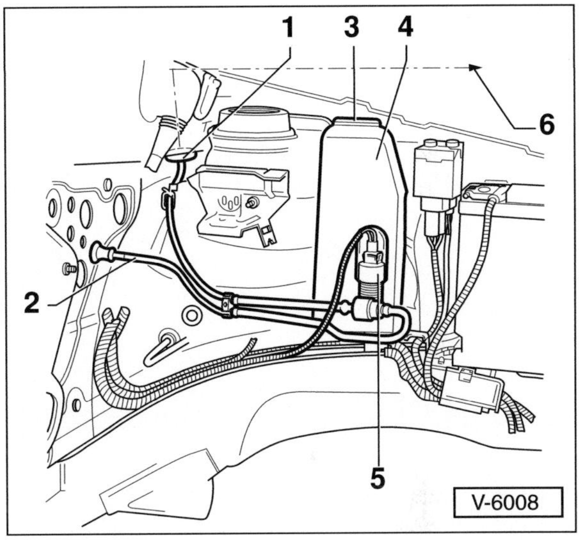

- Schläuche zur Frontscheibenwaschanlage –1– und zur Heckscheibenwaschanlage –2– abziehen.

Achtung: Falls die Pumpe –5– erneuert werden soll, neue Pumpe bereitlegen.

- Pumpe aus dem Vorratsbehälter –4– herausziehen und Öffnung im Waschwasserbehälter mit dem Daumen zuhalten. 3 – Verschluß für Vorratsbehälter; 6 – zur Frontscheibenwaschanlage.

Einbau

- Neue Pumpe einsetzen, dabei läuft etwas Flüssigkeit aus.
- Schläuche aufschieben.
- Stecker aufschieben.
- Funktion der Scheibenwaschpumpe prüfen.
- Batterie, falls verschoben, in ordnungsgemäße Position bringen und festschrauben, siehe Seite 230.

Die Scheinwerferreinigungsanlage

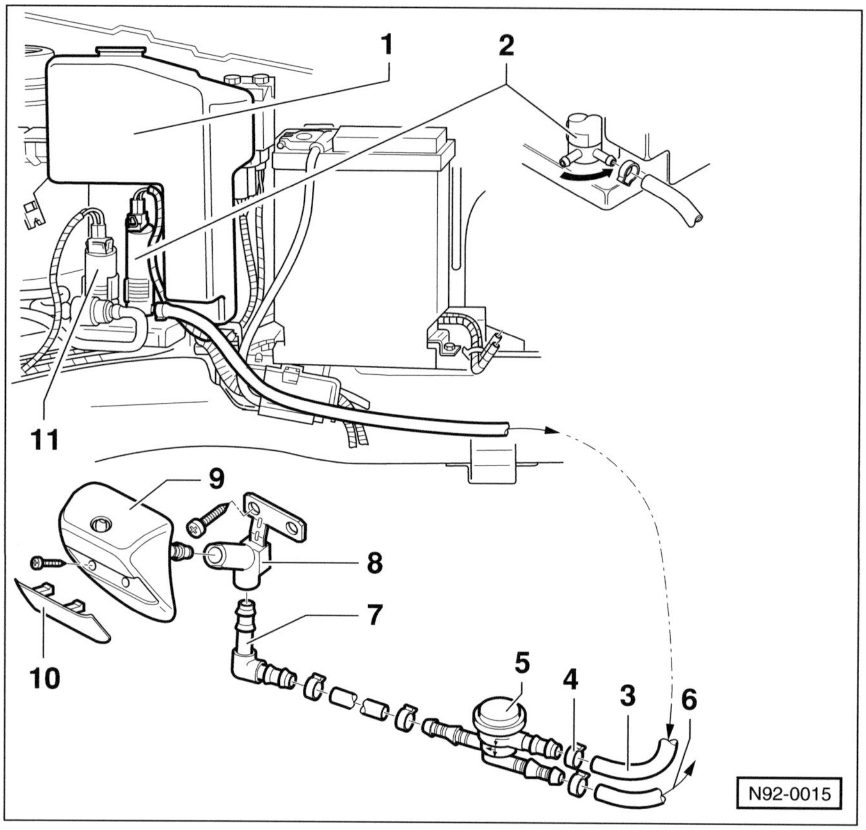

1 – **Flüssigkeitsbehälter**

2 – **Scheinwerferreinigungspumpe**
Ausbau: In Pfeilrichtung drehen und ziehen.

3 – **Schlauch, Dicke 10 x 3 mm**

4 – **Klammer**

5 – **Stauventil**
Pfeile für Schlauchanschlüsse beachten. Mit Klammer am Querträger vorn links befestigt.

6 – **Zur Spritzdüse rechts**

7 – **Winkelstück**

8 – **Wasseranschluß**

9 – **Spritzdüsen, einstellbar**

10 – **Kappe, eingeclipst**

11 – **Scheibenwaschpumpe**

Störungsdiagnose Scheibenwischergummi

Wischbild	Ursache	Abhilfe
Schlieren.	Wischgummi verschmutzt.	■ Wischgummi mit harter Nylonbürste und einer Waschmittellösung oder Spiritus reinigen.
	Ausgefranste Wischlippe, Gummi ausgerissen oder abgenutzt.	■ Wischgummi erneuern.
	Wischgummi gealtert, rissige Oberfläche.	■ Wischgummi erneuern.
Im Wischfeld verbleibende Wasserreste ziehen sich sofort zu Perlen zusammen.	Windschutzscheibe durch Lackpolitur oder Öl verschmutzt.	■ Windschutzscheibe mit sauberem Putzlappen und einem Fett-Öl-Silikonentferner reinigen.
Wischerblatt wischt einseitig gut - einseitig schlecht, rattert.	Wischgummi einseitig verformt, »kippt nicht mehr«.	■ Neues Wischgummi einbauen.
	Wischerarm verdreht, Blatt steht schief auf der Scheibe.	■ Wischerarm vorsichtig verdrehen, bis richtige, senkrechte Stellung erreicht ist.
Nicht gewischte Flächen.	Wischgummi aus der Fassung herausgerissen.	■ Wischgummi vorsichtig in die Fassung einsetzen.
	Wischerblatt liegt nicht mehr gleichmäßig an der Scheibe an, da Federschienen oder Bleche verbogen.	■ Wischerblatt ersetzen. Dieser Fehler tritt vor allem bei unsachgemäßem Montieren eines Ersatzblattes auf.
	Anpreßdruck durch Wischerarm zu gering.	■ Wischerarmgelenke und Feder leicht einölen oder neuen Arm einbauen.

Wagenpflege

Fahrzeug waschen

Aus Umweltschutzgründen ist es in den meisten Gemeinden verboten, Fahrzeuge auf öffentlichen Plätzen zu waschen. Wird das Auto sehr oft in einer automatischen Waschanlage gewaschen, hinterlassen die rotierenden Waschbürsten Schleifspuren auf dem Lack. Diese lassen sich verhindern, wenn man den Wagen von Hand in einer entsprechenden Waschanlage wäscht.

- Vogelkot, tote Insekten, Baumharze, Teerflecken, Streusalz und andere aggressive Ablagerungen sofort abwaschen, da sie ätzende Bestandteile enthalten, die Lackschäden verursachen.
- Beim Waschen reichlich Wasser verwenden. Mit einem weichen Schwamm oder Waschhandschuh beziehungsweise einer weichen Bürste auf dem Dach beginnend von oben nach unten mit geringem Druck reinigen; Schwamm oft ausspülen. **Achtung:** Wird ein Hochdruckreiniger benutzt, unbedingt Bedienungshinweise befolgen, insbesondere in Bezug auf Druck und Düsenabstand.
- Waschmittel nur bei hartnäckiger Verschmutzung verwenden. Mit klarem Wasser gründlich nachspülen, um die Reste des Waschmittels zu entfernen. Bei regelmäßiger Benutzung von Waschmitteln muss öfter konserviert werden. Dem Waschwasser kann ein Konservierungsmittel beigegeben werden.
- In die Eintrittsöffnungen der Belüftungsanlage nur mit einem schwachen Strahl sprühen. Hochdruckdüse nicht gegen den Kühler richten.
- Zum Abtrocknen sauberes Leder verwenden. Verschiedene Leder für Lack- und Fensterflächen verwenden, da Konservierungsmittelrückstände auf den Scheiben zu Sichtbehinderungen führen.
- Durch Streusalz besonders gefährdet sind alle innen liegenden Falze, Flansche und Fugen an Türen und Hauben. Diese Stellen müssen deshalb bei jedem Wagenwaschen – auch nach der Wäsche in automatischen Waschstraßen – mit einem Schwamm gründlich gereinigt und anschließend abgespült und abgeledert werden.
- Wagen niemals in der Sonne waschen oder trocknen. Wasserflecken sind sonst unvermeidlich.

Achtung: Nach der Wagenwäsche Bremspedal während der Fahrt leicht antippen, um den Wasserfilm abzubremsen.

Lackierung pflegen

Konservieren: So oft wie nötig soll die sauber gewaschene und getrocknete Lackierung mit einem Konservierungsmittel behandelt werden, um die Oberfläche durch eine porenschließende und Wasser abweisende Wachsschicht gegen Witterungseinflüsse zu schützen. Auch wenn regelmäßig Waschkonservierer verwendet wird, empfiehlt es sich, den Lack mindestens zweimal im Jahr mit Hartwachs zu schützen.

Übergelaufenen Kraftstoff, übergelaufenes Öl oder Fett, beziehungsweise übergelaufene Bremsflüssigkeit **sofort entfernen,** sonst kommt es zu Lackverfärbungen.

Spätestens, wenn Wasser nicht mehr deutlich vom Lack abperlt, muss konserviert werden. Der Lack trocknet sonst aus.

Eine weitere Möglichkeit, den Lack zu konservieren, bieten Waschkonservierer. Waschkonservierer schützen die Lackierung jedoch nur ausreichend, wenn sie bei **jeder** Wagenwäsche verwendet werden und der zeitliche Abstand zwischen 2 Wäschen nicht mehr als 2 bis 3 Wochen beträgt. Nur Lackkonservierer verwenden, die Carnauba- oder synthetische Wachse enthalten.

Polieren: Polieren ist nur dann erforderlich, wenn der Lack infolge mangelhafter Pflege beziehungsweise unter der Einwirkung von Umwelteinflüssen unansehnlich geworden ist und sich durch eine Behandlung mit Konservierungsmitteln kein Glanz mehr erzielen lässt. Zu warnen ist vor stark schleifenden oder chemisch stark angreifenden Poliermitteln, auch wenn der erste Versuch damit noch so sehr zu überzeugen scheint.

Vor jedem Polieren muss der Wagen sauber gewaschen und sorgfältig abgetrocknet werden. Im Übrigen ist nach der Gebrauchsanweisung für das Poliermittel zu verfahren.

Die Bearbeitung soll in nicht zu großen Flächen erfolgen, um ein vorzeitiges Eintrocknen der Politur zu vermeiden. Bei manchen Poliermitteln muss anschließend noch konserviert werden. Nicht in der prallen Sonne polieren!

Kunststoffteile und matt lackierte Teile dürfen nicht mit Konservierungs- oder Poliermitteln behandelt werden, da sich sonst Flecken bilden.

Teerflecke entfernen: Frische Teerflecke können mit einem in Waschbenzin getränkten weichen Lappen entfernt werden. Notfalls kann auch Petroleum oder Terpentinöl verwendet werden. Sehr gut gegen Teerflecke eignet sich auch ein Lackkonservierer. Bei Verwendung dieses Mittels kann auf ein Nachwaschen verzichtet werden.

Insekten entfernen: Insekten enthalten aggressive Stoffe, die den Lackfilm beschädigen können. Deshalb sofort mit lauwarmer Seifen- oder Waschmittellösung abwaschen. Es gibt auch spezielle Insekten-Entferner.

Außenbeleuchtung: Leuchten- und Scheinwerferabdeckungen sind aus Kunststoff. Keine aggressiven, ätzenden oder scheuernden Mittel, keine Eiskratzer verwenden und nicht trocken säubern.

Kunststoffteile pflegen: Kunststoffteile, Kunstledersitze, Himmel, Leuchtengläser sowie mattschwarz gespritzte Teile mit Wasser und eventuell einem Shampoo-Zusatz säubern, Himmel nicht durchfeuchten. Kunststoffteile gegebenenfalls mit Kunststoffreiniger behandeln.

Scheiben reinigen: Schnee und Eis von Scheiben und Spiegeln nur mit einem Kunststoffschaber entfernen. Um Kratzer durch Schmutz zu vermeiden, sollte der Schaber nicht vor- und zurückbewegt, sondern nur geschoben werden. Fensterscheiben innen und außen mit sauberem, weichem Lappen abreiben. Bei starker Verschmutzung helfen Spiritus oder Salmiakgeist und lauwarmes Wasser oder auch ein spezieller Scheibenreiniger. Beim Reinigen der Windschutzscheibe Scheibenwischerarme nach vorn klappen.

Bei der Reinigung der Windschutzscheibe sind auch die Wischerblätter zu säubern.

Achtung: Bei Verwendung silikonhaltiger Mittel dürfen die zur Reinigung der Lackierung verwendeten Waschbürsten, Schwämme, Lederlappen und Tücher nicht für die Scheiben verwendet werden. Beim Einsprühen der Lackierung mit silikonhaltigen Pflegemitteln sollten die Scheiben mit Pappe oder anderem Material abgedeckt werden.

Gummidichtungen pflegen: Gummidichtungen durch Einpudern der Dicht- und Gleitflächen mit Talkum oder Besprühen mit Silikonspray geschmeidig halten. So werden auch quietschende oder knarrende Geräusche beim Türen schließen vermieden. Auch das Einreiben der betreffenden Flächen mit Schmierseife beseitigt die Geräusche.

Reifen reinigen: Reifen nicht mit einem Dampfstrahlgerät reinigen. Wird die Düse des Dampfstrahlers zu nahe an den Reifen gehalten, wird dessen Gummischicht innerhalb weniger Sekunden irreparabel zerstört, selbst bei Verwendung von kaltem Wasser. Ein auf diese Weise gereinigter Reifen sollte sicherheitshalber ersetzt werden.

Leichtmetall-Scheibenräder mit Felgenreiniger und Bürste reinigen, jedoch keine aggressiven, säurehaltigen, stark alkalischen und rauen Reinigungsmittel oder Dampfstrahler über +60° C verwenden.

Sicherheitsgurte nur mit milder Seifenlauge in eingebautem Zustand säubern, nicht chemisch reinigen, da dadurch das Gewebe zerstört werden kann. Automatikgurte nur in trockenem Zustand aufrollen.

Unterbodenschutz/ Hohlraumkonservierung

Die Fahrzeugunterseite einschließlich der Radkästen ist mit Unterbodenschutz beschichtet. Die besonders stark gefährdeten Bereiche in den Radläufen sind mit Kunststoffschalen gegen Steinschlag geschützt. Vor der kalten Jahreszeit und nach einer Unterbodenwäsche sollte der Unterbodenschutz kontrolliert und gegebenenfalls ausgebessert werden.

Im Schleuderbereich des Unterbaues können sich Staub, Lehm und Sand ablagern. Den angesammelten Schmutz entfernen, zumal er während der Winterzeit auch noch mit Streusalz angereichert sein kann.

Motorwäsche/Motorraum konservieren: Vor und nach der Streusalzperiode sollte der Motorraum gereinigt und anschließend konserviert werden. Motorwäsche nur bei ausgeschalteter Zündung durchführen. Vor der Motorwäsche, die zum Beispiel mit Kaltreiniger und einem Dampfstrahlgerät durchgeführt werden kann, Generator, Sicherungskasten, Bremsflüssigkeitsbehälter und, wo vorhanden Zündverteiler, mit Plastikhüllen abdecken.

Nach jeder Motorwäsche den Motorraum einschließlich der im Motorraum befindlichen Teile der Bremsanlage, Achselemente mit Lenkung sowie Karosserieteile und Hohlräume mit einem hochwertigen Konservierungswachs einsprühen. Dabei den Keilrippenriemen abdecken und vor Wachs schützen.

Polsterbezüge pflegen/reinigen

Textilbezüge: Polsterbezüge mit Staubsauger und Bürste reinigen. Bei starker Verschmutzung Textilbezüge mit Trockenschaum reinigen.

Fett- und Ölflecke mit Reinigungsbenzin oder Fleckenwasser behandeln. Das Reinigungsmittel darf aber nicht unmittelbar auf den Stoff gegossen werden, da sich sonst unweigerlich Ränder bilden. Fleck durch kreisförmiges Reiben von außen nach innen bearbeiten. Andere Verschmutzungen lassen sich meistens mit lauwarmem Seifenwasser entfernen.

Lederbezüge: Bei starker Sonneneinstrahlung und längerer Standzeit Sitze abdecken, damit sie nicht ausbleichen.

Trikot- oder Wolllappen mit Wasser leicht anfeuchten und Lederflächen säubern, ohne das Leder oder die Nahtstellen zu durchfeuchten. Anschließend das getrocknete Leder mit einem sauberen und weichen Tuch nachreiben.

Stärker verschmutzte Lederflächen mit einem milden Feinwaschmittel ohne Aufheller (2 Esslöffel auf 1 Liter Wasser) reinigen. Fett- und Ölflecke vorsichtig ohne Reiben mit Reinigungsbenzin abtupfen.

Lackierte Lederpolster sollten nach dem Reinigen mit einem handelsüblichen Pflegemittel für Lederflächen behandelt werden. Solche Mittel sind bei den Fachwerkstätten und im Autofachhandel erhältlich. Das Mittel vor Gebrauch gut schütteln und mit einem weichen Lappen dünn auftragen. Nach dem Eintrocknen mit einem sauberen und weichen Tuch nachreiben. Diese Behandlung empfiehlt sich bei normaler Beanspruchung alle 6 Monate.

Motorstarthilfe

Fahrzeug abschleppen

Sicherheitshinweise

Werden die vorgeschriebenen Anschlusshinweise nicht genau eingehalten, besteht die Gefahr der Verätzung durch austretende Batteriesäure. Außerdem können Verletzungen oder Schäden durch eine Batterieexplosion entstehen oder Defekte an der Fahrzeugelektrik auftreten.

- Batterieflüssigkeit von Augen, Haut, Gewebe und lackierten Flächen fern halten. Die Flüssigkeit ist ätzend. Säurespritzer sofort mit klarem Wasser gründlich abspülen. Gegebenenfalls einen Arzt aufsuchen.
- Keine Funken oder offenen Flammen in Batterienähe, da aus der Batterie brennbare Gase austreten können.
- Darauf achten, dass die Starthilfekabel nicht durch drehende Teile wie zum Beispiel den Kühlerventilator beschädigt werden.
- Wenn bei einer Batterie ohne Zellverschlussstopfen das **magische Auge farblos** oder **hellgelb** anzeigt, darf bei dieser Batterie **keine** Starthilfe gegeben werden. **Explosionsgefahr!**

- Die Starthilfekabel sollten einen Leitungsquerschnitt von 25 mm^2 aufweisen und mit isolierten Kabelzangen ausgestattet sein. In der Regel ist der Leitungsquerschnitt auf der Packung der Starthilfekabel angegeben.
- Bei beiden Batterien muss die Spannung 12 Volt betragen. Die Kapazität der stromgebenden Batterie darf nicht wesentlich unter der der entladenen Batterie liegen.
- Abdeckung vom Sicherungshalter öffnen.
- Eine entladene Batterie kann bereits bei –10° C gefrieren. Vor Anschluss der Starthilfekabel muss eine gefrorene Batterie unbedingt aufgetaut werden.
- Die entladene Batterie muss ordnungsgemäß am Bordnetz angeklemmt sein.
- Säurestand der entladenen Batterie prüfen, gegebenenfalls destilliertes Wasser auffüllen und verschließen.
- Fahrzeuge so weit auseinander stellen, dass kein metallischer Kontakt besteht. Andernfalls könnte bereits beim Verbinden der Pluspole ein Strom fließen.
- Bei beiden Fahrzeugen Handbremse anziehen. Schaltgetriebe in Leerlaufstellung, automatisches Getriebe in Parkstellung »P« schalten.
- Alle Stromverbraucher ausschalten.
- Grundsätzlich Motor des Spenderfahrzeuges ca. 1 Minute vor dem Startvorgang und während des Startvorganges mit Leerlaufdrehzahl drehen lassen. Dadurch wird eine Beschädigung des Generators durch Spannungsspitzen beim Startvorgang vermieden.

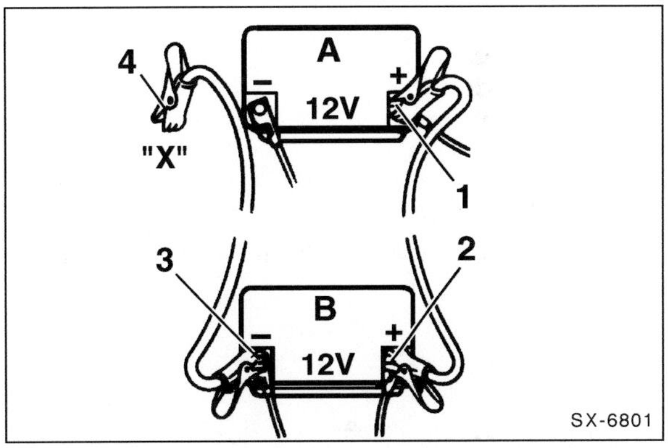

- Starthilfekabel in folgender Reihenfolge anschließen:
  1. Rotes Kabel –1– an den Pluspol (+) der entladenen Batterie –Fahrzeug A– anklemmen.
  2. Das andere Ende des roten Kabels an den Pluspol (+) der Strom gebenden Batterie –Fahrzeug B– anklemmen.
  3. Schwarzes Kabel –2– an den Minuspol (–) der Strom gebenden Batterie anklemmen.
  4. Das andere Ende des schwarzen Kabels an eine gute Massestelle –X– des Empfängerfahrzeuges anschließen. **Achtung: Nicht an den Minuspol (–) der leeren Batterie.** Am besten eignet sich ein mit dem Motorblock verschraubtes Metallteil. Unter ungünstigen Umständen könnte beim Anschließen des Kabels an den Minuspol der leeren Batterie, durch Funkenbildung und Knallgasentwicklung, die Batterie explodieren.

Achtung: Bei angeschlossenem Starthilfekabel dürfen sich die Klemmen der Kabel nicht berühren. Die Plusklemmen dürfen keine Massestellen (Karosserie oder Rahmen) berühren – Kurzschlussgefahr!

- Motor des Empfängerfahrzeuges (leere Batterie) starten und laufen lassen. Beim Starten Anlasser nicht länger als 10 Sekunden ununterbrochen betätigen, da sich durch die hohe Stromaufnahme Polzangen und Kabel erwärmen. Deshalb zwischendurch eine »Abkühlpause« von mindestens ½ Minute einlegen.

- Bei Startschwierigkeiten nicht unnötig lange den Anlasser betätigen. Während des Anlassens wird permanent Kraftstoff eingespritzt. Fehlerursache ermitteln und beseitigen.
- Nach erfolgreichem Start beide Fahrzeuge mit der »Strombrücke« noch 3 Minuten laufen lassen.
- Um Spannungsspitzen beim Trennen abzubauen, im Fahrzeug mit der leeren Batterie Gebläse und Heckscheibenheizung einschalten. Nicht das Fahrlicht einschalten. Glühlampen brennen bei Überspannung durch.
- **Nach der Starthilfe** Kabel in **umgekehrter** Reihenfolge abklemmen: Zuerst schwarzes Kabel –2– (–) am Empfängerfahrzeug, dann am Strom gebenden Fahrzeug abklemmen. Rotes Kabel –1– zuerst am Strom gebenden und dann am Empfängerfahrzeug abklemmen.

Fahrzeug abschleppen/anschleppen

Vordere Abschleppöse

- Abschleppöse aus dem Bordwerkzeug im Kofferraum entnehmen
- Deckel im vorderen Stoßfänger mit einem Schraubendreher heraushebeln.

B6N-057C

- Abschleppöse durch die Öffnung im Stoßfänger bis zum Anschlag einschrauben.

Hintere Abschleppöse

- Die hintere Abschleppöse befindet sich hinten rechts unter dem Stoßfänger.

Regeln beim Abschleppen

- Zündung einschalten, damit das Lenkrad nicht blockiert ist, die Bremsleuchten funktionieren und das Signalhorn und die Scheibenwischer betätigt werden können.
- Getriebe in Leerlaufstellung bringen.
- Warnblinkanlage bei ziehendem und gezogenem Fahrzeug einschalten.
- Da der Bremskraftverstärker und die Servolenkung nur bei laufendem Motor arbeiten, müssen bei nicht laufendem Motor das Bremspedal und das Lenkrad entsprechend kräftiger betätigt werden!
- **Empfehlenswert ist die Verwendung einer Abschleppstange.** Die Gefahr des Auffahrens ist bei Verwendung eines Abschleppseils groß. Ein Abschleppseil soll elastisch sein, damit das schleppende und das gezogene Fahrzeug geschont werden. Nur Kunstfaserseile oder Seile mit elastischen Zwischengliedern verwenden.

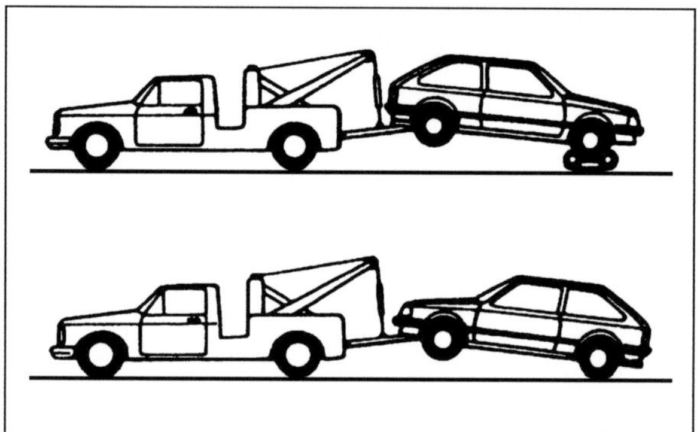

SX-6802

- Über große Entfernungen das Fahrzeug mit einem Abschleppwagen vorn anheben oder aufladen.
- Ohne Getriebeöl darf das Fahrzeug nur mit angehobenen Antriebsrädern abgeschleppt werden.

Achtung: Zur Vermeidung von Getriebeschäden, Fahrzeug niemals rückwärts mit drehenden Antriebsrädern abschleppen.

Besonderheiten bei Fahrzeugen mit Getriebeautomatik:

Maximale Schleppentfernung: 50 km

Maximale Schleppgeschwindigkeit: 50 km/h

- Bei defektem Getriebe oder bei längerer Schleppstrecke Fahrzeug aufladen. Grund: Bei stehendem Motor arbeitet die Getriebeölpumpe nicht, das Getriebe wird für höhere Drehzahlen und längere Laufzeiten daher nicht ausreichend geschmiert.
- Mit dem Abschleppwagen darf das Fahrzeug mit Getriebeautomatik nur vorwärts und mit angehobenen Vorderrädern abgeschleppt werden. Bei nur hinten angehobenem Wagen würden sich die Antriebsräder rückwärts drehen und das Automatikgetriebe in kurzer Zeit beschädigt werden.

Fahrzeug anschleppen (Notstart)

Das Anschleppen (Starten des Motors durch das rollende Fahrzeug) ist bei Fahrzeugen mit Automatikgetriebe nicht möglich.

Achtung: Bei betriebswarmem Benzinmotor mit Schaltgetriebe darf nur über eine Strecke von maximal 50 Metern angeschleppt werden, da sonst die Gefahr von Katalysatorschäden besteht.

- Zündung einschalten.
- Gas geben.
- Auskuppeln und 3. Gang einlegen.
- Fahrzeug anschleppen oder anschieben lassen.
- Langsam einkuppeln.

Fahrzeug aufbocken

Werkzeug

Bei Arbeiten unter dem Fahrzeug muß dieses, falls es nicht auf einer Hebebühne steht, auf zwei oder vier stabilen Unterstellböcken stehen. **Auf keinen Fall dürfen Arbeiten unter dem Fahrzeug ausgeführt werden, wenn dieses nicht ausreichend gesichert ist oder nur mit dem Wagenheber abgestützt wird. Lebensgefahr!**

- Das Fahrzeug nur in unbeladenem Zustand auf ebener, fester Fläche aufbocken.
- Die Räder, die beim Anheben auf dem Boden stehen bleiben, mit Keilen gegen Vor- oder Zurückrollen sichern. Nicht auf die Feststellbremse verlassen, diese muß bei einigen Reparaturen gelöst werden.
- Fahrzeug mit Unterstellböcken so abstützen, daß jeweils ein Bein seitlich nach außen zeigt.

Achtung: Durch eine geeignete Gummi- oder Holzzwischenlage werden beim Anheben Beschädigungen am Unterbau vermieden.

Anheb- und Aufbockpunkte:

Bordwagenheber

- Die Aufnahmepunkte für den Bordwagenheber sind am Unterholm durch Eindrückungen gekennzeichnet –Pfeile–. Wagenheber unterhalb dieser Eindrückungen ansetzen, dabei muß die Sicke am Schweller in die Rille des Wagenhebers eingreifen.
- Wagenheber hochkurbeln, bis das Rad vom Boden abgehoben hat. Fahrzeug mit Unterstellböcken abstützen.

Aufnahmepunkte für Hebebühne und Werkstattwagenheber

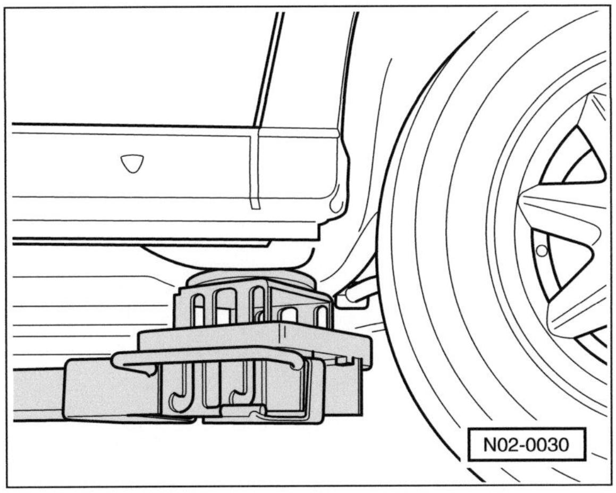

- **Vorn** an der Verstärkung am Bodenblech.

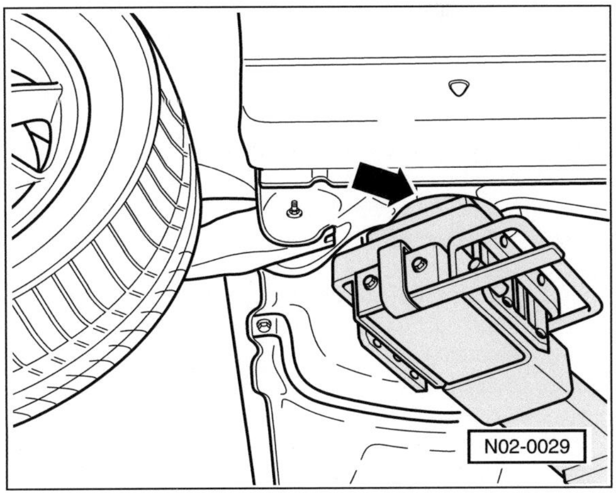

- **Hinten** im Bereich der Markierung für den Bordwagenheber am Montagebock.

Werkzeugausrüstung

Langfristig zahlt es sich immer aus, wenn man qualitativ hochwertiges Werkzeug kauft. Neben einer Grundausstattung mit Maul- und Ringschlüsseln in den gängigen Größen und verschiedenen Torxschraubendrehern sowie einem Satz Steckschlüssel empfiehlt sich auch der Kauf eines Drehmomentschlüssels. Darüber hinaus ist bei manchen Arbeitsgängen der Einsatz von Spezialwerkzeug zwingend erforderlich.

Gutes und stabiles Werkzeug wird von der Firma HAZET (42804 Remscheid, Postfach 100461) angeboten. In den Tabellen sind die Werkzeuge mit der HAZET-Bestellnummer aufgeführt. Vertrieben wird das Werkzeug über den Fachhandel.

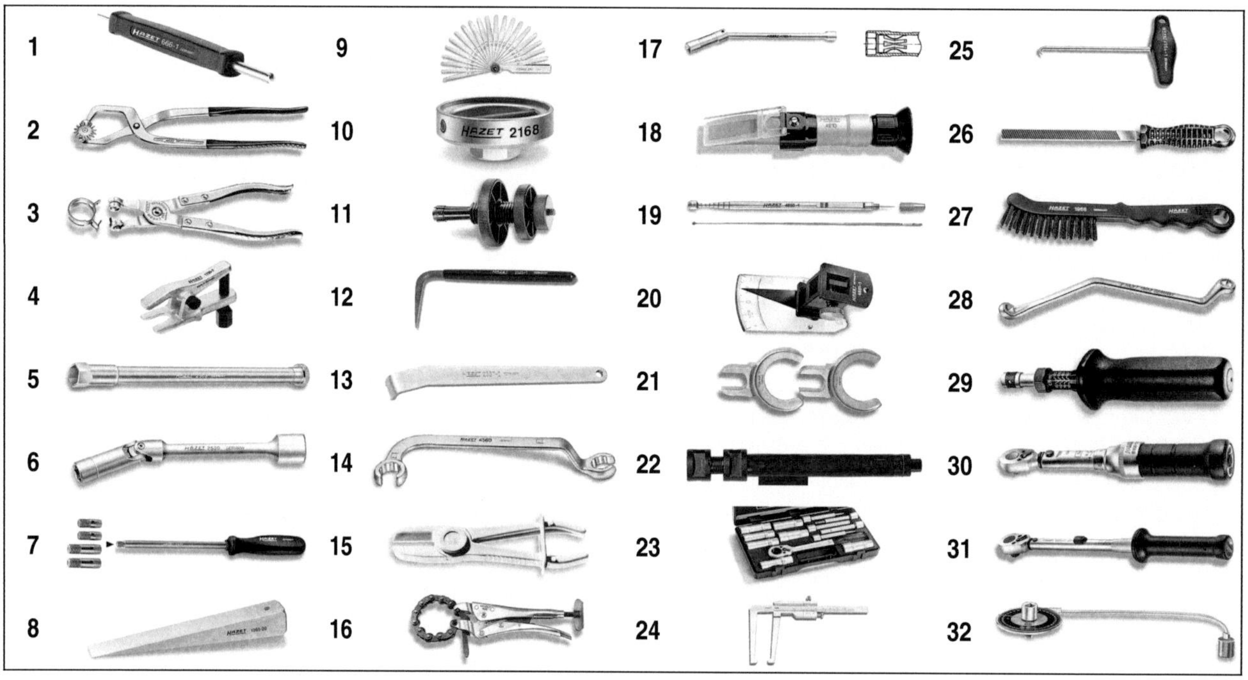

Abb.	Werkzeug	Hazet-Nr.
1	Ventildreher für Reifenventile	666-1
2	Bremsfedernzange	797
3	Zange für Federbandschellen der Kühlmittelschläuche	798-5
4	Kugelgelenkabzieher	1790-7
5	Zündkerzenschlüssel 8-Ventil-Benzinmotor	2506
6	Gelenkschlüssel für Glühkerzen	2530
7	Führungsbolzen Zylinderkopf	2571/5
8	Montagekeil	1965-20
9	Fühlerblattlehre 0,05 - 1,0 mm	2147
10	Ölfilterschlüssel für 1,7-l-Dieselmotor	2168
11	Kupplungs-Zentrierwerkzeug	2174
12	Spezial-Schraubendreher für Airbagausbau	2525-1
13	Spannrollendreher für den Zahnriemenausbau	2587-1
14	Offener Ringschlüssel für Einspritzleitungen (Diesel)	4560
15	Abklemmzangen-Satz	4590/3
16	Ketten-Abgasrohrschneider	4682
17	Zündkerzenschlüssel 16-Ventil-Benzinmotor	4766-1

Abb.	Werkzeug	Hazet-Nr.
18	Messgerät für Säuredichte und Frostschutzanteil	4810 B
19	Spritzdüseneinsteller für Scheibenwaschanlage	4850-1
20	Winkeleinsteller für Scheibenwischerarme	4851-1
21	Federspanner-Spannplatten-Paar für den POLO vorn/hinten	4900-11/-10
22	Spanngerät für Schraubenfedern der Federbeine	4900-2A
23	Schlüsselsatz für Stoßdämpferwechsel vorn/hinten	4910/13
24	Bremsscheiben-Messschieber	4956-1
25	Haken für Zugfeder der Trommelbremse	4964-1
26	Bremssattelfeile	4968-1
27	Bremssatteldrahtbürste	4968-3
28	Entlüftungsschlüssel Bremse	4968-8
29	Drehmomentschlüssel 1 – 6 Nm	6003 CT
30	Drehmomentschlüssel 4 – 40 Nm	6109-2 CT
31	Drehmomentschlüssel 40 – 200 Nm	6122-1CT
32	Winkelscheibe für drehwinkelgesteuerten Schraubenanzug	6690

Wartungsplan

Die Wartungsintervalle beim VW POLO sind von der Zeitdauer und den gefahrenen Kilometern abhängig und werden dem Fahrer über eine Service-Intervallanzeige angezeigt.

Fahrzeuge bis 9/97, außer 1,9-l-Dieselmotor AEF

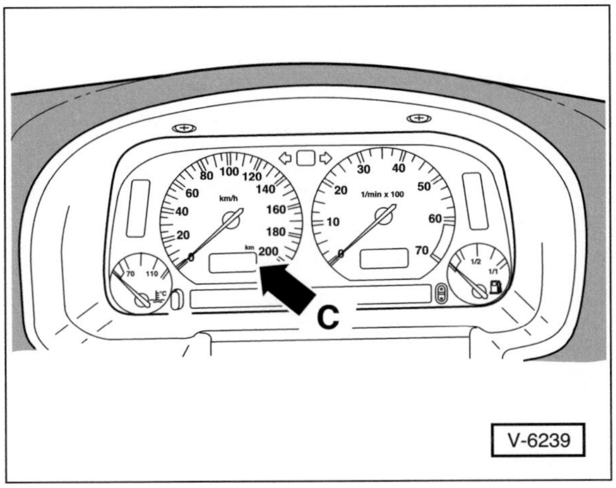

Die Service-Intervallanzeige –C– erscheint nach Einschalten der Zündung (Motor nicht gestartet) für einige Sekunden anstelle der Kilometeranzeige im Tachometer. Ist kein Service erforderlich, wird »**IN 00**« angezeigt.

Wird der Service-Fälligkeitstermin erreicht, blinkt beim Einschalten der Zündung und auch nach dem Anlassen des Motors für etwa 3 Sekunden die Anzeige:

OEL (Motorölwechsel) oder

IN 01 (Inspektion alle 12 Monate) oder

IN 02 (Inspektion alle 30000 km)

Der Arbeitsumfang der angezeigten Inspektion ist unterschiedlich groß. Nachdem ein Service durchgeführt wurde, muß auch die davor liegende Serviceart einzeln aufgerufen und zurückgesetzt (auf Null gestellt) werden. Wurde zum Beispiel der Inspektions-Service **IN 02** durchgeführt, müssen **OEL**, **IN 01** und **IN 02** zurückgesetzt werden. Dies geschieht folgendermaßen:

1,9-l-Dieselmotor AEF

Der Motor AEF ist mit einer flexiblen Service-Intervallanzeige ausgerüstet. Dabei werden neben Wegstrecke und Zeit auch die Temperatur- und Rußbelastung des Motoröls elektronsich überwacht. Je nach Fahrweise und Motorbelastung liegt die Zeitspanne bis zum nächsten Ölwechsel zwischen 7.500 km und 15.000 km beziehungsweise zwischen 8 und 12 Monaten.

Ist kein Service erforderlich, wird »**INSP-0**« angezeigt.

Weitere Anzeigen:

OEL bzw. **INSP** (Motorölwechsel) oder

INSP-1 (Inspektion alle 12 Monate) oder

INSP-2 (Inspektion alle 30000 km)

Fahrzeuge seit 10/97

Wenn ein Service erforderlich ist, erscheint bei ausgeschalteter Zündung anstelle der Tageskilometeranzeige der Hinweis »**service**«. Nach Einschalten der Zündung und bis 3 Minuten nach dem Starten des Motors wird eine der beiden folgenden Meldungen angezeigt:

service OIL (Motorölwechsel-Service) oder

service INSP (Inspektions-Service = Wartung)

Wurde der betreffende Service durchgeführt, muß die Service-Intervallanzeige zurückgesetzt werden. **Hinweis:** Nachdem der Inspektions-Service **INSP** durchgeführt wurde, muß auch der Service **OEL** aufgerufen und zurückgesetzt werden.

Service-Intervallanzeige zurücksetzen

Fahrzeuge bis 9/97

- Zündung einschalten, Motor nicht starten.

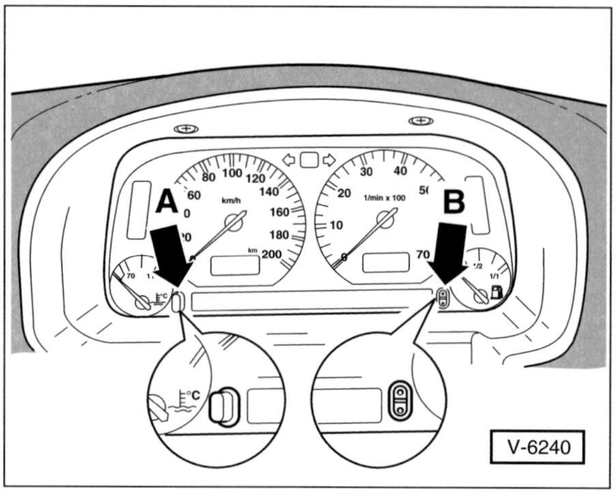

- Taste –A– im Schalttafeleinsatz, unterhalb des Geschwindigkeitsmessers, drücken und festhalten.
- Zündung ausschalten und Taste loslassen. In der Anzeige ist der Schriftzug »OEL« zu sehen.
- Unteren Druckknopf der Taste –B– zum Einstellen der Digital-Zeituhr solange drücken, bis 5 Striche (-----) in der Anzeige erscheinen. Erst dann ist der »Service OEL« zurückgesetzt.
- Durch erneutes Drücken der Taste –A– unterhalb des Geschwindigkeitsmessers werden die anderen Inspektionsanzeigen dargestellt und können einzeln zurückgesetzt werden.
- Zündung einschalten und nach Erscheinen von »IN 00« wieder ausschalten.

Fahrzeuge seit 10/97

- Sicherstellen, daß die Zündung ausgeschaltet ist.

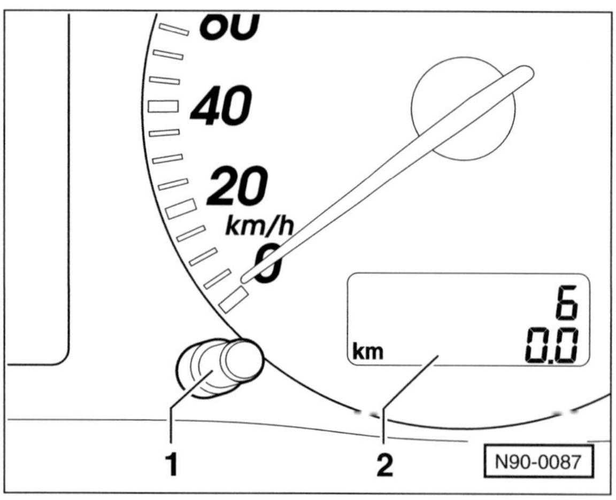

- Taste –1– neben dem Geschwindigkeitsmesser drücken und festhalten.

Hinweis: Die Abbildung zeigt das Modell von 10/97 bis 9/99. Seit 10/99 befindet sich die Rückstelltaste direkt unterhalb vom Tageskilometerzähler.

- Zündung einschalten und Taste –1– so lange gedrückt halten (mindestens 10 Sekunden), bis in der Anzeige 3 Striche (– – –) beziehungsweise »**service OIL**« erscheint.
- Taste –1– loslassen und Zündung ausschalten.

Hinweis: Gegebenenfalls die Anzeige »**service OIL**« auf die gleiche Weise zurücksetzen.

Ölwechsel-Service

Benzinmotoren: Alle 15.000 km, falls die jährliche Fahrleistung über 15.000 km liegt.

Dieselmotoren bis 9/95: Alle 7.500 km.

Dieselmotoren seit 10/95: Alle 15.000 km.

Achtung: Bei erschwerten Betriebsbedingungen, wie überwiegend Stadt- und Kurzstreckenverkehr, häufigen Gebirgsfahrten, Anhängerbetrieb und staubigen Straßenverhältnissen, Ölwechsel-Service entsprechend öfter durchführen.

- Motor: Öl- und Filterwechsel.
- Dieselmotor bis 9/96: Kraftstoffilter entwässern.
- Dieselmotor (AHG/AKU/AEF/AGD/ASX/AQM) 11/95 – 9/00 sowie Dieselmotor AMF 10/99 – 9/00: Zahnriemenverschleiß prüfen.
- Scheibenbremsbeläge: Dicke prüfen.
- Service-Intervallanzeige zurücksetzen.

Wartung

Die Wartung ist in folgenden Abständen durchzuführen: Alle 12 Monate die mit ● gekennzeichneten Positionen und alle 30.000 km sämtliche aufgeführten Wartungspunkte (● und ■).

Achtung: Die VW-Werkstätten fragen zusätzlich bei jeder Inspektion mit Hilfe eines Spezialgerätes die Fehlerspeicher der elektronischen Steuergeräte von Motor, ABS, Airbag und Wegfahrsicherung ab. Es kann daher sinnvoll sein, in regelmäßigen Abständen eine Fachwerkstatt aufzusuchen, auch wenn die Wartung in Eigenregie durchgeführt wird.

Motor

- Motor: Sichtprüfung auf Ölundichtigkeiten.
- Motor: Öl wechseln, Ölfilter ersetzen.
- Kühl- und Heizsystem: Flüssigkeitsstand prüfen, Konzentration des Frostschutzmittels prüfen. Sichtprüfung auf Undichtigkeiten und äußere Verschmutzung des Kühlers.
- Abgasanlage: Auf Beschädigungen sichtprüfen.
- Dieselmotor bis 9/96 oder alle Dieselmotoren, bei Verwendung von Biodiesel: Kraftstoffilter entwässern.
- 1,9-l-Diesel AEF, wenn keine Abgasuntersuchung durchgeführt wurde: Leerlaufdrehzahl prüfen, ggf. einstellen.

- Dieselmotor (AHG/AKU/AEF/AGD/ASX/AQM) 11/95 – 9/00 sowie Dieselmotor AMF 10/99 – 9/00: Zahnriemenverschleiß prüfen.
- ■ Dieselmotor bis 9/96 oder alle Dieselmotoren, bei Verwendung von Biodiesel: Kraftstoffilter entwässern.
- ■ Diesel seit 10/96: Kraftstoffilter entwässern (erstmalig bei 30.000 km, dann alle 60.000 km).
- ■ 1,9-l-Diesel AEF bis 9/96: Zustand und Spannung des Zahnriemens prüfen, ggf. Zahnriemen spannen.
- ■ 1,9-l-Diesel ALH mit Automatikgetriebe: Zahnriemen und Zahnriemenspannrolle prüfen.
- ■ Keilrippenriemen ohne automatische Spannrolle: Zustand prüfen, gegebenenfalls ersetzen.
- ■ Dieselmotor (AHG/AKU/AEF/AGD/ASX/AQM) ab 10/00: Zahnriemenverschleiß prüfen.

Getriebe, Achsantrieb

- Getriebe, Achsantrieb, Gelenkschutzhüllen: Auf Undichtigkeiten und Beschädigungen sichtprüfen.
- ■ Getriebe, Achsantrieb: Ölstand prüfen, gegebenenfalls auffüllen.

Vorderachse und Lenkung

- Spurstangenköpfe: Spiel und Befestigung prüfen, Staubkappen prüfen.
- Achsgelenke: Staubkappen prüfen.
- Lenkung: Faltenbälge auf Undichtigkeiten und Beschädigungen prüfen.

Aufbau

- Türfeststeller: Schmieren.
- Airbag: Prallflächen der Airbag-Einheiten von Fahrer- und Beifahrerseite auf Beschädigung sichtprüfen.
- ■ Faltschiebedach: Führungsschienen schmieren.
- ■ Unterbodenschutz und Hohlraumkonservierung: Prüfen.
- ■ Sicherheitsgurte: Auf Beschädigungen prüfen.
- ■ Lüftung/Heizung: Staub- und Pollenfilter-Einsatz erneuern.

Bremsen, Reifen, Räder

- Bremsanlage: Leitungen, Schläuche, Bremszylinder und Anschlüsse auf Undichtigkeiten und Beschädigungen prüfen.
- Bremsflüssigkeitsstand: Prüfen, gegebenenfalls auffüllen.
- Bremsen: Belagstärke der vorderen und hinteren Bremsbeläge prüfen.
- Bereifung: Profiltiefe und Reifenfülldruck prüfen; Reifen auf Verschleiß und Beschädigungen (einschließlich Reserverad) prüfen.

Elektrische Anlage

- Alle Stromverbraucher: Funktion prüfen.
- Beleuchtungsanlage: Prüfen, gegebenenfalls Scheinwerfer einstellen.
- Signalhorn: Prüfen.
- Scheibenwischer: Wischergummis auf Verschleiß prüfen. Bei rubbelnden Wischerblättern Anstellwinkel prüfen.
- Scheibenwaschanlage: Funktion prüfen, Düsenstellung kontrollieren, Flüssigkeit nachfüllen, Scheinwerfer-Waschanlage prüfen.
- Batterie: Prüfen.
- Service-Intervallanzeige: Zurücksetzen.

Alle 60.000 km oder 2/4/6 Jahre

2 Jahre: Motoren von 9/94 bis 9/99.
4 Jahre: Benzinmotoren von 10/99 bis 10/01.
6 Jahre: Dieselmotoren von 10/99 bis 10/01.

- ■ Motor-Luftfilter: Filtereinsatz erneuern, Luftfiltergehäuse auswischen.

Alle 2 Jahre

- ■ Bremsflüssigkeit: Erneuern.
- ■ Abgasuntersuchung (AU) erstmalig nach 3 Jahren, dann alle 2 Jahre: Leerlaufdrehzahl, CO-Gehalt, Zündzeitpunkt prüfen; Fehlerspeicher abfragen (Werkstattarbeit).

Alle 60.000 km

- ■ Zündkerzen: Erneuern.
- ■ Servolenkung: Flüssigkeitsstand prüfen, gegebenenfalls Hydrauliköl auffüllen.
- ■ Keilrippenriemen mit automatischer Spannrolle: Zustand prüfen, gegebenenfalls ersetzen.
- ■ Diesel seit 10/96: Kraftstoffilter ersetzen.
- ■ 1,4-l-Diesel AMF 10/99 – 9/00: Zahnriemen und Zahnriemenspannrolle ersetzen.
- ■ 1,7-l-Diesel AHG/AKU bis 9/00 sowie 1,9-l-Diesel ALH mit Automatikgetriebe: Zahnriemen ersetzen.
- ■ Automatisches Getriebe: ATF-Stand prüfen, gegebenenfalls auffüllen (Werkstattarbeit).

Alle 90.000 km

- ■ 1,4-l-Diesel AMF ab 10/00: Zahnriemen und Zahnriemenspannrolle ersetzen.
- ■ 1,7-l-Diesel AHG/AKU ab 10/00: Zahnriemen ersetzen.
- ■ 1,9-l-Diesel AEF seit 10/96: Zustand und Spannung des Zahnriemens prüfen, ggf. Zahnriemen spannen.
- ■ 1,9-l-Diesel AQM/ASK/ASV/ALH mit Schaltgetriebe: Zahnriemen ersetzen.
- ■ 1,9-l-Diesel AGD/ASX/AHU/ALW: Zahnriemen ersetzen.
- ■ Benziner: Zahnriemen prüfen (erstmalig bei 90.000 km, danach alle 30.000 km).

Wartungsarbeiten

Hier werden, nach den verschiedenen Baugruppen des Fahrzeugs aufgeteilt, alle Wartungsarbeiten beschrieben, die gemäß dem Wartungsplan durchgeführt werden müssen. Auf die erforderlichen Verschleißteile sowie das möglicherweise benötigte Sonderwerkzeug wird jeweils hingewiesen.

Es empfiehlt sich, Reifendruck, Motorölstand und Flüssigkeitsstände für Kühlung, Wisch-/Wasch-Anlage etc. mindestens alle 4 bis 6 Wochen zu prüfen und gegebenenfalls zu ergänzen.

Achtung: Beim **Einkauf von Ersatzteilen** ist zur Identifizierung des Fahrzeuges unbedingt der **KFZ-Schein** mitzunehmen, denn nur durch die Fahrzeug-Identnummer ist eine eindeutige Zuordnung von Ersatzteil und Fahrzeugmodell möglich. Sinnvoll ist es auch, das Altteil zum Ersatzteilhändler mitzunehmen, um es dort mit dem Neuteil vergleichen zu können.

Motor und Abgasanlage

Folgende Wartungspunkte müssen nach dem Wartungsplan durchgeführt werden:

- Motor: Öl- und Filterwechsel.
- Motor: Sichtprüfung auf Ölundichtigkeiten.
- Motor: Ölstand prüfen.
- Abgasanlage: Sichtprüfung auf Beschädigungen.
- Kühl- und Heizsystem: Flüssigkeitsstand prüfen, Konzentration des Frostschutzmittels prüfen. Sichtprüfung auf Undichtigkeiten und äußere Verschmutzung des Kühlers.
- Diesel: Kraftstoffilter entwässern/ersetzen.
- Diesel: Zahnriemen-Verschleiß prüfen.
- Motor-Luftfilter: Filtereinsatz erneuern.
- Keilrippenriemen: Zustand prüfen.
- Benziner: Zündkerzen erneuern.
- 1,9-l-Diesel AEF: Leerlaufdrehzahl prüfen, ggf. einstellen, siehe Seite 90.
- 1,9-l-Diesel AEF: Zustand und Spannung des Zahnriemens prüfen, ggf. Zahnriemen spannen, siehe Seite 29.
- 1,4-/1,7/1,9-l-Diesel AHG/AKU/AMF/AGD/ASX: Zahnriemen und Zahnriemenspannrolle ersetzen (Werkstattarbeit), siehe auch Seite 28.

Motorölwechsel

Zum Motorölwechsel ist folgendes Werkzeug erforderlich:

- Eine Grube oder ein hydraulischer Wagenheber mit Unterstellböcken.
- Ein Spezialwerkzeug zum Lösen des Ölfilters (Ölfilterzange, Spannbandschlüssel oder HAZET-Werkzeug 2172).
- Stecknuß-Satz zum Lösen der Ölablaßschraube.
- Ölauffangschale (wenn Öl nicht abgesaugt wird), die mindestens 6 Liter Öl faßt.

Folgende Verschleißteile werden benötigt:

- Aluminium- oder Kupfer-Dichtring für die Ölablaßschraube (wird manchmal mit dem Ölfilter mitgeliefert).
- Öl-Filterpatrone.
- Je nach Motor 3,2 bis 4,7 Liter Motoröl. Nur von VW freigegebenes Motoröl verwenden, siehe Seite 43.

Ölwechselmenge (mit Filterwechsel):

Motor-Kennbuchstaben	Menge
Benziner	
AEV, AEE, AER, AEX, AFH, AFK, AHW, AJV, AKK, AKL, AKV, ALD, ALL, ALM, ANW, ANX, APE, APQ, AQQ, ARC, AUA, AUB, AUC, AUD, AVY	3,2 l
ADX, AEA	3,4 l
1F, ADZ, AFT	3,8 l
AEH, APF	4,5 l
Diesel	
AMF	3,8 l
AFN, AHU, ALE	4,3 l
ALH, AQM, ASV	4,5 l
AEF, AGD, AHG, AKU, ASX	4,7 l

Der Ölwechsel ist alle 15.000 km durchzuführen. Beim Diesel bis 9/95 alle 7.500 km. Falls sehr wenig gefahren wird, Ölwechsel einmal im Jahr vornehmen. Bei jedem Ölwechsel wird gleichzeitig der Ölfilter gewechselt.

Bei erschwerten Einsatzbedingungen wie Kurzstreckenverkehr, häufiger Kaltstart und sehr staubigen Straßenverhältnissen, sollten Motoröl und Ölfilter in kürzeren Abständen gewechselt werden.

Achtung: Die Öl-Verkaufsstellen nehmen die entsprechende Menge Altöl kostenlos entgegen, daher beim Ölkauf Quittung und Ölkanister für spätere Altölrückgabe aufbewahren! **Um Umweltschäden zu vermeiden, keinesfalls Altöl einfach wegschütten oder dem Hausmüll mitgeben.**

Motoröl ablassen

Hinweis: Das Motoröl darf auch mittels einer Sonde (an der Tankstelle) abgesaugt werden.

- Motor auf Betriebstemperatur bringen (entspricht etwa +60° C Öltemperatur).
- Fahrzeug waagerecht aufbocken.

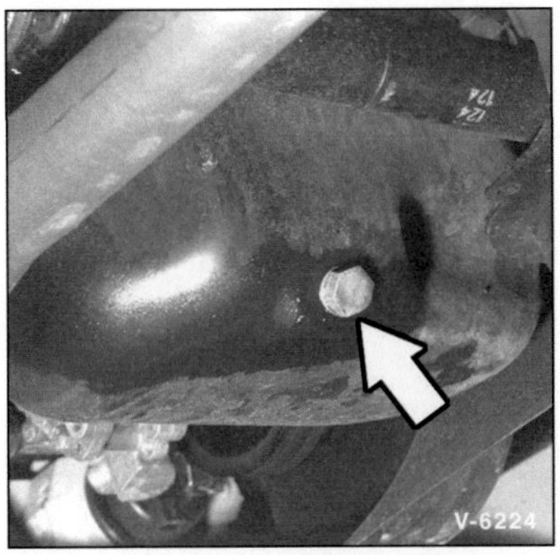

- Gefäß zum Auffangen des Altöls unter die Ölablaßschraube stellen.
- Ölablaßschraube unten an der Ölwanne herausdrehen und Altöl ganz ablassen.

Achtung: Werden im Motoröl Metallspäne und Abrieb in größeren Mengen festgestellt, deutet dies auf Freßschäden hin, zum Beispiel Kurbelwellen- oder Pleuellagerschäden. Um Folgeschäden zu vermeiden, müssen nach einer Motorreparatur die Ölkanäle sorgfältig gereinigt werden.

Ölfilter wechseln

Hinweis: Der Ölfilter ist modellabhängig unterschiedlich positioniert. Die Abbildung V-6225 zeigt die Ölfilterpatrone beim Benzinmotor mit 37 – 55 kW (50 – 75 PS). Der Ölfilter befindet sich am Motorblock neben dem vorderen Abgasrohr. Zum Abschrauben des Ölfilters gibt es spezielle Werkzeuge, zum Beispiel HAZET 2171-1. Spezielle Hinweise für Motoren mit Filtergehäuse und Filtereinsatz beachten.

- Ölfilter abschrauben.
- Ölfilterflansch am Motorblock mit Kraftstoff reinigen. Eventuell dort verbliebene Filterdichtung abnehmen.
- Gummidichtring am neuen Ölfilter dünn mit Motoröl bestreichen.
- Neuen Ölfilter nur mit der Hand festschrauben. Wenn die Filterdichtung am Motorblock anliegt, Filter noch um ½ Umdrehung weiterdrehen. Hinweise auf dem Ölfilter beachten. **Hinweis:** Es gibt Ölfilter unterschiedlicher Baulänge. Immer einen Filter gleichen Typs und gleicher Größe kaufen, es kann sonst Schwierigkeiten beim Festziehen des Ölfilters geben.

Speziell Motoren mit Filtergehäuse:

- Verschlussdeckel des Ölfilters von oben mit einem Steckschlüsseleinsatz SW 36 abschrauben.
- Deckel mit Ölfiltereinsatz herausnehmen. Ablaufendes Motoröl mit Lappen auffangen.
- Neuen Filtereinsatz einsetzen.
- Verschlussdeckel mit **neuem** O-Ring ansetzen und mit **25 Nm** festschrauben.

Auffüllen

- Ölablaßschraube mit neuem Dichtring einschrauben und fest, aber nicht mit zu großer Gewalt anziehen. Anzugsdrehmoment: **30 Nm.**

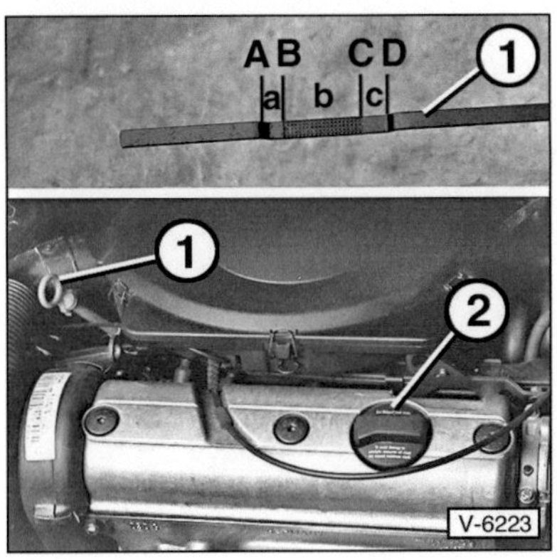

- Neues Öl am Einfüllstutzen –2– des Zylinderkopfdeckels einfüllen. Anschließend Ölstand mit Meßstab –1– kontrollieren.

Achtung: Grundsätzlich empfiehlt es sich, zunächst einen ½ Liter Motoröl weniger einzufüllen, den Motor warmlaufen zu lassen und nach einigen Minuten den Ölstand mit dem Meßstab zu kontrollieren und gegebenenfalls zu ergänzen.

- Ölstand bis zur Markierung –D– ergänzen. **Achtung:** Zuviel eingefülltes Motoröl (über Markierung –D–) muß wieder abgesaugt werden, da sonst Schäden am Katalysator auftreten können.
- Nach Probefahrt Dichtigkeit der Ablaßschraube und des Ölfilters überprüfen, gegebenenfalls vorsichtig nachziehen.
- Betriebswarmen Motor abstellen und Ölstand nach ca. 2 Minuten nochmals prüfen, gegebenenfalls korrigieren.

Achtung: Um die Betriebsverhältnisse des Motors besser überwachen zu können, soll beim Ölwechsel immer ein Öl gleichen Typs und möglichst auch gleicher Marke verwendet werden. Daher ist es zweckmäßig, bei jedem Ölwechsel ein Hinweisschild am Motor zu befestigen, auf dem Marke und Viskosität des Öles vermerkt sind.

Sichtprüfung auf Ölverlust

Bei ölverschmiertem Motor und hohem Ölverbrauch überprüfen, wo das Öl austritt. Dazu folgende Stellen überprüfen:

- Öleinfülldeckel öffnen und Dichtung auf Porosität oder Beschädigung prüfen.
- Belüftungsschläuche vom Motorblock zum Zylinderkopfdeckel und zur Ansauglufthutze auf festen Sitz prüfen.
- Zylinderkopfdeckel-Dichtung.
- Zylinderkopf-Dichtung.
- Trennstelle Zündverteilerflansch.
- Ölfilterdichtung: Ölfilter am Ölfilterflansch.
- Ölablaßschraube (Dichtring).
- Ölwannendichtung.
- Trennstelle zwischen Motor und Getriebe (Dichtung an Schwungrad oder Getriebewelle).

Da sich bei Undichtigkeiten das Öl meistens über eine größere Motorfläche verteilt, ist der Austritt des Öls nicht auf den ersten Blick zu erkennen. Bei der Suche geht man zweckmäßigerweise wie folgt vor:

- Motorwäsche durchführen. Motor mit handelsüblichem Kaltreiniger einsprühen und nach einer kurzen Einwirkungszeit mit Wasser abspritzen. Vorher Zündverteiler und Generator mit Plastiktüte abdecken.
- Trennstellen und Dichtungen am Motor von außen mit Kalk oder Talkumpuder bestäuben. **Hinweis:** Die Fachwerkstatt verwendet ein spezielles Lecköl-Suchspray.
- Ölstand kontrollieren, gegebenenfalls auffüllen.
- Probefahrt durchführen. Da das Öl bei heißem Motor dünnflüssig wird und dadurch schneller an den Leckstellen austreten kann, sollte die Probefahrt über eine Strecke von ca. 30 km auf einer Schnellstraße durchgeführt werden.
- Anschließend Motor mit Lampe absuchen, undichte Stelle lokalisieren und Fehler beheben.

Motorölstand prüfen

Etwa alle 1.000 km oder vor längeren Fahrten sollte der Ölstand des Motors überprüft und gegebenenfalls ergänzt werden. Auf 1.000 Kilometer soll der Motor nicht mehr als 1,0 Liter Öl verbrauchen. Mehrverbrauch ist ein Anzeichen für verschlissene Ventilschaftabdichtungen und/oder Kolbenringe beziehungsweise Öldichtungen.

- Das Fahrzeug muß beim Messen auf einer waagerechten Fläche stehen.
- Der Motor muß betriebswarm sein.
- Nach Abstellen des Motors mindestens 3 Minuten lang warten, damit sich das Öl in der Ölwanne sammelt.
- Ölpeilstab am Motor herausziehen und mit sauberem Lappen abwischen.

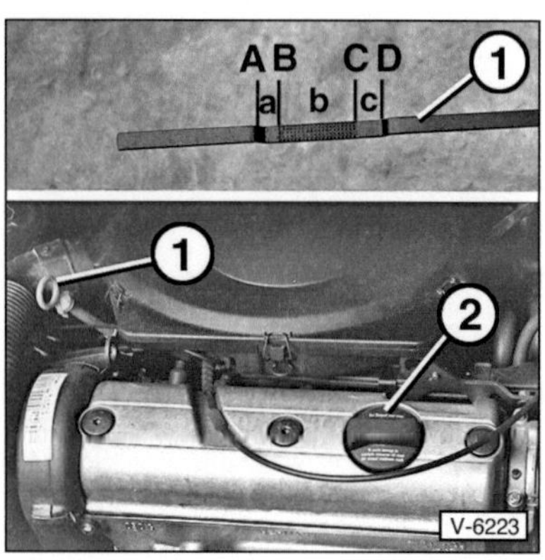

- Anschließend Meßstab –1– bis zum Anschlag einführen und wieder herausziehen.
- Der Ölstand sollte im Bereich –c– liegen. In diesem Fall ist kein Motoröl nachzufüllen, da sonst die Gefahr der Überfüllung besteht.
- Liegt der Ölstand im schraffierten Bereich –b–, kann Motoröl bis maximal zur Markierung –D– nachgefüllt werden.
- Liegt der Ölstand im Bereich –a–, maximal 0,5 l Motoröl nachfüllen.
- Bei besonderer Motorbeanspruchung wie zum Beispiel längere Autobahnfahrten im Sommer, bei Anhängerbetrieb oder Gebirgsfahrten sollte der Ölstand im Bereich –c– liegen.

Achtung: Zu viel eingefülltes Öl, Ölstand oberhalb der Markierung –D–, kann im Betrieb zu Katalysatorschäden führen.

- Nachgefüllt wird am Verschluß –2– des Zylinderkopfdeckels. Beim Nachfüllen richtige Ölsorte verwenden, keine Ölzusätze verwenden.

Wahllos abwechselnder Gebrauch verschiedener Öltypen ist ungünstig. Motorenöle gleichen Typs, aber verschiedener Marken sollen möglichst nicht gemischt werden. Motorenöle gleichen Typs und gleicher Marke, aber verschiedener Viskosität können im Bedarfsfall während jahreszeitlicher Überschneidung ohne weiteres nachgefüllt werden.

Sichtprüfung der Abgasanlage

- Fahrzeug aufbocken.
- Befestigungsschellen auf festen Sitz prüfen.
- Abgasanlage mit Lampe auf Löcher, durchgerostete Teile sowie Scheuerstellen absuchen.
- Stark gequetschte Abgasrohre ersetzen.
- Gummihalterungen durch Drehen und Dehnen auf Porosität überprüfen und gegebenenfalls austauschen.
- Fahrzeug ablassen.

Kühlmittelstand prüfen

Ein zu niedriger Kühlmittelstand wird durch eine Kontrolleuchte am Armaturenbrett angezeigt. Wenn die Kontrollleuchte aufleuchtet und die Kühlmitteltemperaturanzeige gleichzeitig im Normalbereich (+90° C) steht, bei nächster Gelegenheit Kühlmittel nachfüllen. Vor jeder größeren Fahrt sollte grundsätzlich der Kühlmittelstand geprüft werden.

Zum Nachfüllen – auch in der warmen Jahreszeit – nur eine Mischung von Original-VW/AUDI-Kühlerfrostschutzmittel und kalkarmem, sauberem Wasser verwenden. Spezifikation des Kühlkonzentrats siehe Seite 51 und Seite 275.

Achtung: Um die Weiterfahrt zu ermöglichen, kann auch, insbesondere im Sommer, reines Wasser nachgefüllt werden. Der Kühlerfrostschutz muß dann jedoch baldmöglichst korrigiert werden.

- Der Kühlmittelstand soll bei kaltem Motor (Kühlmitteltemperatur ca. +20° C) zwischen der max. und der min.-Markierung am Ausgleichbehälter liegen. Bei warmem Motor darf der Kühlmittelstand etwas über der max.-Markierung stehen.
- Größere Mengen **kaltes** Kühlmittel nur bei **kaltem Motor** nachfüllen, um Motorschäden zu vermeiden.

Achtung: Verschlußdeckel bei heißem Motor vorsichtig öffnen. Verbrühungsgefahr! Beim Öffnen Lappen über den Verschlußdeckel legen. Verschlußdeckel möglichst bei einer Kühlmittel-Temperatur unter +90° C öffnen.

- Verschlußdeckel beim Öffnen zuerst etwas aufdrehen und Überdruck entweichen lassen. Danach Deckel weiterdrehen und abnehmen.
- Sichtprüfung auf Dichtheit durchführen, wenn der Kühlmittelstand in kurzer Zeit absinkt.

Füllmenge des Kühlsystems, siehe Seite 275.

Kühlsystem-Sichtprüfung auf Dichtheit

- Kühlmittelschläuche durch Zusammendrücken und Verbiegen auf poröse Stellen untersuchen, hartgewordene Schläuche ersetzen.
- Die Schläuche dürfen nicht zu kurz auf den Anschlußstutzen sitzen.
- Festen Sitz der Schlauchschellen kontrollieren. Gegebenenfalls neue Schraubschellen anstelle der bisherigen Klemmschellen einbauen.
- Dichtung des Verschlußdeckels für den Ausgleichbehälter auf Beschädigungen überprüfen.

Achtung: Ein zu niedriger Kühlmittelstand kann auch von einem nicht richtig aufgeschraubten Verschlußdeckel herrühren.

- Wenn der Kühlmittelstand häufig absinkt, ohne daß eine undichte Stelle lokalisiert werden kann, Kühlsystem bei warmem Motor prüfen. Dazu Motor warmfahren und im Leerlauf so lange drehen lassen, bis der Lüfter einschaltet. Darauf achten, ob Kühlflüssigkeit im Bereich der Kühlmittelpumpe austritt.
- Deutlicher Kühlmittelverlust und/oder Öl in der Kühlflüssigkeit sowie weiße Abgaswolken bei warmem Motor deuten auf eine defekte Zylinderkopfdichtung hin.

Achtung: Mitunter ist es schwierig, die Leckstelle ausfindig zu machen. Dann empfiehlt sich eine Druckprüfung, siehe Seite 53.

Frostschutz prüfen

Folgendes Prüfwerkzeug wird benötigt:

- Prüfspindel zum Messen des Frostschutzanteils beziehungsweise ein optisches Prüfgerät (Refraktometer) für Frostschutzanteil und Säuredichte, zum Beispiel HAZET-4810-C.

Regelmäßig vor Winterbeginn sollte sicherheitshalber die Konzentration des Frostschutzmittels geprüft werden, insbesondere wenn zwischendurch reines Wasser nachgefüllt wurde.

- Motor warmfahren, bis der obere Kühlmittelschlauch zum Kühler ca. handwarm ist.
- Verschlußdeckel am Ausgleichbehälter vorsichtig öffnen. **Achtung:** Nicht bei heißem Motor öffnen, siehe unter »Kühlmittelstand prüfen«.

- Mit Meßspindel Kühlflüssigkeit ansaugen und am Schwimmer Kühlmitteldichte ablesen. Der Frostschutz soll in unseren Breiten bis –25° C reichen, bei extrem kaltem Klima bis –35° C.

VW-Kühlkonzentrat ergänzen

Für einen Frostschutz bis –25° C muss der Anteil an Frostschutzmittel in der Kühlflüssigkeit 40 % betragen. Soll der Frostschutz bis –35° C reichen, müssen Wasser und Kühlkonzentrat im Verhältnis 1:1 gemischt werden.

Achtung: Ist ein stärkerer Frostschutz erforderlich, kann der Anteil des Frostschutzmittels bis auf maximal 60 % erhöht werden, dann reicht der Frostschutz bis –40° C. Wird mehr Frostschutzmittel zugegeben, verringert sich der Frostschutz wieder, außerdem verschlechtert sich die Kühlwirkung.

Nur VW-Kühlerfrost- und Korrosionsschutzmittel **»G12 Plus«** (Farbe **lila**, Spezifikation TL-VW-774-**F**) verwenden. Das Kühlerfrostschutzmittel **»G12 Plus«** kann mit den bisherigen Frostschutzmitteln **»G12 rot«** und **»G11 grün«** gemischt werden.

Achtung: »G12 rot« und **»G11 grün«** dürfen **nicht** gemischt werden.

Die »Differenzmenge«-Tabelle zeigt, wie viel Frostschutzmittel zugegeben werden muss, damit die gewünschte Konzentration erreicht wird.

Beispiel: Die Frostschutz-Messung mit der Spindel ergibt einen Frostschutz bis –10° C. In diesem Fall aus dem Kühlsystem 2,0 l Kühlflüssigkeit ablassen und dafür 2,0 l reines VW-Frostschutzkonzentrat auffüllen. Der Frostschutz reicht dann bis –25° C.

Benziner	**Füllmenge**
Alle außer AJV, AFT, 1F, ADZ	5,6 Liter
AJV	6 Liter
AFT, 1F, ADZ	5,5 Liter
Diesel	
Alle	6,5 Liter

Frostschutz bis		**Differenzmenge**
Meßwert	**Sollwert**	
0° C	– 25° C	3,0 l
	– 35° C	3,5 l
– 5° C	– 25° C	2,5 l
	– 35° C	3,5 l
– 10° C	– 25° C	2,0 l
	– 35° C	3,0 l
– 15° C	– 25° C	1,5 l
	– 35° C	2,5 l
– 20° C	– 25° C	1,0 l
	– 35° C	2,5 l
– 25° C	– 35° C	2,0 l
– 30° C	– 35° C	1,0 l
– 35° C	– 40° C	0,5 l

- Verschlußdeckel am Kühler verschließen und nach Probefahrt Frostschutz erneut überprüfen.

Dieselmotor: Kraftstoffilter entwässern/ersetzen

Es wird kein Sonderwerkzeug benötigt.

Folgendes Verschleißteil muß gekauft werden:

- Gegebenenfalls Kraftstoffilter für Dieselmotor.

Zum Auffangen des Wassersatzes ist ein geeignetes Auffanggefäß erforderlich. **Achtung:** Auslaufender Dieselkraftstoff muß besonders von Gummiteilen (Kühlmittelschläuche) sofort abgewischt werden, sonst werden die Gummiteile im Lauf der Zeit zerstört.

Entwässern

Der Kraftstoffilter befindet sich im Motorraum auf der rechten Seite vor dem Federbeindom. Die folgende Abbildung zeigt den Kraftstoffilter, von oben gesehen.

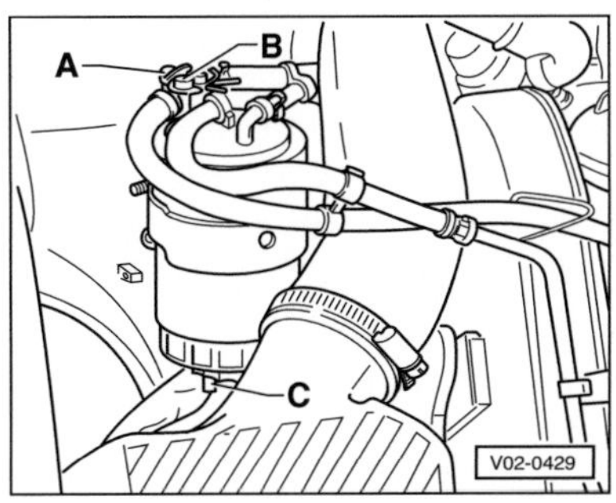

- Halteklammer –A– abziehen und Regelventil –B– mit angeschlossenen Kraftstoffleitungen nach oben herausziehen.

- An der Filterunterseite das Entwässerungsventil –C– aufschrauben und ca. 100 cm^3 (ca. 1 Tasse voll) Flüssigkeit aus dem Filter in ein Auffanggefäß ablaufen lassen. **Achtung:** Kraftstoff bei der Sondermülldeponie abgeben, keinesfalls in die Kanalisation schütten.
- Entwässerungsventil von Hand wieder festziehen.
- Regelventil oben wieder einsetzen und mit der Halteklammer sichern.
- Die Kraftstoffanlage entlüftet sich selbsttätig nach dem Starten des Motors. Nach mehrmaligem Gasgeben muß der Kraftstoff blasenfrei durch die durchsichtige Leitung zur Einspritzpumpe fließen.
- Kraftstoffanlage auf Dichtheit sichtprüfen insbesondere an den Anschlüssen des Kraftstoffilters.

Filterwechsel

- Gesamte Flüssigkeit wie beim »Entwässern« aus dem Kraftstoffilter ablaufen lassen.

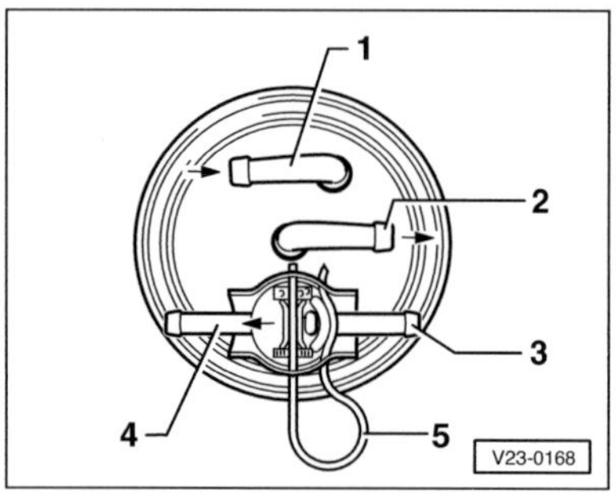

1 – Vorlauf vom Kraftstoffbehälter
2 – Vorlauf zur Einspritzpumpe
3 – Rücklauf von der Einspritzpumpe
4 – Rücklauf zum Kraftstoffbehälter, Durchflußrichtung des Regelventils mit Pfeil gekennzeichnet
5 – Halteklammer für Regelventil

- Halteklammer –5– abziehen und Regelventil mit angeschlossenen Kraftstoffleitungen abnehmen.
- Kraftstoffleitungen an den Anschlüssen –1– und –2– äußerlich reinigen und vom Filter abziehen, vorher Klemmschellen durchkneifen.
- Klemmschelle des Filters lösen und Kraftstoffilter herausnehmen.
- Neuen Filter vollständig mit sauberem Dieselkraftstoff füllen. Dadurch wird beim Starten die Kraftstoffanlage schneller entlüftet.
- Filter einsetzen und Schraube für Klemmschelle festziehen.
- Kraftstoffleitungen aufschieben und mit Schraubschellen sichern. Dabei Auslaß und Einlaß nicht verwechseln. Die Pfeile auf dem Kraftstoffilter gelten für die Kraftstoff-Durchflußrichtung.
- Regelventil mit neuer O-Ring-Dichtung einsetzen, Halteklammer –5– seitlich einschieben.
- Motor starten und im Leerlauf drehen lassen. Nach mehrmaligem Gasgeben muß der Kraftstoff blasenfrei durch die durchsichtige Leitung zur Einspritzpumpe fließen.
- Kraftstoffanlage auf Dichtheit sichtprüfen, insbesondere an den Anschlüssen des Kraftstoffilters.

Motor-Luftfilter: Filtereinsatz erneuern

Es wird kein Sonderwerkzeug benötigt.

Folgendes Verschleißteil muß gekauft werden:

- Luftfiltereinsatz. Beim Ersatzteilkauf beachten, daß je nach eingebautem Motor ein unterschiedlicher Luftfiltereinsatz benötigt wird.

Benzinmotor ADX/AEV

Ausbau

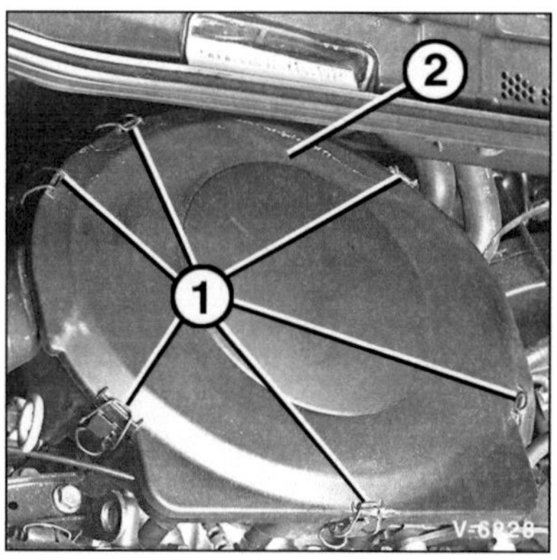

- Schnellverschlüsse –1– lösen, Deckel –2– abheben und zur Seite legen. Die Abbildung zeigt den Luftfilter bei Motoren mit Mono-Motronic-Einspritzanlage. Bei anderen Motoren kann der Luftfilterdeckel auch festgeschraubt sein.

- Luftfiltereinsatz –3– herausnehmen.
- Filtergehäuse mit einem Lappen auswischen.

Einbau

- Neuen Filtereinsatz in das Luftfiltergehäuse einlegen.
- Deckel auflegen und Schnellverschlüsse zuschnappen lassen.

Benzinmotor ALL/AKV/AEE/APQ

Ausbau

Achtung: Die Befestigungsschrauben dürfen nur von Hand gelöst und festgezogen werden, keinen Schrauber verwenden.

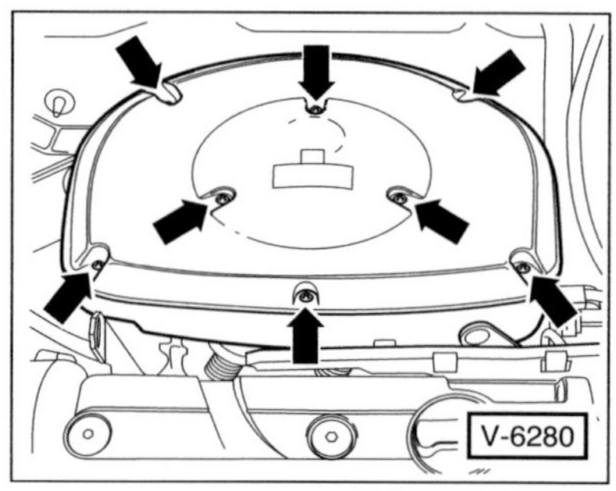

- Befestigungsschrauben –Pfeile– herausdrehen.
- Filterdeckel abnehmen.

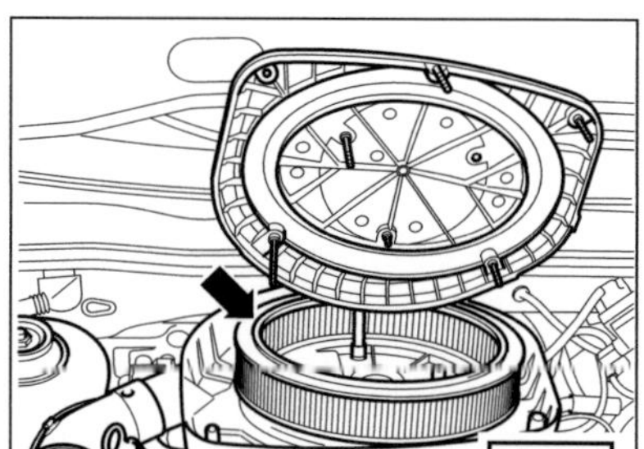

- Filtereinsatz –Pfeil– herausnehmen.

- Filtergehäuse mit einem Lappen auswischen.

Einbau

- Neuen Filtereinsatz in das Gehäuse legen.
- Filterdeckel aufsetzen und leicht anschrauben.

Benzinmotor ALD

Ausbau

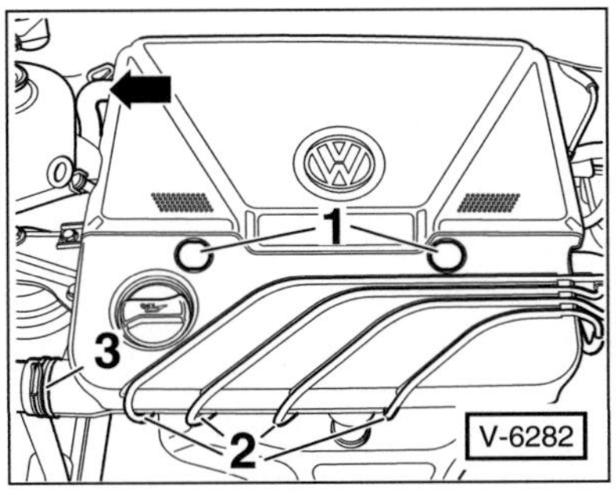

- Federbandschelle –3– öffnen und zurückschieben. Ansaugluftschlauch vom Luftfilteroberteil abziehen.
- Verschlussstopfen –1– herausdrücken und darunter liegende Schrauben herausdrehen.
- Zündkabel –2– ausclipsen.
- Schlauch für Kurbelgehäuse-Entlüftung –Pfeil– abziehen.
- Schlauch für Abgasrückführung von der linken Seite des Luftfilters abziehen.
- Luftfilter herausnehmen.
- Dichtung und Anschlagpuffer auf festen Sitz sowie Beschädigungen prüfen, gegebenenfalls ersetzen.

Achtung: Die Befestigungsschrauben dürfen nur von Hand gelöst und festgezogen werden, keinen Schrauber verwenden.

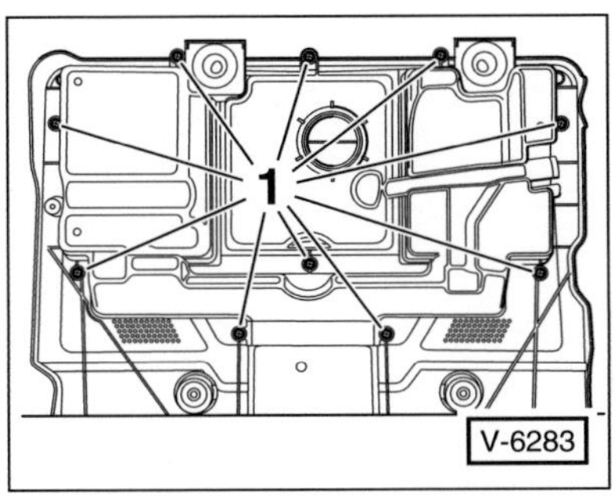

- An der Unterseite des Luftfilters die Schrauben –1– herausdrehen und Filterdeckel abnehmen.
- Filtereinsätze herausnehmen.
- Filtergehäuse und Filterdeckel mit einem Lappen auswischen.

Einbau

- Neue Filtereinsätze einsetzen und Deckel auflegen.
- Filterdeckel von der Unterseite her leicht anschrauben.
- Luftfilter einsetzen und mit 2 Schrauben anschrauben.
- Schlauch für Abgasrückführung sowie Schlauch für Kurbelgehäuse-Entlüftung aufschieben.
- Zündkabel einclipsen.
- Verschlussstopfen in die Schraubenöffnungen eindrücken.
- Ansaugluftschlauch aufschieben und mit Federbandschelle sichern.

Benzinmotor AFH/AJV/ARC/AVY

Ausbau

Achtung: Die Befestigungsschrauben dürfen nur von Hand gelöst und festgezogen werden, keinen Schrauber verwenden.

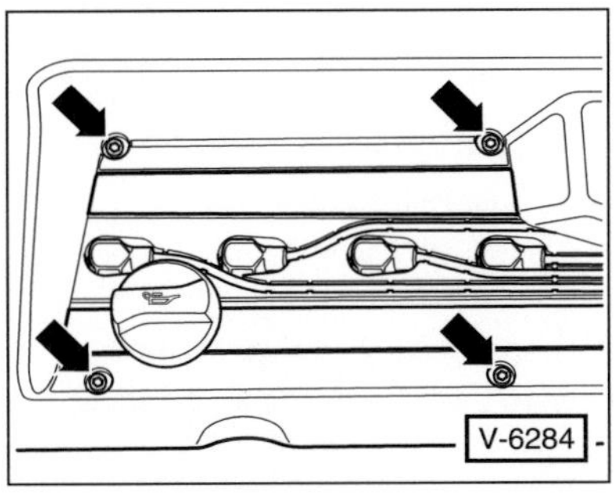

- Innensechskantschrauben –Pfeile– herausdrehen und obere Motorabdeckung abnehmen.
- Schlauch für Kurbelgehäuseentlüftung abziehen.

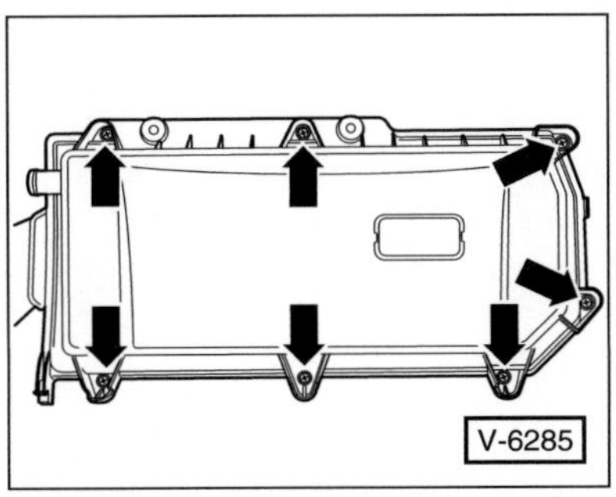

- Kreuzschlitzschrauben –Pfeile– herausdrehen und Filterdeckel abnehmen.
- Filtereinsatz herausheben.
- Filtergehäuse mit einem Lappen auswischen.

Einbau

- Neuen Filtereinsatz in das Gehäuse legen.
- Filterdeckel aufsetzen und leicht anschrauben.
- Schlauch für Kurbelgehäuseentlüftung aufstecken.
- Obere Motorabdeckung anschrauben.

Dieselmotor AMF/AEF/AGD/ASX/AHG/AKU

Ausbau

- Fahrzeug aufbocken.

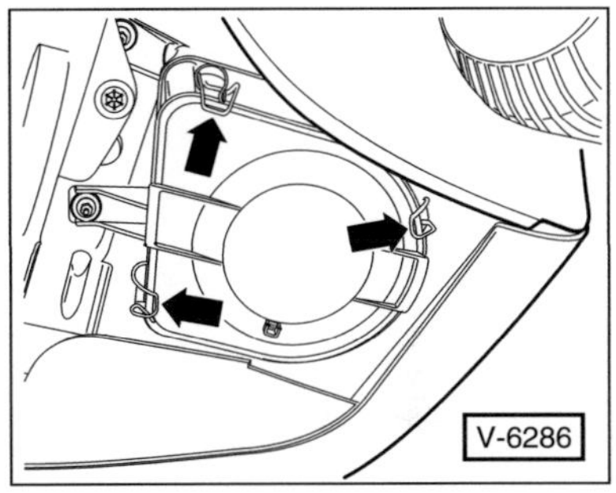

- **1,7-/1,9-l-Dieselmotor:** Klammern –Pfeile– öffnen und Filterdeckel nach unten abnehmen.

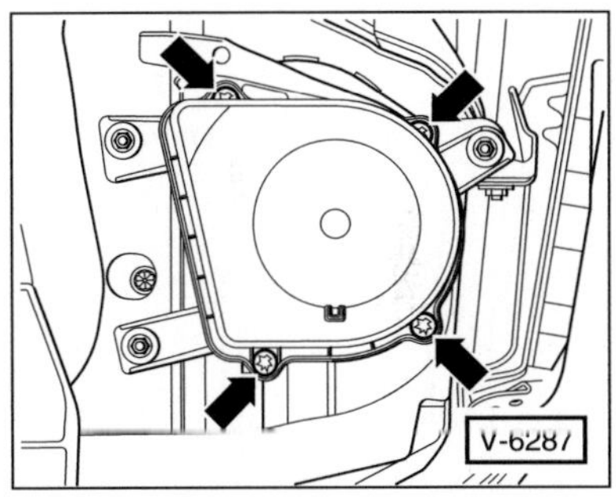

- **1,4-l-Dieselmotor:** Torxschrauben –Pfeile– herausdrehen und Filterdeckel nach unten abnehmen.

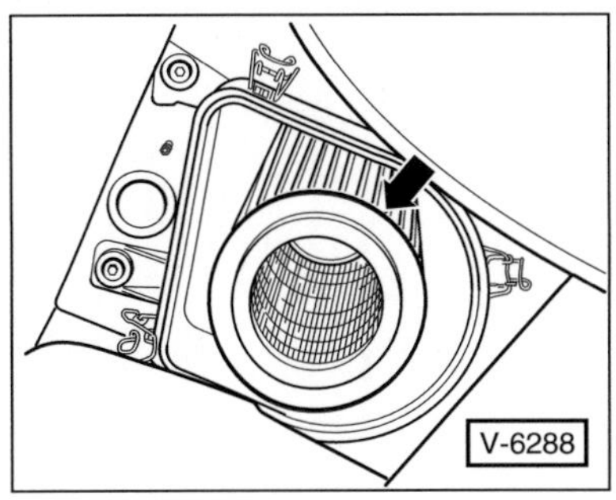

- Filtereinsatz nach unten herausnehmen.

- Filtergehäuse mit einem Lappen auswischen.

Einbau

- Neuen Filtereinsatz in das Gehäuse einsetzen.
- Filterdeckel aufsetzen und mit Klammern beziehungsweise Torxschrauben befestigen.
- Fahrzeug ablassen.

Keilrippenriemen prüfen/spannen

Es wird kein Sonderwerkzeug benötigt.

Zustand prüfen

- Zündung ausschalten.
- Riemen an gut sichtbarer Stelle mit einem Kreidestrich markieren.
- Motor stückweise langsam durchdrehen und dabei Zustand des Keilrippenriemens sichtprüfen. Motor durchdrehen, siehe Seite 19.

Achtung: Motor nicht rückwärts drehen.

- Keilrippenriemen auf folgende Beschädigungen prüfen:
- Öl- und Fettspuren.

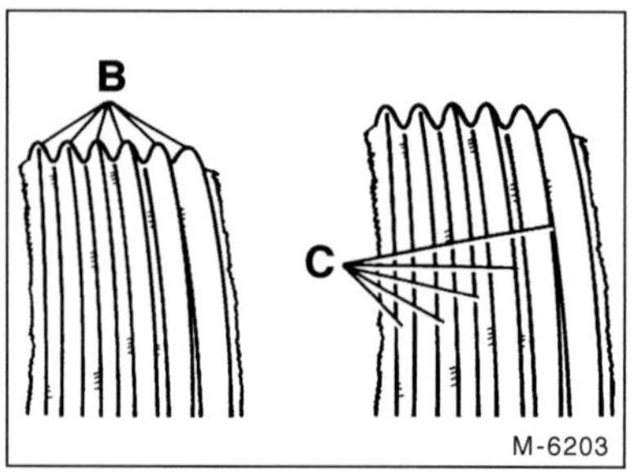

- Flankenverschleiß: Rippen laufen spitz zu –B–, neu sind sie trapezförmig.
- Der Zugstrang ist im Rippengrund sichtbar, erkenntlich an den helleren Stellen –C–.

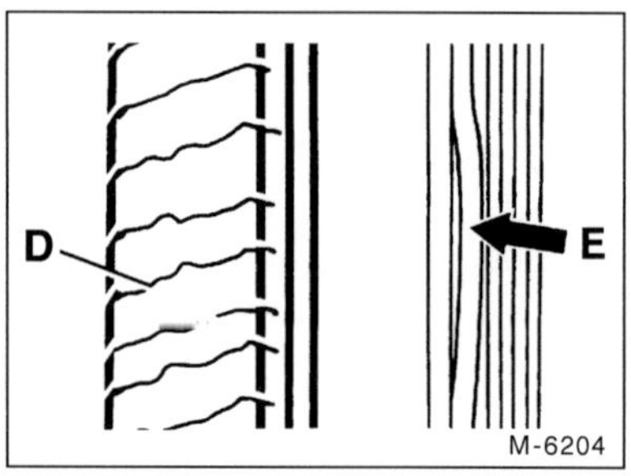

- Querrisse –D– auf der Rückseite des Riemens.
- Einzelne Rippen lösen sich ab –E–.

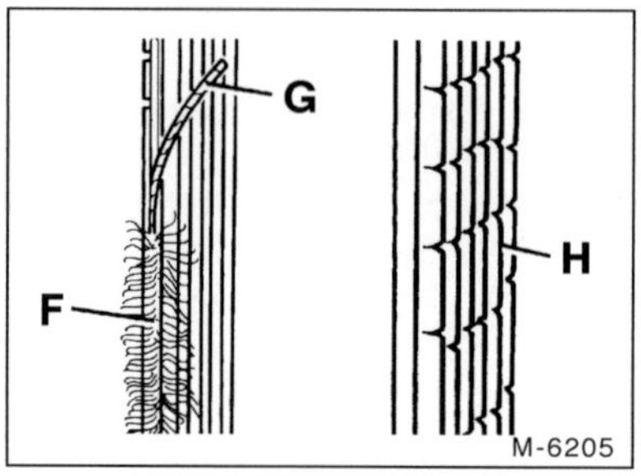

- Ausfransungen der äußeren Zugstränge –F–.
- Zugstrang seitlich herausgerissen –G–.
- Querrisse –H– in mehreren Rippen.

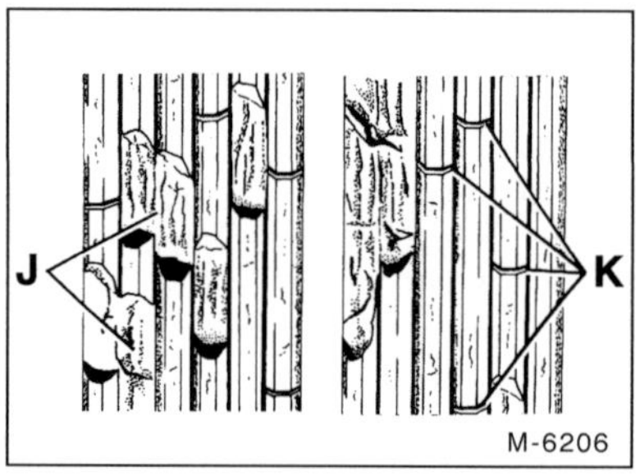

- Rippenbrüche –J–.
- Einzelne Rippenquerrisse –K–.
- Einlagerung von Schmutz und Steinen zwischen den Rippen.
- Gummiknollen im Rippengrund.
- Wenn eine oder mehrere dieser Beschädigungen vorhanden sind, Keilrippenriemen ersetzen, siehe Seite 40.

Spannung prüfen (nur 1,0-l-Motor)

- Zündung ausschalten.

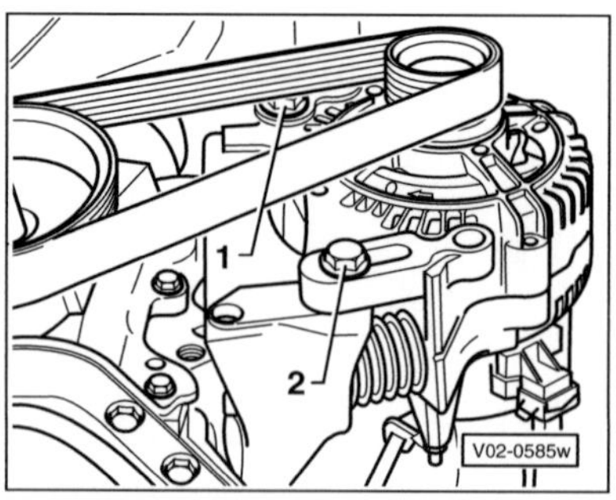

- Befestigungsschrauben –1– für Generatorlagerung und –2– für Spannbügel mindestens eine Umdrehung lösen.

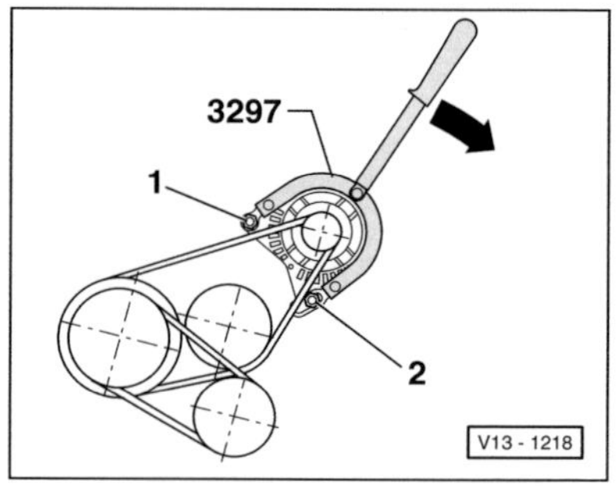

- Generator mindestens 3mal bis zum Anschlag nach unten drücken um die Leichtgängigkeit des Generators sicherzustellen. Dazu wird das Spezialwerkzeug VW-3297 oder ein Montierhebel benötigt.
- Spannhebel beziehungsweise Montierhebel herausnehmen.
- Motor starten und kurze Zeit (mindestens 10 Sekunden) im Leerlauf laufen lassen, dabei wird der Keilrippenriemen durch die eingebaute Feder gespannt. **Achtung:** Die Generatorschrauben bleiben dabei gelöst.
- Motor abstellen.
- Befestigungsschrauben –1– und –2– mit **25 Nm** festziehen. **Achtung:** Dabei zuerst die Schraube –2– festziehen. Beim Festziehen nicht auf dem Generator abstützen und den Keilrippenriemen nicht berühren.

Zahnriemen-Verschleiß prüfen

Dieselmotor

Prüfen

- **1,4-l-Dieselmotor:** Ölmeßstab herausziehen und Öleinfülldeckel abnehmen. Obere Motorabdeckung ausclipsen und nach oben abnehmen.

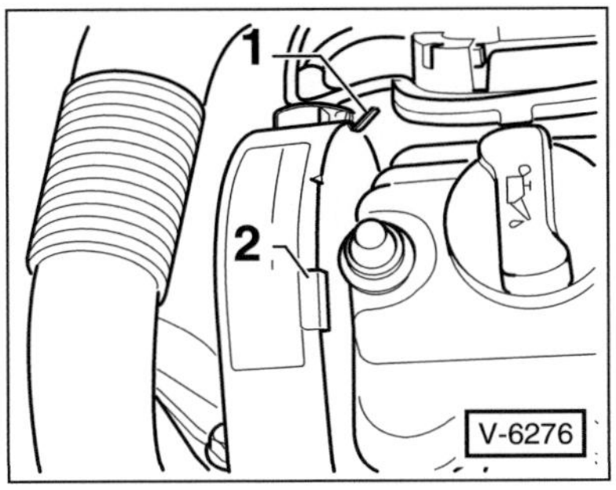

- Klammer –1– von der oberen Zahnriemen-Abdeckung öffnen.
- Zahnriemen-Abdeckung aushaken –2– und zur Seite ziehen.

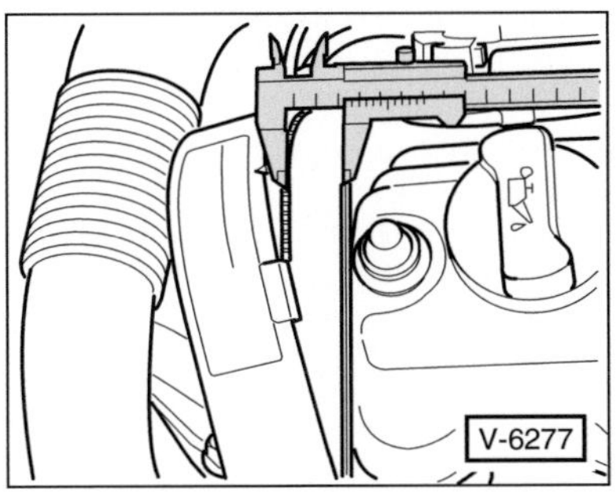

- Breite des Zahnriemens mit einer Schieblehre messen.

Motor	1,4-l	1,7-l	1,9-l
Verschleiß-grenze	27 mm	21 mm	22 mm

Hinweis: Ist die Verschleißgrenze erreicht oder unterschritten, muss der Zahnriemen ersetzt werden.

- Zahnriemen-Abdeckung einclipsen und mit Klammer sichern.
- **1,4-l-Dieselmotor:** Motorabdeckung einclipsen. Ölmeßstab einschieben, Öleinfülldeckel anschrauben.

Zahnriemenzustand prüfen

Benzinmotor

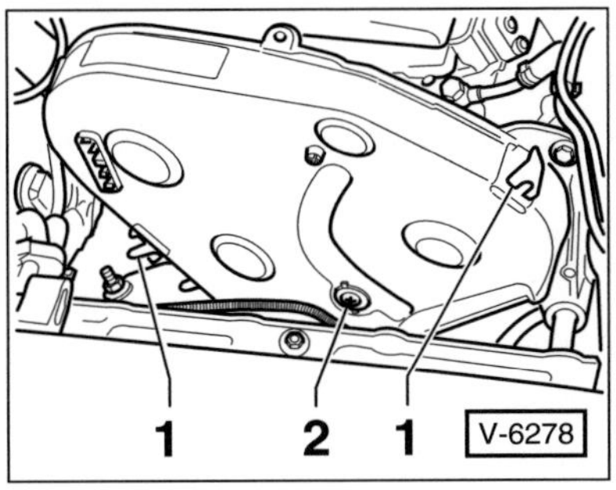

- Spannverschlüsse der oberen Zahnriemenabdeckung öffnen und Abdeckung abnehmen.

Zahnriemen sichtprüfen auf:

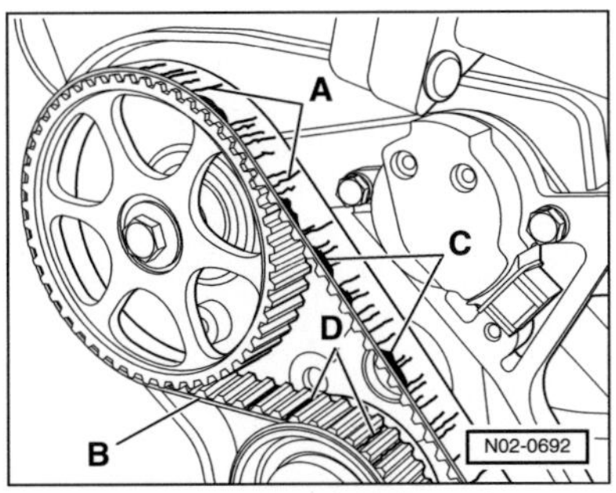

- Anrisse, Querschnittbrüche in der Abdeckung –A– und im Zahnriemengrund –D–.
- Lagentrennung von Zahnriemen/Zugsträngen.
- Ausbrüche, Ausfransungen –C– der Zugstränge.
- Oberflächenrisse.
- Öl- und Fettspuren.
- Seitliches Anlaufen –B–.

Achtung: Beschädigten Zahnriemen **unbedingt** ersetzen, siehe Seite 19.

- Oberen Zahnriemenabdeckung einbauen.

Zündkerzen ersetzen/ elektrische Anschlüsse prüfen

Die Zündkerzen werden alle 60.000 km gewechselt.

Achtung: Zündkerzen nur bei kaltem oder handwarmem Motor wechseln. Wenn die Kerzen bei heißem Motor herausgedreht werden, kann das Kerzengewinde des Leichtmetall-Zylinderkopfes ausreißen.

Als Spezialwerkzeug wird benötigt:

- Ein Zündkerzenschlüssel, der preiswert im Zubehörhandel zu kaufen ist.
- Zusätzlich empfiehlt sich der Kauf einer speziellen Zange, zum Beispiel HAZET 1849, die das Abziehen der Kerzenstecker erleichtert.

Folgende Verschleißteile müssen gekauft werden:

- 4 Zündkerzen. Die richtige Zündkerze, siehe Seite 64.
- Zündkerzen ersetzen, siehe Seite 63

Elektrische Anschlüsse prüfen

- Sämtliche elektrischen Anschlüsse an Zündtrafo und Zündverteiler auf festen Sitz prüfen.
- Angerissene Klemmen ersetzen.
- Die Kontakte dürfen nicht feucht sein, andernfalls Kontakte reinigen und mit Kontaktspray einsprühen.
- Zündkabel auf engen Radius biegen und auf Risse prüfen. Gegebenenfalls alle Zündkabel ersetzen.

Getriebe/Achsantrieb

- ■ Schaltgetriebe: Sichtprüfung auf Dichtheit.
- ■ Schaltgetriebe: Ölstand prüfen, gegebenenfalls auffüllen.
- ■ Achswellen: Gelenkschutzhüllen auf Undichtigkeiten und Beschädigungen prüfen.

Achtung: Die Öl-Verkaufsstellen nehmen die entsprechende Menge Altöl kostenlos entgegen, daher beim Ölkauf Quittung und Ölkanister für spätere Altölrückgabe aufbewahren!

Altöl kann auch unter Umständen bei den Altöl-Sammelstellen abgegeben werden. Gemeinde- und Stadtverwaltungen informieren darüber, wo sich die nächste Altöl-Sammelstelle befindet. **Keinesfalls darf Altöl einfach weggeschüttet oder dem Hausmüll mitgegeben werden.** Größere Umweltschäden wie beispielsweise Grundwasserverseuchung wären sonst unvermeidbar.

Sichtprüfung auf Dichtheit

Folgende Leckstellen sind möglich:

- ■ Trennstelle zwischen Motorblock und Getriebe (Schwungraddichtung/Wellendichtung-Getriebe).
- ■ Öleinfüllschraube/Ölablaßschraube.
- ■ Gelenkwelle an Getriebe.

Bei der Suche nach der Leckstelle folgendermaßen vorgehen:

- ● Getriebegehäuse mit Kaltreiniger reinigen.
- ● Ölstand kontrollieren, gegebenenfalls auffüllen.
- ● Mögliche Leckstellen mit Kalk oder Talkumpuder bestäuben.
- ● Probefahrt durchführen. Damit das Öl besonders dünnflüssig wird, sollte die Probefahrt auf einer Schnellstraße über eine Entfernung von ca. 30 km durchgeführt werden.
- ● Anschließend Fahrzeug aufbocken und Getriebe mit einer Lampe nach der Leckstelle absuchen.
- ● Leckstellen umgehend beseitigen.

Schaltgetriebe: Ölstand prüfen

Es wird kein Sonderwerkzeug benötigt.

Folgende Verschleißteile werden benötigt:

- ■ Getriebeöl **G 50 SAE 75W90** (Synthetiköl).

Prüfen

- ● Fahrzeug waagerecht aufbocken.
- ● Lenkung bis zum Anschlag nach links einschlagen.

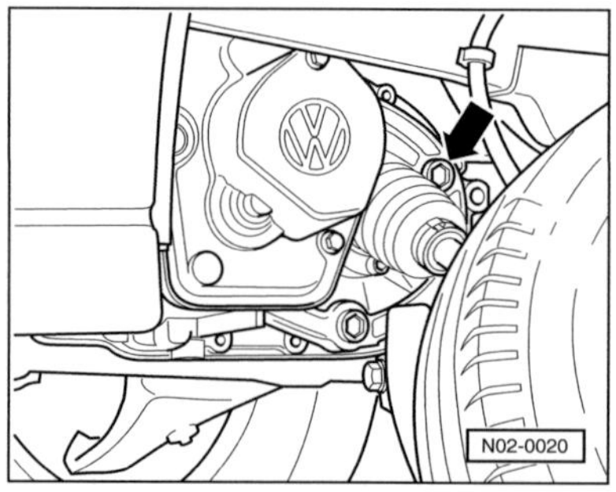

- ● Öleinfüll- und Ölstandkontrollschraube –Pfeil– mit Innensechskantschlüssel SW 17 herausdrehen.
- ● Mit dem Finger Ölstand prüfen.
- ● Der Ölstand soll in Höhe der Einfüllbohrung liegen. Gegebenenfalls Getriebeöl nachfüllen.

Achtung: Zum Nachfüllen wird eine Ölspritzkanne benötigt. Beim Nachfüllen Gefäß unterstellen und überschüssiges Öl ablaufen lassen. Nicht zuviel Öl auf einmal nachfüllen. Getriebeöl ist ziemlich zähflüssig, daher dauert es einige Zeit, bis es nach unten fließt und sich sammelt.

Gesamtfüllmenge: ca. 3,1 l

- ● Verschlußschraube einschrauben und mit **25 Nm** festziehen.

Gummimanschetten der Gelenkwellen prüfen

- ● Fahrzeug aufbocken.

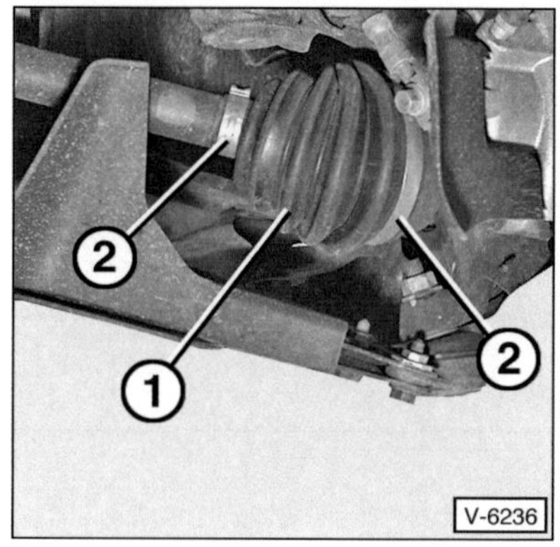

- ● Auf sichtbare Fettspuren an den Manschetten –1– und in deren Umgebung achten.
- ● Festen Sitz der Klemmschellen –2– prüfen.
- ● Gummi der Manschette mit Lampe auf Porosität und Risse untersuchen. Eingerissene Gelenkschutzhüllen umgehend erneuern.
- ● Sollte die Manschette durch Unterdruck im Gelenk nach innen gezogen oder defekt sein, so ist sie umgehend auszutauschen.

Bremsen/Reifen/Räder

- Bremsflüssigkeitsstand: Prüfen, gegebenenfalls auffüllen.
- Bremsbeläge: Belagstärke vorn und hinten prüfen.
- Bremsanlage: Leitungen, Schläuche, Bremszylinder und Anschlüsse auf Undichtigkeiten und Beschädigungen prüfen.
- Bremsflüssigkeit: Wechseln.
- Bereifung: Profiltiefe und Reifenfülldruck prüfen; Reifen auf Verschleiß und Beschädigungen (einschließlich Reserverad) prüfen.
- Radschrauben: Festen Sitz prüfen, gegebenenfalls mit **110 Nm** über Kreuz nachziehen.

- Durch Abnutzung der Scheibenbremsen entsteht ein geringfügiges Absinken der Bremsflüssigkeit. Das ist normal. In diesem Fall braucht keine Bremsflüssigkeit nachgefüllt zu werden.
- Sinkt die Bremsflüssigkeit jedoch innerhalb kurzer Zeit stark ab oder der Flüssigkeitsspiegel liegt unter der MIN.-Marke, ist das ein Zeichen für Bremsflüssigkeitsverlust.

Die Leckstelle muß dann sofort ausfindig gemacht werden. In der Regel liegt es an verschlissenen Manschetten in den Radbremszylindern. Sicherheitshalber sollte die Überprüfung der Anlage von einer Fachwerkstatt durchgeführt werden.

Bremsflüssigkeitsstand prüfen

Der Vorratsbehälter für die Bremsflüssigkeit befindet sich im Motorraum. Er hat zwei Kammern, je eine für jeden Bremskreis. Der Schraubverschluß hat eine Belüftungsbohrung, die nicht verstopft sein darf.

Der Vorratsbehälter ist durchscheinend, so daß der Bremsflüssigkeitsstand jederzeit von außen überwacht werden kann. Außerdem wird ein zu niedriger Bremsflüssigkeitsstand durch eine Warnleuchte an der Schalttafel signalisiert. Dennoch ist es ratsam, regelmäßig einen Blick auf den Vorratsbehälter zu werfen.

- Der Flüssigkeitsstand soll zwischen der MAX.- und der MIN.-Marke liegen.
- Nur **neue** Bremsflüssigkeit der Spezifikation **FMVSS 116 DOT 4** einfüllen.

Bremsbelagdicke prüfen

Sichtprüfung beim des Ölwechsel-Service

- Dicke der äußeren Bremsbeläge durch einen Durchbruch im Scheibenrad prüfen, falls erforderlich Taschenlampe verwenden.
- Die Dicke –a– mit metallner Rückenplatte muß mehr als **7 mm** betragen, sonst Bremsbeläge wechseln.
- Läßt sich die Dicke schwer schätzen, Räder abbauen und Bremsbelagdicke mit Schieblehre prüfen.

Scheibenbremse:

- Rad zur Radnabe mit Farbe kennzeichnen, damit das ausgewuchtete Rad wieder an gleicher Stelle montiert werden kann. Radschrauben lösen.
- Fahrzeug aufbocken, entsprechende Räder abnehmen.

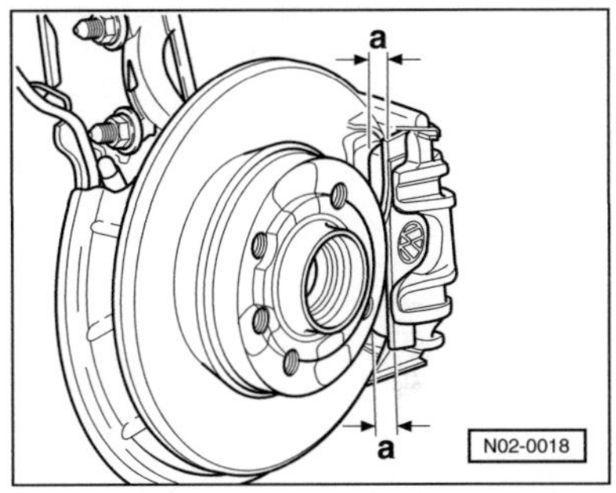

- Belagdicke – einschließlich metallner Rückenplatte – des inneren und äußeren Belages mit einer Schieblehre messen.
- Die Verschleißgrenze der Scheibenbremsbeläge ist erreicht, wenn der Belag nur noch eine Dicke von **7 mm** (mit Trägerplatte) aufweist.

Hinterrad-Trommelbremse

- Fahrzeug aufbocken.

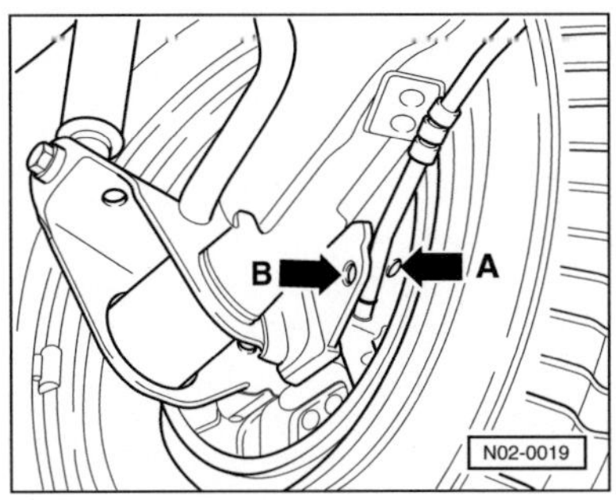

- An den hinteren Bremsträgern Verschlußstopfen abnehmen und mit Taschenlampe durch die Öffnungen –B– und –A– leuchten. Die Verschleißgrenze ist erreicht, wenn der Belag eine Stärke von **2,5 mm** (ohne Metallträgerbacke) hat.

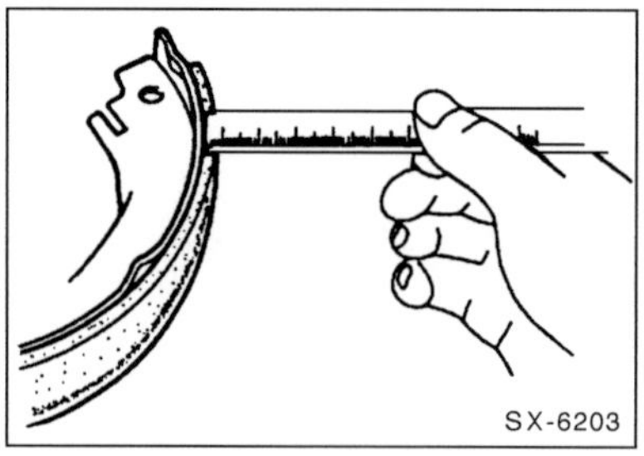

- Im Zweifelsfall Bremstrommel ausbauen und Belagstärke messen.
- Bei der Belagkontrolle gleichzeitig auf durch Bremsflüssigkeit oder Öl verschmierte Beläge achten. In diesem Fall Bremsbeläge umgehend erneuern.

- Ist die Verschleißgrenze erreicht, Bremsbeläge auswechseln. Grundsätzlich alle Beläge einer Achse erneuern.

Hinweis: Nach einer Faustregel entspricht 1 mm Bremsbelag einer Fahrleistung von mindestens 1000 km. Diese Faustregel gilt unter ungünstigen Bedingungen. Im Normalfall halten die Beläge viel länger. Bei einer Belagdicke der Scheibenbremsbeläge von 10,0 mm (mit Rückenplatte) beträgt die Restnutzbarkeit der Bremsbeläge also noch mindestens 3000 km.

Sichtprüfung der Bremsleitungen

- Fahrzeug aufbocken.
- Bremsleitungen mit Kaltreiniger reinigen.

Achtung: Die Bremsleitungen sind zum Schutz gegen Korrosion mit einer Kunststoffschicht überzogen. Wird diese Schutzschicht beschädigt, kann es zur Korrosion der Leitungen kommen. Aus diesem Grund dürfen Bremsleitungen nicht mit Drahtbürste, Schmirgelleinen oder Schraubendreher gereinigt werden.

- Bremsleitungen vom Hauptbremszylinder zu den einzelnen Radbremszylindern mit Lampe anstrahlen und überprüfen. Der Hauptbremszylinder sitzt im Motorraum unter dem Vorratsbehälter für Bremsflüssigkeit.
- Beim Antiblockiersystem ABS führen die Bremsleitungen vom Hauptbremszylinder zur Hydraulikeinheit und von dort zu dem Radbremsen. An der Hydraulikeinheit darf keine Bremsflüssigkeit austreten.
- Bremsleitungen dürfen weder geknickt noch gequetscht sein. Auch dürfen sie keine Rostnarben oder Scheuerstellen aufweisen. Andernfalls Leitung bis zur nächsten Trennstelle ersetzen.
- Bremsschläuche verbinden die Bremsleitungen mit den Radbremszylindern an den beweglichen Teilen des Fahrzeugs. Sie bestehen aus hochdruckfestem Material, können aber mit der Zeit porös werden, aufquellen oder durch scharfe Gegenstände angeschnitten werden. In einem solchen Fall sind sie sofort zu ersetzen.

- Bremsschläuche mit der Hand hin- und herbiegen, um Beschädigungen festzustellen. Schläuche dürfen nicht verdreht sein, farbige Kennlinie beachten, falls vorhanden!
- Lenkrad nach links und rechts bis zum Anschlag drehen. Die Bremsschläuche dürfen dabei in keiner Stellung Fahrzeugteile berühren.
- Anschlußstellen von Bremsleitungen und -schläuchen dürfen nicht durch ausgetretene Flüssigkeit feucht sein.

Achtung: Wenn der Vorratsbehälter und die Dichtungen durch ausgetretene Bremsflüssigkeit feucht sind, so ist das nicht unbedingt ein Hinweis auf einen defekten Hauptbremszylinder. Vielmehr dürfte die Bremsflüssigkeit durch die Belüftungsbohrung im Deckel oder durch die Deckeldichtung ausgetreten sein.

- Fahrzeug ablassen.

Bremsflüssigkeit wechseln

Benötigtes Sonderwerkzeug:

- Ringschlüssel für Entlüfterschrauben.

Benötigte Verschleißteile:

- Ca. 2,0 l Bremsflüssigkeit der Spezifikation **VW 501 14**.

Die Bremsflüssigkeit nimmt durch die Poren der Bremsschläuche sowie durch die Entlüftungsöffnung des Vorratsbehälters Luftfeuchtigkeit auf. Dadurch sinkt im Laufe der Betriebszeit der Siedepunkt der Bremsflüssigkeit. Bei starker Beanspruchung der Bremse kann es deshalb zu Dampfblasenbildung in den Bremsleitungen kommen, wodurch die Funktion der Bremsanlage stark beeinträchtigt wird.

Die Bremsflüssigkeit soll alle 2 Jahre, möglichst im Frühjahr, erneuert werden. Bei vielen Gebirgsfahrten, Bremsflüssigkeit in kürzeren Abständen wechseln.

Die Bremsanlage wird durch Pumpen mit dem Bremspedal entlüftet, dazu ist eine zweite Person notwendig. Der Arbeitsablauf ist bei allen Fahrzeugen gleich, unabhängig davon, ob ABS (Antiblockiersystem) eingebaut ist oder nicht.

- Vorsichtsmaßregeln beim Umgang mit Bremsflüssigkeit und beim Entlüften beachten, siehe Seite 161/162.
- Mit einer Absaugflasche aus dem Bremsflüssigkeitsbehälter Bremsflüssigkeit bis zu einem Stand von ca. 10 mm absaugen.

Achtung: Vorratsbehälter nicht ganz entleeren, damit keine Luft in das Bremssystem gelangt.

- Vorratsbehälter bis zur MAX.-Marke mit **neuer** Bremsflüssigkeit füllen.

Achtung: Entlüftungsventile vorsichtig öffnen, damit sie nicht abgedreht werden. Es empfiehlt sich, die Ventile ca. 2 Stunden vor dem Entlüften mit Rostlöser einzusprühen. Bei festsitzenden Ventilen das Entlüften von einer Werkstatt vornehmen lassen.

- Am rechten hinteren Radbremszylinder beziehungsweise Bremssattel sauberen, durchsichtigen Schlauch auf Entlüfterventil aufschieben, geeignetes Gefäß unterstellen.
- Von Helfer das Bremspedal mehrmals durchtreten lassen, bis sich ein Gegendruck aufgebaut hat. Bremspedal getreten lassen, Entlüfterventil öffnen. Entlüfterschraube schließen, wenn das Pedal am Bodenblech anstößt. Fuß vom Bremspedal nehmen. Diesen Vorgang so lange wiederholen, bis ca. 400 cm^3 bis 500 cm^3 Bremsflüssigkeit herausgepumpt sind.
- Entlüfterventil schließen, Vorratsbehälter mit **neuer** Bremsflüssigkeit auffüllen.
- Auf die gleiche Weise alte Bremsflüssigkeit aus den anderen Bremssätteln beziehungsweise Radbremszylindern in der Reihenfolge – hinten rechts, hinten links, vorne rechts, vorne links – herauspumpen.

Achtung: Die abfließende Bremsflüssigkeit muß in jedem Fall klar und blasenfrei sein. An jedem Bremssattel sollen ca. 400 cm^3 bis 500 cm^3 Bremsflüssigkeit herausgepumpt werden. Der Vorratsbehälter für Bremsflüssigkeit darf dabei nicht ganz leergepumpt werden. Es gelangt sonst Luft in das Bremssystem.

- Pedaldruck und Leerweg am Bremspedal prüfen. Der Leerweg darf maximal ⅓ des Pedalwegs betragen.
- Alte Bremsflüssigkeit bei der örtlichen Deponie für Sondermüll abgeben.

Reifenfülldruck prüfen

- Reifenfülldruck nur am kalten Reifen prüfen.
- Reifenfülldruck einmal im Monat sowie im Rahmen der Wartung prüfen. Fülldrucktabelle, siehe Aufkleber am Fahrzeug beziehungsweise Betriebsanleitung.
- Zusätzlich sollte der Fülldruck vor längeren Autobahnfahrten kontrolliert werden, da hierbei die Temperaturbelastung für den Reifen am größten ist.

Reifenprofil prüfen

Die Reifen ausgewuchteter Räder nutzen sich bei gewissenhaftem Einhalten des vorgeschriebenen Fülldrucks und bei fehlerfreier Radeinstellung und Stoßdämpferfunktion auf der gesamten Lauffläche annähernd gleichmäßig ab. Bei ungleichmäßiger Abnutzung, siehe Störungsdiagnose im Kapitel »Reifen«. Im übrigen läßt sich keine generelle Aussage über die Lebensdauer bestimmter Reifenfabrikate machen, denn die Lebensdauer hängt von unterschiedlichen Faktoren ab:

- Fahrbahnoberfläche
- Reifenfülldruck
- Fahrweise
- Witterung

Vor allem sportliche Fahrweise, scharfes Anfahren und starkes Bremsen fördern den schnellen Reifenverschleiß.

Achtung: Die Rechtsprechung verlangt, daß Reifen lediglich bis zu einer Profiltiefe von 1,6 mm abgefahren werden dürfen, und zwar müssen die Profilrillen auf der gesamten Lauffläche noch mindestens 1,6 mm Tiefe aufweisen. Es empfiehlt sich jedoch, sicherheitshalber die Reifen bereits bei einer Mindestprofiltiefe von 2 mm auszutauschen.

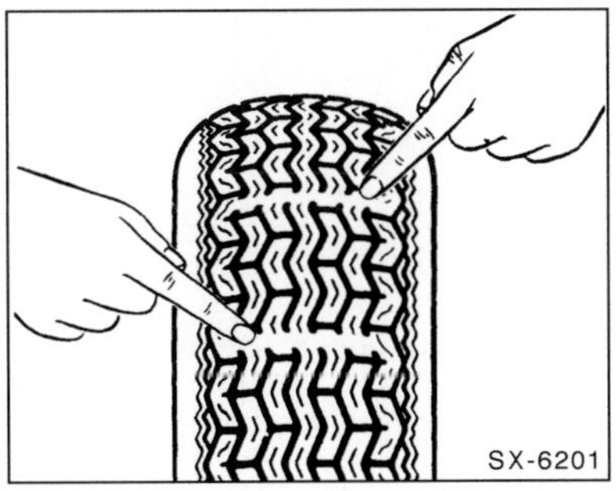
SX-6201

Nähert sich die Profiltiefe der gesetzlich zulässigen Mindestprofiltiefe, das heißt, weist der mehrmals am Reifenumfang angeordnete 1,6 mm hohe Verschleißanzeiger an diesen Stellen kein Profil mehr auf, müssen die Reifen gewechselt werden.

Achtung: M + S-Reifen haben auf Matsch und Schnee nur ausreichende Wirkung, wenn ihr Profil noch mindestens 4 mm tief ist.

Achtung: Reifen auf Schnittstellen untersuchen und mit kleinem Schraubendreher Tiefe der Schnitte feststellen. Wenn die Schnitte bis zur Karkasse reichen, korrodiert durch eindringendes Wasser der Stahlgürtel. Dadurch löst sich unter Umständen die Lauffläche von der Karkasse, der Reifen platzt. Deshalb: Bei tiefen Einschnitten im Profil aus Sicherheitsgründen Reifen austauschen.

Reifenventil prüfen

- Staubschutzkappe vom Ventil abschrauben.

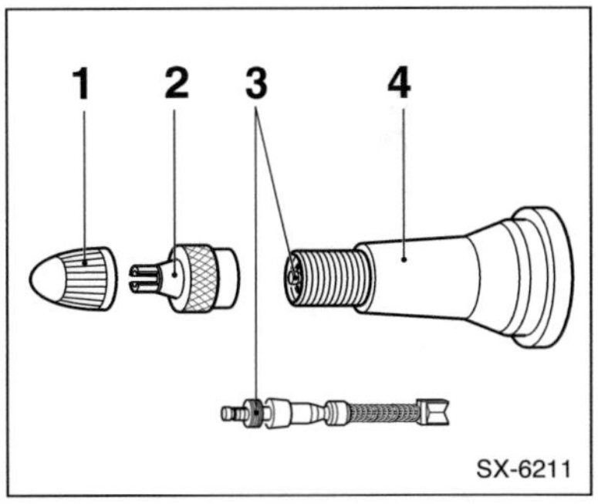

SX-6211

- Etwas Seifenwasser oder Speichel auf das Ventil geben. Wenn sich eine Blase bildet, Ventil –3– mit umgedrehter Schutzkappe –2– festdrehen.

Achtung: Zum Anziehen des Ventils kann nur eine Metallschutzkappe verwendet werden. Metallschutzkappen sind an der Tankstelle erhältlich.
1 – Gummischutzkappe, 4 – Ventil.

- Ventil erneut prüfen. Falls sich wieder Blasen bilden oder sich das Ventil nicht weiter anziehen läßt, Ventil erneuern.
- Grundsätzlich Schutzkappe wieder befestigen.

Lenkung/Vorderachse

- Spurstangenköpfe: Spiel und Befestigung prüfen, Staubkappen prüfen.
- Achsgelenke: Staubkappen prüfen.
- Lenkung: Faltenbälge auf Undichtigkeiten und Beschädigungen prüfen.
- Airbag: Prallflächen der Airbag-Einheiten auf Fahrer- und Beifahrerseite auf Beschädigung sichtprüfen.
- Servolenkung: Flüssigkeitsstand prüfen, gegebenenfalls Hydrauliköl auffüllen.

Staubkappen für Spurstangen- und Achsgelenke prüfen

- Fahrzeug vorn aufbocken.
- Spiel der Spurstangengelenke prüfen. Dazu Spurstangen und Räder hin- und herbwegen. Gelenke müssen spielfrei sein.

- Staubkappen links und rechts mit Lampe anstrahlen und auf Beschädigungen überprüfen, dabei auf Fettspuren an den Manschetten und in deren Umgebung achten. Die Abbildung zeigt das Achsgelenk.
- Bei beschädigter Staubkappe, sicherheitshalber entsprechendes Gelenk mit Schutzkappe auswechseln. Eingedrungener Schmutz zerstört mit Sicherheit das Gelenk.
- Befestigungsmutter für die Gelenke auf festen Sitz prüfen, dabei Mutter jedoch nicht verdrehen.
- Faltenbälge mit Hilfe einer Taschenlampe auf Beschädigungen und Undichtigkeiten sichtprüfen.

Ölstand für Servolenkung prüfen

Benötigtes Sonderwerkzeug: Keines.

Benötigte Verschleißteile:

- Hydrauliköl nach angegebener VW-Spezifikation.

Prüfen

Prüfvorraussetzung: Hydrauliköl hat Betriebstemperatur (ab ca. 50° C). **Achtung:** Die Prüfung bei kaltem Hydrauliköl steht am Ende des Kapitels.

- Motor starten und im Leerlauf laufen lassen.
- Vorderräder geradeaus stellen.
- Ölstand **bei laufendem Motor** und Geradeausstellung der Vorderräder prüfen.

- Verschlußkappe abschrauben. Dazu geeigneten Schraubendreher in die Aussparung des Deckels einsetzen.

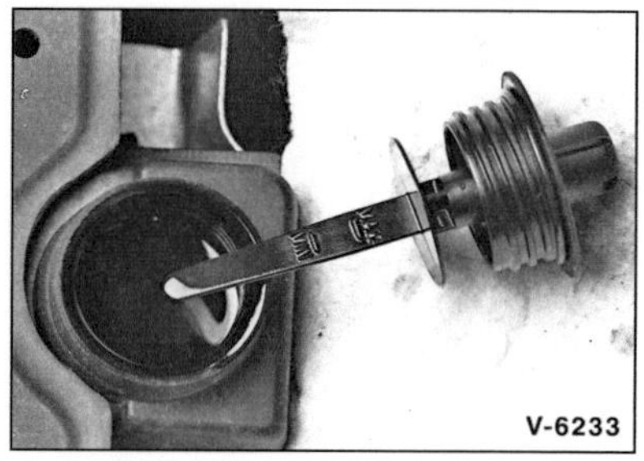

- Meßstab am Deckel mit sauberem, fusselfreiem Lappen abwischen.
- Deckel handfest auf- und wieder abschrauben. Der Ölstand soll zwischen den MIN.-und MAX.-Markierungen am Meßstab liegen. Normalerweise darf der Ölstand nicht absinken. Wenn der Ölstand bis zur MIN.-Markierung gesunken ist, Undichtigkeit von einer VW-Werkstatt beseitigen lassen.
- Nachgefüllt werden darf nur »**Hydrauliköl G 002 000**«, erhältlich in der VW-Werkstatt. Grundsätzlich nur **neues Öl** nachfüllen, da bereits kleinste Verunreinigungen zu Störungen an der hydraulischen Anlage führen können.

Die **Prüfung bei kaltem Hydrauliköl** erfolgt auf dieselbe Weise, bis auf folgende Punkte:

- Motor **nicht** laufen lassen.
- Der Ölstand muß sich im Bereich des Rasterfeldes auf der anderen Seite des Meßstabes befinden.

Airbag: Prallflächen sichtprüfen

- Airbag-Prallflächen auf Fahrer- und Beifahrerseite auf äußere Beschädigung sichtprüfen.
- Airbag-Prallflächen mit einem trockenen oder mit Wasser angefeuchteten Lappen reinigen.

Achtung: Die Polsterplatte des Lenkrades und die geschäumte Oberfläche des Airbagmoduls auf der Beifahrerseite dürfen weder beklebt noch überzogen oder anderweitig bearbeitet werden.

Elektrische Anlage

- Beleuchtungsanlage: Sämtliche Scheinwerfer, Schlußleuchten und Blinklampen prüfen, gegebenenfalls Scheinwerfer einstellen.
- Signalhorn: Prüfen.
- Scheibenwischer: Wischergummis auf Verschleiß prüfen.
- Scheiben- und Scheinwerferwaschanlage: Funktion prüfen, Düsenstellung kontrollieren, Flüssigkeit nachfüllen, Scheinwerfer-Waschanlage prüfen.
- Batterie: Prüfen.
- Scheibenwischerblätter: Anstellwinkel prüfen, gegebenenfalls einstellen.

Batterie prüfen

Benötigtes Sonderwerkzeug:

- Säureschutzfett, zum Beispiel BOSCH-Polfett.
- Stahldrahtbürste (Pol- und Klemmenreinigungsbürste).
- Geeignetes Spannungs-Meßgerät.
- Destilliertes Wasser.

Achtung: Da der Ausfall der Fahrzeug-Batterie oftmals schlagartig, ohne Vorankündigung erfolgt, empfiehlt es sich, eine Batterie, die **älter als 5 Jahre** ist, grundsätzlich zu ersetzen. Bei den heutigen Batterien wird ein baldiger Ausfall unter Umständen nicht mehr durch eine schlechte Startfähigkeit der Batterie angekündigt.

Batterie auf festen Sitz prüfen

Eine lockere Batterie hat eine verkürzte Lebensdauer durch Rüttelschäden. Außerdem kann im Fahrbetrieb Batteriesäure austreten und die umliegenden Bauteile beschädigen.

- Batterie kräftig hin- und herbewegen.
- Gegebenenfalls Halter lösen, Batterie fest an die Führungen andrücken und Halter mit **22 Nm** festziehen.

Batterie-Pole reinigen/Klemmen auf festen Sitz prüfen

- Anschlußklemmen reinigen.
- Festen Sitz der Batterie-Plusklemme prüfen, dazu Plusleitung hin- und herbewegen.

Achtung: Falls die Plusklemme locker ist, vor dem Festziehen aus Sicherheitsgründen Batterie-Masseband abklemmen, siehe Seite 230.

- Anschließen Plusklemme mit **5 Nm** festziehen, dann Batterie-Massekabel wieder anklemmen.

Ruhespannung messen

- Batterie abklemmen. Dabei erlischt unter anderem der Radio-Code. Deshalb vor dem Abklemmen Hinweise beachten, siehe Seite 230.
- Nach einer Wartezeit von ca. 2 Stunden die Spannung zwischen den Batteriepolen messen. Zeigt das Meßgerät 12,5 Volt oder darüber an, so ist die Batterie in Ordnung. Liegt sie darunter, ist die Ursache zu ermitteln. Gegebenenfalls Batterie ersetzen.

Anstellwinkel der Scheibenwischerblätter prüfen

Benötigtes Sonderwerkzeug:

Die Werkstatt verwendet das Spezialwerkzeug Hazet-4851-1 oder VW-3358.

Achtung: Bei einem Kunststoff-Heckwischerarm (seit Fg-Nr. 6N-S-045001) kann der Anstellwinkel nicht eingestellt werden.

Prüfen

- Wischerarme in Ruhestellung bringen. Dazu Windschutzscheibe mit Wasser benetzen, Scheibenwischer kurze Zeit laufen lassen und anschließend mit Wischerschalter abschalten.
- Wischerblatt ausbauen, siehe Seite 258.

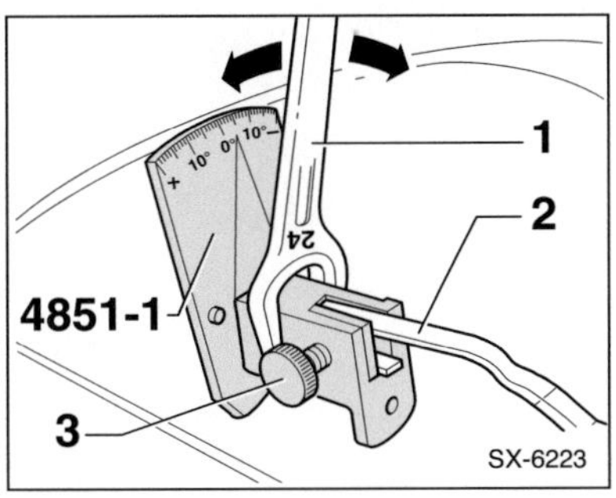

- Falls das Spezialwerkzeug vorhanden ist, Wischerarm –2– in Werkzeug einlegen und mit Schraube –3– arretieren.

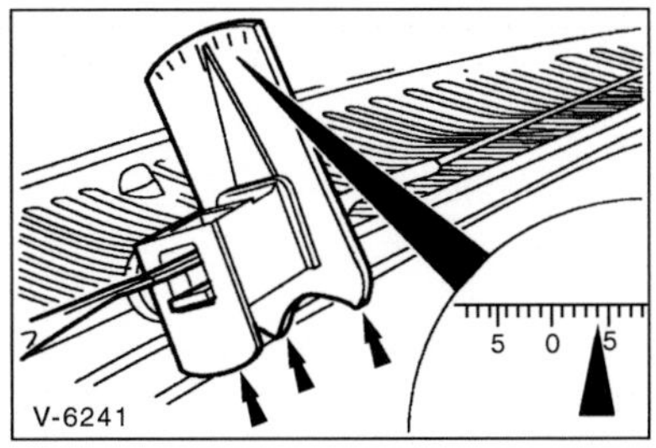

- Wischerarm mit Spezialwerkzeug zurückklappen. Darauf achten, daß die 3 Auflagepunkte –Pfeile– auf der Scheibe aufliegen.
- Einstellwinkel des Wischerarms auf der Skala ablesen.

Sollwerte:

Fahrerseite:	– 2° ± 2°
Beifahrerseite:	– 2° ± 2°
Heckklappe:	0° ± 2°

- Falls erforderlich, Werkzeug mit Maulschlüssel –1– vorsichtig drehen bis an der Skala der Sollwert angezeigt wird. **Achtung:** Dazu Wischerarm von der Scheibe abheben, da diese sonst beschädigt werden kann.
- Anschließend Werkzeug abbauen und nochmals neu aufsetzen und arretieren. Einstellwert prüfen, gegebenenfalls korrigieren. Diesen Vorgang so oft durchführen bis der Sollwert erreicht ist.
- Einstellwerkzeug abnehmen und Scheibenwischerblatt einbauen.
- Windschutzscheibe mit Wasser benetzen und Scheibenwischer laufen lassen. Wischerblätter auf rubbelfreies Wischen prüfen.

Karosserie/Innenausstattung

- Sicherheitsgurte: Auf Beschädigungen prüfen.
- Unterbodenschutz und Hohlraumkonservierung: Prüfen.
- Türfeststeller: Schmieren.
- Lüftung/Heizung: Staub- und Pollenfilter-Einsatz erneuern.

Sichtprüfung aller Sicherheitsgurte

Achtung: Geräusche, die beim Aufrollen des Gurtbandes entstehen, sind funktionsbedingt. Bei störenden Geräuschen kann nur der Sicherheitsgurt ausgetauscht werden. Auf keinen Fall darf zur Behebung von Geräuschen Öl oder Fett verwendet werden. Der Aufrollautomat darf nicht zerlegt werden, da hierbei die vorgespannte Feder herausspringen kann. Unfallgefahr!

- Sicherheitsgurt ganz herausziehen und Gurtband auf durchtrennte Fasern prüfen. Beschädigungen können zum Beispiel durch Einklemmen des Gurtes oder durch brennende Zigaretten entstehen. In diesem Fall Gurt austauschen.
- Sind Scheuerstellen vorhanden, ohne daß Fasern durchtrennt sind, braucht der Gurt nicht ausgewechselt zu werden.
- Schwergängigen Gurt auf Verdrehungen prüfen, gegebenenfalls Verkleidung an der Mittelsäule ausbauen und Gurt richtig verlegen.
- Wenn die Aufrollautomatik nicht mehr funktioniert, Gurt auswechseln.
- Gurtbänder nur mit Seife und Wasser reinigen, keinesfalls Lösungsmittel oder chemische Reinigungsmittel verwenden.

Sichtkontrolle Unterboden/ Karosserie

Bei der regelmäßigen Pflege Augenmerk auf Lackbeschädigungen legen und auch Unterboden öfters reinigen, siehe Seite 205.

Türfeststeller schmieren

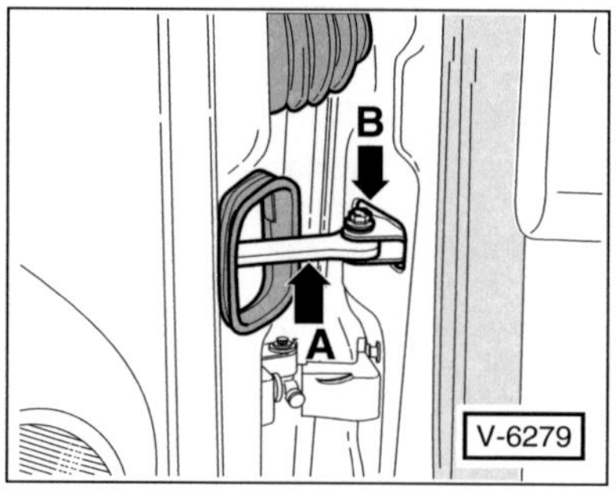

- Die Türfeststeller im Seitenbereich –Pfeil A– mit Schmierfett VW-G 000 400 schmieren.
- Befestigungsbolzen –Pfeil B– mit Fettspray VW-G 000 400 01 schmieren.

Pollen- und Staubfilter erneuern

Der Pollen- und Staubfilter befindet sich am Ansaugstutzen für die Innenraumbelüftung rechts im Wasserkasten.

- Wasserkastenabdeckung ausbauen, siehe Seite 211.

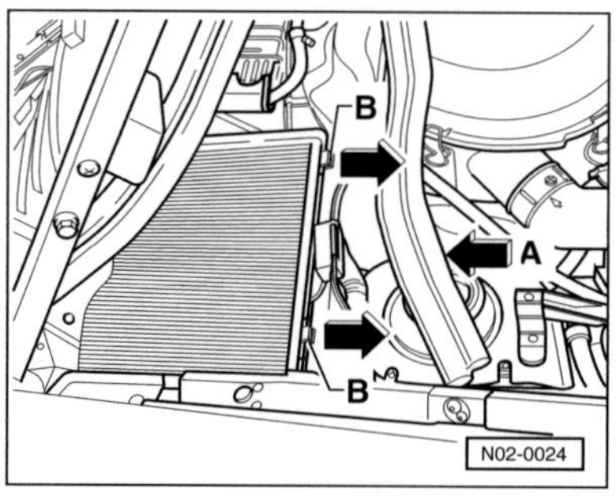

- Laschen –B– des Filtergehäuses in Pfeilrichtung drücken und Filtereinsatz mit Rahmen nach oben herausnehmen.
- Filtereinsatz vom Rahmen abziehen.

Einbau

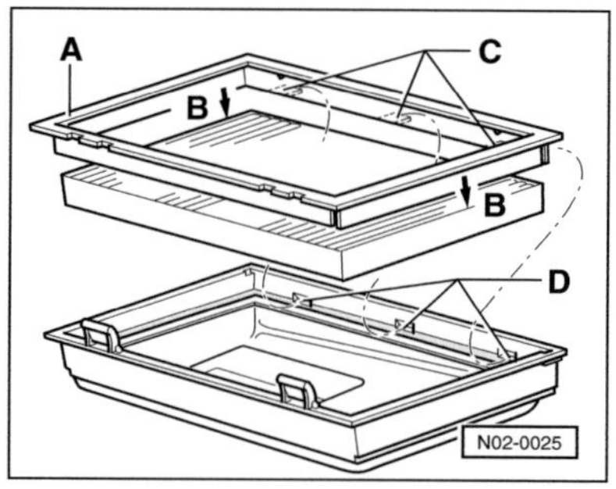

- Rahmen –A– links und rechts in die erste Lamelle –Pfeile B– des neuen Filtereinsatzes einsetzen.
- Neuen Filtereinsatz mit Rahmen so in das Gehäuse einsetzen, daß die Laschen –C– in die Aussparungen –D– eingreifen. Filtereinsatz nach unten drücken und Rahmen in das Gehäuse einrasten.
- Wasserkastenabdeckung einclipsen.
- Gummiabdichtung aufdrücken.

Schiebedach: Führungsschienen schmieren

Schmieren

- Schiebedach öffnen.

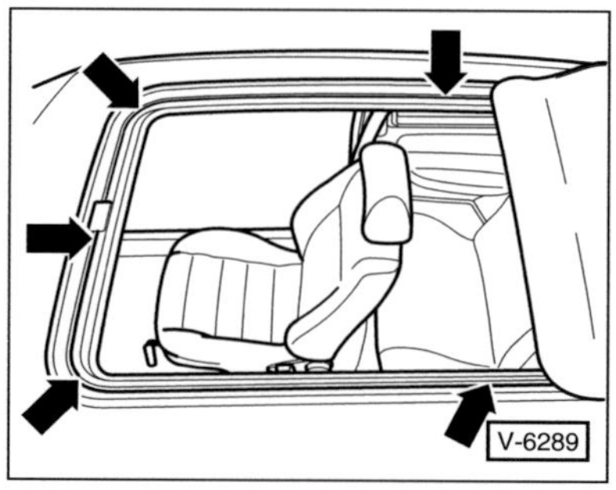

- Führungsschienen reinigen und mit folgendem VW-Schmiermittel einfetten:
  Schiebedach – Fettspray G 052 778
  Faltschiebedach – Fett G 000 450/ 02
- Schiebedach schließen und öffnen. Dabei auf leichten, geräuscharmen Lauf achten.

Stromlaufpläne

Umgang mit dem Stromlaufplan

In einem Personenwagen werden je nach Ausstattung bis über 1000 Meter Leitungen verlegt, um alle elektrischen Verbraucher (Scheinwerfer, Radio usw.) mit Strom zu versorgen.

Will man einen Fehler in der elektrischen Anlage aufspüren oder nachträglich ein elektrisches Zubehör montieren, kommt man nicht ohne Stromlaufplan aus; anhand dessen der Stromverlauf und damit die Kabelverbindungen aufgezeigt werden. Grundsätzlich muss der betreffende Stromkreis geschlossen sein, sonst kann der elektrische Strom nicht fließen. Es reicht beispielsweise nicht aus, wenn an der Plusklemme eines Scheinwerfers Spannung anliegt, wenn nicht gleichzeitig über den Masseanschluss der Stromkreis geschlossen ist.

Deshalb ist auch das Massekabel (–) der Batterie mit der Karosserie verbunden. Mitunter reicht diese Masseverbindung jedoch nicht aus, und der betreffende Verbraucher bekommt eine direkte Masseleitung, deren Isolierung in der Regel braun eingefärbt ist. In den einzelnen Stromkreisen können Schalter, Relais, Sicherungen, Messgeräte, elektrische Motoren oder andere elektrische Bauteile integriert sein. Damit diese Bauteile richtig angeschlossen werden können, haben die einzelnen Kontakte entsprechende Klemmenbezeichnungen.

Um das Kabelgewirr zumindest auf dem Stromlaufplan übersichtlich zu ordnen, sind die einzelnen Strompfade senkrecht nebeneinander angeordnet und durchnummeriert.

Die senkrechten Linien münden oben in einem meist grau unterlegten Feld. Dieses Feld symbolisiert die Relaisplatte mit Sicherungshalter und damit die plusseitigen Anschlüsse des Stromkreises. Allerdings befindet sich in der Relaisplatte auch eine interne Masseleitung (Klemme 31). Die feinen Striche in dem Feld machen deutlich, wie und welche Stromkreise intern in der Relaisplatte miteinander verschaltet sind. Unten mündet der Stromkreis auf einer waagerechten Linie, die den Masseanschluss symbolisiert. Die Masseverbindung wird normalerweise direkt über die Karosserie hergestellt oder aber über eine Leitung von einem an der Karosserie angebrachten Massepunkt.

Wenn der Stromkreis durch ein Quadrat unterbrochen wird, in dem eine Zahl steht, weist die Ziffer auf den Strompfad hin, in dem der Stromkreis weitergeführt wird.

Am sinnvollsten geht man bei der Benutzung des Stromlaufplanes folgendermaßen vor:

Zuerst sucht man in der Legende das betreffende Bauteil, zum Beispiel den Schalter für das Gebläse. In der rechten Spalte neben der Bauteil-Benennung wird dann der entsprechende Strompfad mit einer Nummer angezeigt, die im Stromlaufplan unten auf der waagerechten Linie wieder auftritt.

Um den Stromlaufplan lesen zu können, ist die Kenntnis einiger Bauteil-Bezeichnungen erforderlich, außerdem sollte man die wichtigsten Schaltzeichen kennen.

Die Kennbuchstaben der wichtigsten Bauteile sind:

Kennbuchstabe	Bauteil
A	Batterie
B	Anlasser
C	Drehstromgenerator
D	Zündanlaßschalter
E	Schalter für Handbedienung,
F	Mechanische Schalter
G	Geber, Kontrollgeräte
H	Hupe, Signalhorn, Doppeltonhorn, Fanfare
J	Relais, Steuergerät
K, L, M, W, X	Kontrollampen, Lampen, Leuchten
N	Elektroventile, Widerstände, Schaltgeräte
O	Zündverteiler
P, Q	Zündkerzenstecker, Zündkerzen
R	Radio
SA	Sicherungen im Sicherungshalter/Batterie
SB	Sicherungen im Halter/Relaisplatte
T	Steckverbindungen
V	Elektromotoren

Zur genaueren Unterscheidung werden zu den Kennbuchstaben noch Zahlen angefügt.

Relais und elektronische Steuergeräte sind in der Regel grau unterlegt. Die darin eingezeichneten Linien sind interne Verdrahtungen. Sie zeigen, wie Relais und andere elektrische/elektronische Bauteile sowohl zueinander als auch auf der Relaisplatte verschaltet sind.

Eine Ziffer im schwarzen Quadrat kennzeichnet den Relaisplatz auf der Relaisplatte mit Sicherungshalter. Direkt am eingezeichneten Relais befindet sich die Kontaktbezeichnung. Beispiel: Lautet die Kontaktbezeichnung im Stromlaufplan 17/87, dann ist 17 die Bezeichnung der Klemme auf der Relaisplatte, 87 ist die Bezeichnung der Klemme am Relais/Steuergerät.

Die Bezeichnung der Klemmen ist nach DIN genormt. **Die wichtigsten Klemmenbezeichnungen sind:**

Klemme 30. An dieser Klemme liegt immer die Batteriespannung an. Die Kabel sind meist rot oder rot mit Farbstreifen.

Klemme 31 führt zur Masse. Die Masse-Leitungen sind in der Regel braun.

Klemme 15 wird über das Zündschloss gespeist. Die Leitungen führen nur bei eingeschalteter Zündung Strom. Die Kabel sind meist grün oder grün mit farbigem Streifen.

Klemme X führt ebenfalls nur bei eingeschalteter Zündung Strom, dieser wird jedoch unterbrochen, wenn der Anlasser betätigt wird. Dadurch ist sichergestellt, dass während des Startvorganges der Zündanlage die volle Batterieleistung zur Verfügung steht. Alle größeren Stromaufnehmer liegen in diesem Stromkreis. Das Fernlicht wird ebenfalls über diese Klemme mit Strom versorgt. So wird bei eingeschaltetem Fernlicht und ausgeschalteter Zündung automatisch auf Standlicht umgeschaltet.

Im Stromlaufplan sind in den einzelnen Leitungen Ziffern und darunter Buchstabenkombinationen eingefügt.

Beispiel: **1,5**
ws/ge

Die Ziffern geben an, welchen Leitungsquerschnitt die Leitung hat. Die Buchstaben weisen auf die Leitungsfarben hin. Besteht die Kennzeichnung aus zwei Buchstabengruppen, die durch einen Schrägstrich getrennt sind, wie im Beispiel, dann nennt die erste Buchstabenfolge die Leitungsgrundfarbe: ws = weiß und die zweite: ge = gelb – die Zusatzfarbe. Da es vorkommt, dass gleichfarbige Leitungen für verschiedene Stromkreise verwendet werden, empfiehlt es sich, die Farbkombination an den betreffenden Anschlussklemmen zu kontrollieren. Weiße Leitungen sind zur Unterscheidung zusätzlich mit einer Kennnummer versehen, die im Stromlaufplan unter der Farbkennzeichnung steht.

Schlüssel für Leitungsfarben

ws = weiß
sw = schwarz
ro = rot
br = braun
gn = grün
bl = blau
gr = grau
li = lila
ge = gelb
or = orange

Leitungen, die mittels Einzel- oder Mehrfachsteckverbindungen miteinander verbunden sind, haben zum Buchstaben »T« für die Steckverbindung eine zusätzliche Ziffern-Kombination.

Beispiel: T2p = Zweifachstecker, T32/27 = 32-fach Steckverbindung mit Kontaktpunkt 27.

Im Stromlaufplan sind alle Verbraucher und Schalter in Ruhestellung gezeichnet. Der geänderte Stromverlauf nach Betätigung eines Schalters wird hier am Beispiel eines Zweistufen-Schalters erläutert:

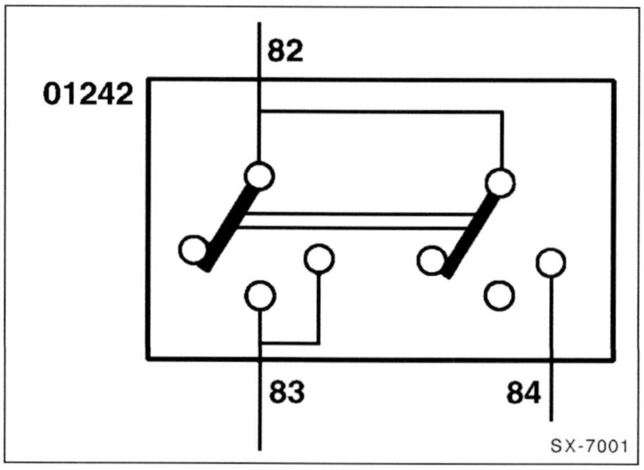

Wird am Schalter »01242« die erste Stufe gedrückt, fließt der Strom von der Klemme 82 kommend über die Klemme 83. Die Brücke der zweiten Schalterstufe rückt in Mittelstellung, jedoch ohne eine Verbindung herzustellen. Erst beim Drücken der zweiten Schalterstufe rückt die Brücke der zweiten Schalterstufe von der internen Leitung 82 auf 84 und gibt den Strom über 84 weiter. Dabei bleibt über die interne Verbindung im Schalter, also über die rechts abgewinkelte Leitung von 83 der Stromfluss der ersten Schalterstufe bestehen.

Zuordnung der Stromlaufpläne

Modelljahr 2001

Modell	Stromlaufpläne
POLO ab 10/99	28/2 – 28/17
POLO CLASSIC/ POLO VARIANT/CADDY ab 10/99	1/2 – 1/20

Wegen des großen Umfangs können nicht alle Stromlaufpläne aus jedem Modelljahr berücksichtigt werden. Jedoch kann man sich auch an den vorliegenden Stromlaufplänen orientieren, wenn das eigene Fahrzeug einem anderen Modelljahr angehört, da die Änderungen in der Regel nur Teilbereiche betreffen.

Sicherungs- und Relaisbelegung

Die Sicherungs- und Relaisbelegung kann je nach Fahrzeugausstattung und Baujahr des Fahrzeuges abweichen. Die aktuelle Belegung der Sicherungen befindet sich in der Betriebsanleitung sowie an der Rückseite des Sicherungsdeckels. Gezählt werden die Sicherungen von links nach rechts.

Relaisbelegung bis 9/99

Hinweis: Die Klammer hinter der Bauteilebezeichnung verweist auf die Zahl, die auf das jeweilige Relais aufgedruckt ist (sogenannte Produktionssteuerungsnummer).

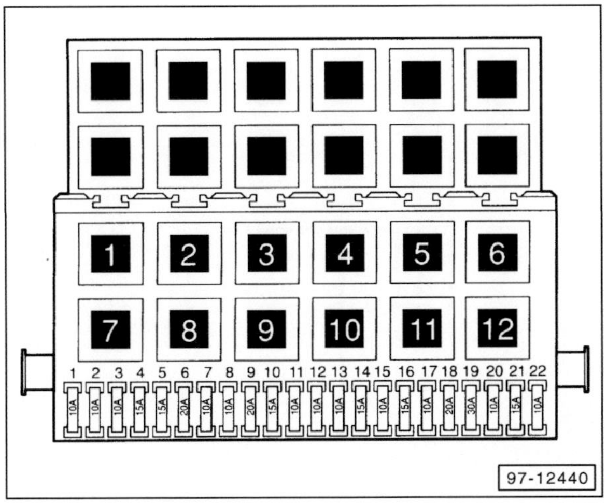

1 – Relais für Klimaanlage (147)
2 – Relais für Heckscheibenwischer mit Intervallautomatik (72)
3 – Nicht belegt
4 – Entlastungsrelais für X-Kontakt (18)
5 – Nicht belegt
6 – Warnblinkrelais (21)
7 – Relais für Scheinwerfer-Reinigungsanlage (33)
8 – Relais für Wisch-Wasch-Intervallautomatik (19)
9 – Warnsummer für eingeschaltetes Licht (36)
10 – Steckbrücke für Nebelscheinwerfer
11 – Steckbrücke für Signalhorn
12 – Benziner: Kraftstoffpumpenrelais (167); Diesel: Relais für Glühkerzen (104)

Relaisplätze oberhalb der Relaisplatte:

- **Relais für Fensterheber und/oder Faltschiebedach (53)**
- **Leitungsverteiler für Klemme 58b**
- **Leitungsverteiler für Klemme 15a**
- **Relais für Anlaßsperre (53)**
- **Relais für Ansaugrohrvorwärmung (1)**
- **Steuergerät für Glühzeitautomatik**
- **Sicherung 1 für Steuergerät-ABS (Hydraulikpumpe) 30A**
- **Sicherung 2 für Steuergerät-ABS (Ventile) 30A**
- **Thermosicherung für Fensterheber und/oder Faltschiebedach**
- **Sicherung für Glühkerzen 50A**

Relaisträger seit 10/99

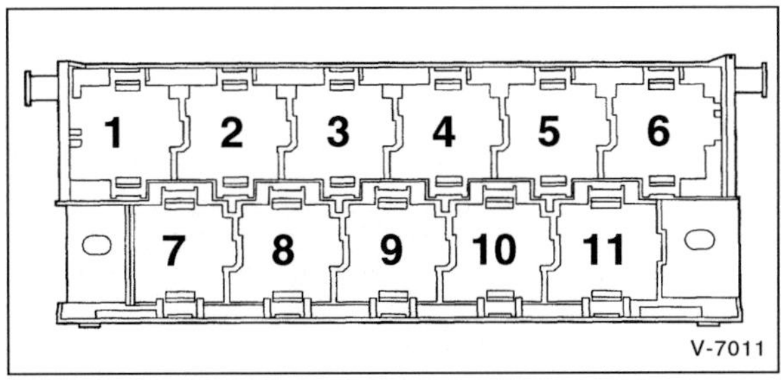

Relais-Nr.	Verbraucher/Relais
1	Relais für Anlasssperre – nur bei Automatikgetriebe
2	Kraftstoffpumpen-Relais (Crash) – nur bei Benzinmotoren
3	–
4	–
5	–
6	–
7	Entlastungsrelais für X-Kontakt
8	Relais für Wasch-Wisch-Intervallautomatik
9	Steuergerät für Kraftstoffabschaltung – nur Dieselmotor mit Airbag
10	–
11	–

Sicherungsbelegung der Hauptsicherungsbox

Die Hauptsicherungsbox sitzt auf der Batterie im Motorraum.

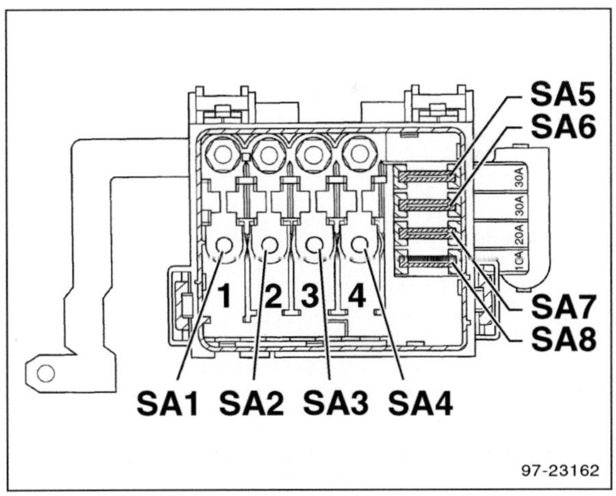

Sicherung	Verbraucher	Ampere
SA1	Drehstromgenerator	110 A
SA2	Relaisträger	80 A
SA3	Glühkerzen – Motor	50 A
SA4	Glühkerzen – Kühlmittel	50 A
	Klimaanlage	30 A
SA5	ABS (Hydraulikpumpe)	30 A
SA6	ABS (Ventile)	30 A
SA7	Lüfter für Kühlmittel	20 A
SA8	Klimaanlage	10 A

Gebrauchsanleitung für Stromlaufpläne

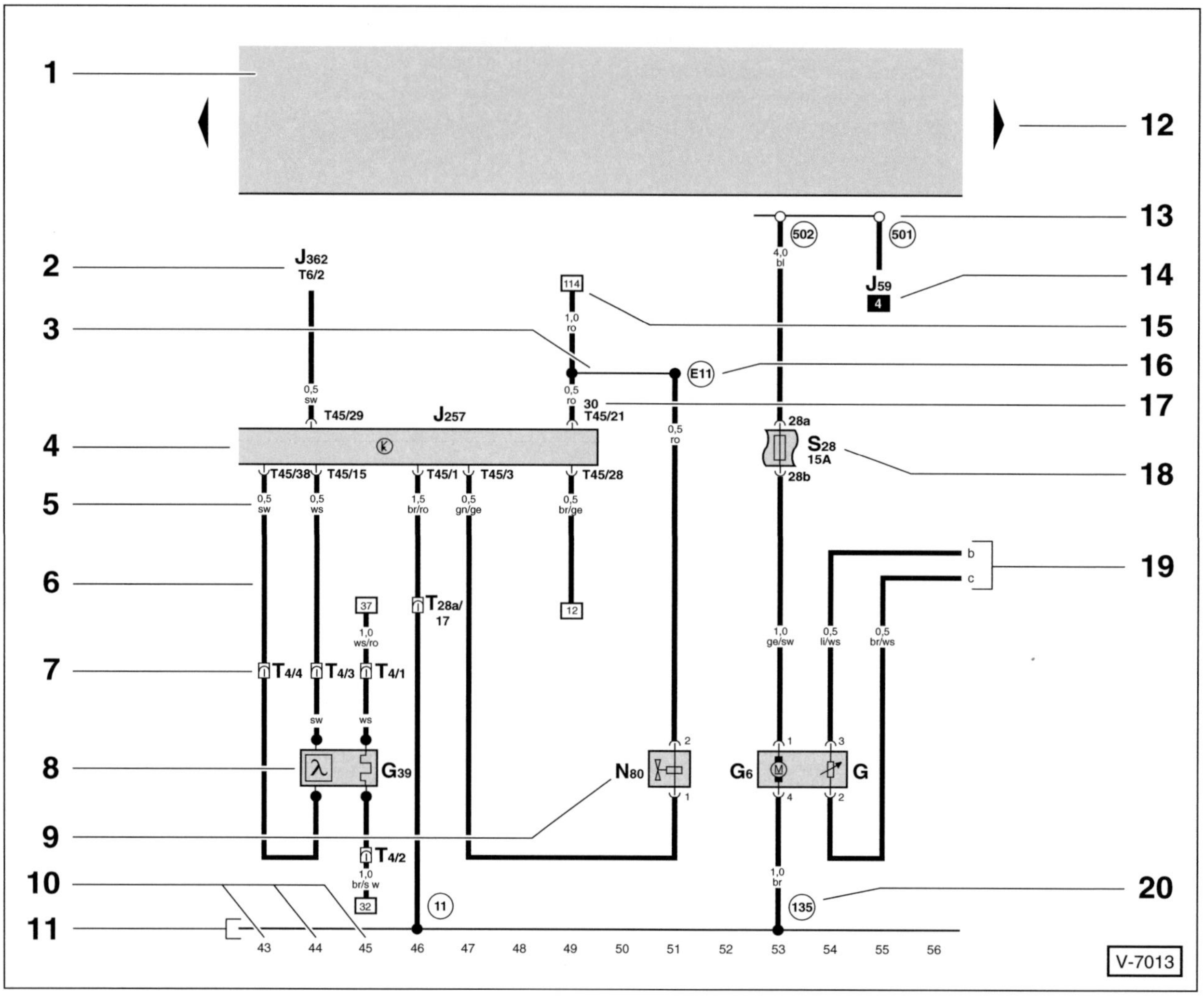

1 – Relaisplatte
Durch ein graues Feld gekennzeichnet. Stellt die plusseitigen Anschlüsse dar.

2 – Verweis auf Weiterführung der Leitung zu einem anderen Bauteil
J362 = Steuergerät für Wegfahrsicherung, T6/2 = 6-fach-Steckerverbindung, Kontakt 2.

3 – Interne Verbindung (dünner Strich)
Diese Verbindung ist nicht als Leitung vorhanden.

4 – Schaltzeichen
Die offen gezeichnete Seite des Schaltzeichens weist auf die Fortsetzung des Bauteils in einem anderen Stromlaufplan hin.

5 – Leitungsquerschnitt in mm² und Leitungsfarbe
0,5 = 0,5 mm², sw = schwarz. Abkürzungen für die Leitungsfarben stehen im Kapitel »Umgang mit dem Stromlaufplan«.

6 – Stromkreis mit Leitungsführung
Alle Schalter und Kontakte sind in mechanischer Ruhestellung dargestellt.

7 – Steckverbindung
T4 = 4-fach-Steckverbindung, /4 = Kontakt 4.

8 – Schaltzeichen für Bauteil
G39 = Lambdasonde mit Heizung.

9 – Teile-Bezeichnung
N80 = Magnetventil 1. In der Legende unterhalb des Stromlaufplans steht, wie das Teil heißt.

10 – Strompfad-Nummer

11 – Fahrzeugmasse

12 – Pfeil
Weist auf die Fortsetzung des Stromlaufplans auf der anschließenden Seite hin.

13 – Gewindebolzen an der Relaisplatte
Der weiße Kreis zeigt an, dass es sich hier um eine lösbare Verbindung handelt.

14 – Relaisplatz-Nummer
Kennzeichnet den Relaisplatz auf oder an der Relaisplatte.

15 – Verweis auf Weiterführung der Leitung zu einem anderen Bauteil
Die Zahl im Rechteck kennzeichnet, in welchem Strompfad die Leitung weitergeführt wird; hier in Strompfad 114.

16 – Verbindung im Leitungsstrang
Nicht lösbare Verbindung.

17 – Anschlussklemme
Hier: Klemme 30, 45-fach-Steckerverbindung, Kontakt 21.

18 – Sicherung
S28 = Sicherung Nr. 28, 15 Ampere.

19 – Verweis auf Weiterführung der Leitung im anschließenden Stromlaufplanteil
Der Buchstabe kennzeichnet, wo im nächsten Stromlaufplanteil die Leitung weitergeführt wird.

20 – Massepunkt oder Masseverbindung im Leitungsstrang
In der Legende stehen Angaben zur Lage des Massepunktes im Fahrzeug.

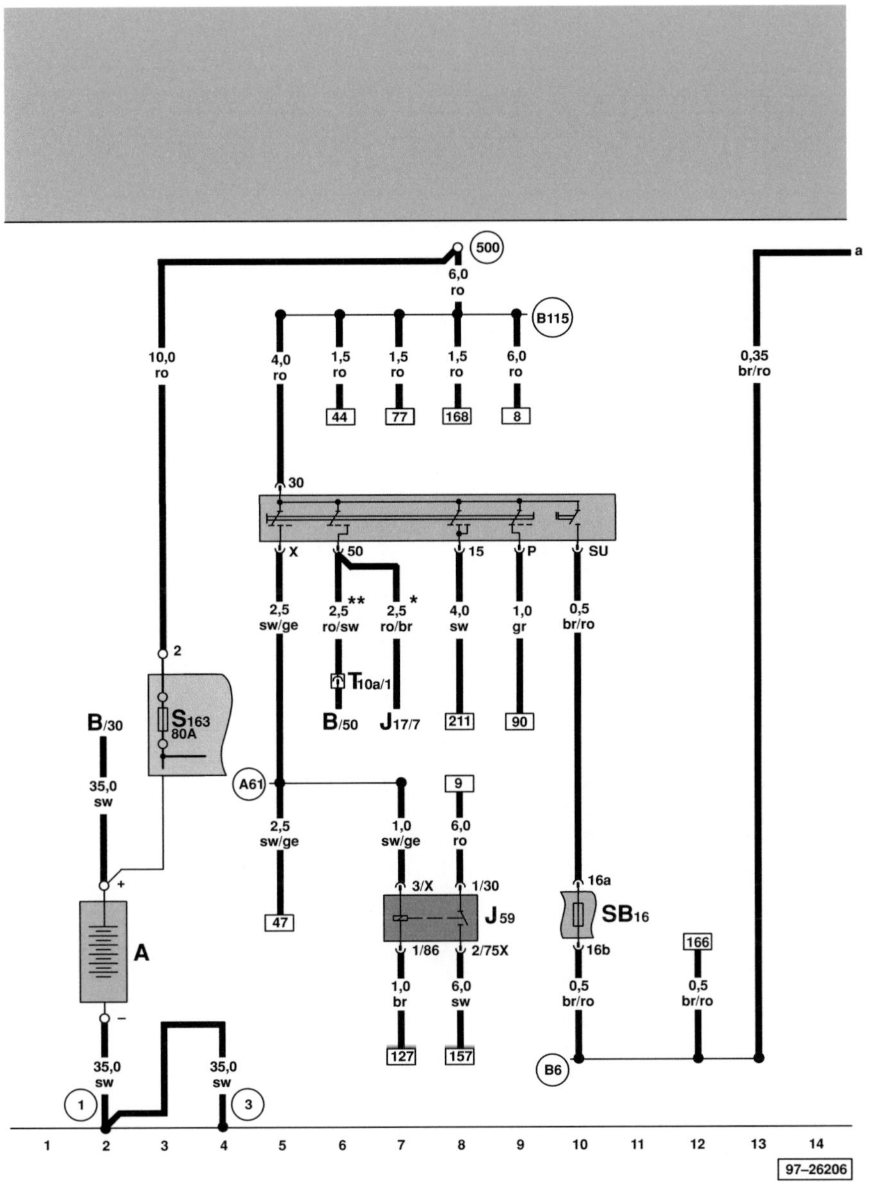

ws = weiß
sw = schwarz
ro = rot
br = braun
gn = grün
bl = blau
gr = grau
li = lila
ge = gelb
or = orange

A – Batterie
B – Anlasser
B – Zündanlaßschalter
J17 – Kraftstoffpumpenrelais
J59 – Entlastungsrelais für X-Kontakt
SB16 – Sicherung –16– im Sicherungshalter
S163 – Sicherung –2– (30) im Sicherungshalter/Batterie
T10a – Steckverbindung, 10-fach, grün, Nähe Relaisstation
(1) – Masseband, Batterie – Aufbau
(3) – Masseband, Motor – Aufbau
(500) – Schraubverbindung –1– (30), an der Relaisplatte
(A61) – Plusverbindung (X), im Armaturenleitungsstrang
(B6) – Verbindung (s), im Leitungsstrang Lenkstockschalter
(B115) – Plusverbindung (30, Zentralelektrik), im Leitungsstrang Innenraum
* – Nur Fahrzeuge mit Benzinmotor
* – Nur Fahrzeuge mit Dieselmotor

Schalttafeleinsatz (Kombiinstrument), Drehzahlmesser, Anschluß für Eigendiagnose, Wegstreckenanzeige, Gurt-Warnsystem, Diagnose-Interface für Datenbus

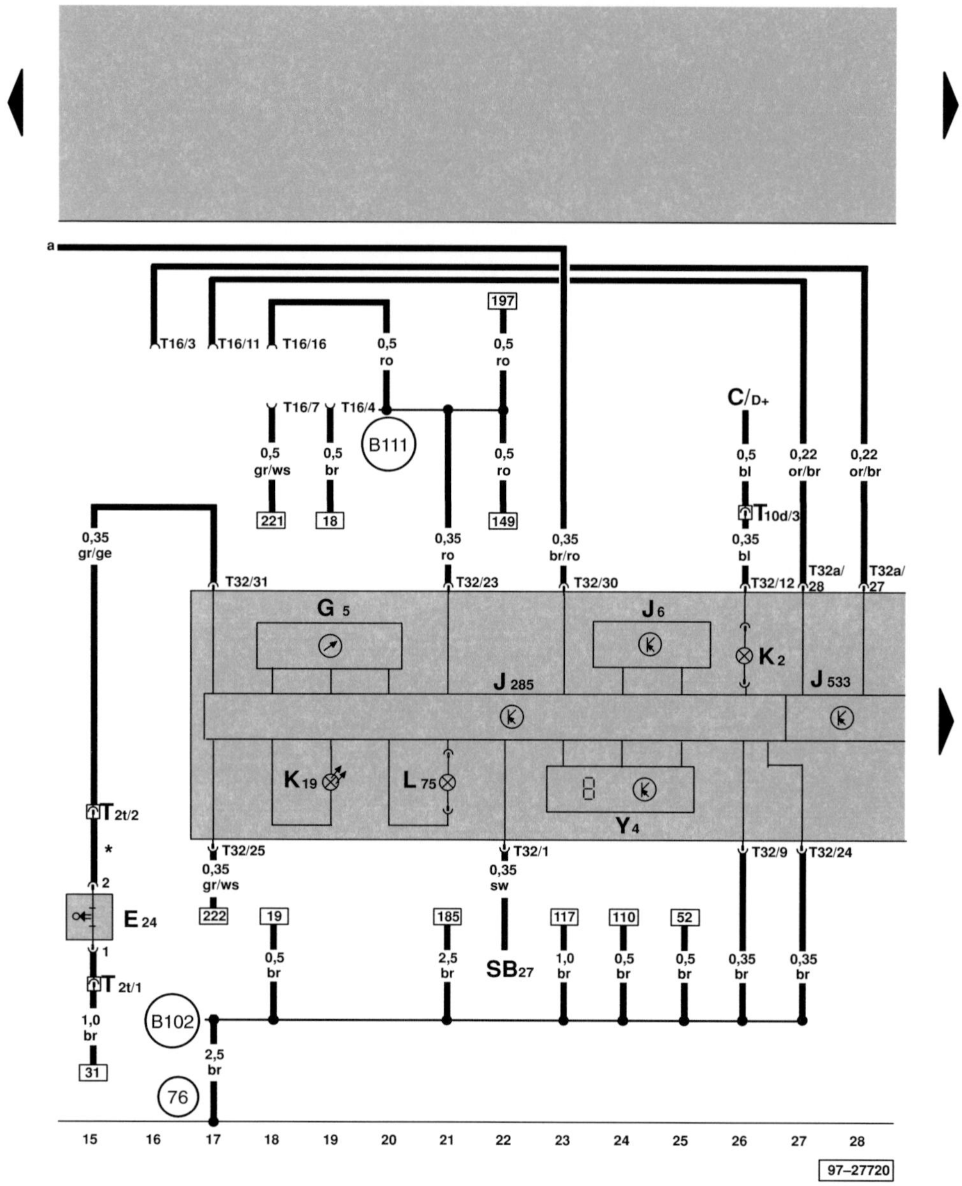

ws = weiß
sw = schwarz
ro = rot
br = braun
gn = grün
bl = blau
gr = grau
li = lila
ge = gelb
or = orange

C – Drehstromgenerator
E24 – Gurtschalter Fahrerseite
G5 – Drehzahlmesser
J6 – Spannungskonstanter
J285 – Steuergerät mit Anzeigeeinheit im Schalttafeleinsatz
J533 – Steuergerät für Diagnose-Interface, für Datenbus
K2 – Kontrollampe für Generator
K19 – Kontrollampe für Sicherheitsgurt-Warnsystem
SB27 – Sicherung –27– im Sicherungshalter
L75 – Beleuchtung für Digitalanzeige
T2t – Steckverbindung, 2-fach, unter dem Fahrersitz
T10d – Steckverbindung, 10-fach, rot, Relaisstation
T16 – Steckverbindung, 16-fach, Anschluß für Eigendiagnose, im Handschuhfach, rechts
T32 – Steckverbindung, 32-fach, blau, am Schalttafeleinsatz
Y4 – Wegstreckenanzeige
(76) – Massepunkt, Nähe Schaltbetätigung
(B102) – Masseverbindung, im Leitungsstrang Innenraum vorn links
(B111) – Plusverbindung –1– (30a), im Leitungsstrang Innenraum
* – Nicht bei allen Ausstattungen

Schalttafeleinsatz (Kombiinstrument), Digitaluhr, Kontrollampe für Fernlicht, Kontrollampe für Standlicht, Kontrollampe für Blinker, Handbremskontrolle, Warnkontakt für Bremsflüssigkeitsstand

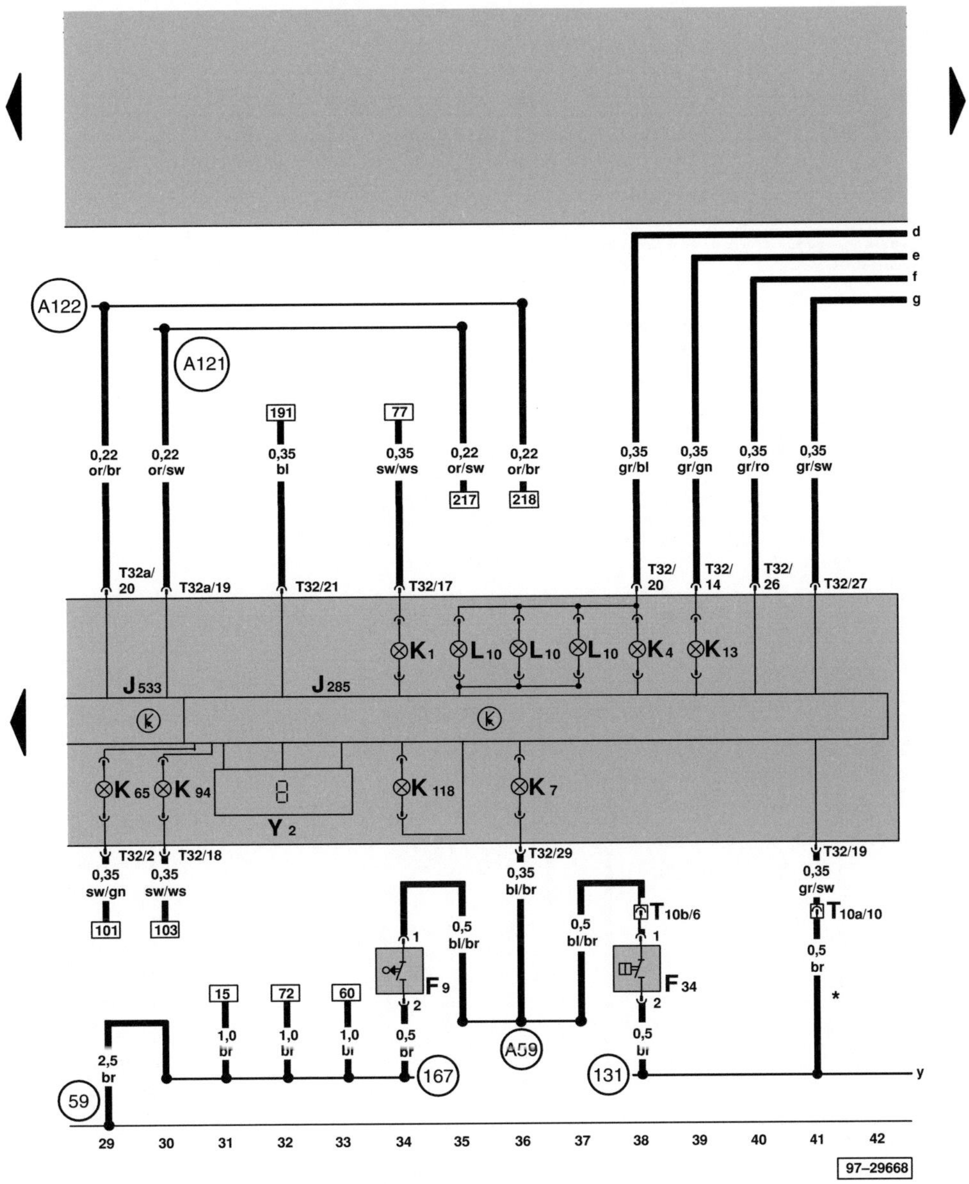

ws = weiß
sw = schwarz
ro = rot
br = braun
gn = grün
bl = blau
gr = grau
li = lila
ge = gelb
or = orange

F9 – Schalter für Handbremskontrolle
F34 – Warnkontakt für Bremsflüssigkeitsstand
J285 – Steuergerät mit Anzeigeeinheit im Schalttafeleinsatz
J533 – Steuergerät für Diagnose-Interface, für Datenbus
K1 – Kontrollampe für Fernlicht
K4 – Kontrollampe für Standlicht
K7 – Kontrollampe für Zweikreis- u. Handbremsanlage
K13 – Kontrollampe für Nebelschlußleuchte
K65 – Kontrollampe für Blinker links
K94 – Kontrollampe für Blinker rechts
K118 – Kontrollampe für Bremsanlage
L10 – Lampe für Beleuchtung Schalttafeleinsatz
T10a – Steckverbindung, 10-fach, Nähe Relaisstation
T10b – Steckverbindung, 10-fach, Nähe Relaisstation
T32 – Steckverbindung, 32-fach, blau
T32a – Steckverbindung, 32-fach, grün
Y2 – Digitaluhr
(59) – Massepunkt, Nähe Schlußleuchte links
(131) – Masseverbindung –2–, im Leitungsstrang Motorraum
(167) – Masseverbindung –4– im Leitungsstrang Motorraum
(A59) – Verbindung (Geber), im Armaturenleitungsstrang
(A121) – Verbindung (High-Bus), im Schalttafelleitungsstrang
(A122) – Verbindung (Low-Bus), im Schalttafelleitungsstrang
* – Nicht bei ABS

Lichtschalter, Regler für Schalter- und Instrumentenbeleuchtung

28/5
10.99

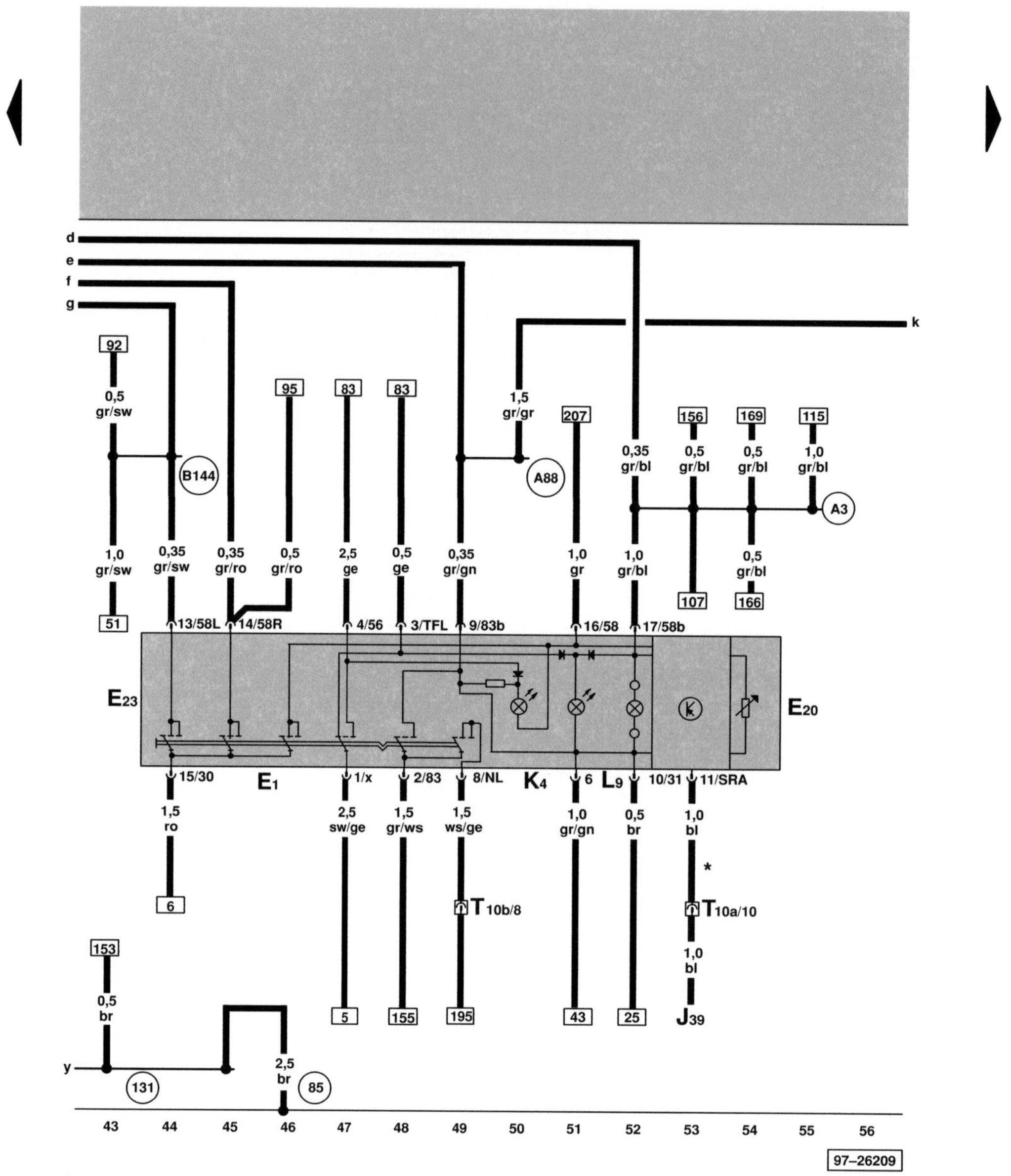

ws = weiß
sw = schwarz
ro = rot
br = braun
gn = grün
bl = blau
gr = grau
li = lila
ge = gelb
or = orange

E1 – Lichtschalter
E20 – Regler für Schalter- und Instrumentenbeleuchtung
E23 – Schalter für Nebelscheinwerfer und Nebelschlußleuchte
J39 – Relais für Scheinwerfer-Reinigungsanlage
K4 – Kontrollampe für Standlicht
L9 – Lampe für Beleuchtung Lichtschalter
T10a – Steckverbindung, 10-fach, grün, Nähe Relaisstation
T10b – Steckverbindung, 10-fach, schwarz, Nähe Relaisstation
(85) – Masseverbindung –1–, im Leitungsstrang Motorraum
(131) – Masseverbindung –2–, im Leitungsstrang Motorraum
(A3) – Plusverbindung (58) im Schalttafelleitungsstrang
(A88) – Verbindung (NSL) im Schalttafelleitungsstrang
(B1) – Verbindung (56b), im Leitungsstrang Lenkstockschalter
(B144) – Plusverbindung (58l), im Leitungsstrang Innenraum
* – Nur Fahrzeuge mit Scheinwerfer-Reinigungsanlage

Schlußlicht links, Bremslicht links, Nebelschlußleuchte, beheizbare Heckscheibe

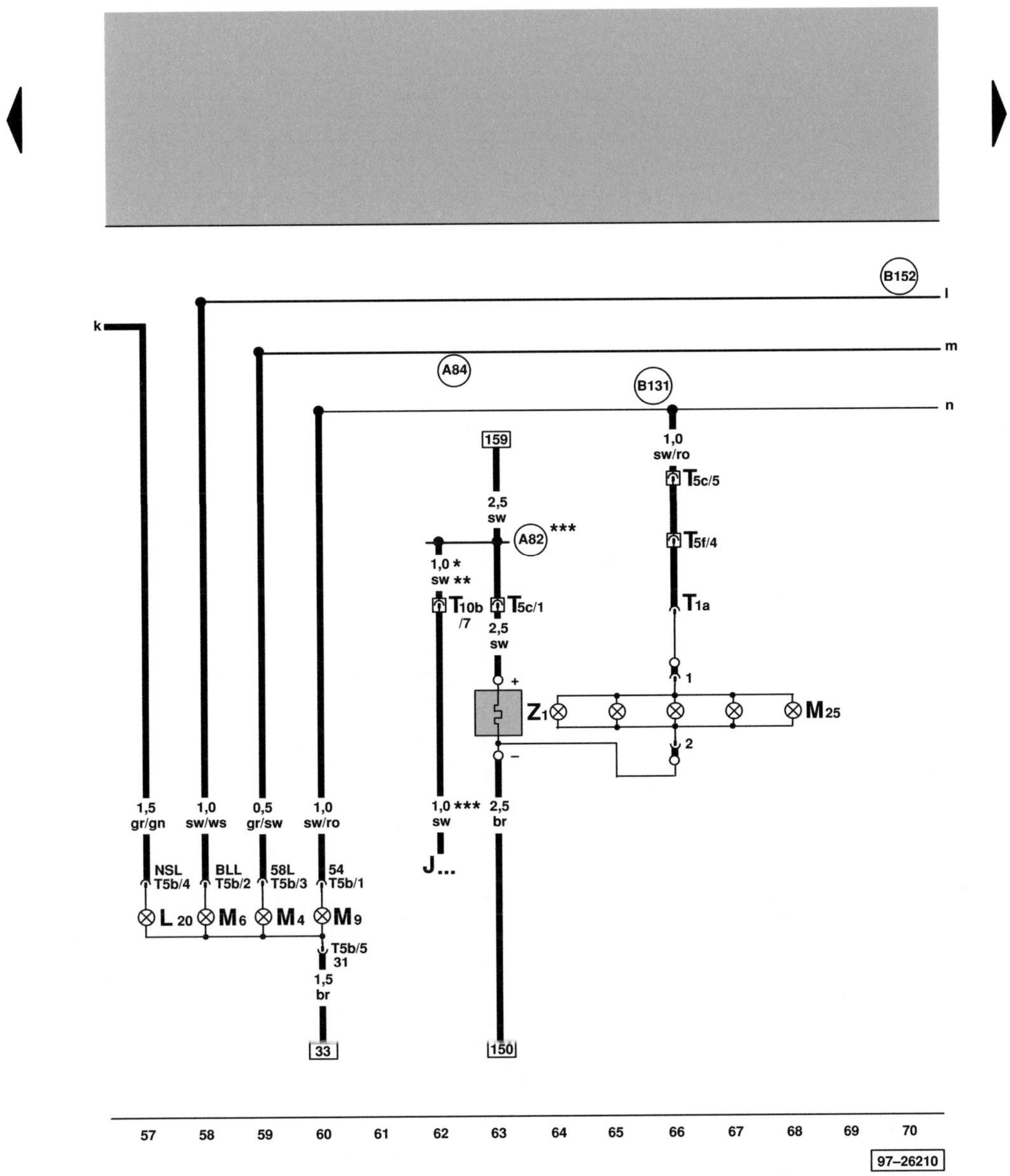

ws = weiß
sw = schwarz
ro = rot
br = braun
gn = grün
bl = blau
gr = grau
li = lila
ge = gelb
or = orange

J . . . – Steuergeräte für Einspritzanlagen
L20 – Lampe für Nebelschlußleuchte
M4 – Lampe für Schlußlicht links
M6 – Lampe für Blinklicht hinten links
M9 – Lampe für Bremslicht links
M25 – Lampe für hochgesetztes Bremslicht
T1a – Steckverbindung, 1-fach, schwarz, in der Heckklappe
T5b – Steckverbindung, 5-fach, schwarz, an Schlußleuchte links
T5c – Steckverbindung, 5-fach, schwarz, im Leitungsstrang Heckklappe-Zuführung
T5f – Steckverbindung, 5-fach, schwarz, in der Heckklappe
T10b – Steckverbindung, 10-fach, schwarz, Nähe Relaisstation
Z1 – beheizbare Heckscheibe

(A82) – Verbindung (Scheibenheizung), im Schalttafelleitungsstrang
(A84) – Verbindung (58L), im Schalttafelleitungsstrang
(B131) – Verbindung (54), im Leitungsstrang Innenraum
(B152) – Verbindung (BL), im Leitungsstrang Innenraum
* – nicht bei allen Ausstattungen
** – nicht bei Automatikgetriebe
*** – nur bei Benzinmotor

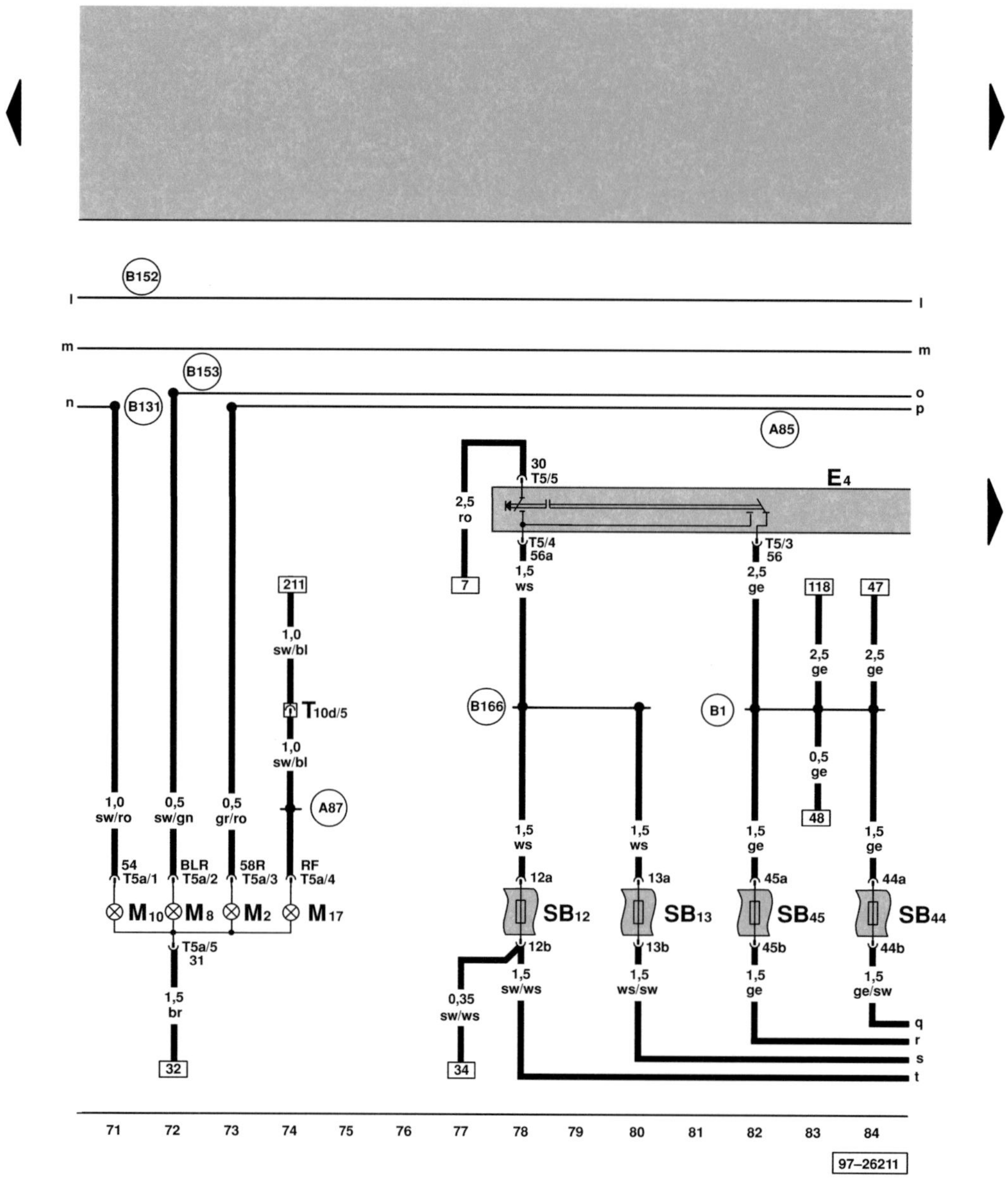

ws = weiß
sw = schwarz
ro = rot
br = braun
gn = grün
bl = blau
gr = grau
li = lila
ge = gelb
or = orange

E4 – Schalter für Handabblendung und Lichthupe
M2 – Lampe für Schlußlicht rechts
M8 – Lampe für Blinklicht hinten rechts
M10 – Lampe für Bremslicht rechts
M17 – Lampe für Rückfahrlicht rechts
SB12 – Sicherung –12– im Sicherungshalter
SB13 – Sicherung –13– im Sicherungshalter
SB44 – Sicherung –44– im Sicherungshalter
SB45 – Sicherung –45– im Sicherungshalter
T5 – Steckverbindung, 5-fach, schwarz, hinter Verkleidung für Lenkstockschalter
T5a – Steckverbindung, 5-fach, schwarz, an Schlußleuchte rechts
T10d – Steckverbindung, 10-fach, rot, Nähe Relaisstation
(A85) – Verbindung (58R), im Schalttafelleitungsstrang
(A84) – Verbindung (58L), im Schalttafelleitungsstrang
(A87) – Verbindung (RF), im Schalttafelleitungsstrang
(B1) – Verbindung (56b), im Leitungsstrang Lenkstockschalter
(B131) – Verbindung (54), im Leitungsstrang Innenraum
(B152) – Verbindung (BL), im Leitungsstrang Innenraum
(B153) – Verbindung (BR), im Leitungsstrang Innenraum
(B166) – Verbindung (56a), im Leitungsstrang Innenraum

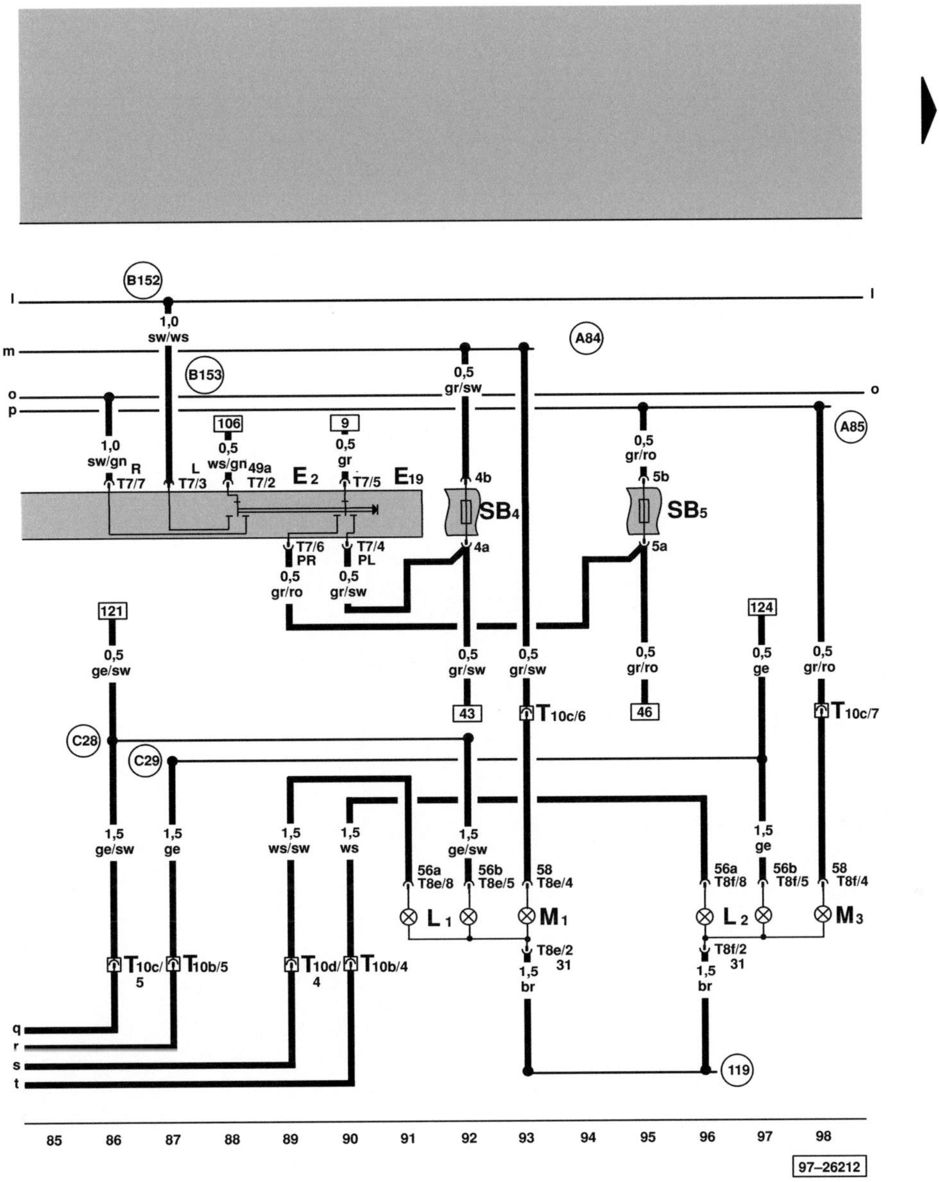

ws = weiß
sw = schwarz
ro = rot
br = braun
gn = grün
bl = blau
gr = grau
li = lila
ge = gelb
or = orange

E2 – Blinkerschalter
E19 – Schalter für Parklicht
L1 – Zweifadenlampe für Scheinwerfer links
L2 – Zweifadenlampe für Scheinwerfer rechts
M1 – Lampe für Standlicht links
M3 – Lampe für Standlicht rechts
SB4 – Sicherung –4– im Sicherungshalter
SB5 – Sicherung –5– im Sicherungshalter
T7 – Steckverbindung, 7-fach, schwarz, hinter Verkleidung für Lenkstockschalter
T8e – Steckverbindung, 8-fach, schwarz, Nähe Scheinwerfer links
T8f – Steckverbindung, 8-fach, schwarz, Nähe Scheinwerfer rechts
T10b – Steckverbindung, 10-fach, schwarz, Nähe Relaisstat.
T10c – Steckverbindung, 10-fach, blau
T10d – Steckverbindung, 10-fach, rot
(119) – Masseverbindung –1–, im Leitungsstr. Scheinwerfer
(A84) – Verbindung (58L), im Schalttafelleitungsstrang
(A85) – Verbindung (58R), im Schalttafelleitungsstrang
(B152) – Verbindung (BL), im Leitungsstrang Innenraum
(B153) – Verbindung (BR), im Leitungsstrang Innenraum
(C28) – Verbindung –1– (56b), im Leitungsstr. Scheinwerfer
(C29) – Verbindung –2– (56b), im Leitungsstr. Scheinwerfer

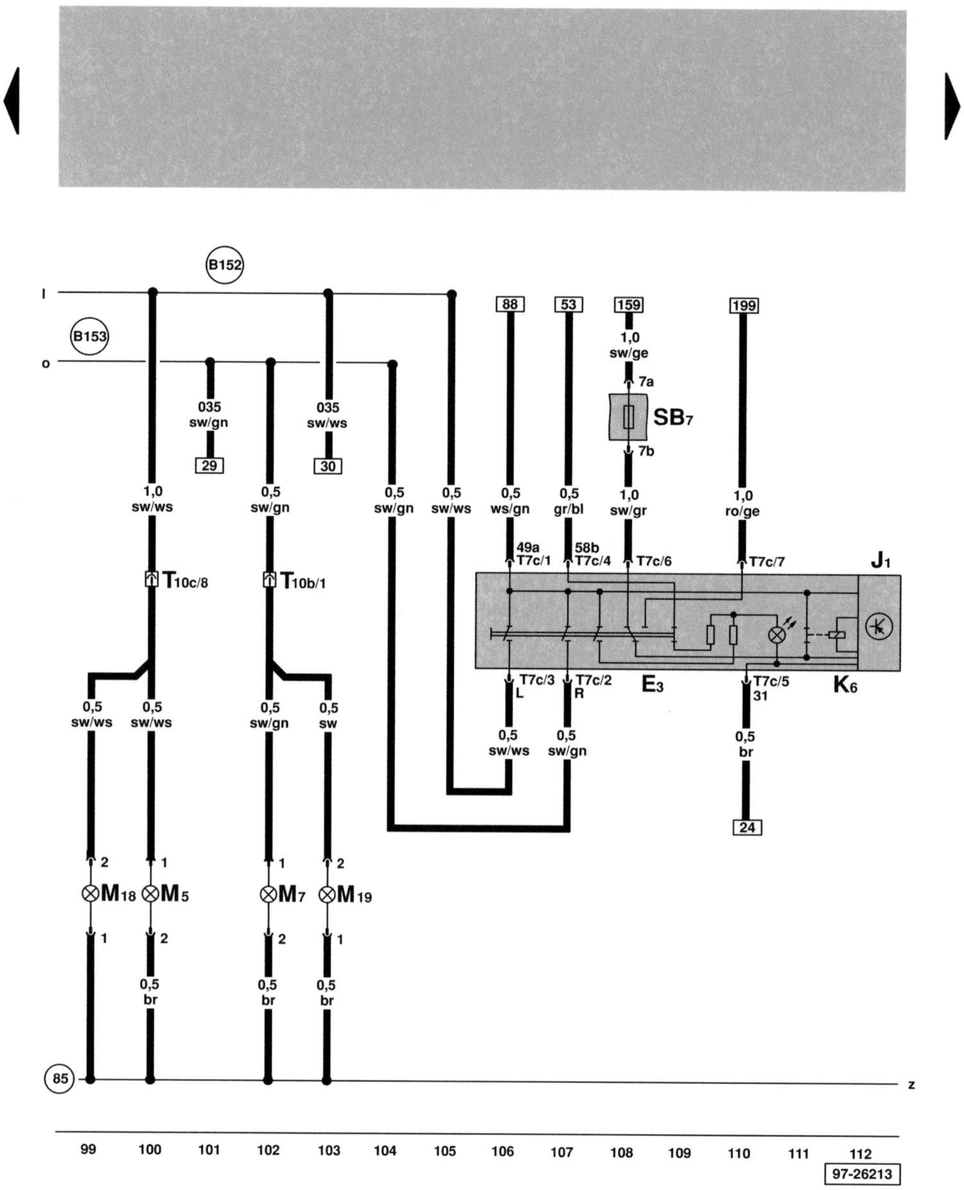

ws = weiß
sw = schwarz
ro = rot
br = braun
gn = grün
bl = blau
gr = grau
li = lila
ge = gelb
or = orange

E3 – Warnlichtschalter
J1 – Blinkrelais
K6 – Kontrollampe für Warnblinkanlage
M5 – Lampe für Blinklicht vorn links
M7 – Lampe für Blinklicht vorn rechts
M18 – Lampe für Seitenblinkleuchte links
M19 – Lampe für Seitenblinkleuchte rechts
SB7 – Sicherung –7– im Sicherungshalter
T7c – Steckverbindung, 7-fach
T10b – Steckverbindung, 10-fach, schwarz, Kupplungsstation unter dem Relaisträger
T10c – Steckverbindung, 10-fach, blau, Kupplungsstation unter dem Relaisträger
(85) – Masseverbindung –1–, im Leitungsstrang Motorraum

(B152) – Verbindung (BL), im Leitungsstrang Innenraum
(B153) – Verbindung (BR), im Leitungsstrang Innenraum

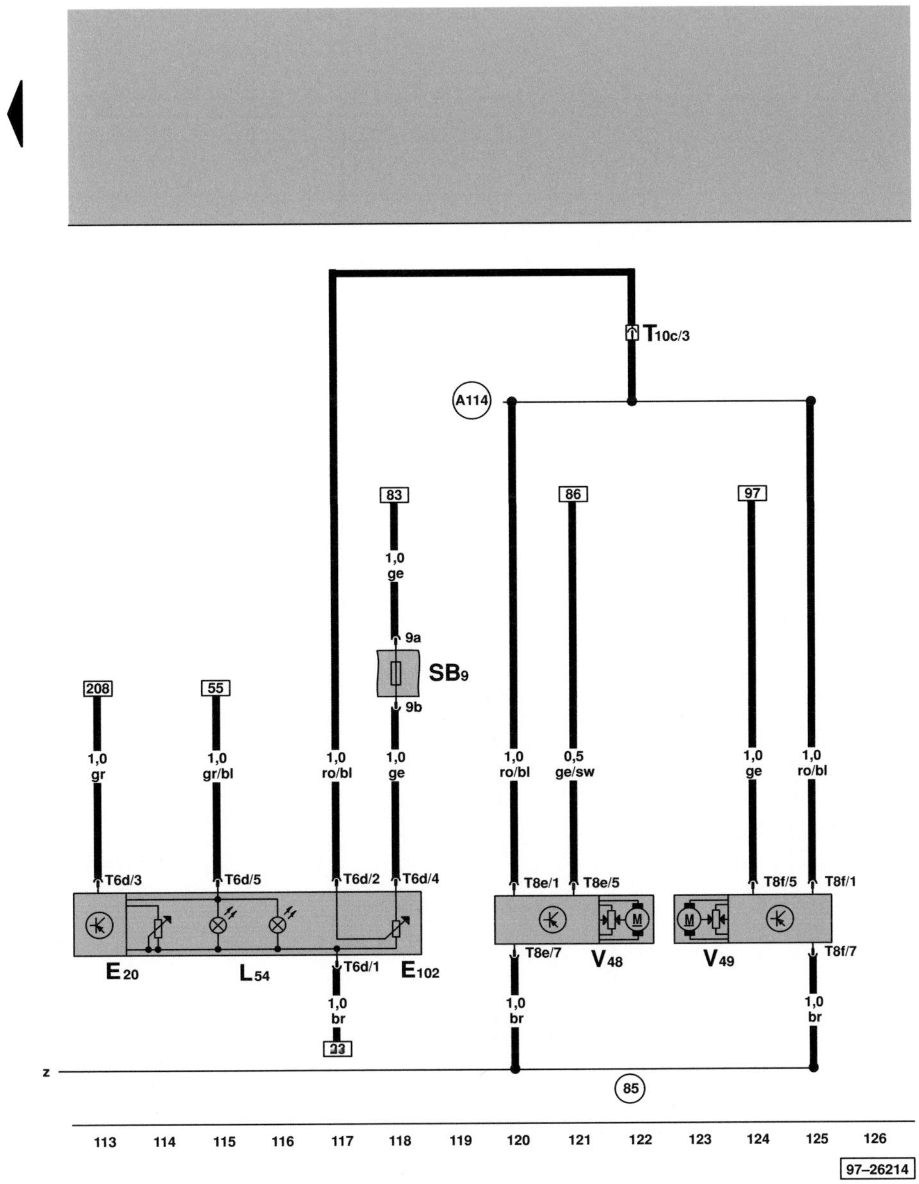

ws = weiß
sw = schwarz
ro = rot
br = braun
gn = grün
bl = blau
gr = grau
li = lila
ge = gelb
or = orange

E20 – Regler für Schalter- und Instrumentenbeleuchtung *
E102 – Einsteller für Leuchtweitenregelung *
L54 – Lampe für Beleuchtung/Einsteller Leuchtweitenregelung
SB9 – Sicherung –9– im Sicherungshalter
T6 – Steckverbindung, 6-fach
T8e – Steckverbindung, 8-fach, schwarz, Nähe Scheinwerfer links
T8f – Steckverbindung, 8-fach, schwarz, Nähe Scheinwerfer rechts
T10c – Steckverbindung, 10-fach, blau, Nähe Relaisstation
V48 – Stellmotor links für Leuchtweitenregelung *
V49 – Stellmotor rechts für Leuchtweitenregelung *
(85) – Masseverbindung –1–, im Leitungsstrang Motorraum

(A114) – Verbindung (Leuchtweitenregulierung), im Schalttafelleitungsstrang

* – Nicht bei Gasentladungsscheinwerfer (Xenonlicht)

Scheibenwischerschalter für Intervallbetrieb, Scheibenwischermotor, Front- und Heckscheibenwaschpumpe, Relais für Wasch-Wisch-Intervallbetrieb, Signalhorn

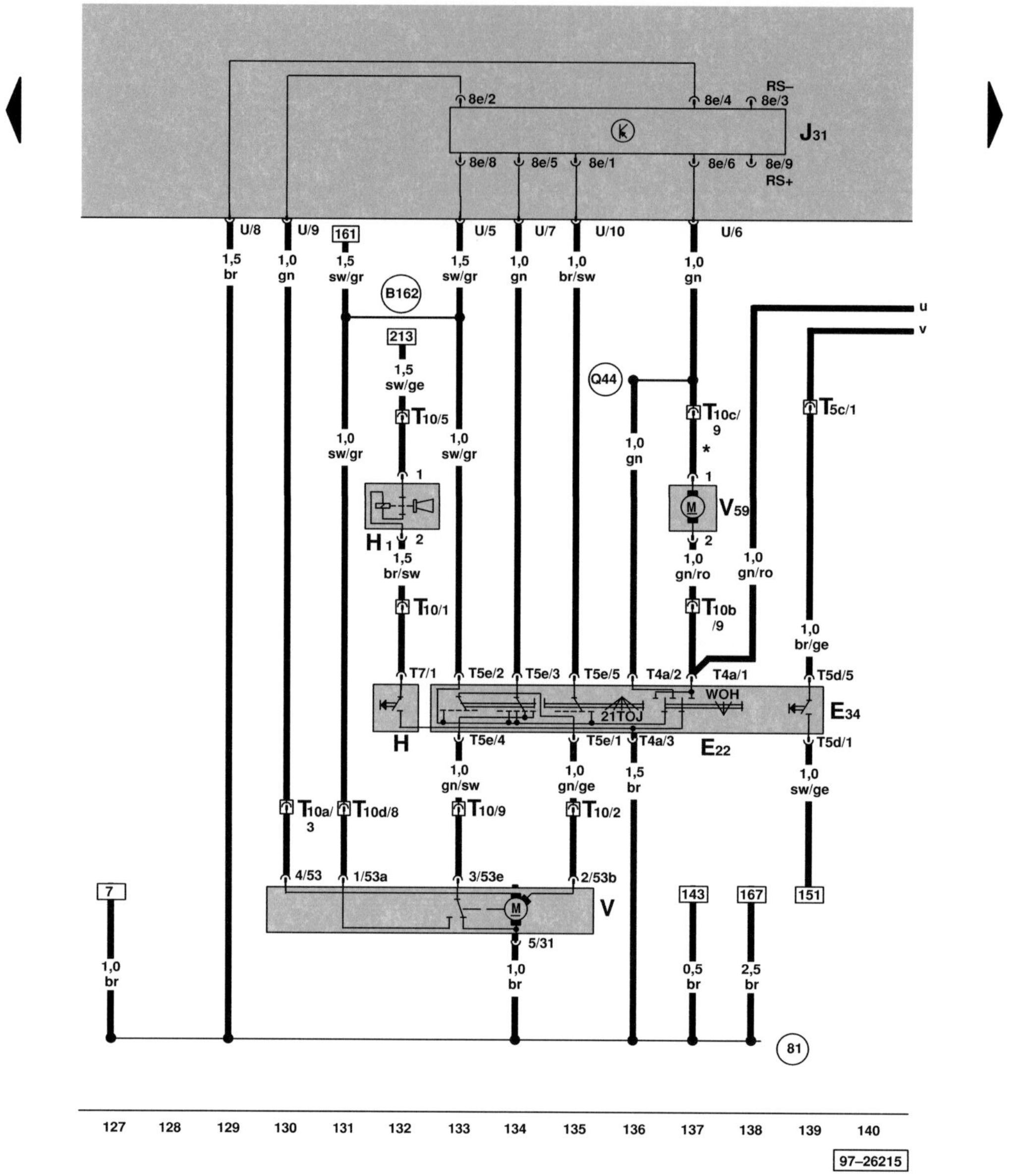

ws = weiß
sw = schwarz
ro = rot
br = braun
gn = grün
bl = blau
gr = grau
li = lila
ge = gelb
or = orange

- E22 – Scheibenwischerschalter für Intervallbetrieb
- E34 – Schalter für Heckscheibenwischer
- H – Signalhornbetätigung
- H1 – Signalhorn
- J31 – Relais für Wasch-Wisch-Intervallautomatik
- T4a – Steckverbindung, 4-fach, schwarz, hinter Verkleidung für Lenkstockschalter
- T5c – Steckverbindung, 5-fach, schwarz, im Leitungsstrang Heckklappe – Zuführung
- T5e – Steckverbindung, 5-fach, schwarz, hinter Verkleidung für Lenkstockschalter
- T7 – Steckverbindung, 7-fach, schwarz, hinter Verkleidung für Lenkstockschalter
- T10 – Steckverbindung, 10-fach, weiß, Nähe Relaisstation
- T10a – Steckverbindung, 10-fach, grün, Nähe Relaisstation
- T10b – Steckverbindung, 10-fach, schwarz, Nähe Relaisstation
- T10c – Steckverbindung, 10-fach, blau, Nähe Relaisstation
- T10d – Steckverbindung, 10-fach, rot
- V – Scheibenwischermotor
- V59 – Front- und Heckscheibenwaschpumpe
- (81) – Masseverbindung, –1– im Schalttafelleitungsstrang
- (B162) – Verbindung (75a), im Leitungsstrang Innenraum
- (Q44) – Verbindung –2–, im Leitungsstrang Heckklappe
- * – Nicht bei Scheinwerfer-Reinigungsanlage

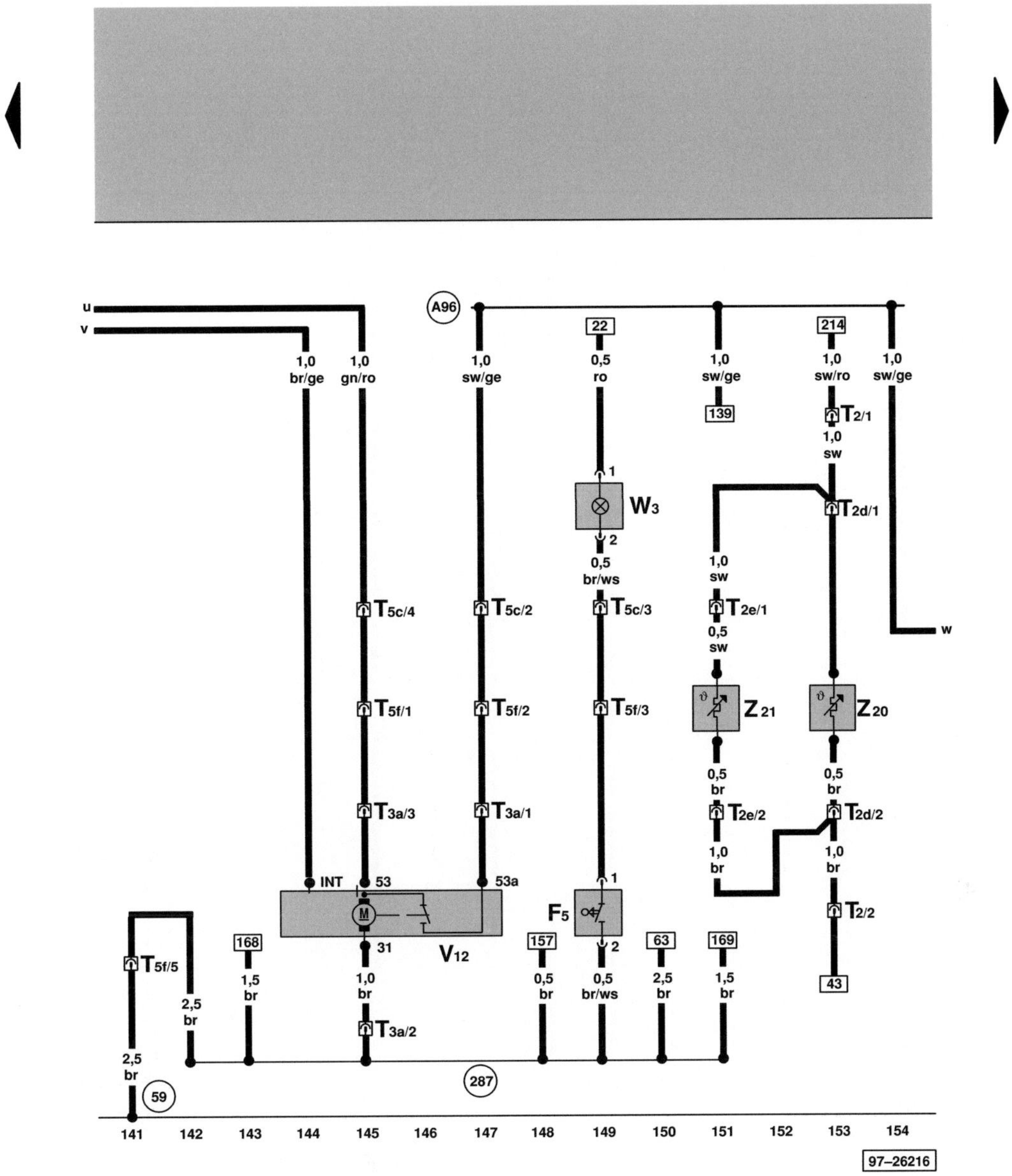

ws = weiß
sw = schwarz
ro = rot
br = braun
gn = grün
bl = blau
gr = grau
li = lila
ge = gelb
or = orange

F5 – Schalter für Kofferraumbeleuchtung
J30 – Relais für Heckscheibenwischer und -wascher
T1c – Steckverbindung, 1-fach, schwarz, im Relais für Heckscheibenwischer und -wascher
T2 – Steckverbindung, 2-fach, schwarz, im Wasserkasten links
T2d – Steckverbindung, 2-fach, schwarz, an der Motorraumklappe links
T2e – Steckverbindung, 2-fach, schwarz, an der Motorraumklappe rechts
T3a – Steckverbindung, 3-fach, schwarz, in der Heckklappe, Nähe Wischermotor
T5c – Steckverbindung, 5-fach, schwarz, im Leitungsstrang Heckklappe – Zuführung
T5f – Steckverbindung, 5-fach, schwarz, in der Heckklappe

V12 – Motor für Heckscheibenwischer
W3 – Kofferraumleuchte
Z20 – Heizwiderstand für Spritzdüse links
Z21 – Heizwiderstand für Spritzdüse rechts
(59) – Massepunkt, Nähe Schlußleuchte links
(287) – Masseverbindung, im Leitungsstrang für Heckklappen-Zuführung
(A96) – Verbindung (53a), im Schalttafelleitungsstrang

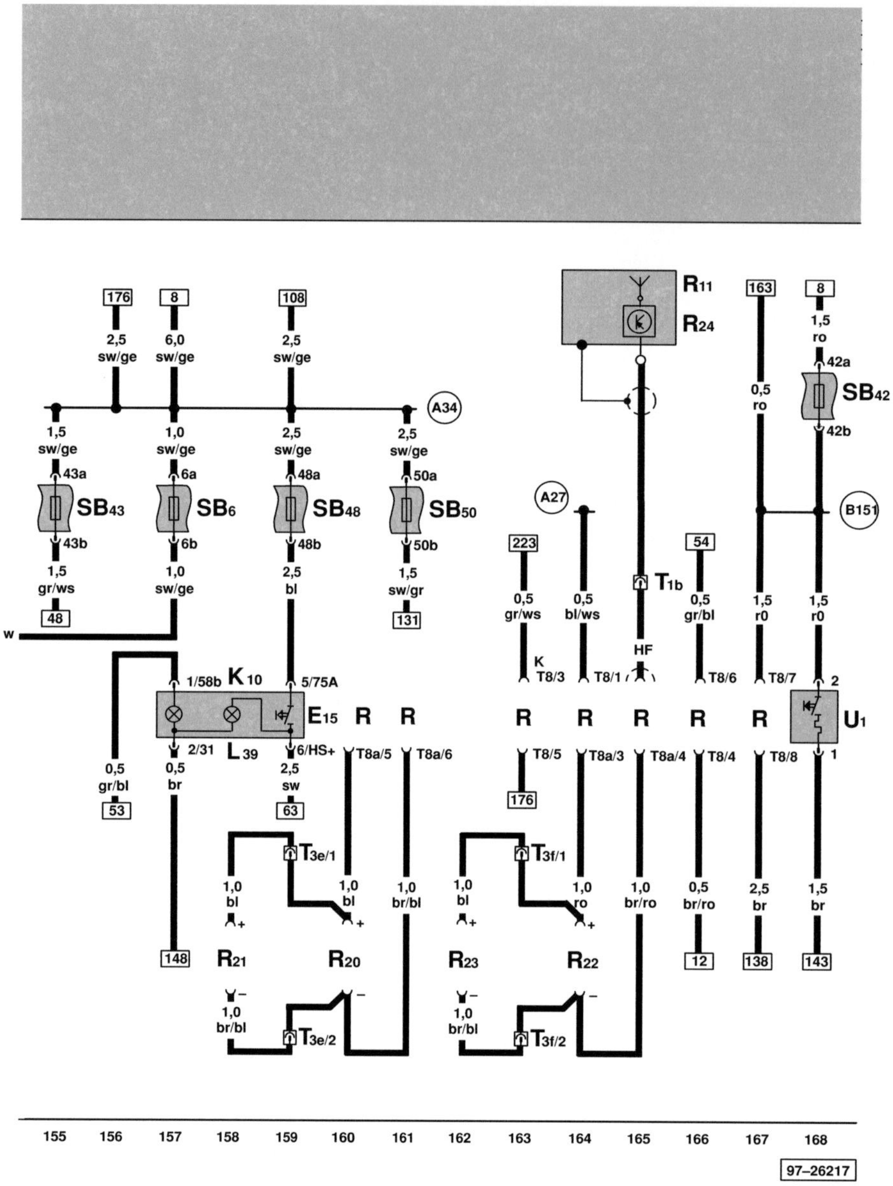

ws = weiß
sw = schwarz
ro = rot
br = braun
gn = grün
bl = blau
gr = grau
li = lila
ge = gelb
or = orange

E15 – Schalter für beheizbare Heckscheibe
K10 – Kontrollampe für beheizbare Heckscheibe
L39 – Lampe für Schalterbeleuchtung heizbare Heckscheibe
R – Radio
R11 – Antenne
R20 – Hochtonlautsprecher vorn links
R21 – Tieftonlautsprecher vorn links
R22 – Hochtonlautsprecher vorn rechts
R23 – Tieftonlautsprecher vorn rechts
R24 – Antennenverstärker
SB6 – Sicherung –6– im Sicherungshalter
SB42 – Sicherung –42– im Sicherungshalter
SB43 – Sicherung –43– im Sicherungshalter
SB48 – Sicherung –48– im Sicherungshalter
SB50 – Sicherung –50– im Sicherungshalter

T1b – Steckverbindung, 1-fach, schwarz, an der A-Säule links unten
T3e – Steckverbindung, 3-fach, schwarz, an der A-Säule links unten
T3f – Steckverbindung, 3-fach, schwarz, an der A-Säule rechts unten
T8 – Steckverbindung, 8-fach, schwarz, am Radio
T8a – Steckverbindung, 8-fach, braun, am Radio
U1 – Zigarrenanzünder
(A27) – Verbindung (Geschwindigkeitssignal), im Schalttafelleitungsstrang
(A34) – Verbindung (75X), im Schalttafelleitungsstrang
(B151) – Plusverbindung –3– (30a), im Leitungsstrang Innenraum

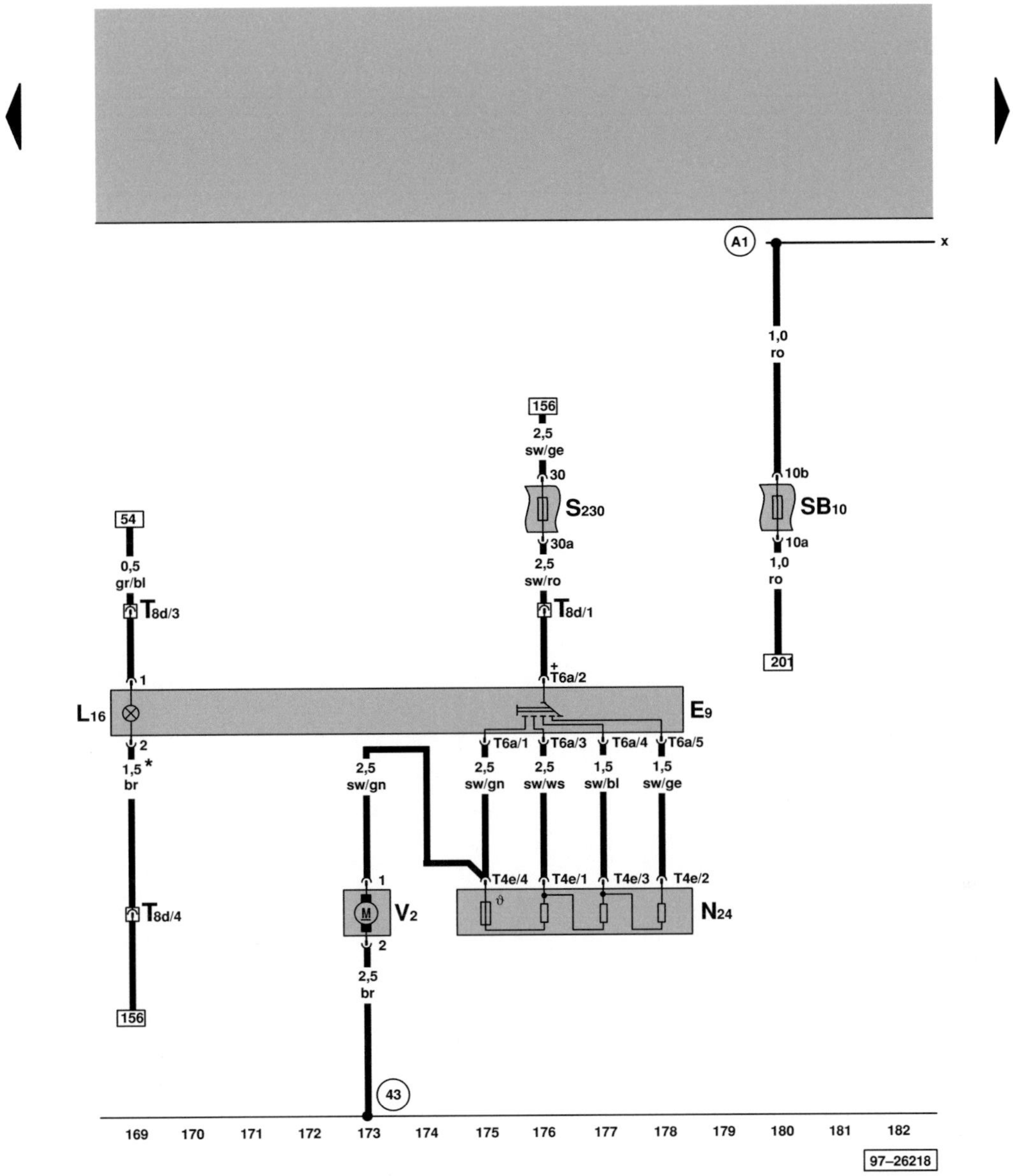

ws = weiß
sw = schwarz
ro = rot
br = braun
gn = grün
bl = blau
gr = grau
ll = lila
ge = gelb
or = orange

E9 – Schalter für Frischluftgebläse
L16 – Lampe für Beleuchtung Frischluftregulierung
N24 – Vorwiderstand für Frischluftgebläse mit Überhitzungssicherung
SB10 – Sicherung –10– im Sicherungshalter
S230 – Sicherung im Sicherungshalter
T4e – Steckverbindung, 4-fach, schwarz, am Vorwiderstand für Frischluftgebläse
T6a – Steckverbindung, 6-fach, schwarz, am Schalter für Frischluftgebläse
T8d – Steckverbindung, 8-fach, schwarz, hinter der Schalttafel
V2 – Frischluftgebläse

(43) – Massepunkt, Säule A, rechts unten
(A1) – Plusverbindung (30a), im Schalttafelleitungsstrang

Innenleuchte, Türkontaktschalter, Nebelscheinwerfer

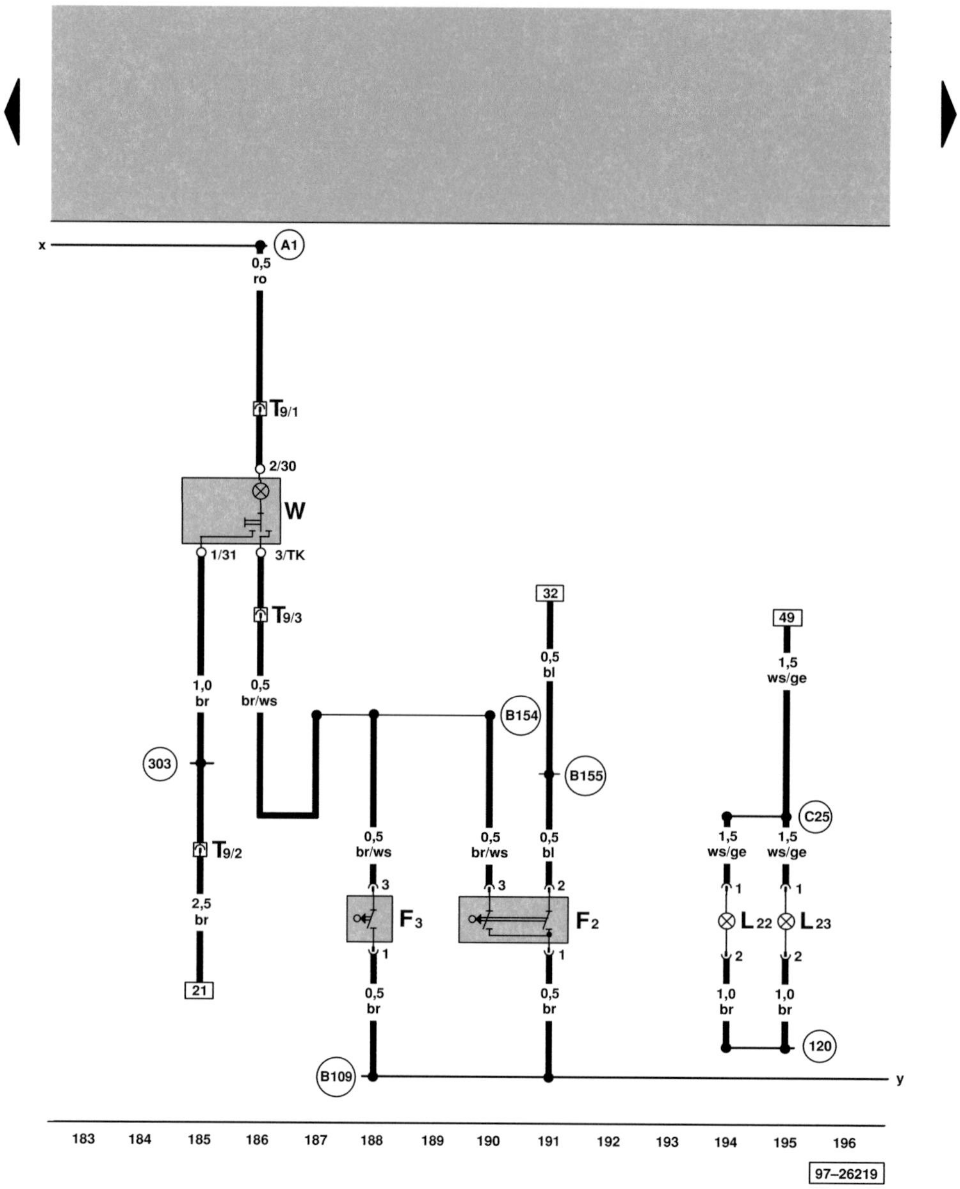

ws = weiß
sw = schwarz
ro = rot
br = braun
gn = grün
bl = blau
gr = grau
li = lila
ge = gelb
or = orange

F2 – Türkontaktschalter-Fahrerseite
F3 – Türkontaktschalter-Beifahrerseite
L22 – Lampe für Nebelscheinwerfer links
L23 – Lampe für Nebelscheinwerfer rechts
T9 – Steckverbindung, 9-fach, im Leitungsstrang Innenleuchte
W – Innenleuchte vorn
(120) – Masseverbindung –2–, im Leitungsstrang Scheinwerfer
(303) – Masseverbindung für Regensensor/Spiegel, im Leitungsstrang Innenraum
(A1) – Plusverbindung, (30a) im Schalttafelleitungsstrang
(B109) – Masseverbindung, im Leitungsstrang Innenraum hinten links
(B154) – Verbindung –1– (TK), im Leitungsstrang Innenraum
(B155) – Verbindung –2– (TK), im Leitungsstrang Innenraum
(C25) – Verbindung (Nebelscheinwerfer), im Leitungsstrang Beleuchtung vorn

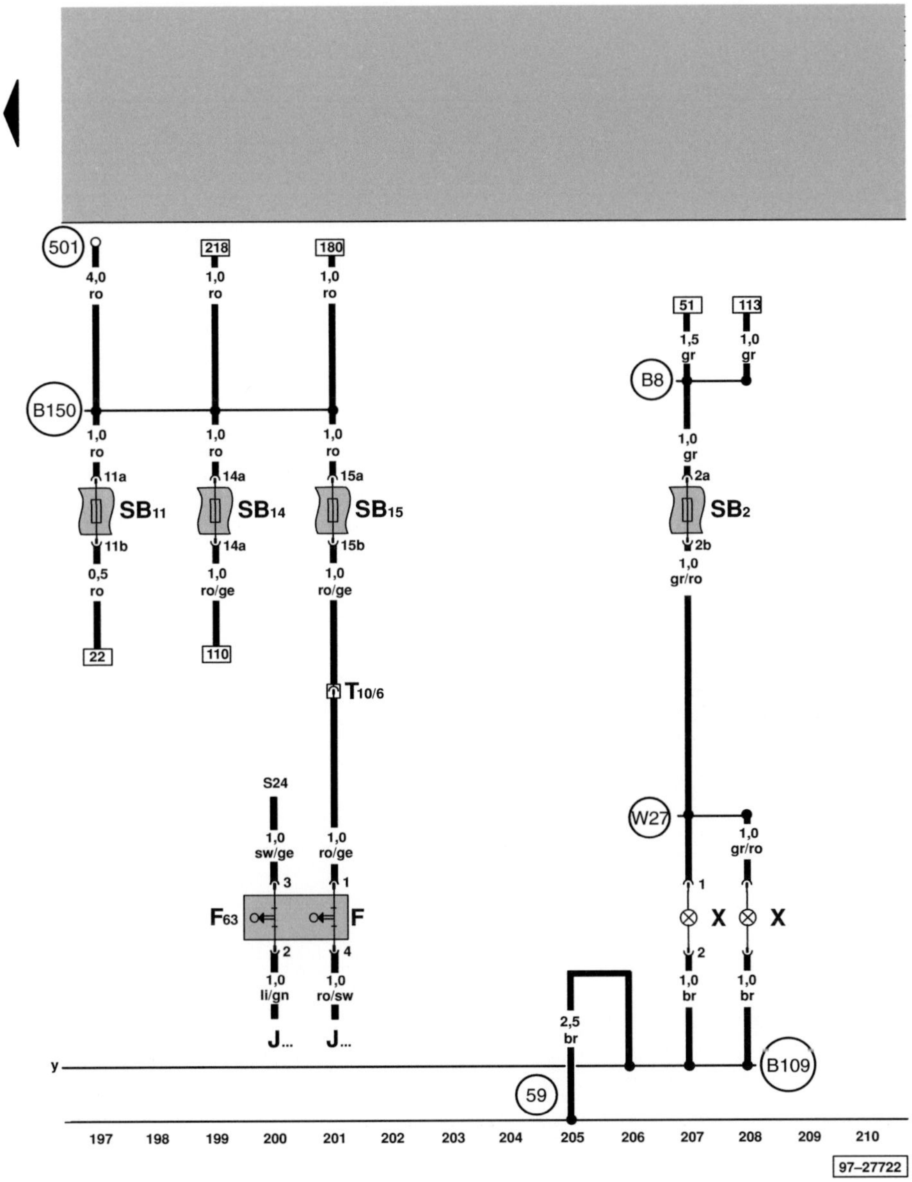

ws = weiß
sw = schwarz
ro = rot
br = braun
gn = grün
bl = blau
gr = grau
li = lila
ge = gelb
or = orange

F – Bremslichtschalter
F63 – Bremspedalschalter
SB2 – Sicherung –2– im Sicherungshalter/ Relaisplatte
SB11 – Sicherung –11– im Sicherungshalter/ / Relaisplatte
SB14 – Sicherung –14– im Sicherungshalter/ Relaisplatte
SB15 – Sicherung –15– im Sicherungshalter/ Relaisplatte
T10 – Steckverbindung, 10-fach, weiß, Nähe Relaisstation
X – Kennzeichenleuchte
(59) – Massepunkt, Nähe Schlußleuchte links
(501) – Schraubverbindung –2– (30), an der Relaisplatte
(B8) – Plusverbindung (58), im Leitungsstrang Lichtschalter
(B109) – Masseverbindung, im Leitungsstrang Innenraum hinten links
(B150) – Plusverbindung, –2– (30a) im Leitungsstrang Innenraum
(W27) – Plusverbindung (58), im Leitungsstrang Schlußleuchten

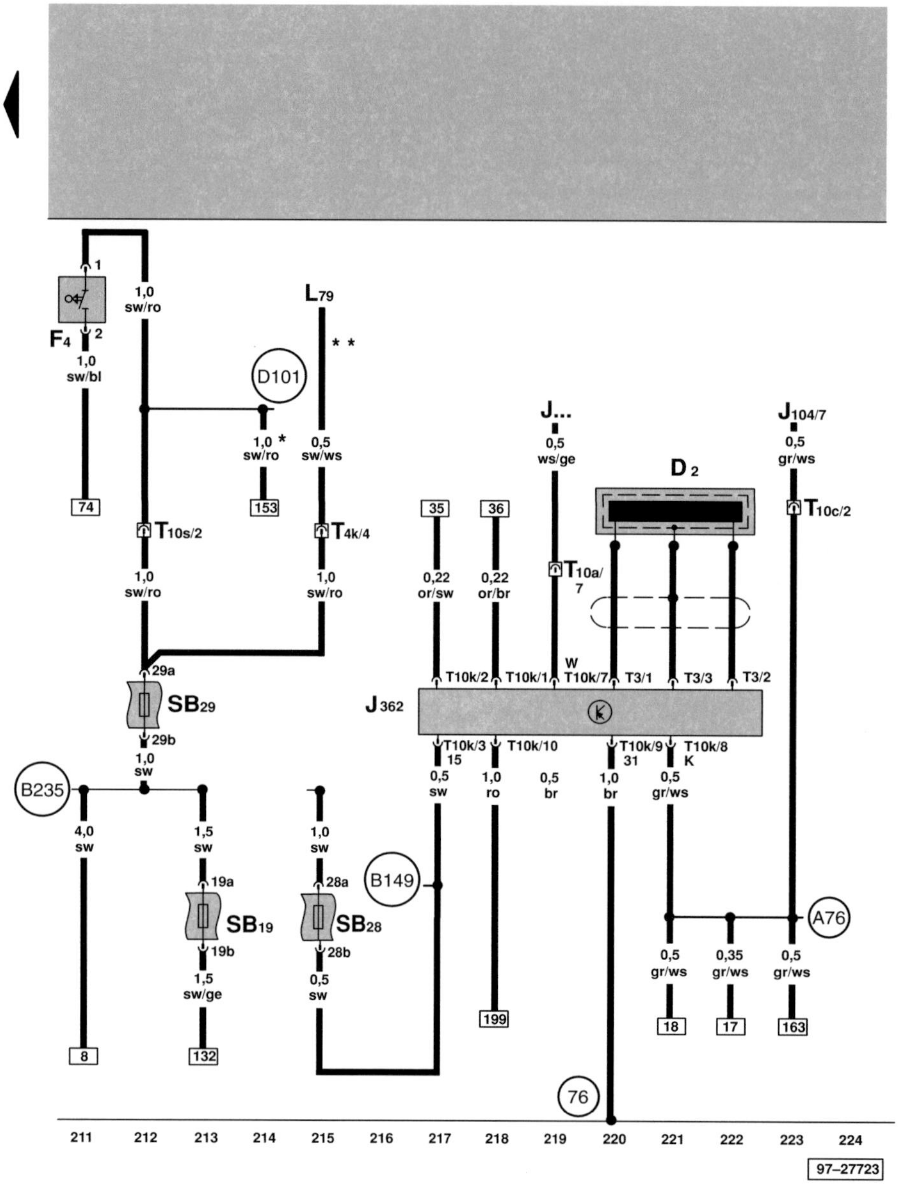

ws = weiß
sw = schwarz
ro = rot
br = braun
gn = grün
bl = blau
gr = grau
li = lila
ge = gelb
or = orange

D2 – Lesespule
F4 – Schalter für Rückfahrleuchten
L79 – Beleuchtung für Wählhebel
J. . . – Steuergeräte für Einspritzanlagen
J104 – Steuergerät für ABS, im Motorraum links
J362 – Steuergerät für Wegfahrsicherung, neben Lenksäule
SB19 – Sicherung –19– im Sicherungshalter/ Relaisplatte
SB28 – Sicherung –28– im Sicherungshalter/ Relaisplatte
Sb29 – Sicherung –29– im Sicherungshalter/ Relaisplatte
T4k – Steckverbindung, 4-fach, schwarz, Linkslenker
T10a – Steckverbindung, 10-fach, g Nähe Relaisstation
T10c – Steckverbindung, 10-fach, Nähe Relaisstation
T10k – Steckverbindung, 10-fach, schwarz, am Steuergerät für Wegfahrsicherung
T10s – Steckverbindung, 10-fach, Nähe Relaisstation

(76) – Massepunkt, Nähe Schaltbetätigung
(A76) – Verbindung (K-Diagnoseleitung), im Schaltafelleitungsstrang
(B135) – Verbindung (15a), im Leitungsstrang Innenraum
(B235) – Plusverbindung –4– (15a), im Leitungsstrang Innenraum
(B149) – Plusverbindung –2– (15a), im Leitungsstrang Innenraum
(D101) – Verbindung –1–, im Leitungsstrang Motorraum
* – Nur bei Benzinmotor
* * – Nur bei Automatik-Getriebe

Batterie, Zündanlaßschalter, Entlastungsrelais für X-Kontakt, Leitungsverteiler für Klemme 30

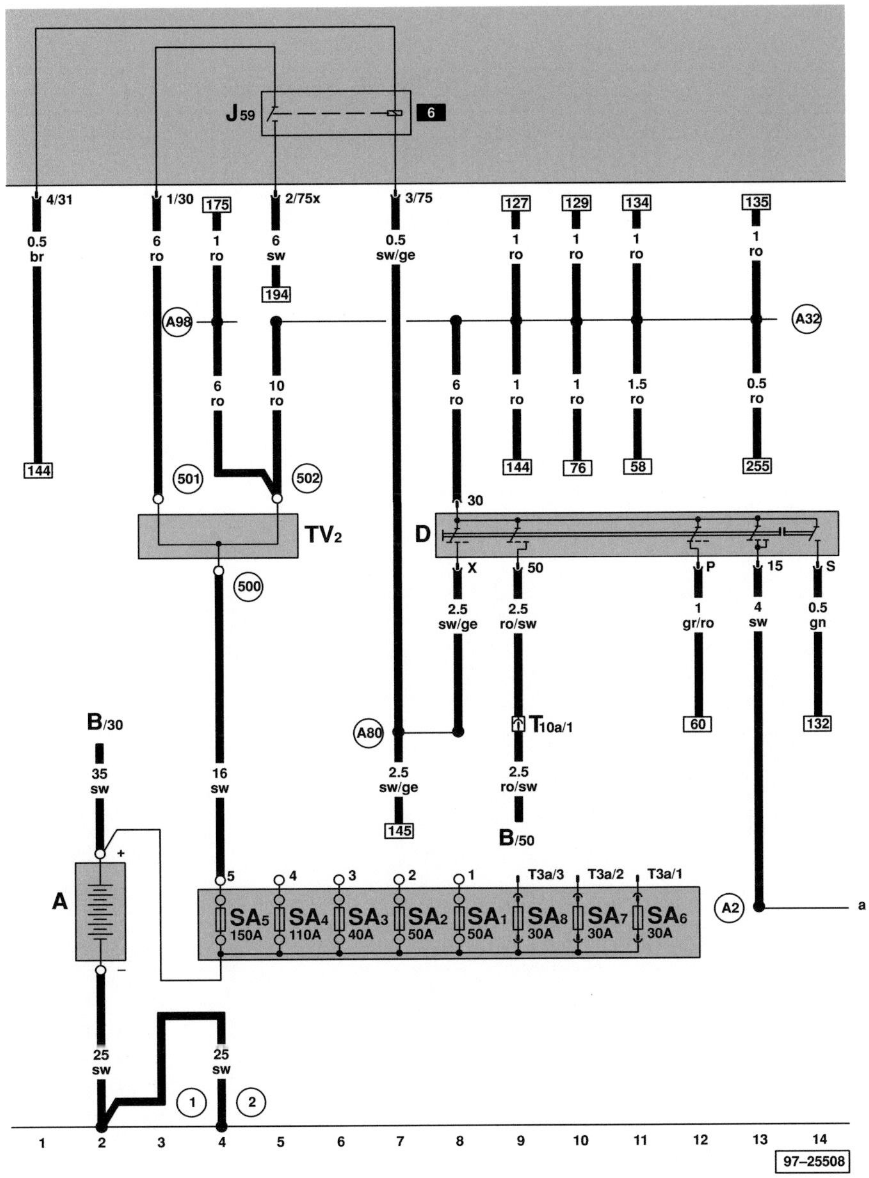

ws = weiß
sw = schwarz
ro = rot
br = braun
gn = grün
bl = blau
gr = grau
ll = lila
ge = gelb
or = orange

A – Batterie
B – Anlasser
D – Zündanlaßschalter
J59 – Entlastungsrelais für X-Kontakt
SA1 – Sicherung –1– auf Sicherungshalter/Batterie
SA2 – Sicherung –2– auf Sicherungshalter/Batterie
SA3 – Sicherung –3– auf Sicherungshalter/Batterie
SA4 – Sicherung –4– auf Sicherungshalter/Batterie
SA5 – Sicherung –5– auf Sicherungshalter/Batterie
SA6 – Sicherung –6– auf Sicherungshalter/Batterie
SA7 – Sicherung –7– auf Sicherungshalter/Batterie
SA8 – Sicherung –2– auf Sicherungshalter/Batterie
TV2 – Leitungsverteiler für Klemme 30
T3a – Steckverbindung, 3-fach, im Batterie
T10a – Steckverbindung, 10-fach, schwarz, im Schutzgehäuse für Steckverbindungen

(1) – Masseband, Batterie – Aufbau
(2) – Masseband, Getriebe – Aufbau
(500) – Schraubverbindung –1– (30), an der Relaisplatte
(501) – Schraubverbindung –2– (30), an der Relaisplatte
(502) – Schraubverbindung –1– (30a), an der Relaisplatte
(A2) – Plusverbindung (15) im Schalttafelleitungsstrang
(A32) – Plusverbindung (30), im Schalttafelleitungsstrang
(A80) – Verbindung –1– (X), im Schalttafelleitungsstrang
(A98) – Plusverbindung –4– (30), im Schalttafelleitungsstrang

Steuergerät mit Anzeigeeinheit im Schalttafeleinsatz, Gurtschalter Fahrerseite, Warnsummer für eingeschaltetes Licht, Kontrollampe für Generator, Kontrollampe für Sicherheitsgurt-Warnsystem

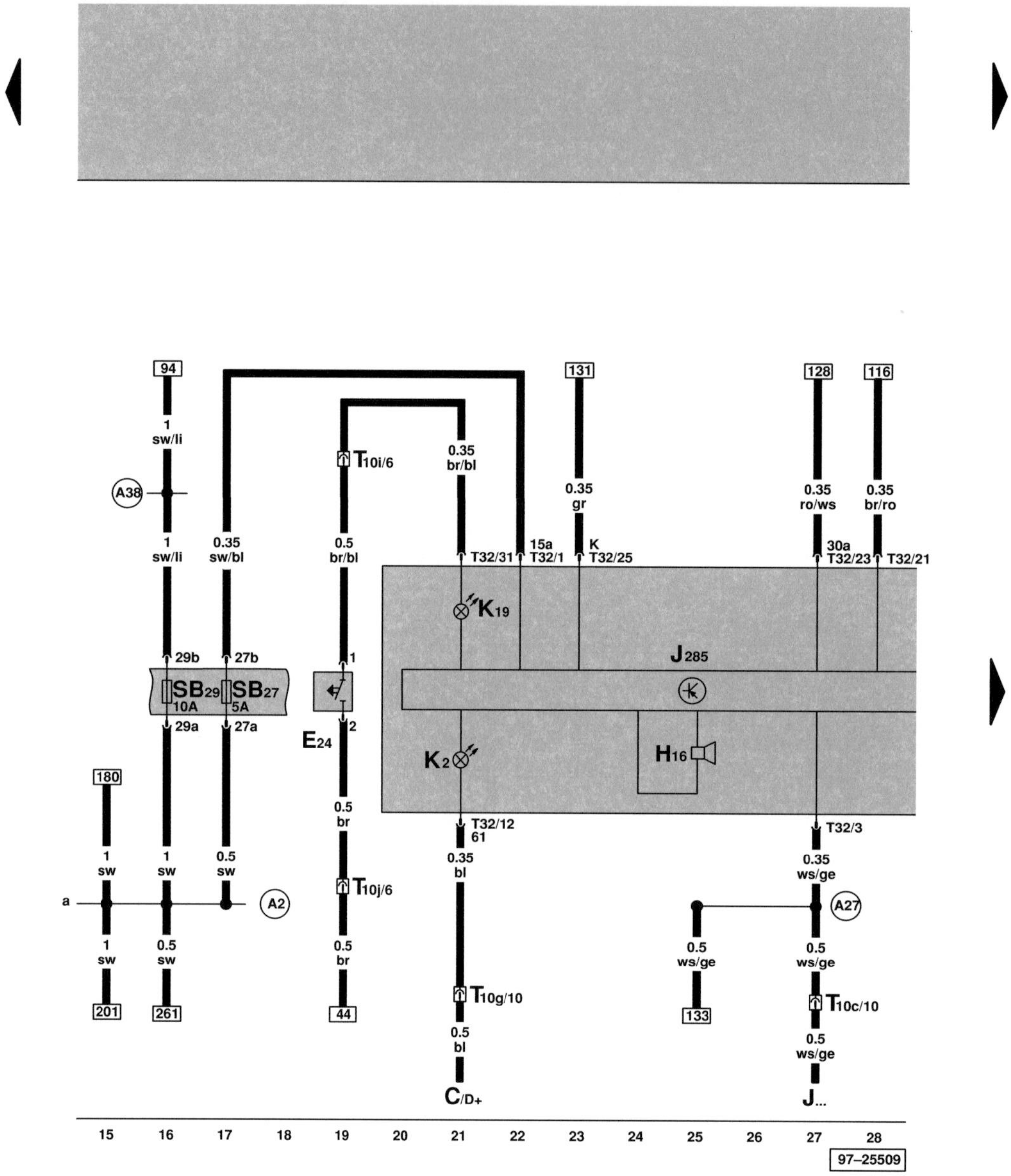

ws = weiß
sw = schwarz
ro = rot
br = braun
gn = grün
bl = blau
gr = grau
li = lila
ge = gelb
or = orange

C – Drehstromgenerator
E24 – Gurtschalter Fahrerseite
H16 – Warnsummer für eingeschaltetes Licht
J... – Motorsteuergeräte
J285 – Steuergerät mit Anzeigeeinheit im Schalttafeleinsatz
K2 – Kontrollampe für Generator
K19 – Kontrollampe für Sicherheitsgurt- Warnsystem
SB27 – Sicherung –27– auf Sicherungshalter
SB29 – Sicherung –29– auf Sicherungshalter
T10c – Steckverbindung, 10-fach, braun, im Schutzgehäuse für Steckverbindungen
T10g – Steckverbindung, 10-fach, rot, im Schutzgehäuse für Steckverbindungen
T10i – Steckverbindung, 10-fach, orange, im Schutzgehäuse für Steckverbindungen
T10j – Steckverbindung, 10-fach, grau, im Schutzgehäuse für Steckverbindungen
T32 – Steckverbindung, 32-fach, blau
(A2) – Plusverbindung (15) im Schalttafelleitungsstrang
(A27) – Verbindung (Geschwindigkeitssignal), im Schalttafelleitungsstrang
(A38) – Plusverbindung –2– (15a), im Schalttafelleitungsstrang

Steuergerät mit Anzeigeeinheit im Schalttafeleinsatz, Drehzahlmesser, Kontrollampe für Kraftstoffreserve, Beleuchtung für Digitalanzeige, Wegstreckenanzeige

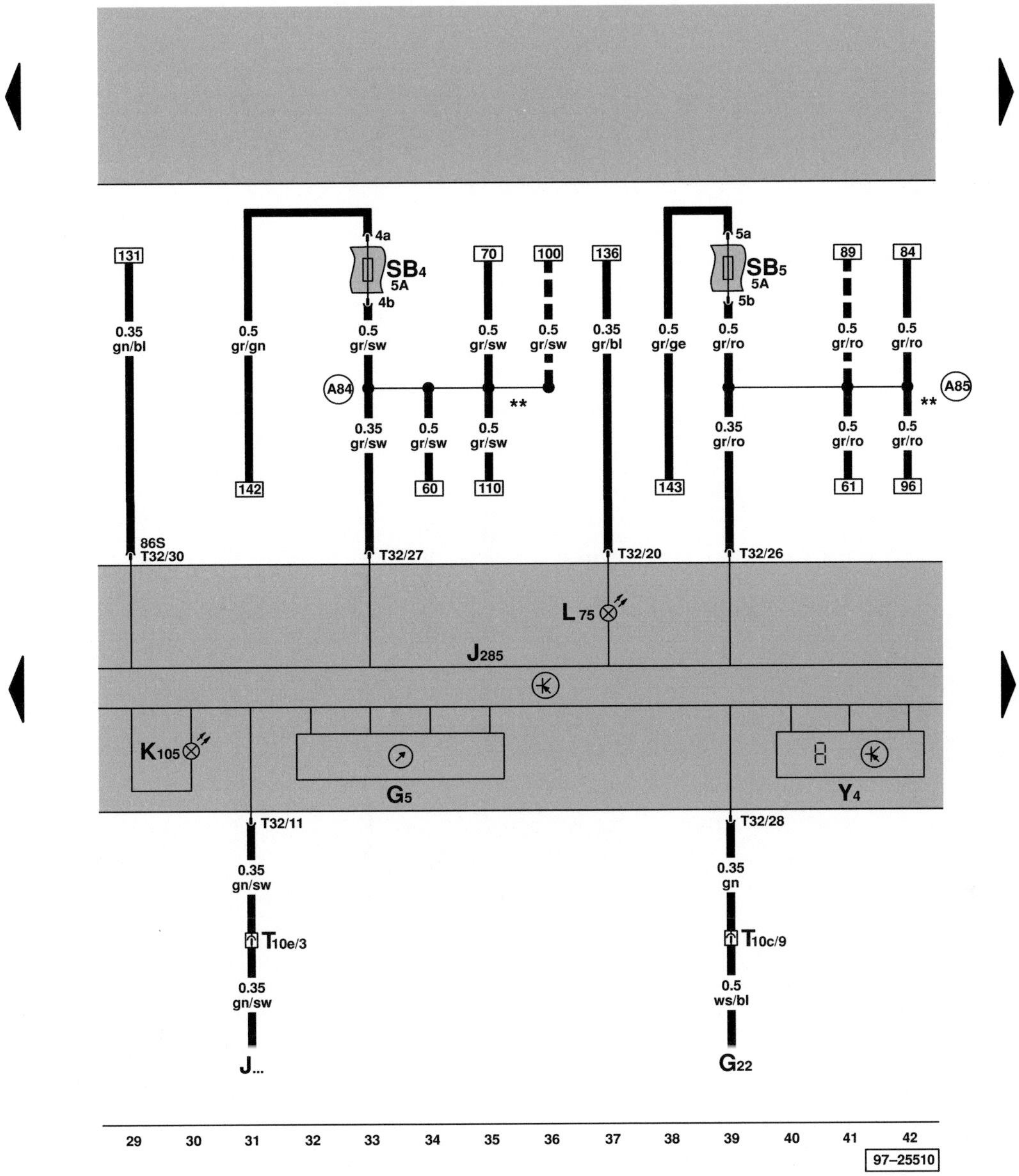

ws = weiß
sw = schwarz
ro = rot
br = braun
gn = grün
bl = blau
gr = grau
li = lila
ge = gelb
or = orange

G5 – Drehzahlmesser
G22 – Geber für Geschwindigkeitsmesser (Hallgeber, am Getriebe)
J... – Motorsteuergeräte
J285 – Steuergerät mit Anzeigeeinheit im Schalttafeleinsatz
K105 – Kontrollampe für Kraftstoffreserve
L75 – Beleuchtung für Digitalanzeige
SB4 – Sicherung –4– auf Sicherungshalter
SB5 – Sicherung –5– auf Sicherungshalter
T10c – Steckverbindung, 10-fach, braun, im Schutzgehäuse für Steckverbindungen
T10c – Steckverbindung, 10-fach, grün, im Schutzgehäuse für Steckverbindungen
T32 – Steckverbindung, 32-fach, blau
Y4 – Wegstreckenanzeige

(A84) – Verbindung (58L), im Schalttafelleitungsstrang
(A85) – Verbindung (58R), im Schalttafelleitungsstrang
** – nur bei POLO CLASSIC
▪ ▬ ▪ – nur bei POLO VARIANT

Steuergerät mit Anzeigeeinheit im Schalttafeleinsatz, Schalter für Handbremskontrolle, Warnkontakt für Bremsflüssigkeitsstand, Kontrollampe für Fernlicht, Kontrollampe für Bremsanlage, Digitaluhr

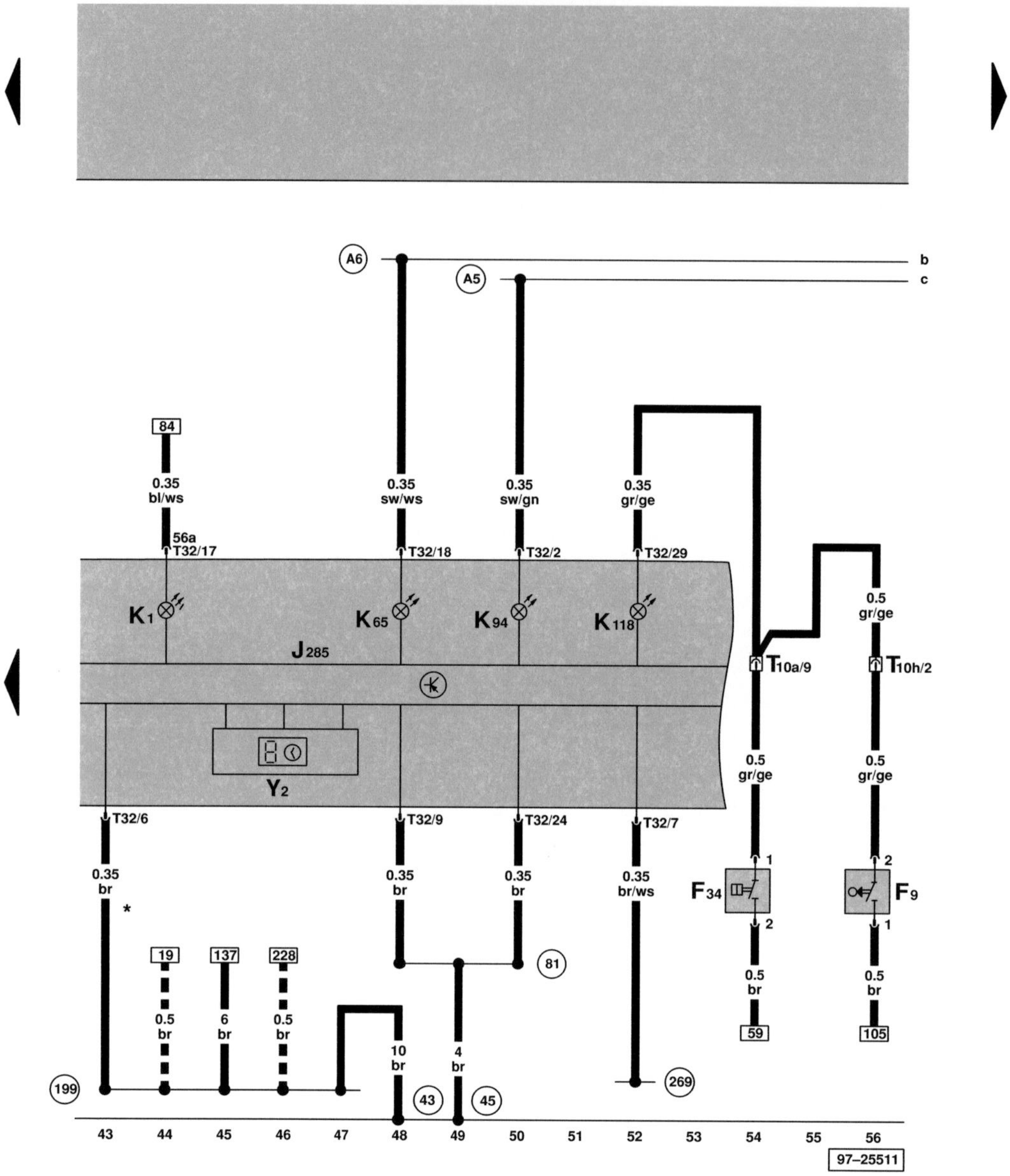

ws = weiß
sw = schwarz
ro = rot
br = braun
gn = grün
bl = blau
gr = grau
li = lila
ge = gelb
or = orange

F9 – Schalter für Handbremskontrolle
F34 – Warnkontakt für Bremsflüssigkeitsstand
J285 – Steuergerät mit Anzeigeeinheit im Schalttafeleinsatz
K1 – Kontrollampe für Fernlicht
K65 – Kontrollampe für Blinker links
K94 – Kontrollampe für Blinker rechts
K118 – Kontrollampe für Bremsanlage
T10a – Steckverbindung, 10-fach, schwarz, im Schutzgehäuse für Steckverbindungen
T10h – Steckverbindung, 10-fach, grün, im Schutzgehäuse für Steckverbindungen
T32 – Steckverbindung, 32-fach, blau
Y2 – Digitaluhr
(43) – Massepunkt, Säule A, rechts unten
(45) – Massepunkt, hinter Schalttafel, Mitte
(81) – Masseverbindung –1–, im Schalttafelleitungsstrang
(199) – Masseverbindung –3–, im Schalttafelleitungsstrang
(269) – Masseverbindung (Gebermasse) –1–, im Schalttafelleitungsstrang
(A5) – Plusverbindung (Blinker rechts) im Schalttafelleitungsstrang
(A6) – Plusverbindung (Blinker links) im Schalttafelleitungsstrang
* – nicht bei Airbag
▪ ▬ ▪ – nur bei POLO VARIANT

Blinkerschalter, Schalter für Handabblendung und Lichthupe, Schalter für Parklicht, Zweifadenlampe für Scheinwerfer links, Lampe für Standlicht links

1/6
10.99

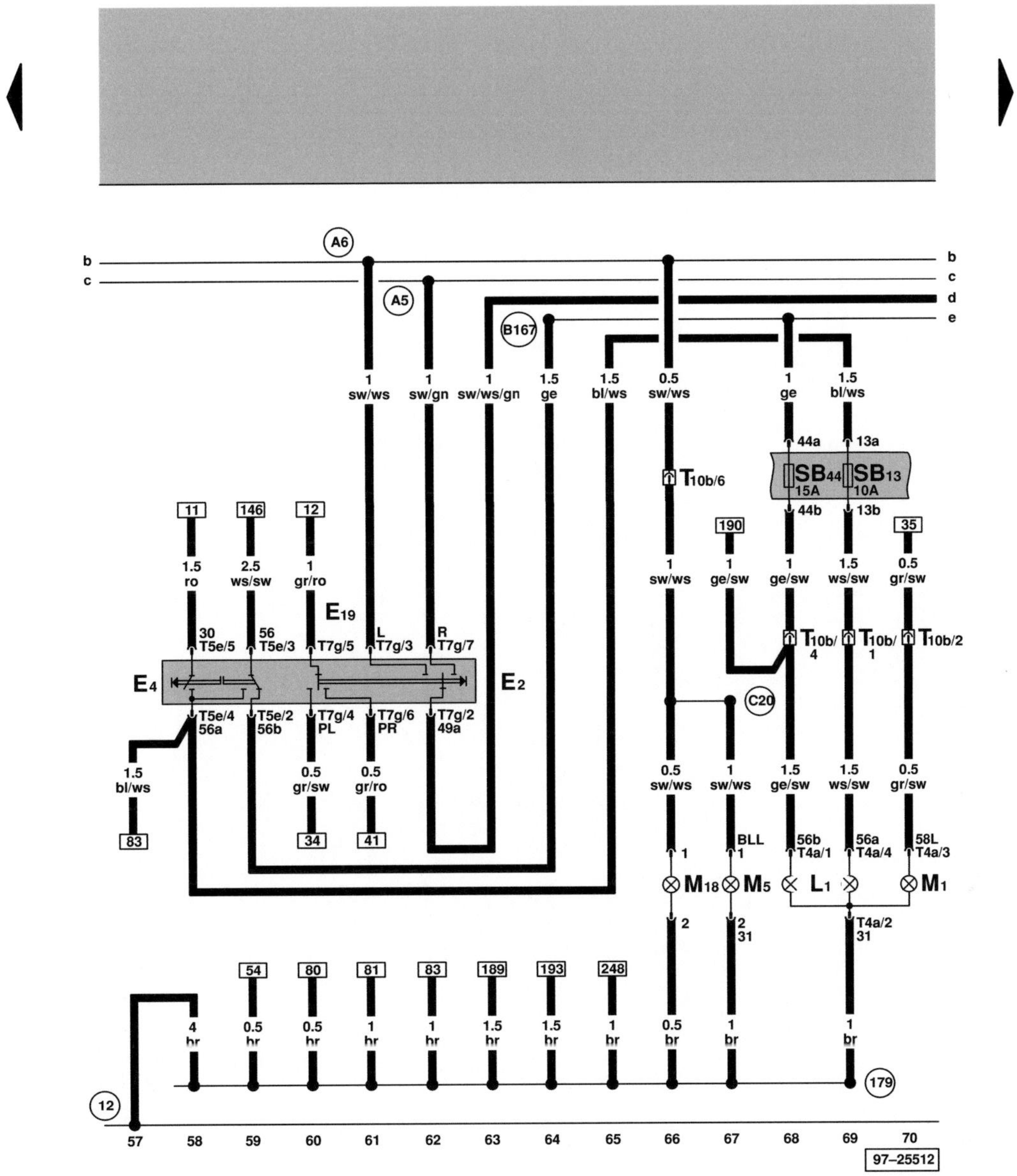

ws = weiß
sw = schwarz
ro = rot
br = braun
gn = grün
bl = blau
gr = grau
li = lila
ge = gelb
or = orange

E2 – Blinkerschalter
E4 – Schalter für Handabblendung und Lichthupe
E19 – Schalter für Parklicht
L1 – Zweifadenlampe für Scheinwerfer links
M1 – Lampe für Standlicht links
M5 – Lampe für Blinklicht vorn links
M18 – Lampe für Seitenblinkleuchte links
SB13 – Sicherung –13– auf Sicherungshalter
SB44 – Sicherung –44– auf Sicherungshalter
T4a – Steckverbindung, 4-fach, im Scheinwerfer links
T5e – Steckverbindung, 5-fach
T7g – Steckverbindung, 7-fach
T10b – Steckverbindung, 10-fach, weiss, im Schutzgehäuse für Steckverbindungen
(12) – Massepunkt, im Motorraum links

(179) – Masseverbindung, im Leitungsstrang Scheinwerfer links
(A5) – Plusverbindung (Blinker rechts) im Schalttafelleitungsstrang
(A6) – Plusverbindung (Blinker links) im Schalttafelleitungsstrang
(B167) – Verbindung (56b), im Leitungsstrang Innenraum
(C20) – Verbindung (Blinker links), im Leitungsstrang Scheinwerfer

Warnlichtschalter, Blinkrelais, Kontrollampe für Warnblinkanlage, Zweifadenlampe für Scheinwerfer rechts, Lampe für Standlicht rechts, Lampe für Blinklicht vorn rechts

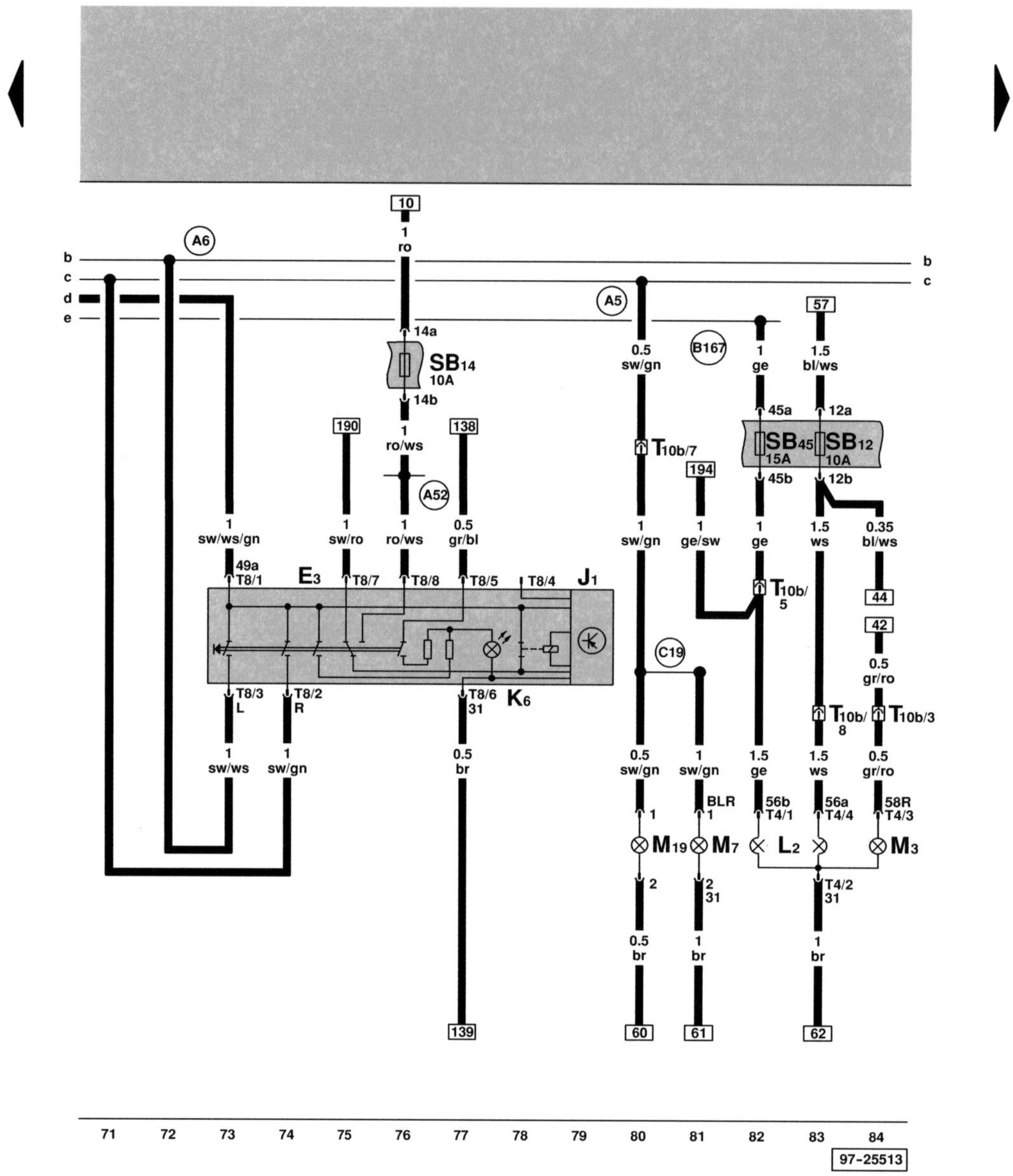

ws = weiß
sw = schwarz
ro = rot
br = braun
gn = grün
bl = blau
gr = grau
li = lila
ge = gelb
or = orange

E3 – Warnlichtschalter
J1 – Blinkrelais
K6 – Kontrollampe für Warnblinkanlage
L2 – Zweifadenlampe für Scheinwerfer rechts
M3 – Lampe für Standlicht rechts
M7 – Lampe für Blinklicht vorn rechts
M19 – Lampe für Seitenblinkleuchte rechts
SB12 – Sicherung –12– auf Sicherungshalter
SB14 – Sicherung –14– auf Sicherungshalter
SB45 – Sicherung –45– auf Sicherungshalter
T4 – Steckverbindung, 4-fach, im Scheinwerfer rechts
T8 – Steckverbindung, 8-fach
T10b – Steckverbindung, 10-fach, weiss, im Schutzgehäuse für Steckverbindungen

(A5) – Plusverbindung (Blinker rechts) im Schalttafelleitungsstrang

(A6) – Plusverbindung (Blinker links) im Schalttafelleitungsstrang

(A52) – Plusverbindung –2– (30), im Schalttafelleitungsstrang

(B167) – Verbindung (56b), im Leitungsstrang Innenraum

(C19) – Verbindung –1– (Blinker rechts), im Leitungsstrang Scheinwerfer

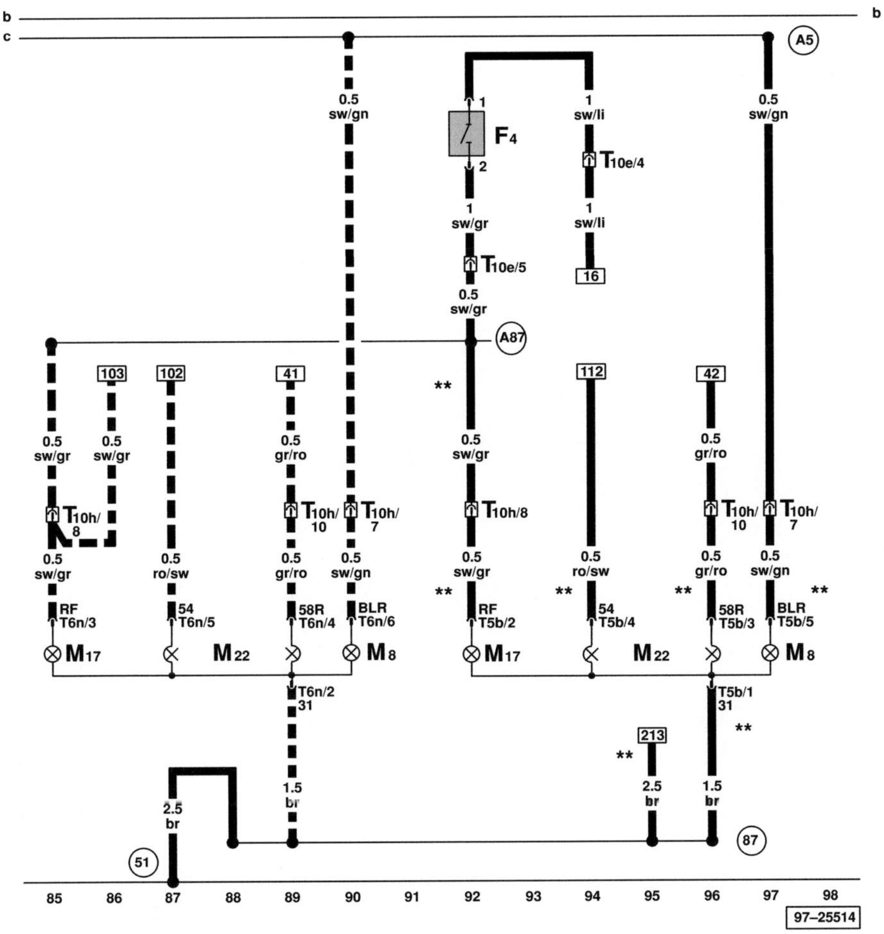

ws = weiß
sw = schwarz
ro = rot
br = braun
gn = grün
bl = blau
gr = grau
li = lila
ge = gelb
or = orange

F4 – Schalter für Rückfahrleuchten
M8 – Lampe für Blinklicht hinten rechts
M17 – Lampe für Rückfahrlicht rechts
M22 – Lampe für Brems- und Schlußlicht rechts
T5b – Steckverbindung, 5-fach
T6n – Steckverbindung, 6-fach
T10e – Steckverbindung, 10-fach, grün, im Schutzgehäuse für Steckverbindungen
T10h – Steckverbindung, 10-fach, grün, im Schutzgehäuse für Steckverbindungen
(51) – Massepunkt, Kofferraum rechts
(87) – Masseverbindung –2–, im Leitungsstrang hinten

(A5) – Plusverbindung (Blinker rechts) im Schalttafelleitungsstrang
(A87) – Verbindung (RF), im Schalttafelleitungsstrang
** – nur bei POLO CLASSIC
▪ ▬ ▪ – nur bei POLO VARIANT

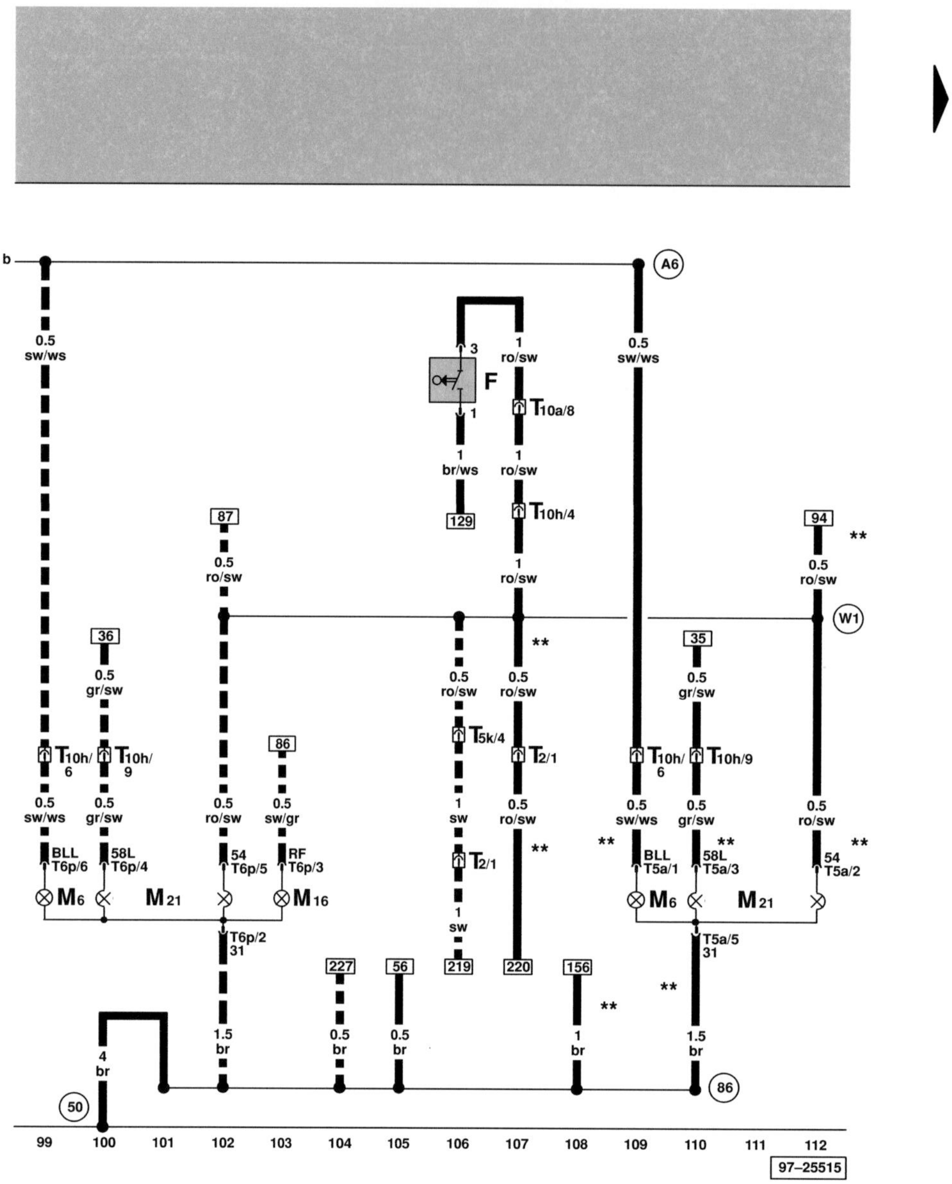

ws = weiß
sw = schwarz
ro = rot
br = braun
gn = grün
bl = blau
gr = grau
li = lila
ge = gelb
or = orange

F – Bremslichtschalter
M6 – Lampe für Blinklicht hinten links
M16 – Lampe für Rückfahrlicht links
M21 – Lampe für Brems- und Schlußlicht links
T2 – Steckverbindung, 2-fach
T5a – Steckverbindung, 5-fach
T5k – Steckverbindung, 5-fach, schwarz, in Säule C, rechts
T6p – Steckverbindung, 6-fach
T10a – Steckverbindung, 10-fach, schwarz, im Schutzgehäuse für Steckverbindungen
T10h – Steckverbindung, 10-fach, grün, im Schutzgehäuse für Steckverbindungen
(50) – Massepunkt, Kofferraum links
(86) – Masseverbindung –1–, im Leitungsstrang hinten

(A6) – Plusverbindung (Blinker links) im Schalttafelleitungsstrang
(W1) – Plusverbindung (54) im Leitungsstrang hinten
** – nur bei POLO CLASSIC
▪ ▬ ▪ – nur bei POLO VARIANT

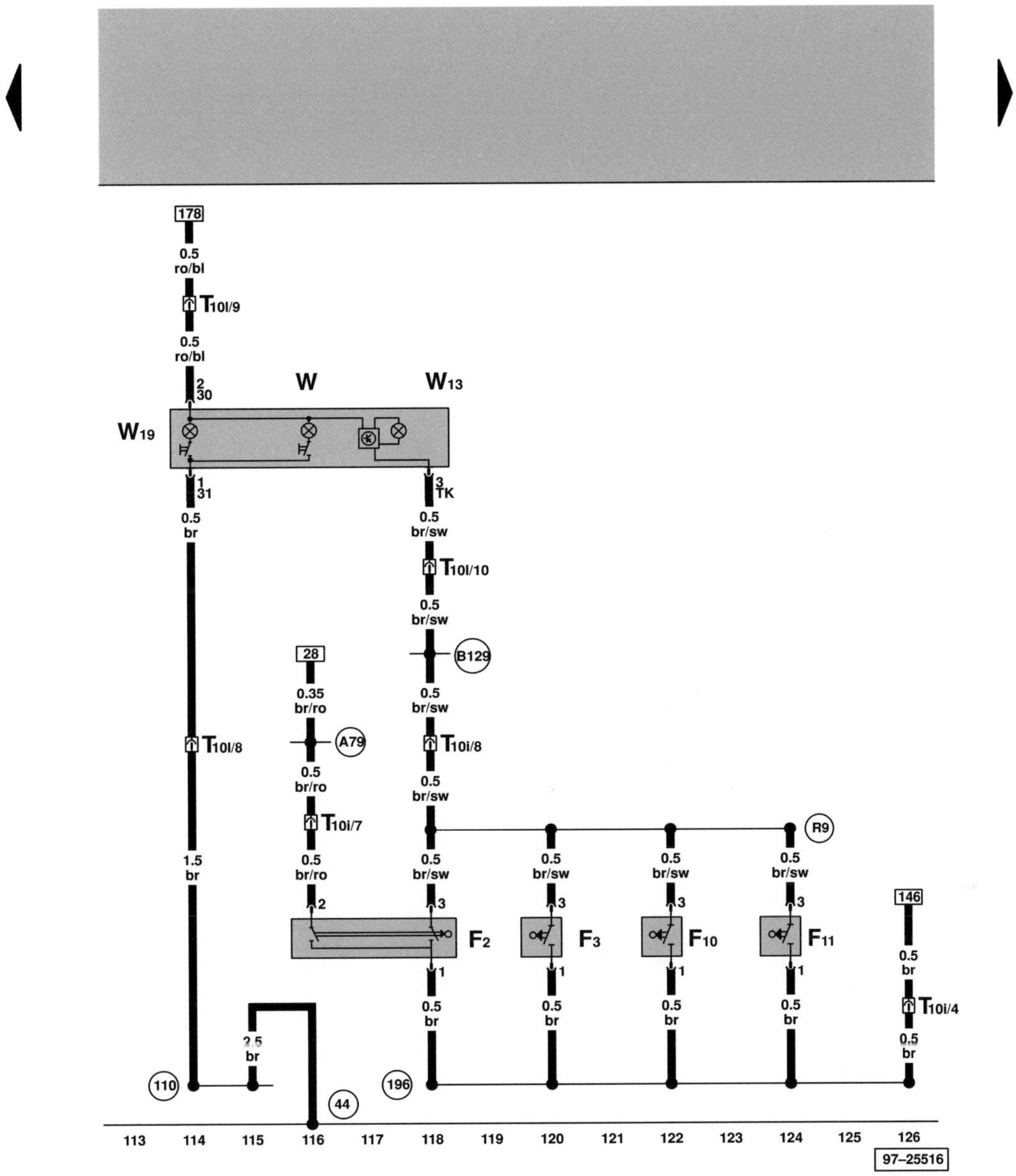

ws = weiß
sw = schwarz
ro = rot
br = braun
gn = grün
bl = blau
gr = grau
li = lila
ge = gelb
or = orange

F2 – Türkontaktschalter– Fahrerseite
F3 – Türkontaktschalter– Beifahrerseite
F10 – Türkontaktschalter hinten links
F11 – Türkontaktschalter hinten rechts
T10i – Steckverbindung, 10-fach, orange, im Schutzgehäuse für Steckverbindungen
T10l – Steckverbindung, 10-fach, Säule A, links
W – Innenleuchte vorn
W13 – Leseleuchte Beifahrer
W19 – Leseleuchte/Fahrerseite
(44) – Massepunkt, Säule A, links unten
(110) – Masseverbindung –2–, im Armaturenleitungsstrang
(196) – Masseverbindung –3–, im Leitungsstrang hinten

(A79) – Verbindung (Heißleuchtenschalter), im Schalttafelleitungsstrang
(B129) – Verbindung (Innenleuchte, 31l), im Leitungsstrang Innenraum
(R9) – Verbindung (Türkontaktschalter), im Leitungsstrang hinten

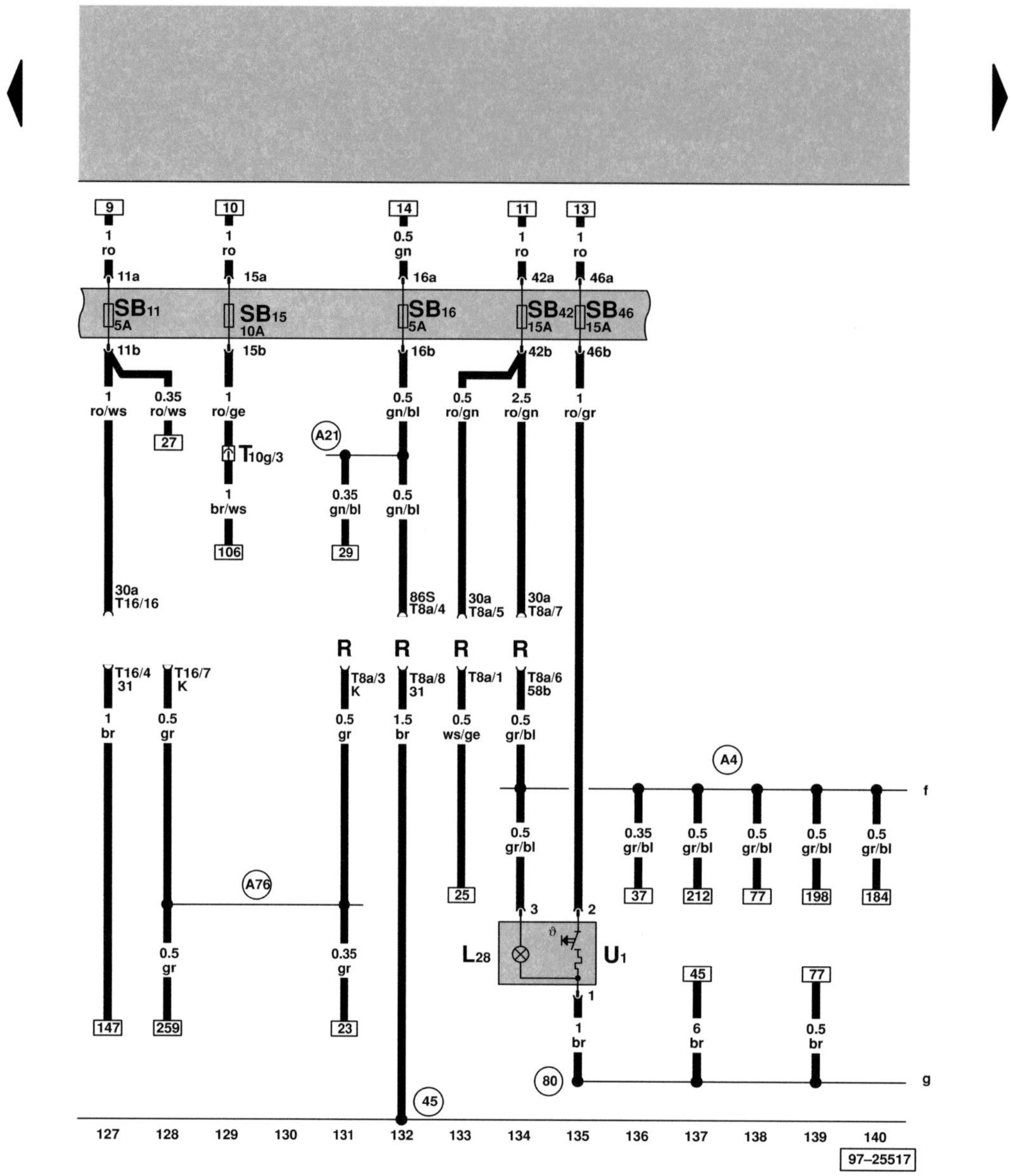

ws = weiß
sw = schwarz
ro = rot
br = braun
gn = grün
bl = blau
gr = grau
li = lila
ge = gelb
or = orange

L28 – Lampe für Beleuchtung Zigarrenanzünder
R – Radio
SB11 – Sicherung –11– auf Sicherungshalter
SB15 – Sicherung –15– auf Sicherungshalter
SB16 – Sicherung –16– auf Sicherungshalter
SB42 – Sicherung –42– auf Sicherungshalter
SB46 – Sicherung –46– auf Sicherungshalter
T8a – Steckverbindung, 8-fach
T10g – Steckverbindung, 10-fach, rot, im Schutzgehäuse für Steckverbindungen
T16 – Steckverbindung, 16-fach, Anschluß Eigendiagnose in der Konsole links unten
U1 – Zigarrenanzünder
(45) – Massepunkt, hinter Schalttafel, Mitte

(80) – Masseverbindung –1–, im Armaturenleitungsstrang
(A4) – Plusverbindung (58b) im Schalttafelleitungsstrang
(A21) – Verbindung (86s), im Schalttafelleitungsstrang
(A76) – Verbindung (K-Diagnoseleitung), im Schalttafelleitungsstrang

Lichtschalter, Schalter für Nebelschlußleuchte, Lampe für Beleuchtung Lichtschalter

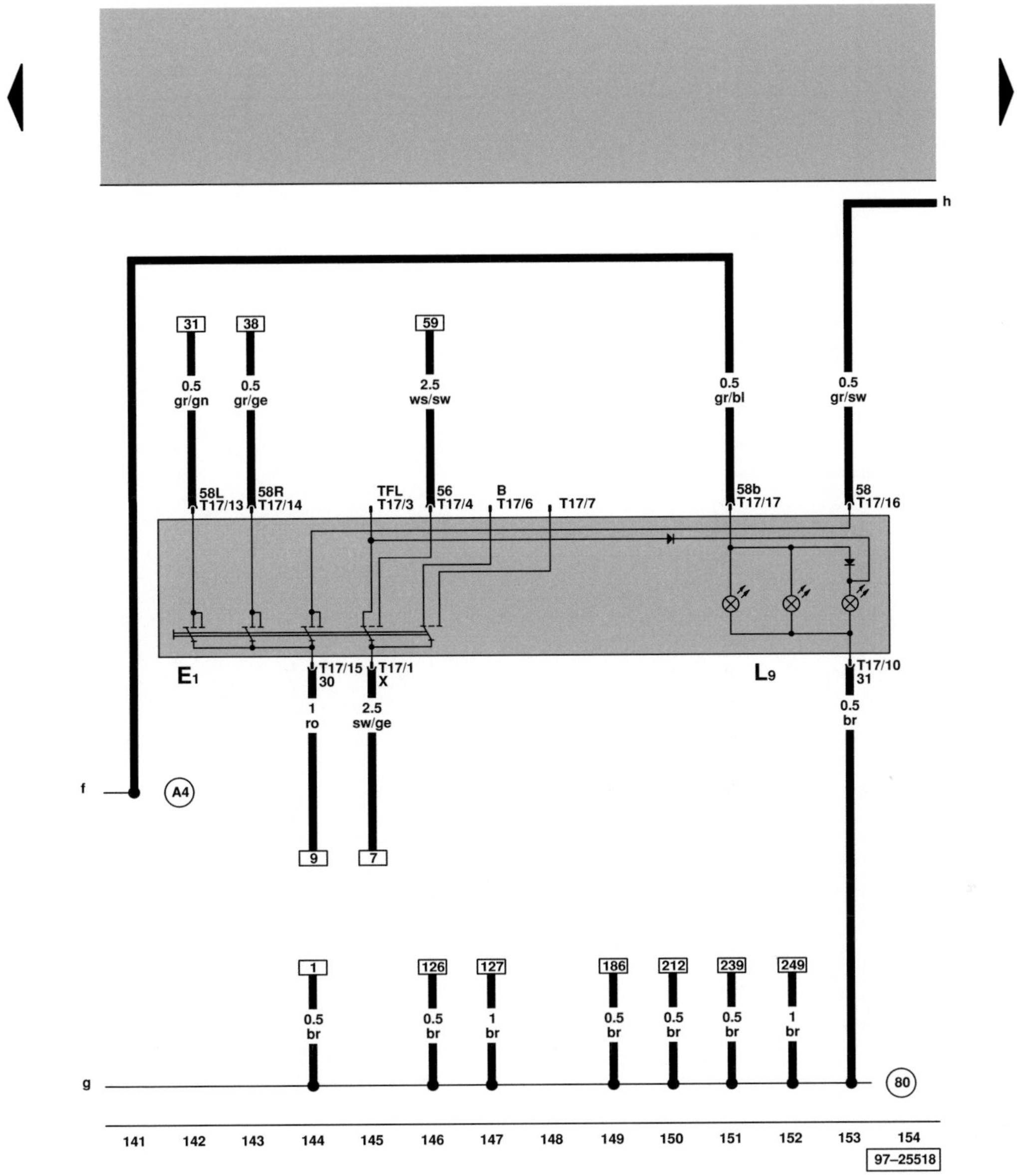

ws = weiß
sw = schwarz
ro = rot
br = braun
gn = grün
bl = blau
gr = grau
ll = lila
ge = gelb
or = orange

E1 – Lichtschalter
L9 – Lampe für Beleuchtung Lichtschalter
T17 – Steckverbindung, 17-fach
(80) – Masseverbindung –1–, im Armaturenleitungsstrang
(A4) – Plusverbindung (58b) im Schalttafelleitungsstrang

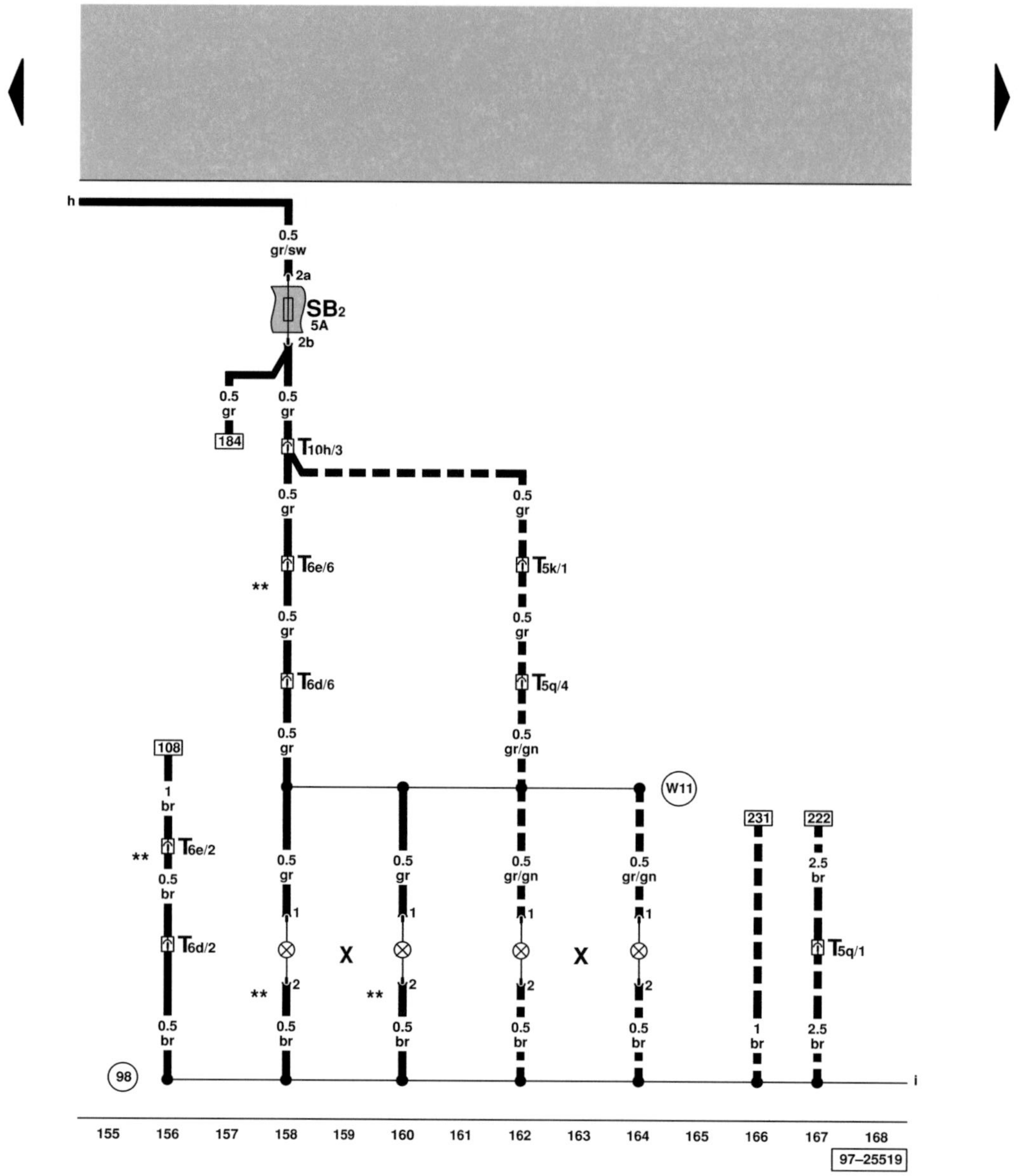

ws = weiß
sw = schwarz
ro = rot
br = braun
gn = grün
bl = blau
gr = grau
li = lila
ge = gelb
or = orange

SB2 – Sicherung –2– auf Sicherungshalter
T5k – Steckverbindung, 5-fach, schwarz, in Säule C, rechts
T5q – Steckverbindung, 5-fach, schwarz, am rechten hinteren Heckklappe
T6d – Steckverbindung, 6-fach, im Heckklappe
T6e – Steckverbindung, 6-fach, im Säule C, links
T10h – Steckverbindung, 10-fach, grün, im Schutzgehäuse für Steckverbindungen
X – Kennzeichenleuchte
(98) – Masseverbindung, im Leitungsstrang Heckklappe
(W11) – Verbindung (58), im Leitungsstrang Heckklappe
** – nur bei POLO CLASSIC
▪ ▬ ▪ – nur bei POLO VARIANT

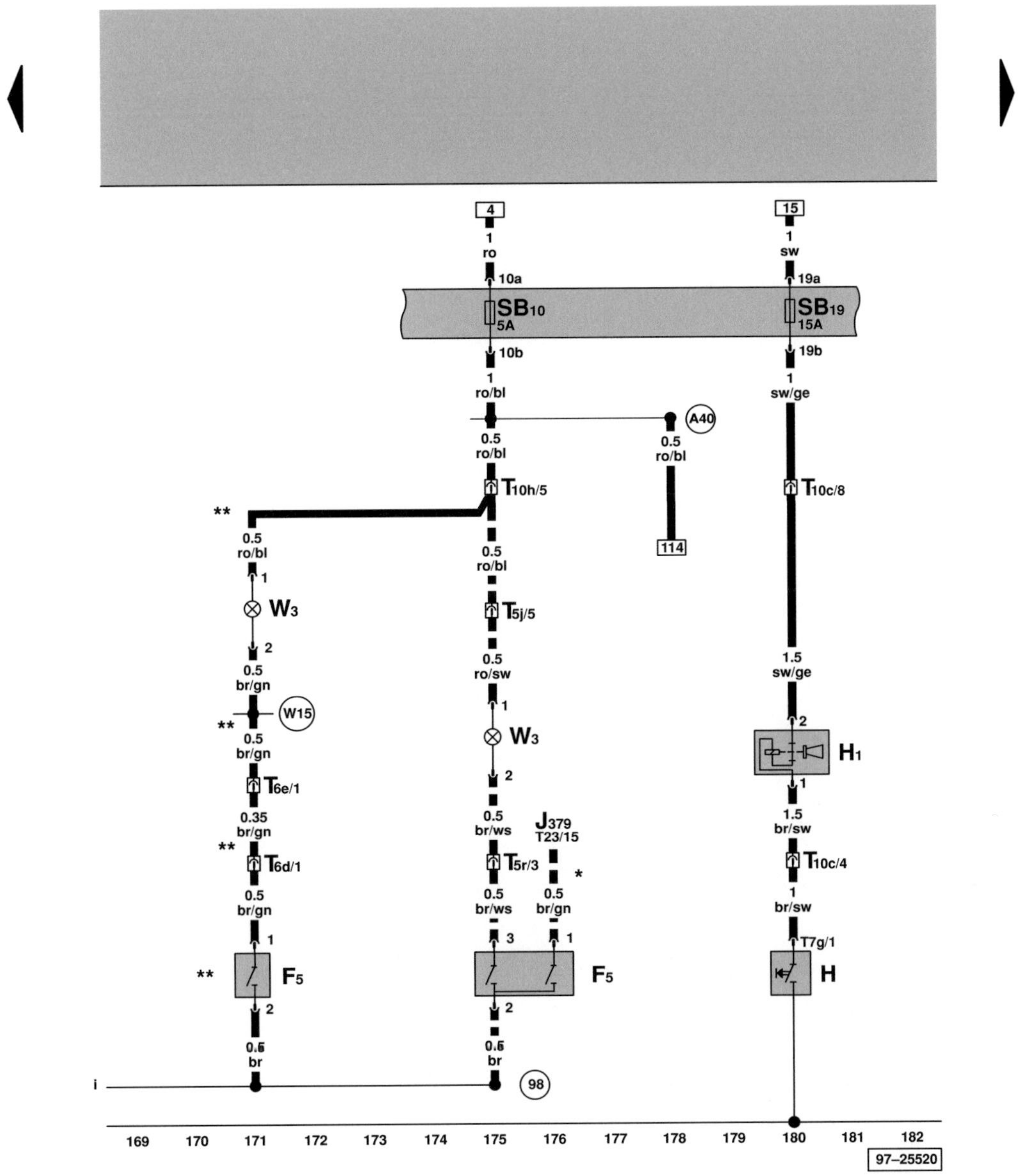

ws = weiß
sw = schwarz
ro = rot
br = braun
gn = grün
bl = blau
gr = grau
li = lila
ge = gelb
or = orange

F5 – Schalter für Kofferraumbeleuchtung
H – Signalhornbetätigung
H1 – Signalhorn/Doppeltonhorn
J379 – Steuergerät für Zentralverriegelung und Diebstahlwarnanlage
SB10 – Sicherung –10– auf Sicherungshalter
SB19 – Sicherung –19– auf Sicherungshalter
T5j – Steckverbindung, 5-fach, schwarz, Säule C, links
T5r – Steckverbindung, 5-fach, schwarz, am linken hinteren Heckklappe
T6d – Steckverbindung, 6-fach, im Heckklappe
T6e – Steckverbindung, 6-fach, im Säule C, links
T7g – Steckverbindung, 7-fach
T10c – Steckverbindung, 10-fach, braun, im Schutzgehäuse für Steckverbindungen
T10h – Steckverbindung, 10-fach, grün, im Schutzgehäuse für Steckverbindungen
T23 – Steckverbindung, 23-fach
W3 – Kofferraumleuchte
(98) – Masseverbindung, im Leitungsstrang Heckklappe
(A40) – Plusverbindung –1– (30), im Armaturenleitungsstrang
(W15) – Verbindung –1– (Kofferraumleuchte), im Leitungsstrang hinten
* – nur Fahrzeuge mit Alarmanlage
** – nur bei POLO CLASSIC
▪ ▬ ▪ – nur bei POLO VARIANT

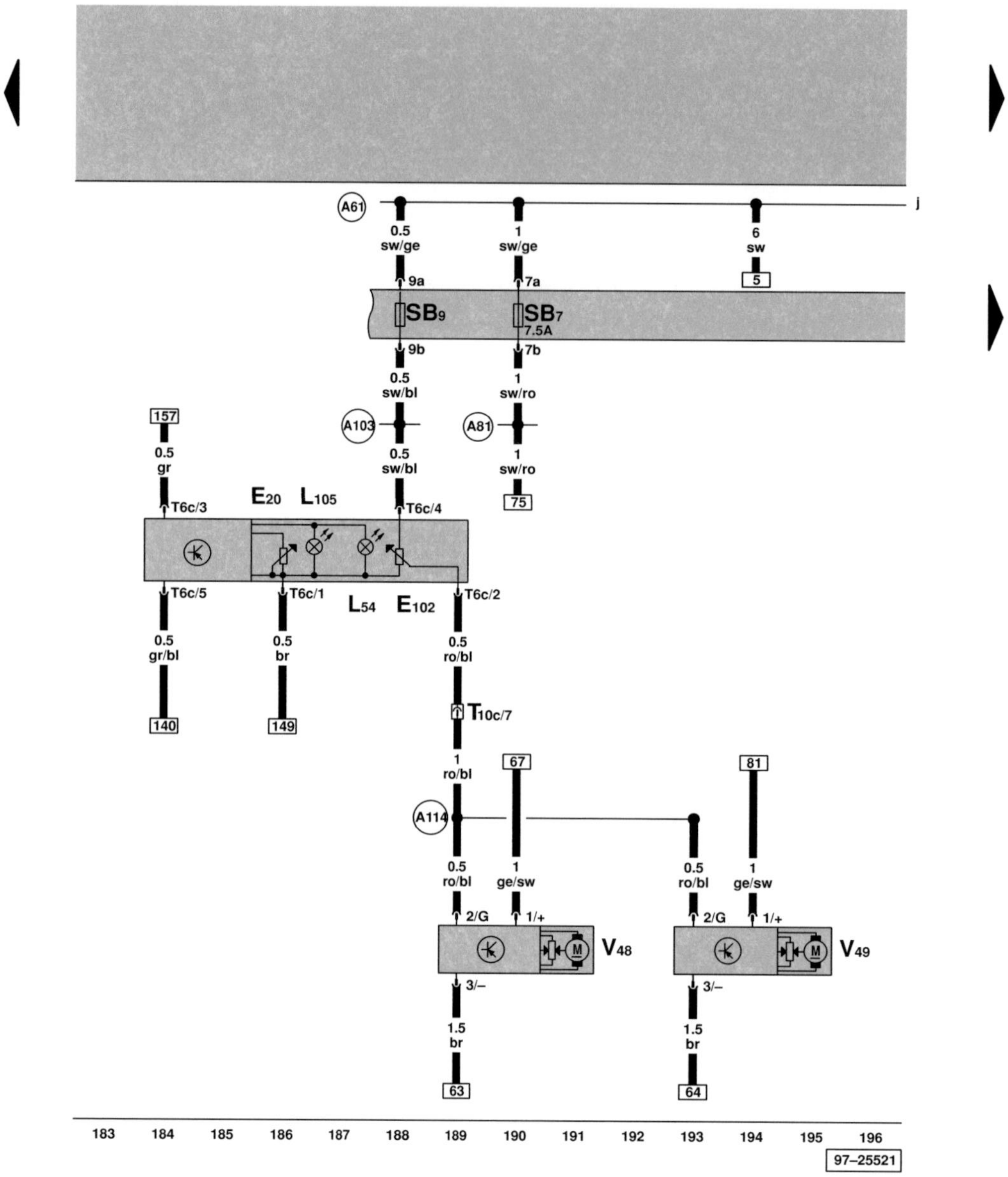

ws = weiß
sw = schwarz
ro = rot
br = braun
gn = grün
bl = blau
gr = grau
li = lila
ge = gelb
or = orange

E20 – Regler für Schalter- und Instrumentenbeleuchtung
E102 – Einsteller für Leuchtweitenregelung
L54 – Lampe für Beleuchtung/Einsteller Leuchtweitenregelung
L105 – Beleuchtung für Beleuchtungsregler
SB7 – Sicherung –7– auf Sicherungshalter
SB9 – Sicherung –9– auf Sicherungshalter
T6c – Steckverbindung, 6-fach
T10c – Steckverbindung, 10-fach, braun, im Schutzgehäuse für Steckverbindungen
V48 – Stellmotor links für Leuchtweitenregelung
V49 – Stellmotor rechts für Leuchtweitenregelung
(A61) – Plusverbindung (X), im Armaturenleitungsstrang
(A81) – Verbindung –2– (X), im Schalttafelleitungsstrang
(A103) – Verbindung –2– (56), im Schalttafelleitungsstrang
(A114) – Verbindung (Leuchtweitenregelung), im Schalttafelleitungsstrang

Schalter für Frischluftgebläse, Schalter für Frisch- und Umluftklappe, Kontrollampe für Frisch- und Umluftbetrieb, Lampe für Beleuchtung Frischluftregulierung

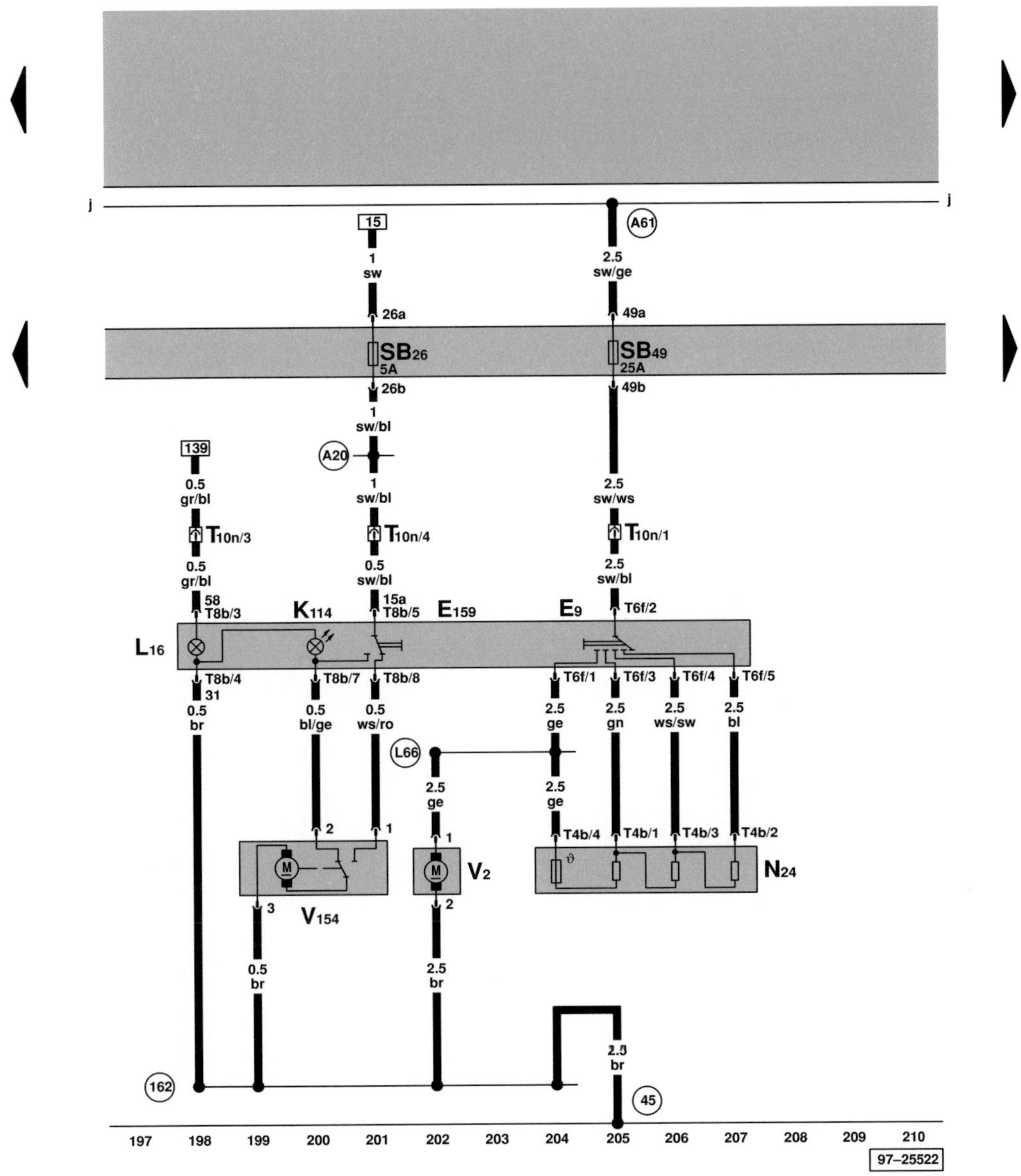

ws = weiß
sw = schwarz
ro = rot
br = braun
gn = grün
bl = blau
gr = grau
li = lila
ge = gelb
or = orange

E9 – Schalter für Frischluftgebläse
E159 – Schalter für Frisch– und Umluftklappe
K114 – Kontrollampe für Frisch– und Umluftbetrieb
L16 – Lampe für Beleuchtung Frischluftregulierung
N24 – Vorwiderstand für Frischluftgebläse mit Überhitzungssicherung
SB26 – Sicherung –26– auf Sicherungshalter
SB49 – Sicherung –49– auf Sicherungshalter
T4b – Steckverbindung, 4-fach
T6f – Steckverbindung, 6-fach
T8b – Steckverbindung, 8-fach
T10n – Steckverbindung, 10-fach, hinter Schalttafel, Mitte
V2 – Frischluftgebläse
V154 – Stellmotor für Frisch-/Umluftklappe
(45) – Massepunkt, hinter Schalttafel, Mitte

(162) – Masseverbindung, im Leitungsstrang Gebläsemotor
(A20) – Verbindung (15a), im Schalttafelleitungsstrang
(A61) – Plusverbindung (X), im Armaturenleitungsstrang
(L66) – Verbindung im Leitungsstrang Heizungsgebläse

Schalter für beheizbare Heckscheibe, Kontrollampe für beheizbare Heckscheibe, Lampe für Beleuchtung für Schalter für beheizbare Heckscheibe, Lampe für hochgesetztes Bremslicht, beheizbare Heckscheibe

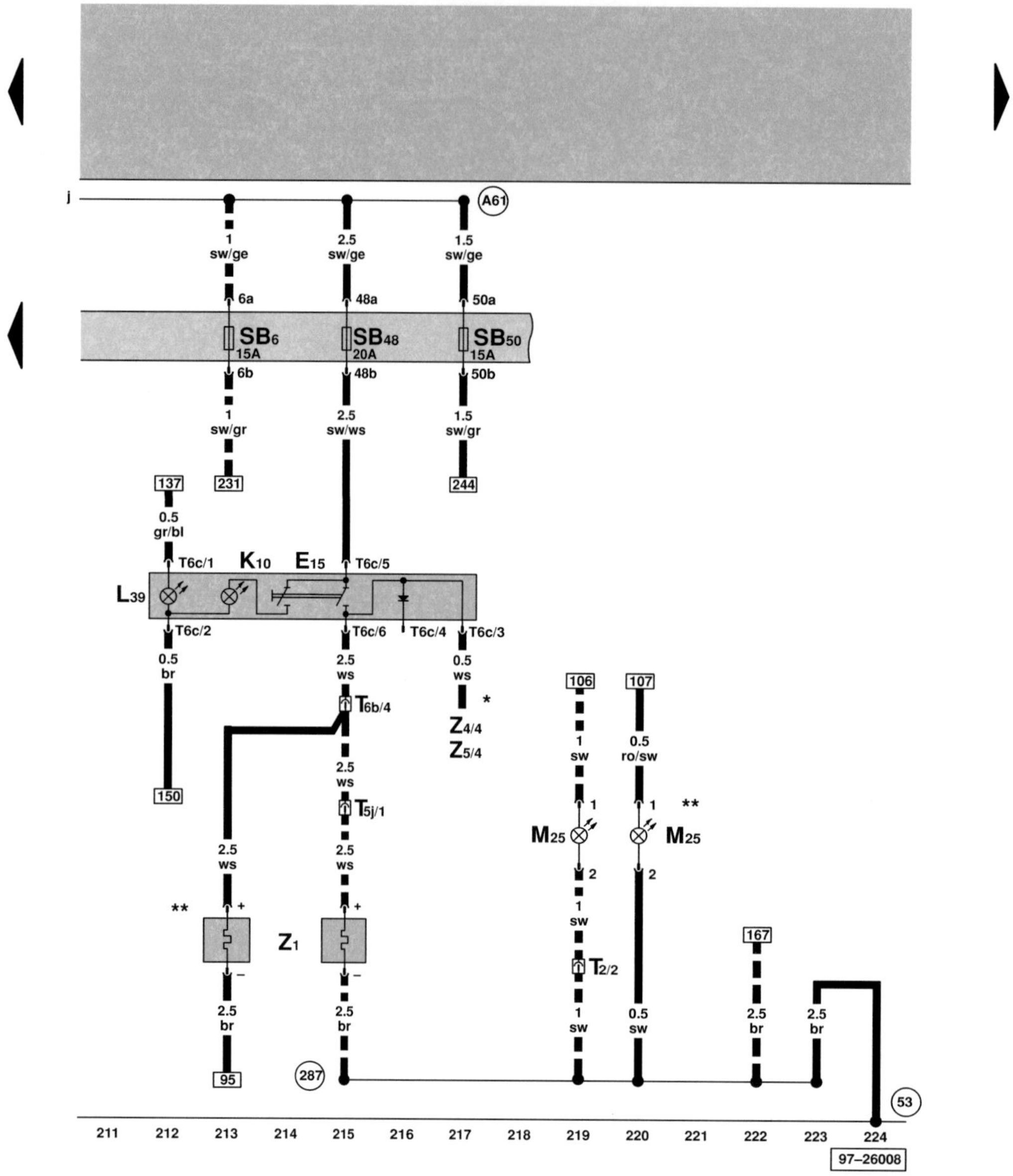

ws = weiß
sw = schwarz
ro = rot
br = braun
gn = grün
bl = blau
gr = grau
li = lila
ge = gelb
or = orange

E15 – Schalter für beheizbare Heckscheibe
K10 – Kontrollampe für beheizbare Heckscheibe
L39 – Lampe für Beleuchtung für Schalter für beheizbare Heckscheibe
M25 – Lampe für hochgesetztes Bremslicht
SB6 – Sicherung –6– auf Sicherungshalter
SB48 – Sicherung –48– auf Sicherungshalter
SB50 – Sicherung –50– auf Sicherungshalter
T2 – Steckverbindung, 2-fach
T5j – Steckverbindung, 5-fach, schwarz, in Säule C, links
T6b – Steckverbindung, 6-fach, grau, im Schutzgehäuse für Steckverbindungen
T6c – Steckverbindung, 6-fach
Z1 – beheizbare Heckscheibe
Z4 – beheizbarer Außenspiegel, Fahrerseite
Z5 – beheizbarer Außenspiegel, Beifahrerseite
(53) – Massepunkt, in der Heckklappe rechts
(287) – Masseverbindung, im Leitungsstrang Heckklappe Zuführung
(A61) – Plusverbindung (X), im Armaturenleitungsstrang
* – nur Fahrzeuge mit verstellbare Außenspiegel
** – nur bei POLO CLASSIC
▪ ▬ ▪ – nur bei POLO VARIANT

Schalter für Heckscheibenwischer, Relais für Heckscheibenwischer und -wascher, Motor für Heckscheibenwischer, Front- und Heckscheibenwaschpumpe

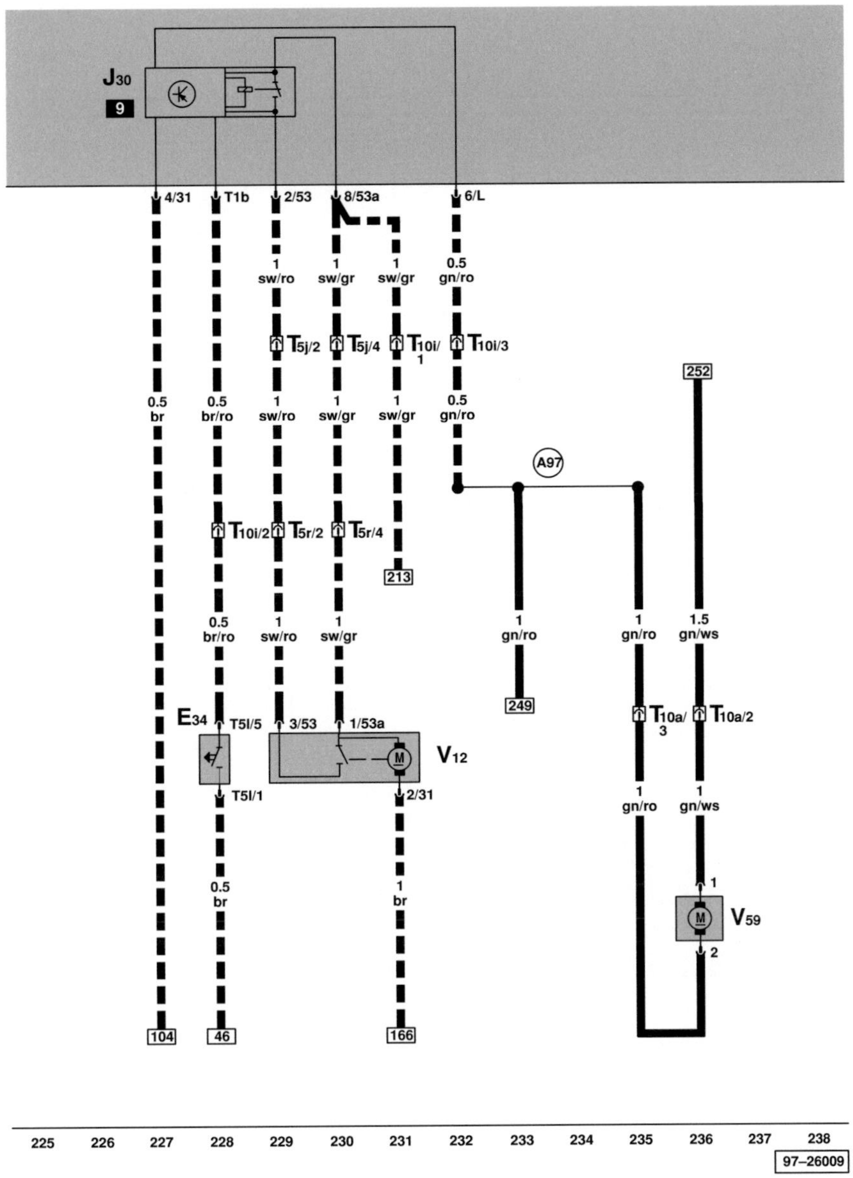

ws = weiß
sw = schwarz
ro = rot
br = braun
gn = grün
bl = blau
gr = grau
li = lila
ge = gelb
or = orange

E34 – Schalter für Heckscheibenwischer
J30 – Relais für Heckscheibenwischer und -wascher
T1b – Steckverbindung, 1-fach, im Heckscheibenwischerrelais
T5j – Steckverbindung, 5-fach, schwarz, im Säule C, links
T5l – Steckverbindung, 5-fach, schwarz, unter dem Lenkrad
T5r – Steckverbindung, 5-fach, schwarz, am linken hinteren Heckklappe
T10a – Steckverbindung, 10-fach, schwarz, im Schutzgehäuse für Steckverbindungen
T10i – Steckverbindung, 10-fach, orange, im Schutzgehäuse für Steckverbindungen
V12 – Motor für Heckscheibenwischer
V59 – Front- und Heckscheibenwaschpumpe

(A97) – Verbindung (53), im Schalttafelleitungsstrang
■ ▬ ■ – nur bei POLO VARIANT

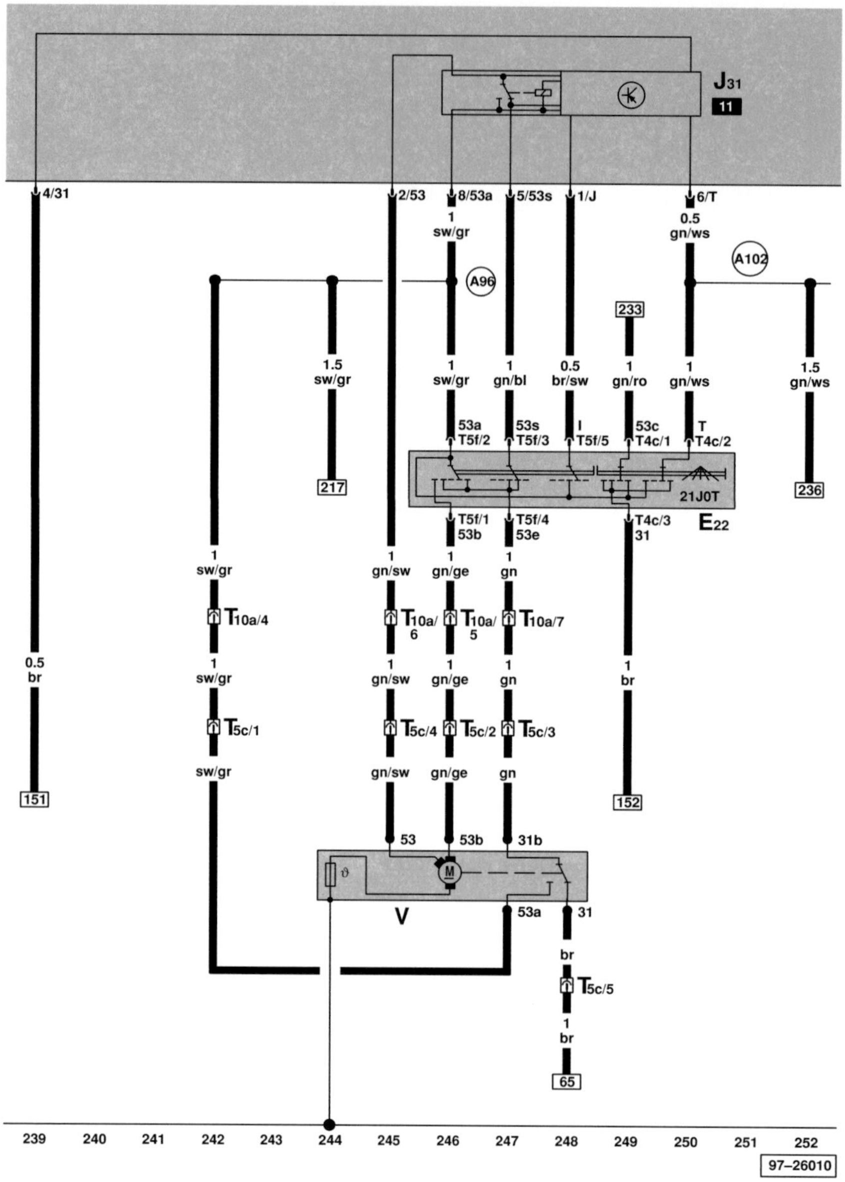

ws = weiß
sw = schwarz
ro = rot
br = braun
gn = grün
bl = blau
gr = grau
li = lila
ge = gelb
or = orange

E22 – Scheibenwischerschalter für Intervallbetrieb
J31 – Relais für Wasch-Wisch-Intervallautomatik
T4c – Steckverbindung, 4-fach
T5c – Steckverbindung, 5-fach, am Scheibenwischermotor
T5f – Steckverbindung, 5-fach, im Motor
T10a – Steckverbindung, 10-fach, schwarz, im Schutzgehäuse für Steckverbindungen
V – Scheibenwischermotor
(A96) – Verbindung (53a), im Schalttafelleitungsstrang
(A102) – Verbindung (Scheibenwischer), im Schalttafelleitungsstrang

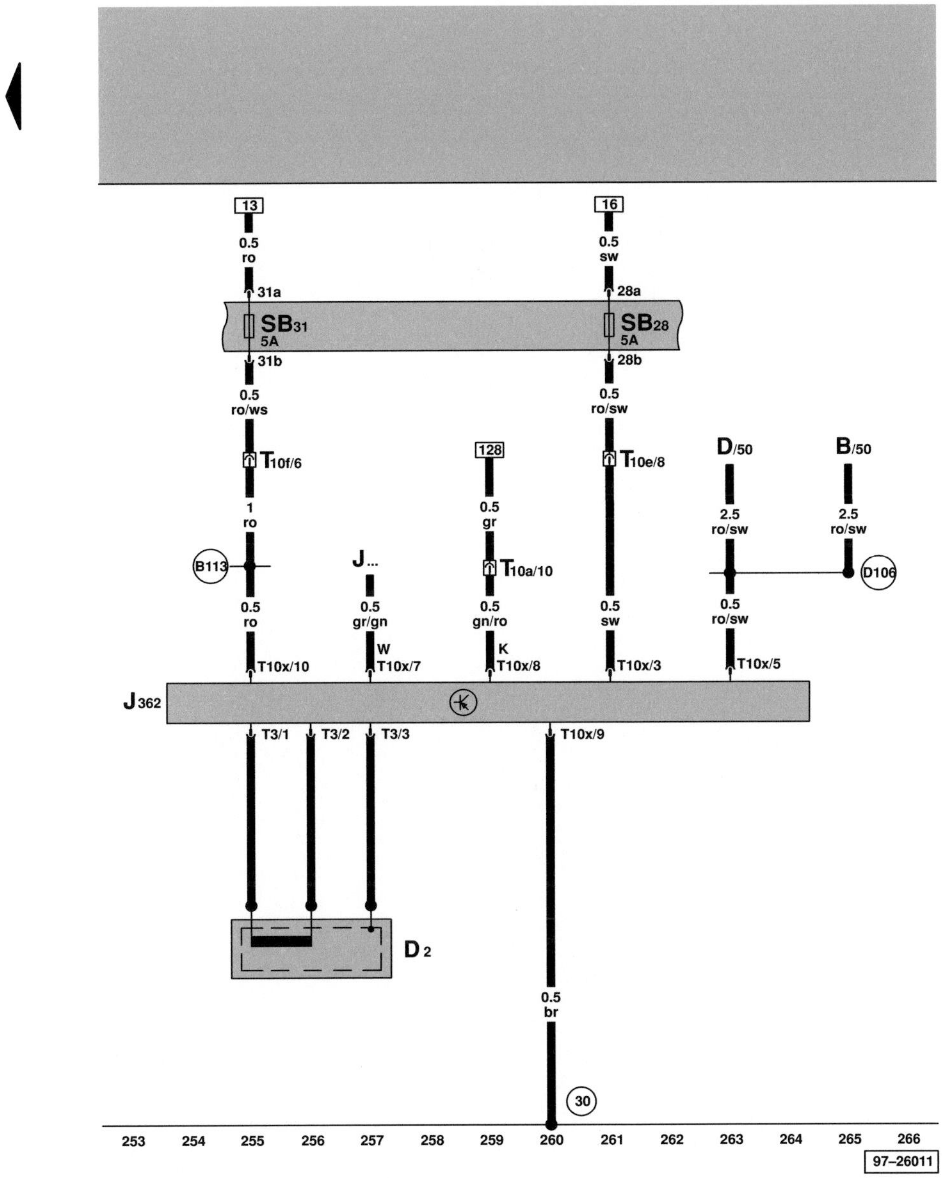

ws = weiß
sw = schwarz
ro = rot
br = braun
gn = grün
bl = blau
gr = grau
li = lila
ge = gelb
or = orange

B – Anlasser
D – Zündanlaßschalter
D2 – Lesespule für Wegfahrsicherung
J... – Motorsteuergeräte
J362 – Steuergerät für Wegfahrsicherung
SB28 – Sicherung –28– auf Sicherungshalter
SB31 – Sicherung –31– auf Sicherungshalter
T3 – Steckverbindung, 3-fach, im Wegfahrsicherung
T10a – Steckverbindung, 10-fach, schwarz, im Schutzgehäuse für Steckverbindungen
T10e – Steckverbindung, 10-fach, grün, im Schutzgehäuse für Steckverbindungen
T10f – Steckverbindung, 10-fach, lila, im Schutzgehäuse für Steckverbindungen
T10x – Steckverbindung, 10-fach

(30) – Massepunkt –1–, neben Relaisplatte
(B113) – Plusverbindung (30a), im Leitungsstrang Innenraum links
(D106) – Verbindung –4–, im Leitungsstrang Motorraum